Näherungswerte der wichtigsten physikalischen Konstanten

Die Konstanten in dieser Tabelle sollten auswendig gelernt werden, damit sie stets für einfache Abschätzungen zur Verfügung stehen. Genaue Werte enthält die Tabelle A1 des Anhangs.

Avogadrosche Zahl	$N_A \approx 6 \cdot 10^{23}$ mol^{-1}
Lichtgeschwindigkeit	$c \approx 3 \cdot 10^8$ m s^{-1}
Elementarladung	$e \approx 1{,}6 \cdot 10^{-19}$ C
Feinstrukturkonstante	$\alpha \approx \frac{1}{137}$
Ruhenergie des Elektrons	$m_e c^2 \approx 0{,}5$ MeV
Ruhenergie des Protons	$m_p c^2 \approx 940$ MeV
Verhältnis der Protonmasse zur Elektronmasse	$m_p/m_e \approx 1800$
nichtrelativistisches Ionisationspotential von Wasserstoff mit unendlicher Prontonmasse	$\widetilde{R}_\infty \approx \frac{1}{2} \alpha^2 m_e c^2 \approx 13{,}6$ eV
erster Bohrscher Radius	$a_0 \approx \frac{\lambdabar}{\alpha} \approx 0{,}5$ Å $= 0{,}5 \cdot 10^{-10}$ m
Bohrsches Magneton	$\frac{e\hbar}{2m_e} \approx 9{,}3 \cdot 10^{-24}$ J T^{-1}
Kernradius (Massenzahl A)	$r \approx A^{1/3} \cdot 1{,}2 \cdot 10^{-15}$ m
Bindungsenergie pro Nukleon	≈ 8 MeV
„Zimmertemperatur"	$k \cdot 293$ K $\approx \frac{1}{40}$ eV
„sichtbares Licht"	400 … 700 nm 3,0 … 1,8 eV
1 eV entspricht — Temperatur Frequenz Gesamtenergie Wellenzahl Wellenlänge	$\approx 12\,000$ K $\approx 2{,}4 \cdot 10^{14}$ Hz $\approx 10^5$ J mol^{-1} $\approx 8\,000$ cm^{-1} $\approx 1\,200$ nm

Berkeley Physik Kurs

Band 4

Berkeley Physik Kurs

Band 1   Mechanik

Band 2   Elektrizität und Magnetismus

Band 3   Schwingungen und Wellen

Band 4   Quantenphysik

Band 5   Statistische Physik

Band 6   Physik und Experiment

Aus dem Programm Physik

Atome, Moleküle, Festkörper,
von A. Beiser

Phänomene und Konzepte der Elementarteilchenphysik,
von O. Nachtmann

Probability and Heat. Fundamentals of Thermostatistics,
von F. Schlögl

Pfadintegrale in der Quantenphysik
von G. Roepstorff

Eyvind H. Wichmann

QUANTEN PHYSIK

3., verbesserte Auflage

Mit 220 Bildern

Originalausgabe

Eyvind H. Wichmann
Quantum Physics
Berkeley Physics Course — Volume 4

Copyright 1967, 1971 by Education Development Center, Inc.
(successor by merger to Educational Services Incorporated).
Published by McGraw-Hill Book Company, a Division of McGraw-Hill, Inc., in 1971

Die Herausgabe der Originalausgabe des „Berkeley Physik Kurs" wurde durch eine finanzielle Unterstützung der National Science Foundation an Educational Services Incorporated ermöglicht.

Deutsche Ausgabe

Wissenschaftlicher Beirat:
Prof. Dr. *Karl-Heinz Althoff*, Physikalisches Institut der Universität Bonn
Prof. Dr. *Ulrich Hauser*, I. Physikalisches Institut der Universität Köln
Prof. Dr. *Christoph Schmelzer*, GSI Gesellschaft für Schwerionenforschung, Darmstadt

Übersetzung aus dem Englischen: Prof. Dr. *Ferdinand Cap* und *Yoma Cap*, Innsbruck

Wissenschaftliche Beratung und Redaktion:
Prof. Dr. *Roman Sexl*, Institut für Theoretische Physik der Universität Wien
Dr. *Hannelore Sexl*

Kapitel 9 wurde für die zweite Auflage von Prof. Dr. *Gerhard Ecker*, Wien, überarbeitet und erweitert.

Verlagsredaktion: *Alfred Schubert*

Der Verlag Vieweg ist ein Unternehmen der Verlagsgruppe Bertelsmann International.

1. Auflage 1975
2., überarbeitete und erweiterte Auflage 1985
3., verbesserte Auflage 1989

Alle Rechte an der deutschen Ausgabe vorbehalten
© Friedr. Vieweg & Sohn Verlagsgesellschaft mbH, Braunschweig/Wiesbaden 1989

Das Werk einschließlich aller seiner Teile ist urheberrechtlich geschützt. Jede Verwertung außerhalb der engen Grenzen des Urheberrechtsgesetzes ist ohne Zustimmung des Verlags unzulässig und strafbar. Das gilt insbesondere für Vervielfältigungen, Übersetzungen, Mikroverfilmungen und die Einspeicherung und Verarbeitung in elektronischen Systemen.

Satz: Vieweg, Braunschweig
Druck und buchbinderische Verarbeitung: Lengericher Handelsdruckerei, Lengerich
Umschlaggestaltung: Peter Morys, Wolfenbüttel
Gedruckt auf säurefreiem Papier
Printed in Germany

ISBN 3-528-28354-8

Vorwort zum Berkeley Physik Kurs

Dieser Kurs ist ein zweijähriger Physiklehrgang für Studenten mit naturwissenschaftlich-technischen Hauptfächern. Es war das Ziel der Autoren, die Physik so weit wie möglich aus der Sicht des Physikers darzustellen, der auf dem jeweiligen Gebiet forschend arbeitet. Wir haben versucht, einen Kurs zu gestalten, der die Grundsätze der Physik klar und deutlich herausstellt. Insbesondere sollten die Studenten frühzeitig mit den Ideen der speziellen Relativitätstheorie, der Quantenmechanik und der statistischen Physik vertraut gemacht werden, dies aber so, daß alle Studenten mit den in der Sekundarstufe II erworbenen Physikkenntnissen angesprochen werden. Eine Vorlesung über Höhere Mathematik sollte gleichzeitig mit diesem Kurs gehört werden.

In den letzten Jahren wurden in den USA verschiedene neue Physiklehrgänge für Colleges geplant und entwickelt. Angesichts der Fortschritte in Naturwissenschaft und Technik und der steigenden Bedeutung der Wissenschaft im Primar- und Sekundarbereich der Schulen erkannten viele Physiker die Notwendigkeit neuer Physikkurse. Der Berkeley Physik Kurs wurde durch ein Gespräch zwischen *Philip Morrison*, der jetzt am Massachusetts Institute of Technology tätig ist, und *C. Kittel* Ende 1961 begründet. Wir wurden dann durch *John Mays* und seine Kollegen von der National Science Foundation und durch *Walter C. Michels*, dem damaligen Vorsitzenden der Commission on College Physics, unterstützt und ermutigt. Ein provisorisches Komitee unter dem Vorsitz von *C. Kittel* führte den Kurs durch das Anfangsstadium.

Ursprünglich gehörten dem Komitee *Luis Alvarez, William B. Fretter, Charles Kittel, Walter D. Knight, Philip Morrison, Edward M. Purcell, Malvin A. Ruderman* und *Jerrold R. Zacharias* an. Auf der ersten Sitzung im Mai 1962 in Berkeley entstand in groben Zügen der Plan für einen völlig neuen Lehrgang in Physik. Wegen dringender anderweitiger Verpflichtungen einiger Komiteemitglieder war es nötig, das Komitee im Januar 1964 neu zu bilden, es besteht jetzt aus den Unterzeichnern dieses Vorworts. Auf Beiträge von Autoren, die dem Komitee nicht angehören, nehmen die Vorworte zu den einzelnen Bänden Bezug.

Die von uns entwickelte Rohkonzeption und unsere Begeisterung dafür hatten einen maßgeblichen Einfluß auf das Endprodukt. Diese Konzeption umfaßte die Themen und Lernziele, von denen wir glaubten, sie sollten und könnten allen Studenten naturwissenschaftlicher und technischer Studienrichtungen in den ersten Semestern vermittelt werden. Es war aber niemals unsere Absicht, einen Kurs zu entwickeln, der nur besonders begabte oder weit fortgeschrittene Studenten anspricht. Wir beabsichtigen, die Grundlagen der Physik aus einer unvorbelasteten Gesamtsicht darzustellen; Teile des Kurses werden daher vielleicht dem Dozenten gleichermaßen neu erscheinen wie dem Studenten.

Die fünf Bände des Berkeley Physik Kurses sind

1. Mechanik (*Kittel, Knight, Ruderman*)
2. Elektrizität und Magnetismus (*Purcell*)
3. Schwingungen und Wellen (*Crawford*)
4. Quantenphysik (*Wichmann*)
5. Statistische Physik (*Reif*)

Bei der Erarbeitung des Manuskriptes war jedem Autor freigestellt, den für sein Thema geeigneten Stil und die ihm passend erscheinenden Methoden zu wählen.

In Vorbereitung zu dem vorliegenden Kurs stellte *Alan M. Portis* ein neues physikalisches Einführungspraktikum zusammen, das nun unter der Bezeichnung Berkeley Physics Laboratory (Berkeley Physik Praktikum) läuft. Da der Physik Kurs sich im wesentlichen mit den Grundprinzipien der Physik befaßt, werden manche Lehrer der Ansicht sein, er befasse sich nicht ausreichend mit experimenteller Physik; das Laborpraktikum ermöglicht jedoch die Durchführung eines reichhaltigen Programms an Experimenten, das das theoretisch-experimentelle Gleichgewicht des gesamten Lehrgangs garantieren soll.

Die Finanzierung des Kurses wurde von der National Science Foundation ermöglicht, beträchtliche indirekte Unterstützung kam aber auch von der University of California. Die Geldmittel wurden von Educational Services Incorporated (ESI), einer gemeinnützigen Organisation zur Curriculumentwicklung, verwaltet. Im besonderen sind wir *Gilbert Oakley, James Aldrich* und *William Jones* von ESI für ihre tatkräftige und verständnisvolle Unterstützung verpflichtet. ESI hat eigens in Berkeley ein Büro eingerichtet, das unter der kompetenten Führung von Mrs. *Minty R. Maloney* steht und bei der Entwicklung des Lehrgangs und des Laborpraktikums eine große Hilfe ist.

Zwischen der University of California und unserem Programm bestand keine offizielle Verbindung, doch ist uns von dieser Seite verschiedentlich wertvolle Hilfe gewährt worden. Dafür danken wir den Direktoren des Physik-Departments, *August C. Helmholz* und *Burton J. Moyer*; den wissenschaftlichen und nichtwissenschaftlichen Mitarbeitern des Departments; *Donald Coney* und vielen anderen von unserer Universität. *Abraham Olshen* half uns sehr bei der Bewältigung organisatorischer Probleme in der Anlaufzeit.

Hinweise auf Fehler und Verbesserungsvorschläge nehmen wir immer gern entgegen.

Eugene D. Commins
Frank S. Crawford, Jr.
Walter D. Knight
Philip Morrison
Alan M. Portis

Edward M. Purcell
Frederick Reif
Malvin A. Ruderman
Eyvind H. Wichmann
Charles Kittel, Vorsitzender

Berkeley, California

Hinweis

Die Bände 1, 2 und 5 wurden in ihrer endgültigen Gestalt zwischen Januar 1965 und Juni 1967 veröffentlicht. Während der Vorbereitung der Bände 3 und 4 zur Veröffentlichung wurden einige organisatorische Änderungen vorgenommen. Das Education Development Center trat die Nachfolge der Educational Services Incorporated als administrative Organisation an. Auch erfolgten im Ausschuß selbst einige Änderungen und die Zuständigkeitsbereiche wurden neu verteilt. Der Ausschuß ist jenen Kollegen besonders dankbar, die diesen Lehrgang im Unterricht erprobt haben und auf Grund ihrer Erfahrung mit Kritik und Verbesserungsvorschlägen das Vorhaben förderten.

Frank S. Crawford, Jr.   *Frederick Reif*
Charles Kittel   *Malvin A. Ruderman*
Walter D. Knight   *Eyvind H. Wichmann*
Alan M. Portis
A. Carl Helmholz   } Vorsitzende
Edward M. Purcell

Juni 1968
Berkeley, California

Vorwort zu Band 4 Quantenphysik

Der vorliegende Band des Berkeley Physik Kurses behandelt die Quantenphysik. Er ist eine Einführung für Studenten, deren physikalische Vorbildung im wesentlichen dem Inhalt der vorangegangenen Bände entspricht. Der ideale Leser ist meiner Vorstellung nach also ein Student im zweiten Jahr eines naturwissenschaftlichen bzw. technischen Studiums. Angesichts der Entwicklung der Physik in den letzten 50 Jahren erscheint es weder gerechtfertigt noch vernünftig, alle Aspekte quantenphysikalischer Phänomene erst in höheren Semestern zu behandeln. Ein wohlausgewogener Einführungslehrgang sollte sich auch mit dieser Entwicklung befassen.

Ich bin keineswegs der Ansicht, daß das Studium der Quantenphysik *an sich* schwieriger ist als das irgendeines anderen Gebietes der Physik. In jedem dieser Gebiete begegnen wir Phänomenen, die uns einfach erscheinen, ebenso wie Phänomenen, die quantitativ schwer zu erfassen sind. Es stimmt natürlich, daß man früher die Quantenphysik als höchst geheimnisvoll und verwirrend ansah. In der Zeit der ersten Forschungsarbeiten auf diesem Gebiet sahen sich die Physiker erheblichen psychologischen Schwierigkeiten gegenüber, die zum Teil von verständlichen Vorurteilen zugunsten einer klassischen Weltanschauung herrührten, zum Teil von der Unvollständigkeit des durch die Experimente vermittelten Bildes. Es gibt keinen Grund, warum heute jeder Anfänger sich neuerdings vor solche Schwierigkeiten gestellt sehen müßte. Wir wissen nun mit Sicherheit, daß die klassische Darstellung nur näherungsweise richtig ist. Auch steht uns eine Unzahl experimenteller Daten zur Verfügung, die die verschiedenen Aspekte der modernen Theorien untermauern und veranschaulichen. Ich bin sicher, daß es unter den bekannten Tatsachen genügend Themen gibt, die für einen Einführungslehrgang sehr gut geeignet sind und die gleichzeitig wichtige Theorien und Prinzipien erhellen können. Ich bezweifle, daß ein Student, dem eine sorgfältig ausgewählte Folge von einfachen, aber wichtigen physikalischen Tatsachen vorgesetzt wird, das Gefühl haben wird, die quantenphysikalischen Phänomene seien *unverständlicher* als zum Beispiel das Phänomen der universellen Gravitation.

Mein Ziel in diesem Buch ist es, charakteristische Beispiele für Quantenphänomene zu beschreiben und damit den Leser mit typischen Größenordnungen mikrophysikalischer Parameter bekannt zu machen und ihn in das quantenmechanische Denken einzuführen. Ich habe versucht, im Rahmen meiner Themen jene Phänomene und Fragen zu behandeln, die von besonderer Bedeutung für das physikalische Verständnis sind. Gleichzeitig habe ich versucht, die Themen aufbaumäßig so einfach wie möglich zu gestalten. Ich habe Themen aus den verschiedensten Gebieten der Mikrophysik gewählt, habe aber nicht versucht, eines dieser Gebiete systematisch zu behandeln, was meiner Ansicht nach Seminarübungen vorbehalten bleiben sollte.

Die Erfordernisse bezüglich der mathematischen Vorbildung sind bescheiden. Ich gehe davon aus, daß die meisten Leser einen Kurs in höherer Mathematik hören oder gehört haben, der zumindest eine Einführung in einfache Differentialgleichungen und etwas Vektoranalysis enthält. Um eine Ablenkung von physikalischen Aspekten zu technisch-mathematischen zu vermeiden, habe ich solche Themen vermieden, die in diesem Stadium mathematisch gesehen zu schwer erscheinen. Themen die die Kenntnis bestimmter Funktionen oder der Methode der Variablentrennung in der Theorie partieller Differentialgleichungen voraussetzen, werden überhaupt nicht behandelt. Bezüglich algebraischer Voraussetzungen habe ich mich mit einigem Bedauern dazu entschließen müssen, Kenntnisse in der Matrizenrechnung nicht vorauszusetzen, und habe deshalb Themen vermieden, für deren Behandlung die Matrizenrechnung das natürliche Werkzeug darstellt.

Ich bin natürlich nicht der Ansicht, daß das *gesamte* in diesem Buch behandelte Material in der Praxis gelehrt werden muß, um dem allgemeinen Ziel dieses Lehrgangs gerecht zu werden. Es war im Gegenteil meine Absicht, dem Lehrenden beträchtliche Freiheit bezüglich der Auswahl der zur behandelnen Themen zu lassen. Um den Unterrichtenden bei der Aufstellung eines Lehrplans behilflich zu sein, bespreche ich die speziellen Ziele der einzelnen Kapitel in den „Hinweisen für Dozenten", die sich an diese Einführung anschließen, und versuche aufzuzeigen, was als *Minimalprogramm* anzusehen ist. Ich glaube, es ist durchaus nicht von Nachteil, mehr Material zur Verfügung zu haben, als in der Praxis tatsächlich verwendet wird, weil es immer Studenten geben wird, die mehr lesen wollen, als ihnen in den Vorlesungen geboten wird.

Eyvind H. Wichmann

Danksagung

Ich bin den anderen Mitgliedern des Berkeley Physics Course Committee für ständige Hilfe und Ermutigung während der letzten Jahre sehr zu Dank verpflichtet. Im besonderen möchte ich den Professoren *C. Kittel*, *A. M. Portis* und *A. C. Helmholz* für ihre vielen Anregungen und für ihre konstruktive Kritik danken.

Die meisten meiner Kollegen im Institut für Physik von Berkeley haben mir irgendwann einmal geholfen und ich möchte hier meine Dankbarkeit dafür ausdrücken. Ganz besonders danke ich den Professoren *S.P. Davis*, *W.B. Fretter*, *W.D. Knight*, *L.B. Loeb*, *J.H. Reynolds*, *A.H. Rosenfeld*, *E.G. Segrè* und *C.H. Townes* für ihre Hinweise zu meinem Manuskript, sowie Dr. *W. Hines*, der mir Photographien zur Verfügung stellte.

Dieses Buch wurde aus früheren Entwürfen, die bei Vorlesungen über diesen Teil des Physiklehrgangs in Berkeley und an anderen Hochschulen gebraucht wurden, entwickelt. Die früheste Version wurde von mir selbst benutzt, als ich im Frühjahr 1964 in Berkeley eine kleine Gruppe von Studenten unterrichtete. Ich möchte diesen Studenten für ihr Interesse und für ihre zahlreichen sehr nützlichen Anregungen und Kommentare danken. In der Folge wurden spätere Entwürfe als Vorlagen für die gleiche Vorlesung von den Professoren *K. Dransfeld*, *F. S. Crawford*, *L. T. Kerth* und *A. C. Helmholz* verwendet. Ich danke diesen Kollegen, daß sie mir ihre Erfahrungen mit diesem Kurs mitteilten.

Meine Manuskripte wurden von Mrs. *Lila Lowell* getippt, der ich hier für ihre unendliche Geduld und sorgfältige Arbeit danken möchte. Durchgelesen und auf seine Richtigkeit überprüft wurde mein Manuskript von Dr. *J. D. Finley* und Dr. *L. J. Landau*, denen ich für ihre vielen wertvollen Kommentare sehr zu Dank verpflichtet bin. Ich möchte auch Herrn Dr. *J. Crichton* danken, der das Manuskript im ersten Entwurf las.

Ich danke meiner Frau, *Marianne Wichmann*, die meine trockene Behandlung der Themen durch einige nicht ganz ernst gemeinte Zeichnungen auflockerte. Die anderen Zeichnungen in den Bildern stammen in ihrer endgültigen Form von Mr. *Felix Cooper*, dem ich mit Freude für seine sorgfältige Arbeit danke.

Eyvind H. Wichmann

Vorwort zur 2. deutschen Auflage

Die „Quantenphysik" des Berkeley Physik Kurses wurde bei der Neuauflage vor allem durch eine völlige Umgestaltung des Kapitels 9 „Die Elementarteilchen und ihre Wechselwirkungen" auf den neuesten Stand gebracht. Die bedeutenden Fortschritte der Elementarteilchenphysik, vor allem die weitgehende Bestätigung des Quark-Modells und die Entdeckung der W- und Z-Bosonen auf dem Gebiet der schwachen Wechselwirkungen, erlauben eine weit einfachere und übersichtlichere Darstellung, als dies noch vor wenigen Jahren der Fall gewesen war. Aus dem unübersichtlichen Zoo der Elementarteilchen wurde nunmehr wieder ein geordnetes System, wenn auch noch grundlegende Probleme zu klären sind, wie beispielsweise die Existenz verschiedener Quark- und Leptonenfamilien. Die Vereinheitlichung von elektromagnetischer und schwacher Wechselwirkung, die in der Entdeckung der Zwischenbosonen ihre experimentelle Bestätigung fand, sowie die Quantenchromodynamik, die einheitliche Gesichtspunkte in der Theorie der starken Wechselwirkungen schuf, haben auch hier einfachere und übersichtlichere Verhältnisse geschaffen. Das neue Kapitel, das von Prof. Dr. *Gerhard Ecker* (Universität Wien) geschrieben wurde, stellt die begrifflichen Grundlagen dieser Entwicklung dar.

Bei der Neubearbeitung wurde — wie auch in allen anderen Bänden — das SI-System eingeführt. Auch wurden neue Meßergebnisse, insofern dies auf dem heute bereits „klassischen" Gebiet der Quantentheorie notwendig war, berücksichtigt. Neuere Literatur, besonders aus dem deutschsprachigen Raum, wurde zu den einzelnen Kapiteln hinzugefügt.

Wien, im Oktober 1984 *Roman U. Sexl*

Hinweis zur 3. deutschen Auflage

In der 3., verbesserten Auflage wurden Fehler korrigiert und geringfügige Änderungen vorgenommen.

Hinweise für Dozenten und Studenten

Das Buch enthält neun Kapitel. Jedes Kapitel besteht aus kurzen, fortlaufenden numerierten Abschnitten, wobei jeder Abschnitt etwa einer bestimmten Idee oder einem Schritt in einem Gedankengang entspricht. Bilder, Gleichungen und Tabellen sind wie auch in den anderen Bänden kapitelweise numeriert. Spezielle Literatur zu bestimmten Themen im Text ist in Fußnoten zitiert. Allgemeine Literaturangaben finden Sie am Ende eines jeden Kapitels. Physikalische Konstanten und sonstige Angaben sind im Anhang zusammengestellt, einen Auszug aus diesen Tabellen enthalten die Innenseiten der Buchdeckel[1]. Übungen für selbständiges Studium sind am Ende der Kapitel angegeben. Ernstlich interessierte Studenten sollten einen Großteil dieser Aufgaben lösen.

Meine Literaturhinweise umfassen Originalarbeiten, Lehrbücher und einführende Übersichtsartikel der Art wie sie der *Scientific American* bringt. Den Studenten unter meinen Lesern möchte ich dazu folgendes sagen: Wenn Sie nur Lehrbücher lesen, gewinnen Sie ein verzerrtes Bild der Physik. Ein Lehrbuch kann wohl Grundlage für ein geordnetes und systematisches Studium eines Gebietes sein, kann aber niemals die Reichhaltigkeit und Vielfalt der geistigen Errungenschaften der Physik wiedergeben. Dem vorliegenden Werk zum Beispiel fehlt beinahe völlig die Beschreibung von Versuchsmethoden. Ich habe deshalb auch auf Arbeiten hingewiesen, die sich mit der eigentlichen Forschung befassen; dadurch hoffe ich auch, daß Sie Geschmack an der physikalischen Literatur gewinnen. Ich erwarte gewiß nicht, daß mehr als nur ein Bruchteil dieser zitierten Arbeiten tatsächlich gelesen wird: Stoßen Sie jedoch auf ein Gebiet, das Sie besonders interessiert, dann sollten sie unbedingt in einer Bibliothek die ursprünglichen Quellen nachschlagen. Es werden Ihnen dann eventuell auch noch andere interessante Arbeiten begegen, wodurch Sie Freude an solcher ergänzenden Literatur finden werden. Sie sollten hingegen nicht versuchen, Arbeiten zu lesen, für die Ihnen die nötigen Grundlagen fehlen. Es gibt aber zahlreiche, insbesondere experimentelle Arbeiten, die durchaus im Zusammenhang mit dem vorliegenden Buch gelesen werden können, und aus diesen Arbeiten sollte eine Auswahl getroffen werden. Ihre Dozenten werden Ihnen sicherlich noch weitere Hinweise geben. Die einführenden Überblicksartikel im *Scientific American*, für die Sie nur geringe Vorkenntnisse mitzubringen brauchen, sind in diesem Stadium ebenfalls sehr zu empfehlen. In diesen Artikeln werden derzeit laufende Experimente und heute interessante Themen behandelt.

Das Problem der zu verwendenden Maßsysteme und Einheiten ist im vorliegenden Buch praktisch nicht existent. Der Vortragende kann nach Belieben das CGS- oder das MKSA-System verwenden[1]. (Das einzige Mal, wo dieser Unterschied von Bedeutung ist, ist bei dem Ausdruck für die Feinstrukturkonstante.) Die Konstanten sind in beiden Maßsystemen angeführt; bei theoretischen Überlegungen habe ich die Gleichungen oft in dimensionsloser Form angeschrieben, in der die makroskopischen Einheiten überhaupt nicht vorkommen. Experimentelle Ergebnisse sind im praktischen Maßsystem angegeben.

Ich möchte nun noch einige Bemerkungen über den Inhalt der einzelnen Kapitel machen, sowie über die Ziele, die ich darin verfolgt habe, und auch andeuten, wie und wo Sie eventuell Kürzungen vornehmen können. Ein Teil des Stoffes ist im Text als „für Fortgeschrittene" angemerkt. Die darin behandelten Themen sind nicht unbedingt fortgeschrittener, auch nicht schwieriger als die übrigen. Sie fallen jedoch in gewissem Sinn aus dem Rahmen der ansonsten behandelten Themen. Sie können diese Abschnitte daher ruhig überspringen, ohne daß dies das Verständnis des übrigen Buches erschweren würde.

Kapitel 1 (Einführung) ist eine allgemeine Einleitung. Darin wird der Themenkreis der Quantenphysik besprochen sowie einige Aspekte der Geschichte der Quantenphysik behandelt. Die eigentliche und recht wichtige Aussage dieses Kapitels soll folgende sein: Die Quantenphysik ist für die *gesamte* Physik wichtig, nicht allein für „mikroskopische" Phänomene. Bei einem Minimalprogramm können Sie einen Großteil von Kapitel 1 dem Studenten zur selbständigen Lektüre aufgeben. Im Rahmen der Vorlesung sollten lediglich die Abschnitte **27** bis **52** behandelt werden, die sich mit der Einführung des Planckschen Wirkungsquantums in die physikalische Vorstellungswelt befassen. Die Übungen am Ende des Kapitels bedürfen keiner eigenen Vorbereitungen und können sämtlich auch im Rahmen eines Minimalprogramms gestellt werden.

---

[1] (Während der Drucklegung der Originalausgabe hinzugefügte Anmerkung.) Das fertige Manuskript wurde beim Verlag Ende 1967 eingereicht. Deshalb enthält das Buch keine Literaturhinweise auf neuere Arbeiten. Man kann jedoch feststellen, daß in der Zwischenzeit nichts vorgefallen ist, was den Stoff dieses Buches wesentlich beeinflussen würde.

[1] Da aber, insbesondere beim Studium von Ergänzungsliteratur, Unklarheiten auftreten können, werden auf S. XI einige grundlegende Hinweise zum Internationalen Einheitensystem gegeben.

Kapitel 2 (Physikalische Größen in der Quantenphysik) ist den Größenordnungen physikalischer Parameter in der Mikrophysik gewidmet. In diesem Kapitel werden die Studenten mit diesen Größenordnungen vertraut gemacht, es werden „natürliche" Kombinationen der physikalischen Konstanten aufgezeigt, und schließlich wird geschildert, wie man aufgrund einfacher Modelle zu groben Näherungswerten gelangen kann. Diese Dinge sind meiner Ansicht nach sehr wichtig, weshalb das Kapitel einschließlich der angefügten Übungen eingehend behandelt werden sollte. Im Rahmen eines Minimalprogramms können die Abschnitte **47** bis **57** ausgelassen werden.

Kapitel 3 (Energieniveaus) geht auf die Energieniveaus ein, jedoch noch ohne theoretische Erklärung, warum es überhaupt Energieniveaus gibt. Diese Erklärung wird erst in Kapitel 8 gegeben. Diese etwas sonderbar anmutende Anordnung habe ich deshalb gewählt, weil ich alle Themen, die einige Vorkenntnisse über Differentialgleichungen erfordern, so spät wie möglich behandeln wollte. Je nach den Vorkenntnissen der Studenten kann diese Reihenfolge natürlich geändert werden. Das Ziel von Kapitel 3 ist, reale Beispiele für Niveausysteme und Termschemata zu geben, und zu zeigen, wie man aufgrund der empirischen Tatsache, daß Energiesysteme existieren, einfache Schlußfolgerungen ziehen kann. Ein Teil des Kapitels ist als selbständige Lektüre geeignet. Ein wichtiger Punkt, der eingehend besprochen werden sollte, ist jedoch der Zusammenhang zwischen Lebensdauer und Niveaubreite (Abschnitte **14** bis **26**).

Kapitel 4 (Photonen) befaßt sich mit den Wellen- bzw. Korpuskeleigenschaften von Photonen. Es werden wichtige experimentelle Ergebnisse besprochen, eine quantenmechanische Betrachtung dieser Ergebnisse wird angeregt. Meiner Ansicht nach sollten Sie dieses Kapitel nicht kürzen.

Kapitel 5 (Materieteilchen) behandelt die Wellennatur aller Materieteilchen. Wer die Kapitel 4 und 5 gelesen hat, dem wird klar geworden sein, daß alle realen in der Natur vorkommenden Teilchen Welleneigenschaften aufweisen, und er wird auch zu einer eigenen Ansicht über die unmittelbaren Konsequenzen dieser ganz einfachen experimentellen Tatsache gekommen sein. Weiter wird dargelegt, warum die Wellennatur der Teilchen nicht in direktem Widerspruch mit unseren Erfahrungen aus der makrophysikalischen Welt steht. Kapitel 5 befaßt sich also weitgehend mit sehr grundlegenden Fragen. Die Ableitung der Klein-Gordon-Gleichung (Abschnitte **36** bis **46**) sollte nicht ausgelassen werden. Die Auslegung von Lösungen einer Wellengleichung als Vektoren in einem Vektorraum wird in den Abschnitten **47** bis **54** diskutiert, die eventuell als selbständige Lektüre aufgegeben werden oder auch überhaupt ausgelassen werden können. Im Rahmen eines Minimalprogramms könnte auch die Diskussion der Beugung von Wellen an einer periodischen Struktur (Abschnitte **16** bis **22**) übersprungen werden, obwohl es schade wäre, die zugehörige Theorie, die so viele schöne und brauchbare praktische Anwendungsmöglichkeiten besitzt, nicht zu besprechen.

Kapitel 6 (Das Unschärfeprinzip und die Meßtheorie). Im ersten Teil dieses Kapitels werden die Unschärferelationen besprochen (Abschnitte **1** bis **19**). Dieses Thema ist von *entscheidender* Wichtigkeit und sollte auf keinen Fall ausgelassen werden. Im übrigen Teil von Kapitel 6 wird der Versuch gemacht, einige allgemeine Regeln für eine quantenmechanische Betrachtungsweise aufzustellen und zu diskutieren. Eine Theorie der Messungen wird besprochen, der Begriff des statistischen Kollektivs und der kohärenten und inkohärenten Superposition wird diskutiert. Ich habe versucht, diese Diskussion so konkret und rein physikalisch zu halten, wie es möglich war, doch gehen die Abhandlungen dieses Kapitels unleugbar weiter als man es von einführenden Lehrbüchern gewohnt ist. Viele Leser werden vielleicht der Ansicht sein, daß diese Themen erst später behandelt werden sollten. Ich bin jedoch der Meinung, daß einige der wichtigsten Ideen dieses Kapitels nicht so schwierig zu verstehen sind, wenn sie systematisch erklärt werden. Außerdem ist es meiner Ansicht nach durchaus von Vorteil, diese Ideen schon in einem frühen Stadium zu besprechen.

Kapitel 7 (Die Wellenmechanik Schrödingers) und **Kapitel 8 (Theorie der stationären Zustände)** bieten eine Einführung in die Schrödinger-Theorie. Ich habe dabei die Absicht verfolgt, im Detail zu zeigen, wie sich eine wellenmechanische Theorie in der Praxis bewährt. Die Abschnitte **49** bis **51** von Kapitel 7 und die Abschnitte **49** bis **58** von Kapitel 8 können in einem Minimalprogramm ausgelassen werden. Die Diskussion der Potentialwalldurchdringung beim Alpha-Zerfall (Abschnitte **37** bis **48**, Kapitel 7) sollten besser *nicht* ausgelassen werden, da der Vergleich zwischen der Theorie und dem Experiment unbedingt wirkungsvoll ist.

Kapitel 9 (Die Elementarteilchen und ihre Wechselwirkungen) gibt einen Überblick über die Wechselwirkungen zwischen Elementarteilchen. In den Abschnitten **1** bis **18** werden Streuprozesse im Rahmen des Wellenmodells besprochen. Die Abschnitte **19** bis **30** gehen näher auf den Begriff eines Elementarteilchens ein und enthalten eine Klassifizierung sowohl der Elementarteilchen als auch der vier fundamentalen Wechselwirkungen. In den Abschnitten **31** bis **46** folgt eine Diskussion einiger grundlegender Vorstellungen der Quantenfeldtheorie und ihrer Erfolge in der Beschreibung aller fundamentalen Wechselwirkungen. In den folgenden Abschnitten **47** bis **50** wird die Vereinigung der elektromagnetischen und der schwachen Wechselwirkung beschrieben. Das Quarkmodell der Hadronen und die Entwicklung zur Quantenchromodynamik, der Eichtheorie der starken Wechselwirkungen, bilden den Inhalt der Abschnitte **51** bis **56**. In den letzten drei Abschnitten werden der gegenwärtige Stand und einige interessante offene Fragen der Elementarteilchenphysik zusammengefaßt.

Die *Übungen* am Ende eines jeden Kapitels sind dazu gedacht, die behandelten Themen zu erläutern und zu veranschaulichen. Sie sind von recht unterschiedlichem Schwierigkeitsgrad. Nur wenige der Übungen sind von der Art, die nur das Einsetzen von Zahlenwerten in eine irgendwo im Text angegebene Gleichung erfordert. Bestimmte Übungen dieser Art sind natürlich in der Hinsicht sehr nützlich, als sie dem Leser ein Gefühl für die relevanten Größenordnungen vermitteln. Bei meiner Auswahl der Übungen habe ich jedoch vor allem Gewicht auf solche gelegt, durch die überprüft wird, ob der Leser den Text voll verstanden hat. Diese Übungen sollten nicht in einer Menge trivialer Probleme untergehen. Ich habe außerdem vorausgesetzt, daß jeder Dozent für seine Vorlesung eigens Übungen zusammenstellen möchte, und diese können dann, wenn das nötig ist, von der oben erwähnten Art sein, bei der man nur Werte einzusetzen braucht. Wenn ein Dozent bestimmte Teile des Textes ausläßt, wird er natürlich auch die entsprechenden Übungen weglassen und sie eventuell durch andere ersetzen.

Wenn Sie von diesen definitiven Vorschlägen für Auslassungen und Kürzungen absehen, so ist es außerdem noch möglich, hier oder dort einmal einen Abschnitt wegzulassen, die Diskussion zu vereinfachen oder zu verkürzen, ohne dem Sinn und Zweck dieses Buches zuwiderzuhandeln. Bei einem Minimalprogramm werden die Vorlesungen daher unter Umständen nur die Hälfte bis zwei Drittel des behandelten Stoffes umfassen. Ich würde schätzen, daß dies etwa zwanzig Vorlesungsstunden entspricht: Dies ist aber das absolute *Minimum* an Zeit, das dem Band Quantenphysik des Physiklehrganges gewidmet werden sollte.

Hinweis zum Internationalen Einheitensystem

Die meisten elektrotechnischen und viele Physiklehrbücher verwenden heute das rational eingeführte MKSA-System, auch Internationales Einheitensystem SI[1] genannt. Die mechanischen Einheiten dieses Systems sind von den Basiseinheiten Meter, Kilogramm und Sekunde abgeleitet. Die Krafteinheit des SI-Systems ist das Newton (N), definiert als jene Kraft, die einem Körper der Masse 1 kg die Beschleunigung 1 m/s^2 erteilt. 1 N entspricht also genau 10^5 dyn des CGS-Systems. Die entsprechende Arbeits- bzw. Energieeinheit ist das Newtonmeter (Nm) oder Joule (J); sie ist 10^7 erg äquivalent.

Zu den elektrischen Einheiten des SI-Systems gehören u.a. die „praktischen" Einheiten Coulomb (C), Volt (V), Ampere (A) und Ohm (Ω). Eines Tages entdeckte man nämlich, daß sich diese bereits seit langem verwendeten Einheiten in ein vollständiges Einheitensystem integrieren lassen, und zwar folgendermaßen: Man geht vom Coulombschen Gesetz aus

$$F_2 = k \frac{Q_1 Q_2 \hat{r}_{21}}{r_{21}^2} , \qquad (1)$$

setzt aber die Konstante k nicht 1, sondern gibt ihr einen solchen Wert, daß bei Angabe von Q_1 und Q_2 in C und r_{21} in m sich die Kraft F_2 in N ergibt. Aus den bekannten Beziehungen zwischen N und dyn, C und statvolt sowie m und cm folgt mit Hilfe einer einfachen Rechnung der Zahlenwert von k, nämlich $0{,}8988 \cdot 10^{10}$. (Zwei Ladungen von je 1 C im Abstand 1 m erzeugen eine beträchtliche Kraft – sie entspricht etwa der Gewichtskraft von 10 Millionen Newton). Nun können wir $1/4\pi\epsilon_0$ statt k schreiben, die Konstante ϵ_0 braucht dann nur so gewählt zu werden, daß $1/4\pi\epsilon_0 = k = 0{,}8988 \cdot 10^{10}$ ist. Das Coulombsche Gesetz erhält dann die Form

$$F = \frac{1}{4\pi\epsilon_0} \frac{Q_1 Q_2}{r^2} \qquad (2)$$

mit der Konstanten ϵ_0

$$\epsilon_0 = 8{,}854 \cdot 10^{-12} \text{ C}^2/\text{Nm}^2 . \qquad (3)$$

Das Herausheben des Faktors $1/4\pi$ erfolgt zwar willkürlich, aber dadurch fällt der Faktor 4π aus vielen elektrischen Gleichungen, in denen er sonst auftreten würde, heraus, dies jedoch um den Preis, daß $1/4\pi$ in einige andere Gleichungen, z.B. in das Coulombsche Gesetz eingeht. Und das ist alles, was sich hinter „rational" verbirgt. Die Konstante ϵ_0 ist die Dielektrizitätskonstante im Vakuum.

---

[1] Anmerkung des Übersetzers: Das SI-System ist entsprechend dem „Gesetz über Einheiten im Meßwesen" vom 2. Juli 1969 und der „Ausführungsverordnung zum Gesetz über Einheiten im Meßwesen" vom 26. Juni 1970 für das gesamte Meßwesen in der Bundesrepublik Deutschland vorgeschrieben. Der Vorteil dieses Einheitensystems liegt darin, daß alle Einheiten kohärent sind.

Die Einheit des elektrischen Potentials ist das Volt (V), die elektrische Feldstärke E wird in Volt/Meter (V/m) angegeben. Die Kraft auf eine Ladung Q im Feld E ist dann

$$F \text{ (in N)} = QE \text{ (in C} \cdot \text{V/m)}. \tag{4}$$

Die Einheit der Stromstärke 1 A entspricht 1 C/s. Wenn in zwei parallelen Drähten mit dem Abstand r (in m) der Strom I (in A) fließt, ergibt sich für die auf die Längeneinheit 1 m bezogene Kraft f auf jeden der beiden Drähte

$$f \text{ (in N/m)} = \frac{\mu_0}{4\pi} \frac{2I^2}{r} \quad \text{(in A}^2\text{/m)}. \tag{5}$$

Im CGS-System lautet die entsprechende Gleichung

$$f \text{ (in dyn/cm)} = \frac{2I^2}{rc^2} \quad \left(\text{in } \frac{(\text{statvolt/s})^2}{\text{cm}^3/\text{s}^2}\right). \tag{6}$$

Aus dem Vergleich von Gl. (5) mit Gl. (6) folgt für $\mu_0/4\pi$ der Wert 10^{-7}. Die Konstante μ_0, die Permeabilität im Vakuum, ergibt sich dann genau zu

$$\mu_0 = 4\pi \cdot 10^{-7} \text{ N/A}^2. \tag{7}$$

Die magnetische Induktion B folgt definitionsgemäß aus der Gleichung für die Lorentz-Kraft:

$$F \text{ (in N)} = QE + Qv \times B, \tag{8}$$

wobei v die Geschwindigkeit eines geladenen Teilchens in m/s und Q seine Ladung in C ist. Eine neue Einheit für B ist deshalb erforderlich; sie heißt Tesla (T) oder Weber/Quadratmeter (Wb/m^2). 1 Tesla entspricht genau 10^4 Gauß. Im SI-System hat die magnetische Feldstärke H eine andere Einheit als die Induktion B. Im Vakuum sind B und H durch

$$B = \mu_0 H \tag{9}$$

verknüpft. Mit dem freien Strom steht H in folgender Beziehung:

$$\int H\,ds = I_{\text{frei}}. \tag{10}$$

I_{frei} ist dabei der freie Strom (in A), der von der Schleife umschlossen wird, längs der man das Linienintegral der rechten Seite von Gl. (10) erstreckt. Da man ds in m messen muß, heißt die Einheit von H einfach A/m.

Im SI-System lauten die Maxwellschen Gleichungen für die Felder im Vakuum

$$\begin{aligned} \text{div } E &= \rho & \text{rot } E &= -\frac{\partial B}{\partial t} \\ \text{div } B &= 0 & \text{rot } B &= \mu_0 \epsilon_0 \frac{\partial E}{\partial t} + \mu_0 J. \end{aligned} \tag{11}$$

Im Gaußschen CGS-System tritt in diesen Gleichungen c offen auf. Bei einem Vergleich stellen wir fest, daß aus Gl. (11) eine Wellengeschwindigkeit $1/\sqrt{\epsilon_0 \mu_0}$ (in m/s) folgt; d.h.

$$\epsilon_0 \mu_0 = 1/c^2. \tag{12}$$

Wir führten im Gaußschen CGS-System über das Coulombsche Gesetz mit $k \equiv 1$ die Ladungseinheit statvolt ein. Das Coulomb des MKSA-Systems wird aber nicht durch Gl. (1) sondern durch Gl. (5), d.h. durch die Kraft zwischen Strömen statt zwischen Ladungen eingeführt. In Gl. (5) steht nämlich $\mu_0 \equiv 4\pi \cdot 10^{-7}$. Anders formuliert: Wenn neue Messungen der Lichtgeschwindigkeit einen anderen Wert für c ergeben, müssen wir den Wert der Konstanten ϵ_0 und nicht den von μ_0 ändern.

Die nachstehende Tabelle enthält einen Teil der MKSA- bzw. SI-Einheiten sowie die äquivalenten Werte im Gaußschen CGS-System.

Größe	Symbol	Einheit im rationalen SI-System	äquivalente Werte im Gaußschen CGS-System
Abstand	s	Meter (m)	10^2 cm
Kraft	F	Newton (N)	10^5 dyn
Arbeit, Energie	W	Joule (J)	10^7 erg
Ladung	Q	Coulomb (C)	$2{,}998 \cdot 10^9$ esE
Stromstärke	I	Ampere (A)	$2{,}998 \cdot 10^9$ esE/s
elektr. Potential	V	Volt (V)	$(1/299{,}8)$ statvolt
elektr. Spannung	U		
elektr. Feld	E	V/m	$(1/29980)$ statvolt/cm
Widerstand	R	Ohm (Ω)	$1{,}139 \cdot 10^{-12}$ s/cm
magn. Induktion	B	Tesla (T)	10^4 Gauß (G)
magn. Fluß	Φ	Weber (Wb)	10^8 G cm^2
magn. Feldstärke	H	A/m	$4\pi \cdot 10^{-3}$ Oersted (Oe)

Das MKSA- bzw. SI-System eignet sich gut für die Elektrotechnik. Wenn man in ihm aber die physikalischen Grundlagen der Felder und der Materie ausdrücken will, stößt man auf einen entscheidenden Nachteil. Die Maxwellschen Gleichungen für die Felder im Vakuum sind in diesem System bezüglich der elektrischen und magnetischen Feldgrößen nur dann symmetrisch, wenn H an die Stelle von B tritt. (Beachten Sie, daß Gl. (11) selbst in Abwesenheit von J asymmetrisch ist.) Andererseits hatten wir gezeigt, daß B und nicht H das grundlegende magnetische Feld in der Materie darstellt. Das ist keine Frage der Definition oder der Einheitenwahl sondern eine Naturgegebenheit, die das Fehlen magnetischer Ladungen reflektiert. Deshalb führt das MKS- bzw. SI-System entweder zu einer Verschleierung der grundlegenden elektromagnetischen Symmetrie des Vakuums oder der wesentlichen Asymmetrie der Quellen.

Physikalische Konstanten

Näherungswerte physikalischer Konstanten und wichtige numerische Größen sind auf dem vorderen und hinteren Vorsatz dieses Bandes abgedruckt. Weitere und genauere Werte physikalischer Konstanten enthält *Physics Today*, S. 48–49, Februar 1964[1].

Zeichen und Symbole

Im allgemeinen haben wir uns an die in der physikalischen Literatur gebräuchlichen Symbole und Abkürzungen gehalten, die meisten von ihnen sind ohnehin durch internationale Übereinkunft festgelegt. In einigen wenigen Fällen haben wir aus didaktischen Gründen andere Bezeichnungen gewählt.

Das Symbol $\sum_{j=1}^{n}$ oder $\sum_{j}$ gibt an, daß der rechts von Σ stehende Ausdruck über alle j von $j = 1$ bis $j = n$ summiert werden soll. Die Schreibweise $\sum_{i,j}$ gibt eine Doppelsummation über alle i und j an. $\sum'_{i,j}$ oder $\sum_{\substack{i,j \\ i \neq j}}$ bedeutet schließlich eine Summation über alle Werte von i und j mit Ausnahme von $i = j$.

Größenordnung

Unter dem Hinweis auf die Größenordnung versteht man gewöhnlich „etwa innerhalb eines Faktors 10". Häufige Größenordnungsabschätzungen kennzeichnen die Arbeits- und Sprechweise des Physikers, ein sehr nützlicher Berufsbrauch, der allerdings dem Studienanfänger enorme Schwierigkeiten bereitet. Wir stellen beispielsweise fest, daß 10^4 die Größenordnung der Zahlen 5500 und 25000 ist. Die Größenordnung der Elektronenmasse ist 10^{-30} kg, ihr genauer Wert hingegen $(0{,}91072 \pm 0{,}00002) \cdot 10^{-30}$ kg.

---

[1] Anmerkung des Übersetzers: Siehe auch *H. Ebert*, Physikalisches Taschenbuch, Verlag Friedr. Vieweg & Sohn, Braunschweig, und *B. M. Jaworski/A. A. Detlaf*, Physik griffbereit, Verlag Friedr. Vieweg & Sohn, Braunschweig, 1972.

Oft begegnen wir auch der Feststellung, daß eine Lösung bis auf Glieder der Ordnung x^2 oder E genau ist, welche Größen dies auch immer sein mögen. Man schreibt dafür auch $O(x^2)$ bzw. $O(E)$. Diese Aussage meint, daß Glieder mit höheren Potenzen (z.B. x^3 oder E^2), die in der vollständigen Lösung auftreten, unter gewissen Umständen im Vergleich zu den in der Näherungslösung vorhandenen Gliedern vernachlässigt sind.

Das griechische Alphabet

A	α		Alpha
B	β		Beta
Γ	γ		Gamma
Δ	δ		Delta
E	ϵ		Epsilon
Z	ζ		Zeta
H	η		Eta
Θ	θ	ϑ	Theta
I	ι		Jota
K	κ		Kappa
Λ	λ		Lambda
M	μ		My
N	ν		Ny
Ξ	ξ		Xi
O	o		Omikron
Π	π		Pi
P	ρ		Rho
Σ	σ		Sigma
T	τ		Tau
Υ	υ		Ypsilon
Φ	ϕ	φ	Phi
X	χ		Chi
Ψ	ψ		Psi
Ω	ω		Omega

Griechische Buchstaben, die nur sehr selten als Symbole Verwendung finden, sind grau unterlegt; meist sind sie lateinischen Buchstaben so ähnlich, daß sie sich als Symbole nicht eignen.

Inhaltsverzeichnis

1	**Einführung**	**1**
1.1	Themenkreis der Quantenphysik	1
1.2	Atome und Elementarteilchen	3
1.3	Die Grenzen der klassischen Theorie	9
1.4	Die Entdeckung des Planckschen Wirkungsquantums	12
1.5	Der photoelektrische Effekt	18
1.6	Stabilität und Größe der Atome	21
1.7	Literatur	25
1.8	Übungen	25
2	**Physikalische Größen in der Quantenphysik**	**27**
2.1	Einheiten und physikalische Konstanten	27
2.2	Energie	30
2.3	Charakteristische Zahlenwerte in der Atom- und Molekularphysik	34
2.4	Die wichtigsten Grundgesetze der Kernphysik	41
2.5	Gravitationskräfte und elektromagnetische Kräfte	45
2.6	Numerische Überlegungen	47
2.7	Weiterführendes Problem: Die fundamentalen Naturkonstanten	48
2.8	Literatur	52
2.9	Übungen	52
3	**Energieniveaus**	**56**
3.1	Termschemata	56
3.2	Die endliche Breite der Energieniveaus	63
3.3	Mehr über Energieniveaus und Termschemata	68
3.4	Dopplerverbreiterung und Stoßverbreiterung von Spektrallinien	80
3.5	Einiges über die Theorie der elektromagnetischen Übergänge	81
3.6	Literatur	85
3.7	Übungen	86
4	**Photonen**	**88**
4.1	Das Photon als Teilchen	88
4.2	Der Comptoneffekt, Bremsstrahlung; Paarbildung und -vernichtung	94
4.3	Sind Photonen „teilbar"?	102
4.4	Literatur	109
4.5	Übungen	109
5	**Materieteilchen**	**111**
5.1	De Broglie-Wellen	111
5.2	Theorie der Beugung an periodischen Strukturen	118
5.3	Es gibt nur ein Plancksches Wirkungsquantum	121
5.4	Können Materiewellen aufgespalten werden?	125
5.5	Die Wellengleichung und das Superpositionsprinzip	127
5.6	Weiterführendes Problem: Der Vektorraum physikalischer Zustände	130
5.7	Literatur	133
5.8	Übungen	134
6	**Das Unschärfeprinzip und die Meßtheorie**	**137**
6.1	Die Heisenbergschen Unschärferelationen	137
6.2	Messungen und statistische Kollektive	145
6.3	Amplituden und Intensitäten	155
6.4	Kann prinzipiell das Ergebnis jeder Messung vorausgesagt werden?	159
6.5	Polarisiertes und unpolarisiertes Licht	161
6.6	Literatur	163
6.7	Übungen	163
7	**Die Wellenmechanik Schrödingers**	**166**
7.1	Schrödingers nichtrelativistische Wellengleichung	166
7.2	Einige einfache Potentialwallprobleme	172
7.3	Theorie der Alpha-Radioaktivität	180
7.4	Weiterführendes Problem: Normierung der Wellenfunktion	188
7.5	Literatur	190
7.6	Übungen	190
8	**Theorie der stationären Zustände**	**193**
8.1	Quantisierung als Eigenwertproblem	193
8.2	Der harmonische Oszillator. Schwingungs- und Rotationsanregung von Molekülen	204
8.3	Wasserstoffähnliche Systeme	211
8.4	Weiterführendes Problem: Ortsvariable und Impulsvariable in der Schrödinger-Theorie	214
8.5	Literatur	217
8.6	Übungen	217
9	**Die Elementarteilchen und ihre Wechselwirkungen**	**221**
9.1	Streuprozesse und Wellenmodell	221
9.2	Was ist ein Teilchen	232
9.3	Die Grundlagen der Quantenfeldtheorie	240
9.4	Die elektroschwache Wechselwirkung	248
9.5	Von den Quarks zur Quantenchromodynamik	252
9.6	Zusammenfassung und Ausblick	256
9.7	Literatur	256
9.8	Übungen	257
Anhang		**259**
A.1	Allgemeine physikalische Konstanten	259
A.2	Die stabilsten Elementarteilchen	260
A.3	Die chemischen Elemente	262
Sachwortverzeichnis		**263**

1 Einführung

1.1 Themenkreis der Quantenphysik

1. In diesem Band unseres Lehrgangs befassen wir uns mit der Physik der Atome, Atomkerne und Elementarteilchen. Dabei werden sich uns neue Aspekte in der Betrachtung der Natur erschließen: Wir verstehen darunter solche, die in den vorangegangenen Bänden nicht systematisch behandelt wurden. Diese Aspekte werden allgemein unter der Bezeichnung *Quantenphänomene* zusammengefaßt, weshalb auch dieser Band den Titel *Quantenphysik* hat. Die gegenwärtig als gültig angesehene grundlegende mathematische Theorie der Quantenphysik wird als *Quantenmechanik* bezeichnet.

Man könnte nun der Ansicht sein, daß die „Quantenphysik" nichts mit der makroskopischen Welt zu tun hat. Tatsächlich muß jedoch die *gesamte* Physik als Quantenphysik aufgefaßt werden; die Gesetze der Quantenphysik in ihrer heutigen Formulierung sind die allgemeinsten Naturgesetze überhaupt.

2. In den vorangegangenen Bänden des Berkeley Physik Kurses befaßten wir uns mit physikalischen Phänomenen der makroskopischen Welt. Die dabei erarbeiteten Naturgesetze sind die Gesetze der *klassischen Physik*. Ganz allgemein können wir feststellen, daß die klassische Physik diejenigen Aspekte der Natur behandelt, für die die feinste Struktur der Materie nicht von *unmittelbarer* Bedeutung ist. Im vorliegenden Band jedoch werden wir uns insbesondere mit den Elementarteilchen und ihren Gesetzmäßigkeiten beschäftigen. Natürlich werden wir die physikalischen Erscheinungen betrachten, in denen diese Gesetze in möglichst einleuchtender Form auftreten – das heißt also, wir werden Situationen untersuchen, die die Wechselwirkungen von nur wenigen Teilchen betreffen. Die Physik dieses Bandes könnte daher zum größten Teil als *Mikrophysik* bezeichnet werden: Wir untersuchen „kleine" Systeme, die aus einer kleinen Anzahl von Elementarteilchen bestehen.

Wenn wir jedoch die Grundgesetze kennen, die für die Elementarteilchen gelten, dann können wir prinzipiell auch das Verhalten makroskopischer physikalischer Systeme vorhersagen, die aus einer sehr großen Anzahl von Elementarteilchen bestehen. Das heißt also: Die Gesetze der klassischen Physik folgen aus denen der Mikrophysik. In dieser Hinsicht ist die Quantenmechanik für die makroskopische Welt genauso relevant wie für die mikroskopische (Bild 1.1).

3. Werden die Gesetze der klassischen Physik auf ein makroskopisches System angewendet, dann versuchen wir damit lediglich, bestimmte Verhaltensweisen des Systems grob zu beschreiben. Wir betrachten zum Beispiel die Bewegung eines „starren Körpers" als Ganzes, gehen also auf die Bewegungen der elementaren Bestandteile des Körpers überhaupt nicht ein. Dies ist eine charakteristische Eigenschaft klassischer physikalischer Theorien bei der Anwendung auf makroskopische Systeme; Details im Verhalten des Systems werden nicht berücksichtigt, und man versucht auch gar nicht, alle Aspekte der Situation in Betracht zu ziehen. In diesem Sinne sind die Gesetze der klassischen Physik angenäherte Naturgesetze. Sie sind als Grenzfälle der grundlegenderen und umfassenderen quantenphysikalischen Gesetze anzusehen.

Die klassischen Theorien sind, anders ausgedrückt, *phänomenologische Theorien*. Im Rahmen einer solchen *phänomenologischen* Theorie versucht man, experimentelle Tatsachen innerhalb eines begrenzten Bereichs der Physik zu beschreiben und zusammenzufassen. Es ist nicht beabsichtigt, alles in der Physik zu beschreiben, doch wird dies eine gute phänomenologische Theorie für alles innerhalb des betreffenden begrenzten Bereichs sehr genau tun. Philosophisch angehauchte Leser mögen einwenden, daß letztlich *jede* physikalische Theorie eine phänomenologische ist und daß zwischen einer grundlegenden und einer phänomenologischen Theorie lediglich ein gradueller Unterschied bestehe. Physikern jedoch ist der Unterschied zwischen den beiden Arten von Theorien ganz klar. Die *grundlegenden* Naturgesetze zeichnen sich durch große Allgemeingültigkeit aus; es sind uns keinerlei Ausnahmen für diese Gesetze bekannt. Wir betrachten sie als richtig und exakt sowie als universell gültig, solange nicht experimentelles Beweismaterial dies hinfällig macht. Im Gegensatz dazu sind die Gesetze einer

Bild 1.1 Beispiel für ein quantenmechanisches System. Das Verhalten dieses Elektromotors und der Taschenlampenbatterie zur Stromversorgung ist durch die Gesetze der Quantenmechanik bestimmt, was der Autor vor dreißig Jahren, als er diesen Motor erhielt, sich niemals hätte träumen lassen.

Der Bau eines Elektromotors beruht auf der klassischen elektromagnetischen Theorie und der klassischen Mechanik, die Grenzfälle der Quantenmechanik darstellen. Kein Elektrotechniker würde es sich einfallen lassen, ein solches makroskopisches System durch die Wechselwirkungen zwischen den Elementarteilchen zu beschreiben, aus denen das System besteht.

phänomenologischen Theorie *nicht* allgemein gültig; wir *wissen* nur, daß sie (mit hinreichender Genauigkeit) lediglich in einem begrenzten Bereich der Physik gelten und daß außerhalb dieses Bereichs die betreffende phänomenologische Theorie vollkommen bedeutungslos sein kann.

4. Trotz dieser Einschränkung dürfen wir die phänomenologischen Theorien nicht geringschätzen. Sie sind nämlich insofern sehr nützlich, als sie unser praktisches Wissen in den verschiedenen Bereichen der Physik zusammenfassen. Es gibt in der Physik viele Beispiele dafür, daß man zwar eine grundlegende Theorie hat, die Phänomene jedoch derart kompliziert sind, daß es unmöglich ist, aufgrund von allgemeinen Prinzipien genaue Vorhersagen aufzustellen. In einem solchen Fall versuchen wir es mit einer vereinfachten phänomenologischen Theorie, die zum Teil direkt auf experimentellen Tatsachen beruht, zum Teil auf allgemeinen Aussagen der grundlegenden Theorie. Wir lassen sozusagen „die physikalischen Systeme einen Teil unserer Denkarbeit tun". Außerdem gibt es in der Physik viele Fälle, bei denen die grundlegende Theorie fehlt. Eine jede phänomenologische Theorie, die wir anhand eines einfachen Modells aufstellen können, ist dann ein sehr brauchbarer Wegweiser auf der Suche nach einer umfassenderen Theorie.

Wenn wir ein neues physikalisches Phänomen verstehen wollen, dann wird der erste Schritt dazu logischerweise der einfachste sein müssen. Wir versuchen es zunächst mit einer Theorie oder einem Modell, das in einer anscheinend analogen Situation mit Erfolg angewendet werden könnte. Führt dieser Weg zum Erfolg, dann haben wir dadurch etwas gelernt; das haben wir jedoch *auch*, wenn wir mit dem betreffenden Modell *keinen* Erfolg hatten.

Sie müssen sich jedoch immer vor Augen halten, daß Modelle eben nur Modelle sind und daß es keineswegs notwendig ist, die Gesamtheit der Physik mit einem einzigen Modell zu erfassen.

5. Man spricht oft von einer durch die Entdeckung der Quantenphysik hervorgerufenen „Revolution" in der Physik. „Revolution" ist anscheinend ein recht beliebtes Wort, wenn auch recht dramatisch, deutet es doch eine vollkommene Umwälzung der Dinge an. Eine solche Umwälzung hat jedoch nicht stattgefunden - jedenfalls was die Gesetze der klassischen Physik in solchen Fällen betrifft, für deren Beschreibung die klassische Theorie aufgestellt wurde. Die Bewegung eines Pendels wird zum Beispiel heutzutage genauso beschrieben wie im neunzehnten Jahrhundert.

Außerdem können wir mittels klassischer Begriffe sehr wohl zu einem *gewissen* Verständnis mikrophysikalischer Phänomene kommen: Diese Begriffe gelten dann angenähert. Es ist wichtig, die Grenzen der Anwendbarkeit klassischer Vorstellungen zu erkennen; in diesem Kapitel wird versucht, diese Grenzen *grob* aufzuzeigen. Dieses wichtige Problem werden wir genauer wohl erst in den späteren Kapiteln verstehen, in denen wir mehr über quantenphysikalische Phänomene erfahren.

Daß die klassischen Theorien der Physik nicht universelle Gültigkeit besitzen, wurde durch viele Experimente in diesem Jahrhundert überzeugend nachgewiesen. Einiges von diesem experimentellen Beweismaterial behandelt dieser Band, um den Leser von den elementaren Tatsachen zu überzeugen.

6. Wenn wir uns mit den Änderungen befassen, die sich in diesem Jahrhundert auf dem Gebiet der Physik ergeben haben, müssen wir daran denken, daß zu keiner Zeit eine *umfassende* Theorie der Materie existierte. Die Gesetze der klassischen Physik sind gute phänomenologische Gesetze, sie sagen uns jedoch keineswegs alles über makroskopische Körper. Anhand dieser Gesetze können wir das Verhalten (die Bewegung) irgendeiner Maschine beschreiben, die etwa

Bild 1.2 *Albert Einstein*. 1879 in Ulm geboren, gestorben 1955. *Einstein* studierte an der Eidgenössischen Technischen Hochschule (ETH) in Zürich. Nachdem er 1900 sein Diplom erhalten hatte, arbeitete er als Patentprüfer am Schweizer Patentamt in Bern. Während dieser Zeit verfaßte er drei berühmte Arbeiten, die alle im Jahrgang 1905 der *Annalen der Physik* erschienen und den photoelektrischen Effekt, die Brownsche Bewegung, und die spezielle Relativitätstheorie zum Thema hatten. Später arbeitete er in Bern, Zürich und Prag sowie als Direktor des Kaiser-Wilhelm-Instituts in Berlin. 1933 wurde er Mitglied des Institute of Advanced Study in Princeton, New Jersey, und ließ sich endgültig in den Vereinigten Staaten nieder. 1921 erhielt er den Nobelpreis.
Einstein wird allgemein als der bedeutendste Physiker dieses Jahrhunderts und als einer der größten Wissenschaftler aller Zeiten angesehen. Seine Fähigkeit, das Wesentliche eines physikalischen Phänomens zu erfassen, war überragend; kein kurzer Überblick kann der Bedeutung seiner zahlreichen umfassenden Beiträger über die grundlegendsten Probleme der Physik gerecht werden. Seine Allgemeine Relativitätstheorie ist wohl eine der bedeutendsten geistigen Schöpfungen überhaupt. (*Bild von Physics Today.*)

aus Stahlfedern, Hebeln, Schwungrädern usw. besteht, wenn einige „Materialkonstanten", wie Dichte, Elastizitätsmodul usw., der Materialien der Maschine vorgegeben sind. Fragen wir uns jedoch, *warum* die Dichte gerade diesen Betrag aufweist, *warum* die Elastizitätskonstanten bestimmte Werte haben, *warum* eine Stange bricht, wenn die Spannung einen bestimmten Grenzwert überschreitet und so weiter, dann hat die klassische Physik darauf keine Antwort. Die klassische Physik kann nicht sagen, warum Kupfer bei 1083 °C schmilzt, warum Natriumdampf gelbes Licht emittiert, warum Wasserstoff bestimmte chemische Eigenschaften aufweist, warum die Sonne scheint, warum der Urankern spontan zerfällt, warum Silber elektrisch leitet, Schwefel jedoch ein Isolator ist, oder warum wir aus Stahl Permanentmagneten herstellen. Diese Aufzählung könnten wir beliebig fortsetzen, da wir im täglichen Leben fast ununterbrochen Dinge beobachten, über die die klassische Physik wenig oder nichts aussagt.

7. Sie wollen natürlich wissen, ob es *heute* eine umfassende Theorie der Materie gibt. Es gibt keine. Es wurde bislang noch keine detaillierte Theorie aufgestellt, die *alles* umfaßt, was sich in der Welt ereignet. In den vergangenen sechzig Jahren hat jedoch unser Wissen über Naturphänomene ganz ungeheuer zugenommen. Es haben sich neue Gesichtspunkte ergeben, und wir haben viele alte Probleme erfolgreich gelöst. Beispielsweise können wir mit gutem Recht behaupten, daß wir chemische Vorgänge sowie die Eigenschaften der Materie im Großen ziemlich gut verstehen: In diesen Gebieten der Physik können wir alle die Fragen beantworten, die im Rahmen der klassischen Theorie nicht gelöst werden konnten.

1.2 Atome und Elementarteilchen

8. Wir wollen uns mit den Elementarteilchen etwas näher befassen. Einige griechische Philosophen der Antike dürften die ersten gewesen sein, die den Begriff des Atoms in die Theorie der Materie einführten. Das schließt natürlich nicht aus, daß schon früher ähnliche Gedankengänge verfolgt wurden. Es muß betont werden, daß die „Atome" der griechischen Philosophen der Antike keineswegs mit den „heutigen Atomen" identisch sind. Tatsächlich ist es nicht so leicht festzustellen, was man in der Antike genau unter diesem Begriff verstand. Man interessierte sich damals eigentlich nur für die Frage, ob Materie unendlich oft geteilt werden kann oder nicht. Ist Materie nämlich *nicht* unendlich oft teilbar, dann muß man schließlich auf die Grundbausteine oder „Atome" der Materie stoßen. Wir teilen ein Stück Materie wieder und wieder und erhalten immer kleinere Stückchen, bis wir schließlich ein Teilstück erhalten, das nicht mehr weiter geteilt werden kann – ein „Atom" (dieses Wort bedeutet ja eigentlich „unteilbar").

Die griechischen Atomisten waren der Ansicht, daß die gesamte Materie aus „Atomen" zusammengesetzt ist, und vermutlich meinten sie, daß das so äußerst vielfältige Aussehen der Materie irgendwie durch verschiedene Konfigurationen (und Bewegungen?) der „Atome" erklärt werden könne. Wir glauben heutzutage entfernt etwas Ähnliches, aber es besteht sicherlich ein Riesenunterschied zwischen unseren quantitativen Theorien und den verschwommenen Vorstellungen der antiken Philosophen.

9. Wir werden in diesem Buch nicht die Frühgeschichte der Atomtheorie der Materie behandeln, aber wir möchten unseren Lesern dringend empfehlen, sich mit dem bemerkenswerten Verständnis der Naturphänomene zu befassen, das im neunzehnten Jahrhundert aufgrund der Hypothese

Bild 1.3 Irgendeinem Naturphilosophen der Vorgeschichte mag der auffallend regelmäßige Bau und die schöne Form von Kristallen zu denken gegeben haben; vielleicht vermutete er, daß diese Form eine feinere Struktur, nämlich die Zusammensetzung aus kleinen Teilchen, Atomen, wiedergibt. Heute ist das eine ganz natürliche Überlegung. Es scheint jedoch, daß man früher *nicht* auf diese Idee gekommen ist, denn soviel wir wissen, gibt es keinerlei Andeutungen in historischen Berichten, daß die griechischen Atomisten bereits derartige Vorstellungen über den Bau der Kristalle hatten.

Die Kristallographie als Wissenschaft begann sich erst am Ende des achtzehnten Jahrhunderts zu entwickeln. Die ersten, die sich auf diesem Gebiet betätigten, waren unter anderen *Romé de Lisle* und *Haüy*, die exakt die Winkel zwischen Spaltflächen maßen, und noch früher hatten *Robert Hooke* und *Christian Huygens* Überlegungen darüber angestellt, wie Kristalle aus kleinen, unsichtbaren Teilchen zusammengesetzt sein könnten.

gewonnen wurde, daß Materie aus Atomen besteht. Unter dieser Annahme ist es möglich, das Grundgesetz der Chemie zu verstehen: Eine bestimmte chemische Verbindung ist immer aus bestimmten chemischen Grundelementen in genau definierten Mengen, die für die betreffende Verbindung charakteristisch sind, zusammengesetzt. Beachtenswert ist vor allem die Tatsache, daß chemische Verbindungen durch solch einfache Formeln, wie H_2O, H_2SO_4, Na_2SO_4 und $NaOH$, dargestellt werden können. Bemerkenswert ist an diesen Formeln das Auftreten *kleiner* ganzzahliger Indizes, die z.B. anzeigen, daß sich *zwei Einheiten* Wasserstoff mit *einer Einheit* Sauerstoff zu *einer Einheit* Wasser verbinden usw. Setzen wir voraus, daß die Materie aus Atomen besteht, werden diese empirischen Tatsachen sofort verständlich: Chemische Verbindungen bestehen aus Molekülen, die ihrerseits zusammengesetzte Systeme einer kleinen Anzahl von Atomen sind (Bild 1.4). Zwei Wasserstoffatome verbinden sich mit einem Sauerstoffatom zu einem Wassermolekül – einfach und einleuchtend genug.

Weiteres „Beweismaterial" zugunsten der Atomhypothese liefern die Erfolge der *kinetischen Gastheorie*, die besonders von *J. C. Maxwell* und *L. Boltzmann* entwickelt wurde. Diese Theorie konnte viele Gaseigenschaften aufgrund der Hypothese erklären, daß ein Gas in einem Behälter nichts anderes als ein Schwarm von Molekülen ist, die sich willkürlich im Behälter bewegen und unaufhörlich miteinander oder mit den Wänden des Behälters zusammenstoßen. Anhand der kinetischen Gastheorie konnte man außerdem die Avogadrosche Zahl, $N_A = 6{,}02 \cdot 10^{23}$ [1]), abschätzen, die die Anzahl der Moleküle in einem Mol eines Gases angibt. (Ein *Mol* einer chemischen Verbindung ist jene Menge des betreffenden Stoffes, deren Masse soviel Gramm beträgt, wie die relative Molekularmasse der Verbindungen angibt.) Der erste grobe Näherungswert von N_A wurde 1865 von *Loschmidt* angegeben.

Angesichts solcher Beweise für die Existenz von Atomen ist jene philosophische Richtung schwer zu verstehen, die noch bis zur Jahrhundertwende bestand und die Atomhypothese mit der Begründung ablehnte, es gäbe keine *direkten* (!) Beweise dafür, daß Materie aus Atomen zusammengesetzt ist.

10. Die „Atome" der griechischen Philosophen entsprechen deshalb nicht der heutigen Atomvorstellung, weil wir wissen, daß Atome nicht unteilbar sind: Sie sind aus Protonen, Neutronen und Elektronen zusammengesetzt. Es sind also eher die Protonen, Neutronen, Elektronen und eine Schar anderer Elementarteilchen, die die Rolle der griechischen „Atome" spielen. Was verstehen wir unter „Elementarteilchen"? Die *präzise* Definition ist heute etwas umstritten; für unsere Zwecke genügt es vollauf, eine einfache und praktisch brauchbare Definition anzugeben: Ein Teilchen wird als Elementarteilchen angesehen, wenn es nicht selbst wieder als ein zusammengesetztes System anderer, noch elementarerer Einheiten beschrieben werden kann. Ein Elementarteilchen hat keine „Bestandteile", es ist nicht aus einfacheren Teilchen „zusammengesetzt". Unsere gedanklichen Spaltversuche finden also bei den Elementarteilchen ein Ende. Nach dieser Definition sind Proton, Neutron und Elektron Elementarteilchen, nicht jedoch das Wasserstoffatom oder der Urankern.

Das Wesentliche der Vorstellung, daß Materie nicht unendlich teilbar ist, liegt also darin: Die Methode, Dinge nach ihren Bestandteilen zu analysieren, hat Grenzen. Schließlich verliert ein solcher Prozeß jede Bedeutung: Wir stoßen auf nicht mehr zu verkleinernde Einheiten, eben die Elementarteilchen.

11. Wie können wir nachweisen, daß das Elektron *wirklich* ein Elementarteilchen ist? Könnte es nicht so sein, daß die Elementarteilchen von heute morgen als zusammengesetzte Teilchen erkannt werden? Schließlich sind ja die Atome von heute die Elementarteilchen von gestern; könnte sich die Geschichte nicht wiederholen?

Eine Reihe von experimentellen Ergebnissen weist ziemlich eindeutig darauf hin, daß die Geschichte sich *nicht* wiederholen wird, daß solche Teilchen wie Elektron, Proton oder Neutron niemals auf die gleiche Weise wie das

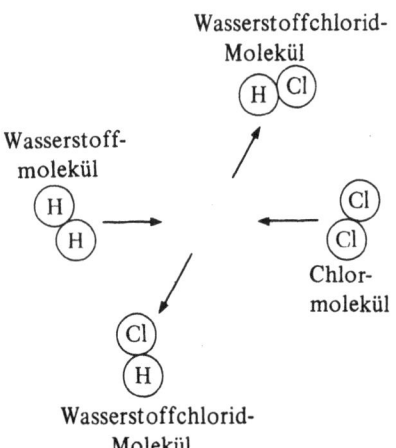

Bild 1.4 Hier ist die chemische Reaktion $H_2 + Cl_2 \rightarrow 2HCl$ schematisch dargestellt: Ein Wasserstoffmolekül verbindet sich mit einem Chlormolekül zu zwei Molekülen Wasserstoffchlorid. Die Darstellungsweise soll die Vorstellung wiedergeben, daß eine chemische Reaktion lediglich eine Neuverteilung der „Elementarbestandteile" ist. Die Prozesse bei der Verbrennung von Wasserstoffgas in einer Chloratmosphäre sind im Detail sehr kompliziert: Es wird Energie in Form von elektromagnetischer Strahlung und kinetischer Energie der Reaktionsprodukte freigesetzt. Die daraus resultierende Erhitzung der Gase bewirkt eine partielle Dissoziation der Wasserstoff- und der Chlormoleküle in Atome, die sich dann neu zu Wasserstoffchlorid-Molekülen verbinden. Andere Prozesse, bei denen die Atome und Moleküle innerlich durch Stöße oder Strahlung angeregt werden, spielen dabei ebenfalls eine wichtige Rolle.

---

[1]) Diese Größe wird in der Literatur teilweise auch als Loschmidtsche Zahl N_L bezeichnet.

1.2 Atome und Elementarteilchen

Wasserstoffatom als zusammengesetzte Teilchen erkannt werden. Wir wollen uns das Beweismaterial hierfür etwas näher ansehen.

Prallen zwei Steinkugeln mit genügend hoher Relativgeschwindigkeit aufeinander, zersplittern sie in Fragmente. Zwei Wasserstoffmoleküle, die mit genügend hoher Relativgeschwindigkeit zusammenstoßen, werden sich analog in Fragmente aufspalten. Wenn die Geschwindigkeit nicht *sehr* hoch ist, finden sich unter den Fragmenten Wasserstoffatome oder Protonen oder Elektronen – also die Bestandteile eines Wasserstoffmoleküls. In beiden Fällen können wir den Prozeß folgendermaßen erklären: Die Wucht des Zusammenstoßes überwindet die Kohäsionskräfte, die die Steinkugel bzw. die Teile eines Wasserstoffmoleküls zusammenhalten, weshalb die Kugel wie auch das Wasserstoffmolekül auseinanderbrechen. Viele Kernreaktionen können wir ähnlich interpretieren. Atomkerne bestehen aus Protonen und Neutronen; wenn ein energiereiches Proton auf einen Kern stößt, können einige Protonen und Neutronen aus dem Kern herausgeschlagen werden (Bild 1.5).

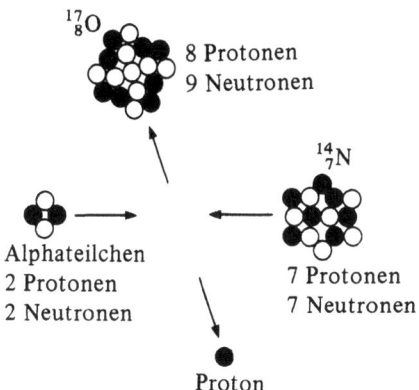

Bild 1.5 Schematische Darstellung einer Kernreaktion, bei der ein Alphateilchen (Heliumkern) auf einen Stickstoffkern trifft, wodurch ein Sauerstoffkern und ein Proton erzeugt werden. Genau diese Reaktion, die von *Rutherford* 1919 entdeckt wurde, war die erste beobachtete Verwandlung stabiler Kerne. (*E. Rutherford, Philosophical Magazine* 37, 581 (1919).) Bei *Rutherfords* Versuch wurde Stickstoff mit Alphateilchen von einem radioaktiven Stoff beschossen, und die Reaktion durch die emittierten Protonen nachgewiesen.

Das Bild, das in der Darstellungsweise Bild 1.4 gleicht, soll die Vorstellung wiedergeben, daß Kerne aus Protonen und Neutronen bestehen, und daß niederenergetische Kernreaktionen eine Neuverteilung dieser Teilchen auf Atomkerne darstellen. Das darf natürlich nicht zu wörtlich genommen werden: Atomkerne sehen keinesfalls so aus wie hier dargestellt.

12. Untersuchen wir jedoch einen heftigen Zusammenstoß zweier Elementarteilchen, etwa zweier Protonen, dann beobachten wir Phänomene, die sich von den eben beschriebenen *qualitativ unterscheiden*. Stößt zum Beispiel ein Proton mit sehr hoher Energie mit einem anderen Proton zusammen, so können wir nach dem Stoß wieder die beiden Protonen, aber zusätzlich noch ein oder mehrere neue Elementarteilchen, etwa Pi-Mesonen, auch als Pionen bezeichnet, unter den Reaktionsprodukten finden Die Pionen werden also durch die Reaktion *erzeugt* (Bild 1.6). Das ist jedoch nicht die einzige Möglichkeit für die Folgen eines Proton-Proton-Stoßes: Es können zum Beispiel die beiden Protonen verschwinden und eine Reihe neuer Teilchen, K-Mesonen und Hyperonen, entstehen.

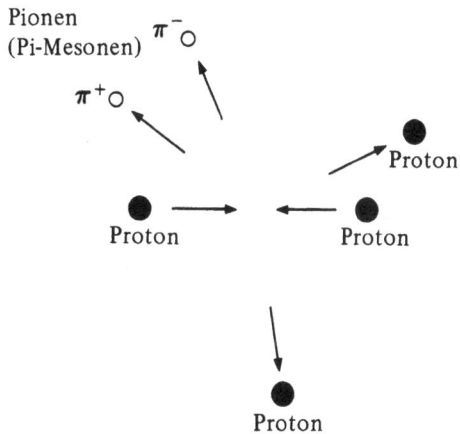

Bild 1.6 Schematische Darstellung der Entstehung von zwei Pi-Mesonen bei einem Stoß zwischen zwei energiereichen Protonen. Das eine Pion besitzt die Ladung $+e$, das andere die Ladung $-e$, wobei e die Elementarladung (Ladung eines Elektrons) ist. Die Gesamtladung bleibt also bei diesem Ereignis erhalten.

Da die zwei Protonen den Stoß überdauern und sogar zwei neue Teilchen erzeugt werden, wird es sofort klar, daß die sehr vereinfachten Modelle der Bilder 1.4 und 1.5 in diesem Fall nicht angewendet werden dürfen: Dieses Ereignis können wir nicht als „Neuanordnung der elementaren Bestandteile (?) der zwei Protonen" interpretieren.

Analogerweise können bei einem heftigen Stoß zwischen zwei Elektronen als Endprodukte der Reaktion *drei* Elektronen und ein Positron auftreten. (Das Positron ist ein dem Elektron ähnliches Elementarteilchen, doch ist es entgegengesetzt geladen.) Wenn nun andererseits ein Elektron und ein Positron zusammenstoßen, dann kann es sein, daß beide Teilchen verschwinden (sie werden *vernichtet*), indem sie zerstrahlen, d.h., nach dem Stoß ist nur mehr elektromagnetische Strahlung in Form von Gammastrahlen übrig.

13. Ein interessantes Beispiel für einen Erzeugungsprozeß ist das Entstehen eines Elektron-Positron-Paares, wenn ein Gammastrahl das elektrische Feld in einem Atom passiert. Es können so materielle Teilchen aus elektromagnetischer Strahlung erzeugt werden. Bild 1.7, eine Nebelkammerphotographie eines sogenannten Kaskadenschauers, zeigt viele Beispiele für ein solches Phänomen. Dieses Bild (siehe auch die Bilder 1.8 und 1.9) läßt sich folgendermaßen erklären: Passiert ein energiereiches geladenes Teilchen, etwa ein Elektron oder ein Positron, eine der auf dem Bild

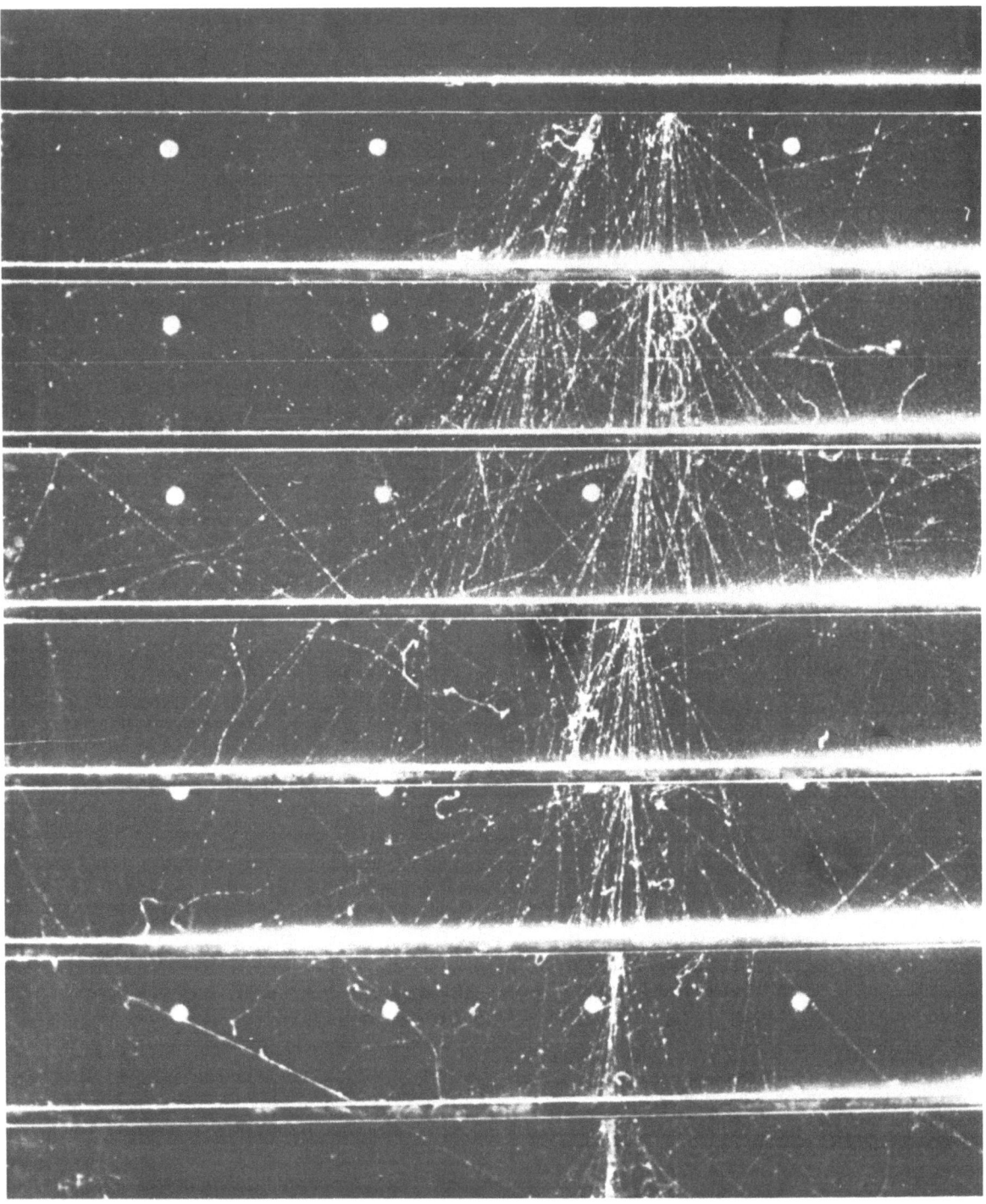

Bild 1.7 Nebelkammeraufnahme eines Kaskadenschauers. Die meisten der hier sichtbaren Spuren stammen von Elektronen und Positronen, die sich im allgemeinen zum unteren Bildrand hin bewegen. Das rechts oben eintretende Teilchen, das drei Platten durchdringt, bevor es in der vierten zur Ruhe kommt, ist vermutlich ein Pion. Näheres siehe Text.
(*Zur Verfügung gestellt von Professor W. B. Fretter, Berkeley.*)

1.2 Atome und Elementarteilchen

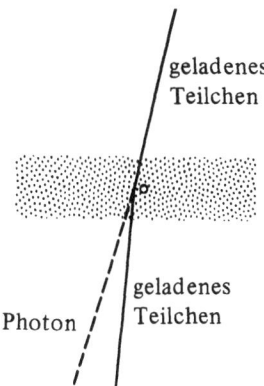

Bild 1.8 Ein energiereiches geladenes Teilchen (etwa ein Positron oder ein Elektron) wird durch das elektrische Feld im Inneren eines Atoms abgelenkt, als Ergebnis dieser beschleunigten Bewegung wird ein Gammaquant (ein energiereiches Photon) emittiert. Dieses physikalische Phänomen wird als *Bremsstrahlung* bezeichnet. Der dunkle Streifen im Bild stellt ein Materiestück dar, etwa einen Teil der Bleiplatte in einer Nebelkammer. (Die Größe eines Atoms wurde zur Verdeutlichung leicht übertrieben.)

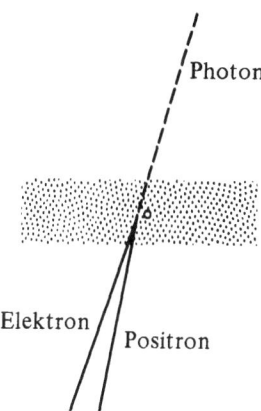

Bild 1.9 Ein energiereiches Gammaquant stößt auf das elektrische Feld im Inneren eines Atoms und erzeugt dadurch ein Elektron-Positron-Paar: Dieses physikalische Phänomen bezeichnet man als *Paarbildung*. Die beiden grundlegenden Prozesse, die in diesem und dem vorigen Bild dargestellt sind, sind Ursache der Entwicklung des Kaskadenschauers in Bild 1.7.

sichtbaren Bleiplatten, so kann es im Feld eines Atoms der Platte sehr schwach abgelenkt werden. Eine solche Ablenkung bedeutet beschleunigte Bewegung, folglich wird elektromagnetische Strahlung in Form eines energiereichen Gammastrahls emittiert. (Das Teilchen kann natürlich in einer Platte durch mehrere Atome abgelenkt werden, wobei dann mehrere Gammaquanten emittiert werden.) Die so entstandenen Gammastrahlen wiederum erzeugen Elektron-Positron-Paare in den Feldern der Atome, die sie auf *ihrem* Weg durch die Platte passieren. Diese geladenen Teilchen erzeugen ihrerseits weitere Gammastrahlung, wenn sie in den Platten abgelenkt werden, diese Gammastrahlen erzeugen wiederum neue Paare usw. Ein einzelnes energiereiches geladenes Teilchen oder ein Gammaquant kann somit eine Kaskade von Gammastrahlen, Elektronen und Positronen hervorrufen. Die geladenen Teilchen bilden in der Nebelkammer sichtbare Spuren, wie wir sie in Bild 1.7 sehen; die Gammastrahlen sind im Bild nicht sichtbar.

Der Kaskadenschauer rechts im Bild 1.7 scheint durch einen von oben eingefallenen Gammastrahl hervorgerufen worden zu sein. Die Energie dieses Gammaquants betrug vermutlich etwa 20 GeV. Der Schauer links wurde anscheinend durch ein geladenes Teilchen mit einer etwas geringeren Energie hervorgerufen. Beide Schauer wurden wahrscheinlich durch ein Ereignis erzeugt, das in der Kammerwand, außerhalb des Bildausschnitts, stattfand. Die meisten Teilchen in den Schauern bewegten sich nach unten. Es ist für diese Prozesse charakteristisch, daß die meisten energiereichen Teilchen vorzugsweise in Richtung des einfallenden Teilchens emittiert werden, während energieärmere auch andere Richtungen haben können. Sehen wir uns die Photographie genau an, dann bemerken wir, daß die Sekundärschauer, die durch in andere Richtung emittierte Teilchen hervorgerufen werden, bald „absterben". Ein Kaskadenschauer ist klarerweise dann zu Ende, wenn die ursprüngliche Energie auf so viele geladene Teilchen und Photonen aufgeteilt worden ist, daß keines von ihnen noch genügend Energie besitzt, von sich aus weitere Paare zu erzeugen. Diese energiearmen Teilchen werden dann von den Bleiplatten absorbiert.

Die Energie eines Teilchens, das einen Schauer auslöst, kann nach der Anzahl der von ihm erzeugten Sekundärteilchen abgeschätzt werden.

14. Die geschilderten Erzeugungs- und Vernichtungsprozesse sind wichtige Naturerscheinungen. Ganz offensichtlich sind diese Phänomene weder mit dem Zersplittern einer Steinkugel noch mit chemischen Reaktionen vergleichbar. Bei einer chemischen Reaktion werden ja aus den elementaren Bestandteilen bestimmter Moleküle neue Moleküle gebildet – bei einer derartigen Beschreibung sind *Atome* die elementaren Bestandteile von Molekülen. Betrachten wir im Gegensatz dazu einen Stoß, bei dem die beiden ursprünglichen Teilchen nach dem Stoß erhalten bleiben und außerdem eine Anzahl neuer Teilchen erzeugt wird, so ist klar, daß ein solches Ereignis nicht als eine Neuanordnung der elementaren Bestandteile der ursprünglichen Teilchen in neue zusammengesetzte Systeme beschrieben werden kann. Diese Art der Darstellung kann ebensowenig auf Ereignisse angewendet werden, bei denen einige der ursprünglichen Teilchen verschwinden. Ein besonders gutes Beispiel für dieses Phänomen ist die Vernichtung eines Elektron-Positron-Paares, wobei die ursprünglichen Teilchen vollkommen verschwinden und lediglich Gammastrahlung übrig bleibt.

15. Wenn wir feststellen wollen, ob ein Teilchen ein Elementarteilchen ist oder ein zusammengesetztes Teilchen, dann werden wir versuchen, es zu spalten, indem wir es mit einem anderen Teilchen zusammenstoßen lassen. Anschließend untersuchen wir die Reaktionsprodukte. Auf diese Weise können Moleküle in Atome, Atome in Elektronen und den Kern aufgespalten werden – was die Aussage rechtfertigt, daß Moleküle aus Atomen und Atome aus Elektronen und dem Kern bestehen. Die Physiker des neunzehnten Jahrhunderts hatten also mit ihrer Ansicht, daß Atome unzerstörbar und unteilbar seien, wirklich unrecht: Atome können tatsächlich leicht geteilt werden, wie auch Atomkerne zerlegt werden können, womit gezeigt ist, daß Atomkerne aus Protonen und Neutronen zusammengesetzt sind. Man muß jedoch ungleich viel mehr Energie aufwenden, um einen Kern zu spalten, als für die Teilung eines Atoms; Atomkerne sind also weniger leicht „zerstörbar" als Atome.

Die modernen Teilchenbeschleuniger können sehr energiereiche Teilchen erzeugen, mit denen wir Teilchen wie Protonen zerlegen könnten, wenn dies möglich wäre. Protonen lassen sich jedoch nicht wie Atome oder Atomkerne zerteilen, es finden ganz andere Prozesse statt. Wir werden uns in Kap. 9 noch eingehend mit dieser Frage beschäftigen.

16. Es ist in der Tat sinnlos, wollte jemand heutzutage versuchen, eine umfassende Theorie der Materie unter der Annahme aufzustellen, daß Materie unendlich oft teilbar ist. Wir könnten uns jedoch rein spekulativ ein wenig dafür interessieren, wie eine solche Theorie aussehen müßte. Nehmen wir zum Beispiel ein Stück Kupfer und zerteilen es in immer kleinere Stückchen, so erhalten wir niemals etwas anderes als eben kleine Kupferstücke. Ganz gleich, wie klein sie sind, sie können immer als Kupferstückchen identifiziert werden. Das aber bedeutet, daß die physikalischen Gesetze, die für *kleine* Kupferstücke gelten, gleichermaßen für *große* Kupferstücke gelten, der Maßstab physikalischer Systeme kann also beliebig verkleinert werden. Dies ist für unsere Theorie nicht ein *notwendiges* Charakteristikum, aber logisch für jede Theorie unendlich teilbarer Materie. In vieler Hinsicht weisen die Theorien der klassischen Physik diese Eigenschaft auf. Die physikalischen Gesetze, die wir zur Beschreibung einer Maschine verwenden, die eine Masse von 1000 kg hat, unterscheiden sich qualitativ nicht von jenen, mit denen wir eine Armbanduhr beschreiben. Makroskopische physikalische Systeme können einen beachtlichen Größenbereich umfassen.

Diese „Erhaltung der Form physikalischer Gesetze", die uns ganz plausibel erscheint, wenn wir die Materie als unendlich teilbar betrachten, ist dann absolut unmöglich, wenn Materie aus Elementarteilchen besteht. Ein Kupfer*atom* hat keinerlei Ähnlichkeit mit einem makroskopischen Stück Kupfer; das Atom ist etwas vollkommen anderes. Es gibt also keine wie immer gearteten Gründe, a priori anzunehmen, daß die physikalischen Gesetze, die makroskopische Systeme hinreichend genau beschreiben, auch die Struktur der Atome oder Elementarteilchen beschreiben können.

17. Es ist jedoch etwas ganz anderes, rein abstrakten Prinzipien folgend zuzugeben, daß die klassischen Vorstellungen in der Atomphysik nicht brauchbar sind und daß das Elektron tatsächlich ein Elementarteilchen ist – und dann diese Prinzipien auch konsequent anzuwenden. Die Erfahrung zeigt, daß unser Denken mit Vorurteilen behaftet ist und daß wir einmal akzeptierte Vorstellungen nur ungern aufgeben. Da unsere ersten bewußten Beobachtungen physikalischer Phänomene makroskopische Systeme zum Gegenstand haben, bildet sich in unserem Denken eine Reihe von „klassischen Vorurteilen" aus, mit denen wir erst fertig werden müssen, bevor wir uns mit der Quantenphysik befassen können[1]. Wir wollen das noch anhand zweier eng zusammenhängender Probleme erläutern, die in unserem Jahrhundert schon Gegenstand vieler Überlegungen waren.

18. Fragen wir uns einmal, welche Kräfte eigentlich ein Elektron zusammenhalten; welcher Teil der Masse eines Elektrons *eigentlich* Masse („mechanische" Masse) ist und welcher Teil der Energie seinem elektrostatischen Feld zu verdanken ist. Um uns mit diesen Fragen zu befassen, müssen wir ein halbwegs geeignetes Modell aufstellen, in dem wir ein Elektron als kleine gleichförmig geladene Kugel mit dem Radius r ansehen. Die verschiedenen Teile dieser Kugel stoßen einander elektrostatisch ab – es muß also noch irgendeine Art von Kraft wirken, die die Kugel zusammenhält. Was für eine Kraft ist das nun?

Im Band 2 des Berkeley Physik Kurses[2] wurde gesagt, wie wir die Gesamtenergie, die einem elektrostatischen Feld innewohnt, berechnen können. Wir integrieren $(\epsilon_0/2)\,\mathbf{E}^2$ über den gesamten Raum; $\mathbf{E}$ ist das örtliche elektrische Feld. In unserem Modell erhalten wir $W = \frac{3}{5}\left(\frac{e^2}{4\pi\epsilon_0 r}\right)$ für die elektrostatische Energie, wobei e die Ladung des Elektrons (Elementarladung) ist. (Der Koeffizient des Ausdrucks $e^2/4\pi\epsilon_0 r$ hängt vom Modell ab: Für eine gleichförmig geladene Kugel hat er eben den Wert 3/5. Hier ist jedoch nicht der Wert dieses Koeffizienten wichtig, sondern

---

[1] Es sind keineswegs nur die Anfänger unter den Physikstudenten, die derartige Vorurteile haben, auch erfahrene Physiker sind davon betroffen. Da gedankliche Beweglichkeit üblicherweise mit dem Alter abnimmt, mag es wohl so sein, daß eher ältere Physiker an „klassischen Vorurteilen" leiden als Anfänger.

[2] Berkeley Physik Kurs, Band 2, *Elektrizität und Magnetismus*, Abschnitt 2.8.

die Tatsache, daß W dem Ausdruck $e^2/4\pi\epsilon_0 r$ proportional ist. Daß W solchermaßen von e und r abhängt, ist aus Dimensionsgründen klar ersichtlich.) Wir können nun die Masse des Elektrons in der Form $m = m_{em} + m_{ei}$ schreiben, wobei $m_{em} = W/c^2$ der elektromagnetische Beitrag und m_{ei} der „eigentliche" Massenanteil ist. Es erhebt sich nun die Frage, wie groß m_{em} ist. Könnte vielleicht $m = m_{em}$, also die gesamte Masse des Elektrons, elektromagnetischen Ursprungs sein? Nehmen wir das einmal an, dann können wir den Radius r berechnen und erhalten $r = 1{,}7 \cdot 10^{-15}$ m. Zahlreiche Versuchsergebnisse besagen, daß das Elektron sehr „klein" sein muß — es ist also beruhigend, daß wir in der Tat für den Radius einen sehr kleinen Wert erhalten. Beachten Sie, daß der Radius r kaum noch kleiner sein kann, es sei denn, m_{ei} kann negativ sein.

Da das Elektron als Elementarteilchen angesehen wird, sind wir versucht, ein Modell mit $r = 0$ aufzustellen, das heißt, das Elektron als ein „punktförmiges" Teilchen mit der Ausdehnung Null und ohne Struktur anzusehen. Damit würde sich jedoch eine unendlich hohe elektromagnetische Selbstenergie W und eine negative unendliche eigentliche Masse m_{ei} ergeben, was wohl kaum sinnvoll ist. (Dieser Umstand, der dem *mathematisch* einfachen und attraktiven Modell eines Punkt-Elektrons ein unüberwindliches Hindernis in den Weg legt, wird in der Literatur als das Problem der unendlichen Selbstenergie des Punkt-Elektrons bezeichnet.)

19. Befassen wir uns nun kritisch mit den obigen Überlegungen: Sind sie überhaupt sinnvoll? Wir haben uns dabei zu oft auf Annahmen gestützt, die unsere Vorurteile bestätigen. Wir nahmen an, daß ein Elektron eine kleine geladene Kugel ist und daß das Coulombsche Gesetz auf die „Teile" dieser Kugel angewendet werden kann. Woher wollen wir denn wissen, daß das Coulombsche Gesetz auf diese Situation wirklich anwendbar ist? Und wie steht es mit der Vorstellung, daß irgendeine Kraft die „Teile" des Elektrons zusammenhalten muß, damit sie einander nicht durch elektrostatische Kräfte abstoßen? Schließlich haben wir doch zu Anfang festgestellt, daß ein Elektron keine „Teile" besitzt, da es *ein Elementarteilchen ist*! Wenn wir fragen, was ein Elektron zusammenhält, dann ziehen wir damit die Möglichkeit in Betracht, daß es in Teile aufgespalten werden könnte, was eine ziemlich fragwürdige Vorstellung ist. Die elektrostatische Selbstenergie des Teilchens ist die Arbeit, die wir erhalten, wenn wir die „Teile" vollkommen voneinander entfernen. So erhielten wir auch ursprünglich das Ergebnis, daß die elektrostatische Energie eines beliebigen Systems von Ladungen dem Integral des Quadrats der elektrischen Feldstärke über den gesamten Raum gleich ist. Kann ein Partikel *nicht* zerteilt werden, dann ist die elektrostatische Selbstenergie ein recht fragwürdiger Begriff. Das gilt ganz besonders für die sinnlose unendliche Selbstenergie des „Punkt-Elektrons".

Heutzutage haben die meisten Physiker eingesehen, daß es sinnlos ist, für das Elektron irgendein klassisches Modell aufzustellen. Das Elektron verhält sich nicht wie eine geladene Kugel, deshalb sind auch jegliche Diskussionen über die Kräfte, die es zusammenhalten (wenn es sich wie eine geladene Kugel verhielte) oder über seine klassische Selbstenergie für die Physik bedeutungslos. Unsere klassischen Vorurteile verleiten uns, Fragen zu stellen, auf die es keine sinnvollen Antworten geben kann.

Wir können jedoch die amüsante Tatsache nicht unerwähnt lassen, daß das Gespenst unendlicher Selbstenergie immer noch ein wenig in der Physik herumgeistert; wir stoßen in der Quantenphysik immer noch auf Reste der alten Irrtümer.

1.3 Die Grenzen der klassischen Theorie

20. In der speziellen Relativitätstheorie spielt die Lichtgeschwindigkeit eine grundlegende Rolle. Diese Geschwindigkeit, $c \approx 3 \cdot 10^8$ m/s, ist die oberste Grenze der Geschwindigkeit, die irgendein Materieteilchen theoretisch erreichen kann, und die höchste Geschwindigkeit, mit der Energie oder Information im physikalischen Raum übertragen werden kann. Auf dieser Grenzgeschwindigkeit basiert ein sehr einfaches und natürliches Kriterium, das uns sagt, ob ein bestimmtes physikalisches Phänomen „nichtrelativistisch" oder „relativistisch" zu behandeln ist. Grob gesagt ist eine nichtrelativistische Behandlung dann angebracht, d.h. hinreichend genau, wenn alle relevanten Geschwindigkeiten gegenüber der Lichtgeschwindigkeit klein sind.

Es stellt sich nun die Frage, ob es ein analoges Kriterium gibt, das uns sagt, wann die Quantenmechanik und wann die klassische Mechanik anzuwenden ist. Gibt es eine Naturkonstante, die der Konstante c „analog" ist, mit der das gesuchte Kriterium formuliert werden kann?

Eine solche Konstante gibt es tatsächlich, die *Plancksche Konstante*, auch *Plancksches Wirkungsquantum* genannt. Es wird mit h bezeichnet und hat den Wert

$$h = 6{,}626 \cdot 10^{-34} \text{ Js}.$$

Die physikalische Dimension dieser Konstanten ist also [Zeit] · [Energie] = [Weg] · [Impuls] = [Drehimpuls]. Eine physikalische Größe dieser Dimension wird als *Wirkung* bezeichnet, weshalb auch die Plancksche Konstante meistens als (fundamentales) *Wirkungsquantum* bezeichnet wird.

Das darauf basierende Kriterium sieht etwa folgendermaßen aus: Nimmt in einem physikalischen System irgend-

Bild 1.10 *Max Karl Ernst Ludwig Plank.* Geboren 1858 in Kiel, gestorben 1947. Nach einem Studium in München und Berlin erwarb *Planck* 1879 seinen Doktorgrad. Seine Dissertation hatte den zweiten Hauptsatz der Thermodynamik zum Thema. Nachdem er für einige Zeit an der Universität von Kiel gearbeitet hatte, wurde *Planck* 1899 zum Professor für Theoretische Physik an der Universität Berlin ernannt. Mit siebzig Jahren (1928) setzte er sich zur Ruhe. Er erhielt 1919 den Nobelpreis.

Zu Beginn seiner Karriere widmete *Planck* sich dem Studium der Thermodynamik, ein Gebiet, für das er nie sein Interesse verlor. In Berlin lernte er die experimentellen Arbeiten von *Lummer*, *Pringsheim*, *Rubens* und *Kurlbaum* kennen, die sich mit Wärmestrahlung befaßten, woraufhin er sich selbst die Aufgabe stellte, eine Theorie und ein Gesetz der Strahlung schwarzer Körper aufzustellen. Sein Erfolg hierbei leitete die Entwicklung der Quantenphysik ein. Die heute als Plancksche Konstante oder Plancksches Wirkungsquantum bezeichnete Konstante trat zum ersten Male in *Plancks* Arbeit von 1900 auf. Auch nach dieser Entdeckung von höchster Tragweite nahm *Planck* weiter aktiv an der Entwicklung der Quantenphysik teil.
(Photo von Physics Today zur Verfügung gestellt.)

eine „natürliche" dynamische Variable[1]), die die Dimension einer Wirkung hat, einen der Planckschen Konstante h vergleichbaren Wert an, so muß das Verhalten des Systems im Rahmen der Quantenphysik beschrieben werden. Ist hingegen jede Variable mit der Dimension einer Wirkung verglichen mit h sehr groß, dann gelten mit ausreichender Genauigkeit die Gesetze der klassischen Physik.

---

[1]) Eine *dynamische Variable* ist eine solche, die den Zustand eines Systems charakterisiert, zum Beispiel eine Lagekoordinate, eine Impulskomponente, eine Drehimpulskomponente, eine Geschwindigkeitskomponente, die Gesamtenergie usw.

Es muß betont werden, daß dieses Kriterium nur *grob* gilt – es sagt uns lediglich, wann wir mit Vorsicht vorgehen müssen. Ist eine Wirkungsvariable in einem bestimmten Fall klein, dann heißt das nicht unbedingt, daß die klassische Theorie *vollkommen* unanwendbar ist. In vielen Fällen kann die klassische Theorie *durchaus* wertvolle Hinweise auf das Verhalten eines Systems liefern, insbesondere wenn wir sie durch verschiedene quantenphysikalische Begriffe erweitern.

21. Das Plancksche Wirkungsquantum ist offensichtlich sehr „klein", d.h., es hat einen zahlenmäßig kleinen Wert, wenn es in Einheiten angegeben wird, die für eine Beschreibung makroskopischer Systeme geeignet sind, also in SI-Einheiten. Andererseits hat eine makroskopische Wirkungsgröße, wenn sie in Einheiten von h ausgedrückt wird, einen *riesigen* Zahlenwert.

Betrachten wir zum Beispiel das Pendel einer Pendeluhr. Um eine Größe zu erhalten, die die Dimension einer Wirkung hat, bilden wir das Produkt aus Schwingungszeit und Gesamtenergie einer Schwingung. Die Schwingungsdauer ist von der Größenordnung 1 s, und die Energie ist auf jeden Fall größer als 10^{-6} J – das heißt, daß das Produkt der beiden Größen viel größer als $10^{25}\,h$ ist. Nach unserem Kriterium sollte also die klassische Darstellung der Pendelschwingung vollkommen angemessen sein, was auch tatsächlich der Fall ist.

Ähnlich ist es bei einem rotierenden Körper. Sein Trägheitsmoment ist von der Größenordnung 10^{-6} kgm², seine Winkelgeschwindigkeit 1 rad/s. Sein Drehimpuls ist also 10^{-6} kgm²/s = 0,1 Js ≥ $10^{25}\,h$, also wiederum viel größer als h. Auch wenn der Körper nur ein Sandkörnchen mit einer Umdrehungszeit von einer Stunde wäre, ist sein Drehimpuls an h gemessen immer noch ungeheuer groß.

Betrachten wir schließlich einen kleinen, jedoch **makroskopischen**, harmonischen Oszillator. Seine Masse ist 1 g, sein Geschwindigkeitsmaximum 1 cm/s, die maximale Amplitude $x = 1$ cm. Der maximale Impuls ist dann $p = 10^{-5}$ kgm/s. Die Größe $xp = 10^{-7}$ Js ist eine Wirkungsvariable und wieder $> 10^{25}\,h$.

Diese Abschätzungen zeigen, daß diese Systeme nach dem oben besprochenen Kriterium tatsächlich klassisch beschrieben werden können, was wir ja bereits wußten.

22. Versuchen wir nun, die Bedeutung unseres Kriteriums genauer zu erfassen.

In der klassischen Physik wird angenommen, daß jede dynamische Variable eines Systems mit beliebiger Genauigkeit angegeben und gemessen werden kann. Das heißt nun nicht, daß das auch in der Praxis möglich ist, sondern lediglich, daß wir *prinzipiell* keine Grenzen der Genauigkeit anerkennen. Unter den dynamischen Variablen der klassischen Physik verstehen wir Größen wie Lagekoordinaten, Impulskomponenten, Drehimpulskomponenten usw. eines Systems von Teilchen oder eines einzelnen Teilchens

1.3 Die Grenzen der klassischen Theorie

ebenso wie die Komponenten elektrischer und magnetischer Feldvektoren in einem bestimmten Punkt des Raumes zu einem bestimmten Zeitpunkt.

Eine sorgfältige Analyse des tatsächlichen Verhaltens mikrophysikalischer Systeme zeigt jedoch, daß es eine *fundamentale Grenze* für die Genauigkeit gibt, mit der solche Variablen bestimmt werden können. Diese Grenze wurde 1927 durch eine eingehende und bewundernswerte Analyse *Heisenbergs* festgestellt. Der Existenz solcher Grenzen wird mit dem *Unschärfeprinzip* Rechnung getragen; eine bestimmte quantitative Form dieses Prinzips in irgendeinem bestimmten Fall wird als *Unschärferelation* bezeichnet.

Eine spezielle Unschärferelation gibt es für das Variablenpaar (q, p), wobei q die Lagekoordinate eines Teilchens und p sein Impuls ist. Die Beziehung lautet

$$\Delta q \, \Delta p \geq \frac{h}{4\pi}. \qquad (1.1)$$

Δq ist die mittlere quadratische Abweichung von q, Δp die mittlere quadratische Abweichung von p; die Ungleichung besagt, daß die beiden Variablen q und p nur mit einer solchen Genauigkeit bestimmt werden können, daß das Produkt der „Unschärfen" der beiden Variablen die Größenordnung des Planckschen Wirkungsquantums hat.

Es ist uns natürlich sofort klar, daß wegen der Kleinheit des Planckschen Wirkungsquantums h die Unschärferelation in der Makrophysik keinerlei Bedeutung hat; andere Fehlerquellen bei der Bestimmung von q und p werden immer die fundamentale Unschärfe aus der Ungleichung (1.1) überdecken. Die Beziehung (1.1) widerspricht also in keiner Weise unserem *empirischen Wissen* in der Makrophysik, obwohl sie im Gegensatz zu den klassischen *Theorien* über makroskopische Systeme steht.

23. Die Unschärferelation wird oft folgendermaßen „erklärt": Dynamische Variable, wie Lage, Impuls, Drehimpuls usw., müssen auf *meßbare Weise* definiert werden, d.h. aufgrund von experimentellen Vorgängen, durch die sie gemessen werden. In der Mikrophysik werden reale Meßvorgänge jedoch immer das untersuchte System *stören*; es tritt eine charakteristische Wechselwirkung zwischen System und Meßgerät auf, die nicht zu vermeiden ist. Versuchen wir die Lage eines Teilchens sehr genau zu messen, dann stören wir es auf solche Weise, daß sein Impuls nach der Messung sehr unbestimmt ist. Versuchen wir dagegen seinen Impuls sehr genau zu messen, dann wird das Teilchen dabei so gestört, daß nach der Messung seine Lage sehr unbestimmt sein wird. Versuchen wir Lage und Impuls des Teilchens *gleichzeitig* zu messen, dann stören sich natürlich die beiden Meßvorgänge gegenseitig, und zwar so, daß die Genauigkeit des Endergebnisses der Ungleichung (1.1) unterliegt. In der Folge kann man dann zeigen, wie diese Störungen in bestimmten Fällen entstehen.

Dieser Art der Erklärung der Unschärferelation begegnen wir oft in der quantenmechanischen Literatur. Wir sind der Ansicht, daß diese Erklärung zwar nicht ganz falsch, auf jeden Fall aber irreführend ist und Anlaß zu groben Mißverständnissen geben kann. Das Wesentliche des Unschärfeprinzips läßt man dabei nämlich unter den Tisch fallen: *Die Unschärferelationen setzen die Grenzen fest, innerhalb derer die Vorstellungen der klassischen Physik noch anwendbar sind.* Das „klassische physikalische System", das durch klassische dynamische Variable beschrieben wird, die eindeutige Funktionen der Zeit sind und die im Prinzip mit beliebiger Genauigkeit angegeben werden können, ist ein Phantasieprodukt; in der Natur existiert etwas Derartiges nicht, was durch die verschiedensten Versuche nachgewiesen wurde. Beschreiben wir ein existentes System als „klassisches System", dann ist das eine Näherung, und die Unschärferelationen zeigen an, wie weit wir mit dieser Näherung gehen dürfen.

24. Wir können das anhand der eindimensionalen Bewegung eines Teilchens noch näher erläutern. In der klassischen Mechanik beschreiben wir die augenblickliche Lage eines Teilchens durch die Ortsvariable $q = q(t)$. Die Masse des Teilchens ist m; wenn es sich langsam genug bewegt, dann ist sein Impuls $p = p(t) = m \, dq(t)/dt$. Wir könnten uns nun vorstellen, daß die Unschärferelation nur die Folge einer ungünstigen Eigenschaft unserer Meßgeräte sei, die es uns nicht erlaubt, $q(0)$ und $p(0)$ mit beliebiger Genauigkeit zu bestimmen, obwohl wir sehr genaue Werte dieser Variablen annehmen sowie auch eine genaue Vorstellung der weiteren Bewegung des Teilchens haben können. Anders ausgedrückt könnten wir uns vorstellen, daß wir weiterhin eine klassische Beschreibungsweise verwenden können, bei der jedes Teilchen einer bestimmten Bahn folgt, wenn wir die Einschränkung einführen, daß es unbestimmt ist, *welcher* der Bahnen ein Teilchen folgt, indem wir die Anfangsbedingungen, die die Bahnen bestimmen, Unschärferelationen unterwerfen.

Das ist jedoch nicht möglich. Aus verschiedenen Versuchen können wir schließen, daß wir unsere Vorstellungen noch viel stärker ändern müssen. *Die klassische Bahnbewegung ist ein Begriff, den wir nun zurückweisen müssen* – nach gleichzeitigen Werten von $q(t)$ und $p(t)$ zu fragen ist genauso sinnlos, als wollten wir die Haarfarbe des Königs der Vereinigten Staaten wissen.

25. Die obigen Überlegungen scheinen logisch widersprüchlich zu sein. Zuerst stellen wir eine Unschärferelation auf, und dann erklären wir, daß die Variablen p und q in dieser Relation keinen Sinn haben. Ist aber die Angabe der beiden Variablen an sich sinnlos, wie kann dann die Relation selbst einen Sinn haben? Dieser scheinbare Widerspruch kann folgendermaßen geklärt werden: In einer quantenmechanischen Darstellung des Verhaltens eines Teilchens können wir bestimmte mathematische Größen p und q einführen, die in vielen Hinsichten den klassischen

Impuls- und Ortsvariablen *entsprechen*. Sie sind jedoch *nicht* identisch mit den klassischen Variablen. Beziehung (1.1) besagt, daß bei einer Interpretation der quantenmechanischen Größen q und p als „Lage" und „Impuls", d.h. bei einer klassischen Beschreibung der Bewegung, eine grundlegende Grenze für die Genauigkeit existiert, mit der „Lage" und „Impuls" angegeben werden können. Wenn wir also *versuchen*, klassische Variablen einzuführen, und *versuchen*, die Bewegung klassisch zu beschreiben, dann gibt die Unschärferelation an, mit welcher Genauigkeit diese Variablen bestimmbar sind.

26. Keine rein klassische Analyse eines Meßvorganges könnte jemals zu einer Unschärferelation führen – darüber müssen wir uns im klaren sein. Die Unschärferelation spiegelt experimentell entdeckte Gegebenheiten der Natur wider. Die in der Natur auftretenden Teilchen verhalten sich weder wie klassische Punkt-Teilchen noch wie kleine Billardkugeln[1]): Sie verhalten sich eben vollkommen anders, weshalb bestimmte Meßvorgänge weder durchführbar noch vorstellbar sind.

In den folgenden Kapiteln werden wir mehr über die Eigenschaften von realen Teilchen erfahren und dann auch erkennen, wie gut die so sonderbar erscheinenden Unschärferelationen in den ganzen Rahmen passen.

1.4 Die Entdeckung des Planckschen Wirkungsquantums

27. Wir wollen uns nun ein wenig mit der Geschichte des Planckschen Wirkungsquantums befassen, wie es entdeckt wurde und seinen Platz in der Physik fand. Gehen wir bis zur Jahrhundertwende zurück, und betrachten wir die wichtigsten physikalischen Probleme dieser Zeit:

a) das Gesetz der Strahlung des schwarzen Körpers,
b) der photoelektrische Effekt,
c) die Frage der Stabilität und Größe der Atome.

Diese drei Probleme waren natürlich nicht die einzigen, die die Physiker dieser Zeit beschäftigten, aber wir haben sie vor allem deshalb herausgegriffen, weil sie das Dilemma, in dem sich die klassische Physik befand, besonders deutlich aufzeigen.

Wir müssen zugeben, daß unser Bericht in historischer Hinsicht viel zu wünschen übrig läßt, denn wir können der höchst interessanten Entwicklung der Quantenphysik kaum auf diesen paar Seiten gerecht werden. Wenn man, wie wir das tun, die Situation um die Jahrhundertwende rückblickend betrachtet, dann ist es recht einfach, die erwähnten drei Probleme als Schlüsselprobleme zu erkennen. Sehen wir uns jedoch die Veröffentlichungen von 1900 in den *Annalen der Physik* (einer der wichtigsten physikalischen Zeitschriften dieser Zeit) an, dann werden wir feststellen, daß die meisten Physiker mit ganz anderen Dingen beschäftigt waren. Es ist eine seltene und zu jeder Zeit bewundernswerte Eigenschaft, das wirklich Wichtige vom Unwichtigen unterscheiden zu können. Es muß also die bemerkenswerte Einsicht und die Vorstellungskraft der Pioniere der Quantenphysik aufs höchste bewundert werden.

28. Um die ganze Sache spannender zu gestalten, wollen wir die erwähnten drei Probleme als drei verschiedene Aspekte des „Geheimnisses der fehlenden Konstante" betrachten. Ein Physiker des Jahres 1900 hätte die ihn konfrontierenden Probleme sicherlich nie so bezeichnet, aber im Rückblick ist es interessant, die Sache von diesem Standpunkt aus zu sehen.

Die fehlende Konstante ist natürlich das Plancksche Wirkungsquantum h. In einer rein klassischen Theorie der Materie tritt diese Konstante überhaupt nicht auf. Betrachten wir deshalb einige andere fundamentale Konstanten, die in einer klassischen Beschreibung *sehr wohl* eine Rolle spielen.

a) Die Lichtgeschwindigkeit, $c \approx 3{,}00 \cdot 10^8$ m/s. Diese Konstante kannte man um 1900 schon mit recht guter Genauigkeit.

b) Die Avogadrosche Zahl, $N_A = 6{,}02 \cdot 10^{23}$, die Anzahl der Moleküle in einem Mol eines beliebigen Gases. 1900 kannte man aus der kinetischen Gastheorie *grob* den Wert dieser Konstanten.

c) Die Masse des Wasserstoffatoms, $m_H = 1{,}67 \cdot 10^{-27}$ kg. Bis auf einen Fehler von 2 % entspricht sie auch der Masse des Protons, m_p. Da ein Mol Wasserstoff eine Masse von fast genau 2 g hat, gilt

$$N_A m_H \approx N_A m_p \approx 1\,\text{g}, \qquad (1.2)$$

wir können also m_H bestimmen, wenn wir die Avogadrosche Zahl kennen.

d) Die Elementarladung, $e = 1{,}6 \cdot 10^{-19}$ C. Die Ladung des Elektrons ist $-e$, die des Protons $+e$. Die Gesamtladung eines Mols von einfach geladenen Ionen (d.h., jedes Ion trägt eine Ladung e) wird als Faradaykonstante F bezeichnet. Es ist daher

$$F = N_A e = 96\,487\,\text{C}. \qquad (1.3)$$

Die Faradaykonstante F kann durch einen elektrolytischen Versuch leicht gemessen werden. F ist zum Beispiel diejenige Ladungsmenge, die durch eine Elektrolysezelle

---

[1]) Aus irgendeinem Grund spielt die *Billardkugel* in den meisten Lehrbüchern über Quantenphysik die Rolle eines Modells für klassische Teilchen. Der Autor hält sich natürlich an diese Tradition, möchte aber die vielleicht ganz amüsante Tatsache erwähnen, daß er nie Billard gespielt und nie eine Billardkugel in der Hand gehalten hat. Die Billardkugel zugeschriebenen Eigenschaften sind dem Autor daher lediglich aus quantenphysikalischen Lehrbüchern bekannt.

fließen muß, damit ein Grammatom Silber, d.h. 107,88 g Silber (da die relative Atommasse von Silber 107,88 ist), abgeschieden wird.

e) Das Verhältnis von Ladung zu Masse beim Elektron, $e/m_e = 1{,}76 \cdot 10^5$ C/kg, und das Verhältnis Ladung zu Masse beim Proton, $e/m_p = 96$ C/kg. Diese Konstanten können in Ablenkungsexperimenten an Elektronen- oder Protonenstrahlen in elektrischen und magnetischen Feldern bestimmt werden. *J. J. Thomson* bestimmte 1897 auf diese Weise das Verhältnis e/m_e[1]. Wir weisen darauf hin, daß

$$\frac{e}{m_p} = \frac{F}{N_A m_p}, \qquad (1.4)$$

d.h., diese Konstante hängt von den obigen Konstanten ab.

Bild 1.11 *Joseph John Thomson*. Geboren 1856 bei Manchester (England), gestorben 1940. Viele Jahre lang war *Thomson*, der von Freunden und Kollgen gern „J.J." genannt wurde, Cavendish-Professor für Physik an der Universität Cambridge sowie Professor für Physik bei der Royal Institution, London.

Seine zahlreichen Beiträge zur Physik umfassen Forschungen auf dem Gebiet der elektrischen Leitfähigkeit von Gasen, der Ladung und Masse des Elektrons und über die Eigenschaften positiver Strahlen. 1897 entdeckte *Thomson* das Elektron. Seine Arbeit über positive Strahlen führte zur Entdeckung der Neonisotope. 1906 erhielt er den Nobelpreis.

(Foto von Professor L. B. Loeb, Berkeley, zur Verfügung gestellt.)

---

[1] *J. J. Thomson*, "Cathode Rays" (Kathodenstrahlen), *Philosophical Magazine* **44**, 293 (1897).

Weiter können wir mit genauen Werten für e/m_e und e/m_p auch einen solchen für

$$\frac{m_p}{m_e} = \frac{e/m_e}{e/m_p} \qquad (1.5)$$

erhalten, selbst wenn die Ladung e nicht mit entsprechender Genauigkeit bekannt ist. Dabei wird natürlich vorausgesetzt, daß die Ladung des Protons dem Betrag nach der des Elektrons gleich ist.

f) Die Masse des Elektrons, $m_e = 9{,}11 \cdot 10^{-31}$ kg. Diese Konstante kann aus e und e/m_e abgeleitet werden.

29. Die Avogadrosche Zahl N_A ist das Verbindungsglied zwischen Mikrophysik und Makrophysik. An dieser ungeheuer großen Zahl sehen wir, wie klein Atome und Moleküle tatsächlich sind und warum die Teilchenstruktur der Materie in der makrophysikalischen Erscheinungswelt so wenig deutlich ist. Wie bereits erwähnt, kannte man N_A um die Jahrhundertwende noch nicht sehr genau. Die Konstanten F, e/m_e, m_e/m_p waren hingegen viel besser bekannt; eine unabhängige genaue Messung von N_A oder e würde dann zu genauerer Kenntnis der Grundkonstanten e, m_e und m_p verhelfen. Ein wichtiger Aspekt bei Plancks Theorie der Strahlung des schwarzen Körpers war die Tatsache, daß damit – wie wir noch sehen werden – eine unabhängige und genauere Bestimmung von N_A ermöglicht wurde.

Etwa zehn Jahre später gelang es *R. A. Millikan* mit seinem berühmten Öltröpfchenversuch, e direkt zu messen, indem er die Bewegung kleiner geladener Öltröpfchen in Luft unter dem Einfluß der Schwerkraft und eines elektrischen Feldes studierte[1]. Obwohl wir von dieser Art Versuch kaum einen sehr genauen Wert von e erwarten können, war er doch von großer Bedeutung, da er eine unabhängige und *begriffsmäßig einfache* Messung dieser Konstanten ermöglichte.

30. Wir wollen der Geschichte etwas vorgreifen und gleich jetzt erwähnen, daß die Avogadrosche Zahl N_A auch direkt bestimmt werden kann, indem wir die Anzahl der Atome in einem Kristall auszählen. Die Atome eines Kristalls sind regelmäßig in einem Gitter, zum Beispiel in einem kubischen, angeordnet, und wenn wir den Abstand zwischen benachbarten Atomen feststellen können – die sogenannte *Gitterkonstante* – können wir daraus natürlich N_A berechnen (Bilder 1.12 bis 1.14). Die Gitterkonstante können wir durch Röntgenbeugungsversuche messen, indem wir gleichzeitig die Wellenlänge der dabei verwendeten

---

[1] *R. A. Millikan*, "The Isolation of an Ion, a Precision Measurement of Its Charge and the Correction of Stokes's Law" (Isolierung eines Ions, Präzisionsmessung seiner Ladung und Korrektur des Stokesschen Gesetzes), *The Physical Review* **32**, 349 (1911).

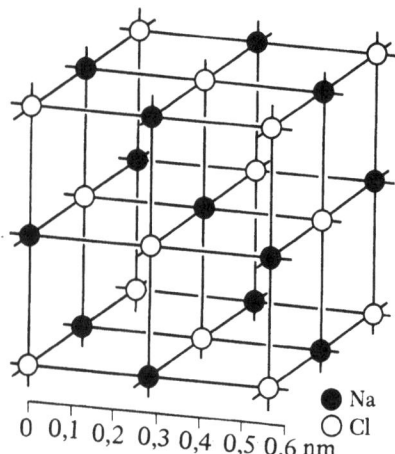

Bild 1.12 Die Kristallstruktur von Natriumchlorid (Kochsalz). Das Kristallgitter ist kubisch, bei dem Natriumatome und Chloratome abwechselnd die Eckpunkte bilden. Die Mittelpunkte der kleinen Kreise an den Gitterpunkten zeigen lediglich die mittlere Lage der Natrium- bzw. Chloratome an. Die Größe der Kreise oder Kugeln im Bild sagt überhaupt nichts über die Größe der Atomkerne oder Atome aus.

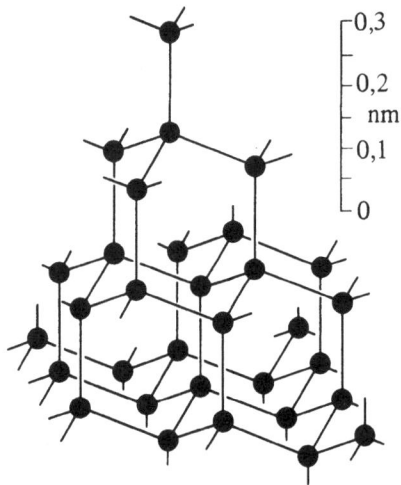

Bild 1.13 Die Kristallstruktur von Diamant. Jedes Kohlenstoffatom ist jeweils von den vier nächsten Nachbaratomen umgeben, die die Eckpunkte eines Tetraeders bilden (die jeweils nächsten Atome sind durch Striche verbunden).

Röntgenstrahlen bestimmen, etwa durch Messung mittels eines mechanisch (geritzten) „makroskopischen" Spaltgitters. N_A wurde schließlich auf diese Weise genau bestimmt.

M. von Laue erkannte als erster, daß uns mit Kristallen natürliche Beugungsgitter zur Verfügung stehen; auf seine Anregung hin wurden 1912 von *W. Friedrich* und *P. Knipping*[1])

---

[1]) *W. Friedrich, P. Knipping* und *M. Laue*, „Interferenzerscheinungen bei Röntgenstrahlen", *Annalen der Physik* **41**, 971 (1913).

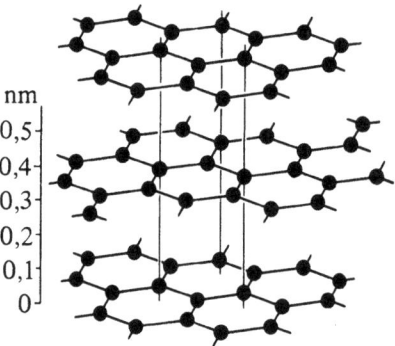

Bild 1.14 Die Kristallstruktur von Graphit. Diamant und Graphit bestehen beide nur aus Kohlenstoffatomen. Die ausgeprägt unterschiedlichen physikalischen Eigenschaften der beiden Stoffe basieren auf den unterschiedlichen Formen ihrer Kristallgitter. Das Graphitkristallgitter weist in gleichmäßigen Abständen parallele Ebenen auf, in denen die Kohlenstoffatome in hexagonaler Anordnung liegen. Vergleichen Sie dieses Gitter mit dem Kristallgitter von Diamant in Bild 1.13.

Beugungsversuche mit Röntgenstrahlen an Kristallen durchgeführt. Tatsächlich war das der erste konkrete Beweis dafür, daß Röntgenstrahlen elektromagnetische Wellen mit kurzer Wellenlänge sind.

31. Um die mit der Strahlung des schwarzen Körpers verbundenen Probleme verstehen zu können, ist eine kleine Abweichung vom Thema notwendig, um die Begriffe Wärme und Temperatur besprechen zu können[1]). Ohne diese Begriffe können wir das Verhalten von Materie im Ganzen unter thermischen Gleichgewichtsbedingungen nicht untersuchen. Es hat dies nichts mit dem Bau oder dem Verhalten *einzelner* Atome, Moleküle oder Atomkerne zu tun, ist aber für viele Quantenphänomene sehr wichtig. Der Grund hierfür liegt natürlich darin, daß wir üblicherweise an einzelnen Atomen, Molekülen oder Atomkernen keine Messungen ausführen; wir studieren diese Teilchen „eingebettet" in die Materie als Ganzes.

Wärmeenergie ist die Energie, die mit der ungeordneten Bewegung der Bestandteile eines makroskopischen Körpers verknüpft ist. Wärme ist Wärmeenergie, die von einem Körper auf den anderen übertragen wird. Was aber ist Temperatur?

32. Es ist nicht so ganz einfach, den Begriff Temperatur in einem Satz *genau* zu definieren. Wir wissen alle ungefähr, was Temperatur ist und wie man die Temperatur mit

---

[1]) Diese Themen werden ausführlicher im Band 5 des Berkely Physik Kurses, *Statistische Physik*, behandelt. Siehe auch *PSSC Physik* (Physical Science Study Committee), Kapitel 20, Friedr. Vieweg & Sohn, Braunschweig 1973.

einem Thermometer mißt. Ein Thermometer ist irgendein Körper oder System, bei dem eine Temperaturänderung eine leicht festzustellende Änderung eines seiner Parameter hervorruft, etwa eine Längenänderung, eine Volumenänderung, eine Änderung des elektrischen Widerstandes usw. Nehmen wir als Beispiel das Quecksilberthermometer. Die Temperatur wird abgelesen, indem wir die Höhe einer Quecksilbersäule in einem Kapillarrohr konstanten Querschnitts feststellen. Um eine Temperaturskala aufzustellen, können wir die Temperatur 0° dem Schmelzpunkt von Eis und die Temperatur 100° dem Siedepunkt von Wasser zuordnen. Dann teilen wir das Intervall zwischen den beiden Bezugspunkten in hundert gleiche Teile und definieren damit 1° unserer Skala. Auf diese Weise können wir ein Maß für die Temperatur definieren, aber diese Definition hat vom Standpunkt der zugrundeliegenden physikalischen Theorie den schwerwiegenden Nachteil, daß die Temperaturskala jeweils von den speziellen Eigenschaften eines beliebig gewählten Stoffes, in diesem Fall von Quecksilber, abhängt. Wenn wir mit einem anderen Stoff, etwa Alkohol, in gleicher Weise vorgehen, dann kommen wir darauf, daß 30° auf der Alkoholskala keineswegs 30° auf der Quecksilberskala entsprechen.

Für wissenschaftliche Zwecke ist es daher unabdingbar, ein Maß für die Temperatur zu finden, das nicht von den speziellen Eigenschaften irgendeines Stoffes abhängt. Im Band 5 dieses Lehrgangs, der der Wärmelehre gewidmet ist, wird ausführlich besprochen, wie ein solches Temperaturmaß definiert werden kann. Eine solchermaßen definierte Temperaturskala ist die *absolute Temperaturskala*, bei die Temperatur in Kelvin, K, gemessen wird. Auf der absoluten Skala ist 0 K die tiefste Temperatur, die überhaupt möglich ist, das entspricht etwa $-273\,°C$. Der Einfachheit halber wurde das Kelvin so gewählt, daß eine Temperatur*differenz* den gleichen Zahlenwert auf der absoluten wie auf der Celsiusskale aufweist. Es gilt also die Definition

> Temperatur in K = Temperatur in °C + 273,15.

33. Wir wollen nun versuchen, eine qualitative Vorstellung davon zu bekommen, was die Temperatur vom mikrophysikalischen Standpunkt aus gesehen bedeutet. Nimmt die Temperatur zu, dann nimmt die mittlere Bewegungsenergie der sich ungeordnet bewegenden Grundbestandteile eines makroskopischen Körpers zu. Bei der Temperatur 0 K gibt es keinerlei ungeordnete Bewegungen mehr, womit also die physikalische Bedeutung des absoluten Nullpunkts gegeben ist. (Die Betonung liegt auf „ungeordnet".)

In der statistischen Mechanik werden oft die Eigenschaften realer Gase in einem Modell idealisiert dargestellt: Wir nehmen an, daß ein Gas aus einer großen Anzahl kleiner

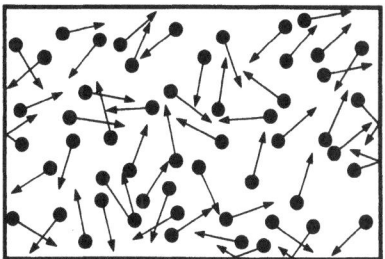

Bild 1.15 Die Beziehung $pV = \frac{2}{3} N_A W_{kin}$ ist leicht zu verstehen. In einem Behälter des Volumens V befinden sich N_A Moleküle. Nehmen wir vorerst an, daß sich sämtliche Moleküle mit der Geschwindigkeit v nach rechts bewegen. Die Anzahl der Moleküle, die pro Zeiteinheit eine Flächeneinheit der Wand treffen, ist gleich $v(N_A/V)$. Jedes Molekül überträgt einen Impuls $2mv$ auf die Wand. Der Druck p' ist gleich dem gesamten Impuls, der pro Zeit- und Flächeneinheit übertragen wird; daher gilt

$$p' = 2mv^2(N_A/V) = 4 W_{kin}(N_A/V).$$

Tatsächlich ist aber die Bewegung der Moleküle vollkommen willkürlich gerichtet; der wahre Druck p ist durch den oben bestimmten Druck p' in der Beziehung $p = \frac{1}{6} p'$ gegeben – was dann zu Gl. (1.6) führt. (Der Faktor 1/6 erklärt sich folgendermaßen: Die Molekülbewegung enthält sechs Hauptrichtungskomponenten: beide Richtungen entlang dreier aufeinander senkrechter Achsen. Es kann daher nur ein Sechstel der Moleküle zum Druck auf jeweils eine Wand beitragen.)

gleichartiger Teilchen (Molekülen) besteht, die sich ungeordnet bewegen und deren Wechselwirkungen *vernachlässigbar* sind. Ein solches Modell ist eine recht gute Darstellung eines *verdünnten* realen Gases (Bild 1.15). Sind die Teilchen des (Modell-)Gases einatomige Moleküle, dann sprechen wir von einem idealen einatomigen Gas; wir können dann nachweisen, daß für ein Mol eines idealen Gases

$$pV = \frac{2}{3} N_A W_{kin} \qquad (1.6)$$

gilt, wobei p der Druck, V das Volumen des Behälters und W_{kin} die mittlere kinetische Energie eines (einatomigen) Moleküls ist.

Die absolute Temperatur ist nun so definiert, daß in diesem Modell die mittlere kinetische Energie durch $W_{kin} = \frac{3}{2} kT$ gegeben ist; die Proportionalitätskonstante k ist die sogenannte Boltzmannkonstante. Gl. (1.6) kann also auch in der Form

$$pV = N_A kT = RT \qquad (1.7)$$

geschrieben werden. $R = N_A k$ ist die universelle Gaskonstante. Es ist *experimentell nachgewiesen*, daß dieses Gesetz für alle genügend verdünnten Gase genau gilt: Für ein reales Gas gilt das Gesetz um so genauer, je geringer die Dichte des Gases ist. Dies können wir bei der Konstruktion eines Gasthermometers ausnützen, das die absolute Temperatur anzeigen soll.

34. Die universelle Gaskonstante besitzt den Wert

$$R = N_A k = 8{,}3143 \, \text{JK}^{-1}\text{mol}^{-1} \, . \qquad (1.8)$$

Die Gaskonstante ist eine makroskopische Konstante, die anhand der Gl. (1.7) leicht gemessen werden kann.

Die Boltzmannkonstante $k = R/N_A$ ist die Gaskonstante für ein Molekül. Sie kann bestimmt werden, wenn wir N_A kennen, und hat den Wert

$$k = 1{,}38 \cdot 10^{-23} \, \text{JK}^{-1} \, . \qquad (1.9)$$

Die Boltzmannkonstante ist eigentlich ein Faktor zur Umrechnung von Temperatur in Energie. Die Tatsache, daß Temperatur und Energie auf diese Weise zusammenhängen, darf uns jedoch nicht zu der Annahme verleiten, Energie und Temperatur seien „irgendwie dasselbe".

35. Nach diesem Überblick über die wichtigsten Konstanten der klassischen Physik wenden wir uns nun dem Problem der Strahlung des schwarzen Körpers zu. Die uns empirisch bekannten Tatsachen sind folgende: Die Oberfläche eines Körpers hoher Temperatur emittiert Strahlung aller Wellenlängen bzw. Frequenzen. Tragen wir den Betrag an Strahlungsenergie, der pro Zeiteinheit, pro Flächeneinheit und pro Wellenlängeneinheit emittiert wird, gegen die Wellenlänge auf, erhalten wir eine Kurve, die für sehr große und für sehr kleine Wellenlängen gegen Null geht; ganz allgemein wird die Kurve ein einziges Maximum bei einer Wellenlänge λ_{max} aufweisen, die von der Temperatur abhängt. Die Lage dieses Maximums und die gesamte emittierte Energie ist, ganz grob betrachtet, für alle Stoffe *etwa gleich*. Statt nun die von einer *Materieoberfläche* emittierte Strahlung zu untersuchen, können wir auch die Strahlung studieren, die durch ein *kleines Loch* in der Wand eines geschlossenen Behälters abgestrahlt wird, der auf konstanter Temperatur gehalten wird. Bei einer derartigen Untersuchung haben wir also einen Hohlraum aus einem geeigneten reflektierenden Material und eine kleine Öffnung (d.h., das Loch muß verglichen mit dem Hohlraum klein sein). Wir richten unsere Meßinstrumente auf die Öffnung und messen so die Strahlungsenergie der *Hohlraumstrahlung*. Bei derartigen Messungen wurde folgendes festgestellt:

a) Ein Diagramm (Bild 1.16) der Intensität der Hohlraumstrahlung in Abhängigkeit von der Wellenlänge zeigt eine stetige Kurve, die sowohl für lange als auch für kurze Wellen gegen Null geht und ein Maximum bei der Wellenlänge λ_{max} aufweist, die von der Temperatur T der Wände auf ganz einfache Weise abhängt:

$$\lambda_{max} T = C_0 = 0{,}002898 \, \text{m K} \, . \qquad (1.10)$$

b) Die Spektralverteilung der emittierten Strahlung, also die Form der in a) erwähnten Kurve, ist unabhängig von der Form des Hohlraums und von der Art des Wandmaterials. Die Konstante C_0 in Gl. (1.10) — dem sogenannten

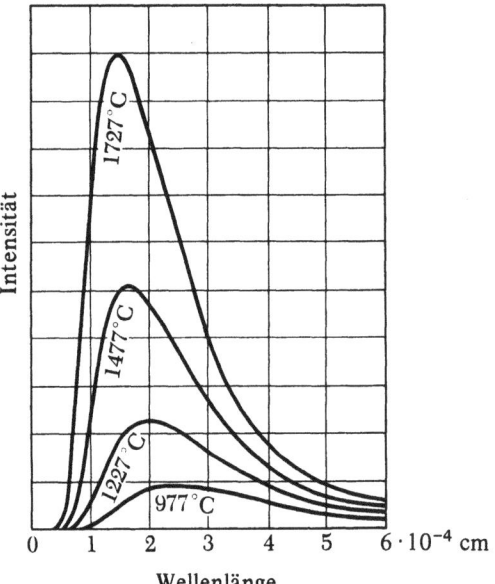

Bild 1.16 Die Kurven geben die Energie an, die von einem schwarzen Strahler emittiert wird, und zwar pro Flächeneinheit und pro Wellenlängeneinheit-Intervall, für vier verschiedene Temperaturen. Die gesamte emittierte Energie ist der Fläche unter den Kurven und der vierten Potenz der absoluten Temperatur proportional. Sie sehen, wie die Lage des Maximums von der Temperatur abhängt. Die genaue Beziehung ist durch das Wiensche Verschiebungsgesetz gegeben.

Wienschen Verschiebungsgesetz — ist demnach eine universelle Konstante, die eine ganz *allgemeine* Eigenschaft von Hohlräumen an sich beschreibt.

c) Die Intensität der durch die Öffnung emittierten Strahlung ist bei allen Wellenlängen größer als die entsprechende Intensität der Strahlung, die von einer Körperoberfläche emittiert wird, die die gleiche Temperatur wie die Wände des Hohlraums besitzt, die Größenordnung der Intensität ist jedoch gleich.

36. Eine Oberfläche, die alle einfallende Strahlung absorbiert, bezeichnet man als *schwarzen Körper*. Einem Beobachter, der durch ein kleines Loch in der Wand eines Hohlraums von *außen* in diesen hineinsieht, wird die Öffnung wie die Oberfläche eines schwarzen Körpers erscheinen, insbesondere wenn die Innenseiten der Hohlraumwände rauh und geschwärzt sind (Bild 1.17). Das ist so, weil einfach jegliche Strahlung (Licht), die von außen in das Loch einfällt, durch Mehrfachreflexionen im Hohlraum nahezu vollkommen absorbiert wird, auch wenn die Innenwände nicht total absorbierend sind.

1.4 Die Entdeckung des Planckschen Wirkungsquantums

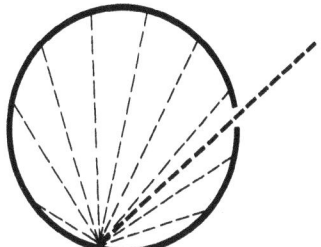

Bild 1.17 Für einen außenstehenden Beobachter erscheint eine kleine Öffnung in der Wand eines Hohlraums mit einer (teilweise) absorbierenden Innenwand als Oberfläche eines schwarzen Körpers: Einfallende Strahlung wird fast vollständig absorbiert. Ein Lichtstrahl, der durch die Öffnung einfällt, wird beim Auftreffen auf die Innenwand zum Teil absorbiert, zum Teil diffus gestreut. Die reflektierten Strahlen werden wiederum teils absorbiert, teils diffus reflektiert usw., so daß nur ein sehr geringer Bruchteil der eingefallenen Strahlung die Öffnung wieder verlassen kann.

Mit anderen Worten, ein *Photon*, das in den Hohlraum eingetreten ist, kann nur mit sehr geringer Wahrscheinlichkeit wieder durch die Öffnung austreten.

Der Leser kann leicht selbst auf diese Art die Oberfläche eines schwarzen Körpers verwirklichen, indem er die Innenseite eines kleinen Kartons schwarz anstreicht und in eine Wand ein kleines Loch schneidet. Von außen gesehen wirkt das Loch wesentlich „schwärzer" als irgendeine „schwarze" Fläche.

Aus diesen Gründen bezeichnen wir die Strahlung, die durch eine Öffnung in der Wand eines Hohlraums kommt, als *Strahlung schwarzer Körper*. *G. R. Kirchhoff* zeigte anhand allgemeiner thermodynamischer Überlegungen, daß für eine beliebige Oberfläche das Verhältnis ihrer Emissionsfähigkeit zur Emission einer Schwarzkörperoberfläche bei einer bestimmten Wellenlänge den Absorptionskoeffizienten des Stoffes bei eben dieser Wellenlänge angibt. Der schwarze Körper ist ein sehr nützlicher Bezugsstrahler; wir werden unsere Überlegungen daher auch auf die Strahlung eines schwarzen Körpers, d.h. die Strahlung eines Hohlraums, beschränken.

37. Gegen Ende des neunzehnten Jahrhunderts waren schon recht sorgfältige Messungen der Strahlung des schwarzen Körpers ausgeführt worden; insbesondere wurde die Beziehung (1.10) aufgestellt. Das wichtigste theoretische Problem war jedoch die Ableitung des Strahlungsgesetzes anhand von Grundprinzipien. Daß eine Öffnung Strahlung emittiert, ist an sich nicht so erstaunlich: Wir wissen, daß die Materiebestandteile angeregt sind, und die thermischen Schwingungen der Wandbestandteile führen natürlich zur Emission von Strahlungsenergie in den Hohlraum hinein. Diese Strahlung kann auch von den Wänden absorbiert werden, und wenn die Wände auf konstanter Temperatur gehalten werden, muß sich eine Art von Gleichgewicht zwischen der Strahlungsenergie im Hohlraum und den Wänden einstellen, d.h., die Emissions- und die Absorptionsrate werden gleich sein. Es muß also ein Ausdruck für die Strahlungsenergiedichte im Hohlraum als Funktion von Wellenlänge und Temperatur gefunden werden.

Hier wollen wir uns nur mit einem Teil dieses Problems, nämlich der Beziehung (1.10) befassen. Um alle Beiträge zu dieser Beziehung zu erfassen, können wir sie auch in der Form

$$\frac{\lambda_{max}}{c} kT = X_1 = \frac{C_0 k}{c} \qquad (1.11)$$

schreiben, wobei c die Lichtgeschwindigkeit, k die Boltzmannkonstante und X_1 eine neue Konstante ist. Da die linke Seite der Gl. (1.11) die Dimension [Zeit] · [Energie] = [Wirkung] besitzt, ist die Konstante X_1 eine Wirkungsgröße. Wie können wir nun theoretisch einen Ausdruck für X_1 finden? Wie können wir aus den vorhandenen Naturkonstanten eine Größe zusammenstellen, die die Dimension einer Wirkung hat? Das scheint wirklich recht problematisch zu sein, da man schwer einsehen kann, wie es überhaupt möglich sein soll, die Konstanten m_e, m_H und e irgendwie in einem Ausdruck für X_1 unterzubringen. Physikalisch gesehen ist die Situation ganz einfach: Die Strahlungsenergie im Hohlraum ist in thermischem Gleichgewicht mit den Wänden. Die vom Hohlraum emittierte Strahlung ist jedoch *unabhängig von Größe und Form des Hohlraums sowie unabhängig vom Material der Wände*; was haben dann dabei Konstanten wie m_e und e zu suchen, die sich doch auf Eigenschaften der Wände beziehen? Es scheint gerechtfertigt zu vermuten, daß die Konstante X_1 nicht aus den übrigen Konstanten abgeleitet werden kann, und tatsächlich kann die Beziehung (1.11) nicht im Rahmen der klassischen Physik erklärt werden. Man befand sich also um 1900, vor *Plancks* Entdeckung, in einer recht verzweifelten Lage. Die Anwendung der klassischen statistischen Mechanik hatte zu dem absurden Gesetz der Strahlung des schwarzen Körpers geführt, daß die Strahlungsintensität mit der Frequenz monoton zunimmt, daß also die Gesamtstrahlungsintensität unendlich ist, was heißt, daß Strahlung bei keiner Temperatur mit Materie in thermischem Gleichgewicht sein kann!

38. Am 14. Dezember 1900 präsentierte *Max Planck* seine Ableitung des Gesetzes der Strahlung des schwarzen Körpers auf einer Versammlung der Deutschen Physikalischen Gesellschaft in Berlin; dieser Tag kann als das Geburtsdatum der Quantenphysik angesehen werden[1]). Bei seiner Ableitung eines theoretischen Ausdrucks für die Strahlungsintensität in Abhängigkeit von Wellenlänge und Temperatur wich *Planck* von der klassischen Physik und ihren Vorstellungen ab und stellte die folgende radikale ad hoc-Annahme auf: Ein Oszillator der Eigenfrequenz ν kann Energie nur

---

[1]) M. Planck, „Über das Gesetz der Energieverteilung im Normalspektrum", *Annalen der Physik* **4**, 553 (1901).

in „Paketen" aufnehmen oder abgeben, wobei ein solches Energiepaket mit $W = h\nu$ angegeben wurde. h ist eine neue fundamentale physikalische Konstante. *Planck* konnte damit unter anderem einen Ausdruck für unsere Konstante X_1 ableiten:

$$\frac{\lambda_{max}}{c} kT = \frac{C_0 k}{c} = X_1 = 0{,}2014 \cdot h\,. \tag{1.12}$$

So also wurde das *Plancksche Wirkungsquantum* gefunden.

Planck selbst war eigentlich nur widerwillig von der klassischen Physik abgewichen. Nach der Entdeckung des Wirkungsquantums versuchte er noch mehrere Jahre lang, das Phänomen der Schwarzkörperstrahlung mit rein klassischen Vorstellungen zu beschreiben. Er betrachtete später diese erfolglosen Bemühungen keineswegs als sinnlos, sondern fand, daß ihn gerade die verschiedenen Mißerfolge zu der Überzeugung brachten, daß die klassische Physik keine Erklärung für dieses Phänomen liefern könne.

39. Ausführlich lautet das *Plancksche Strahlungsgesetz*

$$E(\lambda, T) = \frac{8\pi hc}{\lambda^5} \frac{1}{\exp(hc/\lambda kT) - 1}, \tag{1.13}$$

wobei $E(\lambda, T)$ die Strahlungsenergiedichte im Hohlraum pro Wellenlängeneinheit bei einer Wellenlänge λ und einer Temperatur T ist; k ist die Boltzmannkonstante, c die Lichtgeschwindigkeit.

Die Intensität der Strahlung, die durch ein kleines Loch in der Wand eines Hohlraums emittiert wird, ist proportional zur Energiedichte im Hohlraum, Gl. (1.13) ist also die mathematische Darstellung der in Bild 1.16 dargestellten Beziehungen.

Um die Lage des Maximums von $E(\lambda, T)$ als Funktion von λ bei konstantem T zu finden, setzen wir die Ableitung von $E(\lambda, T)$ nach λ gleich Null und lösen für λ_{max} auf. Auf diese Weise gelangen wir zur Beziehung (1.12) bzw. der gleichwertigen Beziehung

$$\lambda_{max} T = C_0 = 0{,}2014 \cdot \frac{hc}{k}\,. \tag{1.14}$$

Da λ_{max} und T einfach gemessen werden können und c bekannt ist, können wir dann mit Hilfe von Gl. (1.14) h/k experimentell bestimmen. Außerdem kann auch durch einen genauen Vergleich des experimentell bestimmten Wertes für $E(\lambda, T)$ mit dem theoretischen Ausdruck (1.14) die Konstante h bestimmt werden. Dadurch wird die Berechnung der Boltzmannkonstanten k möglich. Schließlich kann auch N_A über die Beziehung $N_A = R/k$ berechnet werden. Der von *Planck* auf diese Weise ermittelte Wert von k ist etwa um 2,5 % geringer als der beste heutige Wert für k.

40. Die ausführliche Geschichte des Planckschen Strahlungsgesetzes ist wirklich faszinierend. Bevor es *Planck* gelang, die Beziehung (1.14) vom mikroskopischen Standpunkt aus abzuleiten, hatte er nämlich die Beziehung zwischen $E(\lambda, T)$ und λ und T bereits richtig vorausgesagt; hierbei stützte er sich zum Teil auf sehr genaue Meßergebnisse von *H. Rubens* und *F. Kurlbaum*, zum Teil auf allgemeine theoretische Überlegungen. (Die in Gl. (1.13) ausgedrückte Beziehung ist ganz offensichtlich zu kompliziert, um rein empirisch gewonnen zu werden.) Die vorläufigen Ergebnisse wurden von *Planck* am 19. Oktober 1900 der Deutschen Physikalischen Gesellschaft vorgelegt. In dieser Version enthielt die Gleichung zwei Konstanten ohne jegliche physikalische Interpretation – die Konstanten, die wir als $(8\pi hc)$ und (hc/k) schreiben würden. Diese Gleichung wurde wiederum anhand experimenteller Ergebnisse von *H. Rubens* sowie von *O. Lummer* und *E. Pringsheim* überprüft, wobei man eine bemerkenswerte Übereinstimmung feststellte[1]. *Planck* sah sich also vor das Problem gestellt, für eine anscheinend richtige Gleichung irgendeine *grundlegende* theoretische Interpretation zu finden, was ihm nach acht Wochen intensiver Arbeit auch gelang.

1.5 Der photoelektrische Effekt

41. Um die Jahrhundertwende wußte man aus Versuchen, daß aus einer Metalloberfläche durch einen einfallenden Lichtstrahl (aus dem sichtbaren oder ultravioletten Bereich) Elektronen herausgeschlagen werden können[2]. Dieses Phänomen ist an und für sich nichts Überraschendes, da Licht ja elektromagnetische Strahlung ist. Wir können also annehmen, daß das elektrische Feld der Lichtwelle auf die Elektronen der Metalloberfläche eine Kraft ausübt und dadurch bewirkt, daß einige davon emittiert werden. Erstaunlich ist aber, daß die kinetische Energie der emittierten Elektronen nicht von der *Intensität* des Lichts, sondern auf sehr einfache Art von dessen *Frequenz* abhängt: Die kinetische Energie der Elektronen nimmt linear mit der Lichtfrequenz zu. Wird die Intensität des Lichts erhöht, dann werden lediglich mehr Elektronen pro Zeiteinheit emittiert, ihre Energie vergrößert sich jedoch nicht. Vom klassischen Standpunkt aus gesehen ist dies *sehr* schwer zu verstehen, da man erwarten würde, daß bei höherer Intensität der Lichtwelle – also auch größerer Amplitude des elektrischen Feldes der Welle – die Elektronen auch auf höhere Geschwindigkeiten beschleunigt werden.

---

[1] Über *spätere* Überprüfungen des Planckschen Gesetzes siehe *H. Rubens* und *G. Michel*, „Prüfung der Planckschen Strahlungsformel", *Physikalische Zeitschrift* **22**, 569 (1921).

[2] Siehe *PSSC Physik*, Kapitel 31.

1.5 Der photoelektrische Effekt

Dies war bereits vor 1905 von *P. Lenard* und anderen festgestellt worden. *Genaue* Messungen des Zusammenhangs zwischen Lichtfrequenz und Energie der emittierten Elektronen wurden jedoch erst 1916 ausgeführt, als sich *R. A. Millikan* ausführlich mit dem Problem befaßte.

42. Im Jahre 1905 hatte *Albert Einstein* eine Lösung für dieses Problem angeboten[1]). Seiner Auslegung zufolge besteht ein monochromatischer Lichtstrahl aus Energiepaketen $h\nu$, wobei ν die Frequenz des Lichts ist; ein solches *Energiequant* $h\nu$ kann vollständig auf ein Elektron übertragen werden. Das Elektron nimmt also, noch im Metall befindlich, die Energie $W = h\nu$ auf. Nehmen wir nun an, daß eine bestimmte Arbeit W_A verrichtet werden muß, um das Elektron aus dem Metall herauszuschlagen, dann verlassen die Elektronen die Metalloberfläche mit einer kinetischen Energie $W_{kin} = W - W_A$ bzw.

$$W_{kin} = h\nu - W_A . \tag{1.15}$$

Die Größe W_A, die sogenannte *Austrittsarbeit* für das Metall, wird als Materialkonstante angesehen und ist von der Frequenz ν unabhängig.

Gl. (1.15) ist *Einsteins* berühmte *photoelektrische Gleichung*. Die Energie der emittierten Elektronen nimmt mit der Frequenz linear zu, ist jedoch von der Intensität der Lichtstrahlung unabhängig.

Die Anzahl der emittierten Elektronen ist natürlich der Anzahl der einfallenden Lichtquanten proportional, also proportional der Intensität des einfallenden Lichts. Auf diese Weise erklärte *Einstein* die qualitativen Gesichtspunkte des photoelektrischen Effekts, soweit sie ihm zu dieser Zeit bekannt waren.

43. *Einstein* gelangte zu dieser Lösung, als ihm auffiel, daß das so sonderbare Plancksche Gesetz über die Strahlung des schwarzen Körpers in gewissen Punkten verständlicher wurde, wenn man der elektromagnetischen Strahlung im Hohlraum Korpuskeleigenschaften zuschrieb, also annahm, daß die Strahlungsenergie aus Quanten $h\nu$ besteht. Wir sollten hier nicht unerwähnt lassen, daß die eigentliche Bedeutung von *Plancks* Annahme zu dieser Zeit ziemlich unklar war — *Einsteins* neuartige Betrachtungsweise der Strahlung des schwarzen Körpers war daher ein wichtiger Fortschritt. Am meisten Bedeutung kam jedoch der Tatsache zu, daß *Einsteins* Erklärung auch auf ein anderes physikalisches Phänomen angewendet werden konnte: auf den photoelektrischen Effekt.

44. Gl. (1.15) stellte eine präzise theoretische Voraussage dar und konnte somit in Versuchen quantitativ überprüft werden. Außerdem ergab sich dadurch eine weitere

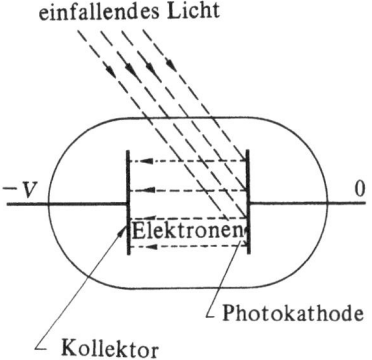

Bild 1.18 Sehr vereinfachte Darstellung des Prinzips, das dem Versuch von *Millikan* zugrundeliegt. Elektronen werden mit einer Energie $W_{kin} = h\nu - W_A$ emittiert, wobei W_A die für das Kathodenmaterial charakteristische Austrittsarbeit ist, wenn Licht der Frequenz ν die Photokathode trifft. Der Elektronenstrom zum Kollektor hin hört auf, sobald das Bremspotential $V > (h\nu - W_A)/e$ ist. Eine Bestimmung des kritischen Bremspotentials $V_0 = (h\nu - W_A)/e$ in Abhängigkeit von ν ergibt die Konstante h/e (siehe Bild 1.19).

Möglichkeit zur Messung des Planckschen Wirkungsquantums, wenn man *Einsteins* Vorstellungen als richtig betrachtet. Wie bereits erwähnt, befaßte sich *R. A. Millikan* mit diesen äußerst wichtigen Problemen im Rahmen einer sorgfältigen und beachtenswerten Versuchsreihe[1]), die vollkommene Übereinstimmung mit der Einsteinschen Gleichung (1.15) ergab.

Bild 1.18 zeigt schematisch *Millikans* Versuchsanordnung. Monochromatisches Licht fällt auf eine Metallfläche, meist ein Alkalimetall, und bewirkt den Austritt von Photoelektronen. Eine Kollektorelektrode, die auf einem beliebigen Potential $-V$ gegenüber der Photokathode gehalten wird, befindet sich nahe der lichtempfindlichen Fläche; der Strom der Photoelektronen wird gemessen. Nehmen wir an, daß alle Elektronen — wie aus Gl. (1.15) zu ersehen ist — mit der gleichen kinetischen Energie W_{kin} emittiert werden, dann ist ganz klar, daß keines der Elektronen die Kollektorelektrode (Anode) erreichen kann, wenn $eV > W_{kin}$. Wir können also den Strom als Funktion des Bremspotentials V aufzeichnen; wenn V_0 das Potential ist, bei dem der Strom gerade Null wird, dann gilt

$$V_0 = \left(\frac{h}{e}\right)\nu - \frac{W_A}{e}. \tag{1.16}$$

Tragen wir das Einsatzbremspotential V_0 gegen die Frequenz auf, dann erhalten wir eine Gerade (Bild 1.19, aus *Millikans* Arbeit). Die Steigung dieser Geraden ergibt die Konstante h/e, und ihr Schnittpunkt mit der V_0-Achse liefert die Materialkonstante W_A/e.

---

[1]) *A. Einstein*, „Über einen die Erzeugung und Verwandlung des Lichts betreffenden heuristischen Gesichtspunkt", *Annalen der Physik* **17**, 132 (1905).

[1]) *R. A. Millikan*, "A Direct Photoelectric Determination of Planck's „h"" (Direkte photoelektrische Bestimmung von Plancks „h"), *The Physical Review* **7**, 355 (1916).

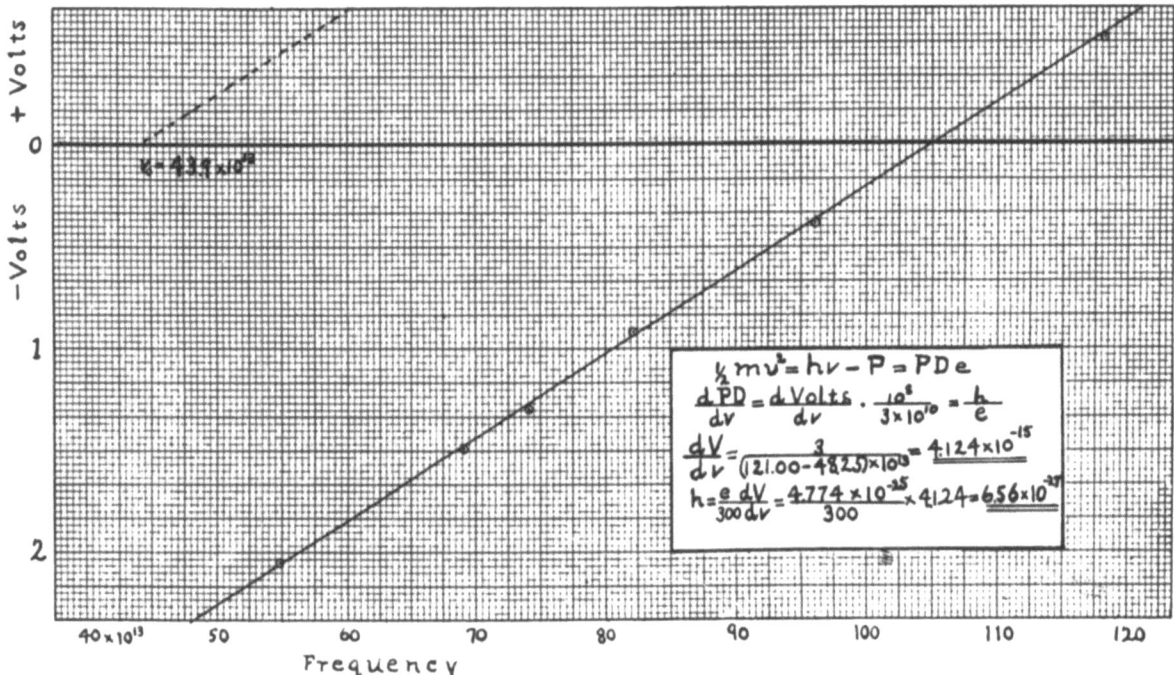

Bild 1.19 Ein Diagramm aus Millikans Arbeit (*R. A. Millikan*, Physical Review 7, 355 (1916), das die lineare Beziehung zwischen dem kritischen Bremspotential V_0 und der Lichtfrequenz aufzeigt (die lichtempfindliche Fläche besteht aus Natrium). Wir sehen, daß *Millikan* seine Berechnung des Planckschen Wirkungsquantums auf die Kurve in seinem Diagramm stützte.
(*Zur Verfügung gestellt von The Physical Review.*)

Dieser Versuch ist zwar höchst anschaulich und einfach, doch erfordert es größte Sorgfalt, um genaue und reproduzierbare Werte zu erhalten.

45. Betrachten wir die Gl. (1.16) einmal vom numerischen Gesichtspunkt. Mit $h = 6{,}63 \cdot 10^{-34}$ Js und $e = 1{,}60 \cdot 10^{-19}$ C erhalten wir $h/e = 4{,}14 \cdot 10^{-15}$ Vs. Wellenlängen des sichtbaren Lichts liegen zwischen 400 nm und 700 nm. Das entspricht einem Frequenzbereich von $(4{,}3 \ldots 7{,}5) \cdot 10^{14}$ s^{-1}. Blaues Licht hat eine Frequenz von ungefähr $7 \cdot 10^{14}$ s^{-1}, und damit ergibt sich $(h/e)\nu \approx 2{,}8$ V. Für Licht des sichtbaren Bereichs oder im nahen Ultraviolett wird das Bremspotential also etwa von der Größenordnung 1 V sein. Experimentell wurde festgestellt, daß auch die Materialkonstante W_A/e diese Größenordnung aufweist. Für Alkalimetalle ist die Austrittsarbeit besonders gering, daher werden die Photokathoden der Photozellen für sichtbares Licht aus solchem Material hergestellt. Eine Photozelle, bei der $W_A > h\nu$ ist, spricht natürlich nicht auf die Strahlung an.

46. Die Photoemission war bereits vor 1905 entdeckt und auch qualitativ untersucht worden, doch gelang es erst *Einstein*, die Bedeutung dieser Phänomene voll zu erfassen. Hätten damals schon *Millikans* quantitative Ergebnisse zur Verfügung gestanden, dann hätte man sicherlich erkannt, daß diese Phänomene ganz allgemein eine Absage an die klassischen Ideen darstellen.

Das Wesentliche bei diesem Problemkreis ist wohl die so neuartige Beziehung

$$\frac{W}{\nu} = X_2 \,. \tag{1.17}$$

Hier ist W die Energie, die durch einen monochromatischen Lichtstrahl der Frequenz ν auf ein Elektron übertragen werden kann. X_2 ist eine Konstante, die von der Intensität der Lichtstrahlung, von ihrer Frequenz und auch von dem Material unabhängig ist, in dem sich die Elektronen zuerst befinden. (Weder 1905 noch heute machte man sich Gedanken darüber, daß die Elektronen das Metall mit einer kinetischen Energie verlassen, die *kleiner* als W ist – die Austrittsarbeit W_A stellt ganz einfach die Bindeenergie der Elektronen im Metall dar.) Es ist anscheinend völlig unmöglich, eine Beziehung wie Gl. (1.17) auf der Basis klassischer Vorstellungen zu verstehen, ebenso wie der Versuch erfolglos bleibt, diese Erkenntnis in einer Gleichung auszudrücken, die der geheimnisvollen Konstanten X_2, Hauptkonstanten der klassischen Physik, zugrundeliegt. Die Konstante X_2 hat die Dimension einer Wirkung, und man kann tatsächlich eine solche Größe aus den grundlegenden Konstanten bilden:

1.6 Stabilität und Größe der Atome

$e^2/4\pi\epsilon_0 c = h/860$. Wir wissen nun aber bereits, daß $X_2 = h$ ist, das heißt, die Größe $e^2/4\pi\epsilon_0 c$ ist von ganz anderer Größenordnung, nämlich ungefähr um einen Faktor 1000 zu klein, und das ist nicht besonders ermutigend. Solches Herumbasteln mit Dimensionen führt uns wirklich zu nichts, wenn wir uns nicht irgendeinen *klassischen* Mechanismus vorstellen können, der zu Gl. (1.17) führt. Bislang ist das noch niemandem gelungen, und experimentelle Erkenntnisse über den photoelektrischen Effekt untermauern ziemlich nachdrücklich die Vorstellung *Einsteins*, daß Strahlungsenergie *quantisiert* ist[1]).

Wie später noch besprochen werden soll, ist die Beziehung (1.17) der Ausdruck eines ganz elementaren Prinzips der Quantenphysik, daß nämlich Energie und Frequenz *universell* durch $W = h\nu$ in Beziehung stehen. Der klassischen Physik ist eine solche Beziehung unbekannt und die geheimnisvolle Konstante $X_2 (= h)$ in Gl. (1.17) damit ein Ausdruck damals noch nicht durchschauter Naturgeheimnisse.

1.6 Stabilität und Größe der Atome

47. Wir wollen uns nun dem dritten der eingangs erwähnten Probleme, der Stabilität und der Größe der Atome, zuwenden und uns insbesondere mit dem letzteren beschäftigen. Als „Größe" eines Atoms können wir die charakteristische Entfernung zwischen benachbarten Atomen in einem Kristall oder einer Flüssigkeit definieren. Experimentell hat man dafür eine Größenordnung von 10^{-10} m gefunden. Die Größenordnung dieser Entfernung steht mit der der Avogadroschen Zahl N_A in folgender Beziehung: Ein Kubikzentimeter irgendeines festen oder flüssigen Stoffes hat, sehr grob betrachtet, eine Masse von 1 g. 1 g eines Stoffes enthält, wiederum sehr grob gesehen, N_A Atome, daher muß der Abstand zwischen benachbarten Atomen in einem Festkörper oder einer Flüssigkeit von der Größenordnung $(1/N_A)^{1/3}$ cm $\approx 10^{-10}$ m sein. Eine *genaue* Messung der atomaren Zwischenräume in einem Kristall ermöglicht, wie schon erwähnt, eine Bestimmung der Avogadroschen Zahl selbst.

Es stellt sich nun die Frage, ob wir im Rahmen der klassischen Physik eine Erklärung für die Atomgröße finden können, ob wir also den „Radius" eines Atoms aus den grundlegenden Konstanten der klassischen Physik berechnen können.

Bild 1.20 *Ernest Rutherford*. Geboren 1871 bei Nelson, Neuseeland; gestorben 1937. Nachdem er Professor an der McGill University in Montreal, Kanada, gewesen war, nahm *Rutherford* 1907 einen Ruf an die Universität von Manchester an. 1919 wurde er Nachfolger von *J.J. Thomson* am Cavandish-Lehrstuhl der Universität Cambridge. 1908 erhielt er den Nobelpreis in Chemie.

Rutherford leistete Pionierarbeit von größter Tragweite auf dem Gebiet der Radioaktivität und der Kernphysik. Seine experimentellen Arbeiten zeigen seine außergewöhnliche Geschicklichkeit und seinen Einfallsreichtum, seine Analyse der experimentellen Ergebnisse lassen ein bemerkenswertes physikalisches Einfühlungsvermögen erkennen.

(Bild von Professor L.B. Loeb, Berkeley, zur Verfügung gestellt.)

48. Um 1910 führte *E. Rutherfords* berühmte Analyse[1]) der Versuche von *H. Geiger* und *E. Marsden* über die Streuung von Alphateilchen zu einer neuen Vorstellung über den Bau eines Atoms, nach der das Atom aus einem sehr kleinen, zentral gelegenen Kern und einem oder mehreren Elektronen besteht, die den Kern umkreisen. Die Annahme, daß Kern wie Elektronen verglichen mit dem Atom selbst sehr klein, zumindest kleiner als 10^{-13} m, seien, war bestens begründet, und man hatte auch Grund anzunehmen, daß fast die gesamte Masse des Atoms im Kern lag.

---

[1]) Wir sollten hier erwähnen, daß *Einstein* in seiner Arbeit die elektromagnetischen Quanten nicht als *Photonen* bezeichnete; diese Benennung kam erst viel später auf.

[1]) *E. Rutherford*, "The Scattering of α and β Particles by Matter and the Structure of the Atom" (Streuung von α- und β-Teilchen durch Materie und die Struktur des Atoms), *Philosophical Magazine* 21, 669 (1911). Siehe auch Berkeley Physik Kurs, Band 1, *Mechanik*, Kapitel 15, und *PSSC Physik*, Kapitel 33.

Unter diesen Umständen war es verständlich, daß man eine Art von Sonnensystem-Modell des Atoms aufstellte, bei dem der Kern die Rolle der Sonne spielt und die Elektronen die „Planeten" darstellen. Die Teilchen würden sich infolge ihrer gegenseitigen elektrostatischen Wechselwirkungen bewegen; ein Großteil des Atoms würde somit aus „leerem Raum" bestehen. Die Größe eines Atoms ist dann durch den Durchmesser der äußeren Elektronenbahn gegeben.

Für unsere Argumentation wollen wir dieses Modell vorläufig anerkennen und auch zunächst annehmen, daß die Geschwindigkeiten der Teilchen gering genug sind, um eine nichtrelativistische Betrachtungsweise zu gestatten. Wir stehen dann vor der Frage, was eigentlich den Durchmesser dieser äußersten Elektronenbahn bestimmt. Es ist klar, daß die Lichtgeschwindigkeit in einem derartigen Modell nichts zu suchen hat; in diesem Falle ist es natürlich auch nicht möglich, eine Größe mit der Dimension einer Länge aus den übrigen klassischen Grundkonstanten e, m_e und m_H abzuleiten. Wir stellen also fest, daß dieses Problem anscheinend im Rahmen der klassischen Physik nicht gelöst werden kann. Folgende Argumentation möge dies noch deutlicher machen:

49. Wir betrachten ein Atom, das Z Elektronen enthält, die jeweils die Ladung $-e$ besitzen, und einen Kern mit der Ladung $+Ze$. Unsere Überlegungen verlieren keineswegs an Allgemeingültigkeit, wenn wir annehmen, daß diese Teilchen sich derart bewegen, daß der Schwerpunkt des Systems in Ruhe ist. Jedes Teilchen bewegt sich dann entlang einer Bahn, die durch eine Funktion $r_k(t)$ bestimmt ist, die den Ortsvektor des k-ten Teilchens als Funktion der Zeit t angibt. (Der Schwerpunkt des Systems sei der Koordinatenursprung.)

Die Funktionen $r_k(t)$, ($k = 1, 2, ..., Z + 1$), bilden zusammen *eine* Lösung der Bewegungsgleichungen des Systems. Aus dieser einen Lösung läßt sich eine ganze Gruppe *neuer* Lösungen konstruieren, und zwar durch folgende *Maßstabsänderung*: Ist q eine von Null verschiedene Konstante, dann erfüllen die durch

$$r'_k(t) = q^2 r_k \frac{t}{q^3} \qquad (1.18)$$

gegebenen Funktionen $r'_k(t)$ *ebenfalls* die Bewegungsgleichungen. Anders ausgedrückt, die Funktion $r'_k(t)$ beschreibt die Bahn des k-ten Teilchens in einem neuen Bewegungszustand des Systems. Dies wird durch folgende Überlegungen leicht verständlich: Die Kraft F_{ij}, die das j-te Teilchen auf das i-te Teilchen ausübt, ist durch

$$F_{ij} = \frac{Q_i Q_j}{4\pi\epsilon_0} \frac{r_i - r_j}{|r_i - r_j|^3} \qquad (1.19)$$

gegeben, wobei Q_i die Ladung des i-ten Teilchens, Q_j die des j-ten Teilchens ist. Die neue Lösung wird aus der alten

gewonnen, indem wir eine Länge mit dem Faktor q^2 multiplizieren; was wiederum bedeutet, daß die Kräfte des neuen Bewegungszustandes aus denen des alten Bewegungszustandes durch Multiplikation mit dem Faktor q^{-4} gewonnen werden. Das heißt, daß auch alle Beschleunigungen mit dem gleichen Faktor q^{-4} multipliziert werden müssen. Da lineare Entfernungen mit dem Faktor q^2 multipliziert werden, schließen wir, daß alle Geschwindigkeiten mit dem Faktor q^{-1} multipliziert werden und demzufolge alle Zeiten mit dem Faktor q^3. Genau das ist in Gl. (1.18) ausgedrückt, womit diese Gleichung eine neue Lösung definiert.

Wir werden ferner feststellen, daß Drehimpulse mit dem Faktor q multipliziert werden müssen und alle potentiellen und kinetischen Energien, daher auch die Gesamtenergie, mit dem Faktor q^{-2}.

Die Tatsache, daß eine neue Lösung aus einer gegebenen durch eine derartige Erweiterung abgeleitet werden kann, ist eigentlich nur eine logische Folgerung aus dem dritten Keplerschen Gesetz. Wenden wir es auf den speziellen Fall eines einzelnen Elektrons an, das sich um einen ruhenden Kern bewegt, dann heißt das, daß für zwei elliptische Bahnen mit gleicher Exzentrizität das Verhältnis der Quadrate der Umlaufzeiten proportional zum Verhältnis der Kuben der längeren Halbachsen ist.

Da wir q jeden beliebigen Wert zuordnen können, erhalten wir eine ganze Reihe von Lösungen, und es ist auch nicht ersichtlich, warum irgendeine dieser Lösungen bevorzugt werden sollte: Es gibt also keinen Grund, warum prinzipiell eine bestimmte „Größe" für das Atom herausgegriffen werden sollte. Wir könnten natürlich die Meinung vertreten, daß die eigentliche Größe eines Atoms zufällig ist, aber ein solches Argument ist wohl kaum stichhaltig. Wie wäre es möglich, daß dieser „Zufall" für eine bestimmte Sorte von Atomen immer wieder zur gleichen Größe führt? Warum gibt es nicht zum Beispiel für das Wasserstoffatom eine kontinuierliche Größenverteilung?

50. Angesichts dieser Schwierigkeiten ist es wohl zweifelhaft, ob dieses Problem nichtrelativistisch behandelt werden kann. Wir werden feststellen, daß tatsächlich ein Ausdruck mit der Dimension einer Länge aus klassischen Konstanten gebildet werden kann, wenn wir die Lichtgeschwindigkeit einbeziehen

$$\frac{e^2}{4\pi\epsilon_0 m_e c^2} = 2{,}8 \cdot 10^{-15}\,\text{m}. \qquad (1.20)$$

Dies ist im wesentlichen der „klassische Radius des Elektrons", der in Abschnitt **18** besprochen wurde. Wir müßten also erwarten, daß ein Atomdurchmesser ein Vielfaches der Länge $e^2/4\pi\epsilon_0 m_e c^2$ aufweist, wenn die Relativität tatsächlich eine wesentliche Rolle spielt, d.h., wenn die Elektronen sich mit einer der Lichtgeschwindigkeit vergleichbaren Geschwindigkeit bewegen. Diese Länge ist jedoch um einen Faktor von mehr als 10^4 zu klein, also führen diese

1.6 Stabilität und Größe der Atome

Überlegungen anscheinend nicht weiter. Es stimmt zwar, daß unser einfaches Erweiterungsargument als solches auf ein relativistisches Modell nicht anwendbar ist, doch haben wir immer noch kein Prinzip gefunden, das besagt, warum nur ganz bestimmte Bahnen möglich sind, die den beobachteten Größen der Atome entsprechen.

51. Wir können dieses Dilemma wieder auf die fehlende Konstante zurückführen – und vielleicht auch mit einiger Kühnheit annehmen, daß es sich dabei um die schon früher erwähnte „geheimnisvolle Konstante" handeln könnte, daß also das Plancksche Wirkungsquantum bei der Beschreibung der Atomstruktur eine Rolle spielt. Diese Konstante hat die Dimension eines Drehimpulses. Wir könnten vielleicht versuchsweise annehmen, daß in der Natur nur solche Lösungen der Bewegungsgleichung möglich sind, für die der gesamte Drehimpuls des Atoms ein definiertes Vielfaches von h ist. Akzeptiert man dieses Prinzip, dann wird die Erweiterungsargumentation aus Abschnitt **49** hinfällig, denn bei den Transformationen nach Gl.(1.18) wird der Drehimpuls mit dem Faktor q erweitert, was nun nicht mehr getan werden darf. Es gibt demnach bevorzugte Lösungen der Bewegungsgleichung; damit steht nun ein Prinzip zur Bestimmung der Atomgrößen zur Verfügung.

Im Jahre 1913 wurde von *Niels Bohr* (Bild 1.21) eine nach diesen Richtlinien aufgestellte Theorie des Wasserstoffatoms veröffentlicht[1]). In der einfachsten Version dieser Theorie bewegt sich ein einzelnes Elektron auf einer Kreisbahn mit dem Radius a_0 um ein Proton. Die Bahn ist durch die Bewegungsgleichung

$$m_e \frac{v^2}{a_0} = \frac{e^2}{4\pi\epsilon_0 a_0^2} \tag{1.21}$$

und die *Bohrsche Quantenbedingung*

$$L = m_e v a_0 = \frac{h}{2\pi} \tag{1.22}$$

gegeben; v ist die Geschwindigkeit des Elektrons, L sein Drehimpuls. Die Quantenbedingung besagt also, daß der Drehimpuls gleich $h/2\pi$ ist. Eliminieren wir v aus den obigen Gleichungen, dann ergibt sich

$$a_0 = \frac{1}{4\pi\epsilon_0} \frac{h^2}{(2\pi)^2 m_e e^2} = 0{,}53 \cdot 10^{-10}\,\text{m}, \tag{1.23}$$

die gewünschte Größenordnung. Es muß außerdem berücksichtigt werden, daß die Atomgröße mit den atomaren Bindungsenergien eng zusammenhängt; kennen wir einmal die Größe eines Atoms, dann können wir auch die Arbeit abschätzen, die zur Zerlegung des Atoms in seine Elementarbestandteile erforderlich ist.

Bild 1.21 *Niels Henrick David Bohr.* Geboren 1885 in Kopenhagen, Dänemark; gestorben 1962. Nach einem Studium an der Universität von Kopenhagen ging *Bohr* nach Cambridge, einige Monate später nach Manchester, um dort mit *Rutherford* zusammenzuarbeiten. 1913 veröffentlichte er seine berühmte Arbeit über den Bau des Atoms. 1916 wurde *Bohr* Professor für theoretische Physik an der Universität von Kopenhagen. Sein im Jahre 1921 gegründetes Institut für Theoretische Physik wurde zum weltbekannten Zentrum, an dem die meisten der hervorragenden Physiker der Welt einige Zeit als Gäste arbeiteten. 1922 erhielt *Bohr* den Nobelpreis.

Nach seiner Pionierarbeit über das Wasserstoffatom leistete *Bohr* noch wesentliche Beiträge zur Entwicklung der Atomphysik, später auch zur Kernphysik. Durch seine Veröffentlichungen und durch seinen persönlichen Kontakt mit anderen Physikern war sein Einfluß als Verfechter neuer Ideen recht weitreichend.

(Bild von Professor L. B. Loeb, Berkeley, zur Verfügung gestellt.)

52. Es ist wohl bekannt, daß *Bohr* noch viel weiter ging: Es gelang ihm sogar, das Spektrum des Wasserstoffatoms quantitativ zu erklären, was für die neuen Vorstellungen einen überragenden Erfolg bedeutete. Seine Quantenbedingung hatte mit der klassischen Physik nichts mehr gemein; außerdem mußte *Bohr* annehmen, daß die Bewegung des Elektrons im Grundzustand des Wasserstoffatoms keine Emission von elektromagnetischer Strahlung bewirkt, denn sonst würde das Elektron (nach der klassischen elektromagnetischen Theorie) binnen einer sehr kurzen Zeitspanne (der Größenordnung 10^{-9} s) in einer Spiralenbahn auf den Kern zufallen.

Dieses Planetenmodell des Atoms (Bild 1.22) sollten wir natürlich nicht ernst nehmen, und tatsächlich ist es überhaupt nicht zutreffend. Es ist nur ein glücklicher

---

[1]) *N. Bohr*, "On the Constitution of Atoms and Molecules" (Über den Bau von Atomen und Molekülen), *Philosophical Magazine* **26**, 1 (1913).

Bild 1.22

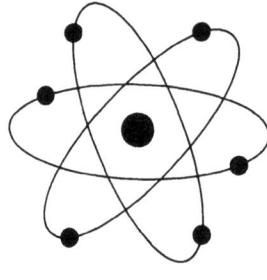

Ein Symbol des Atomzeitalters, das rein gar nichts mit dem Bau der Atome gemein hat. Derartige Zeichnungen findet man oft als Embleme von Gesellschaften, Regierungsstellen und anderen Organisationen, die in irgendeiner Weise mit „Atomen" zu tun haben. In Anzeigen oder Plakaten findet man mitunter recht phantastische Versionen, bei denen die ungeheure Geschwindigkeit der Elektronen durch eine Art Kondensstreifen dargestellt wird (etwa wie Kondensstreifen im Äther?)

Das ist alles mit Humor zu tragen – solange man sich klar darüber ist, daß diese Darstellung nur symbolischen Charakter hat; es besteht jedoch immer die Gefahr, daß irgendwer dadurch zu der Annahme gebracht wird, daß Atome tatsächlich so aussehen.

(oder unglücklicher?) Zufall, daß dieses Modell sich im speziellen Fall des Wasserstoffatoms als so brauchbar erweist: Glücklich, denn *Bohr* wie auch andere wurden dadurch ermutigt, sich mit einer Quantentheorie der Atome zu befassen; unglücklich, weil dieses Modell manche Leute zu der Annahme verleitet, daß Atome irgendwie Planetensystemen gleichen. *Bohr* selbst täuschte sich nicht darüber hinweg, daß ein solches Modell nur ein Zwischenstadium war, von dem ausgehend dann eine konsistente Theorie gesucht werden müßte; eine solche Theorie gibt es heute auch tatsächlich.

53. Die anfangs erwähnten drei Probleme sind eigentlich drei verschiedene Gesichtspunkte bei der Entdeckung des Planckschen Wirkungsquantums. Insbesondere beim letzten Problem sehen wir, daß die Einbeziehung dieser neuen Konstanten in die Reihe der grundlegenden Naturkonstanten weitreichende Folgen hat. Es wird nun möglich sein, nicht nur die Atomgrößen und ihre Bindungsenergien, sondern auch die Moleküle genauer zu studieren und zu bestimmen: Der Weg ist frei für eine quantitative Atomtheorie der Materie.

Das *Wesentliche* an allen drei Problemen war, daß zur Beseitigung aller Schwierigkeiten von den makroskopischen Gesetzen der klassischen Physik abgegangen werden mußte. *Die Untersuchung dieser Probleme führte somit nicht einfach nur zur Entdeckung einer neuen Konstanten, sondern zur Entdeckung neuer physikalischer Gesetze.*

Nach diesen ersten großen Entdeckungen gestaltete sich die weitere Entwicklung sehr lebhaft – man hatte offensichtlich einen Schlüssel für die Erklärung zahlreicher Phänomene der Mikrophysik gefunden. Den Höhepunkt der theoretischen Quantenphysik: Die *Matrizenmechanik* (1925) von *Werner Heisenberg* und die *Wellenmechanik* (1926) von *Erwin Schrödinger*. Später stellte sich heraus, daß diese beiden Theorien vollkommen äquivalent und lediglich zwei verschiedene Darstellungsweisen waren; heute wird dieses Gebiet unter der Bezeichnung *Quantenmechanik* zusammengefaßt, worunter wir die gegenwärtig als gültig angesehene grundlegende Theorie verstehen, auf der die Untersuchungen der Mikrophysik beruhen.

54. An dieser Stelle taucht die Frage auf, ob die Quantenmechanik eigentlich als die letzte Erkenntnis angesehen werden kann oder muß und was in der Physik eigentlich noch terra incognita ist.

Natürlich können wir niemals etwas, also auch nicht die Quantenmechanik, als letzte Erkenntnis ansehen, noch können wir jemals wissen, was in der Physik noch der Entdeckung harrt. Höchstwahrscheinlich gibt es noch sehr viel zu entdecken, vor allem, weil es, wie wir schon früher betont haben, noch keinerlei umfassende Theorie aller Naturphänomene gibt. Wir wissen schon vieles, aber es bleibt noch viel zu lernen. *Das* ist ein Grund, warum die Physik für viele so faszinierend ist: Wir brauchen keineswegs zu befürchten, zu spät auf die Welt gekommen zu sein, um neue physikalische Entdeckungen mitzuerleben oder gar selbst zu machen.

Befassen wir uns noch etwas genauer mit diesen Fragen. Die *allgemeinen* Prinzipien der Quantenmechanik sind insofern als „wahr" anzusehen, als keinerlei experimentelle Ergebnisse dagegen sprechen, ja sogar umfangreiches Beweismaterial dafür spricht, daß aufgrund dieser Prinzipien korrekte Vorhersagen aufgestellt werden können.

Besonders auf dem Gebiet der *Quantenelektrodynamik* finden wir viel positives Beweismaterial; die Quantenelektrodynamik ist die grundlegende Theorie über Atome, Moleküle, elektromagnetische Strahlung und Materie im Großen, wie wir täglich mit ihr zu tun haben. Wie schon früher erwähnt, gab es in der klassischen Physik auf diesem Gebiet niemals eine *grundlegende* Theorie, erst jetzt steht uns eine solche, und eine sehr brauchbare dazu, zur Verfügung. Das heißt, daß wir nun die wichtigsten Tatsachen über die Begriffe zu kennen glauben, mit denen Phänomene wie Supraleitfähigkeit oder Supraflüssigkeit erklärt werden können. Bislang konnte niemand diese beiden Phänomene quantitativ *wirklich* von Grund auf erklären. Es genügt ja nicht, die Grundprinzipien nur zu kennen – die Schwierigkeiten ergeben sich erst, wenn man anhand dieser Grundgesetze ein kompliziertes Phänomen zu erklären hat, an dem viele Teilchen beteiligt sind. Wir glauben an diese Grundgesetze, weil wir mit ihnen das Verhalten einfacher Systeme von wenigen Teilchen (etwa einzelne Atome oder einfache Moleküle) erklären können. Andererseits sind unsere mathematischen Möglichkeiten noch recht beschränkt, und es wird immer schwieriger, quantitative Vorhersagen aufzustellen, wenn wir es mit komplizierteren Situationen zu tun haben, auch wenn wir die betreffenden Phänomene qualitativ ganz allgemein durchaus verstehen. Wir können mit großer Sicherheit behaupten, daß es in der Physik immer in diesem Sinn schwierige Probleme geben wird und daß immer neue Ideen zur Lösung solcher Probleme vonnöten sein werden. Es mag sein, daß von einem grundlegenden Standpunkt aus die Quantenelektrodynamik bereits ein abgeschlossenes Thema ist, sicherlich jedoch nicht abgeschlossen in dem Sinn, daß wir schon alle denkbaren Konsequenzen der Theorie kennen.

55. Um die Jahrhundertwende galten in der Physik die „stabilen und unteilbaren" Atome als die eigentlichen Elementarteilchen. Heute wissen wir aus der Quantenelektrodynamik, daß Atome seblst aus noch elementareren Bestandteilen zusammengesetzt sind. Das gleiche gilt in gewissem Sinn auch für den Atomkern. Wir können zwar die Eigenschaften der Kerne nicht vollkommen aufgrund fundamentaler Prinzipien erklären, doch ist man heute fest davon überzeugt, daß es richtig ist, die Atomkerne als zusammengesetzte Systeme anzusehen, die aus Protonen und Neutronen bestehen.

Die letzten 15 Jahre haben uns gelehrt, daß in gewissem Sinn auch die Protonen und Neutronen gebundene Zustände aus elementareren Bestandteilen sind. Der heutige Stand unserer Kenntnis der Elementarteilchen und ihrer Wechselwirkungen wird in Kap. 9 erörtert.

1.7 Literatur

1. Es wird vorausgesetzt, daß die Leser *ein wenig* vertraut sind mit den wichtigsten Fakten der Quantenphysik – auf einem Niveau etwa, das einem Physiklehrbuch entspricht, wie etwa *PSSC Physik* ((Physical Science Study Committee) (Friedr. Vieweg & Sohn, Braunschweig 1973).

   In den Fällen, da diese Voraussetzung nicht ganz zutrifft, wird ein ergänzendes Literaturstudium unvermeidlich sein. In jeder Bibliothek gibt es populärwissenschaftliche Abhandlungen über „Atomphysik", einige sind schlecht, andere wiederum recht gut geschrieben. Ein wenig Kritik wird bei derartigen Büchern angebracht sein. Artikel in Zeitschriften wie *Scientific American* (deutsche Ausgabe: Spektrum der Wissenschaft) sind äußerst brauchbar und werden *dringend* empfohlen. Vielleicht werden solche Artikel das Interesse der Leser anregen und sie zu weiterem selbständigen Studium veranlassen. *Jeder, der die nötigen Vorkenntnisse besitzt, sollte unbedingt die Originalarbeiten lesen*; zu technisch gehaltene oder mathematisch zu komplizierte Artikel sollten in diesem Stadium jedoch lieber vermieden werden.

2. Bestimmte ausgesuchte Abschnitte quantenphysikalischer Abhandlungen werden für den Leser sicherlich von Interesse sein, besonders wenn darin die in diesem Buch nur erwähnten Versuche ausführlicher beschrieben werden. Die folgenden Werke erfüllen diese Bedingungen:

   a) *E. Grimsehl* und *R. Tomaschek: A Textbook of Physics*, Bd. V, *Physics of the Atom* (Blackie and Son Limited, London 1945).

   b) *G. P. Harnwell* und *J. J. Livingood: Experimental Atomic Physics* (McGraw-Hill Book Company, New York 1933).

3. Die folgenden Werke enthalten historische Berichte über die Entwicklung der modernen Physik:

   a) *M. Jammer: The Conseptual Development of Quantum Mechanics* (McGraw-Hill Book Company, New York 1966). Ein sehr gutes Buch, das jedoch zum vollen Verständnis fundiertes Wissen auf dem Gebiet der Quantenmechanik voraussetzt. Ohne wesentliche Vorkenntnisse können Sie jedoch den einleitenden Teil des Buches lesen, der die Frühgeschichte der Quantenphysik behandelt. Auch die sorgfältig zusammengestellte Liste von Originalarbeiten wird sehr nützlich sein.

   b) *E. Whittaker: A History of the Theories of Aether and Electricity*, Bd. I und II (Harper Torchbooks, Harper and Brothers, New York 1960). Im zweiten Band wird die Entwicklung der Quantenmechanik behandelt. In diesen beiden Büchern, wie auch in dem von *Jammer*, werden interessehalber auch die falschen Theorien diskutiert – Theorien, die man einmal ernst nahm und die heute praktisch vergessen sind.

4. a) Eine höchst interessante und tiefschürfende Analyse der Entwicklung der Quantenmechanik und der Relativitätstheorie gab *Einstein* (deutsch, mit einer Übersetzung ins Englische) in Form einer Autobiographie: *Albert Einstein, Philosopher-Scientist*, Bd. I, Hrsg. *P. A. Schilpp* (Harper Torchbooks, Harper and Brothers, New York 1959).

   b) Einen Bericht von *Planck* selbst über die Entwicklung seiner Theorien finden Sie in: *M. Planck, A Survey of Physical Theories* (Dover Publications, New York 1960).

5. In diesem Kapitel wurde auf zahlreiche wichtige Originalarbeiten hingewiesen. Es wird nachdrücklich empfohlen, diese Arbeiten wenigstens einmal durchzublättern, die meisten sind ziemlich leicht zu lesen. Solche und andere Arbeiten sind auch gesammelt veröffentlicht worden, unter anderem unter den folgenden zwei Titeln:

   a) *Great Experiments in Physics*, Hrsg. *M. H. Shamos* (Holt, Rinehart and Winston, New York 1962). (Gekürzte Übersetzungen mit Kommentar des Herausgebers.)

   b) *The World of the Atom*, Hrsg. *H. A. Boorse* und *L. Motz*, Bd. I und II (Basic Books, Inc., New York 1966). Diese Sammlung ist ziemlich vollständig; im Kommentar des Herausgebers sind der historische Hintergrund und biographische Informationen gegeben. Ausgewählte Abschnitte dieser Bücher werden dringend empfohlen.

6. Viele der experimentellen Entdeckungen und theoretischen Errungenschaften, die in diesem Band besprochen werden, brachten ihren Autoren schließlich den Nobelpreis. Jeder Nobelpreisträger hat in Stockholm einen populärwissenschaftlichen Vortrag über seine Arbeit zu halten. Auszüge aus diesen Vorträgen und eine kurze Beschreibung der preisgekrönten Arbeiten finden Sie in *Nobel Prize Winners in Physics 1901–1950*, von *N. H. de V. Heathcote* (Henry Schuman, New York 1953).

1.8 Übungen

1. a) Beschreiben Sie kurz die Überlegungen und die Art von Messungen, die zur Zuordnung der relativen Atommasse und der relativen Molekülmasse führten.

   b) Im Jahre 1815 deutete *William Prout* die Möglichkeit an, daß alle Elemente nur verschiedene Zusammensetzungen von Wasserstoff seien, der Wasserstoff also der Urstoff sei, aus dem alle anderen Materialien bestünden. Was könnte *Prout* zu dieser Vermutung gebracht haben; wodurch wurde diese Möglichkeit im neunzehnten Jahrhundert widerlegt?

2. Viele Atome bzw. *Atomkerne* zerfallen spontan – meist durch Emission eines Elektrons oder eines Alphateilchens (das ist das gleiche wie ein Heliumkern). Dieses Phänomen wird als *Radioaktivität* bezeichnet; es wurde erstmals von *Henri Becquerel* im Jahre 1896 festgestellt. [H. Becquerel, "Sur les radiations invisibles émises par les corps phosphorescents" (Über die unsichtbare Strahlung phosphoreszierender Körper) *Comptes Rendus* **122**, 501 (1896).] Die Zerfallsrate ist durch ein statistisches Gesetz gegeben, welches besagt, daß von N_i anfangs vorhandenen

Atomen nach einer Zeitspanne t noch $N(t) = N_i \exp(-\lambda t)$ nicht zerfallen sind. Die Konstante λ, die die Zerfallsrate bestimmt, ist eine für das betreffende Atom bzw. den Atomkern charakteristische Konstante. Die Zeitspanne T, in der die Hälfe der ursprünglichen Atome zerfallen sind, wird als Halbwertszeit bezeichnet. Es ist natürlich $T = (1/\lambda)\ln 2$.

a) Zeigen Sie, daß sich dieses Zerfallsgesetz dann ergibt, wenn Sie annehmen, daß jedes Atom vollkommen unabhängig von den anderen Atomen zerfällt, und daß die Wahrscheinlichkeit dafür, daß ein zur Zeit t noch nicht zerfallenes Atom während des Zeitintervalls $(t, t + \Delta t)$ zerfällt, nicht von t abhängt.

b) Beim Zerfall von Radiumatomen wird ein Alphateilchen emittiert. Trifft dieses Alphateilchen auf einen mit Zinksulfid überzogenen Schirm, dann zeigt ein Lichtblitz (Szintillation genannt) den Punkt des Auftreffens an. Auf diese Weise kann die Anzahl von Alphateilchen direkt bestimmt werden, die 1g Radium pro Sekunde emittiert; diese Zahl wurde von *Hess* und *Lawson* zu $3{,}72 \cdot 10^{10}$ bestimmt. Die relative Atommasse von Radium ist 226. Bestimmen Sie mit diesen Angaben die Halbwertszeit von Radium. Messungen an radioaktiven Stoffen wurden zu unabhängigen Bestimmungen der Avogadroschen Zahl herangezogen. Bei der obigen Aufgabe sollen Sie umgekehrt vorgehen und dadurch die Halbwertszeit von Radium erhalten.

3. Die bewegten Teile einer Armbanduhr sind gewiß sehr „klein". Zeigen Sie aufgrund von realistischen Annahmen über die physikalischen Parameter, die für eine solche Uhr bestimmt sind, daß nach dem allgemeinen Kriterium von Abschnitt **20** die Quantenmechanik bei der Konstruktion von Uhren vollkommen irrelevant ist.

4. Betrachten wir im selben Sinn einen einfachen Gleichstromkreis mit einem Kondensator, der eine Kapazität von 100 pF und eine Induktivität von 0,1 mH besitzt. Bei diesem Schwingkreis soll die größte Spannung am Kondensator 1 mV betragen. Finden Sie eine „natürliche" physikalische Größe mit der Dimension einer Wirkung, und drücken Sie sie relativ zum Planckschen Wirkungsquantum h aus.

5. Eine Rundfunkantenne sendet Strahlung (Radiowellen) mit einer Frequenz von 1 MHz und einer Leistung von 1 kW aus. Berechnen Sie die Anzahl der pro Sekunde emittierten Photonen. Die Größe dieser Zahl macht deutlich, warum die Quantennatur der elektromagnetischen Strahlung bei einer Untersuchung der Radiowellen nicht unmittelbar zu erkennen ist.

Dieses Beispiel ist ebenso wie auch die Übungen 3 und 4 eigentlich unsinnig, da die dafür relevanten Zahlen geradezu unsinnige Werte besitzen; im folgenden werden wir nicht mehr versuchen, ganz offensichtlich makroskopische Probleme quantenmechanisch zu betrachten. Im gewissen Sinne sind solche Aufgaben aber doch nicht ganz sinnlos, denn *einmal* muß einem doch klar werden, *warum* solche Überlegungen keinen Sinn haben.

6. Wir wollen uns überzeugen, daß die Feststellung, elektromagnetische Strahlung werde in Energiepaketen von $W = h\nu$ ausgesendet (ν ist die Frequenz), keineswegs den täglichen Erfahrungen zuwiderläuft, d.h. den Beobachtungen makroskopischer Phänomene widerspricht. Dazu ist die Anzahl der Photonen zu berechnen, die pro Sekunde von einer Lichtquelle mit einer Lichtstärke von 1 cd emittiert werden. Zur Vereinfachung ist anzunehmen, daß das emittierte Licht monochromatisch sei, und zwar gelb mit einer Wellenlänge von 560 nm. Eine Lichtquelle mit einer Lichtstärke von 1 cd emittiert Strahlungsenergie mit einer Leistung von 0,01 W.

Diese isotrope Lichtquelle von 1 cd wird aus einer Entfernung von 100 m beobachtet. Berechnen Sie die Anzahl der Photonen, die das Auge des Beobachters pro Sekunde treffen (die Pupillenöffnung habe einen Durchmesser von 4 mm). Da sich die Photonenanzahl als sehr hoch herausstellt, kann der Beobachter kein Flackern der Lichtquelle feststellen, obwohl der das Auge treffende Lichtstrom makroskopisch gesehen sehr klein ist.

7. Das „Funkeln" der Sterne ist eine bekannte Erscheinung. Wir wollen sehen, ob diese Erscheinung eine Folge der Quantennatur des Lichts ist. Dazu soll die Anzahl von Photonen abgeschätzt werden, die das Auge des Beobachters treffen, wenn er einen Stern erster Größe ansieht. Ein Stern dieser Größe bewirkt an der Erdoberfläche eine Beleuchtungsstärke von etwa 10^{-6} lm/m² = 10^{-6} lx. 1 lm entspricht beim Sichtbarkeitsmaximum von etwa 556 nm ungefähr 0,0016 W. Ein Stern erster scheinbarer Größe ist ein ziemlich heller, mit bloßem Auge wahrnehmbarer, aber noch nicht der hellste Stern. Aldebaran würde diesem Beispiel entsprechen.

Angenommen, n Photonen treffen pro Sekunde das Auge des Beobachters. Um wieviel schwankt diese Zahl im Mittel? Nachdem Sie n bestimmt haben, geben Sie den eigentlichen Grund für das Funkeln der Sterne an. Warum scheinen die Planeten sehr viel weniger oder praktisch gar nicht zu funkeln?

8. a) Ein schwarzer Körper strahlt bei einer Temperatur von 2500 K. Berechnen Sie mit dem Wienschen Verschiebungsgesetz die Wellenlänge, die dem Intensitätsmaximum entspricht. Liegt diese Wellenlänge im sichtbaren Bereich?

b) Das Wiensche Verschiebungsgesetz ist aus dem Planckschen Gesetz (1.13) abzuleiten.

c) Zeigen Sie aufgrund des Planckschen Strahlungsgesetzes (1.13), daß die Gesamtenergie der Strahlung eines schwarzen Körpers (d.h. die Strahlung in allen Frequenzen) der vierten Potenz der Temperatur T proportional ist.

9. In unserem Bericht über die historische Entwicklung des Strahlungsgesetzes des schwarzen Körpers erwähnten wir, daß *Planck* im Rahmen seiner Ableitung die Annahme machte, daß ein harmonischer Oszillator der Frequenz ν Energie nur in „Paketen" der Größe $h\nu$ aufnehmen kann. (Sie werden bemerkt haben, daß wir in unserem historischen Bericht nicht versucht haben, irgendwelche Erklärungen zu geben. Sie brauchen daher in diesem Stadium noch nicht zu wissen, wie *Planck* zu diesem Ergebnis kam.) Es wird aufschlußreich sein, sich den Zusammenhang zwischen *Plancks* Annahme und der Annahme *Bohrs* zu überlegen, die dieser bei der Ableitung der charakteristischen Eigenschaften des Wasserstoffatoms aufstellte. Betrachten Sie dazu folgendes Beispiel: Ein harmonischer Oszillator mit der Masse m und der Federkonstante k verhält sich entsprechend der Planckschen Annahme. Dies bedeutet, daß sich die Energie des Oszillators jeweils nur um ganzzahlige Vielfache von $h\nu$ ändern kann, wobei ν die Frequenz des Oszillators ist. Wir führen die Variable $J = \pi q_0 p_0$ ein, die die Dimension einer Wirkung hat. q_0 ist die maximale Auslenkung des schwingenden Massepunkts und p_0 der maximale Impuls.

2 Physikalische Größen in der Quantenphysik

2.1 Einheiten und physikalische Konstanten

1. In diesem Kapitel soll dem Leser, unter anderem, ein Gefühl für die Größenordnung verschiedener physikalischer Größen auf dem Gebiet der Quantenphysik vermittelt werden. Die meisten wichtigen physikalischen Größen, wie die Elementarladung, die Masse des Elektrons, das Plancksche Wirkungsquantum usw., besitzen Werte, die in den üblichen makroskopischen Einheiten ausgedrückt recht unpraktisch sind und uns nicht viel sagen, weil sie so unvorstellbar klein sind. Wir können uns auch schwer den Wert des Planckschen Wirkungsquantums von $h = 6,6 \cdot 10^{-34}$ Js vorstellen bzw. seine ganze *Bedeutung* erfassen. Es ist daher notwendig, daß wir uns ausführlich mit diesen Konstanten befassen und untersuchen, in welchem Zusammenhang sie in der Physik vorkommen und was ihre Zahlenwerte bedeuten[1]).

Für jedes Gebiet der Physik gibt es für die auftretenden physikalischen Größen sozusagen natürliche Einheiten – d.h., die in solchen natürlichen Einheiten angegebenen physikalischen Größen weisen sinnvolle Zahlenwerte auf, deren Bedeutung leicht zu erkennen ist. Die Zahlenwerte können innerhalb eines Bereichs von 10^{-6} bis 10^6 liegen, nicht aber sollten Zahlen wie 10^{-27} vorkommen. Die üblichen makroskopischen Einheiten (im SI-System) sind besonders für die ganz alltäglichen physikalischen Phänomene geeignet und beruhen auf jederzeit zur Verfügung stehenden makroskopischen Normen. Genaugenommen sind das eigentlich „menschliche Einheiten"; Einheiten wie Meter, Kilogramm und Sekunde stützen sich ganz eindeutig auf einen durch den Menschen gegebenen Maßstab. In unserer Betrachtung wollen wir es jedoch vermeiden, uns auf das willkürlich, zum Menschen passend gewählte SI-System zu stützen, wir wollen ja die für die verschiedenen Gebiete der Physik natürlichen Einheiten finden.

2. Zur Einführung haben wir einige physikalische Konstanten in einer Tabelle zusammengestellt. Diese Konstanten werden oft als Grundkonstanten der Mikrophysik bezeichnet, doch ist an den einzelnen Zahlenwerten in Tabelle 2.1 nichts so Grundlegendes, denn die makroskopischen Normeinheiten sind willkürlich gewählt. Das beeinträchtigt natürlich nicht die Bedeutung dieser Liste. Es ist klar, daß wir die einmal festgesetzten makroskopischen Normen auch auf die Hauptparameter der Quantenphysik anwenden werden, um die gegenseitige Beziehung aufzudecken; genau das und nicht mehr ist mit dieser Tabelle beabsichtigt.

Es ist dabei auch immer der geschätzte Fehler angegeben, damit Sie auch ein Gefühl dafür bekommen, mit welcher Genauigkeit heute die einzelnen Konstanten bestimmt werden können. Bei Berechnungen auf dem Niveau dieses Buches wird es fast nie nötig sein, eine größere Genauigkeit als etwa 0,2 % pro Multiplikation oder Division zu erreichen. Sie sollten auch lernen, Überschlagsrechnungen auszuführen, deren Genauigkeit von 10 % bis zu einer bloßen Abschätzung der Größenordnung variieren kann. Am vorderen Einbanddeckel dieses Buches finden Sie auf der Innenseite eine Tabelle ziemlich grober Werte der wichtigsten Konstanten, die Sie im Gedächtnis behalten sollten. Detailliertere Tabellen physikalischer Größen und Konstanten enthält der Anhang.

3. Wir müssen uns etwas genauer mit der Definition der Avogadroschen Zahl befassen. Wenn früher in der Chemie eine Tabelle der relativen Atommassen zusammengestellt wurde, dann benutzte man für die relativen Atommassen einen Maßstab, nach dem natürlich vorkommendem Sauerstoff durch *Definition* die relative Atommasse von *genau* 16 zugeordnet wurde. Man definierte danach die relative Atommasse des Wasserstoffs in der folgenden Weise:

Tabelle 2.1 *Einige physikalische Konstanten*

Plancksches Wirkungsquantum	$h = 2\pi\hbar =$	$(6,62559 \pm 0,00015) \cdot 10^{-34}$ Js
	$\hbar = h/2\pi =$	$(1,05449 \pm 0,00003) \cdot 10^{-34}$ Js
Lichtgeschwindigkeit	$c =$	$(2,997925 \pm 0,000001) \cdot 10^8$ m s^{-1}
Elementarladung (Ladung des Elektrons)	$e =$	$(1,60210 \pm 0,00002) \cdot 10^{-19}$ C
Masse des Elektrons	$m_e =$	$(9,10908 \pm 0,00013) \cdot 10^{-31}$ kg
Masse des Protons	$m_p =$	$(1,67252 \pm 0,00003) \cdot 10^{-27}$ kg
Avogadrosche Zahl	$N_A =$	$(6,02252 \pm 0,00009) \cdot 10^{23}$ mol^{-1}
Boltzmannkonstante	$k =$	$(1,38054 \pm 0,00006) \cdot 10^{-23}$ J K^{-1}

---

[1]) Hierbei greifen wir einer späteren detaillierteren Diskussion vor. Es braucht niemanden zu beunruhigen, wenn ihm jetzt noch einiges undurchsichtig erscheint; Sie sollten ohnehin auch später noch auf dieses Kapitel zurückgreifen. Der Autor hofft jedoch, daß die meisten Leser zumindest *ein wenig* mit den hier behandelten Themen vertraut sind.

Relative Atommasse des Wasserstoffs

$$= \frac{16 \text{ mal Masse des Wasserstoff„atoms"}}{\text{Masse des Sauerstoff„atoms"}}. \quad (2.1)$$

Hier steht das Wort „Atom" in Anführungszeichen, weil eine relative Atommasse sich immer auf das Element bezieht, wie es in der Natur vorkommt. Die relative Atommasse nach der Definition von Gl. (2.1) wird in der Chemie durch Präzisionswägungen bestimmt: Man ermittelt zum Beispiel diejenige Menge natürlich vorkommenden Wasserstoffs in Gramm, die sich mit 16 g natürlich vorkommenden Sauerstoffs restlos zu Wasser verbindet. Das Ergebnis durch zwei dividiert ergibt die relative Atommasse des Wasserstoffs.

Die solchermaßen chemisch bestimmten relativen Atommassen bezeichnen wir als die *relativen Atommassen nach dem chemischen Maßsystem*. Viele Elemente weisen nahezu ganzzahlige relative Atommassen auf, doch gibt es auch auffällige Ausnahmen: Die relative Atommasse von Chlor zum Beispiel beträgt 35,5.

Tabelle 2.2 *Relative Atommassen (Atommassen der leichtesten Elemente[1])*

Element	Z	relative Atommasse
H	1	1,00797
He	2	4,0026
Li	3	6,939
Be	4	9,0122
B	5	10,811
C	6	12,01115
N	7	14,0067
O	8	15,9994
F	9	18,9984
Ne	10	20,183
Na	11	22,9898
Mg	12	24,312
Al	13	26,9815
Si	14	28,086
P	15	30,9738
S	16	32,064
Cl	17	35,453
A	18	39,948

[1]) Eine vollständige Zusammenstellung enthält die Tabelle A3 im Anhang

4. Der Hauptteil der Masse eines Atoms wird durch die Kernmasse bestimmt. Die Atomkerne bestehen aus Protonen und Neutronen. Zahl der Protonen plus Zahl der Neutronen ergibt die sogenannte *Massenzahl* des Kerns. Dieser ganzzahlige Wert wird mit A bezeichnet. Die Anzahl der Protonen nennt man *Ordnungszahl* oder *Kernladungszahl*. Dafür wird der Buchstabe Z verwendet; die Ladung des Kerns ist also gleich eZ, wobei e die Elementarladung ist. Die chemischen Eigenschaften eines Atoms hängen fast ausschließlich von seiner Kernladung ab: Z ist also eine für das *chemische Element* charakteristische Zahl. Es hat sich herausgestellt, daß es in vielen Fällen Gruppen von Kernen gibt, die alle jeweils die *gleiche* Kernladungszahl aufweisen, jedoch verschiedene Massenzahlen haben. Bei solcherart verschiedenen Kernen sprechen wir von *Isotopen* eines Elements. Isotope des gleichen Elements unterscheiden sich von einander nur durch die Anzahl der Neutronen. Die Masse des Protons entspricht fast genau der Masse des Neutrons, und die Massen aller Kerne sind der ganzzahligen Massenzahl A ziemlich genau proportional. Auffallend nichtganzzahlige relative Atommassen erklären sich dadurch, daß viele der in der Natur vorkommenden chemischen Elemente Gemische aus zwei oder mehreren ihrer Isotope sind und die „relative Atommasse" dieser Elemente im chemischen Sinn das Mittel der relativen Atommassen der verschiedenen Isotope ist[1]). Experimentell ist nachgewiesen worden, daß die relativen Häufigkeiten, mit denen die einzelnen Isotope in einem Isotopengemisch eines Elements auftreten, auf der ganzen Erde praktisch gleich sind. Außerdem haben ja die verschiedenen Isotope eines Elements in der Praxis gleiche chemische Eigenschaften, so daß es mit „chemischen" Methoden so gut wie unmöglich ist, diese Isotope zu unterscheiden. Wäre dem nicht so, dann könnten die Chemiker ihre Tabelle der relativen Atommassen in den Papierkorb stecken — sie wäre vollkommen wertlos.

5. In der Chemie werden in den Gleichungen für chemische Reaktionen Symbole wie H (Wasserstoff), Li (Lithium), Fe (Eisen) usw. verwendet, wobei man immer das chemische Element meint, wie es in der Natur vorkommt, und das ein Isotopengemisch sein kann oder auch nicht. Vom Standpunkt des Kernphysikers aus gesehen sind jedoch die beiden Sauerstoffisotope mit der Massenzahl 16 bzw. 18 etwas vollkommen Verschiedenes, und er muß sehr wohl zwischen den beiden Isotopen unterscheiden, wenn er eine Gleichung für eine Kernreaktion anschreibt. Dies geschieht mit hochgestellten und heruntergesetzten Indizes, ein Isotop also wird gewöhnlich folgendermaßen bezeichnet:

^A_Z(chemisches Symbol) oder ^{A}(chemisches Symbol)

Bekanntlich ist der in der Natur vorkommende Sauerstoff ein Gemisch aus drei stabilen Isotopen, aus ^{16}O, ^{17}O und ^{18}O, wobei die Hauptkomponente durch ^{16}O gegeben ist, das eine relative Häufigkeit von 99,759 % hat.

---

[1]) Daß ein chemisches Element ein Gemisch verschiedener Isotope sein kann, wurde von *J. J. Thomson* nachgewiesen. [*J. J. Thomson*, "Rays of Positive Electricity", (Strahlen positiver Elektrizität). *Proceedings of the Royal Society* (London, Series A) 89, 1 (1913).]

2.1 Einheiten und physikalische Konstanten

Tabelle 2.3 *In der Natur vorkommende Isotope einiger leichter Elemente*

Element	Z	Isotop A	relative Atommasse	natürliche Häufigkeit in %
H	1	1	1,007 825	99,985
		2	2,014 10	0,015
He	2	3	3,016 03	0,000 13
		4	4,002 60	100
Li	3	6	6,015 13	7,42
		7	7,016 01	92,58
Be	4	9	9,012 19	100
B	5	10	10,012 94	19,6
		11	11,009 31	80,4
C	6	12	12,000 000	98,89
		13	13,003 35	1,11
N	7	14	14,003 07	99,63
		15	15,000 11	0,37
O	8	16	15,994 91	99,759
		17	16,999 14	0,037
		18	17,999 16	0,204
F	9	19	18,998 40	100
...	...	...	...	...
S	16	32	31,972 07	95,0
		33	32,971 46	0,76
		34	33,967 86	4,22
		36	35,967 09	0,014
Cl	17	35	34,968 85	75,53
		37	36,965 90	24,47
...	...	...	...	...

6. Vor einiger Zeit haben sich Physiker und Chemiker auf einen neuen Standard für relative Atommassen geeinigt, wonach nun alle relativen Atommassen durch die Masse des Kohlenstoffatoms ^{12}C ausgedrückt werden. Dem *Atom* (nicht dem Kern) dieses Kohlenstoffisotops wird demnach eine Masse von genau 12 *atomaren Masseneinheiten*, Unit (u), zugeordnet. Wir werden uns hier an dieses Übereinkommen halten. Wir gewinnen so einen *neuen Maßstab* für Atommassen:

$$1u = \frac{1}{12} \text{ Masse eines } ^{12}\text{C-Atoms}$$
$$= (1{,}66043 \pm 0{,}00002) \cdot 10^{-27} \text{ kg}. \qquad (2.2)$$

Die Avogadrosche Zahl N_A ist also die Anzahl von Atomen, die in 12 g reinen ^{12}C-Isotops enthalten sind; dies ist die in Tabelle 2.1 angegebene Zahl.

Nach dem neuen Bezugsystem ist die relative Atommasse des natürlich vorkommenden Sauerstoffs 15,9994. Diese Zahl liegt sehr nahe bei 16, der relativen Atommasse des Sauerstoffs nach dem alten Bezugsystem. In der Praxis können wir daher meist den Unterschied zwischen dem neuen und dem alten Bezugsystem außer acht lassen.

7. Die Avogadrosche Zahl bildet die Verbindung zwischen der Mikrophysik und der Makrophysik. Betrachten wir einige wichtige Größen, die N_A enthalten und diese Verbindung aufzeigen.

a) Die Masse des Protons ist 1,0073 u, die Masse des neutralen Wasserstoffatoms (Isotop ^{1}H) ist 1,0078 u. Das Produkt der Avogadroschen Zahl N_A mit der Protonmasse m_p ist somit

$$N_A m_p = 1{,}0073 \text{ g}, \qquad (2.3)$$

also ziemlich genau 1 g. Für Überschlagsrechnungen gilt daher

$$\text{Masse des Protons} \approx \text{Masse des Wasserstoffatoms}$$
$$\approx \frac{1}{N_A} \text{ g}. \qquad (2.4)$$

b) Das Produkt von N_A und der Boltzmannkonstante k liefert die *universelle Gaskonstante* R:

$$N_A k = R = 8{,}314 \text{ J K}^{-1} \text{ mol}^{-1}, \qquad (2.5)$$

da ja die Boltzmannkonstante die Gaskonstante für ein *Molekül* darstellt.

c) Das Produkt von N_A und der Elementarladung e liefert die *Faradaykonstante* F:

$$N_A e = F = 96487 \text{ C mol}^{-1}. \qquad (2.6)$$

Diese Konstante gibt die Gesamtladung eines Mols von einfach geladenen Ionen an.

8. Als nächstes wollen wir das Plancksche Wirkungsquantum diskutieren, das in zwei Varianten vorkommt (siehe Tabelle 2.1), nämlich h und $\hbar$ (das Symbol $\hbar$ wird h-quer gelesen). Beide Varianten bezeichnen wir als Wirkungsquantum, und beide werden weitgehendst verwendet, wobei $\hbar$ die bequemere Version ist. Der Grund für die Verwendung beider Varianten liegt darin, daß es eben einfacher ist, $\hbar$ mit einem Strich zu schreiben als den Faktor 2π, der ansonsten in sehr vielen Gleichungen auftreten würde. Aus dem gleichen Grund kennen wir zwei Varianten der „Frequenz".

In diesem Buch wird die Frequenz, die die Anzahl der Wiederholungen eines periodischen Phänomens innerhalb eines Einheitszeitintervalls bzw. *Schwingungen/Zeiteinheit* angibt, mit dem griechischen Buchstaben ν bezeichnet. Die *Winkelgeschwindigkeit* hat das Formelzeichen ω und wird in Radiant/Zeiteinheit oder einfach 1/Zeiteinheit angegeben. Jede Frequenz ν steht mit der entsprechenden Winkelgeschwindigkeit ω durch

$$\omega = 2\pi\nu \qquad (2.7)$$

in Beziehung. Folglich ist

$$\hbar\omega = h\nu. \qquad (2.8)$$

Beide Ausdrücke geben die Energie eines Photons der Frequenz ν an. Die Größe ω wird nach Gl. (2.7) meistens als *Kreisfrequenz* bezeichnet.

Eine analoge Bezeichnungsweise gibt es für Wellenlängen. Die wirkliche Wellenlänge, die die Periode eines periodischen Phänomens in einer Raumdimension angibt, wird mit λ bezeichnet. Jeder Wellenlänge λ ist eine Größe $\lambdabar$ durch

$$\lambdabar = \frac{\lambda}{2\pi} \qquad (2.9)$$

zugeordnet.

Für eine monochromatische Welle, die sich mit der Phasengeschwindigkeit c ausbreitet, gilt

$$\lambda\nu = \lambdabar\omega = c. \qquad (2.10)$$

Mit diesen allgemein akzeptierten Schreibweisen sollten Sie vollkommen vertraut sein.

9. Die Länge einer Welle wird oft auch durch ihren Reziprokwert ausgedrückt: $\tilde{\nu} = 1/\lambda$, die sogenannte *Wellenzahl*. Dieser Ausdrucksweise bedienen wir uns vor allem in der optischen Spektroskopie. Die Einheit der Wellenzahl ist m^{-1}. Für eine Lichtwelle im Vakuum gilt

$$\tilde{\nu} = \frac{1}{\lambda} = \frac{\nu}{c}, \qquad (2.11)$$

wobei ν die Frequenz ist. Die Wellenzahl ist der Frequenz proportional, darf jedoch nicht mit ihr verwechselt werden. Im optischen Bereich ist es möglich, Wellenlängen und Wellenzahlen sehr genau zu messen, viel genauer, als die Lichtgeschwindigkeit bislang ermittelt werden konnte. Demzufolge kennen wir im optischen Bereich die Wellenzahlen der Wellen viel genauer als ihre Frequenzen. Im Mikrowellenbereich hingegen kann die Frequenz sehr genau gemessen werden, daher sind in diesem Bereich auch die Frequenzen viel genauer bekannt als die entsprechenden Wellenzahlen oder Wellenlängen.

10. In Kapitel 1 wurden einige Methoden zur Bestimmung der grundlegenden Konstanten erwähnt: Historisch gesehen waren das die ersten Methoden zur Messung solcher Konstanten. Heute jedoch erhält man die besten numerischen Werte für die Grundkonstanten nicht mehr durch solche leicht verständlichen und begriffsmäßig einfachen Messungen. Wir erwähnten diese direkten Meßmethoden auch nur, um zu zeigen, daß diese Konstanten durchaus experimentell erfaßbar sind. Die besten Werte für diese Konstanten stammen heute von Messungen *abgeleiteter Größen*, d.h. von Ausdrücken, die diese und andere Konstanten in verschiedenen Kombinationen enthalten, die wir theoretisch gut erfassen können. Aus den abgeleiteten Größen können dann die Grundkonstanten berechnet werden. Da die Anzahl der meßbaren abgeleiteten Größen die Anzahl der Grundkonstanten übertrifft, sind die Gleichungen überbestimmt, was uns die Möglichkeit gibt, die innere Konsistenz der gemessenen Größen zu überprüfen, die wir bei der Bestimmung der Konstanten heranziehen.

2.2 Energie

11. Wir betrachten nun die Einheiten, in denen die Energie in der Mikrophysik angegeben wird. Eine der nützlichsten Energieeinheiten ist das *Elektronvolt*, abgekürzt eV geschrieben. Das Elektronvolt ist als die Energie definiert, die eine Elementarladung e beim Passieren eines Potentialgefälles von 1 V gewinnt. Setzen wir für e den Wert aus Tabelle 2.1 ein, dann können wir das Elektronvolt in Joule ausdrücken:

$$1\,\text{eV} = (1{,}602\,10 \pm 0{,}000\,02) \cdot 10^{-19}\,\text{J}. \qquad (2.12)$$

Neben dem Elektronvolt verwenden wir noch die folgenden davon abgeleiteten Einheiten:

$$\begin{aligned} &1\,\text{keV} = 1000\,\text{eV}, \quad 1\,\text{MeV} = 10^6\,\text{eV}, \\ &1\,\text{GeV} = 10^3\,\text{MeV} = 10^9\,\text{eV}. \\ &1\,\text{TeV} = 10^{12}\,\text{eV} \end{aligned} \qquad (2.13)$$

Hier ist keV die Abkürzung für *Kiloelektronvolt*, MeV für *Megaelektronvolt* (Million Elektronvolt) und GeV für *Gigaelektronvolt* (Milliarde Elektronvolt)[1]. Die Einheit Elektronvolt ist besonders in der Atomphysik nützlich, weil die atomaren Bindungsenergien von der Größenordnung 1 eV sind, während die Einheit MeV vor allem in der Kernphysik verwendet wird, da die nuklearen Bindungsenergien die Größenordnung 1 MeV haben. Die Einheit GeV wird besonders im Zusammenhang mit sehr hochenergetischen Wechselwirkungen der Elementarteilchen verwendet.

12. In Kapitel 1 wurde schon die grundlegende Bedeutung der Konstanten $\hbar$ und c besprochen. Diese Konstanten sind in der relativistischen Quantenphysik so wichtig und treten so häufig auf, daß man auf diesem Gebiet häufig die Vereinfachungen $\hbar = 1$, $c = 1$ benützt; d.h., die Konstanten $\hbar$ und c sind dimensionslos und gleich eins. Sie könnten nun der Meinung sein, daß eine derartige Definition den Vereinbarungen über physikalische Dimensionen zuwiderläuft. Dem ist jedoch nicht so, denn die Zuordnung bestimmter Dimensionen zu verschiedenen physikalischen Größen ist lediglich eine Sache der Konvention und daher willkürlich. Genaugenommen haben nur *direkt vergleichbare Größen* die gleiche physikalische Dimension, d.h. Größen, die wir aneinander messen können. Alle übrigen Dimensionszuordnungen beruhen auf Beziehungen zwischen physikalischen Größen, die wir als Basisgrößen ansehen. Aufgrund der wichtigen Rolle der Lichtgeschwindigkeit ist es sicherlich möglich, diese als dimensionslos anzusehen, und Entfernung x und Zeit t durch $x = ct$ in Beziehung zu setzen, das heißt also, Entfernung und Zeit in den gleichen Einheiten anzugeben. Genau das tun die Astrophysiker, wenn sie Entfernungen in Lichtjahren messen.

---

[1] In den USA wird GeV mit BeV (für Billion Elektronvolt) bezeichnet, da eine „amerikanische Billion" = 10^9 ist.

2.2 Energie

Durch die Vereinfachung $\hbar = c = 1$ erhalten wir leicht verständliche, einfache und formschöne Gleichungen; mitunter werden wir uns hier dieser Möglichkeit bedienen. Gerne hätte der Autor durchgehend im ganzen Buch $\hbar = c = 1$ gesetzt, was an sich richtig wäre, doch würde dies den Lesern dann unnötig Schwierigkeiten bereiten, wenn er noch andere quantenphysikalische Einführungsbücher benutzt.

13. Im folgenden wollen wir einige Beziehungen zwischen verschiedenen physikalischen Größen untersuchen, die sich aufgrund der grundlegenden Konstanten c und $\hbar$ ergeben. Wir betrachten eine Masse m und leiten davon eine Reihe anderer physikalischer Größen ab, die mit m durch $\hbar$ und c in Beziehung stehen, und geben diesen Größen die üblichen physikalischen Dimensionen.

$$m = [\text{Masse}] \qquad \frac{mc^2}{\hbar} = [\text{Zeit}]^{-1},$$

$$mc = [\text{Impuls}] \qquad \frac{\hbar}{mc^2} = [\text{Zeit}], \qquad (2.14)$$

$$mc^2 = [\text{Energie}] \qquad \frac{\hbar}{mc} = [\text{Länge}].$$

Überzeugen Sie sich, daß die Dimensionen richtig angegeben sind, wenn Sie die Definitionen des SI-Systems voraussetzen. Diese Größen hängen alle durch die Konstanten $\hbar$ und c zusammen. Nach den obigen Gleichungen kann eine *Energie* mit einer Masse, einer Frequenz oder einer reziproken Länge in Beziehung gesetzt werden, und der Energiebetrag kann durch die Beträge der zugeordneten Größen ausgedrückt werden.

14. Der Energie W ist somit die Frequenz W/h zugeordnet sowie die Wellenzahl W/hc und die Masse W/c^2. Es ergeben sich die folgenden Umrechnungsfaktoren:

$$\frac{\text{Energie}}{\text{Masse}} = (9{,}31478 \pm 0{,}00005) \cdot 10^8 \, \text{eV/u}, \qquad (2.15)$$

$$\frac{\text{Frequenz}}{\text{Energie}} = (2{,}41804 \pm 0{,}00002) \cdot 10^{14} \, \text{Hz/eV}, \qquad (2.16)$$

$$\frac{\text{Wellenzahl}}{\text{Energie}} = (8{,}06573 \pm 0{,}00008) \cdot 10 \, \text{m}^{-1}/\text{eV}. \qquad (2.17)$$

Die Tabelle auf der Innenseite des hinteren Buchdeckels beruht zum Teil auf diesen Umrechnungsfaktoren. In einer Zeile der Tabelle stehen jeweils einander entsprechende Größen, die mit der Größe in der ersten Spalte in Beziehung stehen. In der zweiten und dritten Spalte ist die Energie W in J und erg angegeben. Die sechste Spalte enthält die entsprechende Masse W/c^2 in atomaren Masseneinheiten (u); in der siebenten Spalte ist die zugehörige Frequenz W/h in Hertz angegeben; in der achten Spalte die Wellenzahl W/hc in cm^{-1}. In der neunten Spalte finden Sie die zugehörige Wellenlänge hc/W in nm; dies ist die einzige Größe in der Tabelle, die nicht direkt proportional zu W ist.

15. Die Beziehung zwischen der Energie W eines einzelnen Atoms oder Moleküls zu der entsprechenden Gesamtenergie W_{ges} von N_A solchen Teilchen (also die Energie eines Grammatoms oder eines Mols) lautet

$$\frac{W_{\text{ges}}}{W} = N_A = 9{,}6487 \cdot 10^4 \, \text{J/eV} \qquad (2.18)$$

In der Tabelle auf der Innenseite des hinteren Buchdeckels sind die Gesamtenergien in J/mol in der vierten Spalte angeführt.

16. In den Abschnitten **31** bis **34** von Kapitel 1 wurden kurz die Begriffe Wärme und Temperatur besprochen. Wir stellten fest, daß die Boltzmannkonstante k eigentlich ein Umrechnungsfaktor von Temperatur in Energie ist. Tatsächlich ist es üblich, eine Temperatur durch die entsprechende Energie auszudrücken und umgekehrt, wobei die Beziehung *willkürlich* folgendermaßen *definiert* würde:

$$\text{Energieäquivalent} = k \cdot \text{Temperatur}. \qquad (2.19)$$

Für eine solche Umrechnung drücken wir die Boltzmannkonstante am besten in der Form

$$k = 8{,}617 \cdot 10^{-5} \, \text{eV/K},$$
$$\frac{1}{k} = 11\,605 \, \text{K/eV} \qquad (2.20)$$

aus. Mit diesen Äquivalenten entspricht die *„Zimmertemperatur"* ($= 20\,^{\circ}\text{C} = 293\,\text{K}$) der Energie

$$k \cdot 293\,\text{K} \approx 0{,}025\,\text{eV}. \qquad (2.21)$$

In der oben erwähnten Tabelle sind die Temperaturäquivalente in Kelvin in der fünften Spalte angegeben.

17. Die Tatsache, daß sich Energie und Temperatur mit den gleichen Einheiten ausdrücken lassen, darf nicht dazu führen, daß man Energie und Temperatur als „gleich" betrachtet. Es stimmt zum Beispiel *nicht*, daß die thermische Energie eines beliebigen makroskopischen Körpers mit einer Temperatur T durch die Anzahl der Atome in dem Körper mal kT gegeben ist. Der Energieinhalt eines makroskopischen Körpers hängt nicht nur von der Temperatur, sondern auch von anderen, makroskopischen, Parametern ab. Außerdem ist die genaue Beziehung zwischen

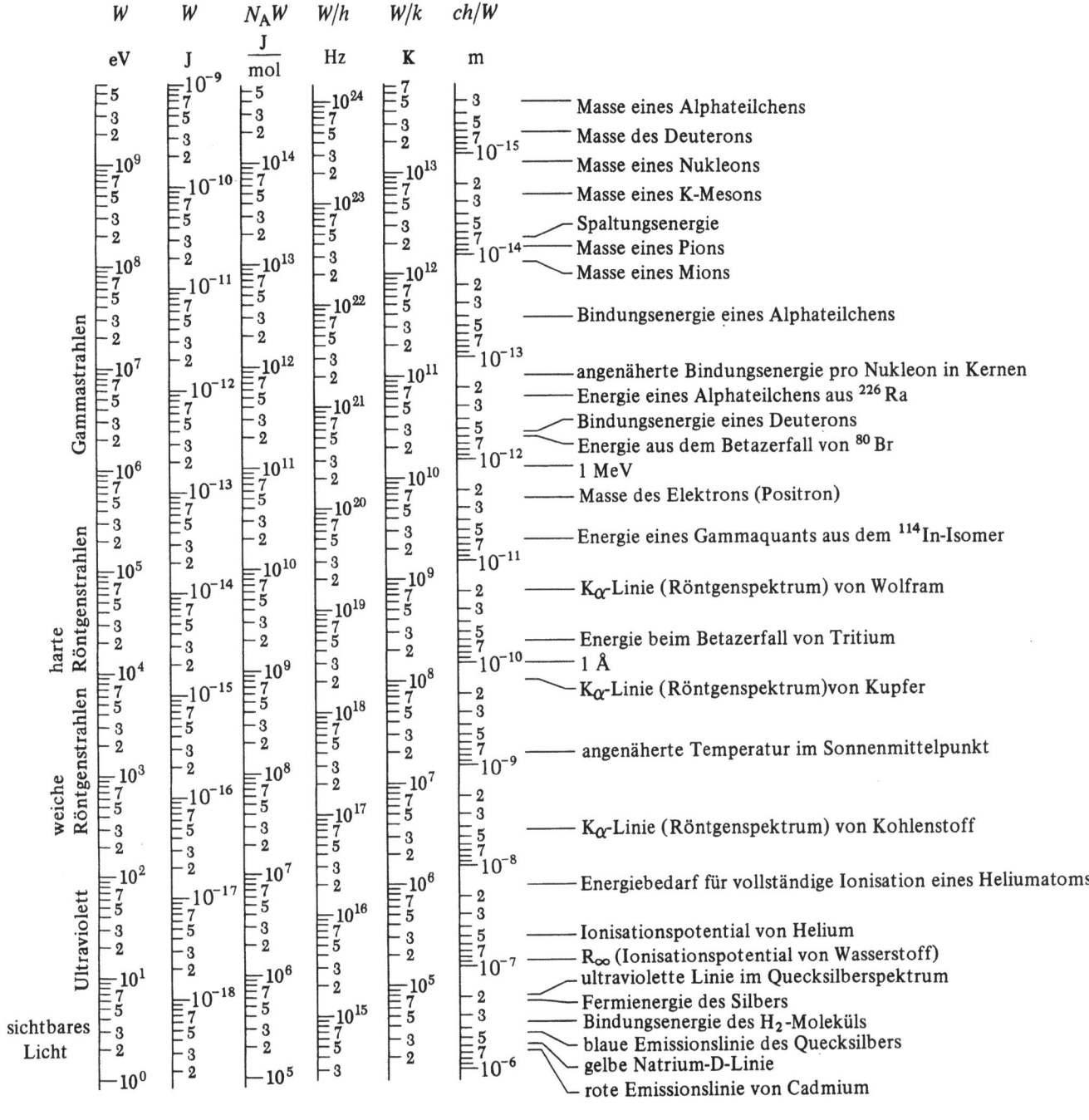

Bild 2.1 Das Energiespektrum physikalischer Phänomene. Die ausgesuchten Angaben auf dieser und der folgenden Seite sollen dem Leser eine allgemeine Vorstellung von den typischen Energien verschiedener Phänomene vermitteln. Die Energien sind in den gebräuchlichen Einheiten (siehe Abschnitte 14 bis 16) angegeben.

Energie und Temperatur von der Natur des betreffenden Systems abhängig. Diese Tatsache ist wichtig, denn die Gl. (2.19) darf nicht falsch ausgelegt werden.

Wir können jedoch eine andere sehr informative Feststellung machen: Oft, jedoch nicht immer, trifft es zu, daß im Falle eines makroskopischen Körpers der Temperatur T die mittlere „ungeordnete" Energie pro Atom oder Molekül des Körpers *von der Größenordnung* von kT ist.

Diese Feststellung gestattet uns die *Abschätzung* der mittleren Energie eines Atoms oder Moleküls in der ungeordneten thermischen Bewegung, wenn die Temperatur

2.2 Energie

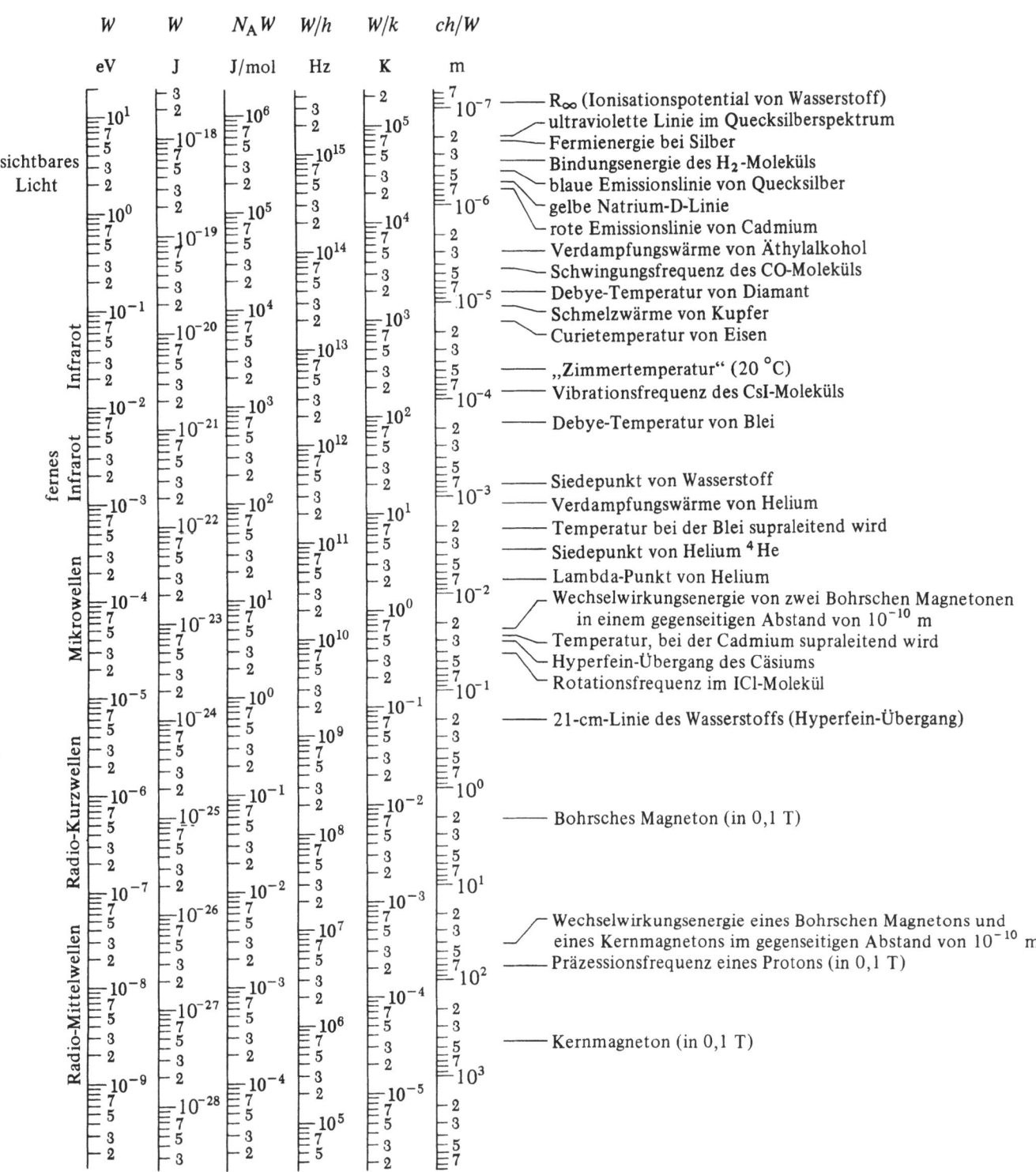

bekannt ist. In vielen Fällen können für ganz spezielle Systeme auch *präzise* Aussagen gemacht werden. Ein wichtiges Beispiel dafür ist durch ein Gas der Temperatur T gegeben. Die mittlere kinetische Energie W_{tr} aus der *Translationsbewegung* eines Gasmoleküls ist durch

$$W_{tr} = \frac{3}{2} kT \tag{2.22}$$

gegeben; diese Beziehung gilt, gleichgültig ob die Moleküle des Gases einatomig sind oder nicht. Die Ableitung dieser Gleichung ist Aufgabe der statistischen Mechanik, weshalb wir sie auf den nächsten Band dieser Reihe verschieben. Wir werden dieses Ergebnis jedoch zuweilen verwenden, auch wenn wir es noch nicht selbst abgeleitet haben.

18. Wie schon erwähnt, haben die Begriffe Wärme und Temperatur keinerlei Bedeutung, wenn es sich um *einzelne* Atomkerne, Atome oder Moleküle handelt: Diese Begriffe sind nur relevant für die Materie im ganzen. Im allgemeinen ist es aber nicht möglich, Berechnungen über einzelne Teilchen anzustellen; diese Teilchen werden wir eingebettet in makroskopische Materiemengen untersuchen müssen. Wir werden daher die ungeordnete Wärmebewegung (Brownsche Bewegung) als einen wichtigen Faktor in Betracht ziehen müssen, wenn wir das Verhalten quantenmechanischer Systeme verstehen wollen, insbesondere wenn wir die makroskopischen Auswirkungen von Quantenphänomenen studieren.

Die wichtigste Eigenschaft der Wärmebewegung in einem System ist, von unserem Standpunkt aus gesehen, ihre *Zufälligkeit*. Dadurch tritt im Verhalten des Systems eine Zufallskomponente auf. Man nennt manchmal die zufällige Wärmebewegung „das Störgeräusch in der Symphonie der reinen Quantenmechanik". Hier könnten wir hinzufügen, daß das Geräusch oft so laut ist, daß die Musik nicht mehr zu hören ist. Prinzipiell kann die Wärmebewegung unterdrückt werden, indem wir das untersuchte System und seine Umgebung auf einer Temperatur nahe 0 K halten, weil die Wärmebewegung am absoluten Nullpunkt vollkommen aufhört. In der Praxis ist das aber nicht durchführbar; die Wärmebewegung ist eben ein wesentliches Charakteristikum der Welt, in der wir leben.

2.3 Charakteristische Zahlenwerte in der Atom- und Molekularphysik

19. Betrachten wir das Atom als ein mechanisches System, das aus einem sehr kleinen Kern besteht, der von einem Elektronenschwarm umgeben ist. Die Elektronen werden vom Kern angezogen und stehen außerdem untereinander durch elektromagnetische Kräfte in Wechselwirkung. Die Ansicht, daß die elektromagnetischen Kräfte die einzigen Kräfte sind, die den Aufbau von Atomen und Molekülen bestimmen, beruht auf dem Vergleich zwischen der Theorie und bisher durchgeführten Versuchen.

Die Quantentheorie der Wechselwirkung geladener Teilchen mit dem elektromagnetischen Feld wird als *Quantenelektrodynamik* bezeichnet. Diese Theorie, die die spezielle Relativitätstheorie einschließt, ist bislang die erfolgreichste, die uns über grundlegende Prozesse mit Elementarteilchen zur Verfügung steht. Dies ist die Theorie, in deren Rahmen wir den Bau von Atomen und Molekülen beschreiben wie auch die Emission und Absorption elektromagnetischer Strahlung durch diese Teilchen.

20. Experimentell wurde die Größenordnung eines Atomkerndurchmesser mit etwa 10^{-15} m festgestellt, während die Größe eines Atoms etwa 10^{-10} m beträgt. Der Kern ist also verglichen mit dem ganzen Atom sehr klein.

Die Masse des Kerns hingegen ist verglichen mit der Masse eines Elektrons (0,000 548 6 u) sehr groß. Das Verhältnis von Elektronmasse zu Protonmasse beträgt

$$\frac{m_e}{m_p} = \frac{1}{1836} \qquad (2.23)$$

Es ist daher logisch anzunehmen, daß in erster Näherung der *Bewegung* des Kerns keine wesentliche Bedeutung zukommt und wir bei solcher Näherung den Kern als „unendlich" schwer ansehen können, d.h., wir nehmen den Ort des Kerns als konstant an. Da der Kern überdies sehr klein ist, können wir ihn in einer weiteren Näherung als „Punkt" betrachten: Die einzige Aufgabe des Kerns bleibt dann die Aufrechterhaltung des elektrostatischen Feldes, das durch das Potential

$$V(r) = \frac{1}{4\pi\epsilon_0} \frac{eZ}{r} \qquad (2.24)$$

beschrieben ist; e ist die Elementarladung und Z die Ordnungs- bzw. Kernladungszahl.

Aufgabe der Atomtheorie ist daher in der ersten Näherung die Untersuchung der Bewegung der Elektronen in diesem elektrostatischen Feld unter Berücksichtigung der gegenseitigen elektrostatischen Abstoßung der Elektronen untereinander. Es ist zu beachten, daß „Bewegung" in diesem Zusammenhang immer nur im quantenmechanischen Sinne bedeutet. Später soll noch genauer erklärt werden, was damit gemeint ist.

21. Die Quantenelektrodynamik im engeren Sinne befaßt sich mit der Wechselwirkung zwischen Elektronen und dem elektromagnetischen Feld. Die in dieser Theorie relevanten physikalischen Größen sind: die Masse m_e des Elektrons, die Ladung $-e$ des Elektrons, die Lichtgeschwindigkeit c, das Plancksche Wirkungsquantum $\hbar$. Aus den Konstanten m, c und $\hbar$ gewinnen wir, wie in Abschnitt 13 erläutert wurde, *natürliche Einheiten der Quantenelektrodynamik*: Danach ist m_e die Masseneinheit, $m_e c^2$ die Energieeinheit, $\hbar/m_e c$ die Längeneinheit, $\hbar/m_e c^2$ die Zeiteinheit. Außerdem ist $\hbar$ die Einheit des Drehimpulses und c die Einheit der Geschwindigkeit.

Noch haben wir die Elementarladung e nicht in Betracht gezogen. Diese Konstante spielt die Rolle einer *Kopplungskonstanten*; sie gibt an, wie intensiv die Elektronen mit dem elektromagnetischen Feld gekoppelt sind[1]). Wir versuchen

---

[1]) Dies ist die übliche Ausdrucksweise. Es wäre nämlich korrekter zu sagen, daß die Kopplungskonstante angibt, wie intensiv Elementarladungen *miteinander* in Wechselwirkung stehen. Das elektromagnetische Feld ist schließlich nur eine gedankliche Hilfskonstruktion, die man zur Untersuchung der Wechselwirkung zwischen *Ladungen* einführte.

2.3 Charakteristische Zahlenwerte in der Atom- und Molekularphysik

nun, eine dimensionslose Größe zu finden, die die Stärke der Kopplung angibt, und nehmen dafür die *elektrostatische Abstoßungsenergie (in den oben eingeführten natürlichen Einheiten) zwischen zwei Elektronen in einem gegenseitigen Abstand von einer natürlichen Längeneinheit.* Die Größe wird mit α bezeichnet. Es gilt

$$\alpha = \frac{\frac{1}{4\pi\epsilon_0}\frac{e^2}{\hbar/m_e c}}{m_e c^2} = \frac{1}{4\pi\epsilon_0}\frac{e^2}{\hbar c}$$

$$= (7{,}29720 \pm 0{,}00003)\cdot 10^{-3} \approx \frac{1}{137}. \quad (2.25)$$

Diese Konstante α besitzt in der Atomphysik eine große Bedeutung; man nennt sie *Feinstrukturkonstante*. Sie kann in natürlichen Einheiten als Quadrat der Elementarladung betrachtet werden, sie beschreibt die Größe dieser Ladung unabhängig von makroskopischen physikalischen Normen. Der kleine Zahlenwert von α zeigt auf, wie schwach eigentlich die elektromagnetischen Wechselwirkungen sind: Die elektrostatische Energie zweier Elektronen in einem Abstand von einer natürlichen Längeneinheit ist verglichen mit der Ruheenergie eines Elektrons recht klein. *Die Feinstrukturkonstante ist eine der wirklich fundamentalen Naturkonstanten*; gegenwärtig stellt sie für uns nur eine rein empirische Konstante dar, weil wir theoretisch keinerlei Erklärung dafür haben, warum sie gerade diesen Zahlenwert besitzt. Es könnte sich genausogut herausgestellt haben, daß sie einen großen Zahlenwert aufweist – dann würde jedoch die Welt ganz anders, ja *unvorstellbar* anders aussehen.

Sehen wir uns Gl. (2.25) genauer an, dann stellen wir fest, daß die *Masse* des Elektrons in den Ausdruck für α nicht eingeht. α ist demnach eine Kopplungskonstante, die die Kopplung eines *beliebigen* Elementarteilchens mit einer Elementarladung e mit dem elektromagnetischen Feld beschreibt.

In Tabelle 2.4 sind einige wichtige Größen angeführt, die aus m_e, $\hbar$, c und e gebildet werden können; die üblichen Bezeichnungen dieser Größen sind angegeben.

22. In Abschnitt 51 von Kapitel 1 wurde ein Aspekt des noch teilweise klassischen Bohrschen Atommodells besprochen, nämlich die Größe des Wasserstoffatoms, auf dem Bohrs Theorie beruhte. Wir stellten fest, daß die in Gl. (1.23) definierte Konstante a_0 eine typische Größe eines Atoms ist. Wie wir sehen, ist diese Konstante a_0, die als *erster Bohrscher Radius (im Wasserstoffatom)* bezeichnet wird, die gleiche wie in Tabelle 2.4. In Kapitel 1 stand a_0 für den Radius der Kreisbahn des Elektrons im Planetenmodell des Atoms, daher der Name. In der quantenmechanischen Betrachtung des Wasserstoffatoms wird diese Konstante anders interpretiert: $1/a_0$ ist das Mittel von $1/r$ im Grundzustand des Atoms, wobei r der Abstand zwischen Elektron und Proton ist. In beiden Fällen können wir a_0 als die typische Entfernung zwischen Elektron und Proton ansehen.

23. Wir wollen nun die halbklassichen Betrachtungen aus Kapitel 1 fortsetzen und versuchen, die Bindungsenergie des Elektrons im Wasserstoffatom abzuschätzen. Ein Elektron, das sich mit der Geschwindigkeit v (also einem Impuls $p = m_e v$) in einer Entfernung r vom Proton bewegt, besitzt eine Gesamtenergie W

$$W = \frac{p^2}{2m_e} - \frac{1}{4\pi\epsilon_0}\frac{e^2}{r} = \frac{1}{2}m_e v^2 - \frac{1}{4\pi\epsilon_0}\frac{e^2}{r}. \quad (2.26)$$

Bei einer Kreisbahn mit dem Radius $r = a_0$ lautet die Bedingung für dynamische Gleichgewichte

$$\frac{m_e v^2}{a_0} = \frac{1}{4\pi\epsilon_0}\frac{e^2}{a_0^2}. \quad (2.27)$$

Diese Gleichung ergibt zusammen mit Gl. (2.26)

$$W = \frac{1}{2}\frac{1}{4\pi\epsilon_0}\frac{e^2}{a_0} - \frac{1}{4\pi\epsilon_0}\frac{e^2}{a_0} = -\frac{1}{4\pi\epsilon_0}\frac{e^2}{2a_0}$$

$$= -\frac{1}{2}\alpha^2 m_e c^2 = -\tilde{R}_\infty. \quad (2.28)$$

Die Energie des Elektrons in dieser Bahn beträgt also $-\tilde{R}_\infty$, etwa $-13{,}6$ eV. Diese Energie wollen wir mit der Gesamt-

Tabelle 2.4 *Weitere physikalische Konstanten*

Ruhenergie des Elektrons		$m_e c^2 = (0{,}511006 \pm 0{,}000002)$ MeV
Comptonwellenlänge des Elektrons		$\lambdabar_{Ce} = \dfrac{\hbar}{m_e c} = (3{,}86144 \pm 0{,}00003)\cdot 10^{-13}$ m
erster Bohrscher Radius		$a_0 = \dfrac{4\pi\epsilon_0 \hbar^2}{m_e e^2} = \alpha^{-1}\lambdabar_{Ce} = (5{,}29167 \pm 0{,}00002)\cdot 10^{-11}$ m
nichtrelativistisches Ionisationspotential von Wasserstoff für unendliche Protonenmasse		$\tilde{R}_\infty = \dfrac{1}{2}\alpha^2 m_e c^2 = (13{,}6053 \pm 0{,}0002)$ eV
Rydberg-Konstante für unendliche Protonmasse		$R_\infty = \dfrac{\alpha}{4\pi a_0} = \dfrac{\tilde{R}_\infty}{hc} = (10973731 \pm 1)$ m^{-1}

energie eines ruhenden Elektrons vergleichen, das sich in unendlicher Entfernung vom Proton befindet; Gl. (2.26) zeigt jedoch, daß diese Energie gleich Null ist. Um also das Elektron vollkommen aus der betreffenden Kreisbahn zu entfernen, muß ihm eine Energie $\tilde{R}_\infty$, die sogenannte *Ionisationsenergie*, zugeführt werden. Diese wird, wenn sie durch die entsprechende Wellenzahl ausgedrückt ist, als Rydbergkonstante, R_∞, bezeichnet[1]).

Es stellt sich heraus (prinzipiell müssen wir das eigentlich als „Zufall" ansehen), daß diese einfache Näherungsabschätzung, die auf dem sonst nicht besonders überzeugenden Planetenmodell des Atoms beruht, *genau* die gleiche Ionisationsenergie $\tilde{R}_\infty$ liefert wie die strenge quantenmechanische Theorie; $\tilde{R}_\infty$ ist also die Ionisationsenergie von Wasserstoff, bzw. $-R_\infty$ ist die Energie des *Grundzustands* des Wasserstoffatoms.

Außerdem hat man festgestellt, daß die Ionisationsenergie *aller* Atome (also die Arbeit, die nötig ist, um *ein* Elektron aus dem betreffenden Atom zu entfernen) etwa von der Größenordnung 10 eV ist; wir werden später noch darauf zurückkommen.

24. Wir wollen nun untersuchen, inwiefern die Geringfügigkeit der elektromagnetischen Kräfte, also der niedrige Wert der Kopplungskonstanten α, im Bau des Wasserstoffatoms zum Ausdruck kommt. Wäre die Kopplungskonstante von der Größenordnung Eins, dann würden wir erwarten, daß das Atom eine Größe von einer natürlichen Längeneinheit der Quantenelektrodynamik, der Compton-Wellenlänge $\lambdabar_{Ce} = \hbar/mc$ haben müßte. Die Kopplungskonstante ist jedoch relativ klein ($\alpha \approx 1/137$), deshalb kann das Coulombfeld des Kerns das Elektron nicht innerhalb einer Comptonwellenlänge halten. Die Bahn des Elektrons ist gemessen in der natürlichen quantenelektrodynamischen Einheit *groß*, ihr Radius ist $a_0 = \lambdabar_{Ce}/\alpha$.

Für die Bahngeschwindigkeit des Elektrons erhalten wir durch Lösung von Gl. (2.27) nach v:

$$v = \sqrt{\frac{1}{4\pi\epsilon_0} \frac{e^2}{m_e a_0}} = \alpha c \ . \quad (2.29)$$

Die Geschwindigkeit ist also um einen Faktor 137 geringer als die natürliche Geschwindigkeitseinheit, die Lichtgeschwindigkeit c. Damit wird die nichtrelativistische Behandlung dieses Problems im nachhinein gerechtfertigt.

Die kinetische Energie W_{kin} und die potentielle Energie W_{pot} sind wie folgt gegeben:

$$W_{kin} = \frac{1}{2} m_e v^2 = \frac{1}{2} m_e (\alpha c)^2 = \tilde{R}_\infty \ , \quad (2.30)$$

$$W_{pot} = -\frac{1}{4\pi\epsilon_0} \frac{e^2}{a_0} = W - W_{kin} = -2\tilde{R}_\infty = -2 W_{kin} \ . \quad (2.31)$$

---

[1]) Der Index ∞ in R_∞ und $\tilde{R}_\infty$ bezieht sich auf das Modell, nach dem das Proton ruht und eine unendlich große Masse besitzt. Die eigentliche Ionisationsenergie ist geringer.

Bild 2.2 *Arnold Sommerfeld*. Geboren 1868 in Königsberg, gestorben 1951. *Sommerfeld* war viele Jahre lang Professor für Physik an der Universität München.
Sommerfeld trug maßgeblich zur Entwicklung der Quantenphysik, insbesondere zu den Anfängen der Atomtheorie bei. Er verbesserte das Bohrsche Atommodell in zwei Hinsichten: Er führte elliptische Bahnen ein und baute die spezielle Relativitätstheorie in die Bohrsche Theorie ein. Seine relativistische Theorie des Wasserstoffatoms enthielt erstmals in der Physik die Feinstrukturkonstante.
(Bild von Professor L. B. Loeb, Berkeley, zur Verfügung gestellt.)

Nach diesen Überlegungen kann man wohl sagen, daß das Wasserstoffatom eine lockere, ausgedehnte Struktur aufweist. Man sollte sich das noch genauer überlegen, ebenso die Rolle, die die von *Sommerfeld* (Bild 2.2) eingeführte Feinstrukturkonstante α in der Atomtheorie spielt.

25. Da sich die Geschwindigkeit des Elektrons in unserer halb-klassischen Darstellung als gering herausgestellt hat, ist die Annahme begründet, daß es möglich sein muß, das Atom im Rahmen einer nichtrelativistischen Version der Quantenmechanik zu beschreiben. In einer derartigen Theorie dürfte die Lichtgeschwindigkeit keine Rolle spielen, wenn wir die Konstanten m_e, $\hbar$ und e als Grundkonstanten ansehen. Insbesondere müßte es möglich sein, den Bohrschen Radius a_0 und die Ionisationsenergie $\tilde{R}_\infty$ nur durch diese Konstanten auszudrücken. Das kann man in der Tat tun:

$$a_0 = \frac{\lambdabar_{Ce}}{\alpha} = 4\pi\epsilon_0 \frac{\hbar^2}{m_e e^2}, \quad (2.32)$$

$$\tilde{R}_\infty = \frac{1}{2} \alpha^2 m_e c^2 = \frac{1}{4\pi\epsilon_0} \frac{e^2}{2a_0} = \left(\frac{e^2}{4\pi\epsilon_0}\right)^2 \frac{m_e}{2\hbar^2} \ . \quad (2.33)$$

2.3 Charakteristische Zahlenwerte in der Atom- und Molekularphysik

Die Lichtgeschwindigkeit kommt in den jeweils äußersten rechten Teilen dieser Gleichungen nicht vor. Außerdem ist die Länge a_0 die einzige Länge und die Energie $\tilde{R}_\infty$ die einzige Energie, die aus den Konstanten m_e, $\hbar$ und e gebildet werden können. Daher ist folgende Argumentation möglich: Da diese Konstanten die Grundlagen einer nichtrelativistischen quantenmechanischen Theorie (die wir vorläufig noch nicht kennen) sind, sollte jede Länge, die im Rahmen der Theorie in Berechnungen auftritt, ein numerisches Vielfaches von a_0 sein. Analog müßte jede Energie ein numerisches Vielfaches von $\tilde{R}_\infty$ sein. (Mit „numerischem Vielfachen" ist hier eine Zahl gemeint, die nicht von den drei Grundkonstanten abhängt. In einer „vernünftigen" Theorie sollten diese Zahlen von der Größenordnung Eins sein.)

26. Der Leser wird hier einwenden, daß diese „Ableitungen" doch an den Haaren herbeigezogen sind. Was kann denn schon eine Argumentation wert sein, wenn sie sich auf das Bohrsche Atommodell stützt, von dem wir früher erklärt haben, daß es falsch ist? Und wie ernst können wir die Dimensionsüberlegungen aus dem vorangehenden Abschnitt nehmen? Könnte es nicht sein, daß die Konstante „der Größenordnung Eins", die die Energie in Einheiten von $\tilde{R}_\infty$ angibt, irgendeinen anderen Wert, 4711 oder vielleicht $(2\pi)^{-4}$, aufweist? Konstanten mit solchen Werten würden unsere Abschätzungen ziemlich über den Haufen werfen.

Wir müssen zugeben, daß etwas Derartiges tatsächlich vorkommen könnte, doch weiß der Autor aus Erfahrung, daß diese Konstante wirklich gleich Eins ist. Derartige „einfache Ableitungen", die in physikalischen Lehrbüchern recht häufig auftauchen, führen immer dann – könnte man zynisch bemerken – zum Erfolg, wenn entweder die Ergebnisse von Versuchen oder die Ergebnisse einer umfassenderen Theorie bereits bekannt sind.

Zur Verteidigung unseres Vorgehens ist folgendes zu sagen:

a) Wir wollen eine Vorstellung von den Größenordnungen in der Atom- und Molekularphysik gewinnen. Anstatt dem Leser einfach mitzuteilen, daß die Ionisationsenergie von Wasserstoff 13,6 eV ist, sollten wir versuchen, diese 13,6 eV mit den Grundkonstanten in Beziehung zu setzen. Es ist doch interessant zu wissen, daß 13,6 eV gleich $\alpha^2 m_e c^2 / 2$ ist und daß 0,053 nm gleich $(1/\alpha)(\hbar/m_e c)$ ist. Unsere quantenelektrodynamischen Überlegungen über das Wasserstoffatom zeigen wenigstens einen *gewissen* Zusammenhang auf. Diese Ableitungen wären hier niemals erwähnt worden, hätten sie nicht Gegenstücke in der exakten Theorie. Sie bilden also zumindest eine brauchbare Gedächtnishilfe.

b) Die Theorie *Bohrs* ist zugegebenermaßen falsch. Andererseits wissen wir, daß sie in einigen Fällen durchaus zutraf, in anderen wieder vollkommen versagte. *Irgend-*

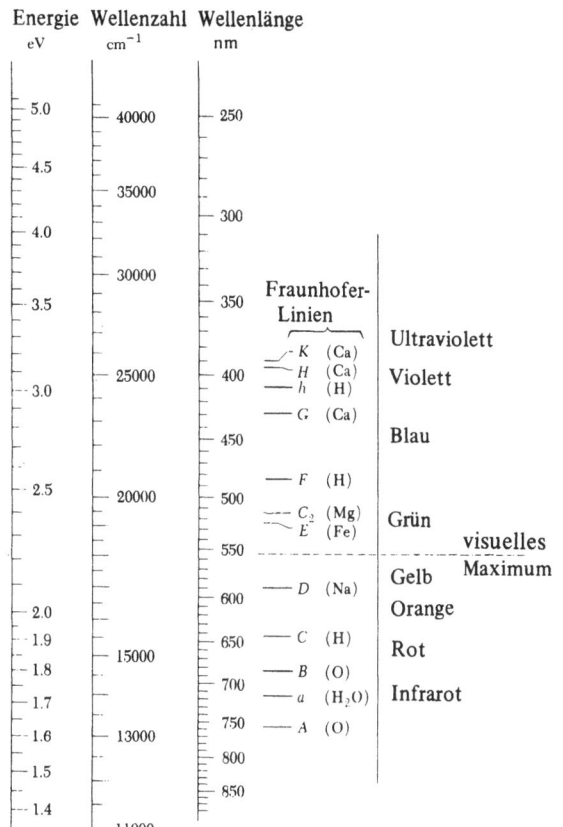

Bild 2.3 Der Spektralbereich des sichtbaren Lichts. Die Fraunhofer-Linien sind besonders deutliche Absorptionslinien (dunkle Linien) im Sonnenspektrum. Links in der Spalte sind die alten Buchstabenbezeichnungen dieser Linien angeführt, rechts das chemische Symbol desjenigen Atoms oder Moleküls, das für diese Absorptionslinie verantwortlich ist.

Die Zuordnung von Farbbezeichnungen zu den verschiedenen Spektralbereichen ist natürlich ziemlich ungenau. Das Intensitätsmaximum der Sehempfindung liegt bei etwa 550 nm.

etwas muß also sozusagen an der Theorie doch richtig sein. Durch die Bohrsche Theorie wird das Plancksche Wirkungsquantum eingeführt und damit eine Beziehung zwischen Lage und Impuls, die in einer rein klassischen Theorie überhaupt nicht vorkommt, nämlich $rp \sim \hbar$. Unsere auf der Bohrschen Theorie basierenden Überlegungen und Ableitungen waren im wesentlichen nur ein Experimentieren mit einer solchen Beziehung $rp \sim \hbar$. Später werden wir uns von einem anderen Gesichtspunkt her mit dieser Beziehung beschäftigen und eine Methode besprechen, aufgrund der wir die Größe und die Ionisationsenergie des Wasserstoffatoms anhand der Unschärferelation abschätzen können. Auch werden wir dann besser verstehen, warum das Wasserstoffatom nicht in sich zusammenfällt.

c) Die Dimensionsargumente aus Abschnitt **25** wären wohl im Zusammenhang mit einer ernsthaften Untersuchung einer exakten Gleichung der quantenmechanischen Darstellung des Wasserstoffatoms überzeugender, wie etwa der sogenannten Schrödingergleichung. Ohne diese Gleichung tatsächlich zu lösen, ist aus ihr leicht zu ersehen, daß Zahlen wie 4711 oder $(2\pi)^{-4}$ einfach nicht vorkommen können. Um solche Schlüsse ziehen zu können, muß man natürlich bei der Lösung von Differentialgleichungen, wie der Schrödingergleichung, etwas Erfahrung haben. Eine Argumentation mit Dimensionen ist immer dann am erfolgreichsten, wenn man die allgemeinen Aussagen einer Theorie eingehend versteht.

Unsere einfachen Dimensionsüberlegungen sollten nur für eine solche Argumentation den Boden bereiten. Wir haben festgestellt, daß eine korrekte Theorie existiert − was können wir von ihr erwarten? Diese Frage ist nun beantwortet.

27. Wir wollen uns nun mit der Atomphysik weiter befassen und versuchen, eine Vorstellung vom Bau der schweren Atome, also der Atome mit einer hohen Ordnungszahl Z, zu gewinnen. Sie wissen sicherlich, daß der Elektronenschwarm um einen solchen Kern in Schalen aufgeteilt ist, und wir werden unsere Überlegungen auch auf dieser Tatsache aufbauen. Stellen wir uns vor, wir bauen ein Atom auf, indem wir mit dem Kern beginnen und jeweils ein Elektron hinzufügen. Es fragt sich dann, wie intensiv dieses erste Elektron an den Kern gebunden ist.

Für die Energie dieses Systems finden wir den Ausdruck

$$W = \frac{p^2}{2m_e} - \frac{1}{4\pi\epsilon_0} \frac{e^2 Z}{r}. \qquad (2.34)$$

Eine kurze Überlegung zeigt, daß hier das gleiche gilt wie im Fall des Wasserstoffatoms, wenn wir nur die Feinstrukturkonstante α durch $Z\alpha$ ersetzen. Das *erste* Elektron ist demnach mit einer Energie

$$e_1 = -Z^2 \tilde{R}_\infty = -Z^2 \,(13{,}6\,\text{eV}) \qquad (2.35)$$

gebunden und befindet sich in einer „Entfernung" vom Kern von

$$r_1 = \frac{a_0}{Z}. \qquad (2.36)$$

Für große Z ist diese Entfernung verglichen mit dem Bohrschen Radius a_0 im Wasserstoffatom klein. Das als nächstes hinzugefügte Elektron wird ebenfalls in geringer Entfernung vom Kern gebunden, die Bindungsenergie verglichen mit der Ionisationsenergie von Wasserstoff groß sein; die elektrostatischen Abstoßungskräfte zwischen den beiden Elektronen sind natürlich um einen Faktor Z kleiner als die vom Kern ausgeübte Anziehungskraft. Wir wollen uns nun überlegen, wie dieses *Ion* aussieht, nachdem wir dem Kern einige Elektronen beigegeben haben. Diese Elektronen sind alle in geringer Entfernung an den Kern gebunden; dieses Ion wird dann von außerhalb der ersten Elektronenschale wie ein „Kern" mit der Ladung $(Z-n)e$ erscheinen,

wenn wir n Elektronen hinzugefügt hatten. Das nächste Elektron ist dann ebenfalls eng gebunden, *wenn nicht* $(Z-n)$ klein ist, aber jedenfalls weniger eng als das *erste* Elektron. Wir können uns so vorstellen, daß die folgenden Elektronen immer weniger eng gebunden sind. Nachdem wir $(Z-1)$ Elektronen hinzugefügt haben, wird das Ion wie eine Ladungswolke mit der Gesamtladung e erscheinen und in der Größe dem Bohrschen Radius a_0 vergleichbar sein. Die Bindungsenergie des *zuletzt* hinzugefügten Elektrons ist somit von der Größenordnung von $\tilde{R}_\infty$, also größenordnungsmäßig 10 eV. Das Atom wird dann einen Radius der Größenordnung des Bohrschen Radius a_0 aufweisen.

28. Sicherlich ist diese Darstellung nur sehr grob. Wir haben weder bewiesen noch zu erklären versucht, daß der Elektronenschwarm eine Schalenstruktur aufweist (Bild 2.4). Unsere Überlegungen jedoch stützen sich auf diese Modellvorstellung; wir haben das Atom auf ganz spezielle Weise „aufgebaut".

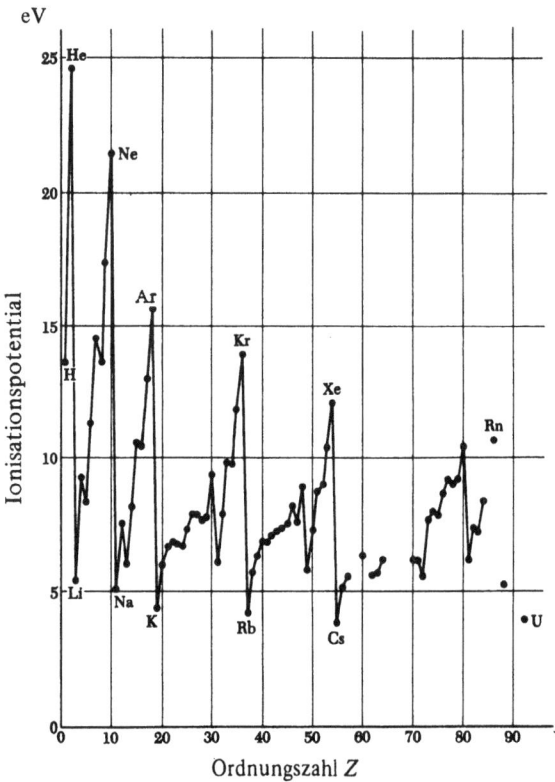

Bild 2.4 Diagramm der Ionisationspotentiale der Atome in Abhängigkeit von der Ordnungszahl der Atome. Das Ionisationspotential gibt die Energie an, die erforderlich ist, um *ein* Elektron eines neutralen Atoms zu entfernen. Diese Energie besitzt *grob* gesehen für alle Atome etwa die gleiche Größenordnung, nämlich 10 eV.

Aufgrund der Chemiekenntnisse, die der Leser sicher besitzt, wird er sofort erkennen, daß zwischen der Größe des Ionisationspotentials und den chemischen Eigenschaften eines Elements eine deutliche Korrelation besteht. Das Ionisationspotential ist für die Edelgase besonders hoch und bei den Alkalimetallen besonders gering.

2.3 Charakteristische Zahlenwerte in der Atom- und Molekularphysik

Um den Bau von Atomen tatsächlich verstehen zu können, müssen wir ein weiteres grundlegendes physikalisches Prinzip in Betracht ziehen, das bislang noch nicht erwähnt wurde und das der klassischen Physik vollkommen fremd ist. Dieses Prinzip ist unter der Bezeichnung *Ausschließungsprinzip* bekannt. Es besagt, daß in einem Atom *niemals zwei Elektronen den gleichen Bewegungszustand haben können*. Solche Elektronen „vermeiden" einander. (Dieses „Vermeiden" von Elektronen gleichen Bewegungszustandes ist etwas vollkommen anderes als die Coulombsche Abstoßung zwischen gleichartig geladenen Teilchen. Es bedarf eingehenderer Kenntnisse der Quantenmechanik, um das Ausschließungsprinzip wirklich verstehen zu können.) Das Ausschließungsprinzip liefert uns den Schlüssel zur Erklärung der Atomstruktur. Die sich daraus ergebenden Folgen sind weitreichend, und die Welt sähe unvorstellbar anders aus, wenn dieses Prinzip in der Natur nicht gelten würde. Jetzt, in diesem Stadium, ist das natürlich noch nicht verständlich.

Das Ausschließungsprinzip wurde im Jahre 1924 von *Wolfgang Pauli* entdeckt; *Pauli* (Bild 2.5) leitete das Prinzip aus den empirischen Ergebnissen der Atomphysik ab, soweit man sie zu dieser Zeit kannte[1]).

29. Unsere Überlegungen weisen also *schwerwiegende Mängel* auf, doch haben wir zumindest eine gewisse Vorstellung vom Bau der schweren Atome gewonnen. Es folgt jedenfalls daraus, daß bei Übergängen in den Bewegungszuständen der äußersten oder *optischen Elektronen* Energien von der Größenordnung eines Elektronvolts auftreten, was grob den Wellenlängen der emittierten Photonen im *optischen Bereich* entspricht; der Energiebereich 1,8...3,0 eV entspricht ja einem Wellenlängenbereich von 700...400 nm. Übergänge der *innersten Elektronen* hingegen entsprechen relativ viel höheren Energien bis zu 70 keV, denen wiederum kürzere Wellenlängen bis zu 0,02 nm zugeordnet sind. Diese Photonen gehören in den entfernten ultravioletten oder den Röntgenstrahlungsbereich. Die Abhängigkeit dieser Übergangsenergien von der Ordnungszahl Z ist in Gl. (2.35) wiedergegeben.

Wir stellen fest, daß das Atom mit der typischen Größenordnung von 0,1 nm, verglichen mit der Wellenlänge optischer Photonen, sehr *klein* ist. Diese Eigenschaft ist eine Folge der kleinen Kopplungskonstante α. Die folgenden Überlegungen mögen dies noch deutlicher zeigen.

Die Bindungsenergie eines optischen Elektrons besitzt eine Größenordnung von $\alpha^2 m_e c^2$. Die für die optischen Elektronen charakteristischen Übergangsenergien sind von der gleichen Größenordnung; auf keinen Fall könnten sie

Bild 2.5 *Wolfgang Pauli*. Geboren 1900 in Wien, Österreich; gestorben 1958. Nach Abschluß seiner Dissertation für den philosophischen Doktorgrad im Jahre 1921, verbrachte *Pauli* einige Zeit an der Universität Göttingen und an *Bohrs* Institut in Kopenhagen. 1928 wurde er auf den Lehrstuhl für theoretische Physik an der Eidgenössischen Technischen Hochschule (ETH) in Zürich, Schweiz, berufen. Im Jahre 1945 erhielt *Pauli* den Nobelpreis.

Pauli war einer der bedeutendsten theoretischen Physiker dieses Jahrhunderts. Er leistete auf vielen Gebieten wichtige Beiträge: angefangen von der Struktur der Atome bis zur Theorie der Quantenfelder und der Elementarteilchen. Paulis Arbeit zeichnet sich durch umfassendes physikalisches Einfühlungsvermögen wie auch durch mathematische Brillanz aus; er war als scharfer Kritiker unlogischen Denkens bekannt und gefürchtet. Seine berühmtesten Leistungen waren vielleicht die Entdeckung des Ausschließungsprinzips und des Zusammenhangs zwischen Spin und Statistik.
(*Bild von Physics Today zur Verfügung gestellt.*)

größer sein. Der Übergang eines der äußeren Elektronen von einem quasistationären Zustand zum anderen bedingt die Emission oder Absorption eines Photons mit einer Energie, die der Energiedifferenz der beiden Zustände gleich ist; dementsprechend wird die Wellenlänge dieses Photons von der Größenordnung

$$\lambda_{opt} \sim \frac{2\pi\hbar c}{\alpha^2 m_e c^2} = \frac{2\pi a_0}{\alpha} \approx 1000 a_0 \qquad (2.37)$$

sein, womit die Größenordnung des Verhältnisses Wellenlänge zu Atomgröße erklärt ist.

---
[1]) W. Pauli, „Über den Zusammenhang des Abschlusses der Elektronengruppen im Atom mit der Komplexstruktur der Spektren", *Zeitschrift für Physik* **31**, 765 (1925).

30. Wir haben nun eine gute Vorstellung von den Größenordnungen bekommen, die in der *Atomphysik* von Bedeutung sind. Nun wollen wir uns ein wenig mit Molekülen befassen. Am wichtigsten wird hier sein, zu einem Verständnis der molekularen Bindung zu gelangen: Warum bilden Atome manchmal stabile Moleküle, manchmal nicht? Um diese Fragen *von Grund auf* zu verstehen, braucht es sicherlich andere, bessere Methoden als die, die wir bei der Diskussion über die Atome verwendeten. Trotzdem werden wir zumindest einige allgemeine Aussagen machen können, wobei wir uns vor allem für folgendes interessieren: Wenn Atome in bestimmten Fällen stabile Moleküle bilden, wie groß ist dabei die charakteristische Bindungsenergie und der charakteristische Abstand von zwei Atomen in einem Molekül?

Untersuchen wir zuerst den einfachsten Fall, ein Wasserstoffmolekül, das aus zwei Protonen und zwei Elektronen besteht. Es soll die Bindungsenergie sowie der Abstand zwischen den beiden Kernen anhand von Dimensionsüberlegungen abgeschätzt werden. Wir befassen uns hier also nur mit den Fällen, in denen eine Bindung zum Molekül stattfindet, wie eben beim Wasserstoffmolekül.

Da Protonen so sehr viel schwerer als Elektronen sind, wird wiederum die *Bewegung* des Protons nicht von wesentlicher Bedeutung für den Grundzustand des Wasserstoffmoleküls sein. In erster Näherung kann man tatsächlich die zwei Protonen als in Ruhe befindlich ansehen, und zwar in konstantem Abstand d voneinander; diese beiden Protonen sind dann vom „Schwarm" der zwei Elektronen umgeben. Nehmen wir an, der Grundzustand der beiden Elektronen bzw. die Grundzustandsenergie kann als Funktion des Abstandes d der beiden Protonen ermittelt werden. Bei einem bestimmten Wert von d wird diese Energie den kleinsten Wert aufweisen – bei dieser Energie ist das Molekül stabil. Wir behandeln dieses Problem nichtrelativistisch; da außerdem die Masse der Protonen als unendlich groß angesehen wird, treten nur die Konstanten m_e, $\hbar$ und e auf. Unter diesen Gegebenheiten ist die einzige „natürliche" Energie $\tilde{R}_\infty$, die einzige „natürliche" Entfernung der Bohrsche Radius a_0. Wir erwarten also, daß dies die charakteristischen Größen für das Molekül sind. Dies wird durch eine genauere Betrachtung und durch experimentelle Ergebnisse untermauert. Die Bindungsenergie des Wasserstoffmoleküls ergibt sich dann zu etwa 4,5 eV, die durchschnittliche Entfernung der beiden Protonen voneinander beträgt ungefähr 0,075 nm. Diese Werte sind für Moleküle im allgemeinen typisch, da molekulare Bindungsenergien größenordnungsmäßig 1...10 eV betragen und die Abstände zwischen den Kernen von der Größenordnung 10^{-10} m sind.

Alle festen Stoffe werden auf die gleiche Weise zusammengehalten wie Moleküle, und der typische Abstand zwischen Nachbaratomen in einem festen Stoff ist ebenfalls von der Größenordnung 10^{-10} m.

Tabelle 2.5 *Charakteristika einiger ausgewählter zweiatomiger Moleküle*

Molekül	Abstand der Kerne, 10^{-10} m	Dissoziationsenergie, eV
AgH	1.62	2,5
BaO	1,94	4,7
Br_2	2,28	1,97
CaO	1,82	5,9
H_2	0,75	4,5
HCl	1,27	4,4
HF	0,92	6,4
HgH	1,74	0,38
KCl	2,79	4,42
N_2	1,09	9,76
O_2	1,20	5,08

31. Diese Abschätzungen geben uns eine Vorstellung von den Energien, die bei *chemischen Reaktionen* freigesetzt oder absorbiert werden. Eine chemische Reaktion besteht aus vielen molekularen Prozessen, bei denen jeweils zwei oder mehr verschiedenartige Moleküle zusammenstoßen und dabei ein oder mehr neue Moleküle bilden. Die mit dieser Neuordnung der Atome in andere Moleküle verbundene Energie muß von der Größenordnung typischer molekularer Bindungsenergien sein, also 1...10 eV pro molekularen Prozeß. *Makroskopisch* gesehen haben daher die *Reaktionsenergien* Größenordnungen von

$$(1...10) \cdot N_A \text{ eV/mol, grob etwa } 83\,000...830\,000 \text{ J/mol}.$$

Ein Beispiel: Wasserstoffgas verbrennt in einer Chloratmosphäre nach folgender Reaktionsformel

$$H_2 + Cl_2 = 2\,HCl + 184\,162\,J\,. \qquad (2.38)$$

Die Größenordnung stimmt mit der Schätzung überein.

32. Im Zusammenhang mit den makroskopischen Maßsystemen gibt es eine ganz nette und erwähnenswerte Tatsache. Wir haben weiter vorne gesagt, daß die Einheiten m, kg und s auf rein menschlichen Normen basieren. Daher werden wir nichts Erstaunliches dabei finden, daß sich diese Einheiten nicht besonders gut für die Beschreibung von Atomen eignen. Es gibt jedoch *eine* makroskopische Einheit, für die das nicht zutrifft: das *Volt* als Einheit der elektrischen Spannung bzw. des Potentials; die davon abgeleitete Einheit Elektronvolt ist nämlich für Atome „gerade richtig". Ist das ein Zufall?

Keineswegs – ursprünglich wurde die Einheit Volt so gewählt, daß die EMK einer Voltazelle die Größenordnung von 1 V aufwies. Tatsächlich ist die EMK einer bestimmten Cadmium-Quecksilber-Standardzelle ziemlich genau 1 V. Die Wirkung einer solchen Zelle beruht auf einer in ihr ablaufenden elektrochemischen Reaktion. Für jedes Elektron, daß den einen Pol der Batterie verläßt, muß ein chemischer Elementarprozeß stattgefunden haben. In einem solchen chemischen Elementarprozeß soll eine Energie von X eV freigesetzt werden; diese Energie kann dann außerhalb der Batterie in mechanische oder Wärmeenergie umgesetzt werden. Ist die EMK der Batterie gleich U, muß $Ue = X$ sein, und da U wegen der Wahl des Volts als Einheit die Größenordnung 1 V hat, ist die typische elektrochemische Reaktionsenergie folglich von der Größenordnung 1 eV. Damit ist geklärt, warum sich das Elektronvolt als Energieeinheit in der Atom- und Molekularphysik so überraschend gut eignet; das Volt *ist* eine „atomare" Einheit!

2.4 Die wichtigsten Grundgesetze der Kernphysik

33. Die Bausteine, aus denen die Atomkerne bestehen, sind Protonen und Neutronen. Proton und Neutron haben viele wichtige physikalische Eigenschaften gemeinsam, weshalb man sie oft auch als zwei verschiedene *Ladungszustände eines* Teilchens ansieht, das man dann als *Nukleon* bezeichnet. Nukleonen existieren also in zwei Varianten: der geladenen (Proton) und der ungeladenen oder neutralen Variante (Neutron)[1].

Die Anzahl der Nukleonen in einem Kern wird mit A bezeichnet, das ist die sogenannte *Massenzahl* oder *Nukleonenzahl*. Die Anzahl der Protonen wird mit Z bezeichnet, der sogenannten *Ladungszahl* bzw. der *Ordnungszahl* des entsprechenden Atoms.

Die Masse des Protons bzw. des Neutrons ist durch

$$m_p = (1{,}007\,276\,470 \pm 0{,}000\,000\,011)\,u$$
$$= (938{,}2796 \pm 0{,}0027)\,\text{MeV}/c^2 \qquad (2.39)$$

---

[1] Das Neutron wurde 1932 von *Chadwick* entdeckt. [J. Chadwick, "The Existence of a Neutron", *Proceedings of the Royal Society* (London), Ser. A, **136**, 692 (1932).

bzw.

$$m_n = (1{,}008\,665\,18 \pm 0{,}000\,000\,011)\,u$$
$$= (939{,}5731 \pm 0{,}0027)\,\text{MeV}/c^2 \qquad (2.40)$$

gegeben.

Die Masse eines Kerns mit der Massenzahl A und der Kernladungszahl Z ist $m(A, Z)$. Die Größe

$$\Delta(AZ) = (Zm_p + (A-Z)m_n) - m(AZ) \qquad (2.41)$$

nennt man *Massendefekt* des Kerns. Diese Größe ist *positiv*, was sich folgendermaßen erklärt: Die Größe $\Delta(A, Z)c^2$ ist die *Bindungsenergie* des Kerns, d.h. die Energie, die dem Kern irgendwie zugeführt werden muß, um ihn in seine Bestandteile, in Protonen und Neutronen, zu zerlegen.

Es ist eine *empirische Tatsache*, daß die Bindungsenergie pro Nukleon für alle stabilen Kerne *ungefähr* gleich groß ist:

$$\frac{\Delta(A, Z)c^2}{A} \approx 8\,\text{MeV}\,. \qquad (2.42)$$

Unter den sehr leichten Kernen gibt es hierfür einige auffällige Ausnahmen; außerdem nimmt die mittlere Bindungsenergie für zunehmende Massenzahl A gleichmäßig leicht ab (Bild 2.6).

34. Es ist zu beachten, daß in den meisten Tabellen für „Kern"massen die angegebenen Massenwerte eigentlich für die entsprechenden neutralen *Atome* gelten. Ist nämlich $m(A, Z)$ die Masse eines *Kerns* und $\overline{m}(A, Z)$ die Masse des zugehörigen Atoms, dann gilt

$$\overline{m}(A, Z) = m(A, Z) + Zm_e - \frac{B(z)}{c^2}, \qquad (2.43)$$

wobei m_e die Elektronmasse und die positive Größe $B(Z)$ die Bindungsenergie aller Elektronen des Atoms ist.

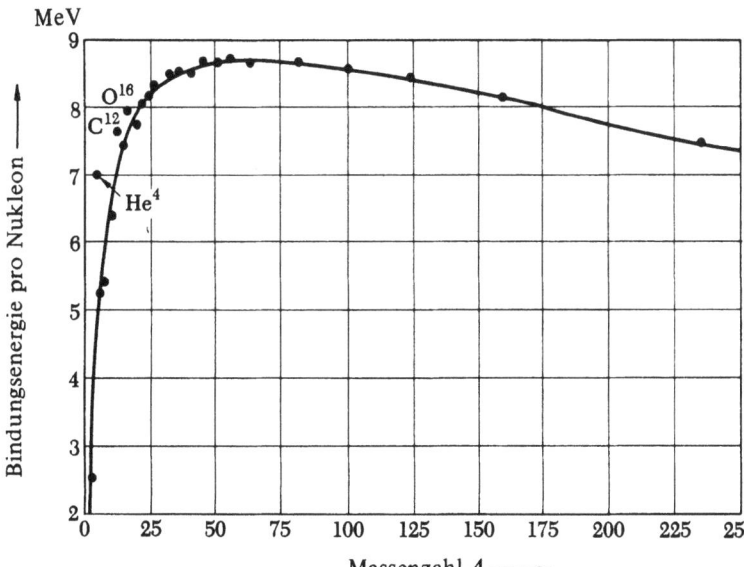

Bild 2.6

Darstellung der Bindungsenergie pro Nukleon, $\Delta(A, Z)c^2/A$, in Abhängigkeit von der Massenzahl A. Die Punkte symbolisieren bestimmte Kerne, einige sind auch bezeichnet. Die bei den leichtesten Kernen auftretenden Unregelmäßigkeiten können durch die glatte Kurve nicht gut wiedergegeben werden, doch entspricht die Kurve für $A > 25$ den Tatsachen ziemlich exakt.

Die Bindungsenergie pro Nukleon ist *grob* 8 MeV. Mit zunehmender Massenzahl nimmt die Bindungsenergie pro Nukleon langsam ab. Dieser systematische Trend beruht auf der elektrostatischen Abstoßungsenergie der Protonen im Kern.

Bild 2.7

Massenspektrometer zur Analyse kleinster Edelgasproben aus Steinmeteoriten. Dabei soll nicht der exakte Wert der Atommassen, sondern die relative Häufigkeit der verschiedenen Isotope des Elements, in diesem Fall Xenon, im Vorkommen des Elements im Meteoriten bestimmt werden. Die Ergebnisse dienen zur Abschätzung des Alters des Meteoriten, was von größtem Interesse für das Verständnis des Entstehens und der Entwicklung unseres Sonnensystems ist. Eine Beschreibung derartiger Arbeiten finden Sie bei J. H. Reynolds, "The age of the elements in the solar system" (Das Alter der Elemente im Sonnensystem), *Scientific American* **203**, 171 (Nov. 1960).

Das Bild 2.7a zeigt eine Photographie des Geräts. Seine Wirkungsweise ist durch das schematische Bild 2.7b zu verstehen. Die links in den evakuierten Glasbehälter eingelassene Edelgasprobe wird durch Elektronenbeschuß in der Ionenquelle ionisiert. Die Ionen werden durch den Magnet in der Mitte beschleunigt und abgelenkt. (Die Polschuhe und die Spulen des Magneten sind in der Mitte des Bildes zu erkennen.) Verschiedene Isotope werden verschieden stark abgelenkt, und durch Änderung der magnetischen Feldstärke kann der durch den Kollektorspalt austretende Teilchenstrom für jedes Isotop einzeln gemessen werden. Natürlich ist die Häufigkeit eines Isotops proportional zu der Intensität des Teilchenstroms. Das Magnetfeld ist keilförmig, um die Ionenstrahlen teilweise zu bündeln.

(Bilder von Professor J. D. Reynolds, Berkeley, zur Verfügung gestellt.)

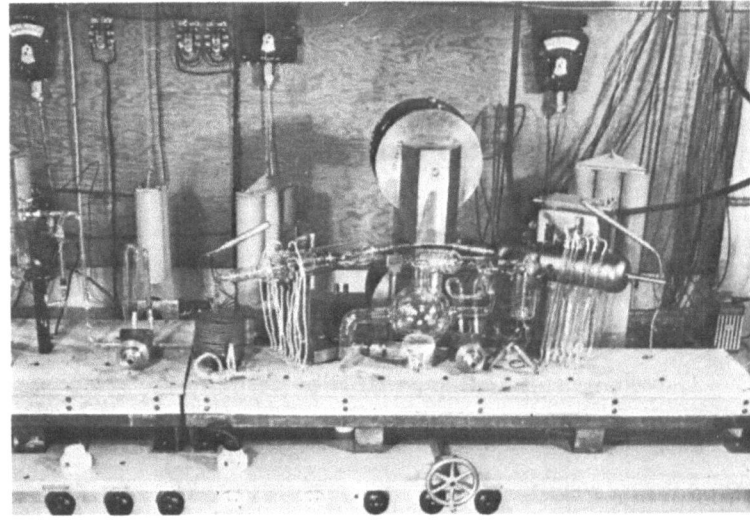
a)

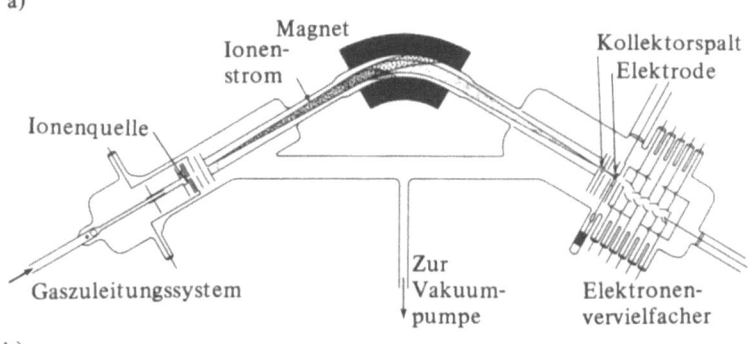
b)

Untersuchen wir das energetische Gleichgewicht bei einer Kernreaktion, ist es in den meisten Fällen gleichgültig, ob wir die wahre Kernmasse oder die Masse des zugehörigen Atoms verwenden, weil sich die Energiebeiträge der Elektronenmassen aufheben, wenn wir die Atommasse verwenden. Die Bindungsenergie $B(Z)$ ist sehr klein verglichen mit der Kernbindungsenergie von 8 MeV pro Nukleon und kann in fast allen Fällen vernachlässigt werden.

Der Grund dafür, daß man in Tabellen meistens die Atommassen und nicht die Kernmassen angibt, liegt einfach darin, daß die Atommassen leichter zu bestimmen sind. Anhand von Ablenkungsexperimenten mit kombinierten elektrischen und magnetischen Feldern in einem speziell für diesen Zweck entwickelten Gerät, dem sogenannten *Massenspektrographen*, kann das Verhältnis von Ladung zu Masse von Ionen bestimmt werden. Die Pioniere dieser Methode waren *J. J. Thomson* und *F. W. Aston*; damit gelang es, eine große Anzahl von Atommassen präzis zu bestimmen[1]).

Der Massenspektrograph (Bild 2.7) wird auch dazu verwendet, die Häufigkeiten der verschiedenen Isotope in einem natürlich vorkommenden chemischen Element zu bestimmen; kennen wir einmal diese Häufigkeiten, dann können wir die Kernmassen aus den chemischen relativen Atommassen ableiten.

Schließlich liefert uns auch die Kinematik von Kernreaktionen Daten über die Massen von Kernen (Bild 2.8).

35. Das Verhältnis von Kernladungszahl zu Massenzahl Z/A weist als Funktion der Massenzahl A einen systematischen Verlauf auf: Für nicht zu schwere Kerne, etwa für A kleiner als 50, ist dieses Verhältnis nahezu 1/2. Zu größeren A hin nimmt das Verhältnis langsam im Wert ab; für das Uranisotop $^{238}_{92}$U gilt $Z/A = 0{,}39$. Bei sehr kleinem A gibt es wiederum Unregelmäßigkeiten; Wasserstoff zum Beispiel hat drei Isotope, $^1_1$H, $^2_1$H (Deuterium) und $^3_1$H (Tritium).

Manche Kerne sind stabil, andere wieder instabil. Diese zerfallen unter Emission von Teilchen oder Gammaquanten. Die häufig vorkommenden Kerne sind entweder absolut stabil oder besitzen eine sehr lange Lebensdauer. Ansonsten wären solche Kerne alle bereits in der Frühzeit der Erdgeschichte zerfallen und wären somit heute nicht mehr in der Natur zu finden. Die bei Kernreaktionen

---

[1]) *F. W. Aston*, "Isotopes und Atomic Weights" (Isotope und Atomgewichte), *Nature* **105**, 617 (1920). Siehe auch *F. W. Aston*, *Mass Spectra and Isotopes* (Edward Arnold and Company, London 1942).

2.4 Die wichtigsten Grundgesetze der Kernphysik

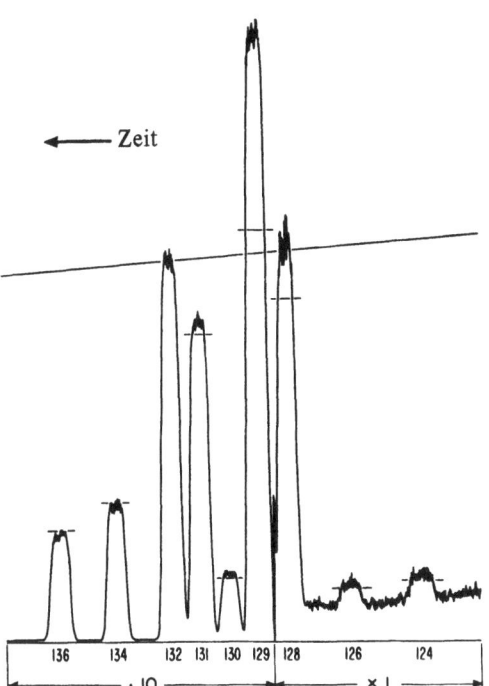

Bild 2.8 Massenspektrum, das unter Verwendung des in Bild 2.7 gezeigten Geräts aufgenommen wurde, dieses Massenspektrum stammt von einer Xenonprobe aus einem Steinmeteoriten. Die Darstellung stammt aus der Arbeit von *J. H. Reynolds*, "Determination of the age of the elements" (Altersbestimmung der Elemente), *Physical Review Letters* **4**, 8 (1960). Die kurzen Querstriche zeigen die Häufigkeit der Xenonisotope aus irdischen Vorkommen an. Das Xenon aus den Steinmeteoriten enthält offensichtlich einen höheren Prozentsatz des Isotops ^{129}Xe. Es ist zu beachten, daß das Bild in zwei verschiedenen Ordinatenmaßstäben dargestellt ist.

(Zur Verfügung gestellt von Physical Review Letters.)

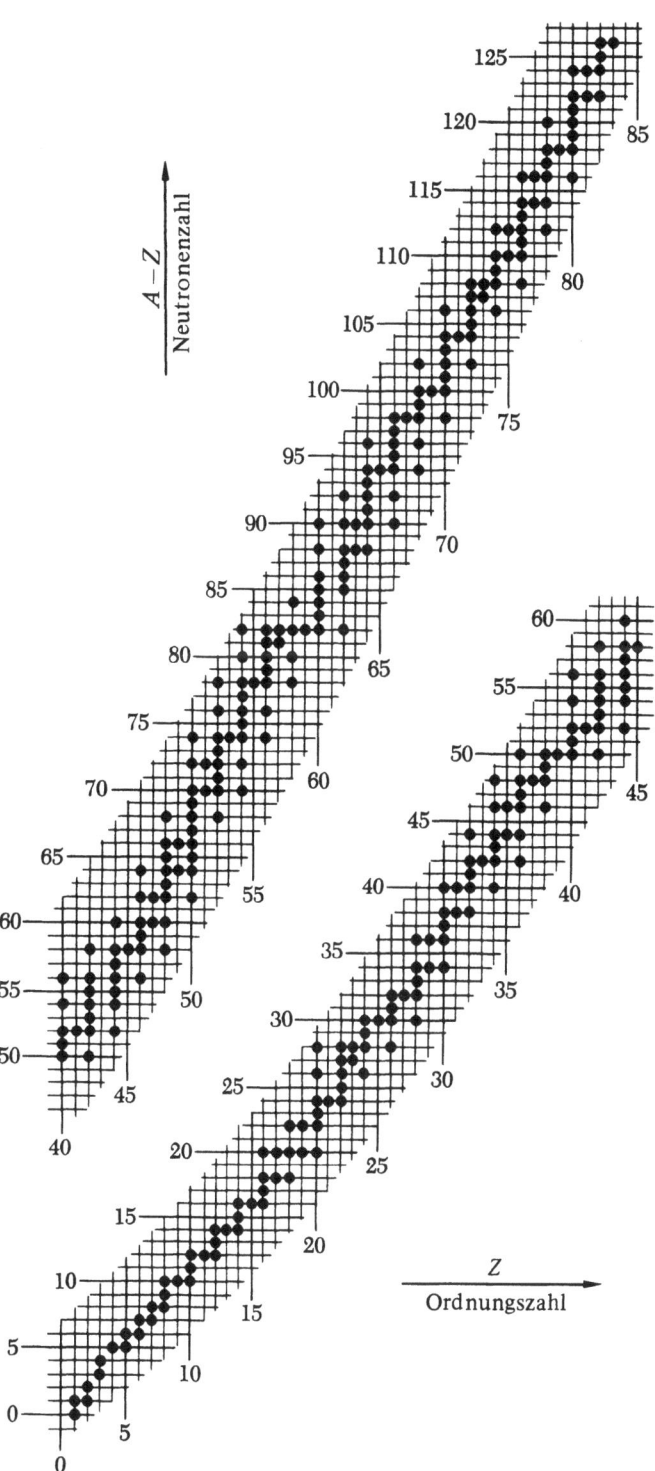

Bild 2.9 Die stabilen und fast stabilen Kerne. Alle Kerne mit Halbwertszeiten größer als $5 \cdot 10^{10}$ a sind hier enthalten. Diese anscheinend willkürlich gesetzte untere Grenze der Halbwertszeit wurde gewählt, weil das etwa dem zehnfachen geschätzten Alter des Sonnensystems entspricht, die hier berücksichtigten Kerne also auch an geologischen Zeitspannen gemessen langlebig sind. In dieser zweiteiligen Abbildung ist die Ordinate die Neutronenzahl $A-Z$, die Abszisse die Ordnungszahl Z. Sie sehen sofort, daß die Kerne entlang einer glatten Kurve liegen. Bei den leichten Kernen ist die Anzahl der Protonen etwa gleich der der Neutronen, mit zunehmender Ordnungszahl nimmt die Anzahl der Neutronen jedoch stärker zu, die Kurve wird steiler.

Das stufenförmige Muster der Kerne rührt daher, daß die Stabilität eines Kerns davon abhängt, ob die Anzahl der Protonen und die Anzahl der Neutronen gerade oder ungerade Zahlen sind: gerad-geradzahlige Kerne sind am stabilsten, gerad-ungeradzahlige (und ungerad-geradzahlige) Kerne sind weniger stabil, und ungerad-ungeradzahlige Kerne sind am instabilsten. Sie sollten sich das Diagramm im Hinblick auf diese Regeln genau ansehen. Es sind in dieser Darstellung nur sehr wenige ungerad-ungeradzahlige Kerne enthalten. Bei manchen Neutronenzahlen und bei manchen Protonenzahlen sind Lücken, die das Fehlen eines stabilen Kerns anzeigen. Sie werden feststellen, daß diese Lücken immer dann auftreten, wenn die Neutronenzahl bzw. die Protonenzahl ungerade ist.

gebildeten Kerne haben sehr kurze Lebensdauern, in der Größenordnung von Sekundenbruchteilen. Bei *sehr kurzer* Lebensdauer spricht man oft vom *angeregten Zustand* eines Kerns, insbesondere wenn er unter Aussendung eines Gammaquants zerfällt, wodurch sich ja weder A noch Z ändern.

Wir kennen heute etwa 900 Kernarten, 280 davon sind stabil. Tragen wir diese Kerne nach ihren Daten in eine Z, A-Ebene ein, dann zeigt sich, daß die die einzelnen Kerne darstellenden Punkte entlang einer stetigen Kurve liegen, was mit den obigen Feststellungen übereinstimmt (Bild 2.9). Je weiter ein Kern von der Zentralkurve entfernt liegt, um so instabiler ist er.

36. Man hat bei Versuchen festgestellt, daß ein Kern eine ziemlich gut definierte Größe besitzt und daß man ihn als eine Kugel aus nuklearer Materie mit einem Radius

$$r \approx r_0 A^{1/3}, \text{ wobei } r_0 = 1{,}2 \cdot 10^{-15}\,\text{m} = 1{,}2\,\text{fm}, \qquad (2.44)$$

ansehen kann. (Die Einheit 10^{-15} m wurde früher zu Ehren von *Enrico Fermi* (Bild 2.10) als *Fermi*, F, bezeichnet und in der Elementarteilchenphysik oft als Längeneinheit verwendet.)

Da das Volumen des Kerns r^3 proportional und damit nach Gl. (2.44) auch proportional zu der Nukleonenzahl A ist, können wir schließen, daß die Dichte der Kernmaterie in den verschiedenen Kernen annähernd konstant ist.

Die Größen der Kerne nach Gl. (2.44) sind in einer Reihe von Versuchen experimentell bestimmt worden[1]. Die direkteste Methode besteht aus der Bestimmung des Wirkungsquerschnitts, den ein Kern bei einem Streuversuch einem Strahl sehr hochenergetischer Teilchen bietet.

37. Wir wollen uns nun ein wenig mit den Kräften befassen, die einen Kern zusammenhalten. Aus allen Versuchsdaten zusammengenommen wissen wir folgendes:

a) Die Kernkraft ist *keine* elektromagnetische Kraft; die Kernkräfte sind viel größer als die elektromagnetischen Kräfte.

b) Die Kernkraft hat eine *kurze Reichweite*; wird der Abstand zwischen zwei Nukleonen größer als 10^{-14} m, dann wird die eigentliche Kernkraft wirkungslos..

c) Die nukleare Kraft zwischen zwei Protonen ist ebenso groß wie die zwischen zwei Neutronen. Die Kernkraft zwischen zwei Protonen ist außerdem von der gleichen Art wie die zwischen einem Proton und einem Neutron; wir können sie sogar als gleich bezeichnen, obwohl diese Behauptung doch einiger Einschränkung bedarf.

Das Beweismaterial, auf dem diese drei Feststellungen beruhen, stammt aus Streuversuchen sowie aus einer

Bild 2.10 *Enrico Fermi.* Geboren 1901 in Rom; gestorben 1954. *Fermi* erhielt seinen Doktorgrad 1922 von der Scuola Normale Superiore in Pisa, Italien. 1926 wurde er Professor für theoretische Physik an der Universität Rom. *Fermi* verließ Italien 1938 und ging, nachdem er einige Jahre Professor an der Columbia-Universität gewesen war, 1942 nach Chicago, wo er bis zu seinem Tode auf der dortigen Universität tätig war. Er erhielt den Nobelpreis 1938.

Fermis Beiträge zur Physik umfassen eine Reihe von Gebieten; kein kurzer Überblick könnte seiner Arbeit gerecht werden. Von seinen frühen Arbeiten ist die sogenannte Fermi-Dirac-Statistik der Elementarteilchen erwähnenswert (mit der er sich zur gleichen Zeit wie *Dirac*, aber vollkommen unabhängig von ihm, beschäftigte) sowie seine höchst erfolgreiche quantitative Theorie des Beta-Zerfalls. *Fermis* Hauptarbeit ist auf dem Gebiet der Kern- und Elementarteilchenphysik geleistet worden. Von den vielen Themen, mit denen er sich befaßte, wollen wir nur die künstliche Radioaktivität, langsame Neutronen, Kernspaltung, Kettenreaktionen und die Pion-Nukleon-Wechselwirkung erwähnen. *Fermi* war einer der wenigen Physiker, die sowohl theoretisch als auch experimentell Außergewöhnliches leisteten.
(Bild von Professor E. Segré, Berkeley, zur Verfügung gestellt.)

systematischen Untersuchung der stabilen und der radioaktiven Kerne und ihrer Energieniveaus. Im besonderen kann die Behauptung über die Nahwirkung der Kernkraft wie folgt verifiziert werden: Ein Kern wird mit Protonen beschossen, die in einem Teilchenbeschleuniger auf hohe Energien gebracht werden, und man untersucht die bewirkte Streuung der Protonen durch die Kerne. Ist das Proton weit vom Kern entfernt (weiter als $10^{-13} \dots 10^{-14}$ m), d.h., trifft es sehr „daneben", dann ist die einzige wirksame Kraft die Coulombsche Abstoßungskraft. Diese Abstoßung hindert das Proton, dem Kern so nahe zu kommen, daß die Kernkraft wirksam werden könnte, es sei denn, die Energie des Protons ist wirklich sehr hoch. Ist die Feststellung über die Nahwirkung der Kernkraft also korrekt, dann müssen Pro-

---

[1] *R. Hofstadter*, "Structure of Nuclei and Nukleons" (Struktur von Kernen und Nukleonen) (Nobelpreis-Vortrag), *Science* **136**, 1013 (1962).

2.5 Gravitationskräfte und elektromagnetische Kräfte

tonen (oder, wie in *Rutherfords* Versuch, Alphateilchen) mit nicht zu hohen Energien gestreut werden, als ob die Coulombsche Abstoßungskraft die einzige vorhandene Kraft wäre. Aussage b) kann daher durch eine detaillierte Analyse von Streuversuchen überprüft werden.

Da die Protonen geladene Teilchen sind, können sie von elektromagnetischen Kräften beeinflußt werden; zwei Protonen in einem Kern werden einander sicherlich abstoßen. Über Entfernungen erheblich größer als 10^{-14} m sind die elektromagnetischen Kräfte die *einzigen*, die für praktische Zwecke in Betracht gezogen werden müssen; bei kleineren Entfernungen überwiegen jedenfalls die Kernkräfte. Die elektromagnetischen Kräfte spielen zwar für die Kernstruktur eine gewisse Rolle, sind aber nicht die überwiegend wirksamen.

In diesem Zusammenhang muß besonders darauf hingewiesen werden, daß *die Elektronen durch die eigentlichen Kernkräfte anscheinend überhaupt nicht beeinflußt werden*; die einzigen wesentlichen Kräfte, die eine Wirkung auf die Elektronen ausüben können, sind elektromagnetische Kräfte.

38. Wir wollen uns noch noch etwas näher mit der Tatsache befassen, daß die starken Kernkräfte geringe Reichweite besitzen. Nach dem heutigen Stand unseres Wissens ist diese zwischen zwei Nukleonen wirkende Kraft recht gut durch eine Exponentialfunktion $V(r)$ der Form

$$V(r) \approx C \frac{b}{r} \exp\left(-\frac{r}{b}\right) \qquad (2.45)$$

auszudrücken, wenn der Abstand r größer als 10^{-15} m [1]) ist. Die Konstante b ist ein Maß für die Reichweite der Kraft; ihr Wert ist $b = 1,4 \cdot 10^{-15}$ m. C drückt die Stärke der Kernkraft aus. Bei Abständen kleiner als 10^{-15} m hat die Kernkraft weitaus kompliziertere Eigenschaften, über die wir heute noch recht wenig wissen.

Es muß betont werden, daß die Potentialfunktion $V(r)$ die Wechselwirkung zweier Nukleonen nicht *präzis* beschreibt; zumindest ist aber das wichtigste Charakteristikum dieser Wechselwirkung in dieser Gleichung enthalten, nämlich die *exponentielle Abnahme des Potentials mit zunehmender Entfernung*.

Was heißt das nun konkret? Bei einem Abstand $r = b$ gilt $V(b) = C/e$. (Diese Konstante besitzt ungefähr eine Größenordnung von 10 MeV.) Bei einem Abstand

$$r = 10\,b = 1,4 \cdot 10^{-14}\,\text{m}$$

ist das Potential

$$V(10\,b) = 0,1\,C \exp(-10) \approx 5 \cdot 10^{-6}\,C.$$

In einem Abstand

$$r = 100\,b = 1,4 \cdot 10^{-13}\,\text{m}$$

ist das Potential

$$V(100\,b) = 0,01\,C \exp(-100) \approx 10^{-45}\,C.$$

---

[1]) In Kapitel 9 wird eine theoretische Erklärung für diese Form der Exponentialfunktion gegeben.

Diese numerischen Überlegungen zeigen, daß bei einem Abstand der beiden Nukleonen, der größer als 10^{-13} m ist, die Kernkraft *vollkommen* unbedeutend und vernachlässigbar ist. In der Praxis können wir daher annehmen, daß außerhalb dieses Abstandes keinerlei Kernkräfte mehr wirken.

Der Leser sollte sich dies genau überlegen. Auf den ersten Blick mag die Gl. (2.45) wie eine für ein Coulombpotential aussehen. Der ausschlaggebende Unterschied liegt jedoch in dem Exponentialfaktor. Das sollte auch durch die obigen numerischen Überlegungen deutlich gemacht werden.

Die eigentliche Kernkraft zwischen Kernen in Molekülen und Festkörpern hat daher für alle praktischen Überlegungen keinerlei Bedeutung. In diesem Fall sind es die elektromagnetischen Kräfte, die die ausschlaggebende Rolle spielen. Bei *kleinen* Abständen, $r \approx 10^{-15}$ m, sind die eigentlichen Kernkräfte viel stärker als die elektromagnetischen Kräfte, so daß diese nur eine unbedeutende Rolle spielen. Diese Aussage ist schon durch die bloße Existenz von Atomkernen bewiesen: Die elektrostatischen Abstoßungskräfte versuchen, die geladenen Teilchen eines Kerns auseinanderzubringen, die Kernkräfte halten sie aber zusammen, da die Kernkräfte in diesem Fall überwiegen.

39. Bei der typischen Bindungsenergie eines Kerns etwa von der Größenordnung 8 MeV pro Nukleon ist zu erwarten, daß bei Kernumwandlungen Energien der Größenordnung 1 MeV eine Rolle spielen. Tatsächlich liegen die Energien der von Kernen emittierten Teilchen und Photonen (Gammaquanten) in einem Bereich von etwa 100 keV ... 10 MeV.

Die bei Kernreaktionen auftretenden Energien weisen also eine ganz andere Größenordnung auf als die Energien bei chemischen Reaktionen; wir verstehen nun, warum die Atomkerne durch chemische Prozesse nicht angegriffen werden. Vom Standpunkt der Chemie und der Atomphysik aus sind die Atomkerne einfach kleine, feste und sehr dichte unteilbare geladene Kugeln.

Bei unserer Diskussion über die Atome haben wir festgestellt, daß die Wellenlänge eines optischen Photons verglichen mit der Atomgröße sehr groß ist. Es ist bemerkenswert, daß es in der Kernphysik ähnlich ist. Betrachten wir ein Gammaquant mit einer Energie von 1 MeV; das entspricht einer gängigen Anregungsenergie. Die zugehörige Wellenlänge ist $1,2 \cdot 10^{-12}$ m = 1200 fm; das ist wieder sehr groß im Vergleich zur typischen Kerngröße.

2.5 Gravitationskräfte und elektromagnetische Kräfte

40. Wir wollen nun erklären, warum Gravitationskräfte bei der Diskussion von Atomen, Molekülen und Atomkernen nicht in Betracht gezogen werden. Dazu berechnen wir das Verhältnis von Gravitationskraft zu elektrostatischer Kraft zwischen zwei Protonen. Dieses Verhältnis ist unabhängig vom Abstand der beiden Protonen. Es gilt

$$\frac{m_p^2 \gamma / r^2}{e^2/4\pi\epsilon_0 r^2} = \frac{m_p^2 \gamma}{e^2/4\pi\epsilon_0} = 8{,}1 \cdot 10^{-37}\,, \qquad (2.46)$$

wobei $\gamma = 6{,}67 \cdot 10^{-11}\,\mathrm{m^3\,kg^{-1}\,s^{-2}}$, die allgemeine Gravitationskonstante, eingesetzt wurde.

Das Verhältnis der Intensitäten der beiden Kräfte ist also sehr klein, weshalb auch im Falle elektromagnetischer Wechselwirkungen der Einfluß der Gravitation vollkommen vernachlässigbar ist. Gravitationskräfte spielen nur dann eine Rolle, wenn alle anderen bekannten Kräfte wirkungslos sind, also nur zwischen (großen) elektrisch neutralen Körpern, die durch Abstände getrennt sind, die verglichen mit den typischen atomaren Abständen sehr groß sind.

Einsteins allgemeine Relativitätstheorie ist eine rein *geometrische* Theorie der Gravitation. Es ist dies eine herrliche und in sich konsistente Theorie; es war jedoch bis heute nicht möglich, trotz zahlreicher Versuche *Einsteins* und anderer, die übrigen Naturkräfte auf natürliche Weise in diese Theorie einzubauen. Das Phänomen der Gravitation hat also wenig gemeinsam mit den Wechselwirkungskräften, die mikroskopisch gesehen den Bau der Materie bestimmen; die Gravitation ist anscheinend in der Mikrophysik vollkommen bedeutungslos, weshalb wir uns in diesem Band auch nicht mit ihr befassen. Das Verhältnis aus Gl. (2.46) ist eigentlich nichts anderes als das Verhältnis der Gravitationskonstante in natürlichen mikrophysikalischen Einheiten zu der Feinstrukturkonstante. Eine derartig kleine Zahl hat in den modernen quantenphysikalischen Theorien keinen Platz. Wir können nur hoffen, daß später einmal eine Verbindung zwischen den anscheinend nicht zusammenhängenden Gebieten der Mikrophysik und der Gravitation gefunden wird: Wir haben jedenfalls heute nicht die geringste Ahnung, wie ein solches Verbindungsglied beschaffen sein könnte.

41. Nun wollen wir die elektrostatische Feldstärke eines Protons im Abstand eines Bohrschen Radius a_0 untersuchen. Da a_0 die Größenordnung 10^{-10} m hat und da die elektrostatische potentielle Energie des Elektrons in einem Wasserstoffatom von der Größenordnung 10 eV ist, wird diese Feldstärke die Größenordnung 10^{11} V/m bzw. genau

$$E_\text{Atom} = 5{,}14 \cdot 10^{11}\,\text{V/m} \qquad (2.47)$$

aufweisen.

Ein Vergleich mit den stärksten makroskopischen elektrostatischen Feldern, die heute verwirklicht werden können und die etwa die Größenordnung 10^7 V/m haben, zeigt, daß dieses Feld (2.47) ein sehr starkes Feld ist. Vor allem zeigt dies, daß irgendwelche im Labor erzeugten äußeren elektrischen Felder nur eine sehr geringe Wirkung auf Atome und Moleküle und praktisch gar keine auf Atomkerne ausüben können. Trotzdem kann eine solche Wirkung festgestellt werden: Ein elektrisches Feld spaltet jede der Spektrallinien eines Atoms in mehrere Linien nur geringfügig unterschiedlicher Frequenz auf. Dieses Phänomen wird als *Stark-Effekt* bezeichnet.

Daß das auf die Elektronen einwirkende elektrostatische Feld in einem Atom sehr viel stärker ist als die makroskopisch im Labor erzeugbaren elektrostatischen Felder, ist folgendermaßen leicht zu verstehen: Ein wichtiges Charakteristikum eines elektrostatischen Feldes ist, wie in den Maxwellschen Gleichungen dargelegt, daß die Feldstärke eines im Vakuum aufrechterhaltenen Feldes ihr Maximum jeweils in einem Punkt auf dem Leiter hat. Die Leiter bestehen aber aus Atomen, und wenn die Feldstärke an der Leitoberfläche einen Wert erreichen könnte, der der Feldstärke vergleichbar ist, die für ein Zusammenhalten der Atome verantwortlich ist, dann würde der Leiter sich aufzulösen beginnen. Der angenäherte Wert in Gl. (2.47) stellt daher eine absolute obere Grenze für realisierbare makroskopische elektrostatische Felder dar; in der Praxis wird das Feld meist schon lange vor Erreichen dieser oberen Grenze zusammenbrechen.

42. Für makroskopische magnetostatische Felder können wir analoge Feststellungen treffen. Die im Labor erzeugbaren Felder müssen so schwach bzw. können nur so stark sein, daß ihre Wirkung auf die Atomstruktur unbedeutend ist. Auch durch ein Magnetfeld werden Spektrallinien in mehrere Komponenten aufgespalten. Dieses Phänomen wird als *Zeeman-Effekt* bezeichnet.

Um die obere Grenze für realisierbare Magnetfelder zu erfahren, wollen wir das Magnetfeld bestimmen, das die gleiche Energiedichte hervorruft wie ein elektrisches Feld der Größenordnung von 10^{11} V/m, ein solches Magnetfeld muß von der Größenordnung 10^3 T sein. Stabile Magnetfelder mit Feldstärken bis zu 5 T kann man im Labor recht einfach erzeugen; und Magnetfelder in der Größenordnung von 100 T können für kurze Zeitspannen aufrechterhalten werden. Die hohe Beanspruchung zum Erzeugen des Feldes, der die stromführenden Leiter ausgesetzt sind, die keinesfalls stärker sein darf als die Kräfte, die Atome sowie feste Stoffe zusammenhalten, macht das Erzeugen statischer Felder mit Feldstärken über 10^3 T unmöglich.

43. Betrachten wir jedoch makroskopische Feldstärken im Vergleich mit *natürlichen Feldstärken der Quantenelektrodynamik*, dann werden wir sogar die elektrischen Felder in Atomen als sehr schwach bezeichnen müssen.

Wir können die natürliche Einheit der Feldstärke (der elektrischen oder der magnetischen) durch die Feldstärke eines Feldes definieren, das eine Energiedichte von

$$\frac{\text{Ruhenergie eines Elektrons}}{(\text{Compton-Wellenlänge des Elektrons})^3}$$

erzeugt. Diese Einheit ergibt sich für die elektrische Feldstärke zu $4{,}0 \cdot 10^{17}$ V/m, die entsprechende Einheit für das Magnetfeld ist $1{,}3 \cdot 10^9$ T. Nach der Theorie der Quantenelektrodynamik ergeben sich bei solchen Feldstärken im Vakuum erhebliche Abweichungen von den Maxwellschen Gleichungen. Vor allem gilt dann das Superpositionsprinzip nicht mehr, und die elektromagnetischen Felder können nicht mehr mit linearen Gleichungen beschrieben werden. An und für sich besagt die Quantenelektrodynamik, daß auch bei den sehr schwachen Feldern, die im Labor erzeugt werden können, solche – wenn auch sehr kleine – Abweichungen von der Linearität auftreten. Diese Abweichungen sind jedoch so unvorstellbar gering, daß sie makroskopisch keinerlei praktische Bedeutung haben und tatsächlich auch noch nicht experimentell in makroskopischen Versuchen nachgewiesen werden konnten. Die Tatsache, daß makroskopische Felder in natürlichen Einheiten ausgedrückt so klein sind (was letztlich auf die Kleinheit der Feinstrukturkonstante zurückzuführen ist), läßt verstehen, warum die linearen Maxwellschen Gleichungen in der Praxis so exakt gelten.

2.6 Numerische Überlegungen

44. An dieser Stelle möchten wir einige Bemerkungen über die numerische Auswertung eines theoretischen Ausdrucks für eine physikalische Größe machen. Vielleicht sind manche Leser der Ansicht, daß numerische Rechenarbeit zu keinem physikalischen Verständnis führt. Das stimmt aber nicht ganz. Es gibt „unnütze" und „nützliche" numerische Berechnungen. Bei einer nützlichen zahlenmäßigen Auswertung ist ein gewisses *physikalisches Verständnis* erforderlich. Wir wollen anhand eines Beispiels den Unterschied zwischen „nützlicher" und „unnützer" Rechenarbeit zeigen. Bei einer Untersuchung der Details des Wasserstoffspektrums zeigt sich, daß die Spektrallinien, die bei schlechter Auflösung als eine einzige erscheinen, mit guter Auflösung als aus mehreren eng nebeneinanderliegenden Linien zusammengesetzt erkannt werden. Ein solches Spektrum besitzt eine *Feinstruktur*. Eine theoretische Untersuchung der Feinstruktur führt zu einer Energie W_f, die den typischen Abstand zwischen zwei eng nebeneinanderliegenden Linien charakterisiert. Theoretisch wird diese Energie in der Form

$$W_f = \left(\frac{e^2}{4\pi\epsilon_0}\right)^4 \frac{m_e}{32\,\hbar^4 c^2} \tag{2.48}$$

ausgedrückt.

Es ist nun sicherlich eine „unnütze" Arbeit, wollten wir W_f ausrechnen, indem wir für die in Gl. (2.48) vorkommenden Konstanten einfach deren Werte aus Tabelle 2.1 einsetzen. Es ist vor allem eine recht umständliche und mühsame Arbeit, da wir e^8 und $\hbar^4$ berechnen müssen. Außerdem ist die Gl. (2.48) recht „undurchsichtig", wir können die Größenordnung der Energie nicht abschätzen, bevor wir nicht tatsächlich die Berechnung durchgeführt haben, und der Ausdruck als solcher sagt uns nichts über die physikalische Seite des Effekts. Wenn wir jedoch zuerst die Konstanten von Gl. (2.48) in Faktoren umgruppieren, die jeweils eine bestimmte physikalische Bedeutung haben, dann sieht die Sache schon besser aus:

$$\begin{aligned}W_f &= \frac{1}{16}\left(\frac{e^2}{4\pi\epsilon_0 \hbar c}\right)^4 \left(\frac{1}{2}m_e c^2\right) \\ &= \frac{1}{16}\alpha^4 \left(\frac{1}{2}\alpha^2 m_e c^2\right) = \frac{\alpha^2}{16}\tilde{R}_\infty \,.\end{aligned} \tag{2.49}$$

Aus dem letzten Ausdruck wird die *Größenordnung* des Feinstrukturabstands W_f klar ersichtlich, nämlich etwa 10^{-5} relativ zur Größenordnung der Grobstruktur. Wenn wir nun die Energie W_f in Elektronvolt berechnen wollen, ist das sehr einfach: Wir brauchen lediglich 13,6 eV mit der Konstanten $\alpha^2/16$ zu multiplizieren. Daraus sehen wir, daß eine sinnvolle Gruppierung der Faktoren wie in Gl. (2.49) die rein numerische Arbeit sehr vereinfacht. Auch können wir aus dieser Gl. (2.49) einiges über den Effekt selbst herauslesen. In einer rein nichtrelativistischen Theorie des Wasserstoffatoms (in der Näherung unendlicher Protonmasse) und bei Nichtbeachtung der Effekte, die durch das eigentliche magnetische Moment des Elektrons verursacht werden, gibt es keine Feinstruktur. In einer solchen Theorie könnten nämlich nur die Konstanten e, m_e und $\hbar$, nicht aber c erscheinen. Tatsächlich ist die Ionisationsenergie $\tilde{R}_\infty$ nicht von c abhängig. Die Feinstrukturkonstante hingegen, die in dem Ausdruck für W_f vorkommt, ist umgekehrt proportional zu c. In der nichtrelativistischen Näherung, in der $c = \infty$, ergibt sich $W_f = 0$. Wir können also W_f sozusagen als eine relativistische Korrektur der Grobstruktur ansehen. Diese Korrektur müßte dann von der Größenordnung von $(v/c)^2 \tilde{R}_\infty$ sein, wobei v die Geschwindigkeit des Elektrons ist. Die Geschwindigkeit v haben wir bereits angenähert bestimmt und haben festgestellt, daß $(v/c) \approx \alpha$ ist; das führt zu einem Ausdruck wie in Gl. (2.49). Die Feinstruktur des Wasserstoffspektrums ist somit ein relativistischer Effekt.

45. Die Bezeichnung „Feinstrukturkonstante" für die Konstante α entstand historisch gesehen im Zusammenhang mit *Sommerfelds* Arbeit über die Feinstruktur des Wasserstoffspektrums. Zum ersten Male wurde α als bedeutsame Konstante eben in dem Ausdruck (2.49) erkannt. Zu der Zeit, als *Bohr* seine Theorie des Wasserstoffspektrums aufstellte, erschien es nicht logisch, die Ionisationsenergie des Wasserstoffs in der Form

$$\tilde{R}_\infty = \frac{1}{2} \alpha^2 m_e c^2 \qquad (2.50)$$

zu schreiben. Man verwendete vielmehr dafür den Ausdruck

$$\tilde{R}_\infty = \left(\frac{e^2}{4\pi\epsilon_0}\right)^2 \frac{m_e}{2\hbar^2}, \qquad (2.51)$$

und daher nannte man α auch nicht „Grobstrukturkonstante", was eine viel angemessenere Bezeichnung wäre. Der Ausdruck (2.50) muß als der bessere Ausdruck für $\tilde{R}_\infty$ angesehen werden, da aus ihm die Natur der Atome viel besser ersichtlich wird. Wie schon früher dargelegt wurde, ist α die grundlegende Kopplungskonstante zwischen dem elektromagnetischen Feld und einer Elementarladung. Atome sind ihrer Struktur nach „schwach gebunden" und ihre Elektronen bewegen sich „langsam", weil α gegenüber Eins sehr klein ist. Aus diesem Grunde stellt auch eine nichtrelativistische Theorie eine gute Näherung dar. Die relativistischen Korrekturfaktoren sind von der Größenordnung von $(v/c)^2$, also von der gleichen Größenordnung wie α^2.

46. Hoffentlich ist aus diesen Erläuterungen hervorgegangen, mit welcher Einstellung Sie numerische Rechnungen ausführen sollten. Wir müssen immer danach trachten, physikalisch signifikante Kombinationen von Konstanten in den Rechenausdrücken herauszufinden, und wir werden die Faktoren oder Terme dementsprechend umgruppieren, bevor wir irgendwelche Zahlenwerte einsetzen. Natürlich erfordert eine solche Umgruppierung ein gewisses Wissen; wenn man ein Phänomen an sich nicht versteht, wird man auch nicht imstande sein, eine solche Umgruppierung gezielt auszuführen.

Die jeweils zu jedem Kapitel gestellten Aufgaben sollen *nicht* reine Rechenübungen sein. Durch sie soll der Leser vielmehr mit den für die Quantenphysik charakteristischen Größenordnungen vertraut gemacht werden, und es soll weiter gezeigt werden, wie die hier diskutierten Begriffe auf konkrete physikalische Situationen anzuwenden sind.

2.7 Weiterführendes Problem: Die fundamentalen Naturkonstanten[1]

47. Beschäftigen wir uns einmal mit der recht interessanten Frage: Wie viele unabhängige fundamentale Naturkonstanten gibt es eigentlich?

Dieser Frage liegt der folgende Gedanke zugrunde: In unseren jetzigen physikalischen Theorien bestehen eindeutige Beziehungen zwischen den Parametern physikalischer Systeme. Die Ionisationsenergie von Wasserstoff zum Beispiel kann theoretisch durch die Konstanten m_e, e und h,

oder auch durch die Konstanten m_e, c und α ausgedrückt werden. Sind die Konstanten m_e, e und h bereits bekannt, dann kann das Ionisationspotential theoretisch *vorausgesagt* und die Theorie durch Vergleich der Voraussage mit dem Versuchsergebnis überprüft werden. Analog hierzu „verstehen" wir theoretisch eine ganze Reihe von physikalischen Parametern: Sie können durch einige *fundamentale* Konstanten ausgedrückt werden.

Wenn wir sagen, wir verstehen einen Parameter theoretisch, dann ist das ziemlich umfassend auszulegen. Wir verstehen eine Konstante theoretisch, wenn wir eine eindeutige Gleichung aufstellen können, die die Konstante *prinzipiell* bestimmt, gleichgültig ob es unsere beschränkten mathematischen Fähigkeiten gestatten, diese Konstante tatsächlich numerisch zu berechnen.

Die Klassifizierung der physikalischen Parameter in Grundkonstanten und abgeleitete Konstanten ist eigentlich ziemlich willkürlich. In der Praxis werden solche Parameter als Grundkonstanten bezeichnet, die in den betreffenden Gleichungen in besonders einfacher Form vorkommen und außerdem physikalisch einfach und einleuchtend interpretiert werden können. Klarerweise ist es logischer, die Feinstrukturkonstante als Grundkonstante und die Ionisationsenergie als abgeleitete Konstante zu betrachten als umgekehrt.

Ein System unabhängiger Grundkonstanten ist also eigentlich ein System entsprechend ausgewählter physikalischer Parameter, zwischen denen kein theoretischer Zusammenhang besteht. Ihre Zahlenwerte können wir nicht irgendwie ableiten, sämtliche derartigen Konstanten müssen empirisch bestimmt werden. Wir haben nun oben die Frage gestellt, wie viele solcher unabhängiger Konstanten es *maximal* gibt; wir möchten also die Anzahl der Konstanten wissen, die bekannt sein müssen, bevor wir die übrigen physikalischen Parameter berechnen bzw. voraussagen können.

Natürlich hat eine solche Fragestellung nur im Rahmen der gegenwärtigen physikalischen Theorien einen Sinn. Eine Konstante, die wir heute als rein empirische Konstante ansehen, könnte morgen bereits in einer neuen physikalischen Theorie erklärt und damit zur abgeleiteten Konstante werden.

48. Um zu erkennen, wo wir heute stehen, wollen wir eine Reihe von Grundkonstanten zusammenstellen:

a) Die Feinstrukturkonstante:

$$\alpha = \frac{1}{4\pi\epsilon_0} \frac{e^2}{\hbar c} \approx \frac{1}{137}.$$

b) Das Verhältnis von Elektronmasse zur Protonmasse:

$$\beta = \frac{m_e}{m_p} \approx \frac{1}{1836}.$$

c) Die Gravitationskonstante in natürlichen atomaren Einheiten:

$$\gamma_{aE} = \frac{(m_p^2 \gamma)/(\hbar/m_p c)}{m_p c^2} = 5{,}902 \cdot 10^{-39}.$$

---

[1] Dieser Abschnitt kann beim erstmaligen Studium des Buches übersprungen werden.

d) Eine Konstante, die die Intensität der sogenannten *schwachen Wechselwirkungen* angibt, die den Betazerfall vieler Atomkerne verursachen. Nach unserem heutigen Verständnis ist die schwache Wechselwirkung eng verwandt mit der elektromagnetischen (siehe Abschnitt 9.4).

e) Das Verhältnis von Elektronmasse zu Myon-Masse: $m_e/m_\mu \approx 1/200$. Das *Myon* oder *My-Meson* ist ein Elementarteilchen, das sich vom Elektron anscheinend nur durch seine größere Masse unterscheidet. Ähnliches gilt auch für das noch schwerere Tau-Lepton (siehe Abschnitt 9.2).

f) Schließlich sollten wir noch die starken Wechselwirkungen durch eine oder mehrere Konstanten charakterisieren. Wir betrachten heute die sogenannte Quantenchromodynamik (siehe Abschnitt 9.5), die Theorie der Wechselwirkungen zwischen Quarks und Gluonen, als die fundamentale Theorie der starken Wechselwirkung, die im Prinzip durch eine einzige Kopplungskonstante beschrieben wird. Wir sind aber weit davon entfernt, etwa die Masse des Protons oder anderer stark wechselwirkender Teilchen mit dieser Theorie berechnen zu können.

49. Nicht in unserer Liste enthalten war eine wichtige *empirisch* gewonnene Konstante, das Verhältnis der Ladung des Elektrons zu der des Protons. Nach einem im Jahre 1960 von *J. G. King* durchgeführten Versuch ist dieses Verhältnis gleich -1, und zwar mit einer Genauigkeit von 1 zu 10^{20}. Auf ähnliche Weise wurde von *King* auch das Verhältnis der Ladung des Heliumkerns zur Ladung des Protons gemessen; für dieses Verhältnis ergab sich 2 mit einer ähnlichen Genauigkeit[1]. Diese Ergebnisse sprechen für die Vorstellung, daß die Ladung irgendeines Teilchens ein ganzzahliges Vielfaches der Ladung des Elektrons, der Elementarladung, sein muß. Diese Vorstellung wird durch umfangreiches Beweismaterial untermauert, das jedoch in den meisten Fällen nicht so überzeugend ist wie das, das durch *Kings* Versuche geliefert wurde. Tatsächlich ist man in der Physik schon seit geraumer Zeit von der „Quantisierung der Ladung" überzeugt. Es steht jedoch noch keine eingehende theoretische Erklärung dafür zur Verfügung, *warum* alle Ladungen ganzzahlige Vielfache der Elektronenladung sein müssen.

Warum haben wir dann aber nicht die Konstante (-1 ± 10^{-20}) in unsere Liste aufgenommen? Es würde sich nämlich als sehr folgenschwer für unsere physikalischen Theorien herausstellen, wenn diese Konstante nicht gleich -1 wäre. Es würde keineswegs beunruhigen, wenn irgendeine der in der Liste angeführten Konstanten einen etwas anderen Wert aufwiese, es sind eben empirische Konstanten. Es würde keineswegs den Ruin der Quantenelektrodynamik bedeuten, wenn zum Beispiel die Feinstrukturkonstante um 1 % höher wäre: Die Naturgesetze, wie wir sie heute kennen, würden sich in keinem wesentlichen Punkt ändern. Ganz anders ist die Sachlage hinsichtlich der Quantisierung der Ladung, denn darauf beruhen die *Grundzüge* unserer Theorie.

50. Die Quantenelektrodynamik als die Theorie der Atome, Moleküle und der makroskopischen Materie enthält im wesentlichen zwei empirische Grundkonstanten, nämlich α und $\beta = m_e/m_p$. Wir glauben also, die Abhängigkeit aller physikalischen Größen in diesem Gebiet der Physik von jenen zwei Konstanten prinzipiell ergründet zu haben. Die Eigenschaften der verschiedenen Atomkerne kommen nur über die *ganzzahligen* Größen A und Z in Betracht, und die übrigen physikalischen Eigenschaften der Kerne haben nur einen geringen Effekt auf Atome, Moleküle oder die Materie im ganzen.

Die obige Feststellung vereinfacht also die wahre Situation; jedenfalls ist es aber interessant, sich näher mit dieser Feststellung zu befassen. Auf den ersten Blick möchte man sie überhaupt als falsch bezeichnen, da die Anzahl der in Tabelle 2.1 angeführten Grundkonstanten offensichtlich größer als zwei ist. Es ist jedoch zu beachten, daß die hier angegebenen Konstanten auf ganz willkürlichen Einheiten nach menschlichen Normen beruhen, ihren Zahlenwerten also keinerlei Bedeutung zukommt.

Wollen wir die Eigenschaften der Materie ergründen, dann müssen wir unbedingt zwischen fundamentalen physikalischen Größen und solchen Größen unterscheiden, die von den willkürlich gewählten „menschlichen" Einheiten abhängen. Nehmen wir zum Beispiel die Schallgeschwindigkeit in einem Kristall. Wollen wir die Geschwindigkeit in m/s wissen, dann ist das offensichtlich kein fundamentales Problem, da das Ergebnis von der willkürlichen Definition von Meter und Sekunde abhängt. Die logische theoretische Frage wäre hier: Wie groß ist das Verhältnis der Schallgeschwindigkeit c_S zur Lichtgeschwindigkeit c? Die Größe, die wir dann erhalten, hängt nicht mehr von irgendwelchen makroskopischen Normen ab. Wir sind der Überzeugung, daß *diese* Größe prinzipiell im Rahmen der Quantenelektrodynamik berechnet werden kann.

51. Zum besseren Verständnis der Zahlenwerte der in Tabelle 2.1 angeführten Konstanten sollen hier die Definitionen der makroskopischen Maßeinheiten angegeben werden.

Das *Kilogramm* ist nach internationaler Übereinkunft als die Masse eines in Paris aufbewahrten Metallstücks definiert. Wir werden die Einheit Kilogramm, wenn wir uns auf diese Definition beziehen, mit kg_P (Pariser Kilogramm) bezeichnen. Das *Gramm* ist dann definiert als $g_P = kg_P/1000$.

---

[1] Eigentlich wurde hier ein logischer Schluß gezogen, denn *King* hatte tatsächlich nur bewiesen, daß das Wasserstoffmolekül und das Heliumatom mit der angegebenen Genauigkeit *neutral* sind. [*J. G. King*, "Search for a small charge carried by molecules" (Suche nach kleinen Ladungen von Molekülen), *Physical Review Letters* **5**, 562 (1960).]

Dieses Metallstück enthält eine bestimmte Anzahl von Nukleonen, nehmen wir n_1 Nukleonen an. Der genaue Wert von n_1 ist nicht bekannt, könnte aber prinzipiell durch Zählung ermittelt werden. Wenn wir nun davon ausgehen, daß wir im Rahmen der Kernphysik und der Theorie starker Wechselwirkungen das Verhältnis irgendeiner Kernmasse zur Protonmasse berechnen können, dann kann die Masse des Pariser Metallgewichts in der Form

$$\text{kg}_P = n_1 c_1 m_p = n_1 c_1 \beta^{-1} m_e \qquad (2.52)$$

geschrieben werden. Hier ist c_1 eine Konstante, die nahezu gleich Eins ist und die wir mit unserer Berechnung bestimmen. Die Zahl n_1 ist, obwohl ihr genauer Wert nicht bekannt ist, eine numerische Konstante, die durch internationale Übereinkunft bestimmt wurde, nämlich die Anzahl der Nukleonen in dem Pariser Metallgewicht.

52. Für das *Meter* gibt es, oder eher gab es, zwei verschiedene Festlegungen. Früher war ein Meter durch den Abstand zweier Kerben auf einem in Paris aufbewahrten Metallstab, dem „Urmeter", definiert: Ein Meter nach dieser Definition werden wir mit m_P, Pariser Meter, bezeichnen. Die moderne Meterdefinition stammt aus der Atomphysik: Ein Meter ist ein bestimmtes Vielfaches der Wellenlänge der vom Atom des Nuklids ^{86}Kr beim Übergang vom Zustand $5d_5$ zum Zustand $2p_{10}$ ausgesandten, sich im Vakuum ausbreitenden Strahlung. Nach internationaler Übereinkunft ist dieses Vielfache $n_2 = 1\,650\,763{,}73$. Das so definierte Meter, das „Atommeter", soll hier mit m_a bezeichnet werden.

Die Wellenlänge der orangen Kryptonlinie kann prinzipiell (nicht aber in der Praxis) berechnet werden; diese Wellenlänge kann in der Form

$$\lambda = c_2 \alpha^{-2} \left(\frac{\hbar}{m_e c} \right) \qquad (2.53)$$

geschrieben werden, wobei c_2 eine Konstante ist, die nur sehr schwach von α und β abhängt. In erster Näherung ist das eine rein numerische Konstante, und wenn wir mit der Mathematik der Atomphysik besser zurechtkämen, könnten wir auch diese Zahl bestimmen.

Die atomare Definition des Meters lautet also

$$m_a = n_2 c_2 \alpha^{-2} \left(\frac{\hbar}{m_e c} \right). \qquad (2.54)$$

53. Auch für die Zeit gibt es eine atomare Standarddefinition, obwohl die *Sekunde* schon astronomisch definiert ist. Die „atomare" Sekunde ist durch eine bestimmte Übergangsfrequenz im Cäsiumatom (^{133}Cs) definiert, die im Radiofrequenzbereich liegt. Diese Frequenz, die man als Präzessionsfrequenz des Spins des Cäsiumkerns im Feld der Schalenelektronen erklären kann, wurde sehr genau gemessen; sie besitzt (mit den astronomisch definierten Sekunden ausgedrückt) den Wert

$$\frac{1}{T_0} = \nu_0 = (9\,192\,631\,770 \pm 10)\,\text{Hz}. \qquad (2.55)$$

Die Exaktheit dieser Zahl ist auch für die bei Radiofrequenzmessungen erreichbare Genauigkeit charakteristisch. Der theoretische Ausdruck für diese Frequenz hat in der Quantenelektrodynamik die Form

$$\nu_0 = c_3 \alpha^4 \beta \left(\frac{m_e c^2}{\hbar} \right), \qquad (2.56)$$

wobei c_3 eine von α und β praktisch unabhängige Konstante ist; prinzipiell – aber wiederum nicht in der Praxis – können wir ihren Zahlenwert ermitteln, wenn bestimmte Angaben über den Cäsiumkern vorliegen. Wir könnten demnach die „atomare Sekunde", s_a, folgendermaßen *definieren*:

$$s_a = 9\,192\,631\,770\,T_0 = n_3 c_3^{-1} \alpha^{-4} \beta^{-1} \left(\frac{\hbar}{m_e c^2} \right), \qquad (2.57)$$

wobei T_0 die Schwingungsperiode des Atoms ist und $n_3 = 9\,192\,631\,770$ dann wieder durch internationale Übereinkunft festgelegt wäre.

54. Befassen wir uns nochmals mit der alten Standardeinheit der Länge, dem Pariser Meter m_P. Nach dieser Definition ist ein Meter der Abstand zweier Kerben auf einem Metallstab, also gleich der Länge einer Kette einer bestimmten Anzahl von Atomen (Bild 2.11). Diese Zahl n_4 ist

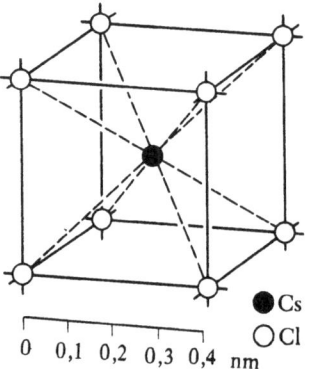

Bild 2.11 Diese Darstellung soll daran erinnern, daß der Abstand benachbarter Atome in irgendeinem Feststoff von der Größenordnung des Bohrschen Radius a_0 ist. Es ist hier die Kristallstruktur von Cäsiumchlorid abgebildet. Diese Art von Kristallgitter bezeichnet man als raumzentriertes kubisches Gitter. Die Chloratome bilden ein kubisches Raumgitter, in dessen Zentrum jeweils ein Cäsiumatom sitzt. Diese Kristallstruktur unterscheidet sich von der von Natriumchlorid (Kochsalz) in Bild 1.12.
Die chemische Formel für Cäsiumchlorid lautet CsCl; das Gitter enthält also gleichviel Cäsium- wie Chloratome. Überzeugen Sie sich, daß das aus der Gitterdarstellung ersichtlich ist, obwohl Sie auf den ersten Blick behaupten könnten, daß das Gitter mehr Chloratome als Cäsiumatome enthält.

2.7 Weiterführendes Problem: Die fundamentalen Naturkonstanten

wiederum sozusagen durch internationale Übereinkunft festgelegt (obwohl die genaue Zahl nicht bekannt ist), da n_4 die Anzahl der Atome zwischen den beiden Kerben ist. Der Abstand zwischen benachbarten Atomen in dem Metallstab kann prinzipiell berechnet werden, dieser Abstand ist durch $c_4 a_0$ gegeben, wobei a_0 der Bohrsche Radius und c_4 eine Konstante ist, die nur sehr schwach von α und β abhängt. Wir können also das Pariser Meter in der Form

$$m_\mathrm{p} = n_4 c_4 \alpha^{-1} \left(\frac{\hbar}{m_\mathrm{e} c} \right) \tag{2.58}$$

definieren.

Diese Definition der Längeneinheit hat man aus ganz offensichtlichen praktisch-technischen Gründen fallengelassen; der Abstand zweier Kerben ist eine nur sehr ungenau definierte Größe. Zwei optische Wellenlängen können mit viel größerer Genauigkeit verglichen werden – es gibt also keinen Grund zu versuchen, diese Wellenlängen dann durch die Länge eines Metallstabes auszudrücken.

55. Diese Überlegungen zeigen die eigentliche Natur der makroskopischen Maßeinheiten auf. Sie werden mit einigermaßen willkürlich gewählten „atomaren Parametern" und den Zahlen n_1, n_2 und n_3 definiert, die durch internationale Übereinkunft festgelegt sind. (Wir haben bereits festgestellt, daß n_1 nicht genau bestimmt werden kann, sondern nur implizit definiert ist.) Wir fassen zusammen:

a) Eine optische Wellenlänge bestimmen bedeutet nichts anderes, als diese Wellenlänge mit der Wellenlänge der orangen Kryptonlinie zu vergleichen. Dieser Vergleich kann mit sehr großer Genauigkeit durchgeführt werden, deshalb sind auch optische Wellenlängen sehr exakt bestimmte Größen. Die Rydbergkonstante R_∞ ist eigentlich eine optische Wellenzahl und darum ebenfalls sehr genau bekannt. Die exaktesten Längenmessungen, die möglich sind, sind nichts anderes als die Bestimmung der Verhältnisse optischer Wellenlängen. Diese Werte haben *potentielle* Bedeutung für die Theorie: Verstehen wir erst einmal die Spektren der Atome theoretisch so gut, daß wir diese Wellenlängenverhältnisse mit vergleichbarer Genauigkeit voraussagen können, dann sind interessante und sinnvolle Vergleiche zwischen Theorie und Experiment möglich. Unsere Fähigkeiten in dieser Hinsicht sind jedoch begrenzt. Deshalb ist auch die eigentliche theoretische Bedeutung der Wellenlängenmessungen bisher nur beschränkt erkannt worden.

b) Zwei Frequenzen im Radiofrequenzbereich können ebenfalls sehr genau verglichen werden. Wird eine atomare oder molekulare Frequenz in diesem Bereich gemessen, dann wird das genaugenommen durch Vergleich mit der Cäsiumfrequenz bewerkstelligt.

c) Eine Messung der Lichtgeschwindigkeit bedeutet eigentlich, die *Frequenz* der orangen Kryptonlinie mit der Cäsiumfrequenz zu vergleichen. Es ist dies dann auch nicht eine Messung einer „physikalischen Grundkonstante", sondern eine Bestimmung der willkürlich gewählten Längeneinheit über die ebenso willkürlich gewählte Zeiteinheit.

56. Die Gln. (2.52), (2.54), (2.57) und (2.58) stellen *theoretische* Ausdrücke für die makroskopischen Standardeinheiten dar, und zwar durch a) die Zahlen n_1, n_2, n_3 und n_4, die durch internationale Übereinkunft festgelegt sind; b) die natürlichen Grundeinheiten m_e, $\hbar/m_\mathrm{e} c$ und $\hbar/m_\mathrm{e} c^2$ der Quantenelektrodynamik; c) durch die Größen c_1, c_2, c_3 und c_4, die, wie wir glauben, *prinzipiell* berechnet werden können.

Auch wenn wir die Größen c_1, c_2, c_3 und c_4 in der Praxis nicht genau bestimmen können, wissen wir, daß sie zumindest in erster Näherung rein numerische Parameter sind, die nicht von α und β abhängen. Könnten wir diese Zahlen wirklich *berechnen*, dann hieße das, daß wir die Lichtgeschwindigkeit in Einheiten von $m_\mathrm{a}/s_\mathrm{a}$ berechnen könnten.

Anhand der theoretischen Ausdrücke für die makroskopischen Maßeinheiten können wir die folgende Frage beantworten. Wie würde die Welt aussehen, wenn die Naturkonstanten *ein wenig andere* Werte hätten? Oder, wie würde die Welt aussehen, wenn die beiden empirischen Konstanten α und β *ein wenig andere* Werte hätten? Diese Frage ist recht interessant, weil sie aufzeigt, inwieweit wir die Rolle von α und β in der Natur verstehen; wir überlassen es dem Leser, sich über diese Frage Gedanken zu machen, jedenfalls aber sollte er sich wieder mit diesem Problem beschäftigen, wenn er dieses Buch zu Ende gelesen hat.

57. Wir könnten die Frage stellen: Warum weisen die Atome ausgerechnet eine Größe von ungefähr 10^{-10} m auf, warum sind sie überhaupt so klein? Das klingt wohl ein wenig nach einer metaphysischen Frage, aber tatsächlich stimmt das gar nicht. Wir könnten die Frage nämlich auch anders formulieren: Warum ist der Mensch ausgerechnet ungefähr $10^{10} a_0$ groß? Das ist der eigentliche Sinn der Frage. Das Meter wurde ja so definiert, daß die Größe des Menschen ungefähr einen Meter ausmacht (Bild 2.12). Wir könnten diese Frage auch ungefähr beantworten, wenn wir die Anzahl der Atome in einem Menschen bestimmen könnten, was prinzipiell nicht außerhalb der Möglichkeiten der Physik liegt. Natürlich wäre es absurd, diese Zahl genau bestimmen zu wollen, aber wir müßten sie innerhalb einer Ungenauigkeit von sechs Größenordnungen doch abschätzen können – wenn wir nur mehr über Biologie und verwandte Gebiete wüßten. Wir wollen diese nicht ganz ernst zu nehmenden Spekulationen dem Leser überlassen. Überhaupt haben wir dieses Thema nur angeschnitten, um zu zeigen, daß *alle* Eigenschaften und Erscheinungen der makroskopischen Welt letztlich von den Eigenschaften der Elementarteilchen und deren Wechselwirkungen abhängen.

2.8 Literatur

Von den umfassenden Tabellen physikalischer Konstanten sind die folgenden zu erwähnen:

1. *Handbook of Chemistry and Physics* Chemical Rubber Publishing Co., Cleveland, Ohio). Jedes Jahr erscheint eine neue Ausgabe.
2. *American Institute of Physics Handbook* (McGraw-Hill Book Company, New York 1957).
3. Als interessanten Bericht über die Schwierigkeiten bei der Bestimmung der physikalischen Konstanten empfehlen wir *Cohen, Crowe* und *DuMond: The Fundamental Constants of Physics* (Interscience Publishers, Inc., New York 1957).
4. Einen kritischen Überblick über die fundamentalen Konstanten geben *E. R. Cohen* und *J. W. M. DuMond*: "Our Knowledge of the Fundamental Constants of Physics and Chemistry in 1965" (Die Grundkonstanten der Physik und Chemie nach dem Wissensstand von 1965), *Reviews of Modern Physics* 37, 537 (1965).
5. Im Zusammenhang mit der Diskussion in Abschnitt 57 ist folgender Artikel vielleicht ganz interessant: "Gulliver was a bad biologist" (Gulliver war ein schlechter Biologe), von **Florence Moog**, *Scientific American*, Nov. 1948, p. 52.
6. *E. R. Cohen* und *B. N. Taylor: J. Phys. Chem. Ref. Data* 2, 663 (1973): 1973 Least-Squares Adjustment of the Fundamental Constants.
7. *B. N. Taylor* et al.: The Fundamental Physical Constants, *Scientific American*, Okt. 1970

2.9 Übungen

1. Im Jahre 1903 untersuchten *P. Curie* und *Laborde* die Wärmeerzeugung von Radium. Sie stellten fest, daß 1 g reines Radium (es handelt sich hier zum Teil um das Isotop $^{226}_{88}Ra$) etwa 0,1 W emittiert. Mit dieser Angabe und der bekannten Halbwertszeit ist die Energie in MeV angenähert zu berechnen, mit der die Alphateilchen emittiert werden. Bei dem Versuch von *Curie* und *Laborde* wurden diese Teilchen in der Quelle und dem Kalorimeter aufgefangen, ihre kinetische Energie also in thermische umgewandelt. (Die Halbwertszeit beträgt 1622 a.)

2. a) Der Radiumkern hat einen *positiven* Massendefekt, ist aber trotzdem instabil und zerfällt. Wie ist das möglich? Ist es nicht eine notwendige und hinreichende Bedingung für Stabilität, daß der Massendefekt des betreffenden Kerns positiv ist? Dieses Problem ist detailliert zu erklären.

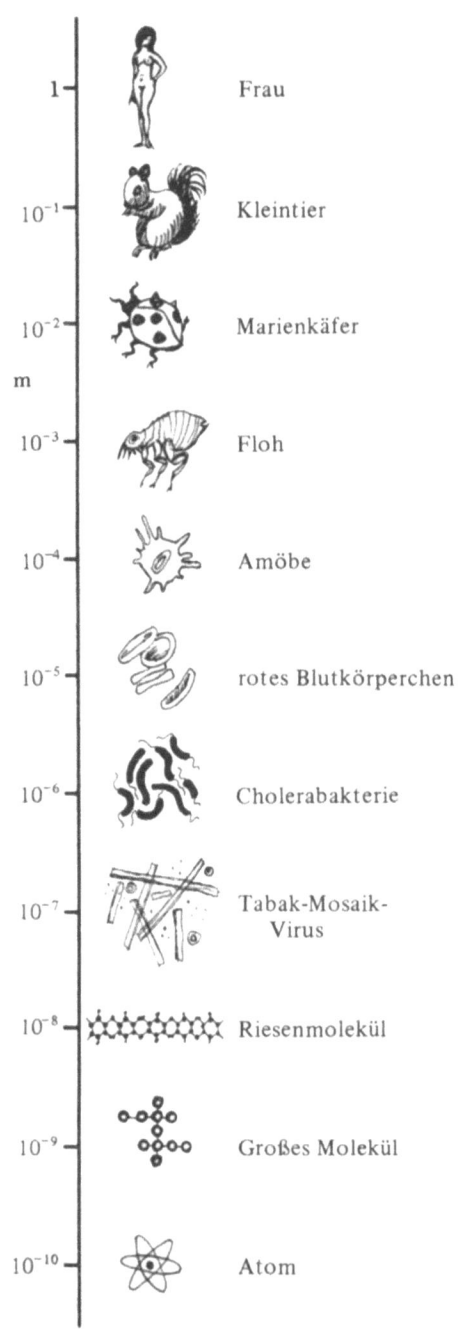

Bild 2.12 Einige typische Längenmaße (in m)

b) Beim obigen Problem handelt es sich um das Radiumisotop $^{226}_{88}Ra$, das ist das von *P. Curie* und *M. Curie* entdeckte Isotop. Bei seinem Zerfall werden Alphateilchen emittiert, die nichts anderes sind als Heliumkerne, $^{4}_{2}He$.

Wir könnten denken, daß nur stabile Nuklide oder langlebige Isotope in der Natur vorkommen können, da Isotope mit kurzen Halbwertszeiten während geologischer Zeiträume schon längst zerfallen sind: Verglichen mit dem Alter der Erde ist die Halbwertszeit von 1622 a keineswegs lang, ja sogar sehr klein. Wie erklärt sich dann das natürliche Vorkommen von Radium?

2.9 Übungen

3. Beim Zerfall des radiaktiven Kerns wie ^{226}Ra stoßen wir auf einen bemerkenswerten Umstand: Die Lebensdauer eines solchen Kerns ist viel zu lang. Versuchen Sie mit Hilfe der Grundkonstanten der Kernphysik und Elektrodynamik eine „natürlichere" Lebensdauer (in Sekunden) zu finden. Was Sie auch mit den Konstanten anstellen, so geschickt Sie diese auch umformen, Sie werden immer feststellen müssen, daß ^{226}Ra eine *viel zu lange Lebensdauer* hat. Hier stoßen wir offensichtlich auf ein Problem, das erst später besprochen werden kann; dieses beobachtete Phänomen kann auch erklärt werden, und die Ursache der langen Lebensdauer (bzw. die Ursache des Zerfalls) ist ein höchst interessanter quantenmechanischer Effekt, der sogenannte *Tunnel-Effekt*.

4. Von der Oberfläche der Sonne wird eine Energie von $3,86 \cdot 10^{26}$ W abgestrahlt. Bevor die Kernphysik eine Erklärung lieferte, war die Frage ungelöst, woher diese ungeheure Energie stammt. Wir wollen nun einige einfache Überschlagsrechnungen ausführen.

   Man schreibt der Sonne ein Alter von mindestens 4 Milliarden Jahren zu. Ihre Masse beträgt $1,98 \cdot 10^{30}$ kg.

   a) Welcher Bruchteil der Sonnenmasse muß pro Jahr in Strahlungsenergie umgewandelt werden, um die oben angegebene Energiemenge zu liefern? Das Ergebnis spricht für die Ansicht, daß die Sonne sich seit ihrem Bestehen, also seit mindestens 4 Milliarden Jahren, kaum verändert hat.

   b) Chemische Reaktionen sind als Energiquelle auszuschließen.

   c) Welcher Kernprozeß könnte im Inneren der Sonne stattfinden, also als Erklärung dafür dienen, woher die Energie der Sonne kommt? Schlagen Sie in irgendeinem einführenden Astronomiebuch nach, und überzeugen Sie sich durch einfache Überschlagsrechnungen, daß die Erklärung vernünftig ist oder zumindest nicht den Tatsachen widerspricht.

5. Es wurde festgestellt, daß die Dichte der Kernmaterie, die Dichte des „Stoffes" der Atomkerne, für alle Atomkerne ungefähr gleich groß ist. Geben Sie diese Dichte in makroskopischen Einheiten an.

6. a) Anhand der Überlegungen von Abschnitt 17 ist die mittlere Energie und die mittlere Geschwindigkeit eines Stickstoffmoleküls in gasförmigem Stickstoff bei Zimmertemperatur abzuschätzen. Das Stickstoffmolekül besteht aus zwei Stickstoffatomen. Die Energie ist in eV anzugeben.

   b) Unter normalem atmosphärischen Druck und bei Zimmertemperatur hat 1 mol Stickstoff in Gasform (bzw. 1 mol eines *beliebigen* Gases) ein Volumen von 22,4 l (Molvolumen). Es ist die Anzahl von Stößen abzuschätzen, die ein Stickstoffmolekül pro Sekunde erfährt, wobei wir annehmen, daß das Stickstoffmolekül eine „typische Molekülgröße" hat. Diese Stoßfrequenz ist mit einer typischen optischen Frequenz zu vergleichen.

7. Eine Spektrallinie im Wasserstoffspektrum besitzt die Wellenlänge 486,1320 nm. *H. Urey* entdeckte im Jahre 1932 bei dieser Linie eine schwache Nebenlinie bei 485,9975 nm [siehe *Phys. Rev.* **39**, 164 (1932); **40**, 1 (1932)]. Diese Linie erklärt sich dadurch, daß normaler Wasserstoff nicht ein reines Isotop, sondern ein Gemisch aus zwei Isotopen, $^1_1$H und $^2_1$H = D, ist. Die Atome des schwereren Isotops Deuterium kommen nur mit einer Häufigkeit von 0,012 % vor; dieses Isotop ist die Ursache für die schwache Nebenlinie.

   Bei einer Untersuchung des Wasserstoffspektrums kann man in erster Näherung die Bewegung des Kerns vernachlässigen. An dieser Stelle wollen wir jedoch einmal versuchen, die Kernbewegung ebenfalls in Betracht zu ziehen. Dann ist es nicht mehr der Kern, der unbewegt ist, sondern vielmehr der Schwerpunkt von Kern und Elektron. In einer Theorie, die die Kernbewegung berücksichtigt, werden die Spektrallinien im Vergleich zu den Spektrallinien bei einer Theorie, in der die Kernmasse als unendlich groß angesehen wird, in ihrer Lage leicht verschoben. Der Betrag dieser Verschiebung der Spektrallinien hängt natürlich von der tatsächlichen Masse des Kerns (in unserem Fall der Masse des Protons bzw. Deuterons) ab.

   Versuchen Sie, eine einfache theoretische Erklärung für das Verhältnis der beiden angegebenen Wellenlängen zu geben. Mit diesen Wellenlängen ist außerdem das Verhältnis der Masse des Deuterons zu der des Protons zu berechnen und das Ergebnis mit dem Verhältnis zu vergleichen, das Sie aus einer Tabelle der Kernmassen entnehmen können.

8. Einfach ionisiertes Helium, also ein Heliumatom, dem *ein* Elektron fehlt, stellt wie das Wasserstoffatom ein System dar, das aus einem einzigen um den Kern kreisenden Elektron besteht. Wir könnten demnach annehmen, daß die Spektrallinien, die von einfach ionisierten Heliumatomen emittiert werden, den Spektrallinien des Wasserstoffatoms vollkommen gleichen. Die beiden Systeme sind jedoch gar nicht identisch: Der Heliumkern ist Träger von zwei Elementarladungen, während der Wasserstoffkern (Proton) nur eine aufweist. Anhand der in diesem Kapitel gegebenen Erläuterungen sollten Sie herausfinden können, was die Folgen dieser höheren Zentralladung in einfach ionisiertem Helium für dessen Spektrum im Vergleich zum Wasserstoffspektrum sind. Es sollte Ihnen auch möglich sein, für jede Wellenlänge einer Wasserstofflinie die entsprechende Wellenlänge einer von einfach ionisiertem Helium emittierten Spektrallinie zu bestimmen. Sie können also ohne Zuhilfenahme einer detaillierten Theorie der atomaren Struktur die *Verhältnisse* der entsprechenden Wellenlänge bestimmen.

   Eine der Wasserstofflinien im sichtbaren Bereich hat eine Wellenlänge von 656,299 nm. Die Wellenlänge der entsprechenden Spektrallinie von einfach ionisiertem Helium ist zu bestimmen. Liegt diese Spektrallinie im sichtbaren Bereich?

   Sie können im vorliegenden Fall annehmen, daß beide Kerne eine unendliche Masse haben. Dieses Beispiel soll zeigen, daß ganz primitive Dimensionsüberlegungen wie in Abschnitt 27 mitunter gestatten, präzise quantitative Voraussagen aufzustellen.

9. Ein Alphateilchen trifft einen Kern mit der Ladungszahl Z und der Massenzahl A. Es ist ein Ausdruck für die Energie in MeV als Funktion der Massenzahl A abzuleiten, die das Alphateilchen haben muß, um nur die Oberfläche des Kerns erreichen zu können. Zur Vereinfachung soll angenommen werden, daß der Kern bei dem Stoß in Ruhe bleibt, daß $A = 2Z$ und daß das Alphateilchen eine Punktladung ohne jede Volumengröße ist. Wenn das Alphateilchen die Kernoberfläche nicht erreicht, kann die Kernkraft (Kraft kurzer Reichweite) keine Rolle spielen; der Stoßprozeß wird daher so ablaufen, als ob nur die elektrostatischen Kräfte wirken. Die danach berechnete Energie ist also grob gesehen eine charakteristische Energie. Über diesem Wert wird das Ergebnis des Stoßprozesses sich allmählich von der Vorhersage, die nur auf den elektrostatischen Kräften basiert ist, in signifikanter Weise unterscheiden.

10. In dieser Übung soll die elektrostatische Abstoßungsenergie in einem Kern untersucht werden. Da die Kerndichte näherungsweise eine Konstante ist, können wir den Kern als eine gleichmäßig geladene Kugel annehmen. Dieses Modell ist für nicht zu leichte Kerne ganz vernünftig.

    a) Beweisen Sie, daß für einen Kern mit der Massenzahl A und der Ladungszahl Z die elektrostatische Energie U_e durch

    $$U_e \approx A^{5/3} \left(\frac{Z}{A}\right)^2 \cdot 0{,}7 \text{ MeV} \quad (2.59)$$

    gegeben ist.

Weiter wollen wir annehmen, daß die Anzahl der Neutronen gleich der Anzahl der Protonen ist, daß also $A = 2Z$. Mit Gl. (2.59) erhalten wir dann einen Ausdruck für die *elektrostatische Energie pro Nukleon*:

$$\frac{U_e}{A} \approx A^{2/3} \cdot 0{,}17 \text{ MeV}. \qquad (2.60)$$

Diese Energie ist mit der mittleren Bindungsenergie eines Nukleons von etwa 8 MeV zu vergleichen. Für nicht zu große A ist also die elektrostatische Energie pro Nukleon ziemlich gering. Sie steigt jedoch mit höherem A an. Das wiederum erklärt den in Abschnitt 33 erwähnten systematischen Trend. Die eigentliche Kernkraft ist so geartet, daß – wenn nur sie wirken würde – die meisten stabilen Kerne etwa die gleiche Anzahl von Protonen wie Neutronen aufweisen würden. Da jedoch auch elektromagnetische Kräfte vorhanden sind, ist die Folge des gleichzeitigen Wirkens beider Kräfte, daß Kerne mit einem Überschuß an Neutronen häufiger vorkommen als andere. Diese Tendenz zu einem Neutronenüberschuß nimmt mit der Massenzahl A zu.

b) Zur Überprüfung dieser Feststellungen über Atomkerne soll folgende Aufgabe dienen. Das instabile Fluorisotop $^{17}_{9}\text{F}$ unterscheidet sich vom Sauerstoffisotop $^{17}_{8}\text{O}$ in der Masse um $m(17;9) - m(17;8) = 3{,}0 \cdot 10^{-3}$ u. Der Fluor-Kern besitzt 9 Protonen und 8 Neutronen, während der Sauerstoffkern 8 Protonen und 9 Neutronen aufweist. Oder anders ausgedrückt: Wir können das eine Isotop in das andere umwandeln, indem wir einfach Protonenanzahl und Neutronenanzahl austauschen. Ein solches Kernpaar bezeichnen wir als *Spiegelkerne*.

Im Text wurde behauptet, das Neutronen und Protonen sich ihrer Beschaffenheit nach kaum (außer durch die Ladung) unterscheiden. Wenn das stimmt, dann sind bei den beiden erwähnten Kernen die gleichen *Massendefekte* zu erwarten. Das Proton unterscheidet sich jedoch vom Neutron durch seine Ladung; das gleiche gilt für die beiden Spiegelkerne. Nehmen wir nun an, daß die beiden Kerne sich nur durch die Ladung unterscheiden, dann können wir versuchen, den Unterschied im Massendefekt der beiden Kerne auf die elektrostatische Abstoßung zurückzuführen. Führen Sie eine derartige Berechnung durch, um die Konsistenz dieser Annahmen zu überprüfen.

11. Einige der schwersten Atomkerne zerfallen spontan durch *Spaltung*. Bei einem Spaltungsprozeß zerfällt der Kern in zwei annähernd gleich große Hälften, wobei pro Spaltung eine Energie von etwa 200 MeV frei wird. Die Spaltung kann aber auch künstlich durch Neutronenbeschuß herbeigeführt werden. Der Kern absorbiert ein auftreffendes Neutron, wird dadurch angeregt und zerfällt in einem Spaltprozeß. Das Uranisotop ^{235}U ist ein Beispiel für Kerne, die nach Neutronenabsorption leicht spalten. Da die schweren Elemente im Gegensatz zu den Elementen in der Mitte des periodischen Systems mehr Neutronen als Protonen enthalten, werden bei einem Spaltprozeß einige Neutronen emittiert. Diese Sekundärneutronen ermöglichen erst die atomare Kettenreaktion: Die bei einer Spaltung emittierten Neutronen bringen weitere spaltbare Kerne zur Spaltung, was wieder zur Emission weiterer Neutronen führt, usw. Kernreaktoren sowie die gewöhnlichen Atombomben (Spaltbomben) funktionieren nach diesem Prinzip.

a) Es ist die Energie abzuschätzen (in Kilowattstunden), die frei wird, wenn 1 g ^{235}U vollkommen durch Kernspaltung zerfällt; diese Energie ist mit der Energie zu vergleichen, die bei einer typischen chemischen Reaktion mit 1 g Materie freigesetzt wird.

b) Ein kleines Stück ^{235}U kann nicht spontan explodieren, während ein großes Stück das ohne weiteres fertigbringt. Warum?

c) Um den Ursprung der bei Kernspaltung freigesetzten Energie verstehen zu können, wollen wir folgenden Vergleich anstellen. Es ist die elektrostatische Energie eines Kerns (siehe Gl. (2.59) in Übung 10) etwa von ^{235}U, vor der Spaltung mit der Summe der elektrostatischen Energien der Spaltprodukte zu vergleichen. Offensichtlich wird ein Teil dieser Energie frei. Die freigesetzte Energie ist näherungsweise zu bestimmen und mit der pro Spaltung freiwerdenden Energie von 200 MeV zu vergleichen.

12. Die Masse von zwei Deuteriumkernen ist größer als die Masse des Alphateilchens (= Heliumkern $^{4}_{2}\text{He}$) (siehe Tabelle 2.3 der *Atommassen*).

a) Berechnen Sie die Energie, die frei wird, wenn 1 g Deuterium durch *Fusion* zu Helium verschmilzt, und vergleichen Sie dies mit der bei Spaltung freigesetzten Energie.

b) Warum wird ein Behälter mit Deuterium nicht spontan explodieren?

13. Wir wollen annehmen, daß das Elektron ein klassisches Punkt-Teilchen ist und daß ein Elektron in einem Atom sich in einer Bahnebene senkrecht zur z-Achse so um den Kern herumbewegt, daß sein Drehimpuls konstant und gleich $\hbar$ ist.

a) Bestimmen Sie das effektive magnetische Moment des Elektrons. Dieses magnetische Moment nennt man ein *Bohrsches Magneton*.

b) Welcher Unterschied ergibt sich in der Energie (in eV), wenn das magnetische Moment von einem Bohrschen Magneton einmal gleich gerichtet ist wie ein Magnetfeld von 0,1 T, das andere Mal entgegengesetzt?

c) Ein Eisenkristall besitzt ein magnetisches Moment von einem Bohrschen Magneton in jedem Atom des Kristalls. Die magnetischen Momente sollen alle die gleiche Richtung haben. Ist die Magnetisierung dieses Kristalls größenordnungsmäßig mit der eines gesättigten Ferromagneten zu vergleichen?

Wir interessieren uns hier nur für den Betrag des in Atomen möglichen magnetischen Moments. Das obige ziemlich naive klassische Modell des atomaren Magnetismus darf nicht zu wörtlich genommen werden. Es zeigt sich jedoch, daß das Bohrsche Magneton tatsächlich eine für Atome typische Größe ist. Nach der vollständigen quantenmechanischen Erklärung des atomaren Magnetismus unterscheiden wir zwei Komponenten des magnetischen Moments. Die eine Komponente resultiert aus der „Bahnbewegung" des Elektrons und ist identisch mit dem klassischen magnetischen Moment. Die andere Komponente basiert auf dem *Spin* des Elektrons; ein Elektron besitzt nämlich selbst einen eigenen Drehimpuls (vergleichbar dem einer kleinen Kugel, die um eine Mittelpunktsachse rotiert). Der Betrag dieses Spindrehimpulses ist $\hbar/2$, und das zugehörige magnetische Moment ist nahezu ein Bohrsches Magneton.

Durch die Berechnung in Teil c) der Übung soll gezeigt werden, ob es *realistisch* ist, den Ferromagnetismus durch die magnetischen Momente der einzelnen Atome erklären zu wollen. Das Ergebnis der Rechnung stimmt optimistisch. Es darf trotzdem nicht verschwiegen werden, daß Ferromagnetismus ein sehr kompliziertes Phänomen ist, das in unserer vereinfachten Berechnung nicht vollständig erfaßt wird.

2.9 Übungen

14.[1]) In den Abschnitten 51 bis 56 wurde die „atomare Natur" verschiedener makroskopischer Maßeinheiten besprochen.

Nehmen wir an, die Normmaßeinheiten wurden verglichen und einander so angepaßt, daß $m_P = m_a$ und daß die atomaren Grundkonstanten e, m_e, m_P, c und $\hbar$ die in diesen Einheiten gegebenen Werte aus Tabelle 2.1 aufweisen. Nehmen wir weiter an, daß am 30. Mai 1999 um 1 Uhr früh die Konstanten α und β sich plötzlich wie folgt ändern:

$$\alpha' = \alpha(1 + u), \quad \beta' = \beta(1 + w)$$

und dann konstant diese neuen Werte beibehalten. Die Größen u und w sollen klein sein, größenordnungsmäßig 1 % − sonst würde sich die natürliche Ordnung der Dinge zu drastisch ändern.

---

[1]) Diese Übung bezieht sich auf den Abschnitt mit dem „Weiterführenden Problem".

Eine derartige Naturkatastrophe würde natürlich sofort festgestellt, und die Physiker würden sich nach dem ersten Schrecken sofort auf die neue Bestimmung der „geheiligten" Naturkonstanten stürzen. Die Größen „nach der Katastrophe" werden durch Strich bezeichnet.

a) Bestimmen Sie m'_P/m'_a.

b) Bestimmen Sie die neuen Werte der Masse des Elektrons und der des Protons [in kg'_P].

c) Finden Sie den neuen Wert der Lichtgeschwindigkeit, c', in der Einheit m'_a/s'_a.

d) Bestimmen Sie den neuen Wert $\hbar'$ des Planckschen Wirkungsquantums.

e) Bestimmen Sie den neuen Wert der Elektronenladung in elektrostatischen Einheiten sowie in Coulomb.

f) Welche Dichte [in kg'_P/m'^3_a] wird Kupfer nach der Katastrophe haben?

3 Energieniveaus

3.1 Termschemata

1. Eine der bemerkenswertesten Tatsachen in der Natur ist, daß jedes chemische Element ein eigenes optisches Spektrum besitzt (Bild 3.1). Dies ist überdies ein sehr allgemeines Charakteristikum der Materie überhaupt: Nicht nur die verschiedenen Atome haben spezielle Spektren, sondern auch Moleküle und Atomkerne weisen charakteristische Spektren auf. Diese Objekte emittieren und absorbieren elektromagnetische Strahlung in ganz bestimmten Frequenzen, die den Bereich von den Radiofrequenzen (für Moleküle) bis zu sehr kurzwelligen Röntgenstrahlen oder Gammastrahlen (für Kerne) umfassen. Historisch gesehen wurden die optischen Spektren der Elemente Mitte des vorigen Jahrhundert zuerst von *G. R. Kirchhoff* und *R. Bunsen* entdeckt, während die Radiofrequenzspektren der Moleküle und die Gammaspektren der Atomkerne erst in diesem Jahrhundert festgestellt wurden.

Die Spektren erklären wir uns durch die verschiedenen *Energieniveaus* der Atome, Moleküle und Kerne. Eine Untersuchung der Spektren führt zur Erkenntnis einer äußerst wichtigen Eigenschaft zusammengesetzter Systeme: Jedem System ist eine bestimmte Anzahl von Energieniveaus zugeordnet, die die für das System charakterischen *stationären Zustände* definieren. Diese Energieniveaus können bei „kleinen" Systemen wie Atomen, Molekülen und Kernen festgestellt werden, wobei die Energieniveaus unmittelbar durch die beobachteten Spektren offenbar werden. Ebenso können die Energieniveaus bei „großen" Systemen ermittelt werden, also bei festen, flüssigen und gasförmigen Stoffen. Auf den ersten Blick würde man nicht meinen, daß zwischen der Absorption und der Emission von Gammastrahlen durch einen Kern und den Schwingungen eines Quarzkristalls in einem elektronischen Gerät ein Zusammenhang besteht. Wie wir sehen werden, gibt es eine ganz unmittelbare Verbindung.

2. Im Kapitel 3 werden wir uns mit den Energieniveaus „kleiner" Systeme befassen. Wir werden die wichtigsten experimentellen Ergebnisse diskutieren und versuchen, aufgrund einfacher theoretischer Überlegungen zu einem Verständnis verschiedener Beobachtungsergebnisse zu gelangen. In diesem Zusammenhang soll noch nicht besprochen werden, *warum* bestimmte Energieniveaus auftreten, wir werden diese Tatsache einfach als fundamentale empirische Gegebenheit ansehen. In Kapitel 8 werden wir dann die schwierige Aufgabe lösen, die Energieniveaus zu erklären und ihre quantenmechanischen Grundlagen aufzudecken.

Unsere Reihenfolge in der Behandlung dieser Probleme hält sich in gewisser Hinsicht *nicht* an die historische Entwicklung, da viele der in diesem Kapitel besprochenen Eigenschaften der *atomaren* Spektren schon lange bekannt waren, bevor eine brauchbare Theorie der atomaren Struktur – die Quantenmechanik – entwickelt worden war. Wir wollen jedoch die empirischen Tatsachen über die Energieniveaus etwas allgemeiner behandeln und unsere Überlegungen auch auf Atomkerne ausdehnen, obwohl die Eigenschaften der Kerne erst sehr viel später erkannt wurden.

3. Einige auffallende regelmäßige Eigenschaften der atomaren Spektren wurden schon ziemlich frühzeitig erkannt. Ein Beispiel hierfür ist das *Kombinationsprinzip von Ritz*, das besagt, daß die Wellenzahlen vieler Spektrallinien eines Elements durch die *Differenzen* oder *Summen* der Wellenzahlen von anderen Linien*paaren* gegeben sind. Bei einem bestimmten Element[1] wurden zum Beispiel

4742.5 — 4728.6 Å.

Wave-length	Element	Intensities Arc	Spk., [Dis.]	R	Wave-length	Element
4742.589	Mo	–	10	–	4737.642	Sc I
4742.549	Er	3 w	–	–	4737.626	U
4742.5	bh Sc	5	–	Me	4737.561	Pt I
4742.481	Sm	3	–	–	4737.350	Cr
4742.392	Nd	4	–	–	4737.282	Ce
4742.333	U	10	3	–	4737.1	bh C
4742.325	Pr	7	–	–	4737.05	Tl II
4742.266	Th	4 l	2	–	4736.965	Zr
4742.25	Se I	–	[500]	Rd	4736.958	Sm
4742.227	Sm	2	–	–	4736.945	Er
4742.110	Ti I	15	1	–	4736.9	bh Z
4742.04	Ho	10	3	Ex	4736.79	Dy
4741.997	Er	3 w	–	–	4736.782	Ca
4741.937	Ge II	–	50	–	4736.780	Fe
4741.922	Sr I	30	–	ISn	4736.688	Pr
4741.78	Cd II	–	3	Vs	4736.637	Mc
4741.775	Eu	10 W	–	–	4736.608	Eu
4741.726	Sm II	80	–	–	4736.6	Rt
4741.71	O II	–	[20]	Fl	4736.491	Cl
4741.539	Dy	3	2	–	4736.490	S
4741.533	Fe I	12	1	S	4736.30	T
4741.520	W	12	2	–	4736.203	l
4741.503	Pr	30	–	–	4736.151	l
4741.404	Yt I	2	3	–	4736.116	
4741.398	Er	20	–	–	4736.089	
4741.282	U	1	2	–	4736.062	
4741.269	Ru	4	–	–	4735.94	
4741.10	Tm	3	–	Me	4735.93	
4741.018	Sc I	100	60 h	–	4735.848	
4741.005	Pr	6	–	–	4735.847	
4740.97	Se II	–	[600]	Bl	4735.77	
4740.928	Dy	3	2	–	4735.76	
4740.68	Cl I	–	[10]	Ks	4735.66	
4740.614	Cb	3	3	–	4735.4	
4740.524	Eu	500	2	–	4735.4	
4740.517	Th	20	15	–	4735.3	
4740.5	bh Zr	8	–	L	4735.3	
4740.40	Cl II	–	[150]	Ks	4735.	
4740.359	Mo	5	5	–		
4740.331	Ru	7	–	–		

Bild 3.1 Kleiner Ausschnitt einer Tabelle von Wellenlängen (Massachusetts Institute of Technology *Wavelength Tables*, zusammengestellt unter der Leitung von *G. R. Harrison* [MIT Press, Cambridge, Mass. 1939]). Diese Tabelle, die einen Umfang von 429 Seiten hat, enthält mehr als 100 000 Spektrallinien zwischen 10 000 Å und 2000 Å (1000 nm und 200 nm). Jede Seite weist drei Spalten auf; die Linien sind nach abnehmenden Wellenlängen geordnet. Das chemische Element, das einer Linie entspricht, ist jeweils angegeben; weiter finden Sie Angaben über die Anregungsmethode und über Intensitäten.

Es ist üblich, für die Wellenlängen im sichtbaren Bereich die in Luft gemessenen Werte anzugeben, während die Wellenlängen im ultravioletten Bereich sich auf Messungen im Vakuum beziehen. Im sichtbaren Bereich gilt näherungsweise: $\lambda_{Vak} = 1,0003 \, \lambda_{Luft}$. (*Mit Genehmigung von MIT Press.*)

---

[1] Wir werden hier das betreffende Atom nicht identifizieren, um die Lösung der Übung 1 am Ende dieses Kapitels nicht vorwegzunehmen.

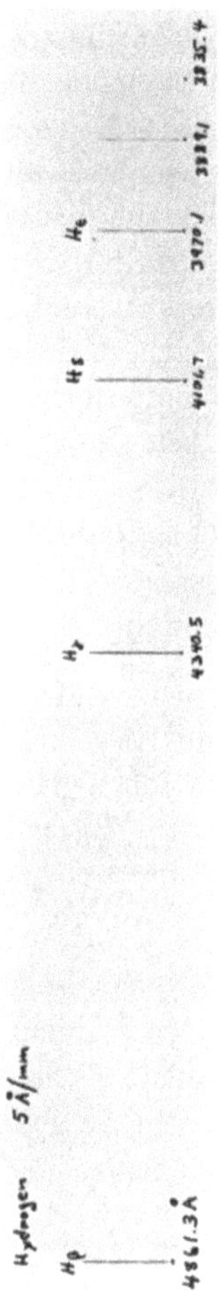

3.1 Termschemata

Bild 3.2
Das Wasserstoffspektrum (Wellenlängen in Ångström, 0,1 nm). Im sichtbaren Bereich bietet dieses Spektrum auf den ersten Blick nichts überraschendes. Die Wellenlängen der Wasserstofflinien sind jedoch in der Physik von größter Bedeutung. Das Wasserstoffatom ist das einfachste Atom, das es überhaupt geben kann; es ist deshalb oft eine Art Prüfstein für alle Atomtheorien: Dieses Spektrum *muß* jede Theorie erklären können. Es bedeutete einen aufsehenerregenden Fortschritt für das Verständnis der Naturgesetze, daß *Bohr* die Bedeutung dieser Linien angeben konnte. Die moderne Quantenphysik kann natürlich alle auf diesem Bild angezeichneten Linien erklären und noch viel mehr. Jedenfalls ist die Geschichte der Theorie des Wasserstoffatoms ein höchst dramatischer Entwicklungsabschnitt der Physik gewesen.
(Photographie des Spektrums von Dr. D. Goorvitch, Berkeley, für das vorliegende Buch.)

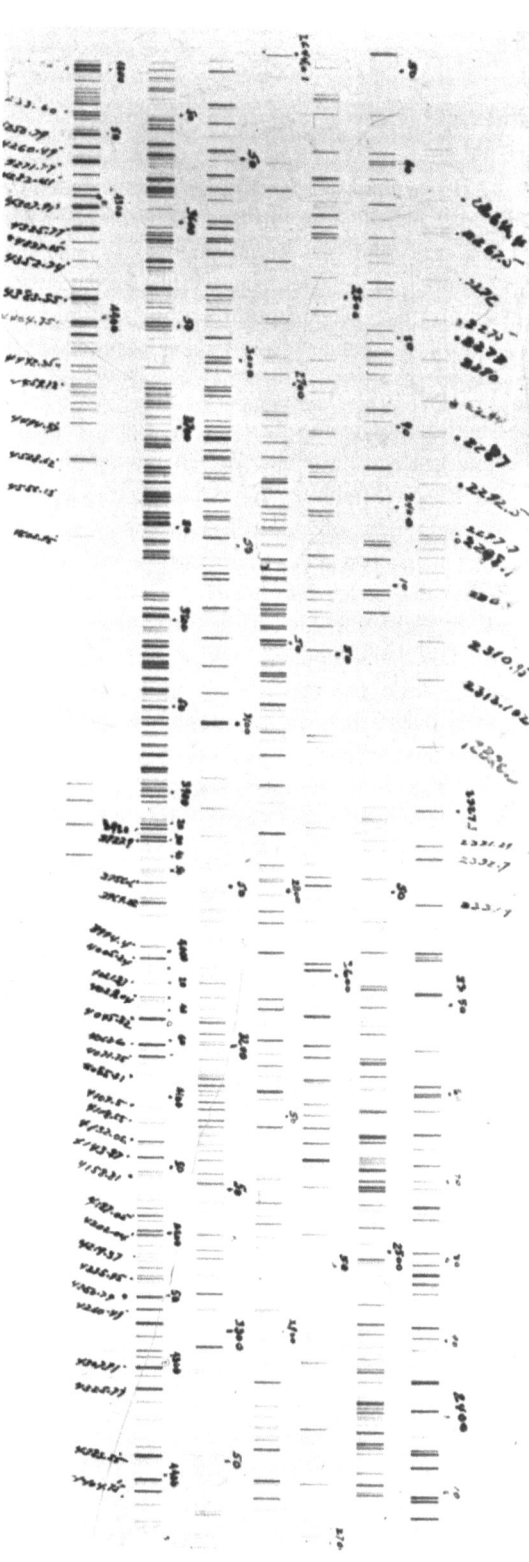

die folgenden Spektrallinien beobachtet:

$\tilde{\nu}_1 = 82\,258{,}27 \text{ cm}^{-1}$; $\tilde{\nu}_2 = 97\,491{,}28 \text{ cm}^{-1}$ und $\tilde{\nu}_5 = 15\,232{,}97 \text{ cm}^{-1}$.

Es ist

$\tilde{\nu}_2 - \tilde{\nu}_1 = 15\,233{,}01 \text{ cm}^{-1}$,

das entspricht ziemlich genau $\tilde{\nu}_5$, so genau, daß wir diese Übereinstimmung kaum als zufällig ansehen können, um so weniger, als sie auch für andere Linien des gleichen Elements wie auch für die Spektrallinien (Bilder 3.2 und 3.3) vieler anderer Elemente gilt.

Ein noch allgemeineres Prinzip wurde etwas später entdeckt. Die Wellenzahl $\tilde{\nu}$ einer *beliebigen* Linie im Emissionsspektrum eines Atoms kann durch die Differenz $\tilde{\nu} = T' - T''$ der *beiden Spektralterme* T' und T'' ausgedrückt werden. Jedes Atom ist durch eine Gruppe solcher Terme charakterisiert (die in Wellenzahlen ausgedrückt werden). Eine solche charakteristische Termgruppe wird als *Termsystem* eines Atoms bezeichnet.

In diesem Prinzip ist das Kombinationsprinzip von *Ritz* bereits enthalten; nehmen wir nämlich an, daß drei Spektrallinien mit drei Termen wie folgt zusammenhängen:

$$\tilde{\nu}_{12} = T_1 - T_2, \; \tilde{\nu}_{13} = T_1 - T_3, \; \tilde{\nu}_{23} = T_2 - T_3, \qquad (3.1)$$

Bild 3.3 Verschiedene Teile des Spektrums von Eisen, photographiert auf ein und derselben photographischen Platte. Die dazugeschriebenen Wellenlängen sind in Ångström, 0,1 nm, angegeben. Mit diesem Bild sollten nicht die Wellenlängen der Eisenlinien bestimmt, sondern mit diesen bereits sehr genau bekannten Wellenlängen der Quarzprisma-Spektrograph geeicht werden.
(Bild von Professor S. P. Davis, Berkeley, zur Verfügung gestellt.)

dann ergibt sich

$$\tilde{\nu}_{23} = (T_1 - T_3) - (T_1 - T_2) = \tilde{\nu}_{13} - \tilde{\nu}_{12} \qquad (3.2)$$

als Beispiel für das Kombinationsprinzip.

4. Heute wird ein Spektralterm dahingehend interpretiert, daß jedem Term ein Energieniveau des betreffenden Atoms entspricht, das Termsystem daher eine Darstellung der Gruppe von Energieniveaus ist, die für das Atom charakteristisch sind. Diese Interpretation wurde erstmals von *Niels Bohr* in seiner Arbeit über das Wasserstoffatom gegeben[1]).

Überlegen wir uns dies einmal aus der Sicht unserer bisherigen Kenntnisse über die Quantennatur der elektromagnetischen Strahlung. Ein Lichtquant oder Photon der Frequenz ν, also mit einer Wellenzahl $\tilde{\nu} = \nu/c$, besitzt die Energie $W = h\nu = (hc)\tilde{\nu}$. Diese Energie ergibt sich aus der Differenz der beiden Energien $W' = (hc)T'$ und $W'' = (hc)T''$, wenn die Wellenzahl die Differenz der beiden Terme T' und T'' ist. Die Terme können daher entweder durch Energien, Wellenzahlen oder Frequenzen ausgedrückt werden, da alle diese Größen durch die Konstanten h und c miteinander in Beziehung stehen. Angesichts dieser Tatsache ist jede Tabelle von Spektraltermen eigentlich eine Tabelle von Energieniveaus. Wie wir jedoch sehen werden, liegt dieser anderen Bezeichnungsweise durchaus eine physikalische Behauptung zugrunde.

5. In einigen einführenden Arbeiten über Atomspektren und Atomstruktur werden die Gegebenheiten wie folgt in Form von zwei theoretischen Postulaten dargestellt.

I. „Ein Atom kann nur ganz bestimmte innere Bewegungszustände aufweisen. Diese Zustände bilden eine diskrete Gruppe; jeder Zustand entspricht einem ganz bestimmten Wert der Gesamtenergie."

II. „Wenn ein Atom elektromagnetische Strahlung emittiert oder absorbiert, geht es von einem Zustand in einen anderen über. Geht das Atom von einem Zustand höherer Energie W_h in einen Zustand niedrigerer Energie W_n über (es gilt also $W_h > W_n$), dann wird dabei ein Photon emittiert, dessen Frequenz ω durch

$$h\nu = \hbar\omega = W_h - W_n \qquad (3.3)$$

gegeben ist[2]). Umgekehrt wird ein Photon absorbiert, wenn ein Atom von einem Zustand niedrigerer Energie auf einen Zustand höherer Energie übergeht."

---

[1]) *N. Bohr*, Philosophical Magazine **26**, 1 (1913).
[2]) Wie in Abschnitt 8 von Kapitel 1 dargelegt wurde, wird sowohl ν als auch die zugeordnete Größe $\omega = 2\pi\nu$ als Frequenz bezeichnet. Analog werden auch h und $\hbar = h/2\pi$ als „Plancksches Wirkungsquantum" bezeichnet. Im folgenden werden meist ω und $\hbar$ verwendet, da sie dem Autor vorteilhafter erscheinen.

Es wird nun sofort klar, daß bei einer wörtlichen Auslegung dieser beiden Postulate das erste unmöglich stimmen kann. Die Zustände höherer Energien können nicht als absolut stabil bezeichnet werden, da die Atome diese angeregten Zustände durch Zerfall spontan verlassen; *makroskopisch* gesehen, geht dieser Zerfall ungeheuer schnell vor sich: Größenordnungsmäßig kann man 10^{-8} s als typische Zeitspanne angeben, die ein angeregter Zustand eines Atoms aufrechterhalten wird. Im Vergleich zu einer *atomaren* Zeitskala hingegen ist eine solche Zeitspanne ziemlich lang. Die Frequenz eines optischen Photons zum Beispiel ist von der Größenordnung 10^{14} s^{-1}, die zugehörige Periode ist somit sehr viel kürzer als die typische Dauer eines angeregten Zustandes.

Was das zweite Postulat betrifft, so ist es offensichtlich nicht besonders aufschlußreich – es wird nicht erklärt, was wir uns unter dem *Übergang* des Atoms von einem Zustand in den anderen eigentlich vorstellen sollen. Mitunter sagt man auch, daß ein Atom von einem Zustand in den anderen „springt". Nun, das klingt sicher weniger wissenschaftlich, aber bei keinem der beiden Ausdrücke wissen wir, was genau damit gemeint ist.

Trotz des eben Gesagten dürfen wir die beiden Postulate nicht als sinnlos abtun; wir sollten diese Postulate als eine *erste Näherung* bei der Beschreibung eines sehr komplizierten Phänomens betrachten, womit sie durchaus einen Sinn haben.

6. Um alle beobachteten Spektrallinien eines Atoms (bzw. eines Moleküls oder eines Atomkerns) erklären zu können, konstruieren wir für das betreffende Atom ein Termsystem bzw. ein Energieniveausystem. Dabei sind die Energieniveaus $W_0, W_1, W_2, \ldots$ usw. so definiert, daß jeder beobachteten Spektrallinie ein Übergang zwischen zwei Energieniveaus des Termsystems entspricht.

Ein derartiges System von Energieniveaus wird oft graphisch in Form eines *Termschemas* (Bild 3.5) dargestellt. Die horizontalen Striche symbolisieren vier Energieniveaus des Systems. Die senkrechten Striche stellen mögliche Übergänge zwischen den Energieniveaus dar, und die Pfeilspitzen zeigen an, ob der betreffende Übergang in Richtung eines höheren Energieniveaus (hinauf = Absorption) oder eines niedrigeren (hinunter = Emission) stattfindet. Die sechs möglichen Übergangsfrequenzen sind unter dem Bild zusammengestellt. Es ist üblich, bei einem Termschema eine lineare senkrechte Energieskala zu verwenden: Die Übergangsfrequenzen sind also der Länge der Pfeile zwischen den Energieniveaus direkt proportional.

Wie aus der Abbildung zu ersehen ist, kann mit einer geringen Anzahl von Termen eine viel größere Anzahl von Linien beschrieben werden: Aus n Energieniveaus können nämlich $n(n-1)/2$ *Paare* von Energieniveaus

3.1 Termschemata

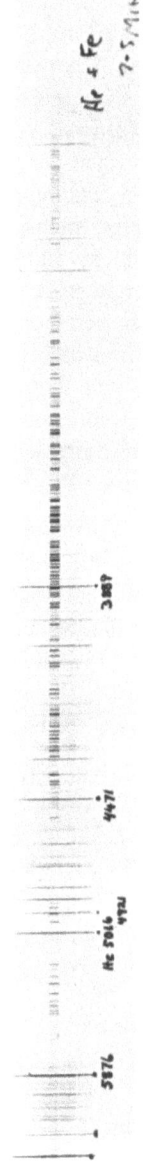

Bild 3.4
Das Spektrum von Helium (lange Linien) ist hier dem Spektrum von Eisen (kürzere Linien) überlagert. Die Zahlen auf dem Bild geben einige der Heliumwellenlängen in Ångström (0,1 nm) an. Auffällig ist der Unterschied zwischen dem komplizierten Eisenspektrum und dem einfachen Heliumspektrum.
(Bild von Professor S. P. Davis, Berkeley, zur Verfügung gestellt.)

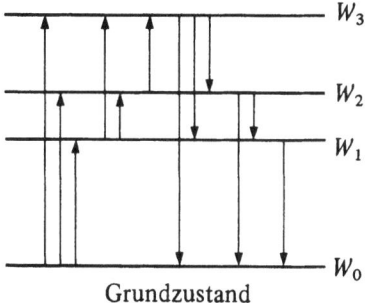

Grundzustand

Bild 3.5 Termschema mit vier Energieniveaus und den entsprechenden Übergängen. Die möglichen Übergangsfrequenzen sind:

$$\omega_{30} = \frac{W_3 - W_0}{\hbar} \qquad \omega_{31} = \frac{W_3 - W_1}{\hbar}$$

$$\omega_{20} = \frac{W_2 - W_0}{\hbar} \qquad \omega_{21} = \frac{W_2 - W_1}{\hbar}$$

$$\omega_{10} = \frac{W_1 - W_0}{\hbar} \qquad \omega_{32} = \frac{W_3 - W_2}{\hbar}$$

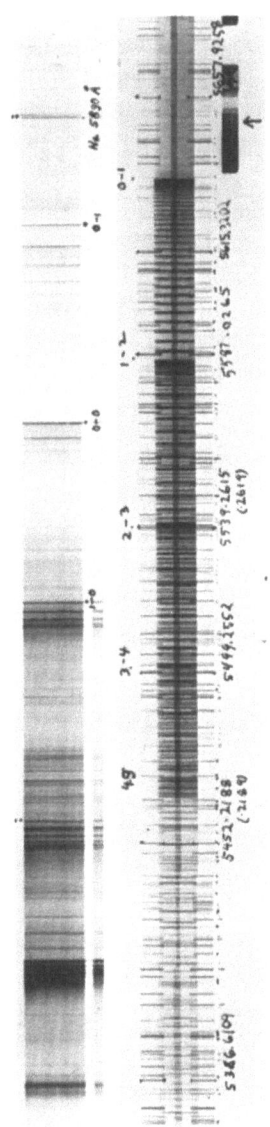

Bild 3.6
Ausschnitt aus dem Spektrum des Moleküls C_2 bei verschiedener Dispersion. Das Spektrum links wurde bei niedriger Dispersion aufgenommen, und zeigt die Bahnen, die für Molekülspektren charakteristisch sind. Das Spektrum rechts wurde mit viel höherer Dispersion aufgenommen (vgl. die Wellenlängenangaben in Ångström, 0,1 nm). Hier sehen Sie deutlich, daß die Banden aus einzelnen Linien zusammengesetzt sind. *(Bild von Professor S. P. Davis, Berkeley, zur Verfügung gestellt.)*

zusammengestellt werden. Es werden jedoch im allgemeinen nicht für *jedes* mögliche Paar von Energieniveaus die entsprechenden Spektrallinien festgestellt. In dieser Hinsicht entspricht Bild 3.5 nicht den eigentlichen Tatsachen. Wir werden später noch auf dieses höchst bedeutsame Problem zurückkommen.

Eines der komplizierteren Atomspektren oder noch besser ein molekulares Bandenspektrum (Bild 3.6 sowie die anderen Spektralbilder in diesem Kapitel) läßt uns erst erkennen, in welchem Ausmaß bei der Untersuchung von Spektren der Termdarstellung System und Ordnung zu verdanken sind. Für das molekulare Bandenspektrum ist eine Reihe von *Banden* charakteristisch, die man mit sehr hohem Auflösungsvermögen als ungeheuer viele, eng beieinander stehende Spektrallinien erkennen kann. Ein molekulares Bandenspektrum mag auf den ersten Blick wirklich hoffnungslos kompliziert aussehen, doch ist man auch damit fertig geworden: In vielen Fällen kann ein Termschema aufgestellt und damit jede einzelne beobachtete Linie erklärt werden.

7. Betrachten wir nochmals Bild 3.5. Es soll das Termschema eines Atoms darstellen; die Unterschiede zwischen den einzelnen Energieniveaus weisen dann die typische Größenordnung von 1 eV auf.

Untersuchen wir zunächst das *Absorptionsspektrum* des Atoms. Wenn Licht kontinuierlicher Spektralverteilung durch eine Schicht eines einatomigen Gases der betreffenden emittierenden Atome fällt, dann treten in dem Licht bestimmte Absorptionslinien auf. Wir nehmen weiter an, daß das Gas relativ kühl ist, sich etwa auf Zimmertemperatur befindet. In diesem Fall werden wir Absorptionslinien nur bei den Frequenzen ω_{30}, ω_{20} und ω_{10} feststellen können, nicht aber bei den drei übrigen Frequenzen. Dies ist ganz einfach zu erklären: Ein überwiegender Teil der Atome des Gases befindet sich im Grundzustand, daher können nur Übergänge vom Grundzustand in höhere Zustände beobachtet werden.

Bei höheren Temperaturen nimmt die Wahrscheinlichkeit, daß sich ein Atom in einem angeregten Zustand befindet, zu. Im Band 5 dieser Reihe[1]) wird dargelegt, daß in einem Gas der Temperatur T das Verhältnis der Anzahl der Atome in dem n-ten angeregten Zustand zur Anzahl der Atome im Grundzustand durch

$$\frac{N_n}{N_0} = \exp\left(-\frac{W_n - W_0}{kT}\right) \qquad (3.4)$$

gegeben ist. Bei „Zimmertemperatur", bei der $kT \approx 1/40\,\text{eV}$ gilt, hat dieses Verhältnis einen *vernachlässigbar* geringen Wert. Es folgt daraus, daß ein kaltes Gas nicht von selbst (sichtbares) Licht emittiert, wenn nicht die Atome auf irgendeine Weise von außen her angeregt werden.

8. Bei der Untersuchung des *Emissionsspektrums* eines Gases, dessen Atome etwa durch eine elektrische Entladung angeregt wurden, können wir unter Umständen alle möglichen Spektrallinien feststellen. Wird ein Atom im Grundzustand von einem energiereichen Elektron getroffen, dann kann durch diesen Stoß ein Teil der Energie des Elektrons auf das Atom übertragen werden. Dies bewirkt, daß das Atom auf einen höherenergetischen Zustand übergeht, von dem es dann wieder mit Emission von Strahlung auf ein niedrigeres Energieniveau zurückspringt. Selbstverständlich kann dieser Prozeß überhaupt nicht stattfinden, wenn das Elektron nicht genügend Energie besitzt, um das Atom in einen angeregten Zustand zu versetzen (Bilder 3.7 und 3.8). Ist die Energie des Elektrons kleiner als $(W_1 - W_0)$, dann kann zwischen Elektron und Atom lediglich ein *elastischer* Stoß stattfinden. Nur wenn seine Energie höher ist, können nichtelastische Stöße erfolgen und damit erst eine Strahlungsemission auftreten.

Diese Feststellungen sowie die allgemeinen Vorstellungen, auf denen die Postulate von Abschnitt 5 basieren, können auf einleuchtende Weise experimentell bestätigt werden. Dabei wird einfach die Energie der Elektronen variiert, mit denen die Atome angeregt werden – es sollten dann mit zunehmender Energie weitere Emissionslinien auftreten. Bild 3.7 zeigt einige Ergebnisse eines solchen

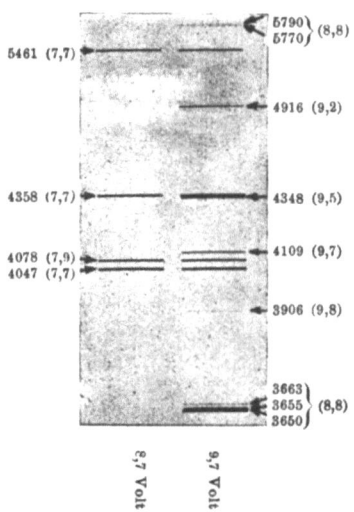

Bild 3.7 Das Spektrum des Quecksilberatoms bei Anregung durch Elektronenstöße für zwei verschiedene Energien der Geschoßelektronen. Diese Photographie stammt aus der Arbeit von *G. Hertz*, „Über die Anregung von Spektrallinien durch Elektronenstoß, I," *Zeitschrift für Physik* **22**, 18 (1924).
Wird die Elektronenenergie von 8,7 eV (linkes Spektrum) auf 9,7 eV (rechtes Spektrum) erhöht, dann erscheint eine ganze Gruppe von neuen Linien, von denen im linken Spektrum überhaupt nichts zu sehen ist. Die Zahlen in Klammern geben die Elektronenenergien an, bei denen die betreffenden Linien erstmalig auftreten, die Zahlen vor der Klammer sind die Wellenlängen in Ångström (0,1 nm). (*Zur Verfügung gestellt vom Springer-Verlag.*)

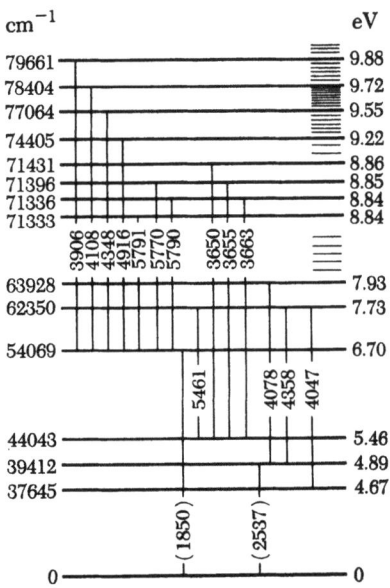

Bild 3.8 Stark vereinfachtes Termschema des neutralen Quecksilberatoms, das die Energieniveaus zeigt, die an den Übergängen in Bild 3.7 beteiligt sind. Die Zahlen links geben die Energien der Niveaus in Form von Wellenzahlen. Die entsprechenden Energien in eV sind rechts angegeben. Es ist zu beachten, daß dieses Termschema *nicht* in einem bestimmten Ordinatenmaßstab gezeichnet wurde; rechts im Bild sind noch weitere Niveaus angedeutet, für die keine Zahlenwerte angegeben werden konnten. Die Zahlen bei den Übergangsstrichen sind die Wellenlängen in Ångström (0,1 nm). Alle Übergänge in den Grundzustand finden im ultravioletten Bereich statt. Zwei dieser Übergänge sind hier dargestellt, die entsprechenden Wellenlängen stehen in Klammern. In den Spektren in Bild 3.7 sind diese Linien nicht enthalten. Die Ionisationsgrenze liegt bei 84 184 cm^{-1} (das entspricht 10,4 eV).

---

[1]) Berkeley Physik Kurs, Band 5, *Statistische Physik*.

3.1 Termschemata

Versuchs mit Quecksilberdampfatomen. Sie sehen, daß sich das Emissionsspektrum auf die erwartete Weise ändert, was anhand des Termschemas in Bild 3.8 genau interpretiert werden kann.

9. Das Diagramm in Bild 3.9 zeigt die Ergebnisse eines ähnlichen Versuchs. Quecksilberatome in Form eines Gases mit niedrigem Druck werden durch Elektronenbeschuß angeregt. Die angeregten Atome kehren durch Photonenemission in den Grundzustand zurück; diese Photonen (insbesondere die Ultraviolett-Photonen) werden durch den photoelektrischen Strom nachgewiesen, den sie beim Auftreffen auf eine Eisenelektrode erzeugen. Wird die Energie der Beschußelektronen erhöht, können bei der Anregung immer höhere Energieniveaus erreicht und neue Übergänge ermöglicht werden. Bei jedem neuen Energieniveau des Quecksilberatoms ändert sich die Anzahl der bei der betreffenden Elektronenenergie emittierten Photonen abrupt; die Steigung der Kurve in einem Diagramm (Photonenanzahl/Elektronenenergie) weist dann bei diesen Energien Unstetigkeiten auf. Vergleichen Sie die Lage dieser Unstetigkeiten in Bild 3.9 mit den Energieniveaus des Termschemas in Bild 3.8.

Es bereitet einige Schwierigkeiten, die Energie der Geschoßelektronen genau genug zu bestimmen, doch sind jedenfalls Messungen dieser Art bei der Ermittlung der Energieniveaus eines Atoms eine große Hilfe. Die Kurve in Bild 3.9 zeigt angenähert die Lage einer ganzen Reihe von Energieniveaus. Diese Angaben werden durch genaue Messung der Wellenlängen der Emissionslinien ergänzt. Da wir feststellen können, bei welchen Elektronenenergien eine Linie erstmals auftritt (wenn wir die Elektronenbeschußmethode zur Anregung verwenden), kennen wir die Energieniveaus, die an Übergängen beteiligt sind. Weitere Angaben gewinnen wir aus der Untersuchung des Absorptionsspektrums: In diesem Fall muß jeweils der Grundzustand das untere Energieniveau sein.

Diese und eine Reihe anderer Methoden verwendet man heute genauso wie früher bei der Zusammenstellung eines bereits sehr umfangreichen Datenmaterials über die Spektren und Energieniveaus von Atomen.

10. Das Phänomen der *Fluoreszenz* ist anhand von Bild 3.5 leicht zu erklären. Ein Photon der Energie $(W_3 - W_0)$ wird von einem im Grundzustand befindlichen Atom absorbiert; das Atom geht dadurch auf das Energieniveau W_3 über. Von diesem Energieniveau kann das Atom über die darunterliegenden Energieniveaus wieder in den Grundzustand zurückfallen, wobei Photonen mit allen in Bild 3.5 angegebenen Frequenzen auftreten.

Mit dieser Abbildung läßt sich *die Regel von Stokes* sofort verstehen: Die Frequenz von Fluoreszenzlicht kann nicht höher sein als die Frequenz des anregenden Lichts. Diese Regel ist ziemlich allgemein gültig, obwohl in den Fällen eine Ausnahme auftreten kann, in denen einige der Atome, die das anregende Licht absorbieren, sich anfangs nicht im Grundzustand befinden.

In einer Arbeit[1]) von *Einstein* über den photoelektrischen Effekt wird auch die Stokessche Regel aus der Sicht des Photonenmodells behandelt. Zu der Zeit hatte man noch keine Vorstellung von Energieniveaus, doch kann die Regel trotzdem verstanden werden, wenn wir nämlich annehmen, daß die Energie eines emittierten Quants sich aus der Energie eines absorbierten Quants ergibt.

11. Bei einer bestimmten Energie über dem Grundzustand wird das Atom ionisiert. Diese Energie ist die niedrigste Energie, bei der ein Elektron und ein einfach ionisiertes Atom getrennt voneinander existieren können. Bei dieser und höheren Energien gibt es kein „Atom" als solches

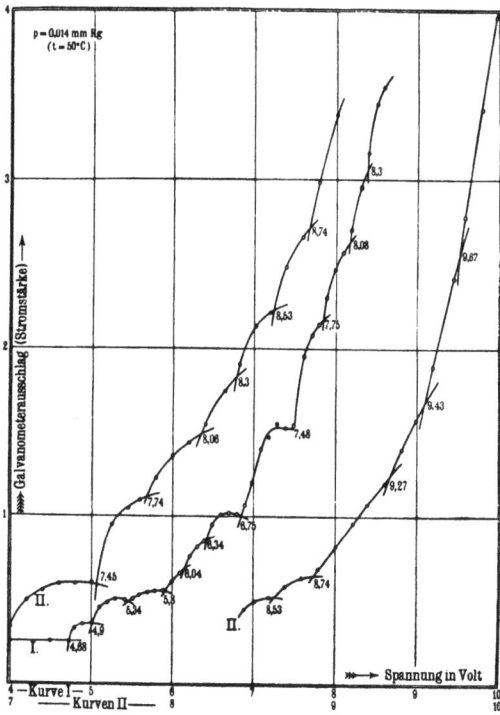

Bild 3.9 Die Anregung von Quecksilberatomen durch Elektronenstöße. Dieses Bild stammt aus der Arbeit von *J. Franck* und *E. Einsporn*, „Über die Anregungspotentiale des Quecksilberdampfes", *Zeitschrift für Physik* **2**, 18 (1920).

Auf der Abszisse ist die Energie der Elektronen in zwei verschiedenen Skalenteilungen angegeben, die Ordinate gibt ein Maß für die Strahlung, die von den Quecksilberatomen emittiert wird (vgl. Erklärung im Text). Wenn die Elektronenenergie zunimmt, werden immer weitere Energieniveaus angeregt; bei jedem neuen Niveau ändert sich die Steigung der Kurve abrupt, da neue Übergänge möglich werden, bei denen zusätzliche Photonen emittiert werden können.

Die Atome bilden einen Quecksilberdampf mit einem Druck von 0,014 mm Hg = 1,867 Pa und einer Temperatur von 50 °C. (*Zur Verfügung gestellt vom Springer-Verlag.*)

[1]) *A. Einstein, Annalen der Physik* **17**, 132 (1905).

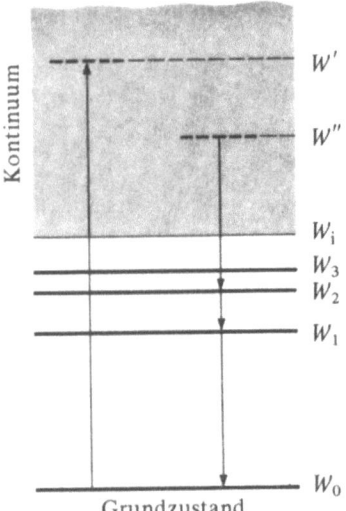

Bild 3.10 Ein Termschema, das diskrete Energieniveaus und oberhalb der Ionisationsgrenze ein Kontinuum (grau getönt) aufweist. Die senkrechten Pfeile symbolisieren Übergänge zwischen den diskreten Niveaus sowie Übergänge in das Kontinuum und aus ihm heraus. Die gestrichelten Querlinien im Kontinuum sollen nicht Energieniveaus des *Atoms* darstellen, sondern zwei bestimmte Energien aus einem kontinuierlichen Energiebereich, in dem sich das aus einem Elektron und einem Ion bestehende System befinden kann.

mehr, sondern stattdessen ein System, das sich aus dem einfach ionisierten Atom und dem Elektron zusammensetzt. Dieses System kann natürlich insgesamt eine ganz *beliebige* Energie über der Ionisationsenergie aufweisen. Die Reihe möglicher Energien des *Systems* besteht also aus einer Gruppe diskreter Energieniveaus *unterhalb* der Ionisationsenergie, *oberhalb* dieser Energie aus einem Kontinuum. Bild 3.10 zeigt dies schematisch. Der graue Bereich oberhalb der Ionisationsenergie W_i stellt das Kontinuum dar.

Die senkrechte Gerade links symbolisiert den Übergang vom Grundzustand zur Energie W' des Kontinuums durch Absorption eines Photons der Energie $(W' - W_0)$. Dies ist der photoelektrische Effekt für ein einzelnes Atom. Das dabei austretende Elektron hat eine *kinetische* Energie von $(W' - W_i)$.

Die Umkehrung der Photoionisation (photoelektrischer Effekt) ist die *Strahlungsrekombination* (Strahlungseinfang) des Elektrons und des einfach ionisierten Atoms. Dieser Prozeß ist durch die senkrechte Gerade rechts in Bild 3.10 symbolisiert. Ein Elektron mit einer kinetischen Energie $(W'' - W_i)$ trifft das ruhende Ion, und das System fällt auf das Energieniveau W_2 zurück, wobei ein Photon der Energie $(W'' - W_2)$ emittiert wird. Von diesem Energieniveau kehrt das Atom über den ersten angeregten Zustand in den Grundzustand zurück, wie die Pfeile anzeigen. Bei jedem Übergang dieser *Kaskade* wird ein Photon der entsprechenden Frequenz emittiert.

In der Atomphysik wird oft dem Ionisationsniveau der Energiewert Null zugeordnet, wodurch die Zustände darunter negative Energiewerte erhalten. Auch andere Zuordnungen sind möglich und je nach den Umständen auch von Vorteil. In der Kernphysik wird der Wert Null meist dem Grundzustand des Kerns zugeordnet. Die Wahl des Nullpunkts der Energieskala ist jedoch einzig und allein eine Sache der Übereinkunft.

12. Bis jetzt haben wir im Zusammenhang mit den beiden Postulaten nur die Atome besprochen, doch sind die Begriffe Energieniveau und Übergänge zwischen Energieniveaus viel allgemeiner anwendbar. Auch für Moleküle und Atomkerne gelten ähnliche Bedingungen. Betrachten wir irgendein System von Teilchen beliebiger Art und Anzahl. Das Ionisations- bzw. Dissoziationsniveau gibt die niedrigste Energie an, bei der das System als zwei voneinander getrennte und weit entfernte Teile existieren kann. Bei Energien oberhalb des Ionisationsniveaus bilden die möglichen Energien des Systems ein Kontinuum; unterhalb finden wir eine Anzahl diskreter Energieniveaus, die den nichtdissoziierten Zuständen des Systems entsprechen. (Diese Beschreibung im Sinne unserer beiden Postulate muß, wenn wir genau sein wollen, noch nähere Angaben enthalten.)

Als Beispiel eines kernphysikalischen Termschemas wollen wir das Termschema des Deuterons (Bild 3.11) untersuchen. Das Deuteron hat keine diskreten angeregten Zustände. Die Bindungsenergie des Deuterons ist $B = 2{,}23$ MeV; das bedeutet, daß das kontinuierliche

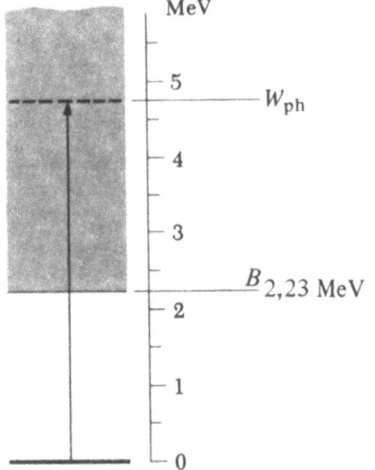

Bild 3.11 Termschema des Proton-Neutron-Systems. Es sind der Grundzustand des Deuterons und das Kontinuum dargestellt, das bei der Dissoziationsenergie von 2,23 MeV über dem Grundzustand beginnt. Der Pfeil symbolisiert den Photozerfall des Deuterons.

Spektrum bei der Energie B über dem Grundzustand beginnt. Oberhalb dieser Energie sprechen wir nicht mehr von einem Deuteron. Jetzt existiert nur ein System aus einem Neutron und einem Proton, die voneinander getrennt sind.

Der senkrechte Pfeil in Bild 3.11 symbolisiert die Photodissoziation des Deuterons, die durch ein Photon mit der Energie $W_{ph} > B$ hervorgerufen wird. Das Proton und das Neutron, die durch diesen Prozeß getrennt werden, haben zusammen eine kinetische Energie $(W_{ph} - B)$. Dieser Prozeß, der experimentell im Detail untersucht wurde, verläuft offensichtlich analog zu der Photoionisation eines Atoms, die im vorigen Abschnitt besprochen wurde. Die Umkehrung dieses Prozesses ist der Strahlungseinfang, bei dem ein Proton ein Neutron „einfängt", wobei Strahlung emittiert wird.

13. Hoffentlich haben diese einführenden Bemerkungen über Termschemata klargestellt, daß die beiden Postulate bei Überlegungen über die Struktur von Atomen, Molekülen und Atomkernen sich als sehr brauchbar erweisen. Wir können das Beobachtungsmaterial über Spektren mit Hilfe der Termschemata ordnen und interpretieren. Der wichtige Teil des zweiten Postulates wird durch Beziehung (3.3) ausgedrückt. Wenn verschiedentlich von Atomen gesprochen wird, die von einem Zustand in den anderen „springen", dann soll damit *nichts* Näheres über den Emissions- oder Absorptionsprozeß ausgesagt werden – es ist dies lediglich ein bildhafter Ausdruck, der sich für die Beschreibung des Übergangs zwischen Energieniveaus eingebürgert hat.

In der quantenphysikalischen Umgangssprache ist das Wort „Sprung" für Übergang üblich geworden. Nach Ansicht des Autors ist die Wahl dieser Bezeichnung nicht gerade glücklich, da sie wahrscheinlich bei vielen Physikstudenten Anlaß zu unnötigen Mißverständnissen gegeben hat. Wenn wir nämlich sagen, ein System springt von einem Zustand in den anderen bzw. auf ein anderes Energieniveau, dann stellen wir uns darunter irrtümlicherweise einen ziemlich abrupten und diskontinuierlichen Vorgang vor.

3.2 Die endliche Breite der Energieniveaus

14. Bis jetzt hat die Bezeichnung „Sprung" für Übergänge noch zu keinen Schwierigkeiten geführt, vor allem deshalb nicht, weil wir sie kaum verwendet haben; wir benutzten nur die Gl. (3.3). Nun wollen wir eine Situation besprechen, in der die Bezeichnung „Sprung" sehr wohl zu Problemen führt, wenn wir sie zu wörtlich verstehen.

Ein Photon der Frequenz ω_0 trifft ein Atom, das sich anfangs im Grundzustand befindet. Die Frequenz ω_0 entspricht zufällig der Übergangsenergie, die das Atom für den „Sprung" vom Grundzustand in einen angeregten Zustand benötigt; das Atom wird also das Photon absorbieren und „springen". Schließlich springt es wieder in den Grundzustand zurück, wobei ein Photon der Frequenz ω_0 emittiert wird. Dieses Photon kann in irgendeiner Richtung ausgesandt werden; das Atom streut also einfallendes Licht der passenden Frequenz ω_0. Angenommen, das einfallende Licht besitzt *nicht* die passende Frequenz ω_0, sondern eine leicht andere Frequenz ω. Wird das Atom auch dann Licht streuen? Es wird! Experimentell hat man nämlich festgestellt, daß je nach der Frequenz der einfallenden Strahlung die Wirksamkeit des Atoms als streuendes Partikel variiert: Sie steigt bei Werten von $\omega < \omega_0$ an bis zu einem ausgeprägten Maximum bei $\omega = \omega_0$ und nimmt dann wieder ab. Irgendwie können also auch Photonen mit der falschen Frequenz „Sprünge" verursachen, wie in zahlreichen Experimenten nachgewiesen wurde. Außerdem sollten wir uns dafür interessieren, welche Frequenz die Streustrahlung hat, wenn die Frequenz des einfallenden Lichts $\omega \neq \omega_0$ ist. Nach der Vorstellung von „Sprüngen" zwischen den Energieniveaus könnten wir annehmen, daß die Frequenz ω_0 die „passende" ist, was sich in keiner Weise mit den experimentellen Ergebnissen deckt: Die Frequenz des emittierten Lichts ist tatsächlich ω, was nach dem Energieerhaltungssatz und dem Korpuskel- bzw. Photonenmodell der elektromagnetischen Strahlung vorauszusehen ist.

Im Falle dieses Phänomens, das als *Resonanzfluoreszenz* bezeichnet wird, ist „Sprung" wohl kaum die richtige Bezeichnung für Übergänge von einem energetischen Zustand in den anderen – und könnte unter Umständen Anlaß zu Mißverständnissen geben.

15. Die experimentellen Gegebenheiten können auch mit einem anderen Modell erklärt werden. Stellen wir uns das Atom als ein mechanisches System vor, in dem die Elektronen durch Federn an den Kern gebunden sind (Bild 3.12). Ein solches System wird eine Reihe von Resonanzfrequenzen haben, eine davon ist die Frequenz ω_0. Im Grundzustand des Atoms ist dieses System in Ruhe, eine auftreffende elektromagnetische Welle regt das System jedoch zu Schwingungen an. Die schwingenden Elektronen senden dann eine elektromagnetische Welle aus, die die *gleiche* Frequenz wie die anregende Welle hat. Die Amplitude der Schwingungen ist um so größer, je näher diese Frequenz bei der Resonanzfrequenz ω_0 liegt, die Streuwirkung des Atoms wird also dann am größten sein, wenn die Frequenz der anregenden Welle gleich der Frequenz ω_0 ist. Außerdem steht – und das ist sehr wichtig – die emittierte Welle in einer ganz bestimmten Phasenbeziehung zur einfallenden Welle. Sie überlagert sich daher mit der einfallenden Welle auf ganz bestimmte Weise, was wir wohl kaum durch „Sprünge" zwischen Energieniveaus erklären können. Der schwerwiegendste Fehler bei dieser Modellvorstellung ist, daß wir uns allein aufgrund der Bezeichnung den Streuprozeß als einzelne Sprünge vorstellen, wobei das Photon, das

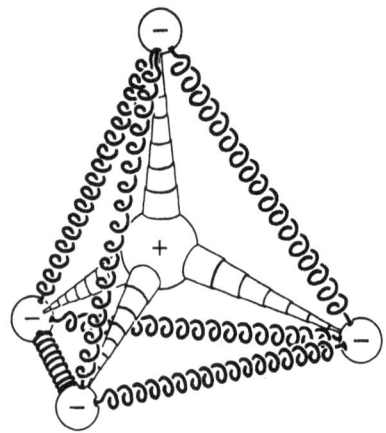

Bild 3.12 Mechanisches Modell eines Atoms, mit dem sich die Resonanzfluoreszenz leichter verstehen läßt. Wenn diese Vorrichtung durch einen Stoß (etwa durch Zusammenstoß mit einem Elektron) angeregt wird, beginnt sie zu schwingen. Da die Elektronen geladen sind, wird elektromagnetische Strahlung mit der Resonanzfrequenz des Systems emittiert. Natürlich ist dies eine gedämpfte Schwingung, da das System ja durch Strahlung Energie verliert.

Wird das Atom von einer elektromagnetischen Welle getroffen, führt es mit der Frequenz dieser Welle erzwungene Schwingungen aus, wiederum wird Strahlung der gleichen Frequenz emittiert. Dieses Phänomen ist die sogenannte Resonanzfluorszenz.

beim zweiten Sprung emittiert wird, in keiner bestimmten Phasenbeziehung zu dem Photon steht, das beim Anregungssprung absorbiert wurde. Eine solche Zerlegung des Streuprozesses entspricht in keiner Weise der Wirklichkeit; ein Streuprozeß sollte als ein zusammenhängender Prozeß angesehen werden.

Es kann experimentell überprüft werden, ob die ausgesandte Welle mit der eingefallenen kohärent ist. Die Ergebnisse sprechen eindeutig für das Oszillatormodell, nach dem Kohärenz zu erwarten ist.

16. Die Überlegungen über die Resonanzfluoreszenz bieten eine neue Interpretation der Energieniveaus von Atomen, Molekülen und Kernen an: Die Differenzen von zwei Energieniveaus entsprechen jeweils Frequenzen, bei denen in dem betreffenden System Resonanz möglich ist. *Die Energieniveaudifferenzen sind also Resonanzenergien.*

Natürlich ist es unsinnig, irgendein mechanisches Modell mit Spiralfedern und Hebeln ernstzunehmen. Trotzdem sind solche — zugegebenermaßen falschen — Modelle bei der Beschreibung von Phänomenen wie der Resonanzfluoreszenz gut geeignet, weil viele Aspekte eines Resonanzphänomens nicht von Einzelheiten des Modells abhängen. Was dabei einzig und allein von Bedeutung ist, ist das System von Resonanzfrequenzen (und den entsprechenden Dämpfungskonstanten) und die Art der Kopplung der verschiedenen Resonanzschwingungen an die äußere Quelle der Erregung.

17. Nehmen wir an, wir wollen die Energie eines Niveaus relativ zum Grundzustand eines Atoms bestimmen, indem wir die Frequenz der Photonen messen, die Übergänge vom Grundzustand in den angeregten Zustand verursachen. Anders ausgedrückt versuchen wir die Resonanzfrequenz des Atoms zu bestimmen. Diese läßt sich jedoch nicht *eindeutig* ermitteln: Das Atom spricht in einem engen Frequenz*intervall* überall an. Wir könnten natürlich die „richtige" Frequenz, die die Energie des betreffenden Niveaus bestimmt, als die Frequenz ω_0 definieren, bei der die Wirkung der Anregung ein Maximum zeigt. Damit wird aber nicht der Tatsache Rechnung getragen, daß das Atom auch in der unmittelbaren Umgebung von ω_0 anspricht. Die Linie im Absorptionsspektrum des Atoms kann daher nicht absolut scharf sein, sie hat eine bestimmte *endliche Breite*. Es ist experimentell nachgewiesen worden, daß alle Linien eines Absorptionsspektrums eine solche endliche Breite aufweisen.

Wie ist es nun aber mit den Spektrallinien im *Emissions*spektrum eines Atoms? Auch sie haben endliche Breiten, und zwar ist die Breite einer Emissionslinie gleich der Breite der entsprechenden Absorptionslinie. (Es muß an dieser Stelle erwähnt werden, daß die Linien optischer Spektren, so wie sie in der Praxis auftreten, durch die verschiedensten Effekte verbreitert sein können. Hier interessieren wir uns nur für die Breite einer Spektrallinie im Emissions- bzw. Absorptionsspektrum eines einzelnen Atoms, das sich ursprünglich relativ zum Beobachter in Ruhe befindet. Diese Breite ist eine Eigenschaft des Atoms an sich. Vergessen wir inzwischen alle anderen Ursachen einer Spektrallinienverbreiterung — wir werden noch in diesem Kapitel diese Ursachen behandeln.)

Was bedeutet es nun eigentlich, daß eine Spektrallinie eine endliche Breite besitzt? Dies ist wörtlich zu verstehen: Wenn wir eine Emissionslinie mit einem Spektrographen *sehr hohen* Auflösungsvermögens photographieren, dann stellen wir fest, daß die Linie eine endlich schmale Breite besitzt. Die Frequenz des emittierten Lichts ist nicht genau gleich ω_0, es sind auch alle Frequenzen der unmittelbaren Umgebung von ω_0 vertreten.

18. Da die Lage von Energieniveaus durch Bestimmung von Emissions- und Absorptionslinien gegeben ist und da diese Linien immer eine gewisse endliche Breite aufweisen, kommen wir zu dem Schluß, daß die Energie eines angeregten Zustandes nicht exakt definiert werden kann. Akzeptieren wir das Photonenmodell und den Energieerhaltungssatz, dann ergibt sich dieser Schluß zwangsläufig. Das erste Postulat in Abschnitt 5 ist daher nicht ganz korrekt. *Die Energieniveaus oberhalb des Grundzustandes besitzen endliche Breiten.*

Bestimmen wir nun die Energie eines bestimmten angeregten Zustandes eines Atoms (oder Moleküls oder Atomkerns), indem wir die Absorptionslinie bestimmen, die

3.2 Die endliche Breite der Energieniveaus

dem Übergang vom Grundzustand in den angeregten Zustand entspricht. Spricht das Atom bei der Frequenz ω_0 maximal an, dann können wir dem angeregten Zustand eine *mittlere Energie* $W = W_0 + \hbar\omega_0$ zuordnen, wobei W_0 die Energie des Grundzustandes ist. Ist die Breite der Spektrallinie $\Delta\omega$, was entsprechend zu definieren ist, dann wird die Breite des angeregten Energieniveaus $\Delta W = \hbar\Delta\omega$. Haben wir einmal die Tatsache akzeptiert, daß Energieniveaus bestimmte endliche Breiten besitzen, dann braucht nicht mehr von „mittleren Energien" gesprochen zu werden; wir verwenden einfach die Bezeichnung Energie für eine entsprechend definierte mittlere Energie des betreffenden Energieniveaus.

19. Die vereinfachende Annahme, die unserem ersten Postulat zugrundeliegt, kann anhand eines Beispiels aus der klassischen Mechanik gut veranschaulicht werden. Wir betrachten ein Pendel, das angestoßen wird und dann sich selbst überlassen bleibt. Die Reibungskräfte (der Luftwiderstand ist die bedeutendste) sollen gering, jedoch nicht null sein, so daß das Pendel einige hundert Schwingungen ausführen kann, bevor die Energie seiner Schwingungen auf $(1/e)$-tel des Anfangswertes abgesunken ist. (Die Zeitspanne, in der das geschieht, bezeichnen wir als mittlere Schwingungsdauer.) Die Schwingungsperiode, also die Zeit zwischen zwei aufeinanderfolgenden vollen Anschlägen z. B. nach rechts, beträgt 1 s.

Wenn uns jemand nach der Frequenz dieses Pendels fragt, dann würden wir ohne langes Überlegen antworten: eine Schwingung pro Sekunde (1 Hz). Das klingt vernünftig genug, doch ist diese Antwort genaugenommen falsch: Unter „Frequenz" verstehen wir nämlich die Anzahl von Wiederholungen eines *periodischen* Vorgangs pro Zeiteinheit. Die Bewegung des Pendels ist jedoch nur angenähert eine periodische Schwingung, da die Amplitude der Schwingung mit der Zeit abnimmt. Die Frequenz einer *gedämpften* harmonischen Schwingung kann nicht exakt definiert werden, obwohl man sie für alle praktischen Zwecke genau genug angeben kann.

Ein Atom, das Strahlung emittiert, ist in gewisser Hinsicht mit einem gedämpften Pendel zu vergleichen. Der Emissionsprozeß hat eine begrenzte Dauer, die „Schwingung im Atom" muß also eine gedämpfte Schwingung sein. Daher können wir dieser Schwingung auch keine *exakte* Frequenz zuordnen, da sie nicht streng periodisch ist. Die elektromagnetische Strahlung, die durch „irgendeinen Schwingungsvorgang im Atom" emittiert wird, ist somit nicht monochromatisch, sondern schließt einen bestimmten Frequenzbereich ein: Die Emissionslinie hat eine endliche Breite.

20. Nach Bild 3.13 nehmen wir an, daß die Frequenz um so genauer zu definieren ist, je geringer die Dämpfung ist. Wir könnten dann mutmaßen, daß die Unschärfe $\Delta\omega$ der Frequenz der mittleren Schwingungsdauer τ umgekehrt proportional ist.

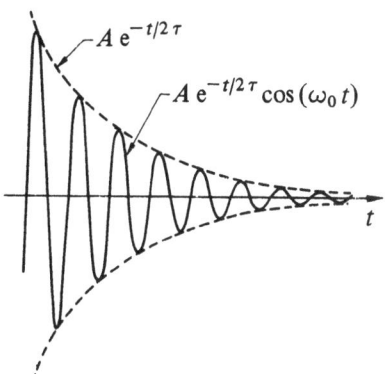

Bild 3.13 Ein exponentiell gedämpfter Schwingungsprozeß. Die Amplitude ist als Funktion der Zeit dargestellt. Da dieser Prozeß zeitlich nicht streng periodisch ist, können wir nicht von einer Frequenz ω_0 der Schwingung sprechen, denn der Begriff Frequenz bezieht sich auf einen *periodischen* Vorgang. Ist die Dämpfung nicht zu stark, dann können wir sagen, daß die Frequenz *angenähert* ω_0 ist. Es ist ziemlich einleuchtend, daß die Abnahme der Amplitude von einem Maximum zum nächsten um so geringer sein wird, je schwächer die Dämpfung ist. d. h., je schwächer die Dämpfung um so besser ist die Frequenz definiert.

Um genaueres über diese Annahmen zu erfahren, wollen wir die Emission und Streuung von Licht durch ein Atom im Sinne des Oszillatormodells aus Abschnitt 15 untersuchen. Wir nehmen an, daß nur zwei Zustände beteiligt sind: der Grundzustand und ein angeregter Zustand mit der Energie $\hbar\omega_0$.

Befassen wir uns zuerst mit dem Atom, kurz nach der Anregung: $A(t)$ ist die Amplitude der Schwingung im Atom, wobei die Zeitfunktion folgendermaßen aussieht

$$A(t) = A \exp\left(-i\omega_0 t - \frac{t}{2\tau}\right); \qquad (3.5)$$

A ist eine Konstante. Damit ist die zeitliche Abhängigkeit der Amplitude eines gedämpften harmonischen Oszillators der mittleren Frequenz ω_0 in komplexer Darstellung gegeben.

Da es sich bei dieser Schwingung um geladene Teilchen handelt, muß elektromagnetische Strahlung (der mittleren Frequenz ω_0) emittiert werden, und die zeitliche Abhängigkeit der Amplitude der emittierten Welle muß die gleiche Form wie Gl. (3.5) haben. Die *Intensität* $I(t)$ der emittierten Strahlung ist dem Quadrat des absoluten Amplitudenwertes proportional:

$$I(t) = C|A(t)|^2 = C|A|^2 \exp\left(-\frac{t}{\tau}\right). \qquad (3.6)$$

C ist eine Konstante. Daher gilt

$$I(t) = I(0) \exp\left(-\frac{t}{\tau}\right). \qquad (3.7)$$

Wir haben uns dafür entschieden, den Dämpfungsfaktor in Gl. (3.5) in der Form $\exp(-t/2\tau)$ zu schreiben, weil wir den Faktor $\exp(-t/\tau)$ in den Ausdruck für die Intensität hineinbringen wollten. Es steht uns natürlich frei, wie wir diesen Faktor schreiben, d. h., er hängt von der üblichen Definition von τ ab. Nach unserer Definition ist τ die Zeitspanne, in der die *Intensität* der Strahlung um den Faktor $1/e$ abnimmt. Da τ ein Maß für die Dauer des Prozesses ist, kann man τ als die *mittlere Lebensdauer des angeregten Zustands* interpretieren. „Ein wesentlicher Teil des Zerfallsprozesses läuft in einer Zeitspanne von der Größenordnung von τ ab."

21. Die Schwingungsamplitude $A(t)$, die in Gl. (3.5) definiert wurde, genügt der Differentialgleichung erster Ordnung

$$\frac{dA(t)}{dt} + \left(i\omega_0 + \frac{1}{2\tau}\right) A(t) = 0. \tag{3.8}$$

Diese *homogene* Differentialgleichung charakterisiert den Oszillator, wenn keine äußeren Einflüsse vorhanden sind. Wir nehmen nun an, daß monochromatisches Licht der Frequenz ω auf den Oszillator trifft. Die Gl. (3.8) muß dann durch Hinzufügen eines weiteren Terms den neuen Gegebenheiten angepaßt werden; dieser Term beschreibt die harmonisch variierende äußere treibende Kraft. Wir erhalten dann eine *inhomogene* Differentialgleichung der Form

$$\frac{dA(t)}{dt} + \left(i\omega_0 + \frac{1}{2\tau}\right) A(t) = F\exp(-i\omega t), \tag{3.9}$$

wobei F eine Konstante ist, die den Betrag der treibenden Kraft angibt.

Die Differentialgleichung (3.9) besitzt die folgende stationäre Lösung (wobei Ausgleichsvorgänge unberücksichtigt bleiben):

$$A(t) = \frac{iF\exp(-i\omega t)}{(\omega - \omega_0) + i/2\tau}. \tag{3.10}$$

Dies entspricht einer Schwingung mit konstanter Amplitude bei der erregenden Frequenz ω.

Die Intensität der vom Oszillator emittierten Strahlung ist dem Quadrat des absoluten Wertes von $A(t)$ proportional. Die vom *angeregten* Oszillator emittierte Strahlung wird in Form von Streustrahlung festgestellt; der Betrag der Streuung hängt von der Intensität ab. Wenn wir mit $S(\omega)$ den gesamten in der Zeiteinheit gestreuten Strahlungsbetrag pro Amplitudeneinheit der einfallenden Strahlung bezeichnen – ω ist die Frequenz der einfallenden Strahlung – dann ergibt sich nach Gl. (3.10), daß

$$S(\omega) \text{ proportional} \left| \frac{1}{(\omega - \omega_0) + i/2\tau} \right|^2$$

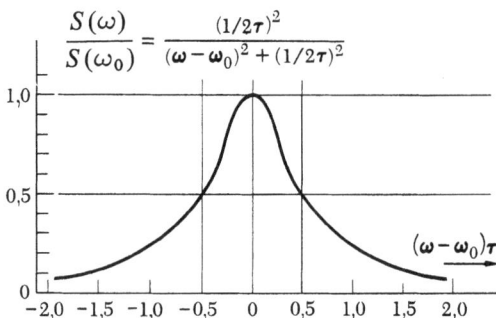

Bild 3.14 Die universelle Resonanzkurve. Diese Kurve gibt die Reaktion irgendeines linearen (oder angenähert linearen) Systems auf eine äußere Kraft an, die sich nach einer Sinusfunktion ändert und dabei eine Frequenz in der Nähe der Resonanzfrequenz besitzt, wenn keine andere Resonanzfrequenz in der nahen Umgebung vorhanden ist.
(In der Physik spielen zwei Glockenkurven eine besondere Rolle: die Resonanzkurve und die Gaußsche Glockenkurve. Auf den ersten Blick mögen die beiden recht ähnlich aussehen. Es ist jedoch zu beachten, daß die Gaußsche Kurve außerhalb des Maximums sehr *rasch* abfällt, während die Resonanzkurve nach beiden Seiten *viel flacher* ausläuft.)

ist bzw.

$$S(\omega) = S(\omega_0) \frac{(1/2\tau)^2}{(\omega - \omega_0)^2 + (1/2\tau)^2}, \tag{3.11}$$

wobei $S(\omega_0)$ den Betrag der Streuung „bei Resonanz", d. h. bei $\omega = \omega_0$ angibt.

Bild 3.14 zeigt schematisiert $\frac{S(\omega)}{S(\omega_0)}$ in Abhängigkeit von ω.

22. Die Funktion $S(\omega)$ ist ein Ausdruck für die Intensität der Reaktion eines Systems auf eine äußere Störschwingung der Frequenz ω. *Eine derartige Resonanzreaktion ist ein in der Quantenphysik ziemlich verbreitetes Phänomen, das keineswegs auf die Wechselwirkung von Atomen und elektromagnetischer Strahlung beschränkt ist.* Eine solche Resonanzreaktion können wir auch bei der Streuung von Materieteilchen bestimmter Energie, zum Beispiel Protonen durch einen Kern, oder der Streuung von Pionen durch ein Proton feststellen. Wir drücken das so aus: Ein quasistabiles Energieniveau eines quantenmechanischen Systems kann *nur* in dem Sinn als „existent" angesehen werden, als das System auf die entsprechende Frequenz mit Resonanz (nach Gl. (3.11)) anspricht.

In der Kernphysik ist die Resonanzgleichung (3.11) als die *Breit-Wigner-Resonanzgleichung für ein Energieniveau* bekannt (nach G. Breit und E. P. Wigner).

23. Befassen wir uns nun mit einer wichtigen Eigenschaft der Resonanzgleichung (3.11). Bei der Frequenz ω ist die Resonanzreaktion halb so groß wie die maximale Reaktion, dann gilt

$$\omega = \omega_0 \pm \frac{1}{2\tau}. \tag{3.12}$$

3.2 Die endliche Breite der Energieniveaus

Die Breite der Resonanzkurve (Bild 3.14) in Höhe des halben Maximumwertes ist demnach durch

$$\Delta\omega = \frac{1}{\tau} \qquad (3.13)$$

gegeben.

Dies wiederum stimmt mit unseren Vermutungen von Abschnitt 20 überein, daß zwischen der Unschärfe der Frequenz und der mittleren Lebensdauer des angeregten Zustands eine bestimmte Beziehung besteht.

Da die Breite des Energieniveaus eines angeregten Zustands durch $\Delta W = \hbar \, \Delta\omega$ definiert ist, können wir aus Gl. (3.13) sofort die wichtige Beziehung

$$\Delta W = \frac{\hbar}{\tau} \qquad (3.14)$$

ableiten, die die Unschärfe ΔW der Energie eines Niveaus in Abhängigkeit von der mittleren Lebensdauer τ des angeregten Zustands angibt. Je länger der Zustand andauert, um so besser ist die Energie des Niveaus definiert.

24. Der Leser mag nun den einigermaßen begründeten Zweifel hegen, daß eine einfache Differentialgleichung wie Gl. (3.13) wirklich ein so kompliziertes Phänomen wie die Wechselwirkung zwischen Atomen und elektromagnetischer Strahlung beschreiben kann. Das ist auch tatsächlich nicht der Fall, doch wollen wir ja gar nicht *alle* Aspekte dieser Wechselwirkung erfassen, wir interessieren uns vielmehr nur für die Reaktion eines Atoms auf (nahezu) monochromatisches Licht einer Frequenz *sehr nahe* der Resonanzfrequenz ω_0, die einem Übergang vom Grundzustand in einen angeregten Zustand entspricht. Die Gl. (3.11) beschreibt nur eine einzige Resonanz, und wenn es, wie es bei Atomen, Molekülen und Kernen immer der Fall ist, mehrere Resonanzen gibt, dann muß die Theorie entsprechend modifiziert werden. Die Gl. (3.11) gilt aber ziemlich exakt in der unmittelbaren Umgebung einer Resonanzlinie, die deutlich von allen anderen Resonanzen getrennt ist.

Im Rahmen dieses Buches kann das Thema Strahlungsübergänge nicht erschöpfend behandelt werden; wir müssen uns mit dieser ziemlich unbestimmten Theorie zufriedengeben. Das Wesentliche derartiger Phänomene kommt jedoch klar zum Ausdruck: *Irgendetwas* schwingt, und dieses „Etwas" ist geladen. Die Reaktion auf eine äußere Störung ist in der Amplitude linear.

25. Als nächstes wollen wir die Breite einer Linie untersuchen, die sich durch Emission beim Übergang zwischen zwei *angeregten* Zuständen ergibt. Die Situation ist schematisch in Bild 3.15 dargestellt. Die Breiten der Energieniveaus sind, stark übertrieben, durch die Dicken der horizontalen Striche symbolisiert. Es soll ein Kaskadenprozeß von zwei Übergängen stattfinden, und zwar vom zweiten angeregten Zustand in den ersten, dann vom ersten ange-

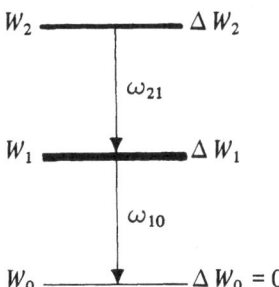

Bild 3.15 Vereinfachtes Termschema zu den Überlegungen von Abschnitt 25. Die Breite der Linie (mit der mittleren Frequenz ω_{21}), die beim Übergang vom oberen in den unteren angeregten Zustand emittiert wird, hängt von den Breiten *beider* Energieniveaus ab: $\Delta\omega_{21} = (\Delta W_2 + \Delta W_1)/\hbar$.

regten Zustand in den Grundzustand. Die Breite der Linie mit der Frequenz ω_{10}, die beim zweiten Übergang emittiert wird, ist durch $\Delta\omega_{10} = \Delta W_1/\hbar$ gegeben.

Wir können uns auch für die Unschärfe in der *Summe* der zwei Frequenzen interessieren, die bei den Kaskadenübergängen eines *einzelnen* Atoms emittiert werden. Wenn die Summe der zwei Frequenzen $\omega_{20} = \omega_{21} + \omega_{10}$ ist, dann erhalten wir dafür $\Delta\omega_{20} = \Delta W_2/\hbar$. Dies folgt auch aus dem Energieerhaltungssatz: Die Unschärfe der insgesamt zur Verfügung stehenden Energie muß ebenso groß sein wie die Unschärfe der Energie des zweiten angeregten Zustands.

Daraus ist zu entnehmen, daß die Breite der Linie (mit der Frequenz ω_{21}), die im ersten Übergang emittiert wird, durch $\Delta\omega_{21} = (\Delta W_2 + \Delta W_1)/\hbar$ gegeben ist, d.h., wenn der erste angeregte Zustand einem breiten Energieniveau entspricht, wird auch diese Emissionslinie breit sein, selbst dann, wenn der zweite angeregte Zustand eine geringe Breite bzw. eine lange Lebensdauer aufweist. Im gleichen Verhältnis, wie die Gesamtenergie auf die beiden emittierten Photonen aufgeteilt ist, sind auch die Unschärfen auf die beiden angeregten Zustände verteilt (Bild 3.16).

Die hier diskutierten Ergebnisse, die auf dem Prinzip der Energieerhaltung und auf der Voraussetzung einer endlichen Breite der Energieniveaus beruhen, sind wohl sehr einleuchtend und logisch, doch sind unsere Betrachtungen nicht streng exakt. Sie reichen jedoch aus, uns das Problem qualitativ verständlich zu machen. Das wichtigste Ergebnis ist jedenfalls, daß die Breite einer Emissionslinie von den Breiten *beider* beteiligter Energieniveaus abhängt.

26. Wenden wir uns nochmals der Beziehung $\Delta\omega = 1/\tau$ zu. Da die Frequenz umgekehrt proportional der Wellenlänge λ ist, ist die relative Unschärfe der Wellenlänge gleich der relativen Unschärfe der Frequenz:

$$\frac{\Delta\lambda}{\lambda} = \frac{\Delta\omega}{\omega} = \frac{1}{\omega\tau}. \qquad (3.15)$$

λ_{air} Å	Intensity	σ (cm^{-1})	Classification	o − c
4623.197	20	21624.00	101354₁ −122978°₃	−0.03
4616.233	60	21656.62	103612₁ −125269°₁	+0.01
4613.803	60	21668.02	21849°₄ − 43517 ₄	+0.03
4612.528	2	21674.01	101354₁ −123028°₂	−0.05
4612.384	4	21674.69	101354₁ −123029°₁	+0.03
4610.723	30	21682.50	103612₁ −125295°₀	−0.03
4599.803	1	21733.97		
4582.264	200	21817.16	103351₁ −125168°₁	0.00
4576.904	300	21842.71	103351₁ −125193°₁	+0.01
4575.494	3	21849.44	0 ₄ − 21849°₄	−0.03
4570.430	2	21873.65		
4568.802	20	21881.44	103351₁ −125232°₁	−0.02
4551.460	60	21964.81	103231₁ −125196°₁	+0.01
4544.250	100	21999.66	103231₁ −125230°₁	+0.01
4536.526	1	22037.12	103231₁ −125268°₁	−0.05
4536.330	10	22038.07	103231₁ −125269°₁	+0.01
4535.726	1000	22041.01	21476°₄ − 43517 ₄	+0.01
4527.861	6	22079.29	103079₁ −125158°₁	−0.01
4526.655	4	22085.17	103079₁ −125164°₁	−0.02
4525.931	2	22088.71	103079₁ −125168°₁	+0.01
4525.330	100	22091.64	100814₁ −122905°₁	+0.03
4524.689	10	22094.77	100814₁ −122908°₁	−0.04
4521.924	1000	22108.28	100814₁ −122922°₁	−0.01
4520.709	3	22114.22	103079₁ −125193°₁	−0.02
4519.918	10	22118.09	100814₁ −122932°₁	+0.01
4503.372	10	22199.36	100734₁ −122933°₁	+0.02
4502.825	100	22202.05	70433 − 92635°₁	0.0
4494.689	2	22242.24	100734₁ −122976°₁	
4491.454	100	22258.26	102897 −	
4490.855	4	22261.23		

Bild 3.16 Teil einer Tabelle aus einer Arbeit von *J. Sugar*, "Description and Analysis of the Third Spectrum of Cerium (Ce III)", (Beschreibung und Analyse des dritten Spektrums von Cerium ...), *Journal of the Optical Society of America* 55, 33 (1965), p. 44. Die erste Spalte enthält die Wellenlängen in Å (0,1 nm) von in Luft beobachteten Linien des zweifach ionisierten Ceriumatoms, die zweite die relative Intensität der Linien, die dritte die Energie des betreffenden Photons ausgedrückt als Wellenzahl; die vierte Spalte gibt die am betreffenden Übergang beteiligten Spektralterme an, wobei die Energien wiederum in Wellenzahlen gegeben sind.

Bei optischen Übergängen in Atomen ist die Größe $\omega\tau$ immer sehr groß. Die Frequenz $\nu = \omega/2\pi$ ist von der Größenordnung $5 \cdot 10^{14}$ s^{-1}, während die mittlere Lebensdauer τ die Größenordnung $10^{-7}...10^{-8}$ s aufweist. Die relative Unschärfe der Wellenlänge (bzw. Frequenz) hat also die Größenordnung $\Delta\lambda/\lambda \sim 10^{-7}$, ist also eine sehr kleine Größe. Die entsprechende Breite der Spektrallinien bezeichnen wir als *natürliche Linienbreite*: Diese ist eine Eigenschaft des Atoms an sich, die von den am Übergang beteiligten Energieniveaus abhängt.

3.3 Mehr über Energieniveaus und Termschemata

27. Wir wollen nun eine Reihe von typischen Termschemata besprechen. Sie wurden aufgrund tatsächlich erfolgter Messungen, die quantenmechanisch interpretiert wurden, konstruiert. Sie sind demzufolge das Ergebnis langwieriger Arbeiten, und wir sollten deshalb diese Diagramme bzw. die entsprechenden Tabellen von Wellenlängen der Spektrallinien mit gebührender Hochachtung betrachten.

Wir haben die hier gezeigten Termschemata in der Weise aufgebaut, wie es in der einschlägigen Literatur üblich ist. Die Darstellungsweise und die Benennung der verschiedenen Energieniveaus ist durch Konvention bestimmt. Um möglichst wahrheitsgetreue Darstellungen zu bringen, haben wir uns an diese überlieferten Konventionen gehalten, auch wenn es nicht möglich sein wird, die Darstellungen im Detail zu erklären. Der Leser mag einwenden, daß in einem Lehrbuch in den Bildern *nichts* vorkommen sollte, das nicht theoretisch erklärt werden kann. Die logische Folge einer solchen Einstellung würde es uns unmöglich machen, Termschemata überhaupt zu erwähnen, bevor wir theoretisch die Existenz von Energieniveaus nachgewiesen haben. Wir möchten in diesem Kapitel jedoch nur einige wichtige Aspekte physikalischer Systeme besprechen, wobei wir uns auf die empirische Tatsache stützen, daß sehr wohl Energieniveaus existieren. Historisch gesehen ist es nämlich so, daß Termschemata für Atome (ein typisches Beispiel ist das Termschema in Bild 3.17) aufgrund spektroskopischer Messungen konstruiert worden waren, *bevor* die eigentliche Bedeutung aller Details solcher Schemata bekannt war, also *vor* der Entwicklung der Quantenmechanik.

28. Die Energieniveaus eines quantenmechanischen Systems werden durch eine Reihe von *Quantenzahlen* bezeichnet. Die Quantenzahlen geben die numerischen Werte wichtiger physikalischer Parameter wieder, die in einer quantenmechanischen Darstellung des betreffenden Systems auftreten. In Zusammenhang mit den Termschemata werden wir einige dieser Quantenzahlen physikalisch interpretieren. Es ist jedoch nicht unbedingt erforderlich, alle Details der Niveaubenennungen zu verstehen, noch, sie sich zu merken.

In Bild 3.17 ist das Termschema des neutralen Lithiumatoms dargestellt. Auf der Energieskala links ist die Energie sowohl in Elektronvolt als auch in den entsprechenden Wellenzahlen angegeben. Die horizontalen Striche symbolisieren die Energieniveaus. Die Verbindungen zwischen den einzelnen Niveaus stellen beobachtete elektromagnetische Übergänge dar, wobei die Zahlen die Wellenlängen der betreffenden Spektrallinien in Ångström (0,1 nm) bedeuten. Besonders deutliche Linien im Spektrum sind durch dickere Verbindungsstriche zwischen den Niveaus gekennzeichnet.

Die Energieniveaus des Termschemas in Bild 3.17 sind nach einzelnen Spalten aufgeteilt worden. Im Bild sind vier davon dargestellt; sie sind mit *s*, *p*, *d* und *f* bezeichnet. Tatsächlich besitzt das Lithiumatom noch weitere Energieniveaus, die in der Termdarstellung in weiteren Spalten rechts von den gezeigten angeordnet werden müßten. Doch liegen diese Niveaus in der Nähe des Ionisationsniveaus und sind nicht mehr Teil des sichtbaren Spektrums von Lithium.

Sie werden feststellen, daß die Spektrallinien in Bild 3.17 eine bestimmte interessante Gesetzmäßigkeit aufweisen: Die

3.3 Mehr über Energieniveaus und Termschemata

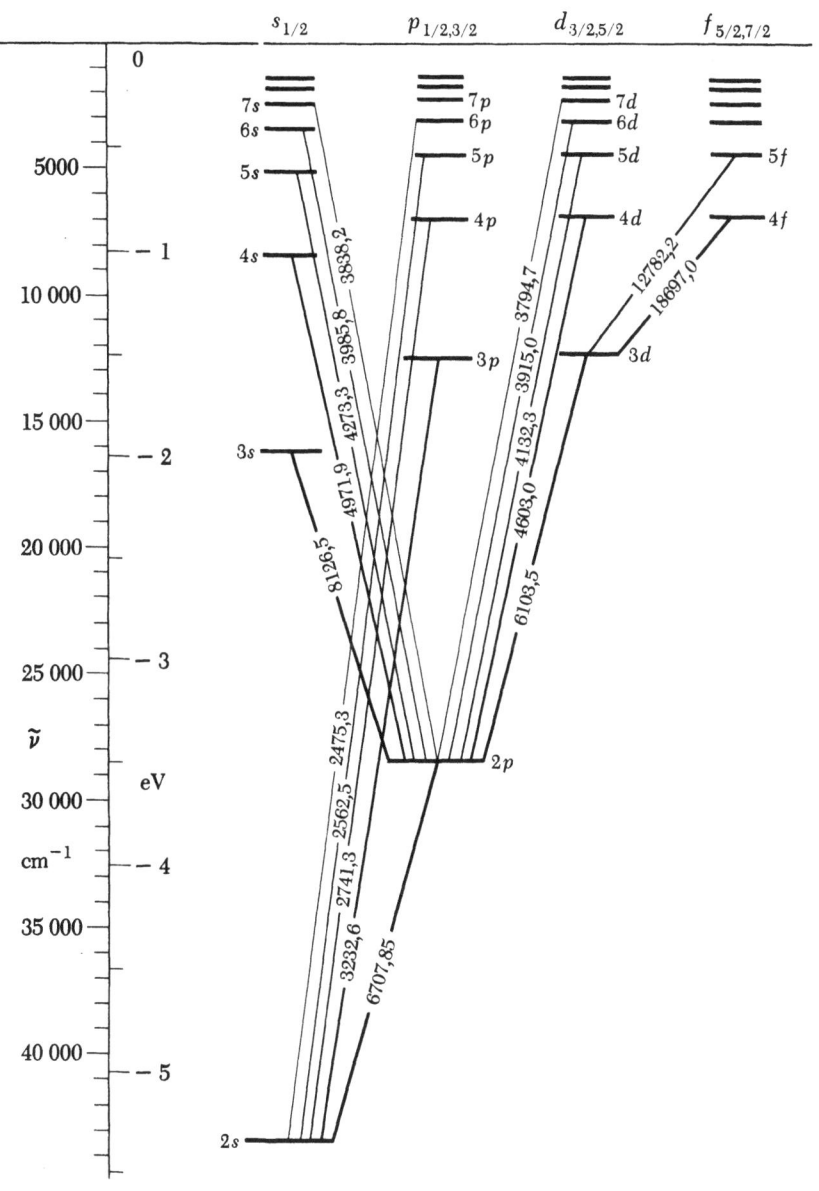

Bild 3.17
Termschema für das neutrale Lithiumatom. Die schrägen Striche symbolisieren beobachtete elektrische Dipolübergänge. Die Zahlen dabei geben die Wellenlängen in Ångström (0,1 nm) an. Weitere Details sind im Text erklärt. Nach einer Abbildung von *W. Grotrian* in *Graphische Darstellung der Spektren von Atomen*, Bd. II, S. 15 (Verlag Julius Springer, Berlin 1928).

Übergänge finden nur zwischen Niveaus aus *nebeneinanderliegenden* Spalten statt. Die im Bild 3.17 gezeigten Übergänge umfassen nicht alle möglichen Übergänge. Aufgrund quantenmechanischer Voraussagen müßte es auch Übergänge von der *s*-Spalte oder von der *d*-Spalte zum 3*p*-Niveau geben, von der *p*-Spalte zum 3*s*-Niveau, von der *p*-Spalte oder der *f*-Spalte zum 3*d*-Niveau usw. Eine Reihe von diesen Übergängen sind auch tatsächlich festgestellt worden, doch wurden sie nicht in das Bild aufgenommen, um dieses übersichtlicher zu halten (Bild 3.18). Diese zusätzlichen Übergänge, die im Infrarotbereich liegen, unterliegen ebenfalls der oben erwähnten Gesetzmäßigkeit; auch in diesem Fall finden die Übergänge nur zwischen Niveaus aus benachbarten Spalten statt. Dies ist ein gutes Beispiel für eine der sogenannten *Auswahlregeln,* die besagen, daß nur ganz bestimmte Paare von Energieniveaus an Übergängen beteiligt sein können. Der empirische Nachweis für diese Regel ist eindeutig aus Bild 3.17 zu entnehmen, in dem die beobachteten Linien dargestellt sind. Es fällt vor allem auf, daß es keine Übergänge zwischen dem 3*s*- und dem 2*s*-Niveau gibt, keine zwischen dem 3*p*- und dem 2*p*-Niveau usw. Aufgrund dieser Auswahlregel ist es natürlich und folgerichtig, die Niveaus in Spalten zu ordnen.

29. Die Auswahlregel ist eine besonders auffallende Gesetzmäßigkeit im Spektrum des Lithiumatoms. Es fragt sich nun, ob wir diese Regel auch theoretisch erklären können? Dies können wir tatsächlich tun, da wir dieses Phänomen bereits in allen Einzelheiten verstehen. Es beruht vor allem auf zwei Gegebenheiten: auf der Isotropie des physikalischen Raumes und auf der Kleinheit der Feinstrukturkonstanten $\alpha = e^2/\hbar c \approx 1/137$. Wir können das Phänomen hier natürlich nicht vollständig und detailliert beschreiben, da eine solche Erklärung entsprechende

Fe III—Continued

Authors	Config.	Desig.	J	Level	Interval
z ³P₂	3d⁶(a ⁴P)4p	z ³P°	2	119697.64	
³P₁			1	119982.26	−284.62
³P₀			0	120179.95	−197.69
y ³F₁	3d⁶(a ⁴D)4p	y ³F°	1	120697.10	
³F₂			2	120826.17	129.07
³F₃			3	121008.78	182.61
³F₄			4	121241.67	232.89
³F₅			5	121468.82	227.15
z ³G₃	3d⁶(a ⁴G)4p	z ³G°	3	121919.74	
³G₄			4	121941.29	21.55
³G₅			5	121949.62	8.33
z ³D₃	3d⁶(a ⁴P)4p	z ³D°	3	122346.61	
³D₂			2	122628.34	−281.73
³D₁			1	122843.03	−214.69
y ³D₄	3d⁶(a ⁴D)4p	y ³D°	4	122944.15	
³D₃			3	122829.55	114.60
³D₂			2	122898.84	−69.29
³D₁			1	122921.37	−22.53
³D₀			0	123455.92	−534.55
y ³P₁	3d⁶(a ⁴D)4p	z ³P°	1	123552.95	
³P₂			2	123697.18	144.23
³P₃			3	123750.39	53.21
y ³D₃	3d⁶(a ⁴D)4p	y ³D°	3	124854.04	
³D₂			2	124903.92	−49.88
³D₁			1	124954.88	−50.96
y ³F₄	3d⁶(a ⁴D)4p	y ³F°	4	125443.58	
³F₃			3	125637.98	−194.40
³F₂			2	125672.83	−34.85
z ³S₁	3d⁶(a ⁴P)4p	z ³S°	1	126390.57	

Bild 3.18 Termschemata bzw. Diagramme sind zwar dazu geeignet, einen Überblick zu geben, doch werden ausführliche und genaue Zahlenwerte am besten in Form von Tabellen zusammengestellt. Die obige Darstellung zeigt einen Teil einer Tabelle der Energieniveaus in zweifach ionisiertem Eisen. Die Energien (relativ zum Grundzustand) sind in Wellenzahlen, cm^{-1}, angegeben (fünfte Spalte). Die ersten drei Spalten enthalten verschiedene Bezeichnungen für die Niveaus, für die wir uns hier nicht näher interessieren können.
Das Bild stammt von *C. E. Moore, Atomic Energy Levels*, Bd. II, p. 62. (Circular of the National Bureau of Standards 467, U.S. Government Printing Office, Washington 1952.)

Systems hängt nicht von seiner *Orientierung* im Raum ab. Ganz allgemein folgt daraus – in der Quantenmechanik wie auch in der klassischen Mechanik –, daß der Drehimpulsvektor eines isolierten Systems konstant ist, er ändert sich nicht mit der Zeit. Wenn also ein Atom ein elektrisches Dipolphoton emittiert, muß der Drehimpuls des Atoms vor der Emission gleich der *Summe* des Drehimpulses des Atoms nach der Emission *und* des Drehimpulses des Dipolphotons sein. Dieses Erhaltungsgesetz führt zu Auswahlregeln, da jeder stationäre Zustand eines Atoms durch einen bestimmten Wert des Drehimpulses gekennzeichnet ist.

30. Infolge bestimmter quantenmechanischer Regeln muß das Quadrat des Drehimpulses L_A eines Atoms (wobei ein eventueller Drehimpuls des Kerns vernachlässigt wird) gleich

$$L_A^2 = J(J+1)\hbar^2 \tag{3.16}$$

sein, wobei J die *Drehimpulsquantenzahl* ist. Die möglichen Werte von J sind durch die Regel bestimmt, daß $2J$ gleich jeder nicht negativen ganzen Zahl sein kann: $2J = 0, 1, 2, \ldots$, daß also $2J$ geradzahlig ist, wenn das Atom eine gerade Anzahl von Elektronen besitzt, und ungeradzahlig, wenn eine ungerade Anzahl von Elektronen vorhanden ist. Man sagt üblicherweise, daß ein durch die Drehimpulsquantenzahl J charakterisierter Zustand „einen Drehimpuls J aufweist".

Im Rahmen der Quantenmechanik kann dann nachgewiesen werden, daß bei einem elektrischen Dipolübergang von einem Anfangszustand mit einem Drehimpuls J_a auf einen Endzustand mit dem Drehimpuls J_e die erlaubten Änderungen des Drehimpulses durch die Regel

$$J = J_e - J_a = -1, \ 0 \ \text{oder} \ +1 \tag{3.17}$$

gegeben sind.

Diese Regel gilt streng für alle isolierten quantenmechanischen Systeme, ob sie nun Atome, Moleküle oder Kerne sind; sie ist durch das Erhaltungsprinzip bedingt, das im vorigen Abschnitt besprochen wurde. Die Theorie des Drehimpulses wird im Rahmen des Buches nicht behandelt werden; die Ableitung der Beziehungen (3.16) und (3.17) kann daher auch nicht gebracht werden.

31. Mit dem oben besprochenen Theorem ist jedoch die Reihe der Auswahlregeln für das Lithiumatom keineswegs abgeschlossen. In der Atomphysik gibt es noch eine weitere *angenäherte* Auswahlregel für elektrische Dipolübergänge: Bei einem elektrischen Dipolübergang muß sich der *Bahndrehimpuls* des Elektrons genau um eine Einheit ändern:

$$\Delta L = L_f - L_i = -1 \ \text{oder} \ +1. \tag{3.18}$$

Hier bezeichnet L, mit dem entsprechenden Index versehen, die *Bahndrehimpulsquantenzahl* des Elektrons. Was ist darunter zu verstehen? Diese Quantenzahl kann

mathematische Kenntnisse voraussetzen würde, aber wir wollen zumindest in groben Zügen darlegen, worum es hier geht.

Weil die Feinstrukturkonstante einen so kleinen Wert hat, ist eine ganz bestimmte Art von elektromagnetischen Übergängen in der Atomphysik von besonderer Bedeutung: die Übergänge nämlich, die die gleichen symmetrischen Eigenschaften aufweisen wie eine Welle, die von einem kleinen elektrischen Dipol-Oszillator ausgesandt wird. Den Nachweis hierfür werden wir später liefern. Eine solche Welle (bzw. Photon) wird als *elektrische Dipolwelle* (bzw. *elektrisches Dipolphoton*) bezeichnet. Wir können im Rahmen der Quantenmechanik nachweisen, daß ein solches Photon einen Drehimpuls $\hbar$ besitzt.

Unter Isotropie des physikalischen Raumes ist die Tatsache zu verstehen, daß in der Physik keinerlei Richtung irgendwie bevorzugt ist: Das Verhalten eines isolierten auch klassisch interpretiert werden; dabei würde L den Betrag des Drehimpulses der *Bahnbewegung* des Elektrons angeben, wenn das Atom aus klassischer Sicht betrachtet wird. Nun besitzt aber jedes Elektron auch einen *eigenen* Drehimpuls oder *Spin*. Die Spindrehimpulsquantenzahl eines Elektrons hat den Wert $L_{Spin} = 1/2$, das Elektron „besitzt einen Spin 1/2". Der *Gesamt*drehimpuls eines Elektrons in einem Atom setzt sich aus zwei Komponenten zusammen; er ist gleich der Vektorsumme aus Bahndrehimpuls und Spin.

Die theoretischen möglichen Werte von L umfassen die Reihe der nicht negativen ganzen Zahlen: $L = 0, 1, 2, 3, 4, \ldots$. Die Buchstaben *s, p, d, f*, mit denen die Spalten in Bild 3.17 bezeichnet sind, sind Codebezeichnungen für den Bahndrehimpuls, und zwar gilt: „s" bedeutet $L = 0$; „p" bedeutet $L = 1$; „d" bedeutet $L = 2$ und „f" bedeutet $L = 3$. Die in Abschnitt 28 diskutierte Auswahlregel ist mit der Auswahlregel (3.18) identisch.

Es ist nicht immer möglich, einem Energieniveau eines Atoms eindeutig eine Bahndrehimpulsquantenzahl zuzuordnen, obwohl dies im Falle von Alkaliatomen wie Lithium geschehen kann. Der Grund hierfür liegt darin, daß zwar der Gesamtdrehimpuls eine Konstante der Bewegung ist, nicht jedoch der Bahndrehimpuls oder der Spindrehimpuls. Anders ausgedrückt, die Energieniveaus besitzen im allgemeinen keine eindeutigen L-Werte. In diesem Sinne gilt die Auswahlregel (3.18) nur angenähert, für Alkaliatome und Wasserstoffatome gilt sie jedoch genau.

32. Befassen wir uns nochmals mit Bild 3.17. Was ist daraus bezüglich J und der Auswahlregel (3.17) zu ersehen? Aus Bild 3.17 geht diese Regel nicht hervor, da das Termschema stark vereinfacht wurde. Genaugenom-

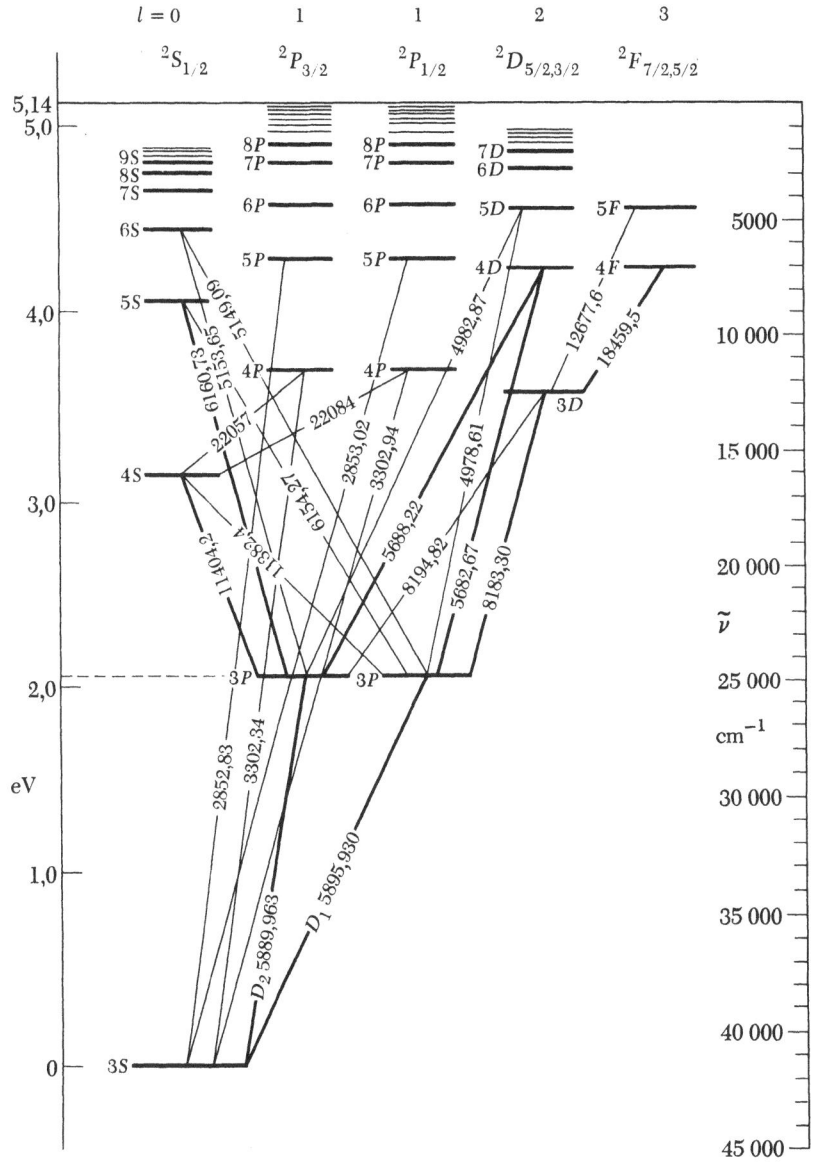

Bild 3.19

Termschema des neutralen Natriumatoms. Die Zahlen bei den schrägen Strichen sind die Wellenlängen beobachteter Übergänge in Ångström (0,1 nm) (*nach Grotrian*).

Config.	Desig.	L_A	Level	Interval
6f	6f $^2F°$	2½ 3½	38400.1	
6h	6h $^2H°$	4½ 5½	38403.4	
7p	7p $^2P°$	½ 1½	38540.40 38541.14	0.74
8s	8s ^2S	½	38968.35	
7d	7d ^2D	2½ 1½	39200.962 39200.963	−0.001
7f	7f $^2F°$	2½ 3½	39209.2	
8p	8p $^2P°$	½ 1½	39298.54 39299.01	0.47
9s	9s ^2S	½	39574.51	
8d	8d ^2D	2½ 1½	39729.00	
8f	8f $^2F°$	2½ 3½	[39734.0]	
9p	9p $^2P°$	½ 1½	39794.53 39795.00	0.47
10s	10s ^2S	½	39983.0	
9d	9d ^2D	2½ 1½	40090.57	
9f	9f $^2F°$	2½ 3½	40093.2	
10p	10p $^2P°$	½ 1½	40137.25	

Bild 3.20 Teil einer Tabelle der Energieniveaus im neutralen Natriumatom. Die Energien (vierte Spalte) sind in Wellenzahlen angegeben und auf den Grundzustand bezogen. In der Spalte L_A ist der Drehimpuls des betreffenden Zustands angeführt.

Die Tabelle stammt von C. E. Moore, *Atomic Energy Levels*, Bd. I, p. 90 (Zirkular des National Bureau auf Standards Nr. 467, U.S. Government Printing Office, Washington 1949).

men müßten die p-, d- und f-Spalten ein zweites Mal vorkommen. Der Index 1/2, 3/2, 5/2 bzw. 7/2 bei den Spaltenbezeichnungen s, p, d und f gibt den Gesamtdrehimpuls J an. Für Alkaliatome (und Wasserstoff) gelten die folgenden Regeln: Ist $L = 0$, dann ist $J = 1/2$ (der gesamte Drehimpuls geht auf den Elektronenspin zurück). Bei allen anderen Werten von L kann J die Werte $J = L + 1/2$ und $J = L - 1/2$ haben. (Bei anderen Atomen gelten auch andere Regeln.) Das Niveau $2p$ ist somit zweifach vorhanden, doch der Energieunterschied zwischen den beiden Niveaus des *Dubletts* ist so gering, daß bei der Genauigkeit der Darstellung die beiden Niveaus zusammenfallen.

Die Bilder 3.19 und 3.20 zeigen das Termschema des Natriumatoms. Natrium ist auch ein Alkaliatom, daher ist sein Termschema in vieler Hinsicht dem von Lithium ähnlich. Hier wurde zwar die p-Spalte zweimal dargestellt, die d- und f-Spalte aber aus Platzgründen nicht. Alle Übergänge in Bild 3.19 sind elektrische Dipolübergänge. Die Übergänge, bei denen das charakteristische gelbe Licht einer Natriumdampflampe entsteht, sind die Übergänge vom $3p_{1/2}$- und $3p_{3/2}$-Niveau auf den Grundzustand $3s_{1/2}$. Die „gelbe Natriumlinie" ist also ein Dublett.

Der Leser sollte sich das Termschema in Bild 3.19 genau ansehen, vor allem im Hinblick auf die Auswahlregeln (3.17) und (3.18) für J bzw. L, denen die dargestellten Übergänge unterliegen sollten.

33. Bild 3.21 zeigt das Termschema des Heliumatoms, das zwei vollkommen verschiedene Systeme von Energie-

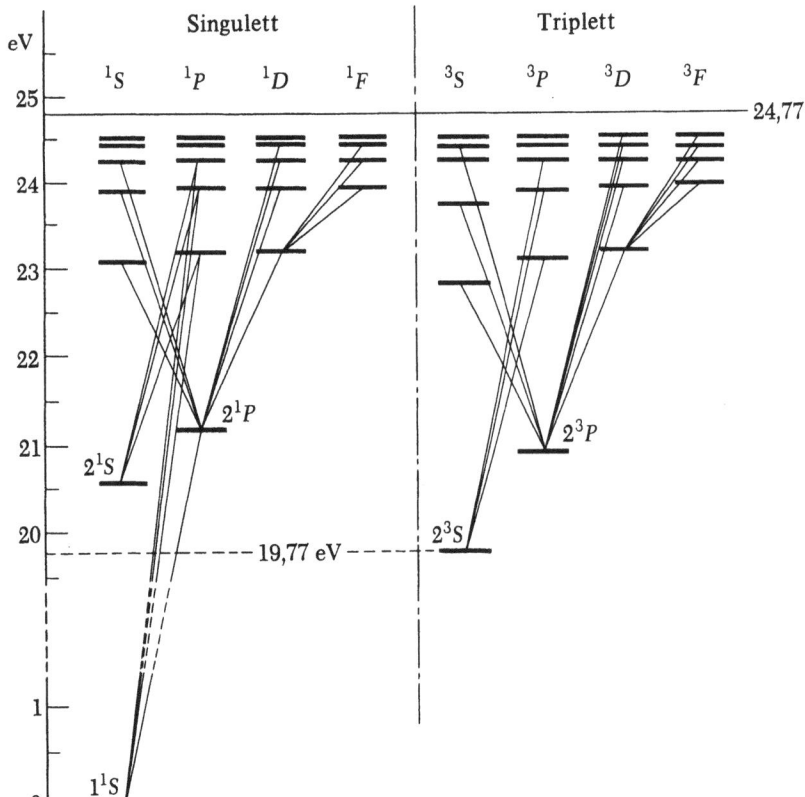

Bild 3.21
Termschema des neutralen Heliumatoms. Auffällig ist die Trennung der beiden Niveausysteme im Singulett- bzw. Triplettsystem. In den Triplettzuständen sind die Elektronenspins parallel gerichtet, in den Singulettzuständen antiparallel. Die Singulettniveaus und die Triplettniveaus entsprechen einander mit der einen Ausnahme, daß der Singulett-Grundzustand keine Entsprechung bei den Triplettzuständen hat. Dies beruht auf dem Ausschließungsprinzip von *Pauli*: Zwei Elektronen, deren Spins gleichgerichtet sind, können sich niemals zugleich im untersten Niveau befinden. Diese Einschränkung gilt nicht, wenn die Spins entgegengesetzt gerichtet sind.

3.3 Mehr über Energieniveaus und Termschemata

Bild 3.22
Termschema des neutralen Thalliumatoms.
Die Zahlen bei den schrägen Strichen sind
die Wellenlängen beobachteter Übergänge
in Ångström (0,1 nm) (*nach Grotrian*).

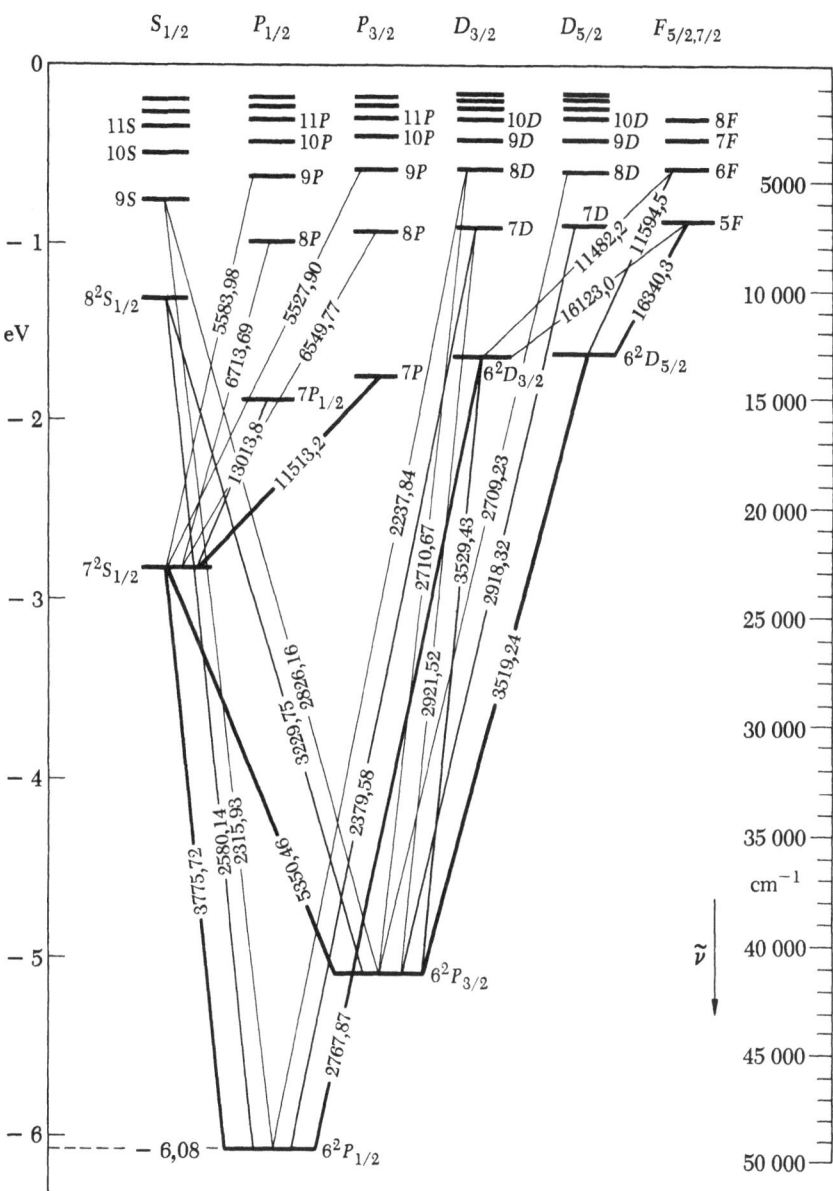

niveaus aufweist: Das Singulett- und das Triplettsystem. Die Spektrallinien des Heliumatoms entstehen aus Übergängen *innerhalb* der Systeme, nämlich durch Übergänge von Singulett- zu Singulettniveaus und von Triplett- zu Triplettniveaus.

Das Heliumatom besitzt zwei Elektronen. Bei den Singulettniveaus ist der Spin der beiden Elektronen entgegengesetzt gerichtet, während bei den Triplettniveaus die beiden Elektronenspins die gleiche Richtung besitzen.

Die Buchstaben $S, P, D, F, \ldots$ bezeichnen jeweils den Gesamtbahndrehimpuls der Elektronen. Der hochgestellte Index links gibt die *Multiplizität* (Singulett oder Triplett) an. Bei den Singulettniveaus ist der Gesamtdrehimpuls gleich dem Bahndrehimpuls. Bei den Triplettniveaus kann der Gesamtdrehimpuls J die Werte $J = L - 1, L$ und $L + 1$ haben, wobei natürlich immer $J \geq 0$ ist. Im Triplettsystem sind die S-Niveaus Singuletts, die übrigen Niveaus sind Tripletts. Im Singulettsystem gibt es natürlich nur einfache Niveaus.

34. Im Termschema des Thalliumatoms (Bild 3.22) können wir folgende interessante Tatsache feststellen. Ein Atom im Zustand $7^2 S_{1/2}$ kann entweder in den Zustand $6^2 P_{3/2}$ *oder* den Grundzustand $6^2 P_{1/2}$ übergehen. Das Atom hat sozusagen „die Wahl" zwischen zwei Übergängen. Dafür gibt es im Termschema des Thalliumatoms noch weitere Beispiele, und auch in anderen Termschemata dieses Kapitels finden wir diese Besonderheit. (Suchen Sie nach Beispielen hierfür!) Kann ein Atom einen angeregten Zustand durch verschiedene Übergänge verlassen, dann besitzt jeder dieser Übergänge eine bestimmte Wahrschein-

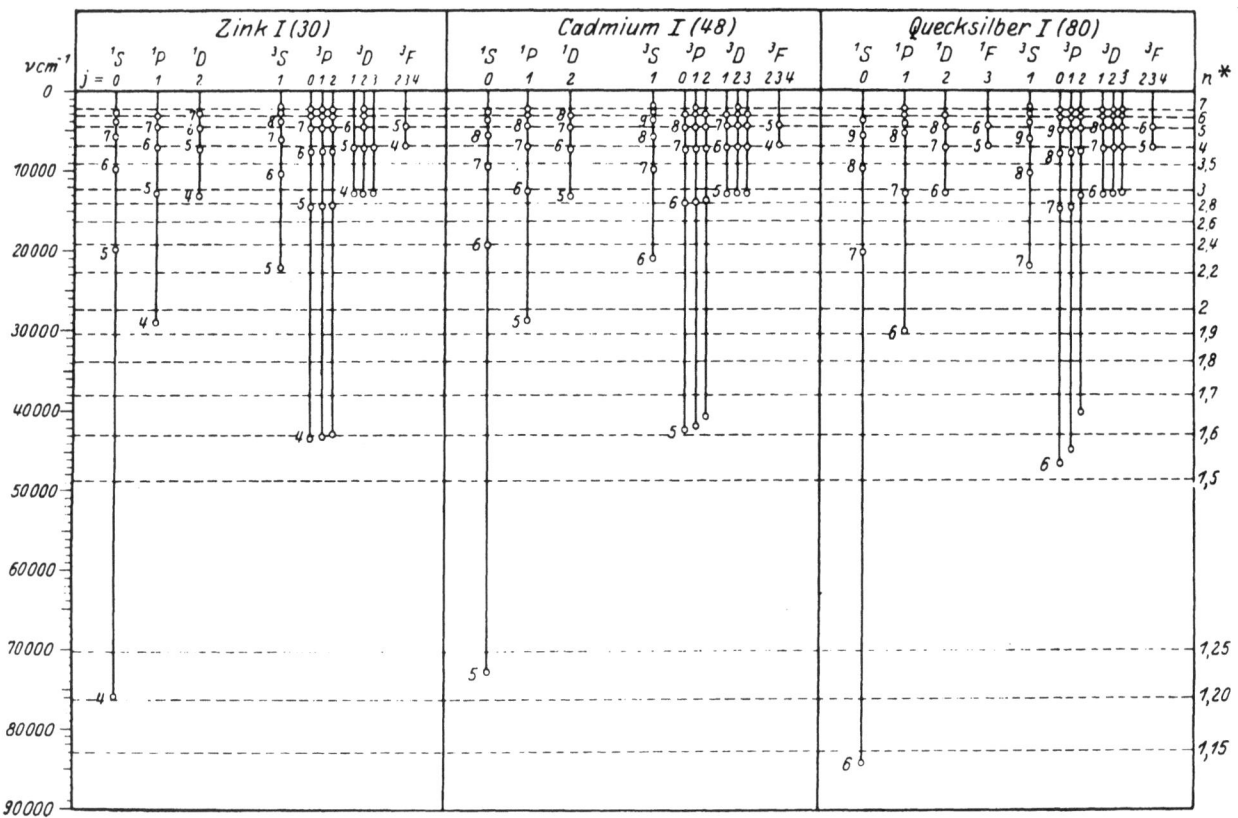

Bild 3.23 Termschemata von Zink, Cadmium und Quecksilber. Anhand dieser Nebeneinanderstellung soll gezeigt werden, daß chemisch ähnliche Elemente ähnliche Termschemata besitzen. Das Bild stammt aus „Graphische Darstellung der Spektren von Atomen und Ionen...", von W. Grotrian, Teilband II, Struktur der Materie, Band VIII, S. 131 (Verlag Julius Springer, Berlin 1928) (zur Verfügung gestellt vom Springer-Verlag).

keit. Diese Wahrscheinlichkeiten sind unter der Bezeichnung *Verzweigungsverhältnis* bekannt. Es wurde experimentell nachgewiesen, daß die Verzweigungsverhältnisse jeweils Eigenschaften des angeregten Zustandes an sich sind, daß sie also in keiner Weise davon abhängen, *wie* der betreffende angeregte Zustand erreicht wurde.

35. Die einander ziemlich ähnlichen Termschemata von Natrium und Lithium, beides Alkalimetalle, unterscheiden sich auffallend von den Termschemata von Helium und Thallium. Eine Untersuchung einer großen Anzahl von Termschemata zeigt, daß chemisch ähnliche Elemente auch ähnliche Termschemata besitzen. Bild 3.23 ist dafür ein Beispiel. Dies ist dadurch zu erklären, daß sowohl das optische Spektrum als auch die chemischen Eigenschaften eines Elements von der Struktur der Elektronenhülle eines Atoms abhängen, insbesondere von der Konfiguration der äußersten Elektronen.

Aus dieser Sicht läßt sich auch das periodische System der Elemente (Bild 3.24) gut verstehen. Die chemischen Elemente sind darin mit fortlaufenden Ordnungszahlen so angeordnet, daß Elemente mit ähnlichen chemischen Eigenschaften in der gleichen Spalte stehen. Die Anzahl der Elektronen eines Atoms ist gleich Z. Mit zunehmender Ordnungszahl Z weist die Besetzung der Elektronen-„schalen" eine bestimmte Periodizität auf, die sich in der Zeilenanordnung widerspiegelt. Die chemischen Eigenschaften eines Elements hängen von der Besetzung der einzelnen Schalen — vor allem der äußersten — ab. Immer wenn gewisse Schalen wieder voll besetzt sind, finden wir an dieser Stelle im periodischen System ein Edelgas. Die Anzahl von Elektronen, die auf einer bestimmten Schale Platz haben, ist durch das Ausschließungsprinzip von *Pauli* festgelegt, das aus diesem Grunde für die Chemie von *entscheidender* Bedeutung ist. Vor der Entdeckung dieses Prinzips durch *Pauli* hatte man natürlich keinerlei Vorstellung von diesen Dingen.

Die Details des periodischen Systems der Elemente nach diesen Gesichtspunkten zu untersuchen und zu erklären, ist für uns eine sehr interessante Aufgabe, doch nicht Sinn dieser Einführung, da wir dazu die Atomspektren und Energieniveaus systematisch untersuchen müßten. Bild 3.25 zeigt jedoch als „Kostprobe" einen Teil einer Tabelle der Elektronenkonfigurationen von Atomen.

3.3 Mehr über Energieniveaus und Termschemata

1 H 1.0080																	2 He 4.003
3 Li 6.940	4 Be 9.013											5 B 10.82	6 C 12.011	7 N 14.008	8 O 16.000	9 F 19.00	10 Ne 20.183
11 Na 22.991	12 Mg 24.32											13 Al 26.98	14 Si 28.09	15 P 30.975	16 S 32.066	17 Cl 35.457	18 Ar 39.944
19 K 39.100	20 Ca 40.08	21 Sc 44.96	22 Ti 47.90	23 V 50.95	24 Cr 52.01	25 Mn 54.94	26 Fe 55.85	27 Co 58.94	28 Ni 58.71	29 Cu 63.54	30 Zn 65.38	31 Ga 69.72	32 Ge 72.60	33 As 74.91	34 Se 78.96	35 Br 79.916	36 Kr 83.80
37 Rb 85.48	38 Sr 87.63	39 Y 88.92	40 Zr 91.22	41 Nb 92.91	42 Mo 95.95	43 Tc	44 Ru 101.1	45 Rh 102.91	46 Pd 106.4	47 Ag 107.880	48 Cd 112.41	49 In 114.82	50 Sn 118.70	51 Sb 121.76	52 Te 127.61	53 I 126.91	54 Xe 131.30
55 Cs 132.91	56 Ba 137.36	57–71 La Reihe	72 Hf 178.50	73 Ta 180.95	74 W 183.86	75 Re 186.22	76 Os 190.2	77 Ir 192.2	78 Pt 195.09	79 Au 197.0	80 Hg 200.61	81 Tl 204.39	82 Pb 207.21	83 Bi 208.99	84 Po	85 At	86 Rn
87 Fr	88 Ra 226.03	89–103 Ac Reihe	(104)	(105)	(106)	(107)	(108)										

Lanthaniden	57 La 138.92	58 Ce 140.13	59 Pr 140.92	60 Nd 144.27	61 Pm	62 Sm 150.35	63 Eu 152.0	64 Gd 157.26	65 Tb 158.93	66 Dy 162.51	67 Ho 164.94	68 Er 167.27	69 Tm 168.94	70 Yb 173.04	71 Lu 174.99
Actiniden	89 Ac 227.04	90 Th 232.05	91 Pa 231.05	92 U 238.04	93 Np	94 Pu	95 Am	96 Cm	97 Bk	98 Cf	99 Es	100 Fm	101 Md	102 No	103 Lr

Bild 3.24 Das periodische System der Elemente. Die Ordnungszahl Z steht über dem chemischen Symbol, die relative Atommasse (einigermaßen stabiler Elemente) steht darunter.

Die Lanthaniden-Reihe (Reihe der seltenen Erden) besteht aus 15 chemisch sehr ähnlichen Elementen. Die Atome dieser Elemente weisen alle die gleiche Elektronenkonfiguration in der äußersten Schale auf. Die inneren Schalen, die am Anfang der Reihe „übergangen" wurden, füllen sich nach und nach gegen Ende der Reihe hin. Aufgrund dieser Modellvorstellung sagte *Bohr* voraus, daß das damals noch nicht entdeckte Element mit der Ordnungszahl 72, Hafnium, chemisch eher dem Zirkonium ähnlich sein müßte als den seltenen Erden. Es war ein großer Triumph für seine Theorien, daß das später entdeckte Hafnium in einem Zirkoniummineral gefunden wurde.

Die sogenannten Aktiniden bilden eine ähnliche Reihe von Elementen.

36. Als das periodische System erstmals von *D. I. Mendelejeff* im Jahre 1869 zusammengestellt wurde, kannte man weder Atomkerne noch Elektronen. *Mendelejeff* ordnete die Elemente daher nicht nach der Kernladungszahl bzw. Ordnungszahl Z an, sondern nach der relativen Atommasse. Glücklicherweise entspricht auch diese Richtung der richtigen Reihenfolge, wobei es nur wenige Ausnahmen gibt. Dazu gehören Argon und Kalium: Argon hat eine höhere relative Atommasse als Kalium, doch die chemischen Eigenschaften (Argon ist ein Edelgas und Kalium ein Alkalimetall) bedingen, daß Argon ohne den geringsten Zweifel vor Kalium stehen *muß*. Aus der Sicht der Chemie ist die Reihenfolge der Elemente im periodischen System ziemlich eindeutig festgelegt; aufgrund dieser Reihenfolge wurden den Elementen Ordnungszahlen Z zugeordnet.

Wir sollten hier nicht unerwähnt lassen, daß *Mendelejeff* mit anerkennenswerter Voraussicht im periodischen System für noch nicht entdeckte Elemente Plätze freihielt[1].

37. Es bedeutete einen großen Fortschritt in der Atomtheorie, als man erkannte, daß die Ordnungszahl mit der Kernladungszahl identisch ist, also auch die Anzahl der Elektronen eines Atoms angibt. Zur Klärung dieses Problems trug die Arbeit von *H. G. J. Moseley* um 1913 maßgeblich bei. Er führte systematische Messungen der Wellenlängen der Röntgenstrahlung von unterschiedlichsten Elementen durch

---

[1] Einen Bericht über die Arbeiten *Mendelejeffs* und eine Geschichte des periodischen Systems findet man in *The World of the Atom*, Bd. I, Hrsg. H. A. Boorse und L. Motz (Basic Books Inc., New York 1966).

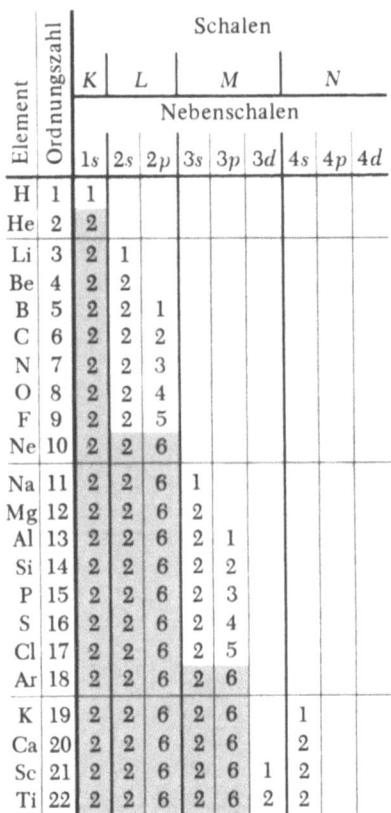

Bild 3.25 Die Schalenstruktur leichter Atome. Die Hauptschalen, die mit den Buchstaben K, L, M, N, ... bezeichnet werden, sind nochmals in Nebenschalen aufgeteilt. Die einzelnen Perioden von Elementen sind durch dünne Querstriche voneinander getrennt. Komplette Edelgasbesetzungen sind durch Grautönung angezeigt. In den ersten drei Perioden ist die Besetzung der Schalen sehr schön regelmäßig, doch wird mit Kalium erstmalig eine äußere Schale voll besetzt, bevor die innere voll ist. Das kommt auch noch weiter hinten im periodischen System vor. Die theoretische Erklärung dieses Phänomens ist bekannt.

Eine s-Nebenschale ist mit 2 Elektronen voll besetzt, eine p-Schale mit 6, eine d-Schale mit 10.

und konnte nachweisen, daß die Wellenlängen analoger Linien in verschiedenen Elementen in höchst einfacher Weise von der Ordnungszahl abhängen[1]. Wir wollen uns kurz mit diesem Problem befassen.

Wenn eine bestimmte Atomart mit energiereichen Elektronen (mit Energien bis zu 100 keV) beschossen wird, werden kurzwellige elektromagnetische Strahlungen aus dem Röntgenbereich emittiert. Außerdem stellt man im Spektrum dieser Strahlung eine Reihe ausgeprägter Linien fest, die einem kontinuierlichen Spektrum überlagert sind

[1] H. G. Moseley, "The High-Frequency Spectra of the Elements" (Die Hochfrequenzspektren der Elemente), *Philosophical Magazine* **26**, 1024 (1913) und **27**, 703 (1914).

und für das betreffende Element bzw. die Atomart charakteristisch sind (vgl. Bild 4.11, in dem eine Kurve aus einem derartigen Versuch abgebildet ist). Angesichts der Überlegungen von Abschnitt 27 im Kapitel 2 erwarten wir, daß die innersten Elektronen für die Emission dieser charakteristischen Linien verantwortlich sind. Das auftreffende Elektron kann ein Elektron aus der innersten Schale (der K-Schale) herausschlagen, der freie Platz auf dieser Schale wird dann von einem Elektron aus einer der äußeren Schalen wieder besetzt. Der Unterschied in der Bindungsenergie (zwischen dem herausgeschlagenen und dem nachgerückten Elektron) tritt dann in Form eines Röntgen-Photons auf.

In Abschnitt 27 des Kapitels 2 haben wir festgestellt, daß die Bindungsenergie eines der innersten Elektronen angenähert durch

$$B_K = Z^2 R_\infty \qquad (3.19)$$

gegeben sein müßte, wobei $R_\infty = \frac{1}{2}\alpha^2 m_e c^2$ die Rydberg-Konstante ist. Wir haben keine Theorie aufgestellt, die uns die Bindungsenergie in der nächsten Schale angeben kann, doch wollen wir einmal annehmen, daß sie *proportional* zu B_K, aber kleiner ist. Wenn also ein Elektron aus der nächstäußeren in die innerste Schale übergeht, dann müßte die Wellenlänge λ des emittierten Photons durch die Gleichung

$$\lambda = \frac{C}{Z^2 R_\infty} \qquad (3,20)$$

gegeben sein, wobei C eine Konstante ist, die nur schwach von Z abhängt. Tragen wir $\ln \lambda$ gegen $\ln Z$ auf, dann muß sich eine Gerade ergeben, wenn diese Annahmen richtig sind. Bild 3.26 zeigt ein derartiges Diagramm: Die experimentell bestimmten Wellenlängen liegen mit befriedigender Genauigkeit auf einer Geraden. Die Konstante C ist angenähert gleich 4/3, was mit der Voraussage der Bohrschen Theorie übereinstimmt.

Da das nachrückende Elektron aus irgendeiner von mehreren Schalen stammen kann und da das „Loch" in irgendeiner der Schalen entstehen kann, muß es eine ganze Reihe von charakteristischen Linien geben — genau das hat man auch festgestellt. Das Diagramm in Bild 3.26 enthält nur eine dieser Linien, es wurden also immer die gleichen Schalen der verschiedenen Atome berücksichtigt.

Wie wir sehen, kann die Kernladung durch Messung von Röntgenemissionslinien bestimmt werden. *Moseleys* Arbeiten führten also zur Erkenntnis ganz neuer Aspekte des periodischen Systems.

38. Befassen wir uns noch mit einigen Gesichtspunkten hinsichtlich der Atomkerne. Das Termschema in Bild 3.27 stellt die experimentell bestimmten Kernenergieniveaus des Borisotops $^{11}_{5}\text{B}$ dar.

3.3 Mehr über Energieniveaus und Termschemata

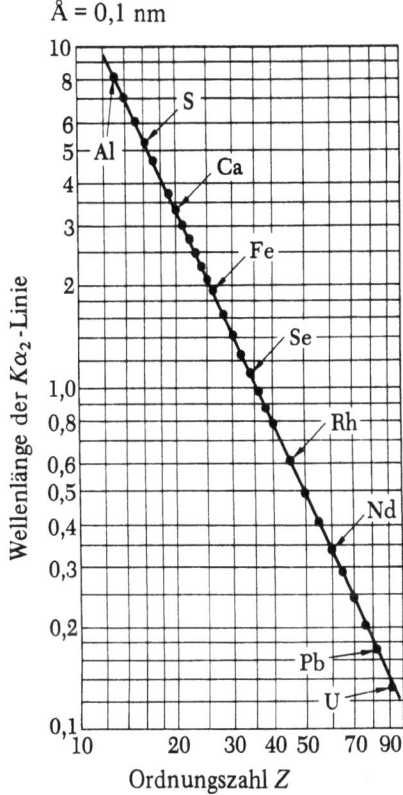

Bild 3.26 Diagramm von $\ln \lambda$ in Abhängigkeit von $\ln Z$. λ ist die Wellenlänge der sogenannten $K\alpha_2$-Linie im Röntgenspektrum eines Elements der Ordnungszahl Z. Die Punkte liegen – mit der Genauigkeit der Darstellung – auf einer Geraden. Diese Koordinaten sind fast für alle Elemente bekannt, doch sind hier nur ausgewählte Atome eingetragen. Eine einfache Erklärung ist im Text gegeben.

In diesem Bild wurde dem Grundzustand die Energie null zugeordnet. Der Gesamtdrehimpuls des Grundzustands ist $J = 3/2$.

Besonders breite Niveaus sind schraffiert dargestellt, wobei die Schraffierung ein grobes Maß für die Breite sein soll.

Die Dissoziationsgrenze für diesen Kern liegt bei 8,667 MeV: Oberhalb dieser Energie kann der Kern sich in ein Alphateilchen und das Lithiumisotop $^{7}_{3}\text{Li}$ aufteilen. Rechts vom eigentlichen Termschema ist diese Art der Dissoziation dargestellt. Oberhalb einer Energie von etwa 11 MeV kann der Bor-Kern auf zwei verschiedene Arten dissoziieren, nämlich entweder in ein Neutron und ein Borisotop $^{10}_{5}\text{B}$, oder in ein Proton und das Berylliumisotop $^{10}_{4}\text{Be}$. Diese beiden Arten der Dissoziation sind ebenfalls rechts vom Niveauschema des Isotops $^{11}_{5}\text{B}$ angegeben.

Es ist jedoch zu beachten, daß das Isotop $^{11}_{5}\text{B}$ auch *oberhalb* der Dissoziationsenergie von 8,667 MeV noch ein System von Energieniveaus aufweist. Unterhalb der Dissoziationsenergie kann der Kern nur Gammaquanten emittieren, oberhalb davon auch *Materie*teilchen. (Die beobachteten Gammaquantenübergänge in $^{11}_{5}\text{B}$ sind durch senkrechte Striche symbolisiert.)

Dieses Beispiel zeigt, daß wir bei der Interpretation des „Kontinuums" vorsichtig sein müssen. Oberhalb der Dissoziationsgrenze können sehr wohl noch individuelle Energieniveaus existieren. Die Dissoziationsenergie ist einfach die Energie, bei der ein System in zwei Materieteilchen dissoziieren kann. Unterhalb dieser Grenze kann das System auch dissoziieren, aber eben nur in ein Photon und *ein* Materieteilchen. Wenn wir Photonen den Materieteilchen vollkommen gleichstellen möchten, dann könnten wir folgern, daß sich die Niveaus oberhalb der Dissoziationsgrenze (die wir als virtuelle Niveaus bezeichnen) prinzipiell nicht von denen unterhalb der Grenze unterscheiden: Alle

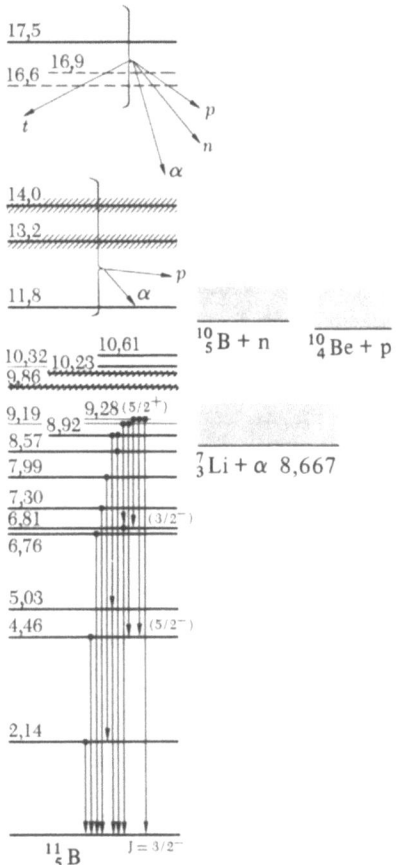

Bild 3.27 Termschema mit den Energieniveaus des Bor-Kerns $^{11}_{5}\text{B}$. Diese Darstellung ist eine vereinfachte Version einer Abbildung aus der Arbeit von *F. Ajzenberg* und *T. Lauritsen*, "*Energy levels of light nuclei*", (Energieniveaus leichter Kerne), *Reviews of Modern Physics* 27, 77 (1955). Für den Leser ist es vorteilhaft, sich das Original anzusehen.

Niveaus oberhalb des Grundzustands sind instabil. Tatsächlich kann sogar der Grundzustand instabil sein. Denken wir in diesem Zusammenhang nur an den Grundzustand eines radioaktiven Kerns. Im Falle unseres Beispiels aus Bild 3.27 ist der Grundzustand stabil, das Isotop $^{11}_{5}B$ ist im natürlich vorkommenden Bor vorhanden.

39. Zwei Kerne stellen sogenannte *Spiegelkerne* dar, wenn wir den einen Kern in den anderen transformieren können, indem wir einfach alle Protonen in Neutronen verwandeln und umgekehrt.

Wie in Abschnitt 37 von Kapitel 2 bereits erwähnt wurde, scheinen die in der Kernphysik vorherrschenden *starken Wechselwirkungen* durch eine solche Umwandlung nicht beeinflußt zu werden. Die Proton-Proton-Kraft ist mit der Neutron-Neutron-Kraft identisch. Erweist sich diese Annahme als richtig und treten auch keinerlei andere Wechselwirkungen außer den starken Wechselwirkungen auf, dann müßten die Energieniveausysteme der beiden Spiegelkerne identisch sein.

In den Bildern 3.28 und 3.29 sind die experimentell bestimmten Energieniveaus von zwei Paaren von Spiegelkernen dargestellt. Es kann eine Korrespondenz zwischen den Niveaus der Paarisotope festgestellt werden.

Die Energien der entsprechenden Niveaus sind jedoch offensichtlich nicht gleich groß. Das erklärt sich durch die Wirkung elektromagnetischer Kräfte, die sich bei einem Neutron-Proton-Austausch keineswegs als invariant erweisen.

40. Aus dem Termschema in Bild 3.30 ist auch ersichtlich, warum die von einem radioaktiven Kern emittierten Alphateilchen nicht immer nur *eine* eindeutig definierte Energie besitzen. In diesem Bild ist der Alpha-Zerfall des Wismutisotops $^{212}_{83}Bi$ ins Thalliumisotop $^{208}_{81}Tl$ dargestellt.

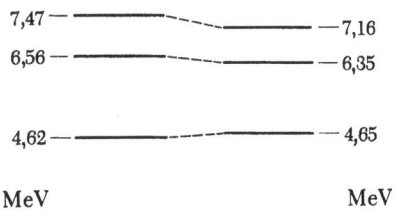

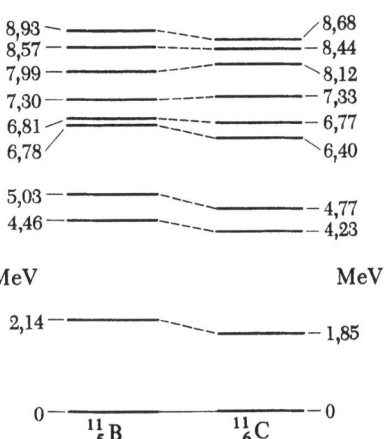

Bild 3.29 Die Isotope der Massenzahl 11 von Bor und Kohlenstoff sind ebenfalls Spiegelkerne.

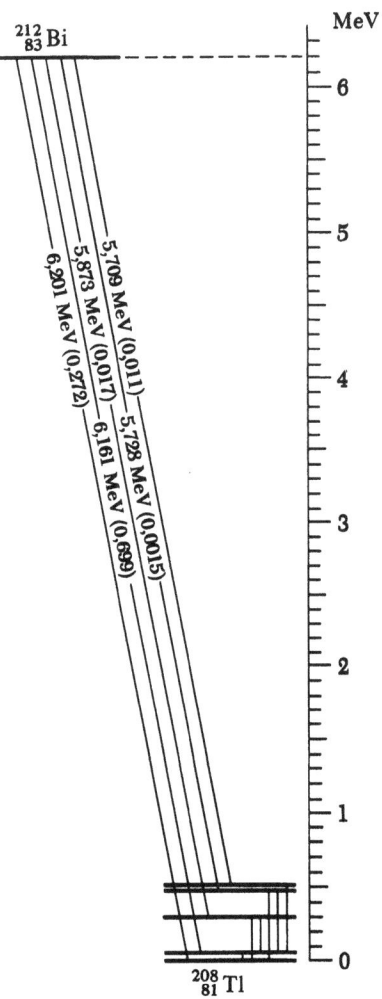

Bild 3.28 Die Isotope mit der Massenzahl 7 von Lithium und Beryllium stellen ein Paar von Spiegelkernen dar: Werden die Neutronen im Lithiumkern in Protonen, die Protonen in Neutronen umgewandelt, dann ergibt sich der Berylliumkern. Spiegelkerne haben ähnliche, aber nicht identische Niveausysteme. Der Unterschied ergibt sich durch einen elektromagnetischen Effekt.

Bild 3.30 Beim Alphazerfall des Wismut-Isotops $^{212}_{83}Bi$ kann der Tochterkern im Grundzustand oder in einem von vier angeregten Zuständen zurückbleiben. Die Alphateilchen werden demnach mit vier schiedenen Energien emittiert. Der Tochterkern geht von den angeregten Zuständen durch Emission von Gammaquanten in niedrigere Energiezustände bzw. den Grundzustand über.

Der Zerfall geht vom *Grundzustand* des *Mutterkerns* aus und führt zu einem der angeregten Zustände oder zum Grundzustand des *Tochterkerns*. Das Termschema ist so aufgebaut, daß der Grundzustand des Mutterkerns 6,2 MeV über dem Grundzustand des Tochterkerns liegt: Diese Energie stellt nämlich das Maximum an kinetischer Energie dar, mit der das Alphateilchen emittiert werden kann. Natürlich wird das Alphateilchen eine geringere kinetische Energie aufweisen, wenn der Zerfallsprozeß in einem angeregten Zustand des Tochterkerns endet. Nach dem hier dargestellten System von Energieniveaus kann das Alphateilchen mit einer von fünf verschiedenen, eindeutig definierten Energien emittiert werden. Die schrägen Striche symbolisieren die betreffenden Zerfallsprozesse. Die in Klammern stehenden Ziffern geben das Verzweigungsverhältnis der verschiedenen Zerfallsarten an.

Wenn dieser eine Zerfallsprozeß in einem angeregten Zustand des Tochterkerns endet, dann muß dieser weiter zerfallen, wobei Gammaquanten emittiert werden (diese Prozesse sind durch senkrechte Striche symbolisiert), bis schließlich der Grundzustand erreicht wird.

Bei vielen anderen alpha-aktiven Kernen endet der Alphazerfall im Grundzustand des Tochterkerns, da keine brauchbaren angeregten Zustände existieren. Die emittierten Alphateilchen weisen dann eine einzige eindeutig definierte Energie auf, und der Alphazerfall wird sich nicht in einem Gammazerfall fortsetzen.

41. Unter *Betazerfall* verstehen wir einen Prozeß, bei dem ein Kern ein Elektron oder ein Positron emittiert. Das einfachste Beispiel hierfür ist durch den Betazerfall eines Neutrons gegeben, ein experimentell sehr gut bekanntes Phänomen. Die mittlere Lebensdauer eines freien Neutrons beträgt 15 min. Da der Massenunterschied zwischen Neutron und Proton $(m_n - m_p) = 1,3$ MeV entspricht, könnten wir ein Termschema wie das in Bild 3.31 aufstellen. Der schräge Strich symbolisiert den Übergang. Würde *nur* ein Elektron emittiert, dann erfolgte dies immer mit der *gleichen* Energie (etwa 1,3 MeV), analog wie die Alphateilchen beim Alphazerfall. Experimentell wurde jedoch festgestellt, daß das Elektron tatsächlich mit *irgendeiner* Energie zwischen seiner Ruhenergie von 0,5 MeV und der insgesamt zur Verfügung stehenden Energie von 1,3 MeV emittiert werden kann.

Die Erklärung dafür liefert die Entstehung eines weiteren Teilchens, in diesem Falle des masselosen *Antineutrinos*, das bei einem solchen Prozeß ebenfalls emittiert wird und mit dem sich das Elektron die zur Verfügung stehende Energie teilen muß. Die Reaktionsgleichung des Betazerfalls lautet daher:

Emission eines Elektrons: $^A_Z X \to \, ^A_{Z+1} X + e^- + \tilde{\nu}$

Emission eines Positrons: $^A_Z X \to \, ^A_{Z-1} X + e^+ + \nu$.

X steht hier anstelle des chemischen Symbols des radioaktiven Isotops, $e^\pm$ symbolisiert ein Elektron bzw. ein Positron, ν steht für ein Neutrino und $\tilde{\nu}$ für ein Antineutrino.

42. Aus dem Termschema in Bild 3.32 ist der Ursprung einer Beta-Gamma-Kaskade zu ersehen, die von dem Kobaltisotop $^{60}_{27}$Co emittiert wird. Bei diesem Isotop erfolgt zuerst ein Betazerfall, der in einem um 2,4 MeV über dem Grundzustand liegenden angeregten Zustand des Nickelisotops $^{60}_{28}$Ni endet. Die maximale kinetische Energie des emittierten Elektrons ist 0,3 MeV. Das Elektron kann eine beliebige Energie von null bis zu dieser *maximal*

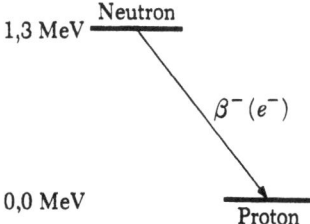

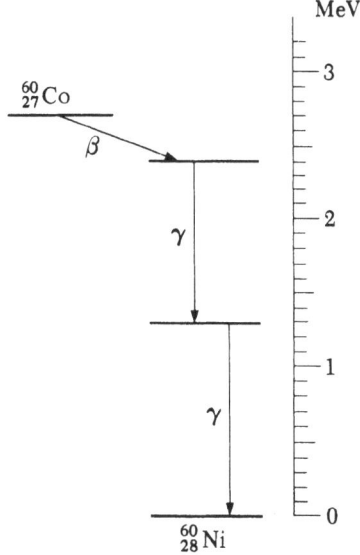

Bild 3.31 Termschema des Betazerfalls eines Neutrons. Die Masse des Neutrons ist 939,55 MeV, die des Protons 928,25 MeV. Ein Teil der Energiedifferenz von 1,30 MeV, nämlich 0,50 MeV, tritt als Ruhmasse des Elektrons in Erscheinung, der Rest als kinetische Energie des Elektrons, Antineutrinos und Protons, die durch diesen Prozeß entstehen. Die kinetische Energie des Protons ist sehr gering, der Hauptteil der zur Verfügung stehenden Energie ist daher auf Elektron und Antineutrino aufgeteilt.

Bild 3.32 Termschema des Beta-Gamma-Kaskadenzerfalls des Kobaltisotops $^{60}_{27}$Co. Bei diesem Isotop findet zuerst ein Betazerfall statt, der in einem angeregten Zustand des Nickelisotops $^{60}_{28}$Ni endet, der 2,4 MeV über dem Grundzustand liegt. Die maximal mögliche *kinetische* Energie des Elektrons ist 0,3 MeV. Der angeregte Zustand des Nickelisotops wird dann durch die Emission von zwei Gammaquanten in rascher Folge in den Grundzustand übergeführt.

mögliche Energie aufweisen. Die Reaktionsgleichung für diesen Teil des Zerfallsprozesses wird daher folgendermaßen aussehen:

$$^{60}_{27}\text{Co} \rightarrow {}^{60}_{28}\text{Ni}^* + \text{e}^- + \tilde{\nu}.$$

Das Sternchen beim Nickelisotop soll anzeigen, daß dieses sich in einem angeregten Zustand befindet. Es wird in der Folge (für alle praktischen Zwecke augenblicklich) weiterzerfallen und über einen anderen angeregten Zustand (der 1,3 MeV über dem Grundzustand liegt) in den Grundzustand übergehen, wobei Gammaquanten emittiert werden. Dieser Betazerfall ist daher immer von zwei Gammaquanten mit Energien von 1,1 MeV und 1,3 MeV begleitet.

Die Halbwertszeit dieses Kobaltnuklids beträgt 5,3 a; der oben besprochene Kaskadenprozeß liefert somit eine recht langlebige Quelle von Gammaquanten.

Die beta-aktiven Nuklide haben ebenso wie die alphaaktiven oft sehr lange Halbwertszeiten. Im Falle des Betazerfalls ist das durch die Schwäche der Wechselwirkung an sich begründet, die den Betazerfall verursacht. Diese Wechselwirkung, die sogenannte *schwache Wechselwirkung*, ist grob gesehen um einen Faktor von 10^{14} geringer als die starken Wechselwirkungen, also auch wesentlich schwächer als elektromagnetische Wechselwirkungen. Die schwache Wechselwirkung verursacht den relativ langsamen Zerfall verschiedener wichtiger Teilchen, die ohne diese schwache Wechselwirkung stabil sein könnten. Beispiele hierfür sind geladene Pi-Mesonen, das Neutron, das My-Meson, die K-Mesonen und das Lambda-Hyperon.

3.4 Dopplerverbreiterung und Stoßverbreiterung von Spektrallinien

43. Am Anfang dieses Kapitels wurde die Beziehung zwischen der natürlichen Breite $\Delta\omega$ einer Emissionsspektrallinie und der mittleren Lebensdauer der Zustände besprochen, die an dem betreffenden Übergang beteiligt sind. In dem Sonderfall, in dem der Zustand niedrigerer Energie der Grundzustand ist, gilt

$$\Delta\omega = \frac{1}{\tau}, \qquad (3.21)$$

wobei τ die mittlere Lebensdauer des höheren Zustandes ist.

Im Abschnitt 26 wurden typische Werte für τ von Atomen angegeben; danach wurde die relative Linienbreite größenordnungsmäßig abgeschätzt: $\Delta\omega/\omega \approx 10^{-7}$, was natürlich nur ein sehr grober Schätzwert ist.

Tatsächlich wird in der Praxis festgestellt, daß die Spektrallinien von Atomen im allgemeinen viel breiter sind als der obige Schätzwert. Die theoretischen Überlegungen in den Abschnitten 14 bis 26 beruhen auf der Annahme eines *einzelnen* Atoms, das sich anfänglich in Ruhe befindet; in Wirklichkeit sind die untersuchten Atome weder einzeln noch in Ruhe. Um diese zusätzliche Verbreiterung der Spektrallinien zu ermitteln, wollen wir uns mit der Lichtemission eines atomaren Gases mit der Temperatur T und dem Druck p befassen. Die relative Atommasse ist A. Die Atome des Gases befinden sich in ungeordneter Bewegung, sie stoßen unaufhörlich miteinander zusammen.

44. Wegen der ungeordneten Wärmebewegung der Atome bewegen sich einige von ihnen zwangsläufig auf den Beobachter zu, andere wieder von ihm weg. Infolgedessen wird eine Spektrallinie, die aus der Überlagerung der Emissionslinien vieler Atome entsteht, durch den Dopplereffekt verbreitert werden. Bei einem Atom, das sich mit einer Geschwindigkeit v auf den Beobachter zu bewegt, ist die Dopplerverschiebung durch $\delta\omega/\omega = v/c$ gegeben. Um den Betrag der Dopplerverbreiterung $(\Delta\omega/\omega)_D$ zu erhalten, setzen wir die mittlere Geschwindigkeit v_0 der Atome des Gases in die Gleichung für die Dopplerverschiebung ein. Eigentlich ist v_0 die mittlere Geschwindigkeit in Richtung der Beobachtung, die mit der Achse 3 übereinstimmen soll. In Abschnitt 17 von Kapitel 2 stellen wir fest, daß die mittlere kinetische Energie der Atome in folgender Beziehung zur Temperatur T steht:

$$W_{\text{kin}} = \tfrac{1}{2} m \left(v_{01}^2 + v_{02}^2 + v_{03}^2 \right) = \tfrac{3}{2} kT, \qquad (3.22)$$

wobei $m \approx Am_\text{p}$ die Masse des betreffenden Atoms ist (m_p ist ja die Masse eines Protons). Die mittleren Geschwindigkeitskomponenten in den drei Koordinatenrichtungen sind natürlich gleich groß; es ergibt sich somit in der Beobachtungsrichtung

$$v_0 = v_{03} = \sqrt{\frac{kT}{Am_\text{p}}}. \qquad (3.23)$$

Damit erhalten wir für die Dopplerverbreiterung die Gleichung

$$\left(\frac{\Delta\omega}{\omega}\right)_D \approx \frac{1}{c} \cdot \sqrt{\frac{kT}{Am_\text{p}}} = 0{,}52 \cdot 10^{-5} \sqrt{\frac{1}{A} \cdot \frac{T}{293\,\text{K}}}. \qquad (3.24)$$

45. Die Stöße zwischen den Atomen führen ebenfalls zu einer Verbreiterung der Spektrallinien. Wir wollen diesen Effekt untersuchen und dazu annehmen, daß für ein einzelnes Atom eine Zeitspanne τ_c zwischen den einzelnen Stößen liegt. Der Reziprokwert dieser Zeit $1/\tau_\text{c}$ wird als *Stoßfrequenz* bezeichnet. Weiter soll jeder Stoß den Emissionsprozeß vollkommen unterbrechen. Die Zeitspanne τ_c ist dann die *effektive* mittlere Lebensdauer der Atome; analog zu Gl. (3.21) sollte die entsprechende Verbreiterung der Spektrallinie durch

$$(\Delta\omega)_\text{c} \approx \frac{1}{\tau_\text{c}} \qquad (3.25)$$

gegeben sein.

Nun müssen wir noch die Stoßfrequenz $1/\tau_c$ bestimmen. Für diese Abschätzung betrachten wir die Atome als Kugeln mit einem Radius r. Unmittelbar nach einem Stoß soll die Geschwindigkeit des einzelnen Atoms v betragen. Wir wollen also die Zeitspanne τ_c bestimmen, die bis zum nächsten Stoß des betreffenden Atoms vergeht. Bei einer größenordnungsmäßigen Abschätzung dieser Zeitspanne können wir die übrigen Atome als ruhend ansehen. Eine *exakte* Bestimmung von τ_c setzt natürlich voraus, daß auch die Bewegung der anderen Atome in Betracht gezogen wird. Während eines kleinen Zeitintervalls dt legt das Atom eine Strecke $v\,dt$ zurück. Stellen Sie sich nun einen Zylinder mit einem Radius $2r$ vor, dessen Drehachse die Bahn des Atoms ist, seine Höhe sei $v\,dt$. Befindet sich kein anderes Atom innerhalb dieses Zylinderraums, dann erfolgt während des Zeitintervalls dt kein Stoß. Die Wahrscheinlichkeit für einen Stoß während dieses Zeitintervalls ist ebenso groß wie die Wahrscheinlichkeit dafür, daß sich ein zweites Atom innerhalb des Zylinders befindet. Das Volumen des Zylinders ist gleich $4\pi r^2 v\,dt$. Ist n die mittlere Anzahl von Atomen pro Volumeneinheit des Gases, dann werden im Mittel $4\pi r^2 n v\,dt$ Atome in diesem Zylinder sein. Wenn diese Zahl verglichen mit eins klein ist, dann ist sie auch ein Maß für die Wahrscheinlichkeit dafür, daß sich ein Atom innerhalb des Zylinders befindet bzw. die Wahrscheinlichkeit für einen Stoß während der Zeitspanne dt. Wir führen die Bedingung

$$4\pi r^2 n \tau_c \approx 1 \quad \text{bzw.} \quad \frac{1}{\tau_c} \approx 4\pi r^2 n v \quad (3.26)$$

ein, um einen Schätzwert für τ_c zu erhalten. Diese Bedingung besagt, daß die mittlere Anzahl von Atomen, die sich in einem Zylinder mit dem Radius $2r$ befinden, den ein Atom in der Zeit τ_c durchstreicht, die Größenordnung eins haben muß.

Ein Mol eines Gases enthält $N_A = 6 \cdot 10^{23}$ Moleküle (im vorliegenden Fall sind die Moleküle eben Atome). Bei einer Temperatur von 273 K und einem Druck von 1 bar hat ein Mol ein Volumen von 22,4 l (Molvolumen). Bei dieser Temperatur und diesem Druck ist damit die Anzahl der Atome pro Volumeneinheit durch

$$n_0 = \frac{N_A}{22,4\,l} \approx 2{,}7 \cdot 10^{25} \text{ Atome/m}^3 \quad (3.27)$$

gegeben.

Die Anzahl von Atomen pro Volumeneinheit bei einem anderen Druck p und einer anderen Temperatur T ist dann

$$n = n_0 \frac{p}{1\,\text{bar}} \left(\frac{T}{273\,\text{K}}\right)^{-1}, \quad (3.28)$$

was aus der Zustandsgleichung für (ideale) Gase folgt.

Als einen guten Näherungswert für den Radius r können wir den Bohrschen Radius einsetzen: $r \approx 0{,}5 \cdot 10^{-10}$ m.

Die charakteristische Geschwindigkeit v des Atoms ergibt sich aus

$$\frac{mv^2}{2} = \frac{3}{2}kT, \quad (3.29)$$

wobei $m = A m_p$ die Masse des betreffenden Atoms ist. Zusammen liefern die Gln. (3.25) bis (3.29) das Ergebnis

$$(\Delta\omega)_c \approx \frac{1}{\tau_c} \approx 2 \cdot 10^9\,\text{s}^{-1} \cdot \frac{p}{1\,\text{bar}} \sqrt{\frac{1}{A}\frac{273\,\text{K}}{T}}. \quad (3.30)$$

46. Wenn wir nun die durch Gl. (3.30) gegebene Stoßverbreiterung und die durch Gl. (3.24) charakterisierte Dopplerverbreiterung mit jener Verbreiterung einer Spektrallinie vergleichen, die auf einer bestimmten Lebensdauer des angeregten Zustands eines *einzelnen* Atoms beruht, dann stellen wir fest, daß die zuletztgenannte Verbreiterung verglichen mit den beiden anderen sehr klein ist. Die Stoßverbreiterung nimmt ab, wenn der Druck des Gases geringer wird. Bei niedrigem Druck stellt die Dopplerverbreiterung den vorherrschen Effekt bei der Verbreiterung der Spektrallinien dar. Die natürliche Linienbreite kann nur unter ganz bestimmten Bedingungen beobachtet werden.

Mit der Stoßverbreiterung und der Dopplerverbreiterung wollen wir uns nicht weiter befassen. Diese Phänomene gehören, obgleich sie sich für die Praxis als ungeheuer wichtig erweisen, an sich nicht zum eigentlichen Thema der Emission und Absorption elektromagnetischer Strahlung durch Atome. Es war jedoch erforderlich, diese Phänomene in diesem Zusammenhang trotzdem zu erwähnen, da sonst jemand den Eindruck gewinnen könnte, daß die zu *beobachtende* Breite von Spektrallinien immer nur durch die natürliche Linienbreite gegeben ist.

3.5 Einiges über die Theorie der elektromagnetischen Übergänge[1])

47. Es stellen sich nun zwei höchst wichtige Fragen. Warum ist die mittlere Lebensdauer eines angeregten Zustands (eines Atoms oder Kerns), der stabil gegen *Teilchen*emission und instabil gegen die *Photonen*emission ist, verglichen mit dem Kehrwert der Frequenz des emittierten Photons relativ lang? Und warum ist die elektrische Dipolstrahlung die bedeutendste Art von Strahlung in der Atomphysik?

Wir wollen versuchen, diese Fragen anhand einer „halbklassischen" elektromagnetischen Theorie zu behandeln. Unsere Argumentation wird also teilweise klassischer, teilweise quantenmechanischer Natur sein. Eine solcherart vereinfachte Betrachtungsweise ist dadurch gerechtfertigt, daß mit ihr für die obigen Fragen eine vernünftige Erklärung gefunden werden kann.

---

[1]) Dieser Abschnitt kann bei einem ersten Studium des Buches übersprungen werden.

48. Die Antwort auf die erste oben gestellte Frage lautet: Weil die Feinstrukturkonstante α so klein ist. Versuchen wir, dies zu erklären.

Wir werden vor allem auf die Feststellung zurückgreifen, zu der wir in den Abschnitten **29** und **39** in Kapitel 2 gelangten: Die Wellenlänge der emittierten elektromagnetischen Strahlung ist relativ zur Größe des emittierenden Atoms oder Kerns im allgemeinen groß. Die physikalischen Konsequenzen dieser Tatsache sind höchst bedeutsam; außerdem wird dadurch die mathematische Betrachtung von Strahlungsphänomenen vereinfacht. Wir nehmen zunächst an, daß sich ein Atom oder Kern in einem angeregten Zustand wie ein schwingender elektrischer Dipol verhält. Die Frequenz der Schwingung ist ω; dies ist natürlich auch die Frequenz des emittierten Quants. Die Größe des schwingenden Partikels ist a. Da es aus einer oder mehreren Elementarladungen besteht, ist das elektrische Dipolmoment von der Größenordnung ea. Daß das schwingende Objekt verglichen mit der Wellenlänge klein ist, wird durch die Bedingung

$$\frac{a\omega}{c} \ll 1 \tag{3.31}$$

ausgedrückt.

Im Band 3 dieser Lehrbuchreihe[1]) wurde gesagt, daß ein derartiger elektrischer Dipol Strahlungsenergie mit einer *Leistung* von

$$P = \frac{1}{3c^3} \omega^4 (ea)^2 \tag{3.32}$$

emittiert. Da das betreffende Atom (bzw. der Kern) nur ein einzelnes Photon emittiert, interessiert uns vor allem die Zeitspanne τ, die bis zur Emission eines Energiebetrages $\hbar\omega$ vergeht. Diese Zeitspanne ist durch

$$\frac{1}{\tau} = \frac{P}{\hbar\omega} = \frac{\omega}{3} \cdot \frac{e^2}{\hbar c} \cdot \left(\frac{a\omega}{c}\right)^2 \tag{3.33}$$

bzw. größenordnungsmäßig durch

$$\frac{1}{\tau} \approx \omega\alpha \left(\frac{a\omega}{c}\right)^2 \tag{3.34}$$

gegeben. τ ist als die mittlere Lebensdauer des angeregten Zustands zu interpretieren: Es ist ja die Zeitspanne, in der das Atom den angeregten Zustand unter Emission eines Photons verläßt. Untersuchen wir die folgende dimensionslose Größe

$$\omega\tau \approx \frac{1}{\alpha} \left(\frac{a\omega}{c}\right)^{-2}. \tag{3.35}$$

Sie ist proportional zu der Anzahl von Schwingungen, die das System während der Zeit τ, also im angeregten Zu-

stand, ausführen kann. Natürlich ist der angeregte Zustand um so stabiler, je größer $\omega\tau$ ist. $\omega\tau$ ist aus zwei Gründen groß: Erstens ist diese Größe proportional zu dem „großen" Wert von $1/\alpha \approx 137$, zweitens ist sie proportional zum Reziprokwert des Quadrates von $(a\omega/c)$; wir haben bereits festgestellt, daß $(a\omega/c)$ ganz allgemein klein ist.

49. Im Falle eines Atoms können wir für a den Bohrschen Radius $a_0 = (1/\alpha)(\hbar/m_e c)$ einsetzen. Bei einem optischen Übergang ist die Frequenz von der Größenordnung $\omega \approx \alpha^2 m_e c^2/\hbar$, und wir erhalten:

$$\omega\tau \approx \alpha^{-3}, \quad \tau \approx \frac{\hbar}{m_e c^2} \alpha^{-5}, \tag{3.36}$$

woraus die Abhängigkeit von τ und $\omega\tau$ von der Feinstrukturkonstanten ersichtlich ist. Im optischen Bereich ergeben sich nach dieser Gleichung mittlere Lebensdauern von $10^{-7} \dots 10^{-9}$ s, was mit den beobachteten Werten übereinstimmt.

Um einen *groben* Näherungswert für die Lebensdauer des angeregten Zustands eines Atomkerns zu erhalten, der einen elektrischen Dipolübergang ausführt, setzen wir $a = 10^{-15}$ m. Ein Gammaquant mit einer Energie von 200 keV hat eine Wellenlänge von etwa $6 \cdot 10^{-12}$ m, damit ergibt sich $\tau \approx 10^{-12}$ s. Es sei nochmals betont, daß dies nur eine sehr grobe Näherung ist, aber als solche größenordnungsmäßig mit den experimentell erhaltenen Ergebnissen übereinstimmt. Nach Gl. (3.35) ist also die Lebensdauer umgekehrt proportional zur dritten Potenz der emittierten Frequenz.

Somit wäre die erste der beiden Fragen aus Abschnitt **47** beantwortet: Wir wissen nun, warum angeregte Zustände, die nur elektromagnetisch zerfallen können, relativ lange Lebensdauern haben, wenn wir sie mit dem Reziprokwert der Frequenz der emittierten Strahlung vergleichen.

50. Wenden wir uns nun der zweiten Frage zu: Warum spielen die elektrischen Dipolübergänge in Atomen eine so wichtige Rolle? Um hierauf eine Antwort zu finden, werden wir die Emissionsrate einer Konfiguration bewegter Ladungen untersuchen, die so geartet ist, daß das elektrische Dipolmoment zu jeder Zeit null ist.

Bild 3.33 stellt eine Quelle dar, die elektrische *Quadrupolstrahlung* emittiert. Die beiden Pfeile symbolisieren zwei elektrische Dipole, die mit einer Frequenz ω oszillieren. Die Dipole sind zwar dem Betrag nach gleich, aber entgegengesetzt gerichtet. Der Abstand der beiden Dipole ist a. Sie liegen symmetrisch zum Ursprung O, der der Mittelpunkt des „Atoms" ist. Wir möchten die Strahlung in einem Punkt P bestimmen, der sich in relativ großem Abstand r vom Atom befindet.

Es ist klar, daß das elektrische Dipolmoment dieser Quelle null ist. Das gleiche gilt für das magnetische Dipolmoment, da es bei dieser Quelle keinerlei Kreisströme gibt.

---

[1]) Berkeley Physik Kurs, Band 3, *Schwingungen und Wellen*, Kapitel 7.

3.5 Einiges über die Theorie der elektromagnetischen Übergänge

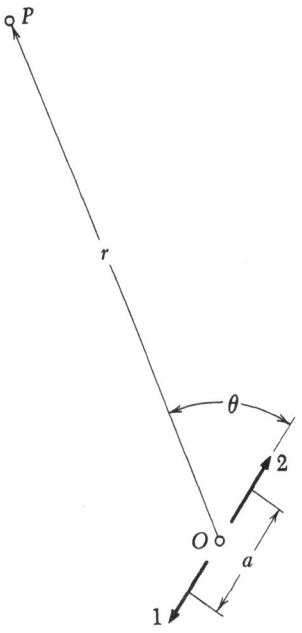

Bild 3.33 Schematische Darstellung eines elektrischen Quadrupols als Strahlungsquelle. Die beiden dicken Pfeile stellen zwei elektrische Dipole dar, die mit der gleichen Frequenz ω schwingen. Der Betrag der Dipole ist gleich groß, ihre Richtung ist jedoch entgegengesetzt. In dieser Konfiguration ist das elektrische und das magnetische Dipolmoment gleich null, das elektrische Quadrupolmoment hingegen ist ungleich null. Wenn a verglichen mit der Wellenlänge λ klein ist, dann ist die Strahlungsleistung dieses Systems um einen Faktor $(a/\lambda)^2$ geringer als die eines einzelnen Dipols.

Wir untersuchen nun das elektrische Feld in einer bestimmten Richtung und in großer Entfernung r von der Quelle. Dieses Feld liegt in der gleichen Ebene wie das Bild; es ist senkrecht zum Radiusvektor $\overline{OP}$ gerichtet. E_1 ist das elektrische Feld in P, wenn nur der Dipol 1 im Ursprung O vorhanden ist. Dieses Feld ist durch eine Gleichung der Form

$$E_1 = \frac{C(\theta)}{r} \exp\left[i\left(\frac{r}{c} - t\right)\omega\right] \qquad (3.37)$$

gegeben. $C(\theta)$ ist eine Funktion von θ, die dem elektrischen Dipolmoment proportional ist. Die genaue Form dieser Funktion braucht uns hier nicht zu interessieren.

Sind wie im Bild 3.33 beide Dipole vorhanden, dann heben sich deren elektrische Felder nahezu auf, aber noch nicht vollkommen, weil der Abstand von P zum Dipol 1 $\approx (r + \frac{a}{2}\cos\theta)$, der Abstand von P zum Dipol 2 $\approx (r - \frac{a}{2}\cos\theta)$ beträgt. Demzufolge besteht eine Phasendifferenz zwischen dem Feld von Dipol 1 und dem von Dipol 2. Das elektrische Feld E_2 ist dann gleich

$$E_2 = \left\{\frac{C(\theta)}{r} \exp\left[i\left(\frac{r}{c} - t\right)\omega\right]\right\}$$
$$\cdot \left[\exp\left(\frac{ia\omega\cos\theta}{2c}\right) - \exp\left(\frac{-ia\omega\cos\theta}{2c}\right)\right]. \qquad (3.38)$$

51. Wir wollen nun auch die Annahme, daß $(a\omega/c)$ verglichen mit eins sehr klein ist (siehe Gl. (3.31)) in Betracht ziehen. Diese Annahme trifft ganz offensichtlich für optische Übergänge in Atomen zu, da a ja nicht gut größer sein kann als die typische Größe eines Atoms. Wir können daher die beiden Exponentialfunktionen in der eckigen Klammer auf der rechten Seite von Gl. (3.38) entwickeln. Wenn wir alle Terme höherer als erster Ordnung von a vernachlässigen, erhalten wir:

$$E_2 \approx i \cdot \frac{a\omega}{c} \cdot (\cos\theta) \cdot E_1, \qquad (3.39)$$

wobei E_1 durch Gl. (3.37) gegeben ist. Das von dem in Bild 3.33 dargestellten elektrischen Quadrupol erzeugte elektrische Feld E_2 ist also überall mindestens um einen Faktor $(a\omega/c)$ schwächer als das elektrische Feld E_1, das durch *einen* der beiden elektrischen Dipole erzeugt werden kann, aus dem sich der Quadrupol „zusammensetzt". Da die Strahlungsrate dem Quadrat der elektrischen Feldstärke proportional ist, folgern wir, daß der typische Wert der elektrischen Quadrupolstrahlungsrate um einen Faktor $(a\omega/c)^2$ geringer ist als der typische Wert einer elektrischen Dipolstrahlungsrate. Die zugehörigen Lebensdauern stehen dann zueinander in der folgenden Beziehung:

$$\tau_{E2} \approx \left(\frac{a\omega}{c}\right)^{-2} \tau_{E1}. \qquad (3.40)$$

Hier ist τ_{E1} die mittlere Lebensdauer bei elektrischen Dipolübergängen, τ_{E2} die mittlere Lebensdauer bei elektrischen Quadrupolübergängen.

Wir haben festgestellt, daß $(a\omega/c)$ in einem Atom näherungsweise die Größenordnung von α besitzt, das Verhältnis von τ_{E2} zu τ_{E1} umfaßt also die Größenordnungen $10^{-4} \ldots 10^{-6}$.

Ähnliche Überlegungen können wir im Falle von Atomkernen anstellen, nur ist dann a ein für den Kern charakteristisches Längenmaß; ω ist die emittierte Frequenz. Auch in diesem Fall ist $(a\omega/c)$ klein, etwa von der Größenordnung 10^{-3} oder weniger.

52. Bild 3.34 zeigt ein Beispiel für eine Strahlungsquelle mit verschwindendem *elektrischen* Dipolmoment, bei der jedoch das *magnetische* Dipolmoment nicht gleich null ist. Wiederum symbolisieren die kleinen Pfeile (oszillierende) elektrische Dipole. Wir können uns einen solchen Dipol eigentlich als eine Ladung vorstellen, die entlang der Pfeile hin und her schwingt. Das entspricht einem Wechselstrom, der entlang der Kanten eines Quadrates fließt. Das magnetische Dipolmoment eines solchen Systems ist proportional zum Produkt von Stromstärke und Fläche des Quadrats.

Bild 3.34
Bei dieser Konfiguration schwingender elektrischer Dipole ist das elektrische Dipolmoment und das elektrische Quadrupolmoment gleich null, das magnetische Dipolmoment hingegen ist ungleich null. Die vier Pfeile stellen vier elektrische Dipole dar, die den gleichen Betrag haben und mit gleicher Frequenz schwingen.

Es ist leicht einzusehen, daß wir uns hier einer sehr ähnlichen Argumentation wie in den Abschnitten **50** und **51** bedienen können. Wir erhalten dadurch schließlich

$$\tau_{M1} \approx \left(\frac{a\omega}{c}\right)^{-2} \tau_{E1}, \tag{3.41}$$

wobei τ_{M1} die mittlere Lebensdauer bei magnetischen Dipolübergängen ist.

53. Die Einteilung der emittierten Strahlung nach den Kategorien elektrische Dipol-, magnetische Dipol-, elektrische Quadrupol-, magnetische Quadrupol-, elektrische Oktupolstrahlung usw. beruht auf den Symmetrieeigenschaften der emittierten Strahlung. Jede Strahlungsart ist durch eine ganz bestimmte Art von Intensitätsverteilung in Abhängigkeit von der Richtung sowie durch ein ganz bestimmtes Polarisationsmuster charakterisiert. Das Symmetriemuster der emittierten Strahlung wird natürlich eindeutig durch die Symmetrieeigenschaften der Quelle bestimmt. Wir können die Strahlungsarten selbstverständlich ebensogut aufgrund der Eigenschaften der Quelle einteilen. Ein elektrischer Dipol emittiert elektrische Dipolstrahlung (kurz E1), ein magnetischer Dipol emittiert magnetische Dipolstrahlung (kurz M1), ein elektrischer Quadrupol emittiert elektrische Quadrupolstrahlung (kurz E2) usw. Bei den Termschemata elektromagnetischer Übergänge in Kernen finden wir oft Symbole wie E1, M3, E4 u. ä., durch die die Art der emittierten Strahlung angegeben wird.

Die Überlegungen, die wir hier über elektrische Quadrupole und magnetische Dipole anstellten, können wir natürlich allgemeiner als eine Untersuchung der höheren Multipole auffassen. Ein elektrischer Oktupol entsteht dann, wenn zwei elektrische Quadrupole nahe beieinander, aber entgegengesetzt orientiert liegen, so daß das resultierende Quadrupolmoment null ist. Es ist klar, daß die Strahlungsleistung eines solchen Systems um den Faktor $(a\omega/c)^2$ geringer sein wird als die eines einzelnen Quadrupols. Jedesmal wenn wir zu einem elektrischen Multipol nächsthöherer Ordnung übergehen, wird die charakteristische Strahlungsleistung um einen Faktor der Größenordnung $(a\omega/c)^2$ geringer, wobei a ein typisches Längenmaß des Systems ist. Für die magnetischen Multipole gelten analoge Regeln.

Daraus erklärt sich die Sonderstellung der elektrischen Dipolübergänge in Atomen. Kann ein Atom einen angeregten Zustand auf unterschiedliche Arten verlassen, beispielsweise auch durch E1-Strahlung, dann hat der Zerfall mit E1-Strahlung eine sehr hohe Wahrscheinlichkeit gegenüber den anderen Zerfallsmöglichkeiten. Die anderen Strahlungsarten können natürlich ebenfalls auftreten, doch ist die Intensität von Spektrallinien, die nicht durch E1-Strahlung verursacht sind, sehr *viel geringer* als die der E1-Linien.

54. Bei der Diskussion der Auswahlregeln für elektrische Dipolübergänge in den Abschnitten **29** bis **31** stellten wir fest, daß diese Regeln auf dem Prinzip der Erhaltung des Drehimpulses beruhen. Außerdem erwähnten wir, daß diesem Erhaltungsprinzip wiederum die Isotropie des phyiskalischen Raums zugrundeliegt. Wir können daher auch sagen, daß *die Auswahlregeln sich aus der Isotropie des Raumes ableiten.* Befassen wir uns damit etwas eingehender.

Wir sagten, daß die Drehimpulsquantenzahl J den Drehimpuls eines Systems, etwa eines Atoms, in einem bestimmten Zustand angibt. J kann im Rahmen der Quantenmechanik auch auf andere Weise interpretiert werden: J beschreibt die *Art der Rotationssymmetrie* des Zustands. Wir können das etwa so ausdrücken: J gibt an, wie das Atom, aus allen möglichen Richtungen gesehen, ausschauen müßte. Ist das Atom zum Beispiel in einem Zustand mit $J = 0$, dann sieht es von allen Richtungen gesehen gleich aus: $J = 0$ bedeutet, daß der Zustand ein sphärisch symmetrischer ist. Ist $J = 1$, dann hat der betreffende Zustand die gleichen Symmetrieeigenschaften wie ein Vektor. Das Strahlungsfeld, das bei einem elektrischen Dipolübergang entsteht, ist ein Beispiel für einen solchen Zustand *des Photons:* Das Muster der Feldlinien im Raum muß die gleichen rotationssymmetrischen Eigenschaften haben wie die Strahlungsquelle, die ja ein elektrischer Dipolvektor ist. Ein elektrisches Dipolphoton besitzt einen Drehimpuls von einer natürlichen Einheit; dies ist ein weiteres Beispiel für den Zusammenhang zwischen Symmetriearten und Drehimpuls. Das Strahlungsmuster eines elektrischen Quadrupols ist durch die Rotationssymmetriequantenzahl $J = 2$ charakterisiert, ein elektrisches Quadrupolphoton besitzt dementsprechend einen Drehimpuls von *zwei* natürlichen Einheiten. Die Auswahlregeln für elektrische Quadrupolübergänge unterscheiden sich also von den Auswahlregeln für elektrische Dipolübergänge: Bei einem Quadrupolübergang kann sich der Drehimpuls des Atoms um immerhin zwei Einheiten ändern.

55. Die oben angegebenen Überlegungen führen zu der Schlußfolgerung, daß sämtliche Auswahlregeln, denen die elektromagnetischen Übergänge unterliegen, sich daraus ableiten, daß die rotationssymmetrischen Eigenschaften eines Systems erhalten bleiben. Um diesen grundlegenden, von *Wigner* (Bild 3.35) stammenden Satz zu erläutern, wollen wir den Nachweis für eine ganz bestimmte Auswahlregel liefern, die besagt, daß der Übergang ($J_a = 0$) auf ($J_e = 0$) für alle elektromagnetischen Übergänge (mit Emission eines Photons) verboten ist. Dies besagt einfach, daß ein Atom, das sich in einem angeregten Zustand befindet und sphärische Symmetrie aufweist (d. h. $J_a = 0$), unmöglich mit Emission eines Photons auf einen anderen sphärisch-symmetrischen Zustand ($J_e = 0$) übergehen kann.

Folgende Argumentation führt zu diesem Ergebnis: *Vor der Emission* befindet sich das Atom in einem sphärisch symmetrischen Zustand. Es sieht aus allen Richtungen gesehen gleich aus. *Nach der Emission* muß das *System,* das nun aus dem Atom im Endzustand und der emittierten

Bild 3.35 *Eugene Paul Wigner*. Geboren 1902 in Budapest, Ungarn. Studium in Berlin, 1925 Promotion in Technischer Chemie an der dortigen Technischen Hochschule. Nach seiner Berliner Zeit und einem Aufenthalt in Göttingen ging *Wigner* 1930 in die Vereinigten Staaten. Heute ist er Professor für Physik an der Universität Princeton. *Wigner* erhielt im Jahre 1963 den Nobelpreis.

Der Rahmen von *Wigners* Arbeiten in der Theoretischen Physik ist sehr weit gesteckt. Er leistete wichtige Beiträge auf so verschiedenen Gebieten wie Atomphysik, theoretischer Chemie, Festkörperphysik, Kernphysik, Kernreaktortheorie, Relativitätstheorie und Elementarteilchentheorie. Nach Ansicht des Autors liegt sein wesentlichster Beitrag in der eingehenden genauen Analyse der Bedeutung von Symmetrieprinzipien in der Quantenphysik. Seine Überlegungen zu diesem Thema sind in einer Reihe von Artikeln sowie in einem Buch veröffentlicht worden, die eine Zeitspanne von 1931 bis zur Gegenwart umfassen.

(*Bild von Reviews of Modern Physics zur Verfügung gestellt.*)

elektromagnetischen Welle besteht, wiederum in einem sphärisch-symmetrischen Zustand sein. Anfangs war keine Richtung im Raum bevorzugt, und wenn der physikalische Raum isotrop ist, kann es auch nach der Emission keine bevorzugte Richtung geben. Eben das verstehen wir unter Erhaltung der rotationssymmetrischen Eigenschaften. Sehen wir uns nun die Situation nach der Emission an. Ist der Endzustand des *Atoms* sphärisch-symmetrisch (also $J_e = 0$), dann müßte die emittierte elektromagnetische Welle ebenfalls sphärisch symmetrisch sein, sie dürfte keine Winkelabhängigkeit aufweisen. *Eine derartige elektromagnetische Welle gibt es nicht. Daraus folgt, daß ein solcher Übergang überhaupt nicht möglich ist.* Es ist ziemlich einleuchtend, daß es keine elektrische (oder magnetische) Dipolwelle mit sphärischer Symmetrie geben kann, weil ein elektrischer Dipol (bzw. ein magnetischer Dipol) eine bevorzugte Richtung festlegt. Natürlich kann es auch sonst nicht eine sphärisch-symmetrische Multipolwelle geben, da zu einem beliebigen Zeitpunkt und in einem beliebigen Aufpunkt des Raums das elektrische Feld eine ganz bestimmte Richtung senkrecht zum Radiusvektor hat. Der elektrische Vektor in diesem Punkt und zu diesem Zeitpunkt kann daher auch nicht von einer Drehung der Feldkonfiguration um den Radiusvektor unbeeinflußt bleiben, das Feld ist also nicht sphärisch-symmetrisch.

56. Ein durch die Dipolregel verbotener Übergang kann für einen Quadrupolübergang oder für einen Multipolübergang höherer Ordnung erlaubt sein. Untersuchen wir die in diesem Kapitel dargestellten Termschemata von Atomen, dann zeigt es sich, daß bei fast allen angeregten Zuständen elektrische Dipolübergänge in niedrigere Zustände stattfinden können. Die Struktur der Energieniveaus von Kernen ist meist ziemlich anders geartet; wir können da zum Beispiel unmittelbar über dem Grundzustand einen Zustand finden, dessen J sich um mehrere Einheiten von dem J des Grundzustandes unterscheidet. Von einem derartigen angeregten Zustand kann keine Dipolemission ausgehen, er wird daher auch eine längere Lebensdauer haben. Wenn der Unterschied der J-Werte sehr groß, der Energieunterschied jedoch klein ist, dann kann die Lebensdauer sogar von der Größenordnung von Minuten sein, da das schließlich emittierte Photon durch einen Multipolübergang höherer Ordnung entsteht. Solche Zustände bezeichnen wir als *isomere Zustände*.

3.6 Literatur

1. Energieniveaus von Atomen, Molekülen und Kernen werden in zahlreichen einschlägigen Büchern besprochen. Darunter sind die folgenden einführenden Werke:
   a) G. Herzberg: *Atomic Spectra and Atomic Structure* (Dover Publications, New York 1944).
   b) H. White: *Introduction to Atomic Spectra* (McGraw-Hill Book Co., New York 1934).
   c) G. Herzberg: *Molecular Spectra and Molecular Structure:* I, *Spectra of Diatomic Molecules* (D. van Nostrand Co., New York 1953).
   d) D. Halliday: *Introductory Nuclear Physics* (John Wiley and Sons, Inc., New York 1950).
   e) E. Segre: *Nuclei and Particles* (W. A. Benjamin, New York 1964).

2. a) Termschemata zahlreicher Atome sind in dem Buch von W. Grotrian zu finden: *Graphische Darstellung der Spektren von Atomen und Ionen mit ein, zwei und drei Valenzelektronen,* Bd. II (Verlag Julius Springer, Berlin 1928).
   b) Energieniveaudarstellungen bestimmter Kerne findet man bei: *F. Ajzenberg* und *T. Lauritsen:* "Energy levels of light nuclei" (Energieniveaus leichter Kerne), *Rev. Mod. Phys.* **27**, 77 (1955).

3. Kürzere Tabellen über Spektren und Energieniveaus findet man in:
   a) *Handbook of Chemistry and Physics* (Chemical Rubber Publishing Co.).
   b) *American Institute of Physics Handbook* (McGraw-Hill Book Co., New York 1957).
4. Im *Scientific American* sind zahlreiche Artikel erschienen, die im Zusammenhang mit dem vorangegangenen Kapitel recht interessant sind:
   a) *A. L. Bloom:* "Optical Pumping" (Optisches Pumpen), Oktober 1960, p. 72.
   b) *H. Lyons:* "Atomic Clocks" (Atomuhren), Februar 1957, p. 71.
   c) *G. E. Pake:* "Magnetic Resonance" (Magnetische Resonanz), August 1958, p. 58.
   d) *J. P. Gordon:* "The Maser" (Der Maser), Dezember 1958, p. 42.
   e) *A. L. Schawlow:* "Advances in Optical Masers" (Fortschritte bei optischen Masern), Juli 1963, p. 34.
   f) *S. de Benedetti:* "The Mössbauer Effekt" (Der Mößbauereffekt), April 1960, p. 72.
   g) *R. H. Herbee:* "Mössbauer Spectroscopy", Oktober 1971.
   h) *V. F. Weisskopf:* "The Three Spectroscopies", Mai 1968.
5. Über Auswahlregeln und Symmetrien findet man mehr in *A. P. Cracknell: Angewandte Gruppentheorie* (Fried. Vieweg & Sohn, Braunschweig 1972).

3.7 Übungen

1. Bei einem bestimmten Atom stellte man anfang dieses Jahrhunderts folgende Spektrallinien fest:

   $\tilde{\nu}_1 = 82\,258{,}27$ cm^{-1} $\tilde{\nu}_6 = 20\,564{,}57$ cm^{-1}
   $\tilde{\nu}_2 = 97\,491{,}28$ cm^{-1} $\tilde{\nu}_7 = 23\,032{,}31$ cm^{-1}
   $\tilde{\nu}_3 = 102\,822{,}84$ cm^{-1} $\tilde{\nu}_8 = 5\,331{,}52$ cm^{-1}
   $\tilde{\nu}_4 = 105\,290{,}58$ cm^{-1} $\tilde{\nu}_9 = 7\,799{,}30$ cm^{-1}
   $\tilde{\nu}_5 = 15\,232{,}97$ cm^{-1} $\tilde{\nu}_{10} = 2\,469$ cm^{-1}.

   Diese Zahlen sind die *Wellenzahlen*.
   a) Es sind möglichst viele Beispiele für das Kombinationsprinzip von *Ritz* zu finden: Fälle, bei denen eine Wellenzahl als Differenz von zwei anderen Wellenzahlen ausgedrückt werden kann.
   b) Es ist nachzuweisen, daß sämtliche genannten Linien als Kombinationen von fünf Termen dargestellt werden können. Diese Terme sind (bis auf einen allgemeinen konstanten Summanden) zu bestimmen. Stellen Sie hierauf ein Termschema auf, das diese fünf Terme und die Übergänge darstellt, die den obigen Spektrallinien entsprechen.
   c) Gibt es eine *einfache* Formel für diese Terme? Kommt dieses Termschema irgendwo im vorliegenden Buch vor?

   (*Nachdem* Sie diese Analyse abgeschlossen haben, können Sie nach einer Tabelle von Wellenlängen das betreffende Atom identifizieren!)

2. Bei einer Untersuchung über Resonanzfluoreszenz wird der Inhalt eines Quarzgefäßes *C* mit UV-Licht der Wellenlänge 253,7 nm bestrahlt, das von einer Quecksilberdampflampe emittiert wird (in einer solchen Lampe findet eine elektrische Entladung in einer mit Quecksilberdampf gefüllten Quarzröhre statt).

   Man wird folgendes feststellen:
   a) Enthält das Gefäß *C nur* Quecksilberdampf, dann streut das Gas in *C* das einfallende Licht sehr stark, die Gasatome befinden sich in Resonanz. Die Streustrahlung hat ebenfalls die Wellenlänge 253,7 nm.
   b) Enthält das Gefäß *nur* Thalliumdampf, dann ist *C* für das Licht der Quecksilberdampflampe durchlässig, das Licht wird kaum gestreut.
   c) Wenn das Gefäß *C* aber Thallium- *und* Quecksilberdampf enthält, dann emittiert das Gas in *C* die Quecksilberlinie 253,7 nm sowie eine Reihe von Linien, die für Thallium charakteristisch sind: 276,8 nm, 323,0 nm, 352,9 nm, 377,6 nm und 535,0 nm. Wird eine normale Glasplatte zwischen *C* und die Lampe geschoben, dann tritt keine dieser Linien auf.
   d) Unter den in c) beschriebenen Bedingungen wird man feststellen, daß die Thalliumlinie 377,6 nm viel breiter ist als die Thalliumlinie 276,8 nm, breiter auch, als sich allein durch eine Dopplerverbreiterung erklären ließe, die der Temperatur im Gefäß *C* entspricht; diese Linie ist auch viel breiter, als sie sich bei einer Emission von einer Thallium-Entladungsröhre ergäbe.

   Versuchen Sie, diese Phänomene zu erklären. Das Termschema von Thallium in Bild 3.22 in diesem Kapitel wird dabei eine Hilfe sein. Es ist ganz interessant, daß in dem oben beschriebenen Versuch nur wenige der Thalliumlinien auftreten. Die Linien 282,6 nm und 558,4 nm zum Beispiel werden hier nicht emittiert.

3. Die Lebensdauer des $3\,p_{1/2}$ Zustandes von Natrium (vgl. Bild 3.19) beträgt etwa 10^{-8} s. Ein Gefäß ist mit Argon mit einem Druck von 0,01 bar und einer Temperatur von 200 °C gefüllt. Außerdem befindet sich in dem Gefäß ein kleines Stück Natrium, das erhitzt wird und daher geringe Mengen Natriumdampf abgibt. Das Licht eines Wolframglühfadens fällt durch das Gefäß, in diesem Licht kann man die Absorptionslinie 589,6 nm feststellen. (Der Wolframglühfaden emittiert in einem kontinuierlichen Spektrum.) Es ist näherungsweise zu bestimmen:
   a) die natürliche Breite dieser Linie;
   b) der Betrag der Dopplerverbreiterung der Linie;
   c) der Betrag der Stoßverbreiterung der Linie.

   Die Ergebnisse sind in *Wellenzahlen* auszudrücken (ebenso die Frequenz der betreffenden Linie als Wellenzahl in cm^{-1}). Diese Linienbreiten sind mit dem Feinstrukturabstand der gelben Natriumlinien D_1 und D_2 zu vergleichen.

   d) In dem Termschema in Bild 3.19 finden wir eine Wellenlänge von 568,822 nm. Kann diese Linie in dem oben beschriebenen Absorptionsexperiment auftreten?

   Die einzige Wirkung des Argons in dem Gefäß besteht darin, daß damit ein bestimmter Druck und eine mittlere Temperatur in dem Gefäß festgelegt ist. Sein Vorhandensein muß nur dann in Betracht gezogen werden, wenn wir den Einfluß von Stößen auf die Absorptionslinie untersuchen wollen: Da die Anzahl der Natriumatome verglichen mit der der Argonatome in dem Behälter sehr klein ist, stoßen die Natriumatome vor allem mit Argonatomen zusammen.

4. Wir wollen nun die Form der Spektrallinien untersuchen, die von einem Atom *emittiert* werden. Wir nehmen dabei an, daß die Atome der Lichtquelle ein Gas bilden. Dann messen wir die Intensität in Abhängigkeit von der Frequenz mit einem Spektrographen mit sehr hohem Auflösungsvermögen. Bei einigen Lichtquellen wird sich dabei eine Kurve wie in Bild 3.36a, bei einem anderen Typ von Lichtquelle kann die gleiche Spektrallinie das Bild 3.36b ergeben. Dazu ist zu sagen, daß dieses Bild nur bei Linien vorkommen kann, die durch Übergänge in den Grundzustand entstehen.

3.7 Übungen

Für diese Phänomene ist eine Erklärung zu finden und die charakteristische Eigenschaft der Lichtquellen zu beschreiben, bei denen die Spektrallinie wie in Bild 3.36a aussehen wird.

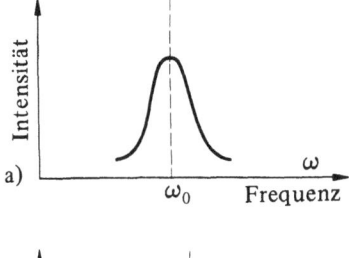

a)

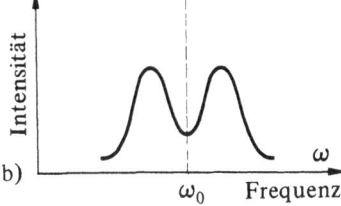

b)

Bild 36a zeigt bei sehr hoher Auflösung das normale Bild einer Spektrallinie einer Gasentladungsröhre.
Unter ganz bestimmten Bedingungen kann die gleiche Spektrallinie einer ähnlichen Gasentladungsröhre jedoch das Bild b ergeben.

5. Mit den in Übung 3 beschriebenen Versuchsbedingungen ist anhand Gl. (3.4) der Bruchteil von Natriumatomen abzuschätzen, der sich zu einem beliebigen Zeitpunkt im untersten angeregten Zustand befindet ($T = 200$ °C).

6. a) Mit den in Bild 3.26 gegebenen Versuchsergebnissen ist die Konstante C in Gl. (3.20) zu berechnen.
   b) Bei einer Untersuchung der Emission von Röntgenquanten zeigt es sich, daß die Energie W der Geschoßelektronen um einiges größer als $\hbar\omega$ sein muß, damit eine der charakteristischen Linien (der Frequenz ω) auftritt. Für die $K\alpha$-Linien, auf die sich Bild 3.26 bezieht, lautet die Bedingung für das Auftreten der Linien etwa $W > \frac{4}{3}\hbar\omega$. Warum treten diese Linien nicht bereits auf, sobald $W > \hbar\omega$?

7. Eine zu wörtliche Auslegung des Bohrschen Atommodells kann natürlich zu vollkommen falschen Vorstellungen führen; dafür lehnt der Autor *jegliche* Verantwortung ab. Trotzdem sollten wir Bohrs Planetensystem-Modell nicht als tabu betrachten, sondern uns — aus historischem Interesse — doch etwas damit befassen. *Bohr* nahm an, daß sich im Wasserstoffatom das Elektron in einer Kreisbahn so um den Kern bewegt, daß der Drehimpuls des Elektrons immer ein positives ganzzahliges Vielfaches von $\hbar$ ist. Es ist höchst bemerkenswert, daß in diesem Modell die Lage der einzelnen Energieniveaus sehr genau angegeben wird. Versuchen wir, wie *Bohr*, das zugehörige Termschema zu konstruieren und die in Bild 3.2 dargestellten Linien zu identifizieren. (Die Wellenlängen, die auf dem Bild angezeichnet sind, lauten: 486,13 nm; 434,05 nm; 410,17 nm; 397,01 nm; 388,91 nm und 383,54 nm.

8. Der radioaktive Kern $^{212}_{84}$Po (früher als ThC' bezeichnet) emittiert Alphateilchen verschiedener Energien. In diesem Fall kann dies nicht wie in Bild 3.30 erklärt werden. Finden Sie eine Erklärung für die Verschiedenheit der Energien, konstruieren Sie zur Erläuterung ein Termschema. Bezeichnen Sie die einzelnen Zustände nach den verschiedenen Kernen, die an diesem Zerfallsprozeß beteiligt sind.

9. Bild 3.27 stellt eine vereinfachte Version der Abbildung eines Diagramms dar, das in einem Artikel von *F. Ajzenberg* und *T. Lauritsen*, Reviews of Modern Physics **27** (1955), p. 107, veröffentlicht wurde. Sehen Sie sich diese Originalabbildung an. Über der mit ^{7}Li + α bezeichneten Linie ist eine Kurve mit einer Reihe von Maxima dargestellt. Diese Maxima entsprechen bestimmten Energieniveaus des Kerns ^{11}B; die Kurve zeigt tatsächliche Meßergebnisse. Die Bedeutung dieser Kurve ist im Detail zu erklären, und die Messungen, auf denen sie beruht, sind zu beschreiben.
   Rechts in der Originalabbildung finden Sie weiter einen horizontalen Strich, der die Bezeichnung ^{11}B + p – p' trägt, darüber einen kurzen Querstrich mit der Bezeichnung 15,6. Dieser Querstrich ist mit einigen Energieniveaus von ^{11}B durch Pfeile verbunden. Auch dieser Teil der Abbildung bezieht sich auf Messungen. Was für Messungen werden dies sein, und was soll durch die Pfeile symbolisiert werden?

10. Ein Versuch mit einem Teilchenstrahl (Atom) besteht darin, daß sich die Atome parallel zu einem Schirm bewegen, der einen schmalen Spalt aufweist; dieser steht im rechten Winkel zur Richtung des Teilchenstrahls; der Einfachheit halber sollen alle Atome im Strahl die gleiche Geschwindigkeit v besitzen. Einige Atome werden angeregt, bevor sie sich am Spalt vorbeibewegen. Der Abstand zwischen dem Spalt und dem Punkt, in dem die Atome angeregt werden, ist x. Die Atome können von dem angeregten Zustand in den Grundzustand übergehen, indem sie ein Photon der Frequenz ω emittieren. Die mittlere Lebensdauer des angeregten Zustands ist τ. Wir wollen die Strahlung untersuchen, die durch den Spalt hindurchkommt.
    a) In welcher Weise hängt die Intensität der Strahlung, die durch den Spalt tritt, vom Abstand x ab? Die Antwort ist zu begründen.
    b) Wir lassen nun das durch den Spalt kommende Licht auf eine Photozelle fallen und bestimmen das Bremspotential, bei dem die Photozelle nicht mehr anspricht. Geben Sie an (und begründen Sie Ihre Annahmen), wie dieses Bremspotential vom Abstand x abhängen könnte. Es ist nicht so wichtig, daß Sie unbedingt die richtige Lösung finden — wichtig ist vielmehr, daß Sie über dieses Problem *nachdenken* und eine eindeutige Vorhersage aufgrund Ihrer derzeitigen Kenntnisse treffen.

11.[1]) Es ist interessant, die Winkelabhängigkeit der *Intensität* der elektrischen Quadrupolstrahlung zu untersuchen, die von der in Bild 3.33 dargestellten Quelle emittiert wird, und diese Winkelabhängigkeit mit der der Intensität eines *einzelnen* elektrischen Dipols zu vergleichen. Die Intensität ist proportional zum Quadrat der elektrischen Feldstärke. Es ist nachzuweisen, daß die Intensität der emittierten Strahlung als Funktion der Beobachtungsrichtung folgendermaßen gegeben wird:

$$I_{E1}(\theta) = A \sin^2(\theta)$$

im Falle eines elektrischen Dipols bzw.

$$I_{E2}(\theta) = B \sin^2(\theta)$$

im Falle eines elektrischen Quadrupols wie in Bild 3.33. A und B sind Konstanten. Die Intensität hängt somit nicht vom Azimut ab. Dieses Beispiel zeigt, wie die verschiedenen Arten von Multipolstrahlung nach ihren charakteristischen Intensitätsverteilungen unterschieden werden können.

---

[1]) Diese Aufgabe bezieht sich auf den Abschnitt 50 für Fortgeschrittene.

4 Photonen

4.1 Das Photon als Teilchen

1. In diesem und dem folgenden Kapitel werden wir sowohl die Teilchen- als auch die Wellennatur des Photons, des Elektrons, des Protons und des Neutrons sowie anderer Elementarteilchen behandeln. Wir werden die grundlegenden Versuche besprechen und versuchen, anschließend ein konsistentes Bild aus den Beobachtungen zu gewinnen. In vielen Fällen wird das Ergebnis eines bestimmten Experimentes zu einem weiteren Experiment führen. Wir werden uns bemühen, den Ausgang dieses Experiments vorauszusagen, und erst dann die tatsächlichen Ergebnisse untersuchen. Man könnte sagen, wir experimentieren mit Vorstellungen. Wir dürfen uns noch nicht an ein bestimmtes Modell klammern, sondern müssen den Versuchsergebnissen unvoreingenommen gegenüberstehen.

2. Beginnen wir mit dem Photon. Photonen sind die Quanten des elektromagnetischen Feldes: Wir wissen bereits, daß nahezu monochromatische Strahlung der Frequenz ω aus „Energiepaketen" der Energie $W = \hbar\omega$ besteht. Der photoelektrische Effekt ist wohl der unmittelbarste Beweis für die Quantisierung, doch führt auch, wie wir sehen werden, noch anderes Beobachtungsmaterial zum gleichen Ergebnis. Aus allen diesen Feststellungen ergibt sich der Schluß, daß die Beziehung $W = \hbar\omega$ in einem sehr großen Frequenzbereich gelten muß. Dies können wir nun einigermaßen kühn dahingehend extrapolieren, daß diese Beziehung zwischen Energie und Frequenz eines Quants ganz allgemein und für *alle* Photonen gilt.

3. Es stellen sich nun die folgenden beiden Fragen: Bewegt sich ein Quant elektromagnetischer Strahlung der Frequenz ω mit Lichtgeschwindigkeit c in irgendeine Richtung, besitzt es dann einen Impuls? Welchen Betrag hat dieser Impuls? Wenn das Quant, das in diesem Fall als Photon bezeichnet wird, auch Teilcheneigenschaften hat, dann ist anzunehmen, daß es auch Impuls besitzt. Wir können dementsprechend Versuche ausführen, mit denen der Impuls direkt gemessen werden kann.

In Band 3[1]) dieser Reihe wurde gesagt, daß bei einer monochromatischen elektromagnetischen Welle bestimmter Richtung Energie W und Impuls p durch die Beziehung $p = W/c$ miteinander verknüpft sind, wobei der Impuls in Ausbreitungsrichtung liegt. Dies entspricht den Voraussagen des klassischen Elektromagnetismus. Wir können daher mit einigem Grund annehmen, daß die gleiche Beziehung auch für die elektromagnetischen Quanten gilt.

4. Es wird vielleicht nützlich sein, wenn wir die Beziehung zwischen Energie und Impuls von einem anderen Gesichtspunkt aus ableiten, indem wir vergessen, daß $p = W/c$ ist, und einfach annehmen, daß die Beziehung $W = \hbar\omega$ universell gilt. Das bedeutet vor allem, daß diese Beziehung in *jedem* beliebigen Inertialsystem gültig ist. Die spezielle Relativitätstheorie bedingt unter anderem, daß allgemeine Beziehungen, die für Energie, Impuls, Frequenz und Richtung *aller* Photonen in *einem* Inertialsystem gelten, auch in *jedem anderen* Inertialsystem Gültigkeit haben müssen. Dieses relativistische Invarianzprinzip schränkt also die möglichen Beziehungen zwischen den erwähnten physikalischen Größen ein. Unseren Überlegungen liegt die Idee zugrunde, diese Nebenbedingung dazu zu verwenden, einen neuen Ausdruck für den Impuls p eines Photons zu finden.

Das Photon bewegt sich innerhalb eines bestimmten Inertialsystems in Richtung der positiven x-Achse. Wir betrachten das Photon als Teilchen mit einer Energie $W = \hbar\omega$ und einem noch unbekannten Impuls p. Aus Symmetriegründen muß p in Richtung der x-Achse liegen. Diese Situation wird nun von einem zweiten Inertialsystem aus (mit Strich gekennzeichnet) beobachtet, das sich mit gleichförmiger Geschwindigkeit v relativ zum ersten Inertialsystem in Richtung der positiven x-Achse bewegt. Ein Beobachter des zweiten Bezugssystems sieht ein Photon der Frequenz ω', der Energie $W' = \hbar\omega'$ und dem Impuls p'. Da $c > v$ ist, bewegt sich das Photon im zweiten Bezugssystem in Richtung der positiven x'-Achse. Weiter wollen wir aus Symmetriegründen annehmen, daß in *beiden* Inertialsystemen der Impulsvektor in Richtung der Bewegung des Photons zeigt. Somit braucht der Impuls nicht mehr als Vektor geschrieben zu werden. Wir bezeichnen die x- und x'-Komponenten des Impulses einfach mit p bzw. p', wobei die anderen Komponenten ohnehin null sind.

5. Wir müssen nun auf zwei Ergebnisse der Lorentz-Transformationen aus Band 1[1]) dieser Reihe zurückgreifen. Das erste ist die Gleichung für die longitudinale Dopplerverschiebung, die die Frequenzen ω und ω' durch

$$\omega' = \omega\sqrt{\frac{c-v}{c+v}} \qquad (4.1)$$

in Beziehung setzt.

Beim zweiten Ergebnis handelt es sich um das relativistische Transformationsgesetz für Energie und Impuls eines Teilchens. Nach diesem Gesetz gilt für die Energie W'

$$W' = \frac{W - vp}{\sqrt{1 - (v/c)^2}}. \qquad (4.2)$$

---

[1]) Berkeley Physik Kurs, Band 3, *Schwingungen und Wellen*, Kapitel 7.

[1]) Berkeley Physik Kurs, Band 1, *Mechanik*. Die Gleichung für die longitudinale Dopplerverschiebung wurde in Kapitel 11 abgeleitet, die Transformationsgesetze für Energie und Impuls in Kapitel 12.

4.1 Das Photon als Teilchen

Wenn wir nun durch unsere Annahme
$$W = \hbar\omega, \quad W' = \hbar\omega', \tag{4.3}$$
W und W' aus Gl. (4.2) und aus der daraus folgenden Gleichung auch ω' mittels Gl. (4.1) eliminieren, dann ergibt sich

$$\hbar\omega\sqrt{\frac{c-v}{c+v}} = \frac{\hbar\omega - vp}{\sqrt{1-(v/c)^2}}.$$

Diese Gleichung kann leicht nach p aufgelöst werden:
$$p = \frac{\hbar\omega}{c} \tag{4.4}$$
bzw.
$$p = \frac{W}{c}. \tag{4.5}$$

Diese Beziehungen gelten selbstverständlich für *alle* Inertialsysteme, da unser erstes Bezugssystem keinerlei Ausnahmestellung besitzt. Insbesondere gelten sie für unser zweites Bezugssystem. Die Beziehung (4.5) kann, wie gesagt, im Rahmen der klassischen Theorie abgeleitet werden. Beziehung (4.4) hingegen stammt ganz eindeutig aus der Quantenmechanik: Ein Lichtquant der Frequenz ω besitzt den Impuls $\hbar\omega/c$. Diese Beziehung ergibt sich natürlich unmittelbar aus den Gln. (4.5) und (4.3); umgekehrt folgt Gl. (4.3) aus den Gln. (4.4) und (4.5).

6. Die Ruhmasse m_{ph} des Photons ist gleich null. In Band 1 unserer Reihe wurde eine allgemeine Beziehung für Ruhmasse, Energie und Impuls abgeleitet, die, auf den vorliegenden Fall angewendet,

$$(m_{ph}c^2)^2 = W^2 - (cp)^2 \tag{4.6}$$

lautet.

Nach Gl. (4.5) wird die rechte Seite von Gl. (4.6) null, wir erhalten also $m_{ph} = 0$.

Auf den ersten Blick mag dieses Ergebnis etwas sonderbar scheinen: Da das Photon doch gewisse Teilcheneigenschaften aufweist, sollte es doch auch in seinem Ruhsystem eine Masse haben. *Es gibt jedoch kein Inertialsystem, in dem sich das Photon in Ruhe befindet:* Die elektromagnetische Strahlung breitet sich in ausnahmslos *jedem Inertialsystem* mit der Geschwindigkeit c aus. Ein ruhendes Photon ist also ein sinnloser Begriff.

Nun könnten wir wiederum einwenden, daß ein Objekt, das sich niemals und nirgends in Ruhe befinden kann, nicht als „Teilchen" bezeichnet werden sollte. Es ist jedoch in der Physik durchaus üblich, von „masselosen Teilchen" zu sprechen (Beispiele hierfür sind das Photon und das Neutrino), und wir werden uns daran halten müssen. Letztlich ist es reine Geschmackssache, was wir eigentlich unter „Teilchen" verstehen. Es erweist sich einfach oft als vorteilhaft, Photonen und Neutrinos wie Materieteilchen zu behandeln, doch darf man das nicht zu weit treiben: Ein Photon ist keine „Billardkugel", es hat nur *einige* wenige Eigenschaften mit einer solchen gemeinsam.

7. Als nächstes wollen wir uns mit einigen Gedankenexperimenten befassen, um zu untersuchen, ob das Teilchenmodell des Photons sich mit bestimmten Ergebnissen der klassischen elektromagnetischen Theorie verträgt. Wir können uns dadurch auch besser an die Vorstellung gewöhnen, daß „Pakete" elektromagnetischer Strahlung gewisse Eigenschaften von Teilchen aufweisen können.

An dieser Stelle sollte vielleicht einmal gesagt werden, daß unter „Teilcheneigenschaften" hier immer die Eigenschaften von Teilchen zu verstehen sind, die die klassische Physik ihnen zuschreibt. Tatsächlich wird die Bezeichnung „Teilchen" heute als Oberbegriff für Objekte wie Photonen, Elektronen, Protonen, Neutronen usw. verwendet. „Teilcheneigenschaften" sind also genaugenommen die Eigenschaften, die allen diesen Objekten gemeinsam sind. So haben die *realen* physikalischen Teilchen zum Beispiel die Eigenschaft, daß sie sich wie eine Welle verhalten können. Wir möchten hier natürlich die Eigenschaften der realen Teilchen erkennen und untersuchen, in welchem Maße sich die realen Teilchen wie die *imaginären* „klassischen" Teilchen verhalten.

8. Eine stationäre Lichtquelle emittiert Photonen der Frequenz ω. Dieses Licht soll senkrecht auf einen vollkommenen Spiegel fallen, der relativ zum Ruhsystem der Lichtquelle ebenfalls ruht (Bild 4.1).

Die klassische elektromagnetische Theorie sagt voraus, daß das reflektierte Licht ebenfalls die Frequenz ω hat und daß der Energiefluß in Richtung Spiegel gleich groß ist wie der Energiefluß vom Spiegel weg.

Weiter folgt aus der klassischen Theorie, daß die einfallende Strahlung einen Druck auf den Spiegel ausübt, den sogenannten Strahlungsdruck. Ist die Intensität der

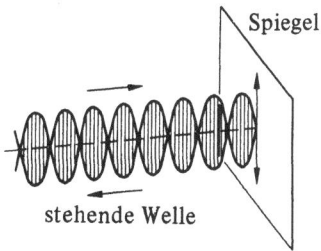

Bild 4.1 Reflexion an einem Spiegel (mit vollkommen leitender Oberfläche) aus der Sicht des Wellenmodells. Vor dem Spiegel bildet sich eine stehende Welle, in der Oberfläche werden Ströme induziert; die Welle übt eine Kraft auf den Spiegel aus, die auf der Wechselwirkung des magnetischen Feldes der Welle mit den induzierten elektrischen Strömen beruht. Bei senkrechtem Einfall ist der Strahlungsdruck $P = w$, wobei w die Energiedichte vor dem Spiegel ist.

Strahlung über die gesamte Spiegelfläche konstant, dann ist dieser Druck gleich

$$P = w, \tag{4.7}$$

wobei w die Energiedichte des Strahlungsfeldes unmittelbar an der reflektierenden Oberfläche ist.

Der Energiefluß der einfallenden Strahlung ist Φ, es ist der Energiebetrag, der pro Zeiteinheit durch eine Flächeneinheit (senkrecht zur Einfallrichtung) in Richtung Spiegel fließt. Bezeichnen wir den Energiefluß der reflektierten Strahlung analog mit Φ', dann muß $\Phi = \Phi'$ sein. Pro Zeiteinheit legt die Strahlung eine Strecke c zurück. Die Energiedichte w ist somit durch

$$w = \frac{\Phi}{c} + \frac{\Phi'}{c} = \frac{2\Phi}{c} \tag{4.8}$$

gegeben. Der erste Term gibt die Energiedichte der einfallenden Strahlung, der zweite Term die Energiedichte der reflektierten Strahlung an. Der Energiefluß und der Strahlungsdruck stehen also durch die Gleichung

$$P = \frac{2\Phi}{c} \tag{4.9}$$

in Beziehung, was sich aus den Gln. (4.7) und (4.8) ergibt.

9. Nun wollen wir diesen Fall auch aus der Sicht des Photonenmodells untersuchen (Bild 4.2). Wir nehmen an, daß n Photonen pro Zeiteinheit durch eine Flächeneinheit in Richtung Spiegel strömen, wobei jedes Photon eine Energie $W = \hbar\omega$ und einen Impuls $p = \hbar\omega/c$ transportiert. Durch das Auftreffen auf den Spiegel wird die Richtung des Impulses eines jeden Photons umgekehrt (die Masse des Spiegels wird hierbei als unendlich groß angenommen: Der Spiegel wird durch das Auftreffen der Photonen nicht in Bewegung gebracht), jedes Photon überträgt also einen Impuls von $2p$ auf den Spiegel: Nach diesem Modell entsteht der Strahlungsdruck einfach durch das Aufprallen der Photonen auf den Spiegel.

Der Strahlungsdruck P ist gleich dem Betrag des Impulses, der pro Zeiteinheit auf eine Flächeneinheit des Spiegels übertragen wird:

$$P = 2np = \frac{2n\hbar\omega}{c}. \tag{4.10}$$

Der Energiefluß Φ hingegen ist einfach durch

$$\Phi = n\hbar\omega \tag{4.11}$$

und die Energiedichte durch

$$w = \frac{2n\hbar\omega}{c} \tag{4.12}$$

gegeben, da sich alle Photonen mit Lichtgeschwindigkeit bewegen.

Kombinieren wir die Gln. (4.10) bis (4.12), so ergeben sich wiederum die Beziehungen (4.7) bis (4.9): In dem vorliegenden Fall ist das Teilchenmodell mit dem Wellenmodell des Photons konsistent.

10. Betrachten wir nun folgende Situation: Eine Lichtquelle befindet sich relativ zum Labor in Ruhe und emittiert Photonen einer Frequenz ω. Diese Photonen fallen senkrecht auf einen vollkommenen Spiegel, der sich mit der *geringen* Geschwindigkeit v von der Lichtquelle weg bewegt (Bild 4.3). Wiederum nehmen wir die Masse m des Spiegels als sehr groß an. (v soll deshalb klein und m groß sein, damit wir dieses Problem nichtrelativistisch behandeln können.)

Untersuchen wir aus der Sicht des Teilchenmodells das Auftreffen eines einzelnen Photons auf den Spiegel. Vor dem Aufprall besitzt das Photon die Energie W und den Impuls $p = W/c$, nachher ist seine Energie W', sein Impuls $p' = W'/c$. Die Erhaltungssätze für Energie und Impuls lauten dann:

$$p + mv = -p' + mv' \quad \text{(Impuls)}, \tag{4.13}$$

$$W + \tfrac{1}{2}mv^2 = W' + \tfrac{1}{2}mv'^2 \quad \text{(Energie)}. \tag{4.14}$$

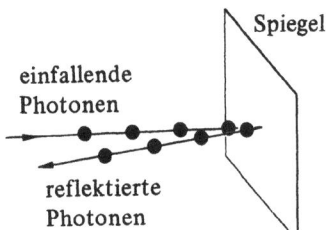

Bild 4.2 Reflexion von Licht an einem Spiegel aus der Sicht des Teilchenmodells. Der Strahlungsdruck entsteht durch den Anprall der Photonen auf den Spiegel, wobei ihre Impulsvektoren umgekehrt werden (bei senkrechtem Strahlungseinfall). Die Beziehung zwischen Strahlungsdruck und Energiedichte ergibt sich analog wie in der Wellentheorie (vgl. Bild 4.1).

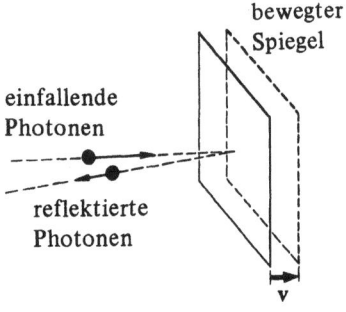

Bild 4.3 Die Gesetze für elastische Stöße besagen, daß die Energie W' des reflektierten Photons kleiner sein muß als die Energie W des einfallenden Photons, wenn der Spiegel sich von der Lichtquelle entfernt. Aus den Beziehungen $W = \hbar\omega$ und $W' = \hbar\omega'$ können wir die Frequenzänderung bestimmen. Wenn wir annehmen, daß die Masse des Spiegels unendlich ist, dann gelangen wir zum gleichen Ergebnis wie aufgrund des Wellenmodells (vgl. Bild 4.4).

Wir haben hier auch in Betracht gezogen, daß der Spiegel nach dem Aufprall eine leicht verschiedene Geschwindigkeit v' haben kann: Die Richtung seiner Geschwindigkeit wird sich jedenfalls nicht ändern. Das reflektierte Photon bewegt sich in entgegengesetzte Richtung, was durch den Term $-p'$ in Gl. (4.13) ausgedrückt ist.

Die Frequenz des reflektierten Photons ist $\omega' = W'/\hbar$. Die Gln. (4.13) und (4.14) können wir dementsprechend umformen:

$$\frac{\hbar\omega}{c} + mv = -\frac{\hbar\omega'}{c} + mv' \qquad \text{(Impuls)}, \qquad (4.15)$$

$$\hbar\omega + \tfrac{1}{2}mv^2 = \hbar\omega' + \tfrac{1}{2}mv'^2 \qquad \text{(Energie)}. \qquad (4.16)$$

Eliminieren wir v' aus diesen beiden Gleichungen, so erhalten wir

$$\hbar(\omega - \omega') = \left(\frac{v}{c}\right)\hbar(\omega + \omega') + \frac{1}{2m}\left(\frac{\hbar}{c}\right)^2(\omega + \omega')^2. \quad (4.17)$$

Für den Grenzfall eines Spiegels mit unendlicher Masse — wobei der zweite Term auf der rechten Seite von Gl. (4.17) wegfällt — erhalten wir

$$\omega' = \omega \, \frac{1 - \dfrac{v}{c}}{1 + \dfrac{v}{c}}. \qquad (4.18)$$

Da wir v/c als klein angenommen hatten, können wir Gl. (4.18) in eine Potenzreihe nach v/c entwickeln. Wenn wir nur die linearen Terme berücksichtigen, erhalten wir für die Frequenz des reflektierten Photons den Näherungsausdruck

$$\omega' \approx \omega\left(1 - \frac{2v}{c}\right). \qquad (4.19)$$

11. Wir wollen nun auch die Intensität der reflektierten Strahlung bestimmen. Der Beobachter befindet sich in einer bestimmten Ebene des Labors, die zur Spiegeloberfläche parallel ist. Es sollen n Photonen pro Zeiteinheit durch eine Flächeneinheit dieser Ebene in Richtung Spiegel strömen, der Energiefluß in umgekehrter Richtung beträgt n' Photonen pro Zeit- und Flächeneinheit. Die Lichtquelle hat parallel zu dieser Ebene eine große Ausdehnung. Die Photonen bewegen sich genau im rechten Winkel senkrecht zu dieser Ebene. Wir stellen die Behauptung auf, daß

$$n' = n\left(1 - \frac{2v}{c}\right). \qquad (4.20)$$

Dies beweisen wir durch folgende Argumente: Wir nehmen an, daß die einfallenden Photonen eine Flächeneinheit der Beobachtungsebene in gleichen zeitlichen Abständen passieren. Das Zeitintervall zwischen zwei aufeinanderfolgenden Photonen ist dann $1/n$. Ein bestimmtes Photon kehrt zum Zeitpunkt t zurück, das nächste Photon aber wird eine größere Strecke zurücklegen müssen, nachdem der Spiegel sich inzwischen um eine Strecke v/n entfernt hat, und wird daher zum Zeitpunkt $t + (1/n) + 2(v/c)/n$ wieder bei der Beobachtungsebene angelangt sein. Der zeitliche Abstand der zurückkehrenden Photonen ist daher $1/n' = (1/n)(1 + 2v/c)$, und dies führt für kleine v/c zum Näherungsausdruck (4.20).

Die *Intensität* der beiden Photonenstrahlen, also der Energiefluß pro Zeit- und Flächeneinheit, ist somit für den einfallenden Strahl gleich $\Phi = \hbar\omega n$ und für den reflektierten Strahl $\Phi' = \hbar\omega' n'$. Die beiden Intensitäten stehen durch den Näherungsausdruck

$$\Phi' = \Phi\left(1 - \frac{4v}{c}\right) \qquad (4.21)$$

in Beziehung.

Wir sind so zu zwei recht interessanten Ergebnissen gelangt: Die Frequenz eines Photons ändert sich bei der Reflektion nach Gl. (4.19), die Intensität Φ' des reflektierten Strahls steht mit der Intensität Φ des einfallenden Strahls durch Gl. (4.21) in Beziehung. Erhalten wir im Rahmen der klassischen elektromagnetischen Theorie die gleichen Ergebnisse?[1]

12. Aus der Sicht des Wellenmodells werden wir folgendermaßen argumentieren: Ein relativ zum Labor ruhender Beobachter hat den Eindruck, als käme das reflektierte Licht von einer „Lichtquelle hinter dem Spiegel", d.h. vom Spiegelbild der Lichtquelle. Dieses Spiegelbild bewegt sich relativ zum Spiegel mit der Geschwindigkeit v, der Spiegel selbst bewegt sich ebenfalls mit einer Geschwindigkeit v relativ zum ruhenden Beobachter. Da v klein ist, können wir das nichtrelativistische Gesetz der Addition

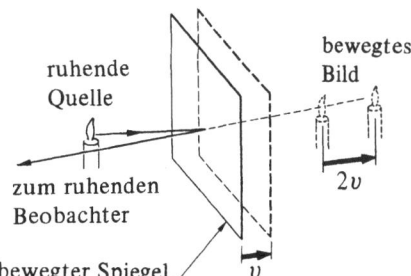

Bild 4.4 Licht einer stationären Quelle, das von einem bewegten Spiegel reflektiert wird, scheint von einer bewegten Quelle zu kommen: Das Spiegelbild der Quelle bewegt sich mit der doppelten Geschwindigkeit des Spiegels. Aus der Wellentheorie schließen wir daher, daß die Frequenz des reflektierten Lichts eine Dopplerverschiebung aufweist. (Zur Vereinfachung wird angenommen, daß die Kerze im Bild monochromatisches Licht aussende.)

---

[1] Selbstverständlich. Dies abzuleiten, ist hier nicht notwendig, wäre aber jedenfalls recht lehrreich. Eine andere Möglichkeit für die Behandlung derartiger Probleme wäre die Transformation in das Ruhsystem des Spiegels und zurück ins Laborsystem.

von Geschwindigkeiten anwenden. Wir gelangen dadurch zu dem Ergebnis, daß sich das Spiegelbild der Lichtquelle vom Beobachter mit der Geschwindigkeit $2v$ entfernt (Bild 4.4). Die Frequenz wird natürlich einer Dopplerverschiebung unterworfen; die Frequenz der reflektierten Photonen ist daher in der nichtrelativistischen Näherung durch $\omega' = \omega(1 - 2v/c)$ gegeben, was mit Gl. (4.19) übereinstimmt.

13. Befassen wir uns als nächstes mit der Intensität. In Band 2 dieser Reihe[1]) wurden die Transformationsgesetze für elektromagnetische Felder bei Lorentz-Transformationen besprochen. Im Ruhsystem der Lichtquelle ist E die Amplitude des elektrischen, B die Amplitude des magnetischen Feldes der Welle. Die Felder E und B sind senkrecht zur Ausbreitungsrichtung gerichtet. Die entsprechenden Amplituden in einem Bezugssystem, in dem sich die Lichtquelle mit der Geschwindigkeit v' vom Beobachter entfernt, bezeichnen wir mit E' und B'. Für eine ebene, linear polarisierte Welle gilt ohnehin $E = cB$ und $E' = cB'$. Aus den Transformationsgesetzen ergibt sich dann folgende Beziehung zwischen den Amplituden E und E':

$$E' = E\sqrt{\frac{c-v'}{c+v'}}. \qquad (4.22)$$

Die Intensität (bzw. der Energiefluß) ist in diesem Fall proportional zum Quadrat der Amplitude:

$$\Phi' = \Phi\left(\frac{c-v'}{c+v'}\right). \qquad (4.23)$$

Hier ist Φ die Intensität im Ruhsystem der Quelle und Φ' die Intensität in dem Bezugssystem, in dem sich die Quelle vom Beobachter mit einer Geschwindigkeit v' entfernt. Setzen wir nun $v' = 2v$ ein und entwickeln die rechte Seite von Gl. (4.23) in eine Potenzreihe nach v/c, wobei wir v/c als klein ansehen, dann gelangen wir erneut in linearer Näherung zum Ausdruck (4.21).

Das Teilchenmodell führt somit zu den gleichen Ergebnissen wie das Wellenmodell, also wie die klassische elektromagnetische Theorie.

14. Abschließend wollen wir noch den Nettoenergiefluß durch die „Beobachtungsebene" in Richtung Spiegel behandeln: Da die reflektierte Strahlung eine geringere Intensität besitzt als die einfallende, muß der Nettoenergiefluß ungleich null sein (Bild 4.5). Was geschieht aber mit der Energiedifferenz? Da der Spiegel sich bewegt, wird durch den Strahlungsdruck am Spiegel Arbeit verrichtet, womit aber erst der *halbe* Nettoenergiefluß in Rechnung gestellt ist; die andere Hälfte wird zur Aufrechterhaltung des elektromagnetischen Feldes zwischen dem Spiegel und der Beobachtungsebene verbraucht:

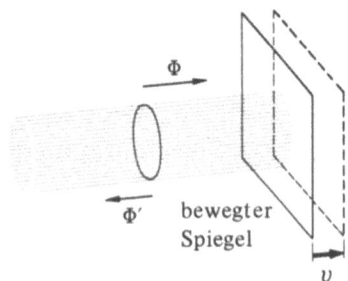

Bild 4.5 Die Intensität des Lichts (also der Energiefluß pro Zeit- und Flächeneinheit), das von einem sich von der Quelle und vom Beobachter entfernenden Spiegel reflektiert wird, ist geringer als die Intensität des einfallenden Lichts. Der Strahlungsdruck verrichtet am Spiegel Arbeit, das mit Strahlungsenergie erfüllte Volumen wird vergrößert.

Sowohl für das Teilchen- als auch für das Wellenmodell gilt das Energieerhaltungsprinzip.

Dieses Raumvolumen nimmt gleichmäßig zu, weil sich der Spiegel von der Beobachtungsebene entfernt. Da nun die Energiedichte in diesem Volumen konstant bleibt, muß ihm kontinuierlich Energie zugeführt werden. Aus der Sicht des Teilchenmodells würden wir dies eher so ausdrücken: Die Anzahl der Photonen, die zwischen Spiegel und Beobachtungsebene unterwegs sind, nimmt gleichförmig zu, weil der Abstand zunimmt (und die Photonen zueinander konstante Abstände haben). Der Leser sollte die entsprechenden sehr einfachen Berechnungen selbst im Detail ausführen und überlegen, ob dabei der Energiefluß wohl konstant ist.

15. Als nächstes wollen wir ein spezielles Beispiel behandeln, das uns zeigt, daß bei derartigen Überlegungen Vorsicht angebracht ist. Ein in höchstem Maße monochromatischer Lichtstrahl der Frequenz ω_0 (wenn zum Beispiel ein *Laser* als Lichtquelle verwendet wird) fällt senkrecht auf einen Spiegel, der mit der Frequenz ω_s in Richtung des Strahls schwingt. Wir möchten die Frequenz des reflektierten Lichts bestimmen.

Aus der Sicht eines naiven Teilchenmodells könnten wir folgendermaßen argumentieren: Trifft das Photon zufällig in einem Zeitpunkt auf den Spiegel, in dem sich dieser mit einer Geschwindigkeit v von der Quelle entfernt, dann ist die Frequenz des reflektierten Photons gleich $\omega = \omega_0(1 - 2v/c)$, was mit unseren bisherigen Überlegungen übereinstimmt. Die Photonen treffen zu ganz zufälligen Zeitpunkten auf den Spiegel, was ein *Kontinuum* von Frequenzen von $\omega_0(1 - 2v_0/c)$ bis $\omega_0(1 + 2v_0/c)$ im reflektierten Licht zur Folge hat. Das anfangs nahezu monochromatische Licht wird einen breiteren Spektralbereich einnehmen. v_0 ist das Maximum der Geschwindigkeit des Spiegels.

16. Nach dem klassischen Wellenmodell gelangen wir zu einem anderen Ergebnis. Das reflektierte Licht ist ein

---

[1]) Berkeley Physik Kurs, Band 2, *Elektrizität und Magnetismus*, Kapitel 6, Abschnitt 6.7.

4.1 Das Photon als Teilchen

Produkt zweier periodischer Prozesse, daher sollten die Frequenzen im reflektierten Strahl *Kombinationsfrequenzen* aus der Überlagerung der beiden Frequenzen ω_0 und ω_s sein. Eine eingehende und genaue Untersuchung dieses Problems aus der Sicht der klassischen elektromagnetischen Theorie zeigt, daß die im reflektierten Licht zu erwartenden Frequenzen ein diskretes Kollektiv $\omega = \omega_0 + n\,\omega_s$ bilden, wobei n irgendeine ganze Zahl sein kann (positiv, negativ oder null). Die diesen verschiedenen Frequenzen entsprechenden *Intensitäten* sind für die physikalisch realistischen Fälle, in denen die Geschwindigkeit des Spiegels verglichen mit c klein ist, für kleine Werte von n am höchsten.

Wir hoffen, daß diese Folgerungen dem Leser plausibel erscheinen. Wir können hier den allgemeinen Fall nicht näher besprechen, doch wollen wir zumindest einen Sonderfall untersuchen, um die Glaubwürdigkeit unserer Feststellungen zu untermauern. Nehmen wir einmal an, ω_0 sei ein ganzzahliges Vielfaches von ω_s. In diesem Fall ist der Prozeß der Reflektion des Strahls streng periodisch, die Periode ist gleich $2\pi/\omega_s$. Der ganze Vorgang wiederholt sich also nach einer Zeit $2\pi/\omega_s$. Das bedingt natürlich, daß das elektrische Feld des reflektierten Strahls ebenfalls eine periodische Funktion der Zeit ist, wobei die Periode wieder $2\pi/\omega_s$ ist. Die Frequenzen im reflektierten Strahl müssen daher ganzzahlige Vielfache der Frequenz ω_s sein, was mit der Aussage konsistent ist, daß die Frequenzen einem Kollektiv $\omega = \omega_0 + n\,\omega_s$ angehören. Es ist sicher verständlich, daß die mit den verschiedenen Frequenzen verbundenen Intensitäten für Frequenzen in der Nähe von ω_0 am größten sind. (Sie sehen dies sofort ein, wenn Sie sich den Grenzfall überlegen, bei dem die Amplitude gegen null geht.) Jedenfalls können wir kein *Kontinuum* von Frequenzen erwarten, wie es das naive Teilchenmodell voraussagt.

Die von der klassischen Wellentheorie vorausgesagten Frequenzen stimmen mit tatsächlichen Beobachtungen überein. Derartige Versuche wurden auch mit Lichtquellen ausgeführt, die selbst schwingen. In einem solchen Versuch von *Ruby* und *Bolef* war die „Lichtquelle" ein gammastrahlender ^{57}Fe-Kern auf der Oberfläche eines schwingenden Quarzkristalls. In Bild 4.6 ist zu sehen, daß eine Reihe der vorausgesagten Frequenzen tatsächlich festgestellt werden konnten.

17. Der scheinbar unüberbrückbare Widerspruch zwischen den Vorhersagen der Wellentheorie und der Teilchentheorie kann gemildert werden, wenn wir in Rechnung setzen, daß unser Teilchenmodell wirklich entsetzlich naiv war. Wir haben zum Beispiel angenommen, daß die Reflexion *momentan* vor sich geht, als wäre das Photon ein *Punktteilchen* ohne räumliche Ausdehnung (Bild 4.7). Diese Annahme ist jedoch nicht gerechtfertigt, da der Wellenzug eine endliche geringe Länge hat, die umgekehrt

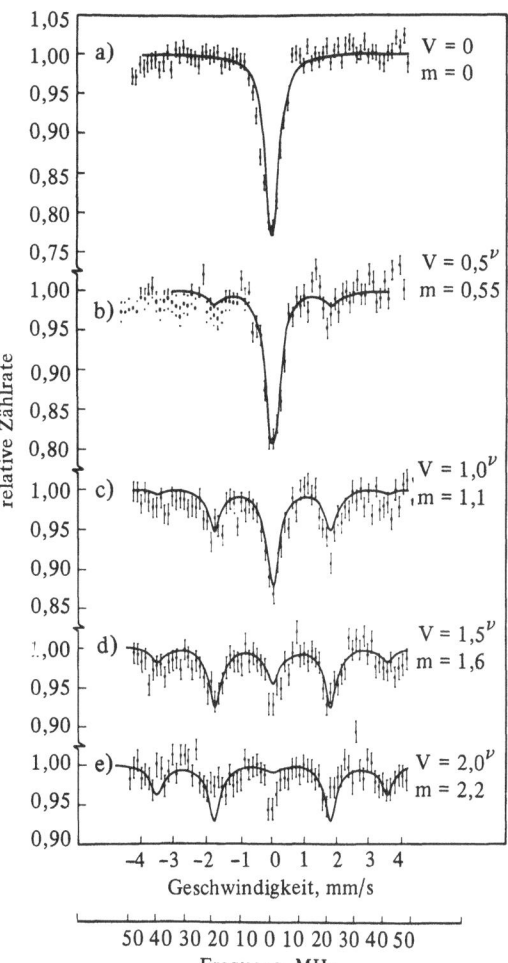

Bild 4.6 Frequenzspektren der Gammastrahlung einer schwingenden Strahlungsquelle (angeregte ^{57}Fe-Kerne). Die verschiedenen Kurven entsprechen verschiedenen Schwingungsamplituden bei gleicher Schwingungsfrequenz von 20 MHz. Die Zacken in den Kurven zeigen die emittierten Spektrallinien an. Es werden also Linien bei der Zentralfrequenz und bei ± 20 MHz und ± 40 MHz neben der Zentralfrequenz emittiert.

Eigentlich ist durch diese Kurven die Durchlässigkeit des gleichförmig bewegten Absorbers für Gammastrahlung (der ^{57}Fe-Kerne im Grundzustand enthält) als Funktion der Geschwindigkeit des Absorbers dargestellt. Wenn die Strahlungsquelle ruht, tritt bei der Geschwindigkeit null starke Absorption ein. Schwingt dagegen die Quelle, ist bei den Geschwindigkeiten starke Absorption zu finden, bei denen die Doppler-verschobenen Emissionslinien mit der Resonanzlinie von ^{57}Fe zusammenfallen.

Das Bild stammt aus der Arbeit "Acoustically modulated gamma rays from ^{57}Fe" (Akustisch modulierte Gammastrahlung von ^{57}Fe), von *S. L. Ruby* und *D. I. Bolef*, Physical Review Letters **5**, 5 (1960) (*zur Verfügung gestellt von Physical Review Letters*).

proportional zu der Genauigkeit ist, mit der die Frequenz definiert werden kann. Die Länge des Wellenzuges kann leicht bestimmt werden, wenn wir auf unsere Überlegungen aus Abschnitt 23 von Kapitel 3 zurückgreifen, speziell auf die Beziehung zwischen der Unschärfe $\Delta\omega_0$

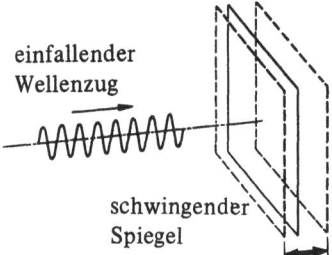

Bild 4.7 Es ist nicht korrekt, die Wechselwirkung zwischen einem Photon und einem schwingenden Spiegel so darzustellen, als würde das Photon den Spiegel in einem eindeutig definierten Zeitpunkt treffen: Das Photon ist ja kein Punktteilchen. In diesem Fall ist das Wellenmodell eher zutreffend. Die Länge des Wellenzuges, d. h. die Dauer des Stoßprozesses, ist umgekehrt proportional zu der Genauigkeit, mit der die Frequenz des Photons angegeben werden kann. Ein streng monochromatisches Photon entspricht einem unendlich langen Wellenzug. Ist die Frequenz der Schwingung des Spiegels ω_s, die Frequenz des einfallenden Lichts ω_0, dann sind die im reflektierten Licht vorhandenen Frequenzen durch $(\omega_0 + n\omega_s)$ definiert, wobei n eine ganze Zahl ist.

der Frequenz und der Dauer τ des Emissionsprozesses. Wir stellen fest, daß

$$\tau \approx \frac{1}{\Delta\omega_0} \qquad (4.24)$$

ist; die Länge l des Wellenzuges (im Raum) ist somit

$$l = c\tau \approx \frac{c}{\Delta\omega_0}. \qquad (4.25)$$

Ist also die Frequenz sehr genau definiert, kann sicherlich das Photon nicht als Punktteilchen angesehen werden.

Das Problem kann jedoch auch auf andere Weise angegangen werden: Wir nehmen zum Beispiel an, daß $\omega_s \gg \Delta\omega_0$ ist. Die Zeit, die das Photon auf dem schwingenden Spiegel „zubringt", ist dann länger als die Schwingungsperiode des Spiegels. Wir können daher keinesfalls behaupten, daß das Photon vom Spiegel ausgerechnet in dem Zeitpunkt reflektiert wird, in dem der Spiegel die eindeutig definierte Geschwindigkeit v hat. Der Reflexionsprozeß wird in diesem Fall eine Zeitspanne andauern, während der Spiegel mehrere volle Schwingungen ausführen kann.

4.2 Der Compton-Effekt, Bremsstrahlung; Paarbildung und -vernichtung

18. Wir wollen uns nun mit einem Versuch beschäftigen, durch den die Energie und der Impuls eines Photons untersucht werden können, dem Versuch von *A. H. Compton*, bei dem der Stoß zwischen einem Photon und einem Elektron beobachtet wird. In Bild 4.8 ist dieser Stoß schematisch dargestellt.

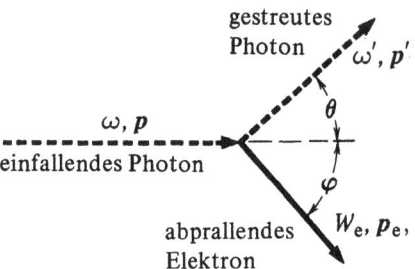

Bild 4.8 Zur Erläuterung der Kinematik der Compton-Streuung. Ein Photon kollidiert mit einem ursprünglich ruhenden Elektron. Der Energie- und Impulserhaltungssatz führt zu einer eindeutigen Frequenz ω' und einem Impuls p' für das gestreute Photon als Funktion des Streuwinkels θ.

Ein Photon der Frequenz ω stößt mit einem Elektron der Masse m_e zusammen, das sich anfangs in Ruhe befindet. Nach dem Stoß bewegt sich ein Photon der Frequenz ω' in eine Richtung, die mit der Einfallsrichtung den Winkel θ einschließt. Das Elektron wird durch den Stoß in Bewegung versetzt, es hat danach eine Energie W_e, und seine Bewegungsrichtung schließt mit der Einfallsrichtung des Photons den Winkel φ ein.

Energie und Impuls werden nur erhalten, wenn der ganze Prozeß sich in einer Ebene, etwa der Bildebene, abspielt. In dieser Ebene lauten die Erhaltungssätze:

$$\hbar\omega + m_e c^2 - \hbar\omega' = W_e \quad \text{(Energie)}, \qquad (4.26)$$

$$\boldsymbol{p} - \boldsymbol{p}' = \boldsymbol{p}_e \quad \text{(Impuls)}. \qquad (4.27)$$

Wenn wir nun das Quadrat der zweiten Gleichung von dem Quadrat der ersten durch c dividierten Gleichung abziehen, dann ergibt sich

$$\frac{1}{c^2}(\hbar\omega + m_e c^2 - \hbar\omega')^2 - (\boldsymbol{p} - \boldsymbol{p}')^2$$

$$= \frac{W_e^2}{c^2} - p_e^2 = m_e^2 c^2. \qquad (4.28)$$

Da

$$p = \frac{\hbar\omega}{c}, \quad p' = \frac{\hbar\omega'}{c}$$

und

$$\boldsymbol{p} \cdot \boldsymbol{p}' = pp' \cos\theta \qquad (4.29)$$

gilt, können wir Gl. (4.28) nach ω' auflösen:

$$\omega' = \frac{\omega}{1 + (\hbar\omega/m_e c^2)(1 - \cos\theta)}. \qquad (4.30)$$

19. Setzen wir für die Wellenlängen $\lambda = 2\pi c/\omega$, $\lambda' = 2\pi c/\omega'$ ein, dann können wir Gl. (4.30) auch in der Form

$$\lambda' = \lambda + 2\pi \frac{\hbar}{m_e c}(1 - \cos\theta) \qquad (4.31)$$

schreiben.

Die Größe $2\pi(\hbar/m_e c) = h/m_e c$ wird als *Compton-Wellenlänge* des betreffenden Teilchens, in diesem Falle also des Elektrons, bezeichnet:

$$\lambda_C = \frac{h}{m_e c} = 2{,}426\,21 \cdot 10^{-12} \text{ m}.$$

Oft wird auch der Wert $\lambda_C/2\pi$ als Compton-Wellenlänge bezeichnet:

$$\lambdabar_C = \frac{\lambda_C}{2\pi} = 3{,}861\,44 \cdot 10^{-13} \text{ m}.$$

Die Wellenlänge der gestreuten Strahlung ist größer als die der einfallenden, dementsprechend ist die Frequenz der gestreuten Strahlung geringer als die der einfallenden. Das muß so sein, weil ja ein Teil der Energie auf das Elektron übertragen wird. Aus Gl. (4.30) ersehen wir, daß die relative Frequenzänderung sehr klein ist, wenn die Größe $(\hbar\omega/m_e c^2) \approx (\hbar\omega)/(0{,}5 \text{ MeV})$ klein ist. Dieser Effekt zeigt daher erst bei Energien der harten Röntgenstrahlung eine deutliche Auswirkung. Zu demselben Schluß hätten wir anhand von Gl. (4.31) kommen können: Die relative Änderung der Wellenlänge ist gering, wenn die Compton-Wellenlänge verglichen mit der einfallenden Wellenlänge klein ist.

20. Der hier beschriebene Streuprozeß wurde von *A. H. Compton*[1] im Jahre 1922 experimentell beobachtet. Vermutlich wurde *Compton* zu diesem Experiment durch eine Beobachtung von *Barkla* angeregt, der feststellte, daß bei einer Streuung harter Röntgenstrahlung durch feste Partikel (wenn die Streuwinkel groß sind) die Streustrahlung aus zwei Komponenten zu bestehen scheint: Die eine Komponente hat die gleichen, die andere Komponente jedoch ganz verschiedene Eigenschaften wie die einfallende Strahlung. Dieser Unterschied wurde durch die verschiedenen Absorptionsraten dieser Strahlungskomponenten festgestellt, wenn sie irgendwelche Medien passieren. Aus der Sicht des Wellenmodells ist die erste Komponente leicht zu erklären. Die einfallenden elektromagnetischen Wellen, bzw. die einfallenden Röntgenquanten, versetzen die in den Atomen gebundenen Elektronen in Schwingungen, und diese Schwingungen sind von der gleichen Frequenz ω wie die einfallende Welle. Die schwingenden Elektronen emittieren dann in alle Richtungen elektromagnetische Strahlung der Frequenz ω. Bei diesem Prozeß wird der Zustand des Atoms nur vorübergehend gestört, die gebundenen Elektronen werden nicht herausgeschlagen. Es ist anzunehmen, daß gerade die am *intensivsten* gebundenen Elektronen eine solche Streuung verursachen.

Einige Elektronen eines Atoms sind jedoch nur sehr schwach gebunden (die Bindungsenergien sind von der Größenordnung 10 ... 100 eV). Derartige Elektronen könnten bei einem Streuprozeß sehr wohl herausgeschlagen werden. Bei dem Versuch von *Compton* wurde Röntgenstrahlung einer Röntgenröhre mit einer Molybdän-Anode durch Graphit in verschiedenen Winkeln gestreut. Die Betriebsspannung der Röntgenröhre war 50 000 V. Die Wellenlänge der einfallenden Strahlung entsprach der sogenannten Mo-K-Strahlung der Wellenlänge 0,07 nm, das entspricht einer Energie von etwa 20 000 eV. Diese Energie ist verglichen mit der Bindungsenergie der äußersten Elektronen des Kohlenstoffatoms, eigentlich auch verglichen mit der Bindungsenergie aller Elektronen, sehr groß. Unter diesen Umständen werden wir erwarten, daß der Streuprozeß ungefähr so abläuft, als wären die Elektronen überhaupt nicht gebunden: In diesem Fall gilt unsere Analyse aus Abschnitt 18. *Compton* konnte nachweisen, daß die Wellenlänge der Streustrahlung eine zweite Komponente der Wellenlänge λ' enthält; die beiden Komponenten hängen nach Gl. (4.31) mit dem Streuwinkel zusammen (vgl. Bild 4.9).

In späteren Versuchen stellten *Compton* und andere die Existenz des Rückstoßelektrons fest. Man konnte auch die Beziehung zwischen dem Elektron und dem gestreuten Photon nachweisen und daß Energie und Impuls in diesem Prozeß erhalten bleiben[1].

21. Wir werden nun versuchen, uns über die Bedeutung des Compton-Effekts klar zu werden. Wir können vorausschicken, daß auch ein klassisches „Energiepaket" elektromagnetischer Strahlung an einem Elektron gestreut wird, das Phänomen der Streuung als solches also zur Erklärung nicht der Quantenmechanik bedarf. Die Gl. (4.30) für die Frequenz der Streustrahlung und den Streuwinkel enthält jedoch das Plancksche Wirkungsquantum, und zwar in einer Form, die sehr für die Richtigkeit des Teilchenmodells spricht. Die Gl. (4.30) wurde aber unter der Annahme abgeleitet, daß das *ganze* Photon gestreut wird, nicht nur ein Drittel oder ein Fünftel oder sonst ein Bruchteil des Photons: Würde nur ein Fünftel des Photons gestreut, dann würden die Erhaltungssätze ein ganz anderes Ergebnis liefern. Die Bedeutung des Compton-Effekts liegt also in der experimentellen Bestätigung der universellen Gültigkeit der Beziehung $W = \hbar\omega$. Die Photonen sind – nach *Comptons* Versuch – nicht „teilbar": *Jedes Photon der Frequenz ω besitzt die Energie $\hbar\omega$ und den Impuls $\hbar\omega/c$.*

---

[1] *A. H. Compton*, "The Spectrum of Scattered X-rays" (Das Spektrum gestreuter Röntgenstrahlung), *Physical Review* **22**, 409 (1923); *Comptons* theoretische Analyse findet sich in "A Quantum Theory of the Scattering of X-rays by Light Elements" (Quantentheoretische Analyse der Streuung von Röntgenstrahlung durch leichte Elemente), *Physical Review* **21**, 483 (1923).

[1] *A. H. Compton* und *A. W. Simon*, "Directed quanta of scattered X-rays" (Gerichtete Quanten gestreuter Röntgenstrahlung), *Physical Review* **26**, 289 (1925). Siehe auch *C. T. R. Wilson*, "Investigations on X-rays and β-rays by the Cloud Method" (Untersuchungen über Röntgen- und Betastrahlung mit der Nebelkammermethode), *Proceedings of the Royal Society (London)* **104**, 1 (1923).

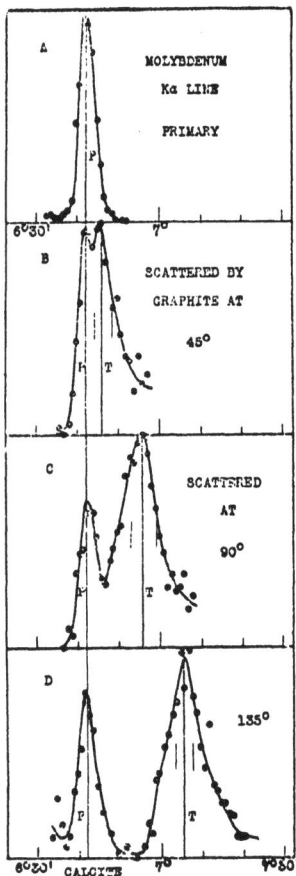

Bild 4.9 Diagramm aus *Comptons* Arbeit [*Phys. Rev.* **22**, 409 (1923)], in dem das Spektrum der Streustrahlung für drei verschiedene Streuwinkel dargestellt ist. Die oberste Kurve zeigt die Linie der einfallenden Strahlung der Wellenlänge 0,071 nm. Die Abszisse ist der Wellenlänge proportional, die Ordinate ist ein Maß für die Intensität. Das jeweils linke Maximum in den drei unteren Diagrammen zeigt, daß ein Teil der Streustrahlung die gleiche Wellenlänge wie die einfallende Strahlung hat; das jeweils rechte Maximum entspricht der Compton-Streustrahlung mit verschobener Frequenz. Die Frequenzverschiebung nimmt nach Comptons Gleichung mit dem Streuwinkel zu.

Durch optische Versuche mit Photozellen (im sichtbaren und ultravioletten Bereich) kann die Beziehung $W = \hbar\omega$ nur in einem recht begrenzten Frequenzbereich überprüft werden. Dieser Bereich wurde durch den Compton-Effekt auf die harte Röntgenstrahlung ausgedehnt. Wenn wir die spezielle Relativitätstheorie als richtig ansehen – was wir natürlich tun –, dann kommen wir ohnehin zu dem Schluß, daß die Beziehung $W = \hbar\omega$ universell, also für jeden Frequenzbereich gilt, wie wir bereits zu Anfang dieses Kapitels feststellten. Trotzdem ist jedes Experiment, durch das die Beziehung in einem neuen Frequenzbereich als gültig nachgewiesen wird, wertvoll, da damit die Konsistenz unserer Theorien und insbesondere die spezielle Relativitätstheorie überprüft wird.

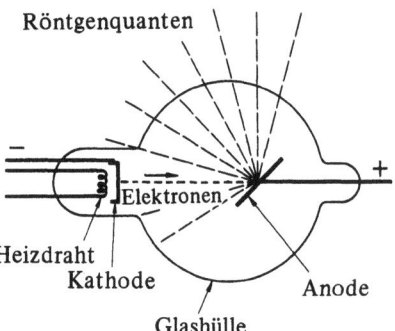

Bild 4.10 Grob schematisierte Darstellung einer Röntgenröhre. Von einer geheizten Kathode werden Elektronen ausgesandt und in Richtung Anode beschleunigt. Wenn die Elektronen auf die Anode auftreffen, werden Röntgenquanten emittiert. Ein Teil dieser Strahlung entspricht der charakteristischen Strahlung des Anodenmaterials, der andere Teil ist Bremsstrahlung.

Heute steht uns umfangreiches Beweismaterial für die Allgemeingültigkeit der Beziehung $W = \hbar\omega$ zur Verfügung, ja sie ist ein unabdingbarer Bestandteil der modernen Physik geworden. Die Folgerungen, die sich aus dieser elementaren Beziehung ergeben, können anhand von zwei weiteren Phänomenen sehr gut untersucht werden: die Emission von Röntgenstrahlung durch eine Röntgenröhre und die Vernichtung des Teilchenpaares Elektron-Positron.

22. In einer Röntgenröhre (schematische Darstellung siehe Bild 4.10) werden von einer durch einen Heizdraht geheizten Glühkathode Elektronen emittiert, die durch ein Potentialgefälle U_0 zwischen Kathode und Anode beschleunigt werden. Treffen die Elektronen auf die Anode bzw. das *Target* auf, werden sie abrupt zum Stillstand gebracht. Diese Abbremsung führt nach der klassischen elektromagnetischen Theorie zur Emission elektromagnetischer Strahlung. Die Existenz dieser Strahlung wurde im Jahre 1895 erstmals von *W. C. Röntgen*[1]) nachgewiesen. Diese emittierte Strahlung bezeichnet man als *Röntgenstrahlung* (im englischen Sprachbereich wird die von *Röntgen* selbst verwendete Bezeichnung, *X-Strahlen*, verwendet).

Über die Beschaffenheit dieser neuen Strahlung war man sich anfangs keineswegs einig; erst zu Beginn dieses Jahrhunderts gelangte man zu der Überzeugung, daß Röntgenstrahlen elektromagnetische Strahlung sind. Mittels eines höchst erfinderischen Doppelstreuversuchs konnte *C. G. Barkla* 1904 nachweisen, daß Röntgenstrahlen transversal polarisiert sind. Das aufschlußreichste Ergebnis ergab sich 1912, als *W. Friedrich* und *P. Knipping* einer Anregung *M. von Laues* folgend nachweisen konnten,

---

[1]) *W. C. Röntgen*, „Über eine neue Art von Strahlen", *Sitzungsberichte Med. Phys. Ges. Würzburg*, 1895, S. 137; 1896, S. 11.

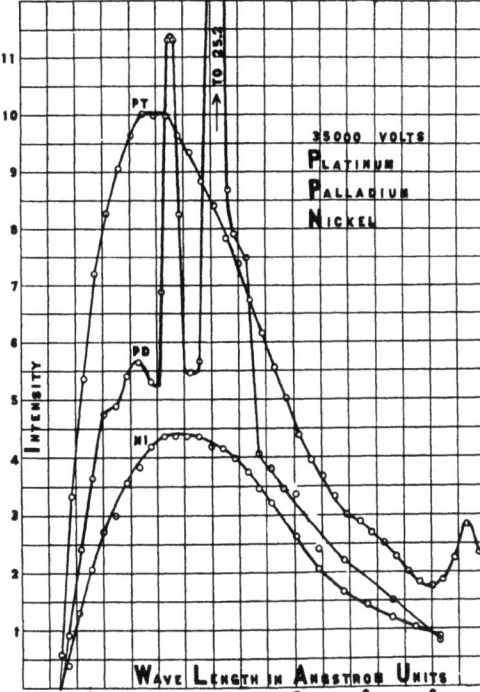

Bild 4.11 Die Intensität der emittierten Röntgenstrahlung in Abhängigkeit von der Wellenlänge für drei verschiedene Elemente bei demselben Beschleunigungspotential von $U_0 = 35\,000$ V. Die scharfen Zacken entsprechen der charakteristischen Strahlung des betreffenden Elements. Der kontinuierliche Hintergrund entsteht durch Bremsstrahlung.

Die Abbildung stammt aus *C. T. Ulrey:* "An Experimental Investigation of the Energy in the Continuous X-Ray Spectra of Certain Elements" (Experimentelle Untersuchung der Energie im kontinuierlichen Röntgenspektrum bestimmter Elemente), *Physical Review* **11**, 401 (1918). (*Zur Verfügung gestellt von The Physical Review.*)

daß Röntgenstrahlen in Kristallen gebeugt werden (was bereits in Kapitel 1 erwähnt wurde)[1].

23. Nachdem es technisch möglich geworden war, die Röntgenstrahlung spektroskopisch zu untersuchen, konnte die Intensität der emittierten Strahlung in Abhängigkeit von der Wellenlänge unter den verschiedensten Versuchsbedingungen bestimmt werden. Bild 4.11 ist ein typisches Beispiel für die Intensität der Röntgenstrahlung als Funktion der Wellenlänge bei drei verschiedenen Stoffen, jedoch der gleichen Spannung U_0. Auf den kontinuierlichen Hintergrund sind mehrere scharfe Zacken bzw. Intensitätsmaxima aufgesetzt. Man hat festgestellt, daß die Lage dieser Maxima durch das Material des Targets bedingt ist. Der kontinuierliche Hintergrund hingegen hat bei gleichem Beschleunigungspotential U_0 für alle Stoffe die gleiche Form. Eine Untersuchung sämtlicher experimenteller Ergebnisse führte schließlich zu der Erkenntnis, daß bei der Emission von Röntgenstrahlung zwei verschiedene Effekte beteiligt sind. Die scharfen Maxima entsprechen dem Licht, das von *Atomen* bei Stoßanregung emittiert wird und das man als charakteristische Strahlung des betreffenden Stoffes bezeichnet; sie entsteht infolge Stoßanregung eines Atoms durch die auftreffenden energiereichen Elektronen. Die kontinuierliche Hintergrundstrahlung hingegen entsteht durch Strahlungsemission des *Elektrons*, das im Target abgebremst wird. Diese Strahlung wird — auch in der englischen Sprache — als *Bremsstrahlung* bezeichnet.

Weiter hat man festgestellt, daß es für ein bestimmtes Beschleunigungspotential U_0 *keine* Strahlung gibt, die eine kürzere Wellenlänge aufweist als $\lambda_{\min}$; diese minimal mögliche Wellenlänge hängt nur vom Potential U_0, nicht aber vom Material des Targets ab, wie aus Bild 4.11 zu ersehen ist.

24. Wie können wir diese letzte Feststellung theoretisch erklären?

Nach der klassischen elektromagnetischen Theorie kann ein gleichförmig bewegtes Elektron keinerlei Strahlung emittieren. Wir können den gleichen Schluß auch aus der Sicht des Teilchenmodells für Photonen ziehen. Die Gesamtenergie im Ruhsystem des Elektrons *vor* der Strahlungsemission ist $m_e c^2$. Wenn ein oder mehrere Photonen emittiert würden, dann würden diese Photonen sich mit einer bestimmten Energie entfernen, die Gesamtenergie nach der Emission wäre dann größer als $m_e c^2$, was dem Energieerhaltungssatz widerspricht. Eine Emission kann daher in diesem Fall gar nicht stattfinden.

Anders ist die Sachlage, wenn das Elektron im Target in das starke elektrische Feld eines Kerns gerät. Dann ist es möglich, daß vom Elektron Energie und Impuls auf den Kern übertragen werden, die Erhaltungssätze für Energie und Impuls werden nicht mehr verletzt. Untersuchen wir diesen Fall eingehender: Der Kern der Masse m ist anfangs relativ zum Labor in Ruhe, und das Elektron der Masse m_e mit dem Anfangsimpuls $\boldsymbol{p}_a$ prallt auf ihn auf. Nach dem Zusammenstoß hat das Elektron den Impuls $\boldsymbol{p}_z$, der Kern einen Impuls $\boldsymbol{p}_k$. Außerdem entsteht bei dem Stoß ein Photon mit dem Impuls $\boldsymbol{p}$ und der Frequenz $\omega = pc/\hbar$. Die Erhaltungsgleichungen lauten dann

$$\boldsymbol{p}_a = \boldsymbol{p}_z + \boldsymbol{p}_k + \boldsymbol{p} \qquad \text{(Impuls)}, \qquad (4.32)$$
$$W_a + m_e c^2 = W_z + W_k + \hbar\omega \qquad \text{(Energie)}, \qquad (4.33)$$

wobei W_a und W_z die Anfangs- bzw. Endenergie des Elektrons sind, W_k ist die Endenergie des Kerns.

---

[1] *C. G. Barkla*, "Polarized Röntgen Radiation" (Polarisierte Röntgenstrahlung), *Phil. Trans. Roy. Soc.* **204**, 467 (1905).
C. G. Barkla, "Polarization in Secondary Röntgen Radiation" (Polarisation der Sekundärröntgenstrahlung), *Proc. Roy. Soc.* (London) **77**, 247 (1906). (Die zweite Arbeit behandelt den erwähnten Doppelstreuversuch.) *W. Friedrich, P. Knipping* und *M. von Laue, Annalen der Physik* **41**, 971 (1913).

Diese Gleichungen liefern zusammen vier Erhaltungsgleichungen. Der Endzustand ist jedoch durch neun Variable charakterisiert, nämlich durch die neun Komponenten der drei Vektoren p_z, p_k und p. Eine detaillierte Untersuchung des Bereichs, der für diese Vektoren möglich ist, würde hier zu weit führen. Man kann nachweisen, daß das Photon in irgendeine bestimmte Richtung mit einer Energie zwischen null und einem bestimmten Maximum emittiert wird. Dieses Maximum tritt dann auf, wenn Elektron und Kern nach dem Stoß die gleiche Geschwindigkeit v haben: Dies wird sofort klar, wenn wir das Problem im Schwerpunktsystem betrachten. Wir schreiben die Erhaltungsgleichungen dann für den Fall neu an, daß die Endgeschwindigkeiten von Elektron und Kern gleich groß sind:

$$p_a - p = \frac{(m + m_e) v}{\sqrt{1 - (v/c)^2}}, \qquad (4.34)$$

$$W_a + m_e c^2 - cp = \frac{(m + m_e) c^2}{\sqrt{1 - (v/c)^2}}. \qquad (4.35)$$

Wird die erste Gleichung mit c multipliziert, sodann quadriert und das Ergebnis vom Quadrat der zweiten Gleichung abgezogen, erhalten wir

$$\hbar\omega = pc = \frac{W_a - m_e c^2}{1 + (W_a - p_a c \cos\theta)/mc^2}. \qquad (4.36)$$

Hier ist θ der Winkel zwischen emittiertem Photon und einfallendem Elektron. Die Gl. (4.36) gibt also die *maximale* Photonenergie in Abhängigkeit vom Winkel θ an. Diese Energie ist annähernd gleich $(W_a - m_e c^2)$, der kinetischen Energie des einfallenden Elektrons, die wiederum gleich eU_0 ist. Der zweite Term im Nenner auf der rechten Seite von Gl. (4.36) ist für Röntgenröhren sehr klein, da die Konstante $mc^2 \approx 940 A$ MeV (für einen Kern mit der Massenzahl A) verglichen mit W_a groß ist, das im Bereich von 1 ... 100 keV liegt.

25. Im Grenzfall, in dem die Masse des Kerns als unendlich groß angenommen wird, lautet daher der Ausdruck für die minimale Wellenlänge

$$\lambda_{min} = \frac{2\pi c}{\omega} = \frac{ch}{eU_0}. \qquad (4.37)$$

Zu diesem Ergebnis hätten wir auch direkter gelangen können: Die Energie des emittierten Photons kann nicht größer sein als die kinetische Energie des einfallenden Elektrons. Im Falle eines Kernes mit unendlich großer Masse wird die zur Verfügung stehende Energie maximal sein, da das Elektron durch den Stoß zur Ruhe kommt, also sämtliche kinetische Energie abgibt.

Die minimale Wellenlänge λ_{min} wird als *Grenzwellenlänge* bezeichnet. Ihr Vorhandensein ist ein Beweis für die Existenz von Quantenphänomenen: Die klassische Theorie besagt nämlich, daß beliebig kurze Wellenlängen emittiert werden können.

Die Grenzwellenlänge ist verschiedentlich in Abhängigkeit von U_0 sehr genau bestimmt worden[1]; derartige Messungen führen zu exakten Werten der Konstante e/ch (und e/h).

26. Befassen wir uns schließlich mit der Vernichtung des Elektron-Positron-Paares. Positronen wurden erstmals 1932 von *C. D. Anderson* in der kosmischen Strahlung festgestellt (Bild 4.12). Man weiß heute, daß Positronen beim Zerfall vieler instabiler Teilchen entstehen, zum Beispiel beim Zerfall des radioaktiven Phosphorisotops ^{30}P. Positronen treten auch auf, wenn hochenergetische Gammastrahlen Materie durchdringen, wie bereits in Kapitel 1 erwähnt wurde. Man erklärt sich dieses Phänomen dadurch, daß ein Gammaquant im elektrischen Feld eines Kerns ein Elektron-Positron-Paar erzeugen kann. Diesen Prozeß bezeichnet man als elektromagnetische Paarbildung.

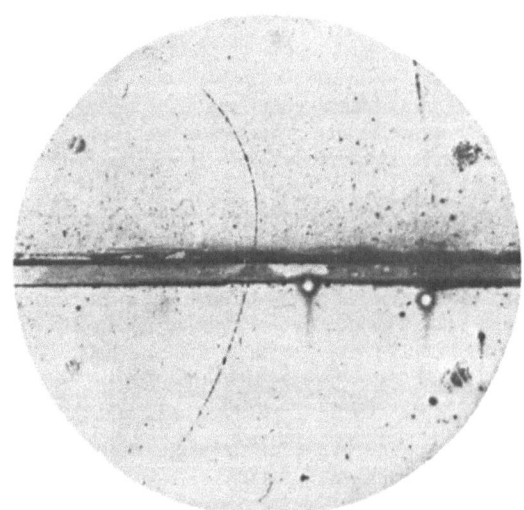

Bild 4.12 Die Nebelkammeraufnahme, mit der *Andersons* Entdeckung des Positrons der Öffentlichkeit vorgelegt wurde. [Aus *D. D. Anderson*, "The Positive Electron" (Das positive Elektron), *Physical Review* 43, 491 (1933).] Ein Positron der Energie 63 MeV dringt durch die horizontale Bleiplatte 96 mm Dicke) und hat danach die Energie 23 MeV. Die Spuren sind gekrümmt, weil die Nebelkammer sich in einem Magnetfeld befand, das senkrecht zur Bildebene gerichtet ist. Gegen den Rand der Kammer hin wird die Bildqualität ziemlich schlecht. Die ganz schwachen Teile der Teilchenspur zum Rand hin, die zeigen, daß das Positron die Kammer durchdrang, sind daher etwas schwer zu erkennen.
(*Zur Verfügung gestellt von The Physical Review.*)

In Übung 11 am Ende dieses Kapitels werden einige interessante Fragen zu diesem Bild gestellt.

---

[1] *J. A. Bearden, F. T. Johnson* und *H. M. Watts*, "A New Evaluation of h/e by X-rays" (Neue Bestimmung von h/e mittels Röntgenstrahlung), *Physical Review* 81, 70 (1951).

4.2 Der Compton-Effekt, Bremsstrahlung; Paarbildung und -vernichtung

Wenn ein Positron durch Stoß mit einem Elektron in Wechselwirkung tritt, kann das Teilchenpaar *vernichtet* werden, d. h., die Teilchen „zerstrahlen", ihre gesamte Energie wird in elektromagnetische Strahlung umgewandelt. Dieses Vernichtungsphänomen kann beim Auftreffen von Positronen auf Materie im Ganzen beobachtet werden. Nach den heutigen Vorstellungen von diesem Phänomen verliert das in die Materie eintretende Positron zuerst einen Großteil seiner kinetischen Energie durch Zusammenstöße mit den Atomen des betreffenden Stoffs, obwohl einige Positronen auch, bevor sie abgebremst werden, durch direkte Kollision mit einem Elektron vernichtet werden können. Die verlangsamten Positronen diffundieren in den Stoff hinein und werden schließlich von den Elektronen in den Atomen eingefangen. Unter bestimmten Umständen kann ein Positron sogar zusammen mit einem einzelnen Elektron ein wasserstoffähnliches „Atom" bilden, das man als Positronium bezeichnet. Die verlangsamten Positronen treten in Wechselwirkung mit den Elektronen, bis schließlich Vernichtung eintritt.

Soviel wir wissen, ist die Masse des Positrons gleich der des Elektrons.

27. Der Vernichtungsprozeß kann durch die Reaktionsformel

$$e^+ + e^- = n\gamma$$

dargestellt werden. Das Symbol γ bezeichnet ein Photon, genauer ein Gammaquannt. Nehmen wir an: Das Elektron und das Positron sind im Augenblick der Wechselwirkung relativ zum Labor nahezu in Ruhe, und der Wechselwirkungsprozeß findet im leeren Raum, weit von anderen Teilchen entfernt statt.

Als erstes werden wir feststellen, daß zumindest zwei Gammaquanten emittiert werden müssen, also $n \geqslant 2$, da sonst Energie und Impuls nicht erhalten bleiben. (Wenn Elektron und Positron anfangs ruhen, ist der Impuls null. Wird nur *ein* Photon emittiert, dann kann der Endimpuls *nicht* wieder null sein.) Nehmen wir also zunächst an, daß *zwei* Photonen emittiert werden. Da der Anfangsimpuls null ist, muß der Endimpuls insgesamt wieder null sein. Die Impulsvektoren der beiden Photonen sind daher dem Betrag nach gleich, doch entgegengesetzt gerichtet. Es ist also auch die Energie und somit die Frequenz der beiden Photonen gleich groß. Diese Frequenz bezeichnen wir mit ω; der Energieerhaltungssatz bedingt dann, daß

$$2\hbar\omega = 2 m_e c^2 \quad \text{bzw.} \quad \lambda = \frac{2\pi c}{\omega} = \frac{h}{m_e c}. \quad (4.38)$$

Die Wellenlänge der emittierten Photonen ist also gleich der Compton-Wellenlänge des Elektrons, $h/m_e c = 0{,}00243$ nm: Die Ruhenergie des Elektrons entspricht dieser Wellenlänge, $m_e c^2 = 0{,}511$ MeV[1]).

Wir können annehmen, daß die obige Aussage für die Positronen zutrifft, die in dem betreffenden Stoff abgebremst und schließlich eingefangen wurden: Zwar können auch andere Teilchen in dem Stoff einen gewissen Effekt haben, doch sollte der geringfügig sein, da die atomaren Bindungsenergien verglichen mit der Ruhenergie des Elektrons sehr klein sind.

Bei einem Vernichtungsprozeß müssen also zwei Gammaquanten festzustellen sein, die entgegengesetzte Richtungen aufweisen und deren Wellenlänge gleich der Compton-Wellenlänge eines Elektrons ist. Experimentell konnte dies tatsächlich alles nachgewiesen werden: Eine Zerstrahlung in zwei Gammaquanten wurde experimentell beobachtet[2]), mitunter wurden auch drei Gammaquanten festgestellt.

28. Einen Punkt sollten wir jedoch klarstellen. Wir haben festgestellt, daß ein Elektron-Positron-Paar im leeren Raum nicht in ein *einziges* Photon zerstrahlen kann, da dann Energie und Impuls nicht erhalten bleiben können. Daraus könnten wir folgern: Es ist auch der umgekehrte Prozeß unmöglich, ein einzelnes Photon kann kein Elektron-Positron-Paar bilden. Andererseits haben wir gesagt, daß Elektron-Positron-Paare gebildet werden, wenn hochenergetische Photonen in Materie eindringen. Dieser scheinbare Widerspruch erklärt sich dahingegen, daß ein solcher Prozeß *durchaus* möglich ist, aber eben nur in dem Feld eines Atomkerns. Ein bestimmter Energiebetrag und ein bestimmter Impuls werden auf den Kern übertragen, man kann also die Erhaltungsgleichungen für diesen Fall aufstellen.

Die Umkehrung des eben besprochenen Vernichtungsprozesses ist eine Paarbildung, bei der durch zwei aufeinandertreffende Photonen ein Teilchenpaar erzeugt wird. Dieser Prozeß konnte tatsächlich noch nie beobachtet werden. Der Grund hierfür ist wahrscheinlich, daß es heute noch nicht möglich ist, so intensive Photonenstrahlen hoher Energie zu erzeugen, daß pro Zeiteinheit genügend derartige Prozesse stattfinden, um die Paarbildung überhaupt festzustellen. Die Wissenschaftler sind jedoch der Überzeugung, daß dies mit genügend intensiven Photonenstrahlen möglich sein müßte. Die Umkehrung des Paarbildungsprozesses im Feld eines Kerns ist ein Prozeß, bei dem ein Elektron-Positron-Paar im Feld eines Kerns zu einem Photon zerstrahlt und der Kern die restliche Energie und den rest-

---

[1]) Auch die Größe $\hbar/m_e c = 0{,}386$ pm wird bekanntlich oft als Compton-Wellenlänge bezeichnet (siehe Kapitel 4, Abschnitt 19).

[2]) Siehe z. B. *O. Klemperer*, "On the Annihilation Radiation of the Positron" (Strahlung bei Vernichtung von Positronen), *Proceedings of the Cambridge Philosophical Society* 30, 347 (1934).

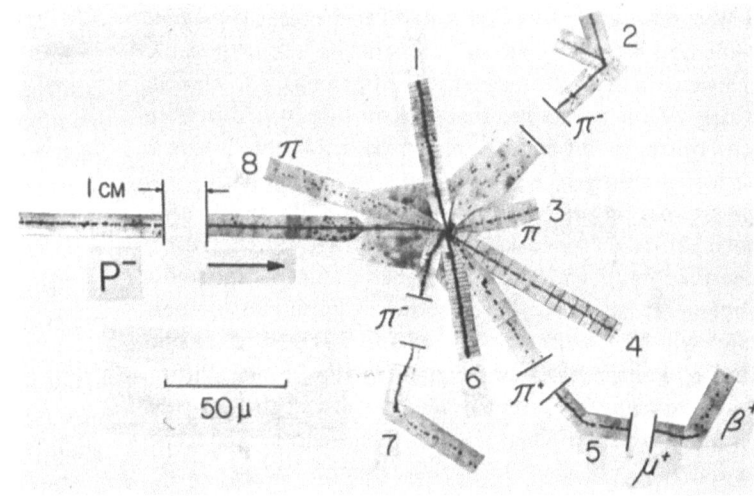

Bild 4.13

Ein Vernichtungs-Stern in einer photographischen Emulsion. Dieses Bild ist aus vielen Emulsionsteilen zusammengesetzt worden, damit die Spuren der verschiedenen Teilchen verfolgt werden können. Der Maßstab ist links unten angegeben. Bei vier Spuren wurde ein Teil ausgelassen, damit die Abbildung nicht zu groß wird.

Die horizontale Spur links stammt von dem einfallenden Antiproton. Beim Eindringen in die Emulsion verliert es Energie, wird also langsamer. Schließlich wird es von einem Kern in der Emulsion (vielleicht einem Kohlenstoffkern) eingefangen und zusammen mit einem Nukleon im Kern vernichtet. Bei diesem Prozeß entstehen einige Pionen (Spuren 2, 3, 5, 7 und 8), der Kern zerfällt in einzelne Bruchstücke. Die Spuren 1 und 4 stammen vermutlich von Protonen, Spur 6 wurde von einem schwereren Kernbruchstück, vermutlich einem ^{3}H-Kern verursacht. Die gesamte kinetische Energie der hier sichtbaren und damit geladenen Teilchen plus die gesamte Ruheenergie der Pionen wird auf etwa 1,3 GeV geschätzt. Interessant ist Spur 5, bei der ein positives Pion in ein (unsichtbares) Neutrino und ein positives My-Meson (Myon) zerfällt; letzteres zerfällt seinerseits dann in ein Positron und zwei Neutrinos.

Diese Photographie stammt aus der Arbeit "Antinucleons" (Antinukleonen) von *E. Segrè, Annual Review of Nuclear Science* **8**, 127 (1958), in der von den ersten Arbeiten über Antinukleonen berichtet wird. (*Bild zur Verfügung gestellt von Professor E. G. Segrè, Berkeley.*)

lichen Impuls übernimmt, so daß die Erhaltungsgleichungen befriedigt sind. Dieser Prozeß findet zwar statt, doch ist im allgemeinen der Vernichtungsprozeß, bei dem zwei Photonen entstehen, wahrscheinlicher und überwiegt daher.

29. Nachdem wir nun schon mehrmals das Positron erwähnt haben, sollten wir uns überhaupt ein wenig mit Teilchen und Antiteilchen befassen. In ihrer modernen Form ist die Quantenelektrodynamik eine Theorie, nach der dem Elektron und dem Positron vollkommen symmetrische Rollen zukommen. Ganz allgemein ist diese Feststellung in jeder Theorie der Elementarteilchen enthalten: Für jedes Elementarteilchen muß offenbar ein Antiteilchen existieren (einige Teilchen, wie zum Beispiel das neutrale Pion, können ihre eigenen Antiteilchen sein), und es wird angenommen, daß bei einem Austausch von Teilchen gegen Antiteilchen gewissermaßen eine symmetrische Welt resultiert[1]). Ein Antiteilchen hat die gleiche Masse, aber die entgegengesetzte Ladung wie das entsprechende Teilchen. So konnte man experimentell die Existenz des Antiprotons sowie des Antineutrons nachweisen[1]), was vom theoretischen Standpunkt insofern befriedigend ist, als wir unsere symmetrischen Theorien aufrechterhalten können.

Eine grundlegende Eigenschaft von Teilchen und zugehörigen Antiteilchen ist, daß sie sich gegenseitig vernichten können: Sie zerstrahlen in Photonen. Oft jedoch können bei der Vernichtung des ursprünglichen Paares andere Teilchen entstehen. Das Proton-Antiproton-Paar zum Beispiel erzeugt bei Vernichtung π-Mesonen, wobei diese Art von Vernichtungsprozeß wahrscheinlicher ist als die Zerstrahlung in Photonen (Bild 4.13).

30. Der Leser wird sich vielleicht fragen, warum eigentlich die Antiteilchen in der Natur nicht häufiger auftreten, wenn sie doch eine fast symmetrische Rolle zu den entsprechenden Teilchen spielen sollen. Warum stößt man zum Beispiel nicht öfter auf Positronen, warum wurden sie nicht früher entdeckt? Die Welt, wie wir sie kennen, scheint überhaupt nicht symmetrisch zu sein. Die Welt besteht ja insgesamt aus Protonen, Neutronen, Elektronen, Wasserstoffatomen usw., *nicht* aber aus Antiprotonen, Antineutronen, Positronen oder Anti-Wasserstoffatomen. Das muß auch so sein, denn ein symmetrischer

---

[1]) Dies trifft, streng genommen, nur für die starke und elektromagnetische, nicht aber für die schwache Wechselwirkung zu. Es gibt allerdings eine umfassendere Symmetrie (siehe Abschnitt 9.3), die die Vertauschung von Teilchen und Antiteilchen enthält und die nach dem derzeitigen Stand unseres Wissens für alle fundamentalen Wechselwirkungen gilt.

[1]) Über die Entdeckung des Antiprotons berichten *O. Chamberlain, E. Segrè, C. Wiegand* und *T. Ypsilantis* in "Observation of Antiprotons" (Beobachtung von Antiprotonen), *Physical Review* **100**, 947 (1955).

4.2 Der Compton-Effekt, Bremsstrahlung; Paarbildung und -vernichtung

Bild 4.14
Blasenkammeraufnahme einer Ladungsaustausch-Streuung eines Antiprotons durch ein Proton, wonach zwischen einem Proton und dem beim ersten Ereignis entstandenen Antineutron Vernichtung stattfindet. Auf Bild 4.15 sind die Spuren zur Identifikation schematisch dargestellt. Diese Prozesse finden in einer Flüssigwasserstoff-Blasenkammer statt, in der ein Magnetfeld senkrecht zur Bildebene besteht. (Versuchen Sie, die Richtung des magnetischen Feldvektors herauszufinden!) Neutrale Teilchen hinterlassen keine sichtbaren Spuren, solche werden nur von geladenen Teilchen erzeugt. Die Bahnen der Teilchen sind wegen des Magnetfeldes gekrümmt. In der oben dargestellten Situation sind die Bahnen positiver Teilchen im Uhrzeigersinn gekrümmt, die negativer Teilchen im Gegenuhrzeigersinn.

Zufällig ist auf diesem Bild noch ein weiteres interessantes Ereignis zu erkennen, nämlich der Zerfall eines positiven Pions in ein positives Myon und ein Neutrino; das Myon zerfällt in der Folge in ein Positron, ein Neutrino und ein Antineutrino. Neutrinos und Antineutrinos sind ungeladen und hinterlassen keine sichtbaren Spuren.

(*Bild von Dr. P. Schmidt, Berkeley, zur Verfügung gestellt.*)

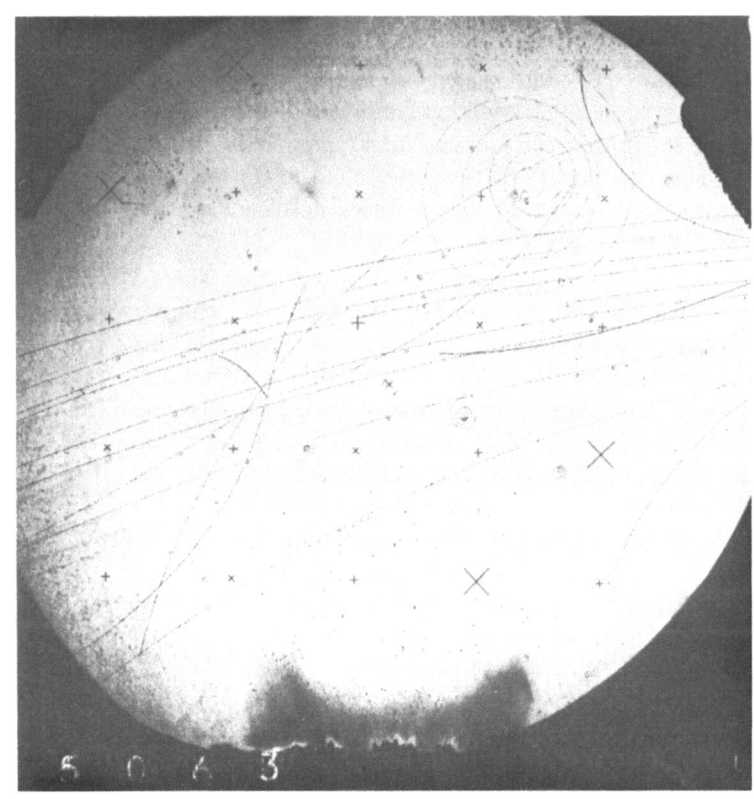

Zustand wäre hinsichtlich der Teilchenvernichtung nicht stabil. Materie und Antimaterie können nicht nebeneinander bestehen. Da die Erde nun einmal existiert, muß sie eben entweder aus Materie oder aus Antimaterie bestehen, ein Gemisch der beiden Materiesorten wäre niemals möglich (Bilder 4.14 und 4.15).

Es ist eine ganz interessante Frage, ob dieser unsymmetrische Zustand der Welt wirklich im *gesamten* Universum gilt. Es könnte ja tatsächlich Milchstraßensysteme geben, die aus Antimaterie bestehen. Da der durchschnittliche Abstand zwischen Galaxien größenordnungsmäßig drei Millionen Lichtjahre beträgt, kann nicht so leicht eine gegenseitige Vernichtung stattfinden. Wir können diese Fragen gegenwärtig noch nicht beantworten, doch ist man eher der Ansicht, daß es keine Antimaterie-Galaxien gibt. Wir wissen noch nicht, wie eigentlich die Milchstraßensysteme entstanden sind. Wenn wir aber annehmen, daß sie sich durch eine Art Kondensation von „Materiestaub" gebildet haben, dann können wir uns schlecht vorstellen, daß Materie und Antimaterie irgendwie getrennt wurden, so daß einige Galaxien aus Materie, andere wieder aus Antimaterie gebildet wurden. Wenn wir also makroskopisch die Vorstellung von Antimaterie nicht akzeptieren, weil die Welt offenbar so unsymmetrisch aufgebaut ist, daß die eine Sorte Materie bei weitem vorherrscht, dann ist es ziemlich unerklärlich, warum die grundlegenden Gesetze der Physik fast vollkommen symmetrisch sind.

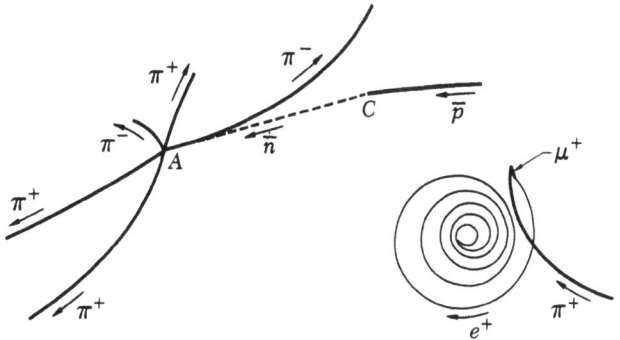

Bild 4.15 Nach diesen zwei Darstellungen können die Teilchenspuren in der Blasenkammeraufnahme von Bild 4.14 identifiziert werden. Im linken Bild stößt ein einfallendes Antiproton im Punkt C mit einem Proton zusammen. Dabei entsteht ein Neutron und ein Antineutron. Die unsichtbare Bahn des Antineutrons ist hier gestrichelt angedeutet. Im Punkt A wird das Antineutron zusammen mit einem Proton vernichtet. Bei dieser Reaktion entstehen fünf geladene Pionen. Das einfallende Antiproton gehört zu einer größeren Anzahl negativer Teilchen in einem Teilchenstrahl, der die Blasenkammer von rechts nach links durchdringt. Alle diese Teilchen sind vermutlich Antiprotonen.

Im unteren Bild sind die Spuren der geladenen Teilchen dargestellt, die an der Folge von Zerfallsprozessen beteiligt sind, die von einem positiven Pion ausgehen. Die Spirale entspricht der Bahn des Positrons. Beim Eindringen in den flüssigen Wasserstoff verliert es Energie, folglich nimmt der Krümmungsradius der Spur ab. Zum Schluß zerstrahlt es in einem Vernichtungsprozeß mit einem Elektron der Flüssigkeit.

4.3 Sind Photonen „teilbar"?

31. Auf der Basis unserer bisherigen Überlegungen erhebt sich die interessante und sehr grundlegende Frage: Kann ein Photon der Frequenz ω so in zwei Teile geteilt werden, daß jeder Teil einen Bruchteil der Energie $\hbar\omega$ des ganzen Photons besitzt, beide Teile jedoch die Frequenz ω beibehalten?

Im Rahmen der klassischen elektromagnetischen Theorie kann eine Vielzahl verschiedenster Versuche mit Licht sehr exakt beschrieben werden. Wir haben auch festgestellt, daß die Beziehung zwischen Energie und Impuls eines „Photons" anhand der klassischen elektromagnetischen Theorie abgeleitet werden kann. Könnten wir dann nicht sagen, daß ein Photon nichts anderes als ein Wellenpaket oder ein Wellenzug elektromagnetischer Strahlung ist und somit den Gesetzen des klassischen Elektromagnetismus unterliegt? Dies ist nun ganz offensichtlich eine entscheidende Frage. *Wenn* nämlich Photonen im oben dargelegten Sinn teilbar wären, so würde dies alle in diesem Kapitel besprochenen Theorien und Vorstellungen umstoßen.

Die eingangs gestellte Frage kann nur anhand von Versuchen endgültig beantwortet werden. Um festzustellen, welcher Art diese Versuche sein müssen, wollen wir im folgenden einen rein klassischen Standpunkt einnehmen und Voraussagen aufstellen, die wir dann experimentell überprüfen, um so feststellen zu können, ob die klassische Darstellung zutrifft.

32. Ein klassischer Wellenzug elektromagnetischer Strahlung entsteht etwa folgendermaßen: Die Strahlungsquelle ist ein Sender mit einer Sendeantenne, den wir beliebig ein- und ausschalten können. Wir lassen ihn auf auf der Frequenz ω eine bestimmte Zeit eingeschaltet. Während dieser Zeitspanne emittiert die Sendeantenne einen Wellenzug bestimmter zeitlicher Dauer: Dieser Wellenzug ist das klassische, nahezu monochromatische „Photon". Wir können uns vorstellen, daß ein angeregtes Atom ähnlich wie eine Antenne Strahlung emittiert.

Wir weisen nochmals darauf hin, daß wir hier nur das Verhalten eines echten Photons, wie es aus Experimenten zu erkennen ist, mit dem Verhalten eines klassischen Wellenzugs vergleichen wollen. Dabei wird ein *in der Natur tatsächlich vorhandenes Objekt*, das Photon, mit etwas verglichen, das *in der Natur nicht existiert*, nämlich einem elektromagnetischen Wellenzug, für den alle Gesetze der klassischen Elektrodynamik *streng* gelten. Wir vergleichen also etwas Existentes mit einem Modell; damit hier keine Verwechslungen aufkommen, werden wir ersteres als *Photon*, letzteres als *Wellenzug* bezeichnen. Wir werden uns dann überzeugen, daß der Wellenzug nichts wirklich Existierendes ist, indem wir aufgrund des Wellenzug-Modells einige Voraussagen aufstellen, die wir dann durch Versuche überprüfen.

33. Als Beispiel soll die Lichtemission eines durch Stoß angeregten Quecksilberatoms dienen. Das emittierte Licht ist blau, seine Frequenz ist ω. Daß der emittierte Wellenzug in jedem Fall die Frequenz ω haben muß, ist leicht einzusehen: Diese Frequenz entspricht ja irgendeiner natürlichen Schwingungsfrequenz des Atoms. *Schwer* zu verstehen ist aus der Sicht der klassischen Theorie aber, warum die Energie des gesamten Wellenzugs immer gleich $\hbar\omega$ sein muß. Die Anregungsstöße sind doch verschieden stark: Manchmal wird mehr, manchmal weniger Energie für die Emission zur Verfügung stehen. Noch schwerer zu verstehen ist, daß zwei vollkommen *verschiedene* Atome, zum Beispiel ein Natrium- und ein Quecksilberatom, die Licht unterschiedlicher Frequenz, ω_{Na} und ω_{Hg}, emittieren, Wellenzüge aussenden, die eine Gesamtenergie von $\hbar\omega_{Na}$ bzw. $\hbar\omega_{Hg}$ haben. Vom klassischen Standpunkt ist die *Universalität* der Proportionalitätskonstanten $\hbar$ vollkommen unverständlich.

Wenn wir an alle die Versuchsergebnisse denken, die in Kapitel 3 besprochen wurden, dann ergibt sich daraus ziemlich *eindeutig*, daß diese Phänomene nicht vom klassischen Standpunkt aus erklärt werden können. Wir wollen hier jedoch vorläufig vergessen, was wir über Emission und Absorption bereits wissen, und werden uns nur mit der Untersuchung „einzelner" Photonen befassen, d. h. mit Wellenzügen, die von irgendeiner Quelle emittiert wurden. Wir bedienen uns dabei einer Photozelle, die im entsprechenden Frequenzbereich anspricht.

34. Wir untersuchen also den Photoeffekt. Das Bremspotential der Photozelle ist U_0. Wenn A die Austrittsarbeit der lichtempfindlichen Oberfläche ist, können wir einen Wellenzug nachweisen (der an die Photozelle angeschlossene Zähler „klickt"), wenn dessen Energie größer ist als

$$W_{min} = eU_0 + A. \qquad (4.39)$$

U_0 wird so vorgegeben, daß

$$\hbar\omega > W_{min} > \tfrac{2}{3}\hbar\omega, \qquad (4.40)$$

wobei ω die Frequenz des Lichts ist. (2/3 wurde hier willkürlich als ein Zahlenwert gewählt, der größer als 1/2, aber kleiner als 1 sein soll.) Trifft die gesamte Energie des Wellenzugs die Photozelle, dann spricht der Zähler an. Wenn nur die halbe Energie die Zelle trifft, dann spricht der Zähler nicht an, weil dann die dem Elektron übertragene Energie nicht ausreicht, um das Bremspotential zu überwinden.

35. Die klassische Darstellung zielt ganz offensichtlich auf einen Versuch hin, bei dem ein Wellenzug geteilt wird (zum Beispiel mit einer Versuchsanordnung wie in Bild 4.17). Licht einer Quelle niedriger Intensität fällt auf eine *strahlenteilende* Vorrichtung, zum Beispiel einen halbversilberten Spiegel oder ein entsprechendes strahlenteilendes

4.3 Sind Photonen „teilbar"?

Bild 4.16 *Robert Andrews Millikan.* Geboren 1868 in Morrison, Illinois. Gestorben 1953. Nach Studien in den USA und Deutschland bekam *Millikan* eine Professur an der Universität von Chicago und später am California Institute of Technology, Pasadena. *Millikan* wurde vor allem durch die Bestimmung der Ladung des Elektrons sowie durch seine Arbeiten über den photoelektrischen Effekt bekannt. 1923 erhielt er den Nobelpreis.
(*Bild von Professor L. B. Loeb, Berkeley, zur Verfügung gestellt.*)

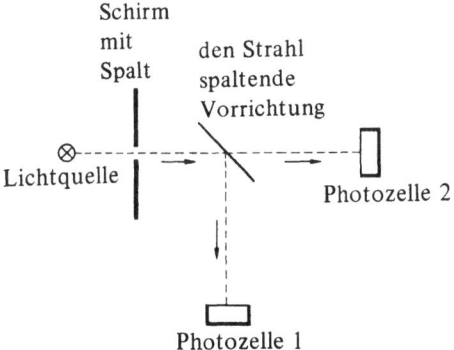

Bild 4.17 Schematische Darstellung zu den Überlegungen von Abschnitt 35. Der Lichtstrahl von der Quelle wird durch eine strahlenteilende Vorrichtung, zum Beispiel einen halbversilberten Spiegel, in zwei Teile aufgespalten. Heißt das, daß die *einzelnen Photonen* gespalten werden?

Prisma. Wir können den Versuch so aufbauen, daß die Intensität des durchgelassenen Strahls (im Fall des halbreflektierenden Spiegels) gleich der Intensität des reflektierten Strahls ist und daß die Intensität eines solchen Teilstrahls halb so groß ist wie die des ursprünglichen Strahls, der von der Quelle durch einen Spalt auf den Spiegel fällt. Dies ist eine realistische Versuchsanordnung. Wir können tatsächlich feststellen, daß die *Intensitäten* des durchgelassenen und des reflektierten Strahls den obigen Angaben entsprechen. Klassisch ist das sehr leicht zu erklären: Jeder Wellenzug, der den Spiegel trifft, wird in zwei Teilstrahlen aufgespalten.

Was geschieht nun, wenn ein einzelner Wellenzug den Spiegel trifft? Nach der klassischen Modellvorstellung wird er so in zwei Teile gespalten, daß die Energie des durchgelassenen Teilstrahls halb so groß wie die Energie des auftreffenden Wellenzugs ist. Die Photozelle 2 dürfte daher niemals ansprechen!

Diese Voraussage aufgrund der klassischen Theorie steht in krassem Widerspruch zu den experimentellen Erfahrungen: Das durchgelassene Licht ist immer noch blau, die Frequenz also immer noch ω, und der Zähler der Photozelle 2 spricht solange an, wie $\hbar\omega > W_{min}$, womit bewiesen ist, daß die Energie des durchgelassenen Lichts gebündelt ist, nämlich in Quanten $\hbar\omega$. Der einzige Effekt, den der Spiegel zwischen Quelle und Photozelle 2 hat: Die *Zählrate* ist nur noch halb so groß wie ohne Spiegel.

36. Wie überzeugend ist nun ein solcher oder ähnlicher Versuch hinsichtlich der Unteilbarkeit der Photonen? Ein solcher Versuch muß als *sehr überzeugend* angesehen werden. Tatsächlich werden laufend derartige Experimente durchgeführt: Jedes optische Gerät, das eine Photozelle oder eine photographische Platte o. ä. enthält, kann als ein Instrument zum Aufspalten von Photonen angesehen werden. Aber immer sind die Versuche erfolglos. Das einfachste Experiment dieser Art ist die Beobachtung des photoelektrischen Effekts in verschiedenen Entfernungen r von der Lichtquelle. Wenn ein Atom mit einer Sendeantenne verglichen werden kann, dann müßte es Strahlung in Form einer Kugelwelle emittieren. Die Intensität des emittierten Lichts ist $1/r^2$ proportional. Nach der klassischen Modellvorstellung ist der Energiebetrag, der von einem einzelnen Wellenzug durch einen Einheitsquerschnitt transportiert werden kann, ebenfalls $1/r^2$ proportional. Da die Photozelle ja einen bestimmten Querschnitt hat, müßte man den Energiebetrag, der die Photozelle erreicht, beliebig klein werden lassen können, indem wir einfach die Photozelle genügend weit von der Quelle entfernen. Wenn somit nur ein Bruchteil der Energie des Wellenzuges die Photozelle erreicht, so sollte diese bei vorgegebenem Bremspotential überhaupt nicht mehr ansprechen, sobald eine bestimmte Entfernung überschritten wird. Das ist keineswegs der Fall: Wir stellen im Gegenteil nur fest, daß die *Zählrate* der Photozelle proportional zu $1/r^2$ abnimmt. Noch ein sehr überzeugendes Beispiel ist der photoelektrische Effekt mit dem Licht eines weit entfernten Sterns. Ein solcher Wellenzug wurde vor tausenden Jahren emittiert und sollte sich auf einen großen Bereich des Raums verteilt haben. Nur ein winziger Bruchteil der Energie des Wellenzugs erreicht durch das Teleskop die Photozelle — doch wieder ist die Energie, die einem Elektron in der Photozelle zugeführt wird, gleich $\hbar\omega$, genau wie bei einer Lichtquelle, die sich ganz in der Nähe der Photozelle befindet.

37. Wir könnten versuchen, dieses Phänomen durch einen kumulativen Effekt zu erklären, wobei jeder der sehr vielen „Bruchteile" von Photonen dem Elektron in der lichtempfindlichen Oberfläche einen kleinen Energiebetrag zuführt, bis schließlich genügend Energie übertragen ist, daß das Elektron emittiert werden kann. Diese Erklärung ist jedoch ganz unmöglich und unhaltbar! Wäre diese Erklärung nämlich richtig, dann müßte der kumulative Effekt *auch dann* funktionieren, wenn das Bremspotential so vorgegeben ist, daß $W_{min} > 100\,\hbar\omega$. Das ist aber nicht der Fall: Ist das Bremspotential zu groß, dann spricht die Photozelle *nie* an.

38. Die im Zusammenhang mit dem photoelektrischen Effekt erhaltenen Versuchsergebnisse führen zwingend zu dem Schluß, daß es unmöglich ist, nahezu monochromatische Photonen in zwei Photonen der gleichen Frequenz mit jeweils nur einem Bruchteil der Energie des „ganzen" Photons aufzuspalten: Photonen verhalten sich in dieser Hinsicht *nicht* wie ein klassischer Wellenzug. Dies wird außerdem noch durch die Ergebnisse anderer Versuche untermauert: durch den Compton-Effekt, die Emission von Röntgenstrahlung, Paarbildung und Paarvernichtung, die in diesem Kapitel schon besprochen wurden. In einer ersten theoretischen Analyse dieser Phänomene haben wir definitiv festgestellt, daß die Beziehung $W = \hbar\omega$ immer und überall gilt: So etwas wie „Bruchteile" von Photonen gibt es einfach nicht. Aufgrund dieser fundamentalen Feststellung kann ein Großteil der Versuchsergebnisse erklärt werden.

Irgendetwas stimmt also bei den klassischen Modellvorstellungen nicht; wir wollen hier vor allem herausfinden, was dies ist. Wir müssen uns jedenfalls hüten, in diesem Stadium voreilige Schlüsse zu ziehen. Am besten befassen wir uns noch mit weiteren Versuchsergebnissen, die mit der Frage zu tun haben: Sind Photonen „teilbar"? Wir haben bis jetzt ja nur nachgewiesen, daß Photonen in *einem* ganz bestimmten Sinn *nicht* teilbar sind. Das schließt natürlich nicht aus, daß sie in einem anderen Sinn doch teilbar sind.

39. Überlegen wir uns folgenden Beugungsversuch (Bild 4.18). Der undurchsichtige Schirm hat zwei Beugungsspalte U und L, die senkrecht zur Bildebene stehen.

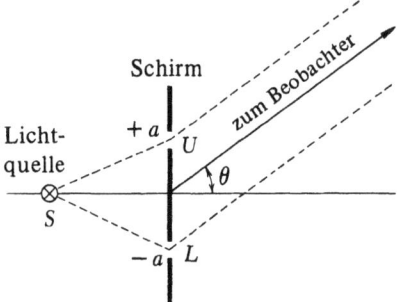

Bild 4.18 Grob schematisierte Darstellung zur Beugung am Doppelspalt. Geht ein einzelnes Photon nur durch einen bestimmten Spalt oder kann es zugleich durch beide Spalte gehen, wie wir nach dem klassischen Wellenzugmodell vermuten würden? Ändert sich das typische Doppelspalt-Beugungsmuster, wenn die Intensität des einfallenden Lichts vermindert wird?

Die Lichtquelle S beleuchtet die beiden Spalte mit Licht bzw. Photonen einer recht genau definierten Frequenz ω. Der Einfachheit halber sollen die beiden Spalte gleich groß und die Spaltbreite verglichen mit der Wellenlänge klein sein. Weiter soll der Abstand $2a$ der beiden Spalte voneinander mit der Wellenlänge $\lambda = 2\pi c/\omega$ vergleichbar sein.

Wir bestimmen die Intensität des gebeugten Lichts als Funktion des Beobachtungswinkels θ im Abstand r vom Schirm, der verglichen mit dem Spaltabstand $2a$ *groß* sein soll. Die Intensität können wir zum Beispiel mit einer Photozelle messen: Die Intensität ist proportional zur Zählrate des an die Photozelle angeschlossenen Zählers.

40. Interessieren wir uns nun dafür, was die klassische elektromagnetische Theorie über die Intensitätsverteilung hinter dem Schirm (rechts im Bild) aussagt. Unsere Annahme, daß die Spaltbreite verglichen mit der Wellenlänge klein ist, bedingt, daß die Verteilung der gebeugten Strahlung eine kontinuierliche Funktion des Winkels θ ist, wenn einer der beiden Spalte abgedeckt ist. A_0 ist die Amplitude der gebeugten Welle, wenn nur *ein* Spalt offen ist, und zwar der obere oder auch der untere Spalt in Bild 4.18. Natürlich ist $A_0 = A_0(r, \theta)$ eine Funktion von r und θ. In komplexer Schreibweise können wir

$$A_0 = f(r, \theta)\,e^{-i\omega t} \tag{4.41}$$

ansetzen, wobei $f(r, \theta)$ die *räumliche* Abhängigkeit der Amplitude beschreibt.

Mit der in Bild 4.18 dargestellten Versuchsanordnung ist das in einiger Entfernung vom Schirm festgestellte gebeugte Licht die Summe der beiden Wellen von den zwei Spalten. Sie haben die gleiche Amplitude, doch weist die Welle vom unteren Spalt gegenüber der vom oberen eine

4.3 Sind Photonen „teilbar"?

Phasenverzögerung $(4\pi a/\lambda)\sin\theta$ auf. Die Amplitude in der Überlagerung der beiden Wellen ist daher

$$A = f(r,\theta)\,e^{-i\omega t}\left[\exp\left(\frac{i\omega a}{c}\sin\theta\right) + \exp\left(-\frac{i\omega a}{c}\sin\theta\right)\right]$$
$$= 2A_0\cos\left(\frac{2\pi a}{\lambda}\sin\theta\right). \tag{4.42}$$

Die *Intensität* der gebeugten Strahlung ist proportional zum Quadrat der absoluten Amplitude:

$$I(r,\theta) = |A|^2 = 4I_0(r,\theta)\cos^2\left(\frac{2\pi a}{\lambda}\sin\theta\right). \tag{4.43}$$

wobei

$$I_0(r,\theta) = |A_0|^2 \tag{4.44}$$

die Intensität bei nur einem offenen Spalt ist. Die Intensität $I(r,\theta)$ beim Doppelspalt-Versuch ist also gleich dem Produkt aus der Intensität beim Einfachspalt-Versuch und dem Faktor $4\cos^2[(2\pi a/\lambda)\sin\theta]$, der den Interferenzeffekt darstellt, der bei den beiden Wellen nach den zwei Spalten auftritt. Wegen dieser Interferenz werden wir in bestimmten Richtungen die Intensität null feststellen, vorausgesetzt $4a/\lambda > 1$. In anderen Richtungen wieder wird die Intensität viermal so groß sein wie beim Einfachspalt-Versuch. Wir interessieren uns hier besonders für diese Interferenzeffekte, die durch die Beziehung (4.43) beschrieben werden. Diese Beziehung zwischen den Intensitäten I und I_0 ist der wesentlichste Punkt unserer klassischen Voraussage.

41. Angesichts der Tatsache, daß Photonen nicht zu „teilen" sind, könnten wir vielleicht die klassische Voraussage in Gl. (4.43) als falsch zurückweisen. Folgende Überlegungen könnten angestellt werden: Ein Photon geht nur durch einen der beiden Spalte, da Photonen unteilbar sind. Wenn ein bestimmtes Photon zum Beispiel durch den oberen Spalt geht, dann dürfte die Existenz des unteren Spalts keinerlei Einfluß auf die Beugung dieses Photons haben. Die Intensitätsverteilung für die den oberen Spalt passierenden Photonen muß durch $I_0(r,\theta)$ gegeben sein; ein analoger Ausdruck muß für die Photonen gelten, die durch den unteren Spalt gehen. Sind beide Spalte offen, müßte dann die Intensität I^* durch

$$I^*(r,\theta) = 2I_0(r,\theta) \tag{4.45}$$

gegeben sein.

Die Intensität haben wir mit I^* bezeichnet, um anzuzeigen, daß wir zu dieser Formel gelangen, indem wir die klassischen Vorstellungen zurückwiesen, die zu der Intensitätsgleichung (4.43) führten. Sie sollten jedoch beachten, daß unsere früheren Überlegungen über die Aufspaltung von Photonen dieses Ergebnis (4.45) keineswegs *erzwingen*, wir wollten nur diese Möglichkeit ebenfalls diskutieren.

42. Das experimentelle Beweismaterial spricht eindeutig für die wellentheoretische Gl. (4.43). Unser einfaches Beugungsexperiment mit zwei Spalten ist sozusagen der Prototyp einer langen Reihe von Interferenzversuchen, unter anderem mit Beugungsgittern und Röntgenbeugungsversuche mit Kristallen. Gl. (4.45) würde bedeuten, daß bei den beiden an dem Doppelspalt gebeugten Wellen keinerlei Interferenz auftritt. Wenn diese Gleichung für den einfachen Doppelspalt-Versuch gilt, dann dürften natürlich auch bei Beugungsgittern und Kristallen keinerlei Interferenzeffekte auftreten.

Bevor wir die Voraussage von Gl. (4.45) als vollkommen falsch zurückweisen, sollten wir uns noch folgendes überlegen: Könnte nicht vielleicht das durch Gl. (4.43) beschriebene Interferenzphänomen durch eine Art Wechselwirkung zwischen *mehreren* Photonen entstehen? Verwenden wir eine Lichtquelle genügend hoher Intensität, dann sind mehrere Photonen zur gleichen Zeit unterwegs, d.h., mehrere Photonen passieren gleichzeitig die Spalte. Wir müssen uns also wirklich fragen, ob die Interferenzeffekte nicht Phänomene sind, die aus der Zusammenwirkung mehrerer Photonen entstehen. Als logische Folge solcher Überlegungen müssen wir untersuchen, ob die Gl. (4.45) auch für sehr schwache Lichtquellen gilt, wobei effektiv immer nur ein Photon unterwegs sein dürfte; die Gl. (4.43) würde dann nur für genügend starke Lichtquellen gelten. Anders ausgedrückt: Stimmt es, daß sich das durch Gl. (4.43) beschriebene Beugungsmuster bei abnehmender Intensität der Lichtquelle in Richtung des durch Gl. (4.45) beschriebenen Beugungsmusters ändert?

Diese Frage muß mit *nein* beantwortet werden: Es gibt nicht den geringsten Hinweis darauf, daß sich die Art der Beugungsmuster irgendwie verändert, wenn die Intensität der Strahlung gegen null geht. Die Ergebnisse von Beugungs- und Interferenzversuchen weisen also unbezweifelbar auf die Richtigkeit der Gl. (4.43) und aller darauf aufgebauten Theorien hin.

43. Ein Versuch, der sich direkt mit dieser Frage befaßt, wurde im Jahre 1909 von *G. I. Taylor* ausgeführt[1]). Er photographierte das Beugungsmuster im Schatten einer Nadel, die von einer extrem schwachen Lichtquelle angestrahlt wurde. Bei einem dieser Versuche betrug die Belichtungszeit 2000 Stunden, also etwa 3 Monate. Die Intensität war in diesem Fall so gering, daß in einem bestimmten Zeitpunkt nur eine ganz kleine Anzahl von Photonen in dem Apparat wirksam sein konnten. Das resultierende Beugungsmuster war jedoch genau so klar und scharf wie ein mit einer starken Lichtquelle erzeugtes. Eine *genaue* theoretische Analyse von *Taylors* Versuch

---

[1]) *G. I. Taylor*, "Interference Fringes with Feeble Light" (Interferenzstreifen bei schwachem Licht), *Proc. Cambridge Phil. Soc.* **15**, 114 (1909).

birgt einige Schwierigkeiten, unter anderem deshalb, weil seine Versuchsbeschreibung nicht genügend detailliert ist; wir werden uns hier auch nicht näher damit befassen. Eines aber können wir jedenfalls feststellen: Die Intensität war in diesem Fall so niedrig, daß sich eine Änderung der Beugungsmuster hätte ergeben müssen, wenn sich die Beugungsmuster tatsächlich mit der Intensität ändern, also mit der Anzahl der Photonen, die in einem bestimmten Augenblick unterwegs sind. Wie gesagt, nicht die geringsten Anzeichen eines derartigen Effekts wurden beobachtet.

Die Aussage, daß Beugungsmuster nicht die Folge irgendeiner „Wechselwirkung" zwischen einer großen Anzahl von Photonen sind, beruht natürlich nicht nur auf *Taylors* etwas pedantischem Vesuch. Sie wird im Gegenteil durch eine Vielzahl anderer Interferenzversuche untermauert, die im Rahmen des Wellenmodells korrekt beschrieben werden können, gleichgültig welche Intensität die dabei verwendete Strahlung hat.

44. Wir wollen nun noch versuchen, eine einfache Theorie aufzustellen, die alle bisher diskutierten Versuchsergebnisse einschließt, bzw. mit der wir diese Ergebnisse erklären können:

I. Nahezu monochromatische Strahlung der angenäherten Frequenz ω einer Lichtquelle besteht aus diskreten „Strahlungspaketen", die wir als Photonen bezeichnen.

II. Die Ausbreitung eines Photons im Raum wird korrekt durch die Maxwellschen Gleichungen der klassischen elektromagnetischen Theorie beschrieben. Ein Photon kann im Rahmen dieser Beschreibung als klassischer Wellenzug angesehen werden, der durch die zwei Vektorfelder $E(r, t)$ und $B(r, t)$ definiert ist, die die Maxwellschen Gleichungen mit den entsprechenden Randbedingungen befriedigen, die aus den physikalischen Gegebenheiten folgen. Insbesondere werden Photonen an einem Hindernis gebeugt, und die gebeugten Wellen können im Rahmen der klassischen Theorie beschrieben werden. Eine Welle, die auf einen hartversilberten Spiegel oder auf einen Schirm mit zwei Beugungsspalten trifft, kann tatsächlich in zwei Wellen „aufgespalten" werden. Zwischen diesen beiden Wellen tritt Interferenz ein, wie sie die klassische Theorie voraussagt.

III. Es ist nicht richtig, die Summe der Quadrate der Amplituden E und B als die einem Photon entsprechende Energiedichte im Raum zu interpretieren. In dieser Hinsicht ist die klassische Modellvorstellung falsch. Es muß vielmehr jede Größe, die vom *Quadrat* der Wellenamplitude abhängt, als proportional zu einer *Wahrscheinlichkeit* interpretiert werden. Zum Beispiel ist das Integral der Summe der Quadrate der Amplituden E und B über einen bestimmten Bereich des Raums nicht gleich der Energie eines Photons in diesem Bereich, sondern es ist proportional zu der Wahrscheinlichkeit, daß das Photon in diesem Bereich angetroffen wird, wenn wir es mittels einer Photozelle nachzuweisen suchen. Analog muß der nach klassischen Gesichtspunkten berechnete Strahlungsfluß durch eine Öffnung in einem Schirm jetzt in seiner Definition revidiert werden: Er ist proportional zu der Wahrscheinlichkeit, daß das Photon registriert wird, wenn wir eine Photozelle unmittelbar hinter die Öffnung stellen.

IV. Wird ein Photon irgendwo im Raum mit einer Photozelle nachgewiesen, dann ist die Energie, die dabei auf den Detektor übergeht, immer gleich $\hbar\omega$. Da die Wahrscheinlichkeit für die Nachweisbarkeit des Photons proportional zu der Summe der Quadrate der Amplituden E und B ist, können wir folgern: Die klassische Energiedichte, über einen bestimmten Bereich integriert, ist gleich dem Produkt aus der Energie eines Photons und der Wahrscheinlichkeit dafür, daß sich das Photon in dem betreffenden Bereich befindet. Wenn die Lichtquelle also längere Zeit konstant strahlt, so daß eine größere Anzahl von Photonen emittiert wird, dann ist die *durchschnittliche* Energie in einem Raumbereich tatsächlich gleich der nach klassischen Gesichtspunkten berechneten Energie in diesem Bereich.

45. Wir haben nun die Vorstellungen der klassischen elektromagnetischen Theorie hinter uns gelassen und als eine neue Idee die *Wahrscheinlichkeitsinterpretation* für die Größen eingeführt, die vom Quadrat der elektromagnetischen Feldamplituden abhängen. Wir können zwar weiterhin die Ausbreitung der Photonen im Raum mit den Maxwellschen Gleichungen beschreiben, aber die klassisch berechnete Energiedichte und der klassisch berechnete Strahlungsenergiefluß findet eine neue Interpretation. Diese Größen müssen als *Durchschnittsgrößen* interpretiert werden, die sich nur bei einer großen Anzahl von Photonen ergeben. Folglich wird die klassische Theorie sich in den Versuchen als richtig erweisen, bei denen nur diese Durchschnittsgrößen bestimmt und nicht einzelne Photonen untersucht werden. Wollen wir jedoch einzelne Photonen beobachten – mit einer Photozelle etwa –, dann werden die Einschränkungen, denen die klassische Theorie unterliegt, sofort offenbar.

46. Wir werden nun versuchen, die Ergebnisse einiger konkreter Versuche aufgrund dieser neuen Vorstellungen zu beschreiben. Greifen wir auf die in Abschnitt **36** geschilderte Situation zurück, bei der wir den photoelektrischen Effekt in verschiedenen Entfernungen von einer konstanten Lichtquelle untersuchen (Quelle im Koordinatenursprung). Das Licht der Quelle ist angenähert monochromatisch. Wir nehmen an, daß die Quelle pro Sekunde im Durchschnitt n Photonen der Frequenz ω emittiert. Die Photozelle befindet sich in bestimmter konstanter Entfernung von der Lichtquelle. An sie ist ein Zählgerät angeschlossen, mit dem die Anzahl der Photonen ermittelt werden kann, die die Photozelle erreichen.

Von der Quelle wird ein typisches Photon emittiert, das als Wellenzug endlicher Länge angesehen werden kann, der sich in alle Richtungen im Raum ausbreitet und die Gesamtenergie $\hbar\omega$ besitzt. Wir berechnen nach *klassischen* Richtlinien den gesamten Energiefluß W_k, den die Welle auf die Photozelle überträgt. Diese Energie ist ein bestimmter Bruchteil $q = W_k/\hbar\omega$ der gesamten emittierten Energie. Nach unserer neuen Interpretation der Größen, die vom Quadrat der Wellenamplitude abhängen, gibt q eigentlich die *Wahrscheinlichkeit* dafür an, daß das Photon die Photozelle trifft. (Zur Vereinfachung können wir annehmen, daß die Photozelle hundertprozentig registriert – dann ist q gleich der Wahrscheinlichkeit dafür, daß das Zählgerät einen Impuls registriert, wenn von der Quelle ein Photon emittiert wird.)

Wir können nicht für jedes einzelne von der Quelle emittierte Photon voraussagen, ob das Zählgerät es registriert oder nicht, doch die Wahrscheinlichkeit dafür ist gleich q. Registriert der Zähler einen Impuls, dann ist der Energiebetrag, der von der Quelle auf die Photozelle übergegangen ist, gleich $\hbar\omega$. Daraus folgt, daß die *durchschnittliche,* von der Quelle auf die Photozelle pro Zeiteinheit übertragene Energie, vorausgesetzt die Lichtquelle ist konstant, gleich $W_d = qn\hbar\omega = nW_k$ ist. Diese durchschnittliche Leistung der Quelle stimmt mit der klassischen Voraussage überein.

Die klassisch berechnete Größe W_k ist natürlich $1/r^2$ proportional wobei r der Abstand zwischen Photozelle und Lichtquelle ist. Demzufolge ist auch $q = W_k/\hbar\omega$ proportional zu $1/r^2$. Da die Zählrate der Photozelle gleich qn ist, stellen wir fest, daß die Zählrate umgekehrt proportional zum Quadrat der Entfernung ist, was mit den tatsächlichen Beobachtungsergebnissen übereinstimmt.

47. Viele Wissenschaftler vertreten die Meinung, daß den obigen Gegebenheiten etwas Paradoxes anhaftet: Nehmen wir an, die Entfernung r ist sehr groß, zum Beispiel ein Lichtjahr. Nach der Emission breitet sich das Photon in Form einer Kugelschale aus (Bild 4.19). Bis die Kugelwelle den Detektor erreicht hat, hat sich ihre Energie bereits auf ein großes Raumvolumen verteilt, nämlich auf das Volumen einer Kugelschale mit dem Radius von einem Lichtjahr. Wie ist es dann möglich, daß plötzlich diese gesamte Energie sich in der Photozelle konzentriert, wenn diese anspricht? Die Energie von der „gegenüberliegenden" Seite der Kugelschale müßte länger als ein Jahr brauchen, um die Photozelle zu erreichen, sonst würde das grundlegende Naturgesetz, daß kein Signal sich schneller als mit Lichtgeschwindigkeit ausbreiten kann, verletzt.

Der Trugschluß hierbei liegt darin, daß der klassische Ausdruck für die Energiedichte auf der Grundlage elektrischer und magnetischer Felder interpretiert wird. Wir müssen uns immer darüber im klaren sein, daß der einzige Zweck der Einführung des Begriffs elektromagnetischer

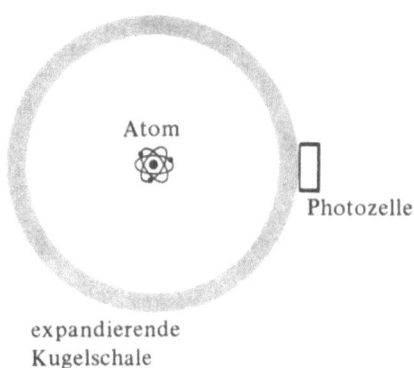

Bild 4.19 Das Atom im Zentrum soll vor einem Jahr Strahlung emittiert haben. Die Kugelschale, mit der sich die Strahlung ausbreitet, hat daher einen Radius von einem Lichtjahr. Die Strahlung erreicht eben die Photozelle rechts. Spricht die Photozelle an, so ist auf einmal die gesamte Energie der Welle in der Photozelle konzentriert. Wie ist das möglich? Wie kann die Energie von der gegenüberliegenden Seite der Kugelschale die Photozelle überhaupt unter zwei Jahren erreichen?

Das Paradoxe dieser Situation verschwindet sofort, wenn wir die klassische Vorstellung aufgeben, daß die Energiedichte proportional zum Quadrat der Feldamplitude sei. Nach der Quantenmechanik unterliegt die Übertragung von Energie vom Atom auf die Photozelle einem Wahrscheinlichkeitsgesetz: Das Quadrat der Feldamplitude muß als Wahrscheinlichkeitsdichte interpretiert werden.

Felder die Beschreibung der Wechselwirkungen zwischen *Ladungen* ist. Im Band 2 dieser Reihe wurde die *Zweckmäßigkeit* dieses Begriffes festgestellt, auch ist es in typisch makroskopischen Situationen von Vorteil *anzunehmen,* daß die Energiedichte im Raum dem Quadrat der Feldamplitude proportional ist. Im Band 2 wurde jedoch keine physikalische Tatsache erwähnt, die uns zwingen würde, dies wörtlich auszulegen, außerdem bezieht sich der klassische Ausdruck für die Energiedichte auf die *durchschnittliche* Energiedichte im Falle einer großen Anzahl von Photonen und beschreibt nicht die Energiedichte eines *einzelnen* Photons.

Das eigentliche Problem ist: Welche Gesetze gelten für die Energieübertragung von einem Atom der Lichtquelle zu einem Elektron im Detektor? Mit der Beantwortung dieser Frage beschäftigen wir uns hier. Wir haben auch bereits einige Gesichtspunkte dieser Gesetze dargelegt.

48. Greifen wir nochmals auf das Beugungsexperiment aus den Abschnitten 39 bis 42 zurück (Bild 4.20). Wir registrieren die Photonen in einer bestimmten Richtung θ mit Hilfe einer Photozelle. Indem wir die Zählrate als Funktion von θ bestimmen, wobei die Lichtquelle konstant sein muß, stellen wir das Beugungsmuster fest. Angenommen, das Zählgerät hat eben gerade einen Impuls registriert. *Frage:* Durch welchen Spalt ist das Photon gekommen? *Antwort:* Durch *beide* Spalte, zum Teil durch Spalt U, zum Teil durch Spalt L.

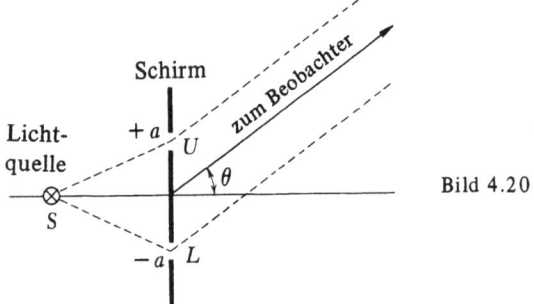

Bild 4.20

Diese Antwort ist im Sinne unserer einfachen Theorie von Abschnitt **44** zu verstehen. Wäre das untersuchte Objekt eine Billardkugel, für die die Gesetze der klassischen Mechanik gelten, dann wäre diese Antwort unverständlich. Da wir es aber mit Photonen zu tun haben, ist an dieser Antwort nichts Sonderbares oder Überraschendes, sie drückt ganz einfach aus, was tatsächlich geschieht.

Frage: Können wir nicht etwas unternehmen, damit wir *wissen,* durch welchen Spalt das Photon kommt? *Antwort:* Sehr leicht, wir brauchen dazu lediglich den Spalt U abzudecken, dann wissen wir, daß alle registrierten Photonen durch den Spalt L gekommen sein müssen. Dabei werden wir dann natürlich nicht das typische Doppelspalt-Beugungsmuster beobachten, sondern nur das Einfachspalt-Muster. Damit ist die eigentliche Frage jedoch nicht beantwortet. Wir würden für dieses Experiment lieber irgendeine zweckmäßige Vorrichtung verwenden, die es uns erspart, einen der beiden Spalte abzudecken. Wir möchten also das Doppelspalt-Beugungsmuster in *genau* der Form erhalten, die es ohne diese Vorrichtung aufweist, und trotzdem feststellen können, durch welchen Spalt jedes einzelne registrierte Photon gekommen ist. Ist das möglich?

Nehmen wir einmal an, es wäre möglich. In diesem Falle würden wir zuerst einfach sämtliche Zählimpulse für die Photonen ignorieren, die durch den Spalt U kommen, und dann anhand der restlichen Impulse, die durch die Photonen aus dem Spalt L hervorgerufen wurden, das Beugungsmuster konstruieren. Wie würde dieses Beugungsmuster aussehen? Es müßte die Form des Einfachspalt-Musters haben, da wir ja annehmen, daß „nichts durch den Spalt U kommt", also könnte der Spalt U genausogut abgedeckt sein. Analog wird auch das Beugungsmuster, das sich aufgrund der Zählimpulse ergibt, die durch Photonen aus dem Spalt U hervorgerufen wurden, das Einfachspalt Muster sein. *Alle* Zählimpulse zusammengenommen würden dann zu einem Beugungsmuster führen, wie es in Abschnitt **41** beschrieben wurde, also *nicht* zu dem tatsächlich beobachteten Doppelspalt-Muster. Bei einem Versuch, bei dem sich das Doppelspalt-Muster ergibt, ist es also unmöglich nachzuweisen, durch welchen Spalt ein bestimmtes Photon gekommen ist. Dieses Muster kann nur dann entstehen, wenn die Photonen teilweise durch beide Spalte gehen. In diesem Falle ist es also *sinnlos* zu fragen, durch welchen der beiden Spalte das Photon kam.

49. Wir haben nun eine ganze Reihe interessanter Feststellungen über das Verhalten von Photonen getroffen. Die einfache Theorie, die wir in Abschnitt **44** aufstellten, ist der erste Schritt bei einer Formulierung einer quantenmechanischen Theorie der elektromagnetischen Strahlung. Natürlich konnten wir im Rahmen dieses Abschnittes nicht die Geschichte der Quantenelektrodynamik im einzelnen behandeln, es ist noch viel zu besprechen. Insbesondere müßte noch den Prozessen im Zusammenhang mit zahlreichen Photonen mehr Aufmerksamkeit gewidmet werden. Wir wollten in diesem Kapitel jedoch eigentlich nur eine einfache und elementare quantenmechanische Formulierung finden, mit der die grundlegendsten Eigenschaften der Photonen und ihr Verhalten beschrieben werden können. Dieses Ziel haben wir auch erreicht. Der Kern unserer Theorie liegt in der Feststellung, daß alle vom Quadrat der Amplitude abhängenden Größen im Sinne von Wahrscheinlichkeiten interpretiert werden müssen, während die Wellen*amplitude* eines Photons im Rahmen der klassischen elektromagnetischen Theorie diskutiert werden kann. Ein Photon ist in dem Sinne „teilbar", daß die Welle in zwei oder mehr Teile aufgespalten werden kann — etwa durch halbversilberte Spiegel oder ähnliche Vorrichtungen —, wie es der klassischen elektromagnetischen Theorie entspricht. Ein angenähert monochromatisches Photon kann jedoch nicht „aufgespalten" werden, da wir zum Beispiel mit einer Photozelle keine „Photonbruchteile" feststellen können, die nur einen Bruchteil der Energie $\hbar\omega$ haben (ω ist die Frequenz des Photons). Hiermit gehen wir endgültig von den Vorstellungen der klassischen elektromagnetischen Theorie ab. Es ist jedoch nicht gerechtfertigt, die klassische Theorie *ganz* über Bord zu werfen: Wir haben nur bestimmte Grenzen der klassischen Theorie aufgedeckt.

Wir möchten betonen, daß die hier besprochenen experimentellen Ergebnisse in keiner Weise paradox oder sonderbar sind. Manchmal wird uns vielleicht ein bestimmtes Ergebnis etwas überraschen, wenn wir mit vorgefaßter Meinung an ein Problem herangehen. Haben wir uns bereits vor dem Versuch eine Meinung über das Ergebnis gebildet, dann werden wir oft enttäuscht sein, daß die Ergebnisse nicht mit unseren Erwartungen übereinstimmen. Wir werden jedoch lernen müssen, Ergebnisse so wie sie sind zu akzeptieren und dann die beobachteten Phänomene in einem konsistenten Modell zu beschreiben.

Der Leser muß sich auf jeden Fall darüber im klaren sein, daß die in diesem Kapitel diskutierten theoretischen Vorstellungen samt und sonders auf experimentellen Ergebnissen beruhen. Die Ergebnisse eines bestimmten Kollektivs von Versuchen gestatten nicht, durch rein logische Überlegungen vorauszusagen, was sich bei einem anderen Kollektiv von Versuchen ergeben *muß*. Wir können allerdings *Vermutungen anstellen*, aber das ist wieder etwas ganz anderes. Es gibt keinen Grund, warum die Dinge so sein müssen, wie wir sie in diesem Kapitel beschrieben haben. Es könnte genausogut „Photonbruchteile" geben, oder Beugungsmuster könnten sich ändern, wenn die Lichtintensität geändert wird.

50. Zum Abschluß dieses Kapitels möchten wir die Leser auf den bemerkenswerten theoretischen Wert eines „Optik-Baukastens" hinweisen, der beispielsweise einige Photozellen mit den entsprechenden elektronischen Zählern, Beugungsgittern, einige monochromatische Lichtquellen und sonstige Standardgeräte der Optik enthält. Mit einem solchen Optik-Baukasten können wir eine Menge lernen. Was das Verhältnis des erzieherischen Wertes zum finanziellen Wert anbelangt, steht ein Optik-Baukasten ziemlich einzigartig unter allen anderen Physik-Lehrmitteln da.

4.4 Literatur

1. Das Publications Dept. AAPT (American Association of Physics Teachers) Graduate Physics Building, SUNY Stony Brook New York, 11794, USA, hat eine Reihe von Sonderdrucken unter dem Titel: *Quantum and Statistical Aspects of Light* (Quantenphysikalische und statistische Aspekte des Lichts) herausgegeben. Wie der Titel schon andeutet, haben diese Arbeiten verschiedene Eigenschaften der Photonen zum Thema; einige sind recht interessant. Ein kurzer Literaturüberblick ist jeweils beigefügt.

2. Wir möchten nochmals auf die Bücher *The World of the Atom*, Band I und II, hinweisen, die von *H. A. Boorse* und *L. Motz* herausgegeben wurden (Basic Books, Inc., New York 1966), in denen man Übersetzungen (Englisch) und Abdrucke (mit Bemerkungen der Herausgeber) vieler historischer Arbeiten über den Themenkreis dieses Kapitels findet.

3. In diesem Stadium können wir die folgenden Artikel im *Scientific American* zur Lektüre empfehlen:
    a) *G. E. Henry:* "Radiation Pressure" (Strahlungsdruck), Juni 1957, p. 99.
    b) *W. H. Jordan:* "Radiation From a Reactor" (Strahlung in einem Reaktor), Oktober 1951, p. 54 (Über die Čerenkov-Strahlung).
    c) *G. Burbidge* und *F. Hoyle:* "Anti-Matter" (Antimaterie), April 1958, p. 34.
    d) *G. B. Collins:* "Scintillation Counters" (Szintillationszähler), November 1953, p. 36.
    e) *A. S. Goldhaber* und *M. M. Nieto:* "The Mass of the Photon", Mai 1976.
    f) *S. Weinberg:* "Special Issue on Light", September 1968.

4. *S. Weinberg:* "Light as a Fundamental Particle", Physics Today, Juni 1975.

5. *S. Weinberg:* "Special Issue on how to Detected Photons", Physics Today, November 1977.

4.5 Übungen

1. Ein Atom oder Atomkern der Masse m_i zerfällt, wobei ein Photon emittiert wird. Nach Emission des Photons sei die Masse des Teilchens gleich m_f. Das emittierte Photon wird in jenem Inertialsystem beobachtet, in dem sich das Teilchen anfangs in Ruhe befand. Die Frequenz des Photons ist ω. Wir definieren ω_0 durch

$$\omega_0 = (m_i - m_f)\frac{c^2}{\hbar}.$$

a) Beweisen Sie, daß
$$\omega = \frac{m_i + m_f}{2 m_i} \omega_0 = \omega_0 \left(1 - \frac{\omega_0 \hbar}{2 m_i c^2}\right).$$

b) Berechnen Sie $(\omega_0 - \omega)/\omega$ für die gelbe Natriumlinie. Berechnen Sie ebenso $(\omega_0 - \omega)/\omega$ für das Gammaquant von 113 keV, das von dem Hafnium-Isotop $^{177}_{72}$Hf emittiert wird.

Die obige Gleichung stellt den *Rückstoßeffekt* bei der Photonenemission dar. Wir sehen, daß das emittierte Photon immer eine kleinere Frequenz (relativ zum Ruhsystem des emittierenden Teilchens) besitzt als ω_0, die Frequenz, die es bei unendlichem m_i haben würde. Für optische, von Atomen emittierte Photonen ist dieser Effekt außerordentlich schwach.

2. Befassen wir uns mit der Umkehrung des in Übung 1 besprochenen Prozesses. Ein Atom oder Atomkern der Masse m_f befindet sich anfangs relativ zum Labor in Ruhe und absorbiert dann ein Photon der Frequenz ω. Die Endmasse des Atoms (bzw. Kerns) ist m_i. Es gilt wiederum $\omega_0 = (m_i - m_f)c^2/\hbar$. Es ist eine Beziehung für ω, ω_0, m_i und m_f abzuleiten. Beachten Sie, daß für kleine relative Massenänderungen die Frequenz ω nahezu gleich ω_0 ist.

3. Mit den Angaben aus dem Diagramm in Bild 4.11 ist die Größe h/e mit der durch die Genauigkeit des Diagramms bedingten Genauigkeit zu berechnen. (Die Lichtgeschwindigkeit wird als bekannt vorausgesetzt.)

4. Sehen Sie sich *Comptons* Diagramme in Bild 4.9 an. Die Abszissenwerte sind etwa proportional zur Wellenlänge. Versuchen Sie mit den Angaben aus dem dritten Diagramm die Lage der verschobenen Maxima im zweiten und vierten Diagramm vorauszusagen. Vergleichen Sie Ihr Ergebnis mit den tatsächlichen Kurven.

5. Sehen Sie sich die Diagramme in Bild 4.6 an. Die Abszisse hat zwei Einteilungen, Geschwindigkeit und Frequenz. Die Energie des Gammaquants, das von dem angeregten ^{52}Fe-Kern emittiert wird, ist 14,4 keV. Stellen Sie mit dieser Angabe eine Beziehung zwischen den beiden Abszissenskalen Geschwindigkeit und Frequenz auf.

6. Bei den Diagrammen in Bild 4.6 werden wir bei einiger Überlegung folgende Besonderheit feststellen: Der in Übung 2 besprochene Rückstoßeffekt ist hier nicht vorhanden. Dieses Phänomen ist nach seinem Entdecker unter der Bezeichnung *Mößbauereffekt* bekannt[1]. Versuchen Sie, selbst eine Erklärung für diesen Effekt zu finden. Schlagen Sie dann erst in der betreffenden Literatur über dieses höchst interessante Phänomen nach.

7. Gammaquanten der Wellenlänge 0,071 nm werden in einer dünnen Aluminiumschicht gestreut. Die Streustrahlung wird in einem Winkel von 60° zur Einfallsrichtung beobachtet. Welche Wellenlängen wird man feststellen?

8. Wir nehmen an, daß ein Elektron-Positron-Paar in *drei* Gammaquanten zerstrahlt. Ein Gammaquant soll im Ruhsystem des Elektron-Positron-Paares betrachtet werden (die Vernichtung soll stattfinden, wenn das Elektron und das Positron nahezu in Ruhe sind). Wie hoch sind dann die möglichen Energien des Photons?

---
[1] *R. L. Mößbauer*, „Kernresonanzfluoreszenz von Gammastrahlung in ^{191}Ir", *Zeitschrift für Physik* 151, 124 (1958).

9. Photonen fallen senkrecht auf die ebene Grenzfläche ein, die ein homogenes Dielektrikum mit dem Brechungsindex n vom Vakuum trennt. Die Photonen der Frequenz ω sollen aus dem Vakuum kommen.
   a) Die Frequenz und die Energie eines Photons im Dielektrikum sind zu bestimmen.
   b) Kann man dem Photon im Dielektrikum einen Impuls zuschreiben? Wenn ja, dann finden Sie einen Ausdruck für den Impuls. In welcher Beziehung steht der Impuls zur Wellenlänge? Welche Wellenlänge hat das Photon im Dielektrikum?

10. Ein geladenes Teilchen, das sich im Vakuum mit gleichförmiger Geschwindigkeit fortbewegt, kann keine elektromagnetische Strahlung (Photonen) emittieren, was durch den Energie- und Impulserhaltungssatz bedingt ist. Untersuchen Sie, ob ein geladenes Teilchen, das sich in einem Dielektrikum mit einer gleichförmigen Geschwindigkeit fortbewegt, die höher als die Lichtgeschwindigkeit in dem betreffenden Medium ist, Photonen emittieren kann. Dies ist in der Tat möglich; man bezeichnet die resultierende Strahlung als *Čerenkov-Strahlung*. (Wir sind hier nur an der Erhaltung von Energie und Impuls interessiert, der eigentliche „Emissionsmechanismus" kümmert uns vorläufig nicht.) Die emittierten Photonen treten in einem bestimmten Winkel zur Richtung des geladenen Teilchens aus. Bestimmen Sie diesen Winkel unter der Annahme, daß der Brechungsindex $n = 1{,}5$ und das Teilchen ein Pion (Pi-Meson) mit einer Energie von 5 GeV ist und das Photon in den optischen Bereich gehört. In der Hochenergiephysik verwendet man verbreitet Detektoren für geladene Teilchen, die das Phänomen der Čerenkov-Strahlung ausnützen. Die Masse eines Pions entspricht 140 MeV.

11. a) Wenn sich ein geladenes Teilchen in einer Ebene bewegt, die senkrecht zu einem homogenen Magnetfeld steht, dann beschreibt es einen Kreisbogen (Bild 4.21). Wir nehmen an, daß das Teilchen *eine* Elementarladung trägt. Es ist zu beweisen, daß der Impuls des Teilchens proportional zu $B \cdot r$ ist, wobei B der Betrag des magnetischen Feldes und r der Radius der Bahn ist. Finden Sie einen Umrechnungsfaktor, mit dem der Impuls in Einheiten von MeV/c bestimmt werden kann, wenn die Größe $B \cdot r$ in T·m gegeben ist. (c ist die Lichtgeschwindigkeit.)

   b) Bei einer Analyse von Nebelkammeraufnahmen (vgl. Bild 4.12) konnte *Anderson* die Energie des Positrons aus dem bekannten Magnetfeld und der Krümmung der Bahnen bestimmen. Er gab den Impuls in den zwei Bahnteilen als $B \cdot r = 0{,}21$ Tm und $B \cdot r = 0{,}075$ Tm an. Zeigen Sie, daß diese Werte den Energien 63 MeV und 23 MeV entsprechen.
   c) Kann das Vorzeichen der Ladung und die Bewegungsrichtung des Teilchens aus einem Bild wie dem simulierten Nebelkammerbild 4.21 bestimmt werden? Woher wußte *Anderson*, daß das betreffende Teilchen (siehe Bild 4.12) ein Positron war und nicht ein Elektron, das sich in entgegengesetzte Richtung bewegte?
   d) In Bild 4.12 ist das Magnetfeld senkrecht zur Bildebene gerichtet. Zeigt der Feldvektor aus der Bildebene *heraus* oder in sie *hinein*?

Anderson gibt in seiner Arbeit [Phys. Rev. **43**, 491 (1933)] die Argumente an, die die Möglichkeit ausschließen, daß es sich in diesem Bild um die Spur eines *Protons* handelt.

12. Wir wollen das Doppelspalt-Beugungsexperiment aus den Abschnitten 39 bis 42 noch etwas erweitern (Bild 4.22). Es werden Polarisationsfilter vor der Lichtquelle, vor den Beugungsspalten und vor dem Beobachter eingeführt. Sie sollen nun analog zu Gl. (4.43) Ausdrücke für die Intensität für verschiedene Filterkombinationen finden. Die Lichtquelle selbst emittiert unpolarisiertes Licht; die Spalte sollen keinen Einfluß auf die Art der Polarisation haben. Es sind die folgenden Fälle zu untersuchen:

P_S	P_U	P_L	P_O
fehlt	fehlt	horizontal	fehlt
fehlt	horizontal	vertikal	fehlt
zirkular	horizontal	vertikal	zirkular
zirkular	horizontal	horizontal	zirkular
zirkular	horizontal	vertikal	fehlt

In der Tabelle bedeutet „horizontal", daß der betreffende Filter nur horizontal polarisiertes Licht durchläßt, „vertikal", daß der Filter nur vertikal polarisiertes Licht durchläßt, und „zirkular", daß der Filter nur linkszirkular polarisiertes Licht durchläßt.

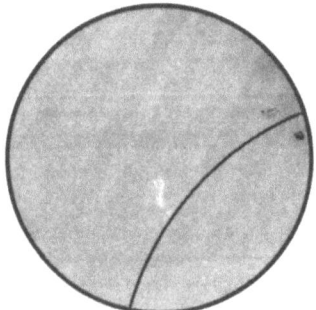

Bild 4.21 Simuliertes Nebelkammerbild von der Spur eines geladenen Teilchens in einem Magnetfeld, dessen Vektor aus der Bildebene heraus gerichtet ist.

Ist dieses Teilchen ein Positron? In welche Richtung würde es sich bewegen, wenn es ein Positron ist? Oder ist dies die Spur eines Elektrons, das sich in entgegengesetzter Richtung bewegt?

Woher wußte *Anderson*, daß in seinem Bild 4.12 die Spur durch ein Positron und nicht durch ein Elektron erzeugt wurde?

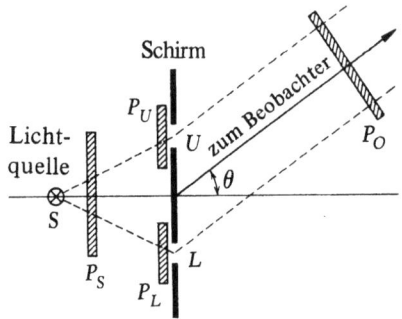

Bild 4.22 Erweiterung des Versuchs aus Bild 4.18. Polarisationsfilter werden eingeschoben: P_S vor die Lichtquelle, P_U und P_L vor die oberen bzw. unteren Spalt, P_O vor den Beobachter.

Welche Beugungsstreifen wird man bei verschiedenen Filterkombinationen feststellen?

5 Materieteilchen

5.1 De Broglie-Wellen

1. In diesem Kapitel sollen die Eigenschaften von *Materie*teilchen behandelt werden. Unter Materieteilchen verstehen wir solche Teilchen, deren Ruhmasse ungleich null ist, also Elektronen, Protonen, Neutronen, Mesonen, Moleküle usw.

Zahlreiche Experimente haben gezeigt, daß Materieteilchen auch Welleneigenschaften besitzen. Diese Tatsache ist heute nicht nur in den Naturwissenschaften allgemein bekannt. Vor gar nicht so langer Zeit jedoch erschien die Wellennatur von Objekten wie des Elektrons auch Physikern als etwas recht Überraschendes. Man war nämlich gewohnt, das Elektron als klassisches Korpuskel anzusehen, da die ersten Versuche mit Elektronen auf ein solches Modell hinausliefen. Vor 1927 war jedenfalls noch kein *eindeutiger* Versuch durchgeführt worden, der die Wellennatur solcher Teilchen erwiesen hätte. Heute sehen Sie bereits auf der Höheren Schule in Physik[1] Versuche, mit denen die Wellennatur des Elektrons nachgewiesen werden kann; wir werden diese Versuche im folgenden noch besprechen.

Bei Photonen wurden die Welleneigenschaften zuerst, die Korpuskeleigenschaften erst später entdeckt. Bei den Elektronen war es gerade umgekehrt. Aufgrund dieser historischen Abfolge der Ereignisse[2] herrscht allgemein die Ansicht vor, daß Licht aus Wellen besteht und Elektronen Materieteilchen bzw. Korpuskeln sind. Damit werden die Tatsachen jedoch nur höchst unvollständig erfaßt. Photonen und Elektronen, ja *alle* Teilchen überhaupt, sind sich sehr ähnlich, da sie alle *zum Teil* Korpuskeleigenschaften und *zum Teil* Welleneigenschaften aufweisen.

2. Es ist sicherlich interessant, den historischen Ablauf der ersten Vorhersage und der Entdeckung der Materiewellen zu verfolgen, da dadurch unsere physikalischen Kenntnisse entscheidend erweitert wurden. Wir werden dies im ersten Teil des vorliegenden Kapitels tun, wobei der Leser vorläufig vergessen sollte, was er in der Höheren Schule über Materiewellen gelernt hat. Versetzen wir uns in die Zeit um 1923 zurück! Zu dieser Zeit wußte man schon recht viel über das Elektron als klassisches Teilchen, doch noch gar nichts über seine Welleneigenschaften. Hingegen wußte man, daß Photonen gewisse Korpuskeleigenschaften besitzen.

Wir wollen uns nun in dieser Beziehung ganz unwissend stellen und mit dieser Einstellung untersuchen, ob ein Materieteilchen, wie etwa das Elektron, Welleneigenschaften besitzen könnte. Um dies herauszufinden, müssen wir uns auf Experimente stützen. Doch wollen wir zuerst einige theoretische Überlegungen anstellen, um zu erfahren, welche Ergebnisse wir zu erwarten haben.

3. Es mag ziemlich unmotiviert erscheinen, daß man einem festen Teilchen die Eigenschaften einer Welle zuschreibt. Wir wollen auch gar nicht behaupten, daß die Existenz einer derartigen Welle logisch *bewiesen* werden kann. Wir können uns jedoch auf gewisse Analogien zur Optik stützen. Was geschieht, wenn Licht ein optisches Gerät passiert? Prinzipiell können wir diese Frage beantworten, indem wir die Maxwellschen Gleichungen mit den entsprechenden Randbedingungen lösen. Damit können wir den Weg der Welle von der Lichtquelle bis zum Bild der Lichtquelle verfolgen und beschreiben. Es gibt jedoch eine einfachere Methode, den Strahlengang in optischen Geräten zu diskutieren: die geometrische Optik. Wenn wir den Wellengleichungen streng Rechnung tragen, können wir zeigen, daß diese Methode eine *angenäherte* Lösung liefern muß. Wir verfolgen den Weg eines *Lichtstrahls* durch das optische Gerät, wobei wir ihn als die Bahn eines Photons ansehen können. In welcher Beziehung steht nun der Strahl zur Welle? Der Strahl ist in jedem Punkt senkrecht zur Wellenfront gerichtet: In jedem kleinen Raumvolumen kann die Welle angenähert als ebene Welle angesehen werden, der dieses Raumvolumen passierende Lichtstrahl ist senkrecht zu den Ebenen gleicher Phase gerichtet (Bilder 5.1 und 5.2). Damit haben wir eine Beziehung zwischen einem „Teilchen" und einer Welle aufgestellt; anhand dieser optischen Analoge werden wir versuchen, eine Wellentheorie der Materieteilchen zu formulieren.

Diese theoretischen Möglichkeiten wurden zuerst von *L. V. de Broglie* um 1923 aufgezeigt[1]. Zu dieser Zeit mag ein gehöriges Maß intellektuellen Muts nötig gewesen sein, eine derartig neue Idee zu vertreten.

4. Wir werden nun versuchen, den Gedankengängen *de Broglies* zu folgen, und dabei von der Annahme ausgehen, daß jedem bewegten Teilchen eine Welle zuzuordnen ist. Das Teilchen soll sich gleichförmig bewegen, es sollen also keinerlei äußere Kräfte auf das Teilchen wirken. Seine Energie ist W, sein Impuls p, seine Masse m.

Wenn einem gleichförmig bewegten Teilchen eine Welle zugeordnet werden kann, dann dürfen wir wohl erwarten, daß diese Welle sich in der gleichen Richtung wie das Teilchen bewegt. Die Welle können wir durch die komplexe Wellenfunktion

$$\psi(x, t) = A \exp(\mathrm{i} x \cdot k - \mathrm{i} \omega t) \qquad (5.1)$$

---

[1] Siehe z. B. *PSSC Physik*, Friedr. Vieweg & Sohn, Braunschweig 1974, Kapitel 34 und 36.

[2] Der Autor ist der Ansicht, daß theoretisch die historische Folge der Entdeckungen aufgrund der Kleinheit der Feinstrukturkonstanten α verstanden werden kann.

[1] *L. V. de Broglie,* "Ondes et quanta" (Wellen und Quanten), *Comptes Rendus* 177, 507 (1923); "A tentative theory of light quanta" (Eine Hypothese über Lichtquanten), *Philosphical Magazine* 47, 446 (1924); "Recherches sur la théorie des quanta" (Untersuchungen über die Quantentheorie), *Annales de Physique* 3, 22 (1925).

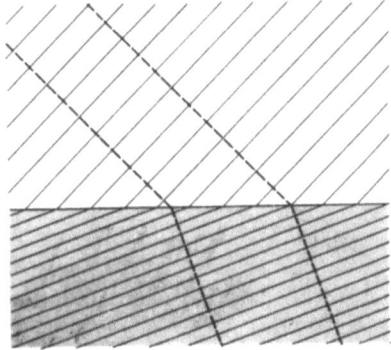

Bild 5.1 Die Brechung einer ebenen Welle an der ebenen Grenzfläche zweier homogener Medien mit verschiedenen Brechungsindizes. Die Wellenfronten (die Flächen gleicher Phase) sind hier ebene Flächen. Im Bild sind sie durch die dünnen ausgezogenen Striche dargestellt. Die senkrecht zur Wellenfront gerichteten Strahlen sind gestrichelt gezeichnet. Wir können uns vorstellen, daß sie Bahnen von Photonen darstellen. Zu jeder Familie von Wellenfronten gehört ein *Kollektiv* von Bahnen, dem die hier dargestellten zwei Bahnen angehören.

In Wirklichkeit wird die Welle auch teilweise reflektiert, doch ist dies aus Gründen der Übersichtlichkeit in dem Bild nicht dargestellt.

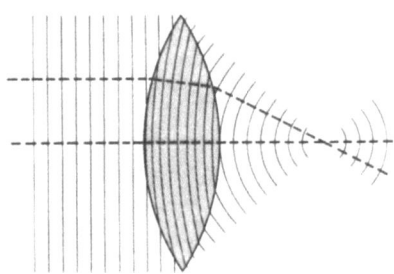

Bild 5.2 Dieses Bild ist analog zu Bild 5.1 und soll die Überlegungen von Abschnitt 3 veranschaulichen. Es sind hier die Wellenfronten einer ebenen Welle dargestellt, die von links kommend eine Linse passiert. Zwei Strahlen bzw. zwei Photonenbahnen sind ebenfalls eingezeichnet. Sie schneiden sich im Brennpunkt der Linse. Dem System von Wellenfronten entspricht wiederum ein Kollektiv von Bahnen.

Bei genauer Betrachtung werden Sie in der Darstellung einige Ungenauigkeiten entdecken, die nicht einfach mangelhafter Zeichentechnik zuzuschreiben sind, sondern auch in Wirklichkeit auftreten, da es perfekte Linsen nicht gibt. Die Abbildung ist nur im Paraxialbereich genau, d. h., die Linse ist nur in unmittelbarer Umgebung der Achse annähernd fehlerfrei.

Natürlich treten an den verschiedenen Grenzflächen Reflexionen auf, was in dem Bild jedoch nicht dargestellt wurde.

darstellen. A ist die konstante Amplitude der Welle, k der Wellenvektor und ω die Frequenz der Welle. Es ist nun unsere Aufgabe, Vermutungen über die Beziehungen zwischen den Parametern k und ω (die die Welle charakterisieren) und den Variablen p, W und m (die das Teilchen charakterisieren) anzustellen.

Die durch die Wellenfunktion $\psi(x, t)$ beschriebene Welle ist eine ebene Welle: Die Ebenen gleicher Phase sind durch $(x \cdot k - \omega t) = \text{const}$ bestimmt. Diese Ebenen — und daher die Welle — bewegen sich mit der *Phasengeschwindigkeit*

$$v_\varphi = \frac{\omega k}{k^2}. \tag{5.2}$$

Wir könnten zuerst versuchen, die Phasengeschwindigkeit v_φ mit der Geschwindigkeit des Teilchens $v = pc^2/W$ gleichzusetzen, doch zeigen einige Überlegungen, daß die *Gruppengeschwindigkeit* der Teilchengeschwindigkeit gleichzusetzen ist. Die Gruppengeschwindigkeit ist die Geschwindigkeit, mit der ein Signal oder ein Energiebetrag im Raum übertragen werden kann, und wir können unser Teilchen sehr gut als ein „Energiepaket" ansehen.

5. In Band 3 dieser Reihe[1] wurde eine Gleichung für die Gruppengeschwindigkeit v_g eines Wellenpakets abgeleitet:

$$v_g = \frac{d\omega}{dk} \quad \text{bzw.} \quad \frac{1}{v_g} = \frac{dk}{d\omega} \quad \text{bzw.} \quad v_g = \frac{d\omega}{dv_g}\frac{dv_g}{dk}. \tag{5.3}$$

Wir haben gerade festgestellt, daß die Gruppengeschwindigkeit v_g gleich der Geschwindigkeit v des Teilchens sein muß. Um nun weiterzukommen, müssen wir noch eine Annahme über die Beziehung zwischen ω und p und W aufstellen. Nehmen wir an, daß die für Photonen geltende Beziehung $W = \hbar\omega$ auch für Materieteilchen gilt, dann ergibt sich:

$$\hbar\omega = W = \frac{mc^2}{\sqrt{1-(v/c)^2}}. \tag{5.4}$$

Wenn wir dies in Gl. (5.3) einsetzen und umformen, erhalten wir:

$$\frac{dk}{dv} = \frac{1}{v}\frac{d\omega}{dv} = \left(\frac{m}{\hbar}\right)\left(1-\frac{v^2}{c^2}\right)^{-3/2}. \tag{5.5}$$

Eine Integration dieser Gleichung liefert unter der Annahme $k = 0$ wenn $v = 0$ die Beziehung

$$\hbar k = \frac{mv}{\sqrt{1-(v/c)^2}} = p \tag{5.6}$$

oder in vektorieller Schreibweise

$$\hbar \mathbf{k} = \mathbf{p}. \tag{5.7}$$

Dies ist die von *de Broglie* (Bild 5.3) aufgestellte Beziehung.

6. Um zu der Beziehung $\hbar k = p$ zu gelangen, mußten wir die nicht besonders gut fundierte Annahme machen, die im linken Teil der Gl. (5.4) erscheint. Wir fragen uns,

---

[1] Berkeley Physik Kurs, Band 3, *Schwingungen und Wellen*, Kapitel 6.

5.1 De Broglie-Wellen

Bild 5.3 *Louis Victor de Broglie*. Geboren 1892 in Dieppe, Frankreich. *De Broglie* studierte anfangs Geschichte, sattelte dann aber auf Physik um. Sein Doktorat erhielt er 1924 von der Universität Paris. In der Folge arbeitete er an der Sorbonne, am Institut Henri Poincaré und an der Universität Paris. 1929 erhielt er den Nobelpreis.

De Broglies Dissertation hatte den Titel "Recherches sur la Théorie des Quanta" (Untersuchungen über die Quantentheorie); es war darin bereits das Wesentliche von *de Broglies* Ideen über Materiewellen enthalten.

(*Bild von Physics Today zur Verfügung gestellt.*)

ob es nicht möglich sein müßte, mit Hilfe des relativistischen Invarianzprinzips und einer besser fundierten Annahme zum gleichen Ergebnis zu gelangen. Wir wollen diese Möglichkeit untersuchen und uns gleichzeitig überzeugen, daß die Gln. (5.4) und (5.5) mit der speziellen Relativitätstheorie konsistent sind.

Vor allem müssen wir herausfinden, wie sich k und ω bei einer Lorentz-Transformation verhalten. Die Welle wird in einem *ersten* Bezugssystem durch die Wellenfunktion $\psi(x, t)$ nach Gl. (5.1) beschrieben. Die gleiche Welle wird in einem *zweiten* Bezugssystem (sämtliche Parameter mit Strich gekennzeichnet), das sich mit einer Geschwindigkeit v relativ zum ersten Bezugssystem bewegt, durch die Wellenfunktion

$$\psi'(x', t') = A' \exp(i x' \cdot k' - i \omega' t'), \qquad (5.8)$$

wobei A' die konstante Amplitude der Welle im zweiten Bezugssystem und, was zu untersuchen wäre, vielleicht gleich A ist.

Wir wollen annehmen, daß das zweite (durch Strich gekennzeichnete) Bezugssystem das *Ruhsystem* des Teilchens ist. Für dieses System gilt somit $k' = 0$, $p' = 0$, und $W' = mc^2$. Nehmen wir weiter an, daß die Beziehung (5.4) im Ruhsystem (vielleicht aber nur in diesem) gilt: Mit diesen Annahmen erhalten wir $\omega' = mc^2/\hbar$.

7. Die *Phase* der Welle ist in einem beliebigen Bezugssystem durch den Ausdruck $(x \cdot k - \omega t)$ gegeben, den wir als *invariant* ansehen: Wenn die Phase im zweiten Bezugssystem im Punkt x' zur Zeit t' einen bestimmten Wert hat, dann muß sich für den entsprechenden Punkt x und die Zeit t im ersten Bezugssystem der gleiche Wert für die Phase ergeben. Die Rechtfertigung dieser Annahme liegt in der Periodizität der Welle. Wenn sich die Phasen zweier Ereignisse in einem Raum-Zeit-Diagramm in dem *einen* Bezugssystem um ein ganzzahliges Vielfaches von 2π unterscheiden, dann müssen sich die Phasen der gleichen Welle in *jedem anderen* Bezugssystem um das gleiche Vielfache unterscheiden. Daraus folgt, daß die Phasen im ersten und im zweiten Bezugssystem höchstens um eine Konstante differieren können. Da diese Konstante in das Verhältnis A/A' einbezogen werden kann, ist die Phase wie vermutet *invariant*. Unter dieser Annahme und der Wahl des zweiten Bezugssystems als Ruhsystem des Teilchens erhalten wir

$$x \cdot k - \omega t = -\omega' t' = -\left(\frac{mc^2}{\hbar}\right) t'. \qquad (5.9)$$

Die Größe t' kann durch x und t ausgedrückt werden. Die Geschwindigkeit $-v$, mit der sich das erste Bezugssystem relativ zum zweiten bewegt, wird, wie auch die Beziehung zwischen allen diesen Größen, durch die in Band 1 dieser Reihe[1] besprochene Gleichung für eine Lorentz-Transformation geliefert:

$$t' = \frac{t - (x \cdot v)/c^2}{\sqrt{1 - (v/c)^2}}. \qquad (5.10)$$

Setzen wir diesen Ausdruck in Gl. (5.9) ein, dann ergibt sich

$$x \cdot k - \omega t = \frac{(mc^2/\hbar)[(x \cdot v)/c^2 - t]}{\sqrt{1 - (v/c)^2}} \qquad (5.11)$$

Da diese Beziehung für *alle* x und für *alle* t gelten muß, folgt

$$\omega = \frac{mc^2/\hbar}{\sqrt{1 - (v/c)^2}} \qquad (5.12)$$

und

$$k = \frac{mv/\hbar}{\sqrt{1 - (v/c)^2}}. \qquad (5.13)$$

---

[1] Berkeley Physik Kurs, Band 1, *Mechanik*, Kapitel 11.

Nun ist aber die Geschwindigkeit des Teilchens im ersten Bezugssystem einfach v, da ja das zweite Bezugssystem sein Ruhsystem sein soll. Für Energie W und Impuls p des Teilchens im ersten Bezugssystem erhalten wir daher

$$W = \frac{mc^2}{\sqrt{1-(v/c)^2}}; \quad p = \frac{mv}{\sqrt{1-(v/c)^2}}. \tag{5.14}$$

Zusammenfassen der Gln. (5.12) bis (5.14) führt zu

$$W = \hbar\omega, \quad p = \hbar k. \tag{5.15}$$

Damit haben wir erneut das Ergebnis (5.7) erhalten. Wir sehen also, daß die in Abschnitt 5 ad hoc eingeführte Beziehung (5.4) tatsächlich allgemein gültig sein muß, da sie für das Ruhsystem gilt. Diese Überlegungen zeigen weiterhin, daß die beiden Beziehungen (5.15) in der Tat mit der speziellen Relativitätstheorie konsistent sind, da wir sie aufgrund der relativistischen Invarianz abgeleitet haben.

8. Indem wir *de Broglies* Beispiel folgten, gelangten wir zu der Hypothese, daß jedem bewegten Teilchen eine Welle zugeordnet ist, daß diese Welle durch den Wellenvektor k charakterisiert ist und daß k mit dem Impuls des Teilchens durch $p = \hbar k$ in Beziehung steht. Die Wellenlänge der Materiewelle müßte demnach durch

$$\lambda = \frac{h}{p} = \frac{2\pi}{k} \tag{5.16}$$

gegeben sein; diese Beziehung ist als de Broglie-Gleichung bekannt, und die Wellenlänge λ ist die *de Broglie-Wellenlänge* des Teilchens. Wir weisen darauf hin, daß diese Beziehungen nicht nur für Materieteilchen, sondern auch für *Photonen* gelten.

Wenn wir nun wissen wollen, wie die de Broglie-Wellenlänge von den Parametern eines bewegten Teilchens abhängt, dann brauchen wir nur die Gl. (5.16) in verschiedenen Formen zu schreiben. Die Form

$$\lambda = \frac{h}{mc} \frac{\sqrt{1-(v/c)^2}}{v/c} \tag{5.17}$$

zeigt, daß λ abnimmt, wenn die Geschwindigkeit v zunimmt. Bei konstanter Geschwindigkeit v ist die Wellenlänge λ umgekehrt proportional zur Masse m.

9. Ist W wie bisher die *Gesamt*energie des Teilchens, dann können wir

$$\lambda = \frac{hc}{\sqrt{W^2 - m^2c^4}} = \frac{hc/W}{\sqrt{1-m^2c^2/W^2}} \tag{5.18}$$

ansetzen, woraus zu ersehen ist, daß bei konstantem m die Wellenlänge λ abnimmt, wenn W zunimmt. Ist die Gesamtenergie W konstant, nimmt die Wellenlänge λ mit der Masse m zu. Ein masseloses Teilchen hat bei einer bestimmten Energie die kleinste de Broglie-Wellenlänge.

$$\lambda = \frac{hc}{W}. \tag{5.19}$$

Da dieser Ausdruck aus Gl. (5.18) folgt, indem wir $(mc^2)/W = 0$ setzen, gilt diese Beziehung angenähert auch im extrem relativistischen Grenzfall, bei dem die Geschwindigkeit v nahezu gleich c bzw. wenn die Gesamtenergie verglichen mit der Ruhenergie sehr groß ist.

Es sei W_k die *kinetische* Energie des Teilchens; dann gilt

$$W = W_k + mc^2. \tag{5.20}$$

Wir setzen diesen Ausdruck für W in Gl. (5.18) ein und erhalten

$$\lambda = \frac{hc}{\sqrt{W_k(W_k + 2mc^2)}} = \frac{h}{\sqrt{2mW_k}} \frac{1}{\sqrt{1 + W_k/2mc^2}}. \tag{5.21}$$

Für eine bestimmte Ruhmasse m des Teilchens nimmt die Wellenlänge λ ab, wenn die kinetische Energie W_k zunimmt. Für eine konstante kinetische Energie W_k nimmt die Wellenlänge ab, wenn m zunimmt.

Im Grenzfall einer verglichen mit c sehr kleinen Geschwindigkeit des Teilchens wird der Wert des Bruchs W_k/mc^2 ebenfalls sehr klein. Setzen wir also diesen Bruch in Gl. (5.21) gleich null, so erhalten wir einen nichtrelativistischen Näherungsausdruck für die Wellenlänge λ:

$$\lambda \approx \frac{h}{\sqrt{2mW_k}} \approx \frac{h}{mv}. \tag{5.22}$$

Diesen Näherungsausdruck hätten wir natürlich auch direkt aus Gl. (5.16) ableiten können.

10. Wir werden nun untersuchen, ob *de Broglies* Hypothese über Materiewellen durch Versuche bestätigt wird. Vorerst sollten wir uns überzeugen, daß die Vorstellung von Materiewellen an sich nicht den allgemeinen Erkenntnissen der makroskopischen Physik zuwiderläuft.

Wir betrachten ein Teilchen, das vom makroskopischen Standpunkt her gesehen klein ist: Die Masse m des Teilchens ist beispielsweise 10^{-8} kg bzw. 10 µg. Das Teilchen hat eine Geschwindigkeit v von 1 cm/s. Mit der nichtrelativistischen Näherung (5.22) für die de Broglie-Wellenlänge erhalten wir in unserem Fall dann $\lambda = 6{,}6 \cdot 10^{-24}$ m, was eine unvorstellbar kleine Wellenlänge ist. Die Kleinheit dieser Wellenlänge würde erklären, warum Materiewellen, wenn sie existieren, in der makroskopischen Physik keine bedeutendere Rolle spielen: Die Wellenlängen sind einfach zu kurz, um festgestellt werden zu können. Wir können zur Erläuterung wieder auf die optische Analogie zurückgreifen. Die Methode der Strahlenoptik ist um so genauer, je kleiner die Wellenlänge relativ zu den wichtigen Dimensionen des optischen Gerätes ist. Wollen wir die Wellen-

5.1 De Broglie-Wellen

eigenschaften des Lichts mit einem optischen Versuch aufzeigen, dann müssen gewisse geometrische Parameter des dabei verwendeten Instruments mit der Wellenlänge des Lichts vergleichbar sein: Nur dann wird man Abweichungen von der Strahlenoptik in Form von Interferenz- und Beugungseffekten feststellen können. Um die Existenz von Materiewellen nachweisen zu können, müssen wir für eine analoge Versuchsanordnung sorgen, so daß wieder die Wellenlänge mit einem geometrischen Parameter des betreffenden Instruments vergleichbar ist. In der Hauptsache werden wir ein Beugungsgitter suchen müssen, mit dem Beugungseffekte der Materiewellen nachgewiesen werden können.

11. Gl. (5.17) besagt, daß wir, um eine möglichst große Wellenlänge zu erhalten, den Versuch mit Teilchen möglichst geringer Masse – also Elektronen – durchführen müssen und daß deren Geschwindigkeit möglichst niedrig bleiben sollte. Da wir also einen Fall mit möglichst geringer Geschwindigkeit betrachten, können wir den nichtrelativistischen Näherungsausdruck (5.22) für die de Broglie-Wellenlänge verwenden. Wenn wir diesen Ausdruck auf Elektronen anwenden, deren Masse gleich $m = m_e$ und deren *kinetische* Energie W_k ist, dann ergibt sich

$$\lambda = \frac{h}{\sqrt{2 m_e W_k}} = \sqrt{\frac{150{,}4 \text{ eV}}{W_k}} \, 10^{-10} \text{ m}. \quad (5.23)$$

Die Wellenlänge ist also gleich 10^{-10} m, wenn die kinetische Energie des Elektrons 150,4 eV beträgt. Diese Wellenlänge ist von der gleichen Größenordnung wie die Gitterkonstante von Kristallen; wir können also genau wie für Röntgenstrahlen ein Kristallgitter als Beugungsgitter verwenden.

Versuche in dieser Richtung wurden erstmals 1927 von *C. J. Davisson* zusammen mit *L. H. Germer* sowie – von ihnen unabhängig – von *G. P. Thomson* durchgeführt[1]. Bei dem Versuch von *Davisson* und *Germer* wurde die *Reflexion* von Elektronen durch eine Kristallfläche betrachtet, während in Thomsons Versuch *die Transmission* untersucht wurde, also wie Elektronen durch eine dünne kristalline Schicht dringen.

12. Mit dem Versuch von *Davisson* und *Germer* werden wir uns etwas näher befassen. Die Versuchsanordnung ist in Bild 5.4 schematisch dargestellt.

---
[1] *C. J. Davisson* und *L. H. Germer*, "Diffraction of electrons by a crystal of nickel" (Beugung von Elektronen durch einen Nickel-Kristall), *Physical Review* **30**, 705 (1927).
G. P. Thomson, "Experiments on the diffraction of cathode rays" (Experimente über die Beugung von Kathodenstrahlen), *Proceedings of the Royal Society (London)* **117A**, 600 (1928), und "The diffraction of cathode rays by thin films of platinum" (Die Beugung von Kathodenstrahlen durch eine dünne Platinschicht), *Nature* **120**, 802 (1927).

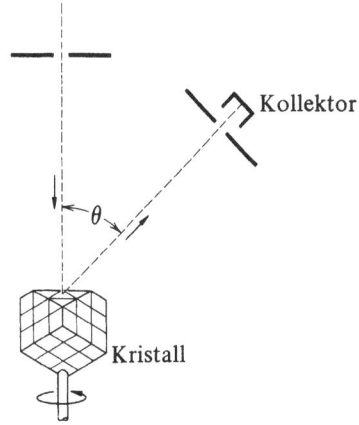

Bild 5.4 Schematische Darstellung der Beugung von Elektronen an einer Fläche eines einzelnen Kristalls. Die Intensität des *elastisch* gestreuten Strahls wird – bei konstanter Energie der einfallenden Elektronen – in Abhängigkeit vom Winkel θ bestimmt.

Wir werden *Davisson* selbst die Geschichte des Versuchs erzählen lassen: Die im folgenden zitierten Absätze stammen aus seinem Nobelpreis-Vortrag 1937 in Stockholm. (*Davisson* und *Thomson* erhielten 1937 für ihre Entdeckungen gemeinsam den Nobelpreis). Uns interessiert dieser Vortrag vor allem deshalb, weil darin aufgezeigt wird, daß vom experimentellen Standpunkt aus gesehen die Situation 1927 keineswegs so einfach war, wie es uns im Rückblick scheinen mag. Nach einführender Bemerkung über *de Broglies* Hypothese fährt *Davisson* fort:

„Aus der Theorie selbst ergibt sich folgerichtig, daß Elektronenstrahlen ebenso wie Lichtstrahlen Welleneigenschaften aufweisen und bei Streuung durch ein geeignetes Gitter Beugungserscheinungen zeigen müßten. Diese interessante Möglichkeit, die Theorie zu untermauern, wurde jedoch von keinem der bedeutenden Theoretiker erwähnt. Der erste, der darauf hinwies, war *Elsasser,* der 1925 feststellte, daß der Nachweis von Beugungserscheinungen bei Elektronenstrahlen die Existenz von Elektronenwellen bestätigen würde. Damit war der Entdeckung der Elektronenbeugung der Weg bereitet.

Es wäre schön, könnte ich Ihnen erzählen, daß dementsprechende Versuche in New York sofort aufgrund *Elsassers* Anregung angestellt wurden, um damit die Elektronenbeugung nachzuweisen. Noch mehr würde es mich freuen, Ihnen zu sagen, daß man an dem Tag mit der Arbeit begann, da *de Broglies* These Amerika erreichte. In Wahrheit war es eher der Zufall als die Einsichtigkeit unserer Wissenschaftler, dem der Erfolg zu verdanken ist. Es begann eigentlich 1919 mit der zufälligen Entdeckung, daß das Energiespektrum der Emission von Sekundärelektronen eine obere Grenze aufweist, nämlich die Energie der Primärelektronen, selbst dann, wenn diese durch Hunderte Volt beschleunigt wurden. Tatsächlich heißt dies, daß Elektronen durch Metalle elastisch gestreut werden.

Dies führte zu einer Untersuchung der Winkelverteilung dieser elastisch gestreuten Elektronen. Dann kam wiederum der Zufall zum Zug: Es wurde rein zufällig entdeckt, daß die Intensität der elastischen Streuung von der Orientierung der streuenden Kristalle abhängt. Darauf folgte ziemlich selbstverständlich eine Untersuchung der elastischen Streuung durch einen Einkristall vorgegebener Orientierung. Diese Phase der experimentellen Arbeiten wurde 1925 eingeleitet, ein Jahr nach der Veröffentlichung von *de Broglies* These, dem Jahr, das den ersten großen Entwicklungen in der Wellenmechanik voranging. Der New Yorker Versuch war zu Anfang keine Überprüfung der Wellentheorie. Erst im Sommer 1926, nachdem ich über die Untersuchungen in England mit *Richardson, Born, Franck* und anderen gesprochen hatte, wurde dies zum Ziel des Versuchs.

Im Herbst 1926 begann die Suche nach gebeugten Strahlen, doch erst zu Beginn des folgenden Jahres hatte man Erfolg. Erst entdeckte man eine Art und dann in rascher Folge zwanzig weitere Arten von abgebeugten Strahlen. Neunzehn davon konnten zur Überprüfung der Beziehung zwischen Wellenlänge und Impuls verwendet werden — und in jedem einzelnen Fall wurde die Richtigkeit der de Broglie-Gleichung $\lambda = h/p$ im Rahmen der Genauigkeit bewiesen, die durch die Messungen bedingt war.

Ich möchte kurz die Versuchsanordnung besprechen (Bild 5.4). Ein Strahl von Elektronen bestimmter Geschwindigkeit wurde auf eine (111)-Fläche eines Nickelkristalls gerichtet, wie schematisch aus Bild 5.4 zu ersehen ist. Ein Kollektor, der nur auf elastisch und nahezu elastisch gestreute Elektronen ansprechen sollte, konnte in einem Bogen um den Kristall herum bewegt werden. Der Kristall selbst konnte um die Achse des einfallenden Strahls gedreht und damit die Intensität der elastischen Streuung in jeder Richtung vor der Kristallfläche bestimmt werden, mit Ausnahme jener Richtungen, die innerhalb eines Winkels von 19° ... 15° zum einfallenden Strahl lagen."

13. Bei diesem Versuch wurde der Elektronenstrahl in einer Elektronenkanone erzeugt, in der die Elektronen auf die nötige Energie der Größenordnung 50 eV beschleunigt wurden. Der Kristall befand sich natürlich im Vakuum. Die Elektronen trafen senkrecht auf eine bestimmte Kristallfläche auf, die man als (111)-Fläche bezeichnet. In dieser Fläche liegt ein Gitter regelmäßig auf der Oberfläche des Kristalls angeordneter Atome. Zum besseren Verständnis des Prinzips, das diesem Versuch zugrunde liegt, wollen wir zuerst ein einfaches eindimensionales Modell, wie es schematisch in Bild 5.5 dargestellt ist,

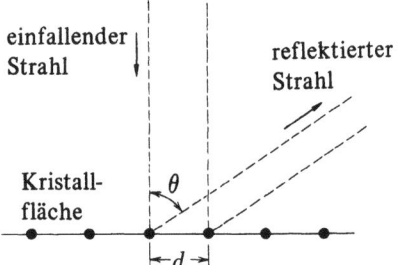

Bild 5.5 Zur Veranschaulichung der Überlegungen in Abschnitt 13. Hier ist eine lineare Anordnung von Atomen in gleichmäßigen Abständen voneinander dargestellt. Ein Punkt kann auch als eine Reihe von Atomen ausgelegt werden, die senkrecht zur Bildebene steht. Beugungsmaxima treten in den Richtungen auf, für die $d \sin \theta$ ein ganzzahliges Vielfaches der Wellenlänge ist.

betrachten. (Mit der allgemeinen Theorie werden wir uns später befassen.) Die einfallende Welle wird an jedem Atom der Reihe gebeugt. In bestimmten Richtungen (in der Bildebene) werden sich die an den Atomen gebeugten Wellen verstärken, in anderen Richtungen wieder gegenseitig aufheben. Die Bedingung für gegenseitige Verstärkung der gebeugten Wellen ist: Die Differenzen der Abstände verschiedener Atome bis zum Beobachtungspunkt (einem Schirm etwa) müssen ganzzahlige Vielfache der Wellenlänge sein. Nehmen wir an, daß der Beobachtungspunkt weit entfernt ist, dann ist aus Bild 5.5 leicht zu ersehen, daß die Bedingung für Verstärkung gleich

$$d \sin \theta = n \lambda \qquad (5.24)$$

ist; n ist eine ganze Zahl. Diese Beziehung besagt nichts anderes, als daß die Differenz der Weglängen von zwei *benachbarten* Atomen zum Beobachtungspunkt ein ganzzahliges Vielfaches der Wellenlänge sein muß. Beugungsmaxima werden daher in den Richtungen auftreten, für die der Winkel θ die Bedingung (5.24) erfüllt. Der Gitterabstand d wird als bekannt vorausgesetzt, er kann auf andere Weise, etwa durch Röntgenbeugung, bestimmt werden.

Diese einfachen theoretischen Überlegungen gelten natürlich auch für den Fall zweidimensionaler Gitter. Wir brauchen uns nur vorzustellen, daß jeder Punkt in Bild 5.5 tatsächlich eine Reihe von Atomen darstellt, die senkrecht zur Bildebene steht.

Typische Versuchsangaben lauten: $d = 2{,}15 \cdot 10^{-10}$ m, $W = 54$ eV, womit ein Beugungsmaximum bei $\theta = 50°$ festgestellt wurde. Für $n = 1$ ergab der experimentell erhaltene Winkel θ eine Wellenlänge von 0,165 nm, während die nach Gl. (5.23) berechnete Wellenlänge 0,167 nm ist, also eine zufriedenstellende Übereinstimmung. *Davisson* konnte auch noch Maxima höherer Ordnung feststellen, die $n > 1$ entsprachen, die sämtlich die theoretischen Voraussagen bestätigten.

14. *Thomsons* Methode entspricht analog der sogenannten *Debye-Scherrer-Methode* auf dem Gebiet der Röntgenstrahlbeugung. Ein in einer bestimmten Richtung einfallender monochromatischer Röntgenstrahl oder Elektronenstrahl wird durch eine Probe gestreut, die aus einer großen Anzahl willkürlich orientierter Mikrokristalle besteht. Die Theorie besagt, daß die gebeugten Wellen Kegelmäntel bilden, die um die Einfallsrichtung zentriert sind (Bild 5.6). Wird die Streustrahlung auf einer photographischen Platte festgehalten, die senkrecht zur Einfallsrichtung steht, dann ergibt sich eine Anzahl von konzentrischen Kreisen (die Grundkreise der oben erwähnten Kegel). Das Kreismuster hängt in charakteristischer Weise von der Kristallstruktur ab; wenn die Wellenlänge bekannt ist, kann man so die Geometrie des Kristallgitters vollkommen bestimmen.

5.1 De Broglie-Wellen

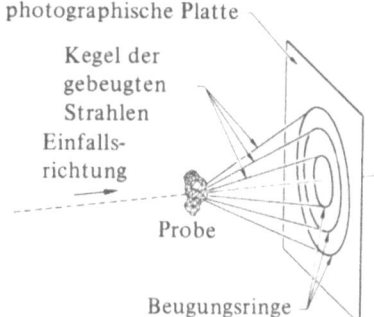

Bild 5.6 Beugung von Röntgenstrahlen oder Elektronen an einer Probe, die aus vielen kleinen willkürlich orientierten Kristallen besteht. Die gebeugten Strahlen bilden eine Anzahl von Kegelmänteln, deren Anordnung von der Kristallstruktur und von den einfallenden Wellenlängen abhängt.

Die Bilder 5.7, 5.8, 5.16 und 5.18 wurden mit dieser Methode hergestellt. Bei Elektronenbeugungsexperimenten muß sich die Probe im Vakuum des Beugungsapparates befinden, da die Elektronen durch Luft und durch ein dazwischengesetztes „Fenster" in der Röhre stark gestreut würden. Röntgenstrahlen werden viel weniger stark gestreut, die Probe kann sich daher in Luft und außerhalb der Röntgenröhre befinden.

Die Bilder 5.7 und 5.8 sind Photographien, die nach dieser Methode hergestellt wurden: das erste mit Hilfe von Elektronen, das zweite mittels Röntgenstrahlen. In beiden Fällen bestanden die Proben aus einer Ansammlung von Mikrokristallen aus Weißzinn. Die Ähnlichkeit der beiden Kreismuster ist offensichtlich. Auch wenn wir im Detail nichts über die Beugung von Wellen an Gittern wissen, zeigt doch ein Blick auf diese beiden Bilder, daß Röntgenstrahlung und Elektronen in gleicher Weise gebeugt werden.

15. Die Versuche von *Davisson* und *Germer* und die in enger Beziehung dazu stehenden Versuche von *Thomson* haben somit ohne Zweifel die Existenz von Materiestrahlen erwiesen. Sie haben auch gezeigt, daß die Wellenlänge der Materiestrahlen (zumindest im Fall von Elektronen) durch die de Broglie-Gleichungen gegeben ist. Im Jahre 1929 konnten *Estermann* und *Stern*[1]) nachweisen, daß auch Heliumatome und Wasserstoffmoleküle nach den Voraussagen der Theorie *de Broglies* gebeugt werden. Diese Versuche sprechen eindeutig für die Universalität der Materiewellen, da in diesem Falle Teilchen verwendet wurden, die sich vom Elektron stark unterscheiden. Abgesehen vom Massenunterschied unterscheiden sich das Heliumatom und das Wasserstoffmolekül noch darin vom Elektron, daß sie eindeutig zusammengesetzte Teilchen sind, während das Elektron – vermutlich – ein Elementar-

---
[1]) *I. Estermann* und *O. Stern*, „Beugung von Molekularstrahlen", *Zeitschrift für Physik* **61**, 95 (1930).

Bild 5.7 Photographie der Elektronenbeugung durch Weißzinn, hergestellt nach der in Bild 5.6 schematisch dargestellten Methode. Sehr kleine Zinnkristalle (Größe etwa 30 nm) werden auf eine dünne Schicht Siliciummonoxid aufgebracht. Diese Schicht dient als Probe. Das zur Beugung der Elektronen verwendete Gerät ist in diesem Fall ein Elektronenmikroskop. Die Probe wurde mit Elektronen mit einer Energie von 100 keV „beleuchtet". (Diese Elektronenenergie entspricht einer Wellenlänge von etwa 4 pm.) Die hier sichtbaren Beugungsringe entstehen als Schnittlinien der Kegelmäntel in Bild 5.6 auf der photographischen Platte.

Ziel dieses Beugungsexperiments war es, die Kristallstruktur der bei einem Verdampfungsprozeß gebildeten sehr kleinen Zinnkristalle zu untersuchen. (*Bild von Dr. W. Hines und Professor W. Knight, Berkeley, zur Verfügung gestellt.*)

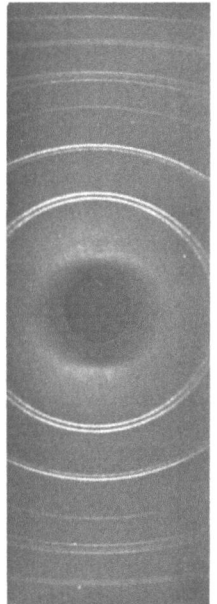

Bild 5.8
Photographie der Beugungsmuster bei der Beugung von Röntgenstrahlen durch Weißzinn nach der in Bild 5.6 dargestellten Methode. Hier wurde keine ebene photographische Platte verwendet, sondern ein Filmstreifen, der während der Belichtung wie ein Kreisbogen gekrümmt war. Das Prinzip des Experiments wird dadurch jedoch nicht berührt. Die Probe bestand aus einer geringen Menge fein pulverisierten Zinns; die mittlere Kristallgröße betrug etwa 1 μm, die verwendete Wellenlänge etwa 0,15 nm.

Dieses Bild sollte sorgfältig mit Bild 5.7 verglichen werden. Die Ähnlichkeit fällt sofort auf: Es kann gar keinen Zweifel geben, daß Elektronen und Röntgenstrahlen durch die Zinnkristalle in gleicher Weise gebeugt werden. (*Bild von George Gordon, Berkeley, zur Verfügung gestellt.*)

teilchen ist. Diese Versuche zeigten also, daß das Atom als ganzes und das Molekül als ganzes Wellencharakter haben. Vielleicht sind wir nun soweit, daß wir uns überzeugen lassen, daß unter geeigneten Versuchsbedingungen auch ein Konzertflügel sich wie eine Welle verhält.

Später wurde nachgewiesen, daß auch sehr langsame Neutronen an Kristallgittern gebeugt werden; daraus entwickelten sich in der Folge Methoden, die heute ganz routinemäßig zur Untersuchung von Kristallstrukturen und Molekülen als Ergänzung zu den Röntgen- und Elektronenbeugungsmethoden verwendet werden[1]).

5.2 Theorie der Beugung an periodischen Strukturen[2])

16. Wir wollen die Beugung an ein-, zwei- und dreidimensionalen Gittern etwas genauer untersuchen. Ein Gitter ist ein Gebilde mit periodischer Struktur, das wir uns aus lauter gleichen *Elementar*zellen zusammengesetzt denken können. Die Bilder 5.9 bis 5.11 zeigen, was damit gemeint ist. Bei einem eindimensionalen Gitter ist die Elementarzelle einfach eine lineare Strecke, bei einem zweidimensionalen Gitter ein Parallelogramm, bei einem dreidimensionalen Gitter ein Parallelepiped. Wir wollen der Einfachheit halber annehmen, daß an jeder Ecke einer Elementarzelle ein Atom (einer bestimmten Art) sitzt. Die Lage aller Atome im Gitter ist dann für ein lineares Gitter durch

$$x = n_1 e_1, \tag{5.25}$$

für ein Flächengitter durch

$$x = n_1 e_1 + n_2 e_2 \tag{5.26}$$

und für ein dreidimensionales Gitter bzw. Raumgitter durch

$$x = n_1 e_1 + n_2 e_2 + n_3 e_3 \tag{5.27}$$

bestimmt. Die Zahlen n_1, n_2 und n_3 müssen *ganze* Zahlen sein. Die Vektoren e_1, e_2 und e_3 definieren die Elementarzellen (vgl. Bilder 5.9 bis 5.11).

Wir gehen im folgenden von der Annahme aus, daß das Kristallgitter eine endliche, aber sehr große Anzahl von Atomen enthält. Zur Vermeidung von Mißverständnissen muß auch betont werden, daß wir ein-, zwei- und dreidimensionale Gitteranordnungen im *drei*dimensionalen

---

[1]) D. P. *Mitchell* und P. N. *Powers*, "Bragg reflection of slow neutrons" (Bragg-Reflexion langsamer Neutronen), *Physical Review* **50**. 486 (1936). Siehe auch E. O. *Wollan* und C. G. *Shull*, "Neutron diffraction and associated studies" (Neutronenbeugung und einschlägige Untersuchungen), *Nucleonics* **3**, 8 (1948).

[2]) Die Abschnitte **16** bis **22** können beim erstmaligen Studium des Buchs übersprungen werden, doch sollten Sie sich jedenfalls die Photographien in Abschnitt **22** ansehen.

Bild 5.9 Lineare regelmäßige Anordnung von Atomen.

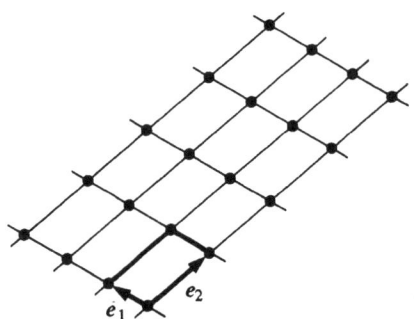

Bild 5.10 Zweidimensionales Gitter. Die Elementarzelle wird durch die beiden Vektoren e_1 und e_2 bestimmt. Die Kanten dieser Elementarzelle sind hier stärker ausgezogen. Das ganze Gitter setzt sich aus solchen identischen Elementarzellen zusammen.

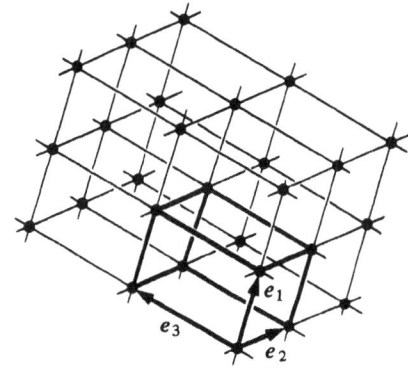

Bild 5.11 Dreidimensionales Gitter. Die Kanten einer Einheitszelle sind wiederum stärker ausgezogen. Der Ortsvektor eines beliebigen Gitterpunktes ist durch eine lineare Kombination ganzzahliger Koeffizienten mit den Vektoren e_1, e_2 und e_3 bestimmt. (Die Vektoren müssen nicht senkrecht aufeinander stehen.)

Raum untersuchen, nicht z. B. ein zweidimensionales Gitter in einer zweidimensionalen Welt.

17. Untersuchen wir die in Bild 5.12 schematisch dargestellte Situation. Von einer Quelle im Punkt x_i wird eine Welle emittiert. Diese wird an einer Reihe identischer Atome gebeugt. Die gebeugte bzw. *gestreute* Welle wird im Punkt x_0 beobachtet. Wir nehmen an, daß der Mittelpunkt der Anordnung (in dem ein Atom liegt) mit dem Koordinatenursprung zusammenfällt und daß die Strecken $x_i = |x_i|$ und $x_0 = |x_0|$ verglichen mit den linearen Dimensionen der Anordnung sehr groß sind. Betrachten wir zuerst den Fall einer eindimensionalen Anordnung der Atome. (Für eine zweidimensionale oder eine dreidimensionale Anordnung gelten ähnliche Überlegungen.)

5.2 Theorie der Beugung an periodischen Strukturen

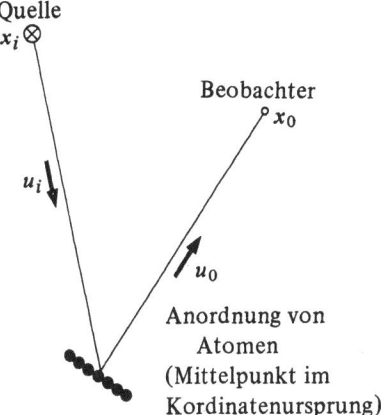

Bild 5.12 Beugung an einer linearen Atomanordnung (zur Erläuterung von Abschnitt 17). Im Text wird angenommen, daß der Abstand von dieser Anordnung zur Quelle und von dieser Anordnung zum Beobachter verglichen mit der Größe der Anordnung groß sei. Die Anordnung selbst besteht aus einer endlichen, aber sehr großen Anzahl von Atomen.
Der Einheitsvektor u_i liegt in Einfallsrichtung, der Einheitsvektor u_0 in Richtung des gestreuten Strahls.

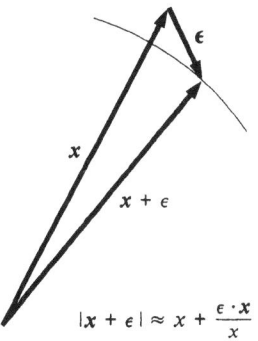

Bild 5.13
Zur Veranschaulichung einer wichtigen Näherung, der man sich bei physikalischen Überlegungen oft bedient. Wenn die Länge des Vektors ϵ verglichen mit der des Vektors x sehr klein ist, dann ist letzterer fast parallel zum Vektor $x + \epsilon$. Die Länge dieses Vektors ist dann angenähert gleich der Länge von x plus der Projektion von ϵ auf die Richtung von x.

Die Weglänge von der Quelle zum Ursprung und von dort zum Beobachter ist durch $s_0 = x_i + x_0$ gegeben. Es sei $s(n_1)$ die Länge des Weges von der Quelle zu dem Atom, dessen Lage nach Gl. (5.25) durch die ganze Zahl n_1 bestimmt ist, und vom Atom zum Beobachter. Es gilt dann

$$s(n_1) = |x_i - n_1 e_1| + |x_0 - n_1 e_1|. \qquad (5.28)$$

Zwischen den Wellen, die von den verschiedenen Atomen zum Beobachter gelangen, tritt Interferenz ein; die resultierende Wellenamplitude ist gleich der Summe der Amplituden von jedem einzelnen Atom. Damit ein Beugungsmaximum entstehen kann, müssen die ankommenden Wellen in Phase sein, sonst löschen sich die von den verschiedenen Atomen kommenden Wellen gegenseitig aus. Die Bedingung dafür lautet: Für jedes Atom, also für jede ganze Zahl n_1, muß die Weglängendifferenz $s(n_1) - s_0$ gleich einem ganzzahligen Vielfachen der Wellenlänge λ sein.

Da wir von der Voraussetzung ausgegangen sind, daß die Dimensionen der Anordnung verglichen mit den Entfernungen zur Quelle und zum Beobachter sehr klein sind, wird der Vektor $n_1 e_1$ verglichen mit den Vektoren x_i und x_0 ebenfalls sehr klein sein. Wir können daher für die beiden Strecken auf der rechten Seite von Gl. (5.28) einen Näherungsausdruck einführen:

$$|x_i - n_1 e_1| \approx x_i - n_1 \frac{x_i \cdot e_1}{x_i}, \qquad (5.29)$$

$$|x_0 - n_1 e_1| \approx x_0 - n_1 \frac{x_0 \cdot e_1}{x_0}. \qquad (5.30)$$

Die geometrische Bedeutung dieser Näherung ist aus Bild 5.13 leicht zu ersehen.

Für die Weglängendifferenz erhalten wir dann

$$s(n_1) - s_0 \approx -n_1 e_1 \cdot \frac{x_i}{x_i} + \frac{x_0}{x_0}. \qquad (5.31)$$

18. u_i ist der Einheitsvektor in Richtung des einfallenden Strahls, u_0 der Einheitsvektor in Richtung des gebeugten Strahls. Dann gilt:

$$u_i = -\frac{x_i}{x_i}, \quad u_0 = \frac{x_0}{x_0}. \qquad (5.32)$$

Lassen wir nun x_i und x_0 in Gl. (5.31) gegen unendlich gehen, erhalten wir:

$$s(n_1) - s_0 = n_1 e_1 \cdot (u_i - u_0). \qquad (5.33)$$

Die Bedingung für ein Beugungsmaximum lautet also

$$\frac{n_1 e_1 \cdot (u_i - u_0)}{\lambda} = n_1', \qquad (5.34)$$

wobei n_1' für jede ganze Zahl n_1 ebenfalls eine ganze Zahl sein muß. Dies ist offensichtlich nur dann der Fall, wenn

$$\frac{e_1 \cdot (u_i - u_0)}{\lambda} = m_1 \qquad (5.35)$$

gilt, wobei m_1 eine ganze Zahl ist. Zu diesem Ergebnis hätten wir auch unmittelbar gelangen können: Die von einem beliebigen Paar von Atomen kommenden Wellen sind nur dann phasengleich, wenn die Wellen von zwei *benachbarten* Atomen phasengleich sind, und genau das wird durch Gl. (5.35) ausgedrückt.

Mit der de Broglie-Gleichung können wir Gl. (5.35) in eine physikalisch sinnvolle Form bringen. p_i ist der Impuls des einfallenden, p_0 der Impuls des gestreuten Strahls:

$$\frac{u_i}{\lambda} = \frac{p_i}{h}, \quad \frac{u_0}{\lambda} = \frac{p_0}{h}. \qquad (5.36)$$

Die Gl. (5.35) kann dann in der Form

$$e_1 \cdot (p_i - p_0) = e_1 \cdot q = m_1 h \qquad (5.37)$$

geschrieben werden, wobei $q = p_i - p_0$ der auf die Atomanordnung übertragene Impuls ist. Für eine eindimensionale Anordnung lautet die Bedingung für ein Beugungsmaximum also dahingehend, daß das skalare Produkt des übertragenen Impulses q und des Vektors e_1 ein ganzzahliges Vielfaches von h sein muß: Der Impulstransport in Richtung der Atomanordnung ist „quantisiert"!

19. In unseren Überlegungen wurde stillschweigend vorausgesetzt, daß der Streuprozeß *elastisch* ist: Die Energie (bzw. die Frequenz) des gestreuten Teilchens ist also gleich der Energie bzw. Frequenz des einfallenden. Daraus folgt eine weitere Bedingung: Der Betrag des Impulses des einfallenden Teilchens ist gleich dem Betrag des Impulses des gestreuten Teilchens. Die Lage der einzelnen Beugungsmaxima ist somit durch die beiden Bedingungen

$$e_1 \cdot (p_i - p_0) = e_1 \cdot q = m_1 h \tag{5.38}$$

und

$$|p_i| = |p_0| \tag{5.39}$$

bestimmt, wobei m_1 irgendeine ganze Zahl ist.

Für eine *unendliche* Reihe von Atomen muß der Impuls des gestreuten Teilchens die Bedingungen (5.38) und (5.39) exakt erfüllen; im Falle einer *endlich* bemessenen Anordnung können wir auch außerhalb der Richtungen Streustrahlung feststellen, die durch die obigen Bedingungen definiert sind. Die Deutlichkeit der Beugungsmaxima (als Funktionen des Winkels) hängt von der Anzahl der Atome in der Anordnung ab. Wir nehmen an, daß diese Anzahl groß ist; die gestreuten Teilchen haben dann scharf definierte Richtungen, die durch die Gln. (5.38) und (5.39) definiert sind. Sie definieren ein Kollektiv von Kegelmänteln, und zwar für jede ganze Zahl m_1 einen Kegelmantel. Diese ganzen Zahlen unterliegen natürlich der Nebenbedingung

$$|m_1| \leq 2|e_1||p_i|/h, \tag{5.40}$$

da der übertragene Impuls niemals größer als das Doppelte des Impulses des einfallenden Teilchens sein kann.

20. Die entsprechenden Bedingungen für eine zweidimensionale Anordnung sind für Beugungsmaxima leicht abzuleiten. Bedingung (5.38) muß in jeder Gitterrichtung gelten, das heißt für jede Gerade, auf der mehr als ein Atom liegt. Insbesondere muß sie für die Kanten der Elementarzelle Gültigkeit haben. Wir erhalten somit die Bedingungen

$$e_1 \cdot (p_i - p_0) = m_1 h; \quad e_2 \cdot (p_i - p_0) = m_2 h. \tag{5.41}$$

$$|p_i| = |p_0|, \tag{5.42}$$

wobei m_1 und m_2 beliebige ganze Zahlen sind. Wiederum stellen wir fest, daß der Impuls in der Gitterebene in quantisierter Form übertragen wird. Um dies noch zu

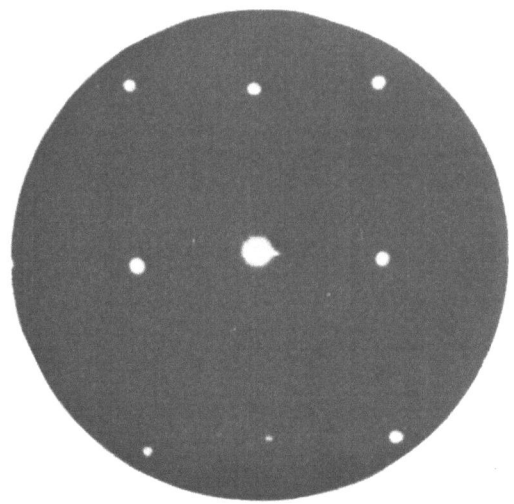

Bild 5.14 Beugungsmuster, das entsteht, wenn Elektronen an der Fläche eines Nickelkristalls rückwärts gestreut werden. Die Elektronen fielen senkrecht auf die Kristallfläche ein, ihre Energie war 76 eV. Dies ist ein typisches Beispiel, auf das die Theorie der Beugung an zweidimensionalen Gittern anzuwenden ist. *(Das Elektronenbeugungsbild wurde von Dr. A. U. MacRae, Bell Telephone Laboratories, New Jersey, zur Verfügung gestellt.)*

veranschaulichen, definieren wir die beiden Vektoren q_1 und q_2 in der (e_1, e_2)-Ebene durch die Bedingungen

$$\begin{aligned} e_1 \cdot q_1 = h, \quad e_2 \cdot q_1 = 0, \\ e_1 \cdot q_2 = 0, \quad e_2 \cdot q_2 = h. \end{aligned} \tag{5.43}$$

Diese Gleichungen haben immer eine eindeutige Lösung. Die Vektoren q_1 und q_2 haben im allgemeinen nicht die gleiche Richtung wie die Vektoren e_1 und e_2, es sei denn, das Gitter ist rechtwinklig.

Die Bedingungen (5.41) lauten dann

$$q = p_i - p_0 = m_1 q_1 + m_2 q_2 + q^*, \tag{5.44}$$

wobei m_1 und m_2 beliebige ganze Zahlen sind und der Vektor q^* ein beliebiger Vektor senkrecht zur Gitterebene ist. Die Impulsübertragung erfolgt also innerhalb der Gitterebene in quantisierter Form, nicht aber senkrecht zur Gitterebene. Der Betrag dieser senkrechten Impulskomponente ist durch Bedingung (5.42) gegeben. Dieser Ausdruck berücksichtigt, daß die Streuung elastisch ist. Wir können also für die Gln. (5.41) und (5.42) mehrere Lösungen finden, wenn der Impuls des einfallenden Teilchens nicht zu klein bzw. seine Wellenlänge nicht zu groß ist. Die gebeugten Strahlen haben in diesem Fall eine Anzahl scharf definierter, diskreter Richtungen, bilden also keine Kegelmäntel wie bei der eindimensionalen Anordnung.

Bei dem Versuch von *Davisson* und *Germer* dringen die relativ energiearmen Elektronen nicht wesentlich in den Kristall ein. Die Beugung erfolgt an den Atomen der Oberfläche, weshalb die Überlegungen für zweidimensionale Gitter gelten (vgl. auch Bilder 5.14 und 5.15).

5.3 Es gibt nur ein Plancksches Wirkungsquantum

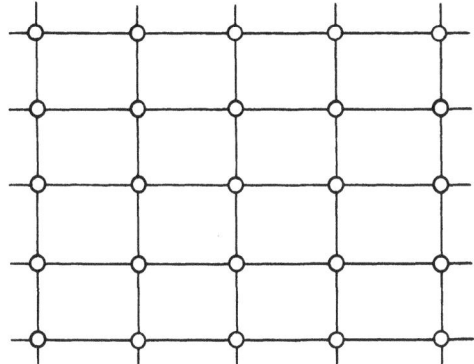

Bild 5.15 Die ebene Symmetrie der Nickelkristallfläche. Die kleinen Kreise stellen die Nickelatome der obersten Schicht dar. Das Beugungsmuster weist ebenfalls eine rechtwinklige Symmetrie auf. Eine Frage an den Leser: Sind die Bilder 5.14 und 5.15 richtig zueinander orientiert, oder hätte Bild 5.15 um 90° gedreht werden müssen?

21. Für eine dreidimensionale Anordnung gilt

$$e_1 \cdot (p_i - p_0) = m_1 h,$$
$$e_2 \cdot (p_i - p_0) = m_2 h, \qquad (5.45)$$
$$e_3 \cdot (p_i - p_0) = m_3 h,$$
$$|p_i| = |p_0|, \qquad (5.46)$$

wobei m_1, m_2 und m_3 beliebige ganze Zahlen sind. Analog zu unserer Vorgangsweise im letzten Abschnitt definieren wir hier drei Vektoren q_1, q_2 und q_3 durch folgende Bedingungen:

$$\begin{array}{lll} e_1 \cdot q_1 = h, & e_2 \cdot q_1 = 0, & e_3 \cdot q_1 = 0 \\ e_1 \cdot q_2 = 0, & e_2 \cdot q_2 = h, & e_3 \cdot q_2 = 0 \\ e_1 \cdot q_3 = 0, & e_2 \cdot q_3 = 0, & e_3 \cdot q_3 = h \end{array} \qquad (5.47)$$

Diese Gleichungen haben immer eine eindeutige Lösung. Die Bedingungen (5.45) können wir dann in der Form

$$q = p_i - p_0 = m_1 q_1 + m_2 q_2 + m_3 q_3 \qquad (5.48)$$

schreiben.

Der übertragene Impuls q ist „quantisiert", und zwar muß q eine lineare Kombination der drei Vektoren q_1, q_2 und q_3 mit ganzzahligen Koeffizienten sein, wobei die drei Vektoren durch die geometrischen Eigenschaften des Gitters bestimmt sind. Wenn wir uns Gl. (5.48) näher ansehen, dann erkennen wir, daß die möglichen Werte des übertragenen Impulses wiederum ein Raumgitter – im Impulsraum – darstellen. Dieses Gitter bezeichnet man als *reziprokes Gitter* des Kristalls.

Für einen beliebigen Impuls des einfallenden Teilchens ist es im allgemeinen nicht möglich, *beide* Gln. (5.48) und (5.46) zu erfüllen. Die Gln. (5.45) und (5.46) zusammen stellen vier Bestimmungsgleichungen für die drei Komponenten des resultierenden Impulses p_0 dar. Eine Lösung ergibt sich nur dann, wenn der Kristall zufällig richtig orientiert ist.

22. Wir wollen nun ein Beugungsexperiment besprechen, bei dem die Probe aus einer großen Anzahl willkürlich orientierter Mikrokristalle besteht. Einige Mikrokristalle werden dann immer in der Probe so orientiert sein, daß die Bedingungen (5.45) und (5.46) zumindest angenähert erfüllt sind. Für eine derartige Probe gelten somit für Beugungsmaxima zwei Bedingungen:

$$|p_i - p_0| = |m_1 q_1 + m_2 q_2 + m_3 q_3|, \qquad (5.49)$$
$$|p_i| = |p_0|, \qquad (5.50)$$

wobei m_1, m_2 und m_3 beliebige ganze Zahlen und q_1, q_2 und q_3 die im vorigen Abschnitt besprochenen Vektoren sind, die eine bestimmte Orientierung des Kristallgitters wiedergeben. Für die obigen Gleichungen gibt es auch Lösungen: Die gebeugten Strahlen bilden wiederum Kegelmäntel, die um die Einfallsrichtung zentriert sind.

Bild 5.6 zeigt schematisch die Versuchsanordnung eines auf dieser Theorie aufbauenden Beugungsexperiments. Bei Röntgenbeugungsversuchen bestehen die Proben oft aus einer geringen Menge feinen Pulvers, also aus unzähligen Mikrokristallen. So entstand auch das Bild 5.8. Die darauf sichtbaren Kreise sind die Grundkreise der durch die Bedingungen (5.49) und (5.50) definierten Kegel (d.h., sie entstehen als Schnittlinien der Kegelmäntel mit der Filmebene).

Es ist leicht einzusehen, daß bei einer zu kleinen Probe, die also nicht genügend Kristalle enthält, die gebeugten Strahlen sehr ungleichförmig an den Kegelmänteln verteilt sind. Die photographische Platte zeigt dann nicht durchgehende Kreise sondern einzelne Punkte. Die Bilder 5.16 und 5.18 zeigen diesen Effekt sehr schön. Diese Bilder, die Sie mit dem Bild 5.7 vergleichen sollen, entstanden durch Beugung von 100-keV-Elektronen an Zinnkristallen. In diesem Fall durchdringen die Elektronenwellen die kleinen Kristalle vollkommen. Als Beugungsvorrichtung wurde ein Elektronenmikroskop verwendet. Die Bilder 5.17 und 5.19 wurden mit dem gleichen Elektronenmikroskop von der Probe selbst gemacht.

5.3 Es gibt nur ein Plancksches Wirkungsquantum

23. Diese Überschrift mag manchem Leser sonderbar erscheinen. Natürlich gibt es, schon definitionsgemäß, nur ein Plancksches Wirkungsquantum. Worauf wollen wir mit dieser trivialen Feststellung hinaus?

Keineswegs trivial dabei ist jedenfalls die Tatsache, daß in der Physik nicht mehr als eine Konstante der Art des Planckschen Wirkungsquantums *nötig* ist. Betrachten wir die de Broglie-Gleichung in der Form

$$h = \lambda p, \qquad (5.51)$$

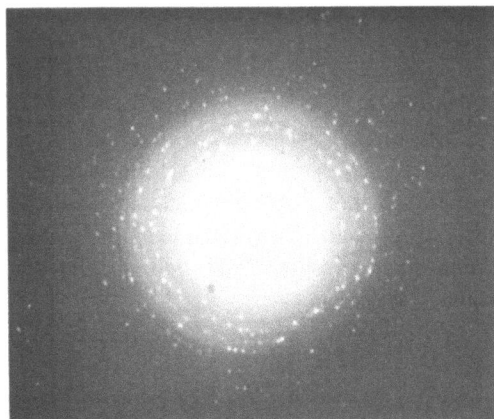

Bild 5.16 Die Photographie zeigt Beugungsringe, die durch Beugung eines Elektronenstrahls entstanden sind; das Bild wurde mit der in Bild 5.6 veranschaulichten Methode hergestellt. Die Probe bestand wie in Bild 5.7 aus kleinen Weißzinnkristallen auf einer dünnen Schicht Siliciummonoxid.

Bei der Herstellung dieses Beugungsbildes traf der Elektronenstrahl nur ein verhältnismäßig kleines Gebiet der Probe. Wie nach den theoretischen Überlegungen von Abschnitt 22 zu erwarten war, stellt man einzelne Punkte und weniger durchgehende Beugungsringe fest. *(Diese Photographie und Bild 5.17 wurden von D. W. Hines und Professor W. Knight, Berkeley, zur Verfügung gestellt.)*

Bild 5.18 Diese Photographie wurde auf die gleiche Weise erzeugt wie Bild 5.16. Die Probe besteht in diesem Falle jedoch aus kleineren Kristallen (durchschnittliche Größe etwa 20 nm), und das Beugungsmuster wird durch eine viel größere Anzahl von Kristallen hervorgerufen. Die Beugungsringe sind demnach besser entwickelt, obwohl noch einzelne Punkte wahrgenommen werden können. Die Bilder 5.16 und 5.18 sollten mit Bild 5.7 verglichen werden, in dem nicht mehr einzelne Punkte unterschieden werden können. Diese Photographie wurde mit einem Elektronenstrahl hergestellt, der eine viel größere Fläche der Probenschicht durchdrang. Demnach muß sich auch ein gutentwickeltes Ringmuster ergeben, da alle Orientierungen der Kristalle in der Probe genügend oft vorkommen.

Die Energie der Elektronen betrug im Fall der Bilder 5.7, 5.16 und 5.18 100 keV. Das entspricht einer Wellenlänge von etwa 4 pm. *(Diese Photographie und Bild 5.19 wurden von Dr. W. Hines und Professor W. Knight, Berkeley, zur Verfügung gestellt.)*

Bild 5.17 Das Bild zeigt, wie die Probe im Elektronenmikroskop aussieht (8 mm entsprechen 100 nm). Die schwarzen Flecken entsprechen dem optischen Bild der Kristalle (der Dunkelheitsgrad hängt von der Orientierung der Kristalle ab). Die hellsten Flecken entsprechen Mulden im SiO, die bei der Präparation der Probe entfernt wurden. Die durchschnittliche Größe der Kristalle beträgt etwa 60 nm.

Bild 5.19 Elektronenmikroskopische Aufnahme der für das Beugungsbild 5.18 verwendeten Probe. Die Kristalle haben nur eine Größe von etwa 20 nm.

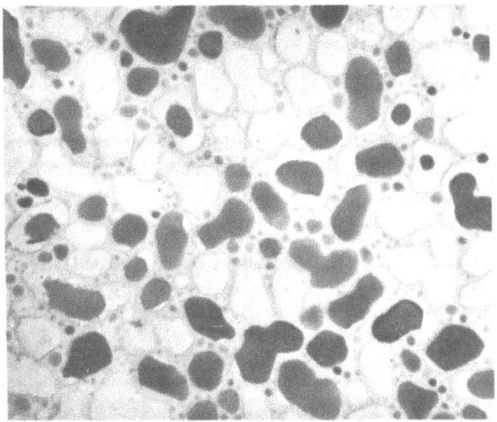

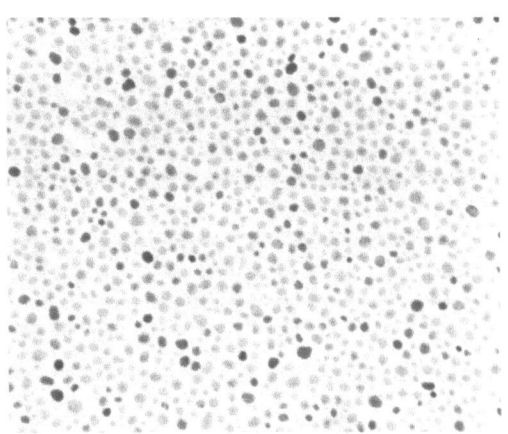

wobei p der Impuls des Teilchens und λ seine de Broglie-Wellenlänge ist. Sowohl p als auch λ können unabhängig gemessen werden. Wenn wir ein zusammengehöriges Paar von Variablen (p, λ) bestimmen, erhalten wir das Plancksche Wirkungsquantum h. Wir gelangen *empirisch* zu der bemerkenswerten Tatsache, daß sich unabhängig von der *Art* der untersuchten Teilchen für h immer der gleiche Wert ergibt. Das ist keineswegs trivial.

5.3 Es gibt nur ein Plancksches Wirkungsquantum

Aber vielleicht ist auch das nicht überzeugend genug. Wir könnten ja schließlich diese Beziehung aufgrund einfacher theoretischer Überlegungen *ableiten.* Doch sehen wir uns die Grundlagen einer solchen Ableitung an.

24. In unseren Überlegungen in den Abschnitten **3** bis **5** haben wir angenommen, daß zu jedem Materieteilchen eine Welle gehört, wobei die Gruppengeschwindigkeit der Welle gleich der Geschwindigkeit des Teilchens ist. Außerdem wurde angenommen, daß das Teilchen-Welle-Modell nicht das Prinzip der speziellen Relativitätstheorie verletzt, das besagt, daß die Beziehung zwischen Wellenvektor und Frequenz der Welle und zwischen Impuls und Energie des Teilchens in *jedem* Inertialsystem die gleiche sein muß. Aufgrund dieser Annahmen schlossen wir, daß

$$W = \hbar\omega, \quad \boldsymbol{p} = \hbar\boldsymbol{k}, \tag{5.52}$$

wobei W die Energie, $\boldsymbol{p}$ der Impuls, ω die Frequenz und $\boldsymbol{k}$ der Wellenvektor ist. $\hbar$ ist eine Konstante, die in

$$W_0 = mc^2 = \hbar\omega_0, \tag{5.53}$$

durch die Ruhenergie W_0 und die „Ruhfrequenz" ω_0 definiert ist.

Wie sind wir aber zu dem Schluß gelangt, daß die Konstante $\hbar$ tatsächlich das Plancksche Wirkungsquantum ist? Durch pure *Vermutung!* Die Beziehung $W = \hbar\omega$ gilt für Photonen, also ist man versucht, sie auch auf Materieteilchen anzuwenden. Genau das ist aber der entscheidende Punkt: Gilt die Beziehung (5.52) *wirklich* für alle Materieteilchen?

Was wir in den Abschnitten **3** bis **5** eigentlich taten, war die Ableitung einer Beziehung zwischen Energie, Impuls, Frequenz und Wellenvektor:

$$W = C\omega, \quad \boldsymbol{p} = C\boldsymbol{k}. \tag{5.54}$$

Hier ist C eine für das treffende Teilchen charakteristische Konstante, die etwa durch

$$C = \frac{W_0}{\omega_0} \tag{5.55}$$

definiert werden kann.

Es spricht jedoch nichts dafür, daß diese Konstante für *alle* Teilchen *gleich* sein muß. Würden andere Naturgesetze gelten, dann hätten wir vielleicht festgestellt, daß $C = \hbar$ für Photonen, $C = 7\hbar$ für Elektronen, $C = 17\hbar$ für Protonen gilt. Schließlich hätten wir vielleicht noch ermittelt, daß zwar den Elektronen und Protonen de Broglie-Wellen entsprechen, daß aber zu Neutronen *keine* Materiewellen gehören!

25. Wir können uns glücklich schätzen, daß das vorhandene experimentelle Beweismaterial die schreckliche Möglichkeit, daß die „Planckschen" Konstanten C für verschiedene Teilchen verschieden sind, offensichtlich ausschließt. Wir müssen deshalb darüber froh sein, weil die formschöne moderne Formulierung der Quantenmechanik praktisch nur an einem Faden hängt, nämlich sich ganz auf die Annahme stützt, daß $C = \hbar$ eine von der Art des Teilchens unabhängige *universelle Konstante* ist. Wäre dem nicht so, dann müßte die Theorie der Elementarteilchen und ihrer Wechselwirkungen ganz anders aussehen.

Es erhebt sich nun die Frage, wie gut die Hypothese experimentell untermauert ist, daß $C = \hbar$ für *jede* Art von Teilchen gilt. Direkte Versuche, nach Art der Experimente von *Davisson* und *Germer* bzw. von *Thomson,* wurden bislang nur mit wenigen Teilchensorten durchgeführt. Sie können leicht als Bestätigung für die Beziehung $h = \lambda p$ ausgelegt werden, sind aber naturgemäß von beschränkter Genauigkeit. Sie sprechen zwar für die Universalität der Beziehungen (5.52), doch eigentlich beruht unser Vertrauen in diese Beziehungen auf dem allgemeinen Erfolg der Quantenmechanik. Indirekt werden die Beziehungen (5.52) durch umfangreiches experimentelles Beweismaterial bestätigt. Dieses indirekte Beweismaterial ist nicht immer so klar und einfach zu interpretieren wie im Fall der Beugung von Elektronen in Kristallen, aber es ist in seiner Gesamtheit doch sehr überzeugend. Unsere Ansicht, daß die Beziehungen (5.52) *exakt* gelten, ist gewissermaßen analog zu der Ansicht, daß die Beziehung $W_0 = mc^2$ auch *exakt* gilt. Für diese Beziehung gibt es recht überzeugendes direktes Beweismaterial, doch ist es eher die Gesamtheit der indirekten Beweise hinsichtlich der Allgemeingültigkeit der speziellen Relativitätstheorie, die uns tatsächlich überzeugt. Es gibt keinerlei experimentelle Ergebnisse, die in irgendeiner Weise andeuten würden, daß die Beziehungen (5.52) oder die Gleichung $W_0 = mc^2$ nur angenähert gelten. Wir nehmen an, daß diese Beziehungen exakte Gültigkeit haben, und sehen sie als die Grundpfeiler jeder physikalischen Theorie an[1].

Denken wir an unsere Überlegungen aus Abschnitt **12** des Kapitels **2**. Wir stellten damals fest, daß man aufgrund der maßgeblichen Rolle der Konstanten c und $\hbar$ in der

---

[1] Der Leser wird sich vielleicht fragen, ob nicht auch für Schallwellen die Beziehungen (5.52) gelten. Dies ist tatsächlich der Fall – die „Teilchen" der Schallwellen werden *Phononen* genannt. Die Energie einer Schallwelle, zum Beispiel in einem festen Körper, besteht aus Energiepaketen $\hbar\omega$, wobei ω die Frequenz ist.

Phononen werden *nicht* als *Elementarteilchen* bezeichnet, da sie nur in irgendeinem Medium existieren können und vollkommen mit den „realen" Teilchen des Stoffs erklärt werden können. Elastische Wellen wie die Schallwellen entstehen durch Kollektivbewegung von Elektronen und Kernen. Es erweist sich jedoch oft als nützlich, die Phononen theoretisch in gleicher Weise wie andere Teilchen zu behandeln, umgekehrt ist es manchmal eine Hilfe, „reale" Teilchen als „Schallwellen im Äther" anzusehen.

relativistischen Quantenphysik sehr gut ein Maßsystem einführen könnte, in dem $\hbar = c = 1$ gilt. Ein solches Maßsystem hätte offensichtlich wenig Sinn, wenn es für jede Art von Teilchen eine andere „Plancksche" Konstante C gäbe. Da wir aber wissen, daß es nur *eine* solche Konstante gibt (das heißt, daß z. B. Masse, Energie und Frequenz immer auf gleiche Weise zusammenhängen), können wir die Bezeichnungen „Masse", „Energie" und „Frequenz" als verschiedene Bezeichnungen für ein und dieselbe Sache ansehen[1]).

26. Aufgrund der Beziehungen (5.52) können wir die Erhaltungssätze für Energie und Impuls bei Stoßprozessen neu formulieren.

Ganz allgemein betrachtet kann ein Stoßprozeß etwa folgendermaßen beschrieben werden. Zu Anfang existiert eine Anzahl von Teilchen, die sich unabhängig und entfernt voneinander bewegen. Ihr Impuls ist $p'_1, p'_2, ..., p'_i$, ihre Energie $W'_1, W'_2, ..., W'_i$. Wenn wir feststellen, daß sich die Teilchen anfangs entfernt voneinander bewegen, dann heißt das, daß zu dieser Zeit keine Wechselwirkungen zwischen ihnen möglich sind. Diese Annahme ist durchaus vernünftig, wenn wir voraussetzen, daß die zwischen den Teilchen wirkenden Kräfte bei zunehmendem Abstand rasch gegen null gehen. Anfangs bewegt sich daher jedes Teilchen so, als wären keine anderen Teilchen vorhanden. Mit der Zeit können die Teilchen in einem „Stoßbereich" zusammenströmen, und dann werden die Kräfte zwischen den Teilchen wirksam. Sie treten in Wechselwirkung und werden dabei abgelenkt. Außerdem können manche Teilchen vernichtet werden und andere Teilchen entstehen. Nach einer genügend langen Zeitspanne werden die am Stoßereignis beteiligten Teilchen wieder zerstreut. Jede Wechselwirkung zwischen ihnen hört einfach aus dem Grunde auf, weil die Teilchen einander nicht mehr nahe genug sind. Schließlich wird sich wieder jedes Teilchen so bewegen, als wären die anderen Teilchen nicht vorhanden. Der Impuls der Teilchen nach dem Stoß ist dann $p''_1, p''_2, ..., p''_j$, ihre Energie $W''_1, W''_2, ..., W''_j$.

Die Erhaltungssätze lauten dann

$$\sum_{r=1}^{i} W'_r = \sum_{s=1}^{j} W''_s \quad \text{und} \quad \sum_{r=1}^{i} p'_r = \sum_{s=1}^{j} p''_s. \quad (5.56)$$

Die Gesamtenergie am Anfang ist gleich der Gesamtenergie am Ende, der Gesamtimpuls am Anfang ist gleich dem Gesamtimpuls am Ende. Die Bedingung, daß die Teilchen „am Anfang" und „am Ende" nicht untereinander in Wechselwirkung stehen, ist wesentlich: Sonst wäre nämlich die Gesamtenergie nicht gleich der Summe der Energien der einzelnen Teilchen. Wenn diese in gegenseitiger Wechselwirkung stehen, müßten wir den Ausdruck für die Gesamtenergie noch durch einen Ausdruck für die „Wechselwirkungsenergie" ergänzen.

Es ist zu beachten, daß diese Teilchen keineswegs Elementarteilchen sein müssen, sie können ebensogut zusammengesetzte Teilchen sein, Atome oder Kerne etwa. Wenn wir Stoßprozesse besprechen, dann verstehen wir unter „Teilchen" ein beliebiges Objekt, das stabil genug ist, ihm einen Impuls, eine Energie und eine (Ruh-)Masse zuzuordnen, vorausgesetzt, es ist von ähnlichen Teilchen genügend weit entfernt. Ein Beispiel dafür ist der Zusammenstoß zwischen einem neutralen Heliumatom und einem Elektron. Wir nehmen an, das Heliumatom wird durch den Stoß ionisiert: Anfangs gab es also nur *zwei* Teilchen, nach dem Stoß jedoch sind es *drei* Teilchen, zwei Elektronen und ein einfach geladenes Heliumatom. (Natürlich ist dies nicht das einzige mögliche Ergebnis dieses Stoßprozesses. Das Heliumatom könnte z. B. bei dem Ereignis beide Elektronen oder keines verlieren. Auch können bei diesem Ereignis ein oder mehrere Photonen emittiert werden.)

27. Da wir nun aufgrund der Beziehungen (5.52) erkennen, daß zu jedem Teilchen vor und nach dem Stoß eine Frequenz und ein Wellenvektor gehören, können wir die Erhaltungssätze (5.56) neu in der Form

$$\sum_{r=1}^{i} \omega'_r = \sum_{s=1}^{j} \omega''_s, \quad \sum_{r=1}^{i} k'_r = \sum_{s=1}^{j} k''_s \quad (5.57)$$

schreiben.

Die Summe der Frequenzen zu Anfang ist gleich der Summe der Frequenzen am Ende, die Summe der Wellenvektoren am Anfang ist gleich der Summe der Wellenvektoren am Ende. Diese Erhaltungssätze entsprechen in jeder Weise den Erhaltungssätzen (5.56), ja sie werden durch diese bedingt und umgekehrt — weil es eben nur ein Plancksches Wirkungsquantum gibt[1]).

---

[1]) Der Autor würde es vorziehen, die Bezeichnung „Masse" nur als die „Ruhmasse" eines isolierten Systems (also Ruhenergie dividiert durch c^2) verstanden zu sehen. Somit würde mit „Masse eines Teilchens" immer seine Ruhmasse gemeint sein, gleichgültig ob das Teilchen bewegt ist oder nicht. Andere Autoren verstehen unter der „Masse" eines Teilchens oft seine Gesamtenergie dividiert durch c^2.

[1]) Leser mit umfangreicheren Kenntnissen in der Quantenmechanik werden der Ansicht sein, daß die Beziehungen (5.57) aufgrund der Homogenität des physikalischen Raums unabhängig abgeleitet werden könnten. Eine solche Ableitung ist in der Tat möglich, *vorausgesetzt*, wir akzeptieren gewisse für die Quantenmechanik charakteristische Vorstellungen. Andererseits können wir natürlich nicht durch rein logische Argumentation zu dem Ergebnis gelangen, daß jedem Proton eine de Broglie-Welle entspricht, auch wenn wir als bekannt voraussetzen, daß Elektronen Welleneigenschaften haben. Ebensowenig kann reine Logik zu der Feststellung führen, daß die Konstante C für alle Teilchen gleich sein muß. Impuls und Wellenvektor werden in Operatoren unabhängig voneinander definiert, sie müssen nicht notwendigerweise durch die de Broglie-Gleichung in Beziehung stehen.

5.4 Können Materiewellen aufgespalten werden?

28. Im Kapitel 4 diskutierten wir die Frage: In welcher Hinsicht sind Photonen „spaltbar". Die gleiche Frage wollen wir hinsichtlich der Materiewellen stellen und versuchen, sie zu beantworten. Wir können uns kurz fassen, da sich das Verhalten von Materiewellen nicht vom Verhalten der Photonen unterscheidet. In dieser Analogie kommt zum Ausdruck, wie unkompliziert die Natur an sich ist.

Als spezifisches Beispiel verwenden wir Elektronen, doch sind unsere Ergebnisse in jeder Hinsicht allgemein und gelten gleichermaßen für irgendeine andere Teilchenart.

Im vorangegangenen Kapitel stellten wir fest, daß ein monochromatisches Photon der Frequenz ω auf keinen Fall in dem Sinne spaltbar ist, daß wir in einer Photozelle etwa „Photonenbruchteile" nachweisen könnten, die nur einen Teil der Energie $\hbar\omega$ des ganzen Photons besitzen. In diesem Sinne ist auch ein Elektron nicht spaltbar, da noch nie ein „Elektronenbruchteil" nachgewiesen werden konnte.

29. Betrachten wir als Beispiel ein Elektronenbeugungsexperiment, wie es in Bild 5.20 schematisch dargestellt ist. Der auf die Kristallfläche auftreffende Elektronenstrahl hat einen genau definierten Impuls. Die reflektierten Elektronen werden mittels vier Zählgeräten C_1 bis C_4 nachgewiesen. Wir nehmen an, daß sich die Zähler C_1 und C_4 an der Stelle zweier Beugungsmaxima befinden, während C_2 und C_3 bei Beugungsminima liegen sollen.

Zunächst zeigt dieser Vesuch, daß die Zählrate jedes Zählers dem ankommenden Elektronenfluß proportional bleibt, wenn dieser gegen null geht. Damit wird jede Erklärung der beobachteten Beugungsphänomene als kollektive Effekte hinfällig: Solche Effekte würden einer großen Anzahl von Elektronen bedürfen, tatsächlich zeigt aber jedes *einzelne* Elektron für sich Wellenverhalten. Zur Vereinfachung nehmen wir an, daß die Zählraten der Zähler C_1 und C_4 gleich, die der Zähler C_2 und C_3 beide null sind.

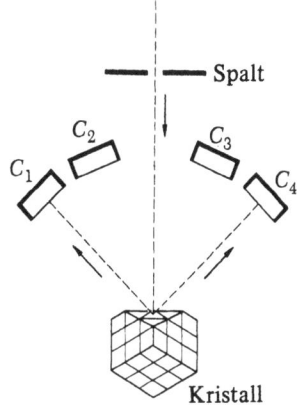

Bild 5.20
Schematische Darstellung der Versuchsanordnung, mit der die gebeugten Elektronenstrahlen in verschiedenen Richtungen von der Kristallfläche untersucht werden. Die einfallende Welle wird am Kristall „aufgespalten". Berechtigt das zu der Annahme, daß im Zähler C_1 nur halbe Elektronen nachgewiesen werden?

Wenn wir nun ein Elektron als *klassisches* Wellenpaket ansehen, dann erwarten wir, daß diese Welle bei der Reflektion im Kristall „aufgespalten" wird: Ein Teil wird in Richtung des Zählers C_1, ein anderer Teil in Richtung des Zählers C_4 reflektiert, nicht jedoch in Richtung der Zähler C_2 und C_3. Da das einfallende Wellenpaket in dieser Weise „aufgespalten" wird, sollte man meinen, daß dies in irgendeiner Weise offenbar wird, zum Beispiel dadurch, daß die Energie des zum Zähler C_1 reflektierten „Teils" nur ein bestimmter Bruchteil der Energie des einfallenden Elektrons ist. Jedoch konnte experimentell *nichts* dergleichen festgestellt werden, wie schon aus *Davissons* Bericht zu ersehen war. Die reflektierten Elektronen besitzen *genausoviel* Energie wie die einfallenden. Wird ein Elektron überhaupt von einem Zähler registriert, dann wird das *ganze* Elektron registriert: mit seiner vollen Ladung und seiner gesamten Masse. Wir haben ja schon oft festgestellt, daß noch nie jemand ein „drittel Elektron" feststellen konnte. Elektronen haben zwar Welleneigenschaften, sind aber ganz offensichtlich keine klassischen Wellen: Das Elektron-Wellenpaket kann nicht wie ein klassisches Wellenpaket aufgespalten werden.

30. Es ist möglich, daß manchen Lesern die Eigenschaften einer „klassischen Welle" nicht so genau bekannt sind, weshalb ihnen die Feststellung, ein Elektron sei *keine* klassische Welle, nicht viel sagen wird. Wir interessieren uns hier insbesondere für die Tatsache, daß im Falle einer klassischen Welle das Quadrat des Absolutbetrages der Wellenamplitude zu einem bestimmten Zeitpunkt in einem bestimmten Punkt des Raums eine physikalische Größe, wie etwa die Ladungsdichte oder die Energiedichte, darstellt. Dies ist gleichbedeutend mit der Aussage: In der klassischen elektromagnetischen Theorie stellen das Quadrat des elektrischen Feldes und das Quadrat des Magnetfeldes Energiedichten dar.

Nehmen wir zum Beispiel an, daß das Quadrat der Wellenamplitude der Ladungsdichte proportional ist. Wir könnten dann den Ladungstransport in Richtung eines der Zähler berechnen. Da die Welle auf die beiden Zähler C_1 und C_4 „aufgeteilt" ist, werden wir erwarten, im Zähler C_1 nur die halbe Elektronenladung festzustellen. Im *Durchschnitt* kann das stimmen: Wenn wir nämlich das Beugungsexperiment mit einer großen Anzahl von Elektronen durchführen, dann kann der Ladungsstrom zum Zähler C_1 tatsächlich halb so groß sein wie der gesamte Strom der einfallenden Ladung[1]. Jedes einzelne Elektron wird jedoch *entweder* vom Zähler C_1 *oder* vom Zähler C_4 registriert: Die Ladung eines einzelnen Elektrons teilt sich *nicht* auf.

---

[1] In der Praxis wird man vielleicht dieses Ergebnis nicht erhalten, aber wir wollen unserer Argumentation zuliebe annehmen, daß jedes einfallende Elektron *entweder* zum Zähler C_1 *oder* zum Zähler C_4 geht.

Aus der Sicht der Quantenmechanik geschieht wirklich folgendes: Die einfallende Elektronenwelle wird im Kristall in zwei Teile aufgespalten; ein Teil der Welle geht in Richtung des Zählers C_1, der andere in Richtung des Zählers C_4. Die *Intensität* der Welle in einer bestimmten Richtung ist dem Quadrat des Absolutbetrages der Wellenamplitude proportional. In der Quantenmechanik wird die Intensität im Sinne einer *Wahrscheinlichkeit* interpretiert: Jede Größe, die vom Quadrat der Amplitude abhängt, gibt die Wahrscheinlichkeit für irgendein Ereignis an. Der klassisch berechnete Energiefluß in Richtung eines Zählers ist der *Wahrscheinlichkeit* dafür proportional, daß der betreffende Zähler einen Impuls registriert.

Diese Wahrscheinlichkeitsinterpretation der Intensität ist für die Quantenmechanik charakteristisch und läuft ganz offensichtlich den Vorstellungen der klassischen Wellentheorie zuwider.

31. Analog zu unseren Überlegungen in Abschnitt 47 in Kapitel 4 sollte sich der Leser wieder ein Gedankenexperiment überlegen: Die Versuchsanordnung ist die gleiche wie in Bild 5.20, doch die Zähler sind weit vom Kristall entfernt, etwa ein Lichtjahr. Vom Zähler C_1 wird ein Elektron registriert. Im Rahmen der klassischen Wellentheorie läßt sich schwerlich erklären, wie die physikalischen Parameter der Welle, wie Ladung, Energie und Masse, plötzlich im Zähler C_1 konzentriert sein können, nachdem sie vorher auf einen so großen Bereich des Raums verteilt wurden. Diese Schwierigkeit wird durch die quantenmechanische Wahrscheinlichkeitsinterpretation beseitigt, die Beschreibung des Phänomens ist wiederum konsistent.

32. Wir haben festgestellt, daß in dem in Bild 5.20 dargestellten Beugungsversuch die Welle in zwei (oder mehr) „Teile" aufgespalten wird. Nun erhebt sich die Frage, ob zwischen der Welle in Richtung C_1 und der Welle in Richtung C_4 Interferenz möglich ist. Wird eine elektromagnetische Welle etwa durch einen halbversilberten Spiegel aufgespalten, dann ist zwischen den beiden „Teilen" der Welle sehr wohl Interferenz möglich; das gleiche sollte auch für de Broglie-Wellen gelten. Wir wollen also wissen: Treten Interferenzeffekte auf, wenn wir die Welle in Richtung Zähler C_4 auf irgendeine Weise ablenken und mit der Welle in Richtung Zähler C_1 „vermischen"?

In diesem Fall werden natürlich Interferenzeffekte zu beobachten sein; in der Praxis – das darf hier nicht verschwiegen werden – wäre es jedoch höchst schwierig, das Experiment mit Elektronen genau auf die beschriebene Weise durchzuführen. Glücklicherweise braucht dieses Experiment gar nicht ausgeführt zu werden, da ja schon die Tatsache, daß wir die Elektronenbeugung bei Kristallen überhaupt feststellen können, ein vollkommener Beweis für die Existenz von Interferenzeffekten ist. An jedem Atom der Kristallfläche entsteht aus der einfallenden Welle eine gebeugte Welle; diese gebeugten Wellen ergeben kombiniert das Beugungsmuster für den betreffenden Kristall. Was ist nun unter einer „Kombination" der an den einzelnen Atomen gebeugten Wellen zu verstehen? Wie können wir diesen Kombinationseffekt beschreiben? Wenn wir die *Amplituden* der einzelnen Wellen addieren, dann erhalten wir die Gesamtamplitude der vom Kristall austretenden Welle. Das Quadrat dieser resultierenden Amplitude ist eine Intensitätsvariable im quantenmechanischen Sinn und damit ein Ausdruck für die Reaktion eines Detektors.

33. In den Abschnitten 39 bis 42 des Kapitels 4 haben wir ein Doppelspalt-Beugungsexperiment mit Photonen besprochen. Das gleiche Experiment werde nun mit Elektronen ausgeführt. In Bild 5.21 ist die Versuchsanordnung schematisch dargestellt. Diese Darstellung ist identisch mit Bild 4.18. Der Versuch kann analog analysiert werden; die Intensität $I(r, \theta)$ in einer Entfernung, die verglichen mit dem Spaltabstand groß ist, ist dann durch

$$I(r, \theta) = 4\, I_0(r, \theta) \cos^2\left(\frac{2\pi a}{\lambda} \sin \theta\right) \qquad (5.58)$$

gegeben, wobei $I_0(r, \theta)$ die Intensität ist, die wir bei nur einem freien Spalt feststellen würden.

Die Abhängigkeit der Intensität vom Winkel θ kann mittels Zählgeräten bestimmt werden; die Intensität ist dann einfach proportional zur Zählrate, wenn in dem Versuch ein Elektronen*strahl* verwendet wird.

Es wurden tatsächlich Experimente durchgeführt, die diesem stark vereinfachten Gedankenexperiment vollkommen entsprechen. Ihre Ergebnisse zeigen, daß die durch Gl. (5.58) ausgedrückte Voraussage zutrifft[1]).

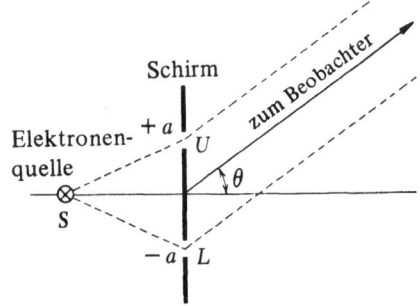

Bild 5.21 Gedankenexperiment über Doppelspalt-Beugung von Elektronen. Diese Darstellung entspricht der des Bildes 4.18, nur ist die Lichtquelle S durch eine Elektronenquelle ersetzt worden.

---

[1]) *G. Möllenstedt* und *H. Düker*, „Beobachtungen und Messungen an Biprisma-Interferenzen mit Elektronenwellen", *Zeitschrift für Physik* **145**, 377 (1956). Siehe auch *R. G. Chambers*, "Shift of an electron interference pattern by enclosed magnetic flux" (Verschiebung eines Elektroneninterferenzmusters durch ein geschlossenes magnetisches Feld), *Physical Review Letters* **5**, 3 (1960). In dieser Arbeit wird ein höchst interessanter Effekt behandelt, mit dem wir uns in diesem Buch nicht befassen können, über den aber vielleicht manche Leser aus eigenem Antrieb mehr erfahren möchten.

34. Wenn wir Interferenzeffekte feststellen wollen, dann müssen *beide* Spalte frei sein, und jedes Elektron muß somit durch beide Spalte gehen. Soll nämlich nachgewiesen werden, daß ein Elektron nur durch *einen* Spalt gegangen ist, dann muß der andere Spalt dabei verdeckt sein, was aber wiederum bewirkt, daß wir kein Doppelspalt-Beugungsmuster erhalten. Versuchen wir herauszufinden, durch welchen Spalt ein Elektron kam, indem wir unmittelbar hinter die Spalte Zähler setzen, dann wird das Beugungsmuster dadurch ebenfalls zerstört. Die Zählrate der beiden Zähler ist gleich. Für jedes Elektron, das den Schirm trifft, erhalten wir einen Zählimpuls – aber immer nur in einem Zähler – für die gesamte Ladung und die gesamte Energie des solchermaßen nachgewiesenen Elektrons. Es ist nicht möglich, im voraus zu sagen, *welcher* Zähler anspricht, doch können wir die entsprechende Wahrscheinlichkeit für jeden Zähler berechnen, indem wir die Intensität der durch den Spalt gehenden Welle bestimmen.

Wir verweisen hier nochmals auf unsere Überlegungen aus Abschnitt 48 des Kapitels 4, wo wir feststellten, daß es bei einem Doppelspalt-Beugungsmuster nicht möglich ist, den Spalt zu bestimmen, durch den das Photon kam, ohne das Beugungsmuster zu zerstören. Das gleiche gilt für Elektronen. Es gibt keinerlei Methode, mit der wir den Spalt bestimmen könnten, durch den das Elektron kam, ohne das Doppelspalt-Beugungsmuster zu stören.

35. Wir sollten in diesem Stadium unsere Ausdrucksweise etwas präzisieren. Als wir die Entdeckung der de Broglie-Wellen behandelten, sprachen wir von „einem Teilchen zugeordneten Wellen". Dies hört sich nun so an, als ob ein klassisches Korpuskel sich gemeinsam mit einer Welle fortbewegen würde. Manchmal werden die de Broglie-Wellen auch als „Führungswellen" oder „Pilotwellen" bezeichnet, aber diese Terminologie ist ebenso ungenau. Die de Broglie-Wellen breiten sich nicht gemeinsam mit einem klassischen Korpuskel fort und „führen" es auch nicht. Die de Broglie-Welle und das Teilchen sind *ein und dasselbe*, sonst gibt es nichts. Reale Teilchen, wie sie tatsächlich in der Natur auftreten, haben Welleneigenschaften, das ist eine unumstößliche Tatsache. Wollen wir übergenau sein, dann könnten wir von der de Broglie-Welle eines Elektrons sprechen, doch ist diese Bezeichnung genaugenommen ein Synonym für „Elektron". Unsere etwas vage Bezeichnungsweise läßt sich damit entschuldigen, daß unsere Überlegungen anfangs nur versuchsweise angestellt wurden und außerdem etwas den historischen Ablauf widerspiegeln sollten. Wenn wir also vorsichtigerweise von „einem Teilchen zugeordneten Wellen" sprachen, so war das durchaus berechtigt. Jetzt jedoch werden wir uns um eine exakte und eindeutige Terminologie bemühen müssen; vor allem müssen wir Bezeichnungen vermeiden, die zu Mißverständnissen und falschen Schlüssen führen könnten.

Greifen wir nochmals auf das Doppelspalt-Beugungsexperiment zurück. Dieser Versuch deutet in keiner Weise an, daß ein klassisches Korpuskel einen der beiden Spalte passiert, „geführt" von einer Welle, die durch beide Spalte geht. Wir sehen also, unsere Beschreibung der Vorgänge wird in keiner Weise durch die Einführung einer derartigen Modellvorstellung verbessert. Es genügt vollends, die Diskussion auf die Welle allein zu beschränken und Intensitäten im Sinne der Quantenmechanik als Wahrscheinlichkeiten zu interpretieren. Irgendwelche Überlegungen über das „verborgene" Korpuskel gehören in die Metaphysik, es sei denn, die Existenz des Korpuskels wird eindeutig durch ihre experimentellen Folgen nachgewiesen, die sich jedoch nicht allein aufgrund der quantenmechanischen Wellentheorie voraussagen lassen. Es sind jedoch keinerlei derartige Versuchsergebnisse bekannt, wir müssen daher alle Modellvorstellungen von klassischen Korpuskeln, die durch Wellen geführt werden, zurückweisen.

5.5 Die Wellengleichung und das Superpositionsprinzip

36. Wir werden uns nun mit verschiedenen Überlegungen befassen, die zu einer Differentialgleichung führen, die als die Klein-Gordon-Wellengleichung bekannt ist und mit der die Ausbreitung von Materiewellen im *Vakuum* beschrieben werden kann.

Unsere wichtigste Annahme ist: Die Wellengleichung, die ein *einzelnes* Teilchen der Masse m beschreibt, soll eine *lineare* Differentialgleichung sein. Für die Lösungen der Gleichungen gilt dann ein *Superpositionsprinzip*: Jede lineare Kombination zweier Lösungen der Gleichung stellt selbst eine Lösung der Gleichung dar. Außerdem nehmen wir an, daß jede Lösung der Gleichung, die zumindest im Prinzip gewissen nicht zu strengen Bedingungen genügt, eine mögliche physikalische Situation darstellt. Physikalisch gesehen sind die Folgen dieser Annahmen weitreichend. Die Amplituden von Materiewellen können analog wie die elektromagnetischer Wellen addiert werden. (Die Maxwellschen Gleichungen sind ja auch *lineare* Differentialgleichungen.)

Beachten Sie, daß wir im Laufe unserer Diskussion der Beugung von Materiewellen an Atomen einer Kristallfläche oder an einem Doppelspalt die oben geforderte Linearität stillschweigend vorausgesetzt haben. Wir haben so zum Beispiel die Amplituden der von den beiden Spalten kommenden Wellen addiert, um die resultierende Amplitude zu erhalten. Diese Vorgangsweise wird von nun an die Rolle eines allgemeinen physikalischen Prinzips einnehmen.

37. Wir wollen nun eine Differentialgleichung aufstellen, der *alle* Materiewellen genügen, die ein Teilchen der Masse m beschreiben. Wir gehen folgendermaßen vor. Zuerst stellen wir eine Differentialgleichung auf, die für alle *ebenen* Wellen der Form

$$\psi(\boldsymbol{x}, t; \boldsymbol{p}) = \exp(i\boldsymbol{x} \cdot \boldsymbol{p} - i\omega t) \tag{5.59}$$

gilt.

Mit den hier verwendeten Einheiten gilt $\hbar = c = 1$; der Impuls (= Wellenvektor) wird mit p bezeichnet, die Energie (= Frequenz) mit ω. Eine solche ebene Welle wird, abgesehen von einem konstanten Faktor, der die Amplitude der Welle angibt, durch den Impuls p bestimmt. Wir müssen nun versuchen, eine *lineare* Differentialgleichung zu finden, in der p nicht explizit vorkommt und die für *alle* ebenen Wellen gilt. Da diese Differentialgleichung linear sein soll, wird sie auch für jede lineare Kombination von ebenen Wellen gelten, also für *jede* de Broglie-Welle, die ein Teilchen der Masse m beschreibt.

Die Energie ω und der Impuls p stehen durch

$$\omega^2 - \boldsymbol{p}^2 = m^2 \tag{5.60}$$

in Beziehung, da die Masse des Teilchens m ist.

Die zweite Ableitung der Wellenfunktion ψ nach der Zeit t lautet

$$\frac{\partial^2}{\partial t^2} \psi(\boldsymbol{x}, t; \boldsymbol{p}) = -\omega^2 \psi(\boldsymbol{x}, t; \boldsymbol{p}). \tag{5.61}$$

Die zweite Ableitung der Wellenfunktion nach der Koordinate x_1 ergibt

$$\frac{\partial^2}{\partial x_1^2} \psi(\boldsymbol{x}, t; \boldsymbol{p}) = -p_1^2 \psi(\boldsymbol{x}, t; \boldsymbol{p}). \tag{5.62}$$

Die zweiten Ableitungen nach den beiden anderen Raumkoordinaten x_2 und x_3 ergeben sich analog.

Unter Einbeziehung der Gl. (5.60) erhalten wir dann

$$\frac{\partial^2}{\partial t^2} \psi(\boldsymbol{x}, t; \boldsymbol{p}) - \nabla^2 \psi(\boldsymbol{x}, t; \boldsymbol{p}) = -m^2 \psi(\boldsymbol{x}, t; \boldsymbol{p}), \tag{5.63}$$

wobei ∇^2 der *Laplace-Operator* ist, der durch

$$\nabla^2 \equiv \frac{\partial^2}{\partial x_1^2} + \frac{\partial^2}{\partial x_2^2} + \frac{\partial^2}{\partial x_3^2} \tag{5.64}$$

definiert ist.

Gl. (5.63) ist die gesuchte Wellengleichung. Wir sehen, daß diese Gleichung für *alle* ebenen Wellen der Form (5.59) gilt, d. h. für *alle* Impulswerte p gilt und somit durch alle de Broglie-Wellen befriedigt wird; eine de Broglie-Welle kann durch Überlagerung ebener Wellen dargestellt werden.

38. Die Wellengleichung (5.63) ist als Klein-Gordon-Wellengleichung bekannt. Sie ist gewissermaßen die einfachste Differentialgleichung, die für de Broglie-Wellen gilt. Diese Gleichung wird aber auch durch elektromagnetische Wellen im Vakuum befriedigt, wobei für die Photonmasse $m = 0$ eingesetzt wird. Sie können sich leicht davon überzeugen, daß keine Differentialgleichung *erster* Ordnung (also eine Differentialgleichung, die nur erste Ableitungen nach den unabhängigen Variablen enthält) durch *alle* de Broglie-Wellen befriedigt werden kann. Die Gleichung muß zumindest zweiter Ordnung sein, weil die Beziehung (5.60) zwischen Energie und Impuls eine quadratische algebraische Gleichung ist.

Es muß nochmals betont werden, weil dies höchst wichtig ist, daß die Gl. (5.63) nur die Ausbreitung eines solchen Teilchens beschreiben kann, das sich im *Vakuum* bewegt, das also räumlich und zeitlich weit von anderen Teilchen entfernt ist. Analog gelten die *homogenen* Maxwellschen Gleichungen (Stromdichte und Ladungsdichte gleich null) nur für die Ausbreitung elektromagnetischer Wellen in Gebieten ohne Ladungen und ohne Ströme, also in Gebieten, die frei von anderen Teilchen sind.

39. Die Superposition zweier ebener Wellen, d. h. eine Welle der Form

$$\psi(\boldsymbol{x}, t) = A' \exp(\mathrm{i}\boldsymbol{x} \cdot \boldsymbol{p}' - \mathrm{i}\omega' t) + A'' \exp(\mathrm{i}\boldsymbol{x} \cdot \boldsymbol{p}'' - \mathrm{i}\omega'' t) \tag{5.65}$$

befriedigt ebenfalls die Differentialgleichung (5.63). A' und A'' sind zwei beliebige komplexe Konstanten. Anders ausgedrückt ist also

$$\frac{\partial^2}{\partial t^2} \psi(\boldsymbol{x}, t) - \nabla^2 \psi(\boldsymbol{x}, t) = -m^2 \psi(\boldsymbol{x}, t). \tag{5.66}$$

Betrachten wir eine allgemeinere (kontinuierliche) Superposition ebener Wellen der Form

$$\psi(\boldsymbol{x}, t) = \int_{(\infty)} d^3(\boldsymbol{p}) A(\boldsymbol{p}) \exp(\mathrm{i}\boldsymbol{x} \cdot \boldsymbol{p} - \mathrm{i}\omega t). \tag{5.67}$$

Hier ist $A(\boldsymbol{p})$ eine komplexe Funktion des Vektors $\boldsymbol{p}$. Das Integral umfaßt den gesamten dreidimensionalen $\boldsymbol{p}$-Raum. Die Größe ω ist eine Funktion von $\boldsymbol{p}$, wobei $\omega > 0$ gilt und die Gl. (5.60) befriedigt ist. Wir können dies auch in der Form

$$\omega = \omega(\boldsymbol{p}) = \sqrt{\boldsymbol{p}^2 + m^2} \tag{5.68}$$

schreiben.

Die durch das Integral in Gl. (5.7) definierte Wellenfunktion $\psi(\boldsymbol{x}, t)$ befriedigt ebenfalls die Differentialgleichung (5.66). Dies ist eine sehr allgemeine Form einer de Broglie-Welle, genaugenommen die allgemeinste überhaupt. Wir setzen natürlich voraus, daß die Funktion $A(\boldsymbol{p})$ eine sich vernünftig verhaltende Funktion von $\boldsymbol{p}$ und damit das Integral in Gl. (5.67) sinnvoll ist.

40. In der Theorie des Fourier-Integrals kann folgendes Theorem bewiesen werden: Ist $\psi(\boldsymbol{x}, 0)$ eine sich vernünftig verhaltende Funktion von $\boldsymbol{x}$ und definieren wir eine Funktion $A(\boldsymbol{p})$ durch das Integral

$$A(\boldsymbol{p}) = (2\pi)^{-3} \int_{(\infty)} d^3(\boldsymbol{x}) \psi(\boldsymbol{x}, 0) \exp(-\mathrm{i}\boldsymbol{x} \cdot \boldsymbol{p}), \tag{5.69}$$

dann folgt daraus:

$$\psi(\boldsymbol{x}, 0) = \int_{(\infty)} d^3(\boldsymbol{p}) A(\boldsymbol{p}) \exp(\mathrm{i}\boldsymbol{x} \cdot \boldsymbol{p}). \tag{5.70}$$

5.5 Die Wellengleichung und das Superpositionsprinzip

Diese Gleichung stellt ein Theorem dar. Seine Bedeutung, Aussage und sein Nachweis hängen davon ab, was unter „einer sich vernünftig verhaltenden Funktion" zu verstehen ist. Wir werden hier nicht den Nachweis für dieses Theorem erbringen; auch hängen die Überlegungen in diesem Buch nicht so sehr von der Theorie des Fourier-Integrals ab. Wie dieses Theorem exakt zu formulieren und zu beweisen ist, wird der Leser in Vorlesungen über höhere Mathematik erfahren. Hier wollen wir nur die physikalische Bedeutung des Theorems diskutieren und damit den Leser von der Physik her dazu veranlassen, sich für das Fourier-Integral zu interessieren, da es in der Physik eine bedeutende Rolle spielt.

41. Untersuchen wir nun die Bedeutung und Aussage dieses Theorems. $\psi(x, 0)$ ist eine de Broglie-Wellenfunktion zum Zeitpunkt $t = 0$. Durch das Integral in Gl. (5.69) ist dieser Wellenfunktion im Impulsraum eine Amplitude $A(p)$ beigegeben. Mit der Impulsraumamplitude $A(p)$ können wir dann eine neue Wellenfunktion definieren:

$$\psi_1(x, t) = \int_{(\infty)} d^3(p) A(p) \exp(ix \cdot p - i\omega t). \qquad (5.71)$$

Setzen wir in diesem Ausdruck $t = 0$ und vergleichen ihn mit Gl. (5.70), dann sehen wir, daß $\psi_1(x, 0) = \psi(x, 0)$. Die neue Wellenfunktion $\psi_1(x, t)$, die die Klein-Gordon-Gleichung (5.66) befriedigt, ist also mit der Wellenfunktion $\psi(x, 0)$ zur „Anfangszeit" $t = 0$ identisch. Damit bietet sich uns eine Möglichkeit, die Klein-Gordon-Gleichung zu lösen, wenn die *Anfangsbedingung* gegeben ist, daß die Lösung zum Zeitpunt $t = 0$ gleich einer gegebenen Funktion (von x) sein muß.

42. Nun müssen wir uns noch mit der Frage befassen, inwiefern die so gefundene Lösung der Klein-Gordon-Gleichung eindeutig ist. Tatsache ist, daß unsere Vorgangsweise, nach der wir die Funktionen $A(p)$ und $\psi_1(x, t)$ aus der gegebenen Funktion $\psi(x, 0)$ konstruieren, zu einer eindeutigen Funktion $\psi_1(x, t)$ führt, die die Gl. (5.66) befriedigt. Es fragt sich nun, ob es nicht noch andere Lösungen der Differentialgleichung (5.66) gibt, die zur Zeit $t = 0$ mit $\psi(x, 0)$ übereinstimmen. Dies ist tatsächlich der Fall. Die Differentialgleichung (5.66) wird auch von Wellenfunktionen der Form

$$\psi'(x, t) = \exp(ix \cdot p + i\omega t),$$
$$\omega = \sqrt{p^2 + m^2}$$

befriedigt.

Diese Lösungen werden als „Lösungen negativer Frequenz" bezeichnet, zum Unterschied von den „Lösungen positiver Frequenz" der Form (5.59).

Die Lösungen negativer Frequenz können wir aus physikalischen Gründen ausschließen. Diese Lösungen repräsentieren ja keine Teilchen mit positiver Energie (= positiver Frequenz). Es ist klar ersichtlich, daß für jede Lösung positiver Frequenz der Gl. (5.66) auch eine Lösung negativer Frequenz mit dem gleichen Impuls p existiert. Die Klein-Gordon-Gleichung hat also doppelt so viele Lösungen, wie wir brauchen können, weil die Gl. (5.60) für jedes p *zwei* Lösungen für ω liefert, eine positive und eine negative. Nur die positive Lösung ist physikalisch sinnvoll – die Energie eines Teilchens ist eine positive Größe.

Mit der Klein-Gordon-Gleichung (5.66) wird also die de Broglie-Welle nicht vollständig erfaßt. Sie muß durch die Bedingung ergänzt werden, daß *alle Lösungen negativer Frequenz (= negativer Energie) auszuschließen sind*. Unter dieser Bedingung kann man nachweisen, daß jede mögliche Lösung der Gl. (5.66) eindeutig durch ihre Werte bei $t = 0$ bestimmt ist, womit die obige Frage beantwortet ist. Den Nachweis für das Theorem werden wir hier nicht bringen.

43. Das wesentlichste Ergebnis unserer Überlegungen ist die Feststellung, daß jede physikalisch mögliche de Broglie-Wellenfunktion $\psi(x, t)$ in der Form (5.71) geschrieben werden kann, in der $A(p)$ durch Gl. (5.69) eindeutig bestimmt ist, indem wir die Wellenfunktion für einen bestimmten Zeitpunkt, z.B. $t = 0$, vorgeben. Jede Materiewelle kann also (u.a.) als Überlagerung ebener Materiewellen angesehen werden. Wir können natürlich auch diese Feststellung als die hauptsächliche Annahme bezeichnen und so die Klein-Gordon-Gleichung auf den zweiten Platz verweisen. Diese ist ja auch nur eine brauchbare Differentialgleichung, die – unter anderem – von den physikalisch möglichen Wellenfunktionen befriedigt wird.

44. Durch entsprechende Wahl der Impulsraumamplitude $A(p)$ im Fourier-Integral (5.67) bzw. (5.71) können wir Wellenpakete darstellen, die zu einem bestimmten Zeitpunkt angenähert lokalisiert sind. Eine solche Welle hat nur in einem begrenzten Raumbereich einen nennenswerten Funktionswert, der rasch gegen null geht, wenn $|x|$ gegen unendlich strebt. Ein Wellenpaket dieser Art repräsentiert ein Teilchen, dessen Lage annähernd auf ein endliches Raumvolumen beschränkt ist. Natürlich müssen alle Teilchen, die experimentell untersucht werden, durch derartige Wellenfunktionen beschrieben sein. Wir nehmen dann klarerweise an, daß sich das Teilchen am wahrscheinlichsten in den Raumbereichen befindet (wenn es zum Beispiel mit einem Zähler nachgewiesen werden soll), für die die Wellenfunktion hohe Werte besitzt. Das entspricht wiederum der quantenmechanischen Interpretation des absoluten Amplitudenquadrats, das die Wahrscheinlichkeit irgendeines Ereignisses angibt. Vorläufig geben wir uns mit der Feststellung zufrieden, daß „das Teilchen sich am wahrscheinlichsten dort befindet, wo die Werte der Wellenfunktion hoch sind". Später werden wir eine bestimmte Art von Wellenfunktion besprechen und auch genau formulieren, wie die Wahrscheinlichkeit dafür zu berechnen ist, daß sich das Teilchen in einem bestimmten Raumvolumen befindet.

Wir stellen fest, daß eine einzelne ebene Welle ein Teilchen in einem Versuch nicht beschreiben kann. Bei einer solchen Welle ist das Quadrat des Absolutbetrages der Amplitude eine Konstante, hängt also nicht von x (und von t) ab, daher ist die Wahrscheinlichkeit dafür, daß sich das Teilchen in irgendeinem Einheitsvolumen des Raums befindet, nicht von der Lage des Einheitsvolumens abhängig. Da wir uns den Raum als von einer unendlichen Anzahl solcher Einheitsvolumen zusammengesetzt denken können, müßte die Wahrscheinlichkeit, daß sich das Teilchen in einem bestimmten Einheitsvolumen befindet, gleich null sein. Die Wahrscheinlichkeit dafür, daß sich das Teilchen in einem *beliebigen* endlichen Raumvolumen befindet, ist dann ebenfalls null, was physikalisch gesehen sinnlos ist.

Streng monochromatische ebene Wellen gibt es demnach überhaupt nicht. Es ist jedoch möglich, daß sich eine Welle in einem beliebig großen Bereich des Raums wie eine ebene Welle mit konstanter Amplitude verhält, die Amplitude außerhalb dieses Bereichs aber gegen null geht. Umfaßt dieser Bereich auch den Raumbereich, in dem die zu untersuchenden physikalischen Phänomene auftreten, dann können wir die Welle als idealisierte ebene Welle ansehen. In der Physik spricht man häufig von ebenen Wellen, wobei aber immer in Betracht gezogen wird, daß die Welle nur angenähert eben ist, sie sieht über einen sehr großen Bereich des Raums wie eine ebene Welle aus.

45. Die Klein-Gordon-Gleichung (5.66) wird von jeder Wellenfunktion befriedigt, die die Bewegung eines Teilchens der Masse m beschreibt. Setzen wir $m = 0$, dann erhalten wir eine Gleichung, die von elektrischen und von magnetischen Vektorfeldern der elektromagnetischen Theorie befriedigt wird. Die Klein-Gordon-Gleichung ist jedoch nicht identisch mit den Maxwellschen Gleichungen, was manche Leser vielleicht nachdenklich macht. Könnte es nicht so sein, daß die Maxwellschen Gleichungen umfassender als die Klein-Gordon-Gleichung sind? Nun, das ist tatsächlich der Fall. Die Maxwellschen Gleichungen beschreiben auch noch die *Polarisation* des Photons. Der Bewegungszustand eines Photons ist nämlich nicht durch Impuls und Energie allein vollkommen bestimmt; es muß auch noch die Polarisation angegeben werden. Für jeden Impulswert existieren *zwei* linear unabhängige Polarisationszustände, z. B. links-zirkulare und rechts-zirkulare Polarisation.

Jetzt erhebt sich die Frage: Können nicht auch Materieteilchen verschiedene Polarisationszustände aufweisen? Tatsächlich ist dies bei manchen Teilchen der Fall, bei anderen wieder nicht. Das Pion und das Alphateilchen sind zum Beispiel Teilchen, die nicht polarisiert sein können. Das Elektron, das Proton und das Neutron dagegen weisen Polarisationszustände auf. Diese Teilchen besitzen alle einen eigenen Drehimpuls bzw. einen Spin, und die verschiedenen Orientierungen des Spinvektors entsprechen verschiedenen Polarisationszuständen. Das Pion und das Alphateilchen hingegen haben keinen Spin, es gibt nichts, wodurch in ihrem Ruhsystem eine bestimmte Richtung definiert wird. Diese Teilchen sind sphärisch symmetrisch.

Um den Polarisationszustand der Teilchen beschreiben zu können, deren Spin ungleich null ist, müssen wir zusätzlich zu den Variablen x und t noch eine Variable einführen, die den Spin beschreibt. Eine Wellengleichung, die Teilchen wie Elektronen, Protonen und Neutronen vollkommen bestimmt, ist also notwendigerweise komplizierter als die Klein-Gordon-Gleichung (5.66), aber die Wellenfunktion befriedigt trotzdem *auch* die Klein-Gordon-Gleichung. Diese Gleichung beschreibt sozusagen das Verhalten des Teilchens bezüglich Raum und Zeit ohne Berücksichtigung des Spins. Wir werden uns hier nicht mit der quantenmechanischen Darstellung der Polarisation befassen. In gewisser Weise ist sie der Beschreibung der Polarisation einer elektromagnetischen Welle analog.

46. Zum Abschluß dieses Abschnitts wollen wir die Wellengleichung (5.66) noch für das SI-System schreiben. Die Konstanten $\hbar$ und c, die wir gleich eins gesetzt hatten, können leicht wieder eingeführt werden. Wir erhalten

$$\frac{1}{c^2}\frac{\partial^2}{\partial t^2}\psi(x, t) - \nabla^2 \psi(x, t) = -\left(\frac{mc}{\hbar}\right)^2 \psi(x, t). \quad (5.72)$$

Überzeugen Sie sich anhand von Dimensionsüberlegungen, daß diese Gleichung stimmt. Jeder Term hat die Dimension (Wellenfunktion)/(Länge)^2. Die Wiedereinführung der Konstanten $\hbar$ und c ist eindeutig.

5.6 Weiterführendes Problem: Der Vektorraum physikalischer Zustände[1]

47. Das Superpositionsprinzip, das gemäß unserer Annahme für die Materiewellen gilt, soll nun formuliert werden.

$\mathcal{H}'$ ist die Menge aller Wellenfunktionen ψ, die nicht identisch null werden und die mögliche physikalische Zustände eines Teilchens der Masse m darstellen. Zu dieser Menge von Wellenfunktionen kommt noch die Wellenfunktion hinzu, die überall im Raum zu jedem Zeitpunkt identisch null ist. Damit ergibt sich eine Menge, die wir mit $\mathcal{H}$ bezeichnen wollen. Diese Menge hat folgende Eigenschaften:

a) Sind ψ_1 und ψ_2 zwei der Menge $\mathcal{H}$ angehörende Wellenfunktionen, dann gehört auch die Summe $(\psi_1 + \psi_2)$ der Menge $\mathcal{H}$ an.

---

[1] Dieser Abschnitt kann bei erstmaligem Studium des Buchs übersprungen werden.

5.6 Weiterführendes Problem: Der Vektorraum physikalischer Zustände

b) Gehört ψ der Menge $\mathcal{H}$ an und ist c eine beliebige komplexe Zahl, dann gehört auch die Funktion $c\psi$ der Menge $\mathcal{H}$ an.

Das Superpositionsprinzip für Wellenfunktionen bedingt insbesondere, daß die Funktion

$$\psi = c_1\psi_1 + c_2\psi_2 \qquad (5.73)$$

eine physikalisch sinnvolle Wellenfunktion sein muß — vorausgesetzt sie wird nicht identisch null —, wenn ψ_1 und ψ_2 zwei physikalisch sinnvolle Wellenfunktionen und c_1 und c_2 zwei beliebige komplexe Zahlen sind.

48. Die Eigenschaften der Menge $\mathcal{H}$ sind für ein abstraktes mathematisches Objekt charakteristisch: für einen *abstrakten komplexen Vektorraum*. Die Postulate, durch die dieser definiert ist, lauten:

Ein linearer komplexer Vektorraum $\mathcal{H}$ ist eine Menge von Elementen, die als Vektoren bezeichnet werden; hierbei gilt:

I. Für zwei beliebige Vektoren ψ_1 und ψ_2 gibt es in $\mathcal{H}$ einen eindeutigen Vektor ψ, der die Summe von ψ_1 und ψ_2 bezeichnet: $\psi = \psi_1 + \psi_2$. Die Bildung der Summe zweier Vektoren unterliegt folgenden Bedingungen:

a) $\psi_1 + \psi_2 = \psi_2 + \psi_1$ für zwei beliebige ψ_1, ψ_2 in $\mathcal{H}$.
b) $\psi_1 + (\psi_2 + \psi_3) = (\psi_1 + \psi_2) + \psi_3$ für drei beliebige ψ_1, ψ_2, ψ_3 in $\mathcal{H}$.
c) In $\mathcal{H}$ existiert ein eindeutiger Vektor $\mathbf{0}$, der sogenannte Nullvektor; es gilt $\psi + \mathbf{0} = \psi$ für alle ψ in $\mathcal{H}$.

II. Für jeden Vektor ψ in $\mathcal{H}$ und eine beliebige komplexe Zahl c existiert ein eindeutiger Vektor in $\mathcal{H}$: $c\psi$, das Produkt des Vektors ψ mit dem Skalar c. Die Multiplikation eines Vektors mit einem Skalar (= einer komplexen Zahl) unterliegt folgenden Bedingungen:

a) $(c_1 c_2)\psi = c_1(c_2\psi)$ für jeden Vektor ψ und zwei beliebige Skalare c_1 und c_2.
b) $(c_1 + c_2)\psi = c_1\psi + c_2\psi$ für jeden Vektor ψ und zwei beliebige Skalare c_1 und c_2.
c) $c(\psi_1 + \psi_2) = c\psi_1 + c\psi_2$ für zwei beliebige Vektoren ψ_1 und ψ_2 und einen beliebigen Skalar c.
d) Für den Sonderfall des Skalars 1 gilt $1\psi = \psi$.

Durch diese Postulate wird ein abstrakter linearer Vektor über den Körper der komplexen Zahlen definiert. Damit soll ausgedrückt werden, daß die Skalare, mit denen die Vektoren multipliziert werden können, die komplexen Zahlen sind. Sind die Skalare auf die Reihe der reellen Zahlen beschränkt, sprechen wir von einem linearen Vektorraum über den Bereich der reellen Zahlen. Abgekürzt sprechen wir einfach von einem „komplexen Vektorraum" bzw. einem „reellen Vektorraum". Ein Beispiel für einen reellen Vektorraum ist uns bereits bekannt: der dreidimensionale euklidische „physikalische Raum".

49. Das Postulat I.a ist der Kommutativsatz für Addition; das Postulat I.b der Assoziativsatz für Addition; Postulat I.c betrifft die Existenz und die Eindeutigkeit des Nullvektors. Das Postulat II.a ist der Assoziativsatz für skalare Multiplikation, die Postulate II.b und II.c sind Distributivgesetze für skalare Multiplikation. Postulat II.d besagt, daß die Identität mal einem Vektor gleich dem Vektor ist.

Aus diesen Postulaten ergeben sich nahezu von selbst die folgenden Beziehungen:

$$0\psi = \mathbf{0}; \quad (-1)\psi + \psi = \mathbf{0}; \quad (-c)\psi = -(c\psi) \text{ usw.}$$

Wir führen hier nicht alle diese trivialen Theoreme an, da wir der Ansicht sind, daß unsere Leser sich in dieser Hinsicht selbst zu helfen wissen.

Welchen Vorteil bringt es nun, den Begriff eines abstrakten komplexen Vektorraums einzuführen? Immer wieder stoßen wir in mathematischen Theorien auf Mengen von Elementen, die neben anderen Eigenschaften die spezielle Eigenschaft aufweisen, daß sie allen Axiomen eines abstrakten komplexen Vektorraums genügen. Wenn wir dann tatsächlich auf eine solche Menge stoßen, dann brauchen wir nicht nochmals die Eigenschaften eines abstrakten Vektorraums aufzuzählen — es genügt dann, die Menge einfach als komplexen Vektorraum zu bezeichnen. Dann weiß jeder, dem die Axiome für einen Vektorraum bekannt sind, Bescheid.

50. Wir stellen also fest, daß die Menge $\mathcal{H}$ aller physikalisch möglichen Wellenfunktionen einschließlich der identisch null werdenden Wellenfunktion ein komplexer Vektorraum ist. In diesem Fall handelt es sich um einen *konkreten* komplexen Vektorraum, weil die Vektoren tatsächlich erfaßbare komplexe Funktionen von Raum und Zeit sind. Vergleichen wir die in Abschnitt **48** angeführten Postulate mit den Eigenschaften der Menge aller Wellenfunktionen, die wir ausführlich in Abschnitt **47** besprochen haben, dann sehen wir, daß die Liste von Abschnitt **48** länger ist. Viele der Postulate für einen abstrakten Vektorraum gelten trivialerweise auch für die Menge konkreter Wellenfunktionen, weshalb wir sie nicht explizit anzuführen brauchen.

51. Wir haben bei der Definition des abstrakten komplexen Vektorraums nichts über die *Dimensionszahl* des Vektorraums gesagt: Er kann endlich-dimensional oder unendlich-dimensional sein. Befassen wir uns mit diesem Aspekt etwas näher.

Eine Menge von N Vektoren $\psi_1, \psi_2, ..., \psi_N$ in einem komplexen Vektorraum $\mathcal{H}$ ist dann *linear unabhängig*, wenn die Gleichung

$$\sum_{n=1}^{N} c_n \psi_n = 0 \qquad (5.74)$$

besagt, daß $c_1 = c_2 = \ldots = c_N = 0$ ist; andernfalls sind die Vektoren *linear abhängig*.

Ein komplexer Vektorraum besitzt die Dimensionszahl N, wenn dieser Raum eine Menge von N linear unabhängigen Vektoren enthält, aber keine Menge von mehr als N linear unabhängigen Vektoren. Der Vektorraum ist unendlich-dimensional, wenn wir in diesem Raum für *jede* ganze Zahl N eine Menge von N linear unabhängiger Vektoren finden können.

Der Vektorraum $\mathcal{H}$ aller physikalisch sinnvollen deBroglie-Wellenfunktionen ist natürlich *unendlich*-dimensional – es gibt eine unendliche Zahl linear unabhängiger Wellenfunktionen.

52. Wir haben uns speziell mit den Lösungen der Klein-Gordon-Gleichung befaßt, doch gelangen wir nun zu dem Schluß, daß die Gesamtheit der Lösungen aller *linearen* Differentialgleichungen als Menge immer ein (komplexer) Vektorraum ist. Es wurden für die quantenmechanische Beschreibung der natürlichen Teilchen schon die verschiedensten linearen Differentialgleichungen vorgeschlagen. Die Mengen aller physikalisch möglichen Lösungen dieser Gleichungen bilden sämtlich Vektorräume.

Wir können dies auch so formulieren: Um eine bestimmte Art von Teilchen zu beschreiben, führen wir einen komplexen Vektorraum ein und ordnen jedem möglichen Zustand (Bewegungszustand) des Teilchens einen Vektor dieses Raums zu.

Diese Idee, auf der im wesentlichen die mathematische Theorie der Quantenphysik beruht, ist großartig, auch wenn es einem anfangs nicht so scheint. Es mag so aussehen, als wäre die Feststellung, daß der Zustand (Bewegungszustand) eines Teilchens durch einen Vektor in einem komplexen Vektorraum beschrieben wird, lediglich eine Neuformulierung des Superpositionsprinzips, das durch die Lösungen der Wellengleichung befriedigt wird. Auch sind vielleicht die Vorteile dieser Neuformulierung nicht offensichtlich. Je weiter wir jedoch auf dem Gebiet der Quantenphysik vordringen, um so eher erkennen wir den Wert dieser Idee. Ein Beispiel: Die Erkenntnis, daß die Wellenfunktionen einen Vektorraum bilden, ermöglicht bei vielen in der Praxis auftretenden Problemen weitgehende Vereinfachungen. Die für Vektorräume geltenden Rechenmethoden sind in gewissem Sinn *algebraischer* Natur, was wiederum dazu führt, daß man sich mit den algebraischen Aspekten der Lösungen von Differentialgleichungen befaßt. Es zeigt sich, daß bei vielen Problemen die algebraischen Methoden der direkten Lösung von Differentialgleichungen bei weitem vorzuziehen sind (was die Wirtschaftlichkeit der Rechenarbeit vom menschlichen Standpunkt betrifft) – insbesondere gilt dies für Probleme, die sich durch spezielle Symmetrieeigenschaften auszeichnen. Wir können hier nicht den Nachweis für die damit erreichte Vereinfachung erbringen, doch sind

Bild 5.22 *Paul Adrien Maurice Dirac.* Geboren 1902 in Bristol, England. *Dirac* studierte zuerst Elektrotechnik, wandte sich dann aber der theoretischen Physik zu. 1932 wurde er zum Lucasian Professor of Mathematics in Cambridge ernannt. 1933 erhielt er den Nobelpreis.

Dirac leistete wichtige Beiträge zur Entwicklung der Quantenmechanik und Quantenelektrodynamik. Seine bewunderungswürdige relativistische Theorie des Wasserstoffatoms führte ihn zu einer Theorie der Antiteilchen, die ihre Aufsehen erregende Bestätigung fand, als *Anderson* das Positron entdeckte.

In den Anfängen der Quantenmechanik bemühte sich *Dirac* intensiv um die Entwicklung der algebraischen Formulierung der Theorie. Seine Ideen werden in seinem Buch *"The Principles of Quantum Mechanics"* dargelegt (4. Aufl.) (Oxford Univ. Press, 1958).
(Bild von Physics Today zur Verfügung gestellt.)

wir der Ansicht, daß diese Tatsache auf jeden Fall erwähnenswert ist: Die anscheinend abstrakte Theorie der Vektorräume führt bei der Lösung praktischer Probleme zu großen Vereinfachungen. Ein Nebenaspekt dieser Vereinfachung ist eine Vereinfachung der Schreibweise. (Fragen der Notation sind übrigens nicht immer so nebensächlich. Mit einer geeigneten Notation wird man ungleich schneller vorankommen als mit einer schlechten.)

53. Die Matrizenmechanik *Heisenbergs* stellt eine spezielle Formulierung der Quantenmechanik dar, in der besonderes Gewicht auf den Vektorraum-Aspekt der Theorie gelegt wird, während die Wellengleichungen eine untergeordnete Rolle spielen. Auf den ersten Blick scheint sich *Heisenbergs* Theorie stark von den Wellentheorien, wie etwa der Wellenmechanik *Schrödingers*, zu

Bild 5.23 *Werner Karl Heisenberg*. Geboren 1901 in Würzburg, gestorben 1976 in München. *Heisenberg* studierte unter *Sommerfeld* an der Universität München und erlangte sein Doktorat 1923. Nachdem er einige Zeit als *Borns* Assistent an der Universität Göttingen fruchtbare Arbeit geleistet hatte, verbrachte er drei Jahre an *Bohrs* Institut in Kopenhagen. Später arbeitete er in verschiedenen Positionen an der Universität Leipzig und am Max Planck Institut für Physik in Göttingen. 1932 erhielt er den Nobelpreis.

Zu *Heisenbergs* zahlreichen wichtigen Beiträgen zur theoretischen Physik gehört die Entdeckung der Matrizenmechanik als eine der bemerkenswertesten intellektuellen Leistungen der Physik.

(Bild von Physics Today zur Verfügung gestellt.)

unterscheiden. Tatsächlich sind die verschiedenen Arten von Theorien vollkommen gleichwertig und führen auch zu den gleichen physikalischen Voraussagen. Diese Theorien haben nämlich ein abstraktes Grundgerüst gemeinsam: die Theorie abstrakter Vektorräume. Da wir nicht annehmen können, daß unsere Leser mit der Matrizenrechnung aus ihren Mathematikstunden her vertraut sind, können wir *Heisenbergs* Theorie in diesem Buch nicht besprechen. An sich ist die Theorie nicht so besonders schwierig, doch wollen wir den Leser nicht noch zusätzlich mit einer Diskussion der Matrizentheorie belasten.

Die erste Arbeit *Werner Heisenbergs* über dieses Thema erschien 1925[1]. In dieser Arbeit wird die Matrizentheorie nicht explizit erwähnt, da *Heisenberg* noch nicht erkannt hatte, daß seine mathematischen Operationen durch die Matrizentheorie interpretiert werden konnten. Der Zusammenhang mit der Matrizentheorie wurde jedoch bald danach in einer wichtigen Arbeit von *Max Born* und *Pascual Jordan* klargestellt[1].

54. Es muß darauf hingewiesen werden, daß historisch gesehen die Matrizenmechanik formuliert und entwickelt wurde, *bevor Schrödinger* seine Wellenmechanik formulierte. Wie wir schon feststellten, ist es nur natürlich, die Menge aller Lösungen einer linearen Differentialgleichung als Vektorraum anzusehen und als logische Folge sich dann mit den algebraischen Aspekten der Gleichung zu befassen. Wäre *Schrödingers* Wellenmechanik zuerst entstanden, dann wäre die Matrizenmechanik zweifelsohne sehr bald als Neuformulierung der Wellentheorie nachgefolgt. Tatsächlich entwickelten sich die Dinge doch ganz anders. Dem Autor erscheint die historische Folge der Ereignisse beinahe unglaublich; er betrachtet die Entwicklung der Matrizenmechanik als die bedeutendste und erstaunlichste Tat in der theoretischen Physik.

Schrödinger wies 1926 nach, daß die Matrizenmechanik und die Wellenmechanik physikalisch gesehen äquivalent sind[2].

5.7 Literatur

1. Über die historische Seite der Themen dieses Kapitels wird in den am Ende des Kapitels 1 zitierten Werken (Punkte 3 und 5) berichtet.

2. Über die mathematische Theorie linearer partieller Differentialgleichungen gibt es umfangreiche Literatur. Es wird nicht erwartet, daß sich der Leser in diesem Stadium mit dieser Theorie eingehend befaßt, doch soll zumindest ein Werk erwähnt werden, das in der Physik eine wichtige Rolle spielte: *R. Courant* und *D. Hilbert: Methoden der mathematischen Physik,* Bd. I und II. (Verlag Julius Springer, Berlin 1931 und 1937.)

Im zweiten Band werden partielle Differentialgleichungen behandelt. Im ersten Band wird auf eine Reihe von in der Physik wichtigen Themen eingegangen: zum Beispiel die Fourier-Analyse, Matrizentheorie, Theorie der Vektorräume, Variationsrechnung und die Theorie bestimmter einfacher linearer Differentialgleichungen, die in vielen physikalischen Problemen vorkommen.

Zufällig wurden die mathematischen Theorien, die später so erfolgreich auf die Quantenmechanik angewandt wurden, gerade zu der Zeit entwickelt, als die Quantenmechanik selbst

---

[1] W. Heisenberg, „Über quantentheoretische Umdeutung kinematischer und mechanischer Beziehungen", *Zeitschrift für Physik* **33**, 879 (1925).

[1] *M. Born* und *P. Jordan,* „Zur Quantenmechanik", *Zeitschrift für Physik* **34**, 858 (1925). Die Gesetze der Quantenmechanik wurden von diesen beiden Autoren und *Heisenberg* weiter entwickelt: *M. Born, W. Heisenberg* und *P. Jordan,* „Zur Quantenmechanik II", *Zeitschrift für Physik* **35**, 557 (1926).

[2] *E. Schrödinger,* „Über das Verhältnis der Heisenberg-Born-Jordanschen Quantenmechanik zu der meinen", *Annalen der Physik* **79**, 734 (1926).

entstand. *David Hilbert* von der Universität Göttingen spielte bei dieser Entwicklung eine bedeutende Rolle. Der unendlichdimensionale Vektorraum, auf dem die moderne Formulierung der Quantenmechanik beruht, wird nach ihm *Hilbertraum* genannt. *Hilbert* entwickelte seine Theorie linearer Räume ursprünglich nicht für physikalische Zwecke, doch führte die Entwicklung der Quantenmechanik natürlich dazu, daß man sich in verstärktem Maße mit den mathematischen Aspekten einer physikalischen Anwendung befaßte. Es war dies eine Zeit intensiver Wechselwirkung zwischen Mathematik und Physik.

Die Theorie der Quantenmechanik aus mathematischer Sicht ist das Thema des Werkes von *J. v. Neumann: Mathematische Grundlagen der Quantenmechanik.* (Verlag Julius Springer, Berlin 1932. Neuauflage von Dover Publications, New York 1943).

3. Im vorliegenden Band wird sehr wenig über Festkörperphysik gebracht. Eine Einführung in dieses Gebiet bringt zum Beispiel *C. Kittel: Einführung in die Festkörperphysik* (R. Oldenbourg Verlag, München – Wien, 1976). Es werden darin unter anderem die folgenden Themen behandelt: Kristallstruktur, Beugungstheorie und Theorie der Phononen.

Was Kristalle betrifft, so weisen wir auf den umfangreichen Artikel darüber in der *Encyclopaedia Britannica* unter dem Stichwort "crystallography" hin.

4. Die folgenden Artikel im *Scientific American* sind sicherlich von Interesse:
   a) *K. K. Darrow:* "The quantum theory" (Die Quantentheorie), März 1952, p. 47.
   b) *K. K. Darrow:* "Davisson and Germer", Mai 1948, p. 50.
   c) *E. Schrödinger:* "What is matter?" (Was ist Materie?), September 1953, p. 52.
   d) *P. und E. Morrison:* "The neutron" (Das Neutron), Oktober 1951, p. 44.
   e) *G. Gamow:* "The principle of uncertainty" (Das Unschärfeprinzip), Januar 1958, p. 51.
   d) *F. Block:* "Heisenberg and the Early Days of Quantum Mechanics", Physics Today, Dezember 1976.

5.8 Übungen

1. Das *Auflösungsvermögen* eines Mikroskops drückt aus, in welchen Grenzen mit dem Mikroskop kleine Details des untersuchten Objektes noch erkannt werden können. Das Auflösungsvermögen kann als der kleinste Abstand zweier Punkte im Objekt definiert werden, bei dem die zwei Punkte eben noch als zwei einzelne Punkte gesehen werden. In einem optischen Mikroskop ist die maximal mögliche Auflösung natürlich durch die endlich kurze Wellenlänge des verwendeten Lichts beschränkt: Wir erkennen Details des Objekts, die viel kleiner sind als die Wellenlänge des Lichts, nicht mehr. Um über diese dem Mikroskop gesetzten Grenzen hinauszugelangen, wurde das Elektronenmikroskop konstruiert. Anstelle der Glaslinsen werden elektrische und magnetische Felder geeigneter Form verwendet. Bei einem typischen Elektronenmikroskop wird das Objekt durch Elektronen mit einer Energie von 50 keV „beleuchtet". Vergleichen Sie das maximal mögliche Auflösungsvermögen eines solchen Elektronenmikroskops mit dem eines optischen Mikroskops.

   Es muß hinzugefügt werden, daß das eigentliche Auflösungsvermögen von Mikroskopen (optischen und Elektronenmikroskopen) noch von bestimmten Konstruktionseigenschaften des Geräts abhängt, die den Winkel bestimmen, in dem das Mikroskop das vom Objekt kommende „Licht" sieht. Aus technischen Gründen ist dieser Öffnungswinkel beim Elektronenmikroskop viel kleiner als beim optischen Mikroskop. Deshalb ist das tatsächliche Auflösungsvermögen eines Elektronenmikroskops erheblich geringer als das maximale theoretische Auflösungsvermögen; trotzdem ist es noch weitaus besser als das eines optischen Mikroskops.

2. Helium, ein einatomiges Gas, befindet sich auf Zimmertemperatur. Die mittlere Energie eines Heliumatoms in einem Gas der Temperatur T ist $W_k = 3kT/2$. Mit Hilfe dieses Ausdrucks kann die mittlere Geschwindigkeit (und der Impuls) der Heliumatome bestimmt werden.
   a) Berechnen Sie die mittlere Geschwindigkeit (in cm/s) der Heliumatome.
   b) Berechnen Sie die de Broglie-Wellenlänge in cm, die dieser mittleren Geschwindigkeit entspricht. Vergleichen Sie diese Wellenlänge mit dem mittleren Abstand der Gasatome voneinander. Der Druck des Gases beträgt 10^5 Pascal – der mittlere Abstand kann dann aus der Dichte bestimmt werden. Man kann annehmen, daß Quanteneffekte eine Rolle spielen *könnten*, wenn die de Broglie-Wellenlänge *größer* als der mittlere Abstand ist, während die klassische Darstellung genügen müßte, wenn die de Broglie-Wellenlänge viel *kleiner* als der mittlere Abstand ist. Nach der klassischen Modellvorstellung ist das Gas eine Ansammlung von Billiardkugeln, die unaufhörlich miteinander zusammenstoßen, nach der quantenmechanischen Beschreibung hingegen ist das Gas eine Ansammlung wechselwirkender Wellen. Es ist daher höchst aufschlußreich, wenn man den obigen Vergleich für ein wirkliches Gas durchführt.
   c) Die Dichte flüssigen Heliums ist etwa $150 \, \text{kg m}^{-3}$. Es bleibt bei den niedrigsten heute erreichbaren Temperaturen bei Normaldruck noch flüssig. Es ist analog zu b) die de Broglie-Wellenlänge mit dem mittleren Abstand bei der sehr niedrigen Temperatur von 0,01 K zu vergleichen.

3. Führen Sie den gleichen Vergleich zwischen der de Broglie-Wellenlänge und dem mittleren Abstand für das „Elektronengas" in einem Stück Kupfer durch. Nach bestimmten Modellvorstellungen werden Elektronen eines Metalls als ein „Gas" angesehen, wie es etwa Heliumatome in einem Behälter darstellen. Wir nehmen an, daß pro Kupferatom ein Elektron im Gitter frei beweglich sei. Dann ist der Abstand der Atome voneinander gleich dem mittleren Abstand der Elektronen.

4. Wir wollen folgende dreidimensionale Probleme untersuchen: Ein Teilchen trifft in schiefem Winkel auf die ebene Grenzfläche zwischen zwei Bereichen R_1 und R_2. Es wird angenommen, daß die potentielle Energie des Teilchens fast im gesamten Bereich R_1 den konstanten Wert W_{p1} aufweist und in fast dem gesamten Bereich R_2 den konstanten Wert W_{p2}, ausgenommen in unmittelbarer Umgebung der Grenzfläche, an der sich die potentielle Energie abrupt von W_{p1} auf W_{p2} ändert. Innerhalb der Bereiche R_1 und R_2 wirken daher auf das Teilchen keine Kräfte, in der Nähe der Grenzfläche jedoch starke Kräfte senkrecht zur Grenzfläche. Die Gesamtenergie des Teilchens ist W, und es gilt $W > W_{p1}$ und $W > W_{p2}$. Das Teilchen wird dann in der Grenzfläche gebrochen; diese Brechung wollen wir sowohl vom klassischen als auch vom quantenmechanischen Standpunkt untersuchen.
   a) Leiten Sie das Brechungsgesetz auf der Basis der klassischen Mechanik ab. In diesem Falle tritt eine Änderung der Normalkomponente des Impulses ein, wenn das Teilchen die Grenzfläche passiert, die Horizontalkomponente (in der

5.8 Übungen

Grenzfläche) ändert sich jedoch nicht. Aus dem Energieerhaltungssatz ergibt sich der Impuls im Bereich R_2, wenn der Impuls im Bereich R_1 bekannt ist; so kann dann das Brechungsgesetz abgeleitet werden.

b) Leiten Sie das Brechungsgesetz auf der Basis der Wellenmechanik ab; zeigen Sie, daß das gleiche Ergebnis wie im klassischen Fall erzielt werden kann. Betrachten wir dieses Problem aus der Sicht der Quantenmechanik, müssen wir erneut den Zusammenhang zwischen der Energie W, dem Impuls p, der Frequenz ω und dem Wellenvektor k des Teilchens untersuchen. Unsere früheren Überlegungen in dieser Hinsicht galten nämlich für einen Bereich, in dem das Potential null ist, und könnten daher im vorliegenden Fall unter Umständen nicht mehr gelten. Vielleicht könnten Sie auch darlegen, wie Sie sich die Formulierung der entsprechenden Theorie vorstellen. Untersucht werden müssen unter anderem die folgenden Punkte: Ist die Frequenz beiderseits der Grenzfläche gleich? Muß die Tangentialkomponente des Wellenvektors an der Grenzfläche kontinuierlich sein? Gilt die Beziehung $p = \hbar k$ immer? Wie steht es mit der Beziehung $W = \hbar \omega$ in diesem Falle?

Bei diesem speziellen Problem ist die Lösung ja bereits bekannt: Das Brechungsgesetz muß auf klassischer Basis richtig abgeleitet werden können (Teil a). Dies ist bei der Suche nach neuen Ideen eine große Hilfe, weil Sie wissen, daß die quantenmechanische Theorie in diesem Fall ein bereits bekanntes Ergebnis liefern *muß*.

c) Die klassische Dynamik besagt, daß das Teilchen an der Grenzfläche nicht *reflektiert*, sondern nur *gebrochen* wird. Trifft Licht die Grenzfläche zwischen zwei verschiedenen Dielektrika, dann wird es reflektiert *und* gebrochen. Was geschieht Ihrer Meinung nach im Falle eines quantenmechanischen Teilchens, also eines realen Teilchens?

5. Wir untersuchen die Beugung an einem *Strichgitter* (Bild 5.24). Ein solches Gitter wird durch eine große Anzahl sehr feiner paralleler Ritzer in konstantem Abstand auf einer ebenen Fläche (aus Glas, Metall oder Plastik) gebildet. Zur Vereinfachung soll dieses Problem nur zweidimensional untersucht werden, was dann zulässig ist, wenn die einfallende Welle sich in einer Richtung ausbreitet, die in einer zu den Strichen senkrechten Ebene liegt. Die Einfallsrichtung liegt also in der Bildebene.

Die einfallende Welle ist eine ebene Welle der Frequenz (= Energie) ω und mit einem Wellenvektor (= Impuls) p_i. Die möglichen Richtungen der gebeugten Wellen sind zu bestimmen. Es ist zu zeigen, daß diese Richtungen folgendermaßen beschrieben werden können: Ein Teilchen mit dem Impuls p_i trifft auf das Gitter. Nach dem Stoß hat es den Impuls p_0. Die Energie des Teilchens ändert sich durch den Stoß nicht, aber es wird dabei ein *Impuls $p = p_i - p_0$ auf das Gitter übertragen*. Die möglichen Richtungen der gebeugten Wellen sind dann durch die einfache Regel bestimmt, daß die Komponente des übertragenen Impulses p in Richtung des Gitters, also die Vertikalkomponente im nebenstehenden Bild, ein ganzzahliges Vielfaches von $2\pi/a$ sein muß, wobei a der Abstand der Striche ist. Die Vertikalkomponente des übertragenen Impulses ist also „quantisiert".

6. a) Wir untersuchen die Beugung sichtbaren Lichts an einem Strichgitter, wie es in der vorigen Übung beschrieben wurde. Die Gitterkonstante a ist zweimal so groß wie die Wellenlänge des Lichts, und der Einfallswinkel ist 45°. Bestimmen Sie die Winkel, in denen gebeugte Strahlen auftreten können. Zeichnen Sie ein schematisches Bild.

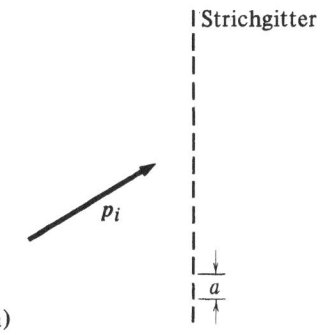

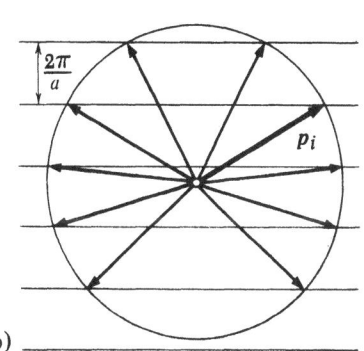

Bild 5.24 a) Schematische Darstellung eines Beugungsgitters. Der einfallende Impuls p_i wird durch den Vektor symbolisiert. Der Abstand zweier Striche des Gitters ist die sogenannte Gitterkonstante a.

b) Bestimmung der Richtungen der gebeugten Strahlen anhand einer einfachen geometrischen Konstruktion. Die Impulse nach der Beugung sind durch die Schnittpunkte bestimmt, die ein Kreis mit einer Anzahl paralleler Geraden bildet; der Kreis entspricht dem konstant bleibenden Impulsbetrag, die parallelen Linien den möglichen Werten der Vertikalkomponente des Impulses, der auf das Gitter übertragen wird. Zehn mögliche Endimpulse, einschließlich des Einfallsimpulses, sind hier durch die entsprechenden Vektoren dargestellt.

b) Die Versuchsanordnung wird nun insofern abgeändert, als das Gitter zwischen zwei Glasscheiben gebracht wird; die eine Glasplatte ist aus Kronglas (Brechungsindex 1,51), die andere aus Flintglas (Brechungsindex 1,74). Beide Platten haben eine gleichmäßige Dicke von 5 mm, die Kronglasplatte befindet sich auf der Seite, auf der das Licht einfällt. Die Wellenlänge, die Gitterkonstante und der Einfallswinkel sind dem ersten Teil der Aufgabe zu entnehmen. Es sind die Richtungen zu bestimmen, in denen gebeugte Strahlen die Doppelplatte verlassen können; das Ergebnis ist mit dem des ersten Teils der Aufgabe zu vergleichen.

7. In einem Versuch nach Art des Experiments von *Davisson* und *Germer* treffen Elektronen der Energie 88 eV senkrecht auf eine Fläche eines Metallkristalls, in dem die Atome in einem quadratischen Gitter der Kantenlänge $a = 0{,}29$ nm angeordnet sind. Es ist eine Darstellung zu konstruieren, in der die Schnittpunkte der gebeugten Strahlen mit einer Ebene dargestellt sind, die in einem Abstand von 5 cm parallel zur Kristallfläche ist. Die Darstellung soll im richtigen Maßstab gezeichnet sein und alle gebeugten Strahlen enthalten.

8. Es war einmal ein Physiker, der Experimente wie das oben beschriebene mit einer Reihe von verschiedenen Metallen durchführte. Er berichtete über seine Ergebnisse: „Beim Metall *A* stellte ich ein Beugungsmuster mit dreifacher Symmetrie fest, beim Metall *B* eine vierfache Symmetrie, beim Metall *C* eine fünffache Symmetrie und beim Metall *D* eine sechsfache Symmetrie." (Das Beugungsmuster weist eine *n*-fache Symmetrie auf, wenn es bei einer Drehung um den Winkel $2\pi/n$ invariant ist.) Dieser Bericht ist im Detail zu diskutieren.

9. Man läßt einen Neutronenstrahl aus einem Reaktor eine Säule aus (polykristallinem) Beryllium durchdringen. Dieses Material wird gewählt, weil es Neutronen nicht wesentlich absorbiert. Man stellt fest, daß die am anderen Ende der Säule austretenden Neutronen „kalt" sind, d. h., ihre kinetischen Energien entsprechen Temperaturen unter 50 K. Die „wärmeren" Neutronen, deren Energien etwa Zimmertemperatur entsprechen, werden durch das Beryllium stark aus der Strahlrichtung gestreut. Wie erklären Sie dieses Phänomen?

10. Die Wellenfunktion $\psi(x, t)$ ist eine Lösung positiver Frequenz der Klein-Gordon-Gleichung, wobei für die Masse *m* einzusetzen ist. Wir nehmen an, daß diese Wellenfunktion ein Teilchen darstellt (bzw. ein Wellenpaket), dessen Ort im Raum recht gut und dessen Richtung mehr oder weniger gut definiert ist. Die Funktion $\psi_R(x, t)$ sei durch

$$\psi_R(x, t) = \psi(-x, t)$$

definiert.

a) Zeigen Sie, daß auch $\psi_R(x, t)$ eine Lösung positiver Frequenz der Klein-Gordon-Gleichung ist.

b) Die Wellenfunktion $\psi_R(x, t)$ definiert dementsprechend einen weiteren Bewegungszustand des Teilchens. Es ist *physikalisch* (im Gegensatz zu mathematisch) zu beschreiben, in welcher Beziehung der durch $\psi_R(x, t)$ definierte Bewegungszustand zu dem Bewegungszustand steht, der durch $\psi(x, t)$ angegeben ist. (Dies ist recht einfach. Überlegen Sie sich, welche „mittleren" Bahnen die Teilchen in den beiden Fällen haben, das führt dann zu der gesuchten einfachen Aussage.)

11. Diese Übung ist Übung 10 analog, nur wahrscheinlich etwas schwieriger zu lösen. Die Funktion $\psi_T(x, t)$ ist durch

$$\psi_T(x, t) = \psi^*(x, -t)$$

definiert; das Sternchen bezeichnet die komplex-konjugierte Größe.

a) Zeigen Sie, daß auch $\psi_T(x, t)$ eine Lösung positiver Frequenz der Klein-Gordon-Gleichung ist.

b) Beschreiben Sie aus *physikalischer* Sicht, in welcher Beziehung der durch $\psi_T(x, t)$ beschriebene Bewegungszustand zu dem Bewegungszustand steht, der durch $\psi(x, t)$ beschrieben ist.

6 Das Unschärfeprinzip und die Meßtheorie

6.1 Die Heisenbergschen Unschärferelationen

1. In den vorangegangenen zwei Kapiteln sind wir zu der Erkenntnis gelangt, daß die in der Natur auftretenden Teilchen Welleneigenschaften aufweisen. Ein bewegtes Teilchen mit einem wohl definierten Impuls p verhält sich unter Umständen wie eine Welle der Wellenlänge $\lambda = h/p$: Diese Beziehung zwischen Wellenlänge und Impuls ist *universell* gültig, d.h., sie gilt für alle realen Teilchen. Wir haben besonders betont, daß man diese Welleneigenschaften nicht im Sinne einer „Führungswelle" auslegen dürfe, die sozusagen ein klassisches Korpuskel begleitet. Ein reales physikalisches Teilchen ist ein nicht reduzierbares Ganzes, und seine Wellen- und Korpuskeleigenschaften manifestieren verschiedene Aspekte seiner eigentlichen Natur.

2. Wir wissen, daß der Bewegungszustand eines Teilchens durch eine komplexe Wellenfunktion $\psi(x, t)$ beschrieben werden kann. Im Falle eines einzelnen Teilchens befriedigt diese Wellenfunktion die Klein-Gordon-Gleichung, wenn als Nebenbedingung in der Fourieranalyse der Wellenfunktion nur positive Frequenzen auftreten. Die Klein-Gordon-Gleichung kann mit dieser Bedingung gelöst werden, wenn als Anfangsbedingung eine Wellenfunktion $\psi(x, 0)$ zu einem Zeitpunkt $t = 0$ (oder sonst einem bestimmten Zeitpunkt) gegeben ist. Diese Anfangswellenfunktion kann beliebig gewählt werden, weshalb sich eine Vielzahl unterschiedlicher Wellen ergibt, die verschiedenen Bewegungszuständen des Teilchens entsprechen. Es muß darauf hingewiesen werden, daß in der Quantenmechanik eine Welle nicht unbedingt sinusförmig sein muß – dies wäre ein ganz spezieller Sonderfall (Bild 6.1). Die Klein-Gordon-Gleichung bestimmt die zeitliche Abhängigkeit der Wellenfunktion, doch bedingt sie keinerlei Einschränkungen hinsichtlich des Wellenbildes zu *einem* bestimmten Zeitpunkt. Das Wellenbild zu zwei verschiedenen Zeitpunkten unterliegt jedoch einer derartigen Einschränkung. Die Wellenfunktion $\psi(x, t_1)$ zur Zeit $t = t_1$ bestimmt eindeutig die Wellenfunktion zu allen anderen Zeitpunkten und damit auch den Bewegungszustand des Teilchens. In diesem Sinne ist die Wellenmechanik als eine deterministische Theorie aufzufassen.

3. Betrachten wir nun den Bewegungszustand eines Teilchens, der durch die Anfangswellenfunktion $\psi(x, t)$ beschrieben ist. Was können wir über Lage und Impuls des Teilchens zum Zeitpunkt $t = 0$ aussagen?

Wir haben bereits öfters festgestellt, daß die Amplitude der Welle statistisch zu deuten ist. Das Teilchen befindet sich mit größter Wahrscheinlichkeit in den Raumbereichen, in denen die Amplitude groß ist. Genauer ausgedrückt ist der Absolutbetrag des Amplitudenquadrats in einem Punkt ein Maß für die Wahrscheinlichkeit, daß das Teilchen mit einem (kleinen) Detektor in der näheren Umgebung dieses

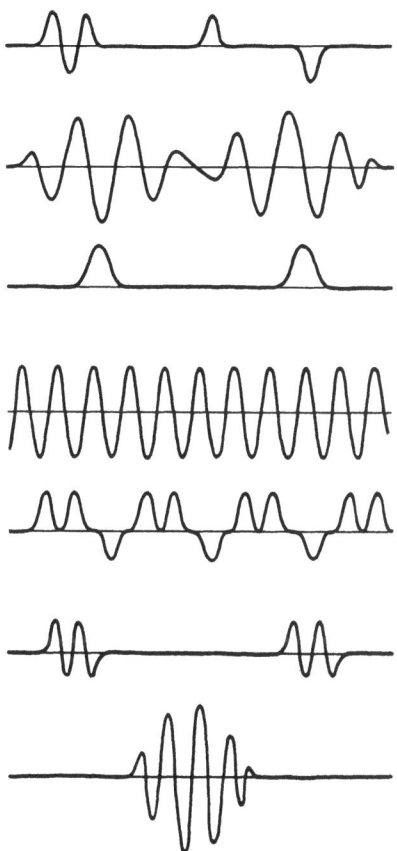

Bild 6.1 Unterschiedliche Wellen. Dieses Bild soll daran erinnern, daß in der Quantenmechanik eine Welle nicht unbedingt wie eine Sinuswelle aussehen muß (zu einem bestimmten Zeitpunkt). Eine *beliebige* Welle kann eine beliebige Funktion der Lage sein. Sie braucht auch nicht so harmonisch wie die dargestellten Wellen auszusehen. Es wurde hier der Realteil der (im allgemeinen) komplexen Wellenfunktion dargestellt.

Punktes nachgewiesen werden kann. Geht aus der Anfangswellenfunktion hervor, daß die Amplitude außer in einem sehr kleinen Bereich gleich Null ist, dann können wir sagen, daß sich das Teilchen *in* diesem Bereich befindet (zum Zeitpunkt $t = 0$): Seine Lage ist genau bekannt. Ist hingegen die Wellenfunktion so verteilt, daß die Amplitude über einen sehr großen Bereich annähernd konstant bleibt, dann können wir für das Teilchen keine genaue Lage angeben: Die Unschärfe seiner Lage zur Zeit $t = 0$ ist sehr groß.

Aus dem Wellenmodell ergibt sich also zwangsläufig, daß einem Teilchen ganz allgemein unmöglich eine genaue Lage zugeordnet werden kann. Die Genauigkeit, mit der seine Lage angebbar ist, hängt vom Bewegungszustand des Teilchens ab. Nun sind sowohl Wellenfunktionen (Bewegungszustände) möglich, für die die Lage sehr genau angegeben werden kann, wie auch solche, für die die Lage nicht genauer als auf ein Lichtjahr bestimmbar ist.

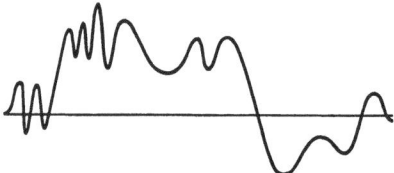

Bild 6.2 Beispiel für einen Wellenzug, bei dem der Begriff der Wellenlänge kaum sinnvoll ist. Bei einer solchen Welle ist der Impuls sehr schlecht definiert. Auch für die Wellen in Bild 6.1 – mit Ausnahme der in der Mitte – ist der Impuls schlecht definiert.

4. Für den Impuls gelten analoge Überlegungen. Da Impuls und Wellenlänge durch die de Broglie-Gleichung in Beziehung stehen, kann der Impuls nicht genau definiert werden, wenn die Wellenlänge nicht genau definiert ist (und umgekehrt). Soll die Wellenlänge genauer definiert werden, dann muß die Wellenfunktion in irgendeiner Weise periodisch sein (Bild 6.1). Für eine lange Sinuswelle ist die Wellenlänge gut definiert, bei irgendeiner unregelmäßigen, unperiodischen Kurve können wir überhaupt nicht von einer Wellenlänge sprechen (Bild 6.2). Wir sehen also, daß die Genauigkeit, mit der der Impuls bestimmt werden kann, vom Bewegungszustand des Teilchens abhängt; der Impuls kann sehr genau oder auch sehr ungenau definiert sein.

Heisenberg erkannte, daß zwar die Genauigkeit mit der *entweder* der Impuls *oder* die Lage bestimmt werden kann, keinerlei Beschränkungen unterliegt, jedoch eine grundlegende Grenze für die Genauigkeit besteht, mit der Lage und Impuls *gleichzeitig* (also für *ein und dieselbe* Wellenfunktion) ermittelt werden können. Diese Erkenntnis führte zur Formulierung der berühmten *Unschärferelationen*, die *Heisenberg* 1927 aufstellte[1]). Wir werden nun diese Beziehung anhand einfacher logischer Überlegungen ableiten.

5. Betrachten wir vorerst einmal die de Broglie-Wellen in einer eindimensionalen Welt. Wir verwenden der Einfachheit halber Einheiten, bei denen $\hbar = 1$ ist. Zwischen Wellenlänge und Impuls gilt dann die Beziehung $\lambda = 2\pi/p$, und wir brauchen nicht zwischen Wellenvektor und Impuls zu unterscheiden.

Wir werden uns in unserer Argumentation bildlicher Wellendarstellungen bedienen und haben daher in Bild 6.3 vier verschiedene Wellenzüge endlicher Länge wiedergegeben. (In diesen Bildern entspricht die Abszisse der x-Koordinate.) Es ist hierbei zu beachten, daß die Wellenfunktion $\psi(x, 0)$ im allgemeinen eine Funktion mit komplexen Werten ist, was eine graphische Darstellung einigermaßen problematisch macht. Wir können jedoch den Realteil und den Imaginärteil der Funktion einzeln auftragen. Die Darstellungen in Bild 6.3 können dann entweder als Realteil oder als Imaginärteil von $\psi(x, 0)$ aufgefaßt werden.

Es sind hier „unterbrochene Sinuswellen" dargestellt, die in dem Bereich, in dem die Wellenfunktion nicht Null wird, durch die Funktion $\sin(px)$ beschrieben werden. Diese Welle ist jedoch nicht *eigentlich* eine reine Sinuswelle, da sie an beiden Enden sozusagen abgeschnitten ist. Aus diesem Grunde ist die Wellenlänge (und der Impuls) nicht genau bestimmt: Diese Größen können *nur* dann genau bestimmt werden, wenn die Welle eine reine Sinusfunktion ist.

Aus Bild 6.3 ist klar ersichtlich, daß der Impuls um so schlechter definiert ist, je genauer die Lage bestimmt ist. Wir bezeichnen die Unschärfe in der Lage x mit Δx. Die Lageunschärfe wird grob durch die Länge des Wellenzugs wiedergegeben: Enthält der Wellenzug n ganze Wellen, dann gilt

$$\Delta x \approx n\lambda = \frac{2\pi n}{p}, \qquad (6.1)$$

wobei λ die Wellenlänge ist. Es ist klar, daß die Wellenlänge um so besser definiert ist, je größer die Anzahl der vollen Schwingungen in dem Wellenzug ist. Ein grobes Maß für die *relative* Unschärfe der Wellenlänge gewinnen wir durch die Größe

$$\frac{1}{n} \approx \frac{\Delta\lambda}{\lambda} = \frac{\Delta p}{p}, \qquad (6.2)$$

wobei Δp die Unschärfe im Impuls ist. (Da $\lambda = 2\pi/p$ ist, folgt $\Delta\lambda/\lambda = \Delta p/p$.)

a)

b)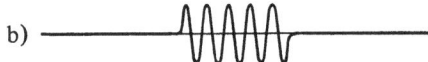

c)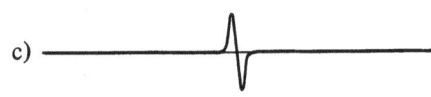

d)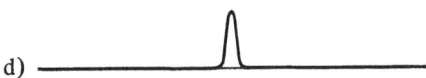

Bild 6.3 Zur Veranschaulichung der Lage-Impuls-Unschärferelation. Ein Wellenzug muß kurz sein, wenn die Lage genau bestimmt sein soll. Soll der Impuls genau bestimmbar sein, dann müssen viele gut entwickelte Sinusschwingungen vorhanden sein. Diese beiden Bedingungen stehen also miteinander in Widerspruch.
a) Lage schlecht, Impuls gut definiert,
b) Lage besser, Impuls weniger gut definiert,
c) Lage gut, Impuls sehr schlecht definiert,
d) Lage sehr gut, Impuls sehr schlecht definiert.

---

[1]) W. *Heisenberg*, „Über den anschaulichen Inhalt der quantentheoretischen Kinematik und Mechanik", *Zeitschrift für Physik* **43**, 172 (1927).

6.1 Die Heisenbergschen Unschärferelationen

Aus den Gln. (6.1) und (6.2) zusammen ergibt sich die größenordnungsmäßige Beziehung

$$\Delta x \, \Delta p \approx 1 \, . \qquad (6.3)$$

Der Faktor 2π wurde hier weggelassen, weil wir nur an einer Abschätzung der Größenordnung interessiert sind. Die hier gegebenen Definitionen von Δx und Δp sind nicht exakt sondern nur qualitativ, daher ist auch das Ergebnis nur qualitativ.

6. Die Beziehung (6.3) ist diejenige Form der Unschärferelation, die für die spezielle Art von Wellen in Bild 6.3 gilt. Die allgemeine und für *alle* Wellen geltende Unschärferelation hat die Form einer *Ungleichung*. Um diese Tatsache zu veranschaulichen, ist in Bild 6.4 ein weiterer Wellentyp dargestellt. Bei dieser Welle ist offensichtlich die Unschärfe in der Lage etwa die gleiche wie die der Welle in Bild 6.3a. Die Unschärfe im Impuls (bzw. der Wellenlänge) ist hingegen bei der Welle in Bild 6.4 viel größer als bei der Welle in Bild 6.3a. Die Lage-Impuls-Unschärferelation muß in der korrekten Form daher

$$\Delta x \, \Delta p \geqslant 1 \qquad (6.4)$$

lauten.

Der Leser wird sich erinnern, daß wir die Unschärferelation in dieser Form bereits in Kapitel 1 kurz diskutierten.

Bild 6.4 Für diesen Wellenzug ist die Lage ebenso schlecht definiert wie in Bild 6.3a. Aber der Impuls ist hier *ebenfalls* sehr schlecht definiert, auf jeden Fall sehr viel schlechter als in Bild 6.3a. Die korrekte Form der Unschärferelation ist eine Ungleichung: Man kann sich Wellenzüge denken, für die die Unschärfe von Impuls und Lage beliebig groß ist.

7. Betrachten wir nun eine Welle im dreidimensionalen Raum. Wir können vorausschicken, daß unsere Überlegungen für die eindimensionale Welle analog für jede einzelne Koordinatenrichtung gelten. Wenn also x_α und p_α ($\alpha = 1, 2, 3$) die kartesischen Lage- und Impulskoordinaten des Teilchens sind, dann gilt

$$\Delta x_\alpha \, \Delta p_\alpha \geqslant 1 \, , \quad \alpha = 1, 2, 3 \, . \qquad (6.5)$$

Andererseits ist es durchaus möglich, daß die *Lage* einer Welle im Raum in Bezug auf die x_1-Richtung, der *Impuls* der Welle jedoch in x_2-Richtung genau bestimmt ist. Dies wird sofort verständlich, wenn Sie sich ein Wellenpaket vorstellen, das seitlich um die Achse 2 nur geringen Raum einnimmt, doch in Richtung dieser Achse eine große Länge aufweist. Die x_1-Koordinate des Teilchens (= Wellenpaket) ist dann sehr genau bestimmt. In Richtung der x_2-Achse hingegen kann die Welle über eine weite Strecke streng periodisch sein, d.h., der Impuls p_2 ist dann sehr genau bestimmt. Die Genauigkeit, mit der die x_1-Koordinate des Teilchens bestimmt werden kann, bedingt also *keinerlei* Beschränkung der Genauigkeit hinsichtlich der Impulskomponente p_2; es gelten die allgemeinen Beziehungen

$$\Delta x_\alpha \, \Delta p_\beta \geqslant 0 \quad \text{für} \quad \alpha \neq \beta \, . \qquad (6.6)$$

Die Ungleichungen (6.5) und (6.6) sind die Unschärferelationen für Wellen (= Teilchen) im dreidimensionalen Raum.

8. Es wird nützlich sein, nochmals auf die Darstellung einer beliebigen Welle als Überlagerung ebener Wellen zurückzukommen:

$$\psi(\boldsymbol{x}, 0) = \int\limits_{(\infty)} d^3(\boldsymbol{p}) A(\boldsymbol{p}) \exp(\mathrm{i}\boldsymbol{x} \cdot \boldsymbol{p}) \, , \qquad (6.7)$$

wobei

$$A(\boldsymbol{p}) = (2\pi)^{-3} \int\limits_{(\infty)} d^3(\boldsymbol{x}) \psi(\boldsymbol{x}, 0) \exp(-\mathrm{i}\boldsymbol{x} \cdot \boldsymbol{p}) \, . \qquad (6.8)$$

Diese Darstellung wurde in den Abschnitten 39 bis 44 des Kapitels 5 besprochen. Wir stellten dabei fest, daß sich diese beiden Gleichungen gegenseitig bedingen.

Nehmen wir nun an, die Funktion $A(\boldsymbol{p})$ ist im Impulsraum sehr genau lokalisiert. Das bedeutet, daß $A(\boldsymbol{p})$ nur in unmittelbarer Umgebung eines Punktes $\boldsymbol{p} = \boldsymbol{p}_0$ einen nennenswerten Wert besitzt, überall sonst jedoch klein ist. Zur Vereinfachung wollen wir annehmen, daß $A(\boldsymbol{p})$ außerhalb eines sehr eng begrenzten Bereichs um $\boldsymbol{p}_0$ *Null* wird. Wenn wir uns das Integral ansehen, das $\psi(\boldsymbol{x}, 0)$ definiert, dann gelangen wir schon rein intuitiv zu der Feststellung, daß die Wellenfunktion $\psi(\boldsymbol{x}, 0)$ lagemäßig *nicht* genau bestimmt sein kann. Die Wellenfunktion $\psi(\boldsymbol{x}, 0)$ wird unter diesen Umständen annähernd wie eine ebene Welle mit dem Impuls $\boldsymbol{p}_0$ aussehen. Sie verstehen das sofort, wenn Sie sich den Extremfall vorstellen, in dem der Bereich mit $A(\boldsymbol{p})$ ungleich Null auf einen Punkt zusammenschrumpft. (Bei diesem Grenzübergang muß natürlich gleichzeitig die Amplitude $A(\boldsymbol{p})$ vergrößert werden, sonst würde das Integral für $\psi(\boldsymbol{x}, 0)$ gegen Null gehen.)

Es leuchtet nun hoffentlich allen Lesern ein, daß die Wellenfunktion $\psi(\boldsymbol{x}, 0)$ räumlich einen um so größeren Bereich einnimmt, je kleiner der Bereich von $A(\boldsymbol{p})$ im Impulsraum ist. Zwischen den Gln. (6.7) und (6.8) besteht jedoch eine auffällige Symmetrie; wir können also umgekehrt feststellen, daß die Funktion $A(\boldsymbol{p})$ einen um so größeren Bereich einnimmt, je kleiner der Bereich der Funktion $\psi(\boldsymbol{x}, 0)$ ist. Ist der Bereich der Funktion $\psi(\boldsymbol{x}, 0)$ sehr klein, sind die Funktionswerte also nur in einem eng begrenzten Bereich um den Punkt $\boldsymbol{x}_0$ groß, dann ist die

Lage des Teilchens genau bestimmt. Der Impuls dagegen ist sehr ungenau bestimmt, da dem großen Bereich der Funktion $A(p)$ im Impulsraum viele Impulswerte entsprechen.

9. Diese Überlegungen können auch exakt formuliert werden, indem wir den Funktionsbereich von $A(p)$ in Beziehung zum Funktionsbereich von $\psi(x, 0)$ setzen — wir erhalten dann eine *Unschärferelation*: Die Genauigkeit, mit der die Lage bestimmt ist, ist der Genauigkeit umgekehrt proportional, mit der der Impuls bestimmt ist. Da wir in diesem Buch, wie schon erwähnt, nicht auf die Theorie des Fourier-Integrals eingehen wollen, können wir auch keine streng exakte Ableitung der Unschärferelationen bringen[1]. Wichtig ist für uns, die qualitativen Hintergründe der Unschärferelationen zu durchschauen. Wie wir gesehen haben, ist das im Prinzip sehr einfach. Soll die Lage des Teilchens genau bestimmt sein, muß der Wellenzug kurz sein. Dies wiederum ist unvereinbar mit der Bedingung für einen genau bestimmten Impuls: Der Wellenzug muß über einen so großen Bereich sinusförmig sein, daß darin eine große Anzahl voller Perioden enthalten ist. Akzeptieren wir also die Wellenbeschreibung von Teilchen, dann können Lage und Impuls des Teilchens nicht mit unbegrenzter Genauigkeit *gleichzeitig* bestimmt werden.

Denken wir an unsere kurze Diskussion über die physikalische Bedeutung der Unschärferelationen in den Abschnitten **20** bis **26** des Kapitels 1. Es sollte inzwischen jedem klargeworden sein, daß die Unschärferelationen keineswegs nur eine bedauerliche und unvermeidbare „Störung" der geordneten klassischen Bewegung eines klassischen Teilchens durch unsere Meßinstrumente widerspiegeln. Sie definieren vielmehr die Grenzen, über die hinaus klassische Vorstellungen nicht mehr angewendet werden können. Es ist einfach sinnlos, gleichzeitig die *genaue* Lage und den *genauen* Impuls eines quantenmechanischen Teilchens (= Wellenpaket) angeben zu wollen.

10. Welche Bedingungen müssen nun erfüllt sein, um ein Elektron als klassisches Teilchen, als „geladene Billardkugel", zu beschreiben? Es gelten hier die analogen Bedingungen wie für die Gültigkeit der geometrischen Optik. Die linearen Abmessungen des Geräts, das das Teilchen passiert, müssen verglichen mit dessen Wellenlänge groß sein, sonst treten die für Wellen charakteristischen Beugungseffekte auf. d ist irgendeine lineare Abmessung des Instruments (d kann beispielsweise der Durchmesser einer Linse oder die Breite eines Spalts sein); λ ist die de Broglie-Wellenlänge des Teilchens. Damit das klassische Korpuskelmodell hinreichend genau ist, muß $d \gg \lambda$ sein. Da $\lambda = 2\pi/p$ ist, können wir das gesuchte Kriterium auch in der Form

$$dp \gg 1 \tag{6.9}$$

schreiben.

Im SI-System hat dieses Kriterium die Form $dp \gg \hbar$, was den Darstellungen in den Abschnitten **20** bis **26** des Kapitels 1 entspricht.

11. Um die Bedeutung der Unschärferelationen noch zu veranschaulichen, wollen wir untersuchen, mit welcher Genauigkeit einem Elektron in einem bestimmten Fall eine klassische Bahn zugeordnet werden kann. Die Bilder 6.5 und 6.6 stellen die Situation dar, mit der wir uns befassen wollen. Ein Elektronenstrahl (jedes Elektron wird durch eine ebene Welle beschrieben) fällt von links her auf den linken Schirm. Dieser hat einen Spalt der Breite d. Es soll nun das d bestimmt werden, bei dem die Fläche, die der durch den Spalt fallende Strahl auf dem rechten Schirm trifft, so klein wie möglich ist. Der Abstand der beiden Schirme ist l.

Wir nehmen an, daß die einfallenden Elektronen alle den gleichen Impuls p haben. Die Querkomponente der Lageunschärfe eines Elektrons, das den Schirm links passiert, ist gleich d. Die Querkomponente seiner Impulsunschärfe ist Δp, und es gilt

$$\Delta p \approx \frac{1}{d}. \tag{6.10}$$

Unter der Voraussetzung, daß Δp relativ zu p klein ist, können wir Gl. (6.10) auch durch die Unschärfe $\Delta \theta$ im Winkel θ (zur Einfallsrichtung) formulieren, mit dem die Elektronen vom Spalt austreten:

$$\Delta \theta \approx \frac{\Delta p}{p} \approx \frac{1}{pd}. \tag{6.11}$$

Δx soll als Maß für die von den Elektronen am rechten Schirm getroffene Fläche gelten (Bild 6.5). Δx wird dann erstens durch die Spaltbreite (linker Schirm) und zweitens

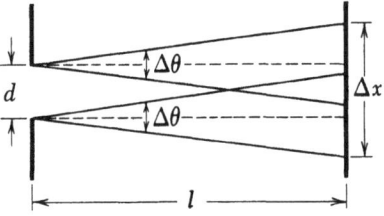

Bild 6.5 Wir versuchen, einen eng begrenzten Elektronenstrahl zu erzeugen, indem wir einen breiten Strahl, der von links einfällt, durch den Spalt im linken Schirm begrenzen. Der Strahl wird am Spalt gebeugt, und die Unschärfe $\Delta \theta$ des Winkels, in dem die Elektronen den Spalt verlassen, ist umgekehrt proportional zur Spaltbreite d. Der Durchmesser der vom Strahl getroffenen Fläche am rechten Schirm ist durch $\Delta x \approx d + l\Delta\theta$ gegeben.

---

[1] Die übliche Ableitung dieser Beziehungen findet man bei *L. I. Schiff, Quantum Mechanics* (McGraw-Hill Book Company, New York 1968), 3. Aufl., S. 60

6.1 Die Heisenbergschen Unschärferelationen

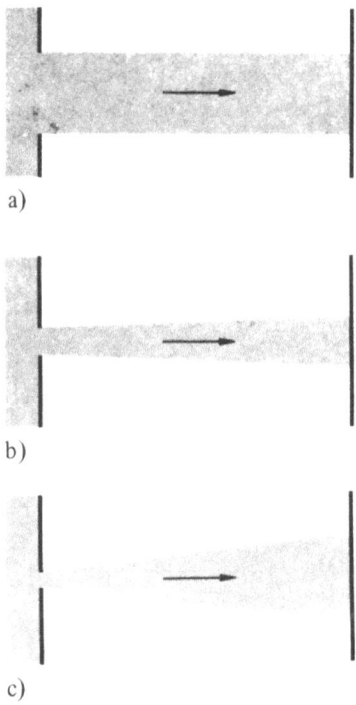

Bild 6.6 Diese drei grob schematisierten Bilder veranschaulichen, wie die Strahlbreite von der Breite a des Eingangsspalts abhängt. (Die Wellenlänge der Elektronen ist bei den obigen Bildern kürzer als in Bild 6.5.) In a) ist der vom Strahl getroffene Fleck am rechten Schirm groß, weil der Eingangsspalt breit ist. Ist die Spaltbreite sehr klein, wie in c), dann wird der Fleck am rechten Schirm auch wieder groß, diesmal aber durch Beugungseffekte. Am kleinsten ist der Fleck, wenn $d \approx \sqrt{\lambda l}$, dann ist der Durchmesser des Flecks von der gleichen Größenordnung wie d. b) veranschaulicht diese optimale Anordnung.

durch die Zerstreuung der Welle infolge Beugung am Spalt bestimmt. Wir können daher

$$\Delta x \approx d + l\Delta\theta \approx d + \frac{l}{pd} \quad (6.12)$$

ansetzen.

Da die Wellenlänge λ durch $\lambda = 2\pi/p$ gegeben ist, können wir Gl. (6.12) umformen:

$$\Delta x \approx d + \frac{\lambda l}{d}. \quad (6.13)$$

Hier wurde im letzten Term der Faktor 2π fallengelassen, da wir hier nur an einer Abschätzung der Größenordnung interessiert sind. Das Endergebnis ist ohne diesen Faktor übersichtlicher.

Wenn wir also d zu klein annehmen, dann wird der zweite Term in Gl. (6.13), der den Beugungseffekt darstellt, groß; ist hingegen die Spaltbreite d groß, dann wird der erste Term groß. Es ist ein einfaches Problem aus der Ausgleichsrechnung bzw. eine einfache Extremwertaufgabe,

das optimale d_0 zu bestimmen, bei dem der Näherungswert (6.13) für Δx ein Minimum ($\Delta x_{\min}$) wird. Wir erhalten

$$d_0 = \sqrt{\lambda l}, \quad \Delta x_{\min} = 2 d_0 = 2\sqrt{\lambda l}. \quad (6.14)$$

Im Optimalfall ist die getroffene Fläche am rechten Schirm doppelt so breit wie der Spalt im linken Schirm. (Dieser Faktor 2 darf jedoch nicht zu wörtlich aufgefaßt werden – wir wollen ja schließlich nur Größenordnungen abschätzen und haben daher auch $2\pi \approx 1$ gesetzt.) Ist $l = 1$ m, die Energie der Elektronen 150 eV, so ergibt sich ihre Wellenlänge zu 0,1 nm. Gl. (6.14) liefert uns dann einen Näherungswert für den Durchmesser der bestrahlten Fläche am rechten Schirm, der im Prinzip nur 0,02 mm zu sein braucht. Der Elektronenstrahl zwischen den beiden Schirmen ist also aus makroskopischer Sicht scharf gebündelt, die „Bahnen" der Elektronen recht genau definiert.

12. Eine genauere Untersuchung der Bedingungen, unter denen für ein physikalisches System die Gesetze der klassischen Physik zu gelten scheinen, ist ein interessantes, doch keineswegs einfaches Problem. Manche schlagen vor, das Problem zuerst quantenmechanisch zu lösen und dann $\hbar = 0$ zu setzen, um den klassischen Grenzwert zu erhalten. Diese Überlegung ist jedoch falsch. Wir können nicht $\hbar = 0$ setzen, da $\hbar$ in Wirklichkeit – in den entsprechenden Einheiten – gleich Eins ist. Das *eigentliche* Problem liegt in der Frage, warum für ein System, für das die Gesetze der Quantenmechanik gelten (wie das ja bei *allen* physikalischen Systemen der Fall ist), *anscheinend* auch die Gesetze der klassischen Physik Gültigkeit haben, d.h., diese Gesetze mit beträchtlicher Genauigkeit gelten. Bei der Untersuchung dieser Frage erweist es sich als vorteilhaft, die Einheiten so zu wählen, daß $\hbar = 1$ (wie es in unserem Beispiel geschah), damit wir das Wesentliche des Problems nicht übersehen.

Die Bestimmung der Grenzen der klassischen Physik unterliegt verschiedenen Gesichtspunkten. Es ist auf jeden Fall unmöglich, das Problem in einem Satz zu umreißen. Wenn wir diese Grenzen aber mit denen der klassischen Teilchenmechanik gleichsetzen, muß auf jeden Fall *eine* Bedingung erfüllt sein: Mit der betreffenden Versuchsanordnung dürfen keine wesentlichen Beugungseffekte auftreten. Dieser Punkt wurde schon im vorigen Abschnitt besprochen. Soll die Lage eines Wellenpakets gut definiert und sein Weg genau bestimmbar sein, damit dieser als Bahn eines Korpuskels interpretiert werden kann, dann müssen die linearen Abmessungen des Spalts, die die Bahn bestimmen, verglichen mit der de Broglie-Wellenlänge groß sein. Die klassische Mechanik bildet jedoch nicht die einzige Grenze der klassischen Physik. Es wird ebenso von Interesse sein, die Bedingungen herauszufinden, unter denen die klassische elektromagnetische Theorie zu gelten scheint. In diesem Falle wird die Bedingung *nicht* dahingehend lauten, daß keine Beugungseffekte auftreten dürfen, sondern: Die einzelnen Photonen dürfen sich nicht wie *Teilchen* verhalten.

Wir werden uns mit dem Problem der Grenzen der klassischen Physik nicht weiter befassen, da es vorläufig genügt, diese Frage qualitativ beiläufig erfaßt zu haben. Die Leser mögen selbst noch ein wenig darüber nachdenken. Wo die Grenze der klassischen Physik in einem speziellen Fall liegt, das hängt, wie unsere Überlegungen zeigten, von dem betrachteten System ab – und diese Erkenntnis ist höchst wichtig.

13. Als ein weiteres Beispiel für die Anwendung der Unschärferelation wollen wir die Bindungsenergie des Wasserstoffatoms aufgrund dieser Beziehung abschätzen (wie es bereits in Abschnitt **26** von Kapitel **2** angekündigt wurde). Wir gehen von der Unschärferelation (6.4) in der Form

$$\Delta x \, \Delta p \geqslant \hbar \tag{6.15}$$

aus und nehmen bei dieser Abschätzung an, daß der klassische Ausdruck

$$W = \frac{p^2}{2m_e} - \frac{1}{4\pi\epsilon_0} \frac{e^2}{r} \tag{6.16}$$

für die Gesamtenergie eines Elektrons in dem elektrostatischen Feld eines Protons auch in der Quantenmechanik sinnvoll ist. Die Variable p bezeichnet dann den Impuls der Elektronwelle, die Variable r ist irgendeine „Lagekoordinate" für die Welle.

Der erste Term in dem Ausdruck für W ist ganz offensichtlich positiv, der zweite jedoch negativ. Die Energie des Grundzustandes ist die niedrigste Energie, die in dem System möglich ist, und sie muß ein negatives Vorzeichen haben, da es sonst keine Bindung gibt. *Klassisch* betrachtet kann die Bindungsenergie beliebig groß angesetzt werden, indem wir für das Elektron einfach eine Bahn mit sehr kleinem Radius wählen. Einem solchen Bewegungszustand würde eine geringe Unschärfe in der *Lage* entsprechen. Betrachten wir nun das Problem auch aus der Sicht der Quantenmechanik, dann ersehen wir aus der Unschärferelation, daß die Impulsunschärfe groß sein muß, daß also die Größe $p^2/2m_e$ groß sein wird. Soll die potentielle Energie groß (und negativ) sein, was durch ein kleines r bewirkt wird, dann wird gleichzeitig die kinetische Energie groß, was zu einer großen Gesamtenergie führt, wenn der Term der kinetischen Energie überwiegt. Wollen wir andererseits über ein kleines p zu einer geringen kinetischen Energie gelangen, dann muß r groß sein. Dies führt zu einer geringen negativen potentiellen Energie. Wir können uns also sehr gut vorstellen, daß es einen optimalen Radius gibt, bei dem die *Gesamt*energie ihren kleinsten Wert annimmt.

14. Folgende *groben* Näherungsüberlegungen zeigen, wie dieses „Gleichgewicht" zwischen kinetischer und potentieller Energie eine Bindung ermöglicht. Für die Unschärfe in der Lage setzen wir einfach r, für die Unschärfe im Impuls p; die Unschärferelation lautet mit diesen Bezeichnungen dann

$$rp \approx \hbar \tag{6.17}$$

oder in bestimmterer Form

$$rp = \hbar. \tag{6.18}$$

Mittels der Beziehung (6.18) können wir nun r aus dem Ausdruck (6.16) für die Gesamtenergie W eliminieren. Wir erhalten dann

$$W = \frac{p^2}{2m_e} - \frac{e^2 p}{4\pi\epsilon_0 \hbar}. \tag{6.19}$$

Die Energie W als Funktion von p weist bei einem Punkt $p = p_0$ ein Minimum auf, das wir erhalten, wenn wir die Ableitung von W nach p Null setzen:

$$\left(\frac{\partial W}{\partial p}\right)_{p=p_0} = \frac{p_0}{m_e} - \frac{1}{4\pi\epsilon_0} \frac{e^2}{\hbar} = 0. \tag{6.20}$$

Lösen wir nach p_0 auf und setzen die Definition $r_0 = \hbar/p_0$ ein, so ergibt sich

$$p_0 = \frac{e^2 m_e}{4\pi\epsilon_0 \hbar}, \quad r_0 = \frac{4\pi\epsilon_0 \hbar^2}{e^2 m_e} \tag{6.21}$$

bzw.

$$W = \frac{p_0^2}{2m_e} - \frac{e^2 p_0}{4\pi\epsilon_0 \hbar} = -\left(\frac{e^2}{4\pi\epsilon_0}\right)^2 \frac{m_e}{2\hbar^2} = -\tilde{R}_\infty. \tag{6.22}$$

Vergleichen Sie diese Ergebnisse mit denen aus Abschnitt **23** des Kapitels **2**. Die durch Gl. (6.22) bestimmte Energie ist richtig herausgekommen, ebenso der durch Gl. (6.21) gegebene Radius r_0, der dem Bohrschen Radius entspricht: $r_0 = a_0 = 0{,}53 \cdot 10^{-10}$ m.

15. Gewiß wurde dem Zufall ein wenig nachgeholfen, damit diese doch recht beiläufigen Näherungsargumente zum korrekten Wert für die Bindungsenergie führen. Ob wir jedoch den genauen Wert erhalten oder nicht, ist hier eigentlich nicht von Belang. Was jedoch wichtig ist, das ist die richtige Größenordnung, die sich sowohl für die Bindungsenergie als auch für die Größe des Atoms richtig ergeben soll, *und daß wir aus der Sicht der Wellentheorie verstehen, warum Atome nicht in sich zusammenfallen.* Die Struktur eines Atoms wird durch einen „Kompromiß" aufrechterhalten. Die Energie des Grundzustands ist die niedrigste Energie, die das Atom aufweisen kann. Diese Energie ergibt sich als Summe zweier Glieder mit entgegengesetztem Vorzeichen. Wollen wir den negativen Term, also die potentielle Energie, klein halten, indem wir die Elektronenwellen auf einen geringen Bereich um den Kern beschränken (Lageunschärfe gering), dann wird der Term der kinetischen Energie groß, weil die Wellen einen großen Impuls besitzen. Andererseits darf der Bereich der Wellen auch nicht zu groß angenommen werden, weil sonst der Term der potentiellen Energie zu gering wird. Der Grundzustand entspricht dem „bestmöglichen Kompromiß". Die schematischen Darstellungen in den Bildern 6.7 und 6.8 veranschaulichen diese Überlegungen.

Bild 6.7 Ist die Lage des Elektrons auf einen sehr kleinen Bereich um den Kern beschränkt, dann ist die Unschärfe seiner Lage gering. Die Unschärfe seines Impulses muß dann groß sein, d.h., seine kinetische Energie wird ebenfalls groß sein. Seine potentielle Energie ist natürlich negativ und dem Betrag nach groß.

Bild 6.8 Soll die kinetische Energie eines Elektrons klein sein, so muß dem Elektron ein großer Bereich zur Verfügung stehen: Die Unschärfe seiner Lage muß groß sein. Sein mittlerer Abstand vom Kern ist dann ebenfalls groß, der Betrag seiner potentiellen Energie klein.
Der Grundzustand entspricht einem Kompromiß (zwischen Bild 6.7 und Bild 6.8), bei dem die *Gesamt*energie nach dem Unschärfeprinzip den kleinstmöglichen Wert besitzt.

Unsere Überlegungen zeigen auch, daß die Vorstellung von klassischen Bahnen in einem Atom mit der Wellen-Modellvorstellung überhaupt nicht vereinbar ist. Im vorigen Abschnitt stellten wir ja fest, daß die Unschärfe in der Lage des Elektrons im Wasserstoffatom von der Größenordnung des Bohrschen Radius a_0 ist. Natürlich gilt dieser Näherungswert für die Lagekoordinaten in allen Richtungen; unter diesen Umständen ist es sinnlos, von einer kreisförmigen Bahn mit dem Radius a_0 zu sprechen.

16. Wir wollen nun mittels der Unschärferelation einen groben Näherungswert für die Stärke der Kernkraft finden. Wir betrachten in einem Kern ein Nukleon, dessen Lage auf das Volumen einer Kugel mit einem Radius von ungefähr $r_0 = 1{,}2 \cdot 10^{-15}$ m beschränkt ist. Aus der Unschärferelation ersehen wir dann, daß der Impuls zumindest von der Größenordnung $p \approx \hbar/r_0$ sein muß, die kinetische Energie des Nukleons daher die Größenordnung

$$W_k \approx \frac{1}{2m_p}\left(\frac{\hbar}{r_0}\right)^2 \approx 10\,\text{MeV} \tag{6.23}$$

aufweisen muß.

Da das Nukleon im Kern gebunden ist, muß der Mittelwert der potentiellen Energie, der mit $\langle W_p \rangle$ bezeichnet wird, negativ und zahlenmäßig größer als die kinetische Energie sein. Wir können schließen, daß

$$-\langle W_p \rangle \geqslant 10\,\text{MeV}\,. \tag{6.24}$$

Dies ist eine *sehr grobe* Abschätzung. Sie gibt uns aber jedenfalls eine Vorstellung der relevanten Größenordnung.

17. Mit eben dieser Argumentation kann auch die Vorstellung widerlegt werden, daß Kerne aus Protonen und *Elektronen* bestehen. Aus Gl. (6.23) ist nämlich zu ersehen, daß die kinetische Energie umgekehrt proportional der Masse des Teilchens ist. Damit würden wir zu dem Ergebnis gelangen, daß die mittlere potentielle Energie eines Elektrons etwa 2000 mal größer ist, als der Näherungswert aus Gl. (6.24) angibt. Das wiederum ist in keiner Weise mit der durch Versuche belegten Tatsache vereinbar, daß die wesentlichen Wechselwirkungen zwischen Elektronen elektromagnetischer Natur sind.

18. Wir können auch eine Unschärferelation für Zeit und Frequenz aufstellen, die der Lage-Impuls-Unschärferelation vollkommen analog ist. $f(t)$ ist die (komplexe) Amplitude bei einem physikalischen Prozeß. Zum Beispiel kann $f(t)$ die Amplitude einer elektromagnetischen Welle in einem bestimmten Punkt des Raums als Funktion der Zeit sein. Würde diese Welle von einem Atom emittiert, dann ist sie ein Wellenzug endlicher Länge. Die Amplitude strebt gegen Null, wenn t gegen $+\infty$ oder $-\infty$ geht. Eine solche Welle kann als Überlagerung *monochromatischer* Wellen angesehen werden. Die Zerlegung der Welle in ihre monochromatischen Komponenten wird durch das Fourierintegral

$$f(t) = \int_{-\infty}^{\infty} d\omega\, g(\omega) e^{-i\omega t} \tag{6.25}$$

angegeben, wobei die Funktion $g(\omega)$ durch

$$g(\omega) = (2\pi)^{-1}\int_{-\infty}^{\infty} dt\, f(t) e^{i\omega t} \tag{6.26}$$

gegeben ist.

Wie wir schon in Kapitel 5 feststellten, ist die Tatsache, daß diese beiden Integrale sich jeweils gegenseitig bedingen, als Theorem aufzufassen, wenn es sich um eine große Klasse

„sich vernünftig verhaltender" Funktionen $f(t)$ bzw. $g(\omega)$ handelt. Anhand dieses Theorems kann ein beliebiger zeitabhängiger Prozeß in seine harmonischen Komponenten zerlegt werden (Fourieranalyse).

Wenn die Funktion $g(\omega)$ nur in unmittelbarer Umgebung des Punktes $\omega = \omega_0$ große Werte besitzt, dann kann die Frequenz als sehr genau definiert angesehen werden: Die Amplitude $f(t)$ repräsentiert dann einen nahezu monochromatischen Prozeß. Für ein längeres Zeitintervall kann die Amplitude in der Näherungsform $f(t) = A e^{-i\omega_0 t}$ geschrieben werden. Ist jedoch die Amplitude $f(t)$ nur während eines kleinen Zeitintervalls um den Zeitpunkt $t = t_0$ groß (in diesem Falle repräsentiert $f(t)$ einen scharfen Energieimpuls), dann ist die Frequenz sehr schlecht definiert. Die Funktion $g(\omega)$ aus Gl. (6.26) weist über ein großes Frequenzintervall hohe Werte auf. Die Frequenz eines Prozesses und der Zeitpunkt, in dem ein Prozeß stattfindet, können nicht *beide* mit beliebiger Genauigkeit angegeben werden. Die Unschärfe $\Delta\omega$ der Frequenz und die Unschärfe Δt der Zeit, zu der der Prozeß stattfindet, unterliegen der Unschärferelation

$$\Delta\omega \, \Delta t \geq 1 . \tag{6.27}$$

Zu dieser Unschärferelation sind wir also ganz offensichtlich durch Überlegungen gelangt, die vollkommen analog zu denen sind, die zur Orts-Impuls-Unschärferelation führten. Das Bild 6.9 soll die Überlegungen veranschaulichen.

19. Der Leser wird sich erinnern, daß wir in den Abschnitten **20** bis **23** des Kapitels 3 die Beziehung zwischen der mittleren Lebensdauer τ eines angeregten Zustands und der endlichen Breite ΔW des zugehörigen Energieniveaus untersuchten. Wir wollen uns nun nochmals aus der Sicht der Zeit-Frequenz-Unschärferelation mit dieser Beziehung befassen.

Wir nehmen an, daß das betreffende System aus dem angeregten Zustand mit Emission eines Photons in den Grundzustand zurückfällt. Die Unschärfe in der Frequenz des Photons ist dann durch $\Delta\omega = \Delta W/\hbar$ gegeben, wenn ΔW die Breite des angeregten Niveaus ist. Die Dauer des Emissionsprozesses ist von der Größenordnung der mittleren Lebensdauer. Die Unschärfe der Zeit, zu der die Emission stattfindet, liegt daher ebenfalls in der Größenordnung von τ. Unter Verwendung von Gl. (6.27) können wir

$$\tau \, \Delta\omega \approx 1 \quad \text{oder} \quad \tau \, \Delta W \approx \hbar \tag{6.28}$$

setzen.

Wir haben hier eine angenäherte Gleichung einer Ungleichung vorgezogen. In diesem Fall haben wir es mit einer exponentiell gedämpften harmonischen Schwingung (Bild 6.10a) zu tun. Die Amplitude dieses Prozesses verhält sich natürlich eher wie die Amplitude in Bild 6.9a (für die das Produkt der Unschärfen seinen unteren Grenzwert erreicht) als eine Amplitude wie die in Bild 6.10b, für die *sowohl* Zeit als auch Frequenz sehr schlecht definiert sind.

Die Beziehungen (6.28) sind genau die gleichen, zu denen wir in den Abschnitten **20** bis **23** auf scheinbar andere Weise gelangten. Überlegen wir uns beide Ableitungen jedoch genauer, so erkennen wir, daß die ihnen zugrundeliegenden Annahmen doch nicht so verschieden sind. Unsere Diskussion aus Kapitel 3 könnte man als „verschleierte Fourieranalyse" bezeichnen.

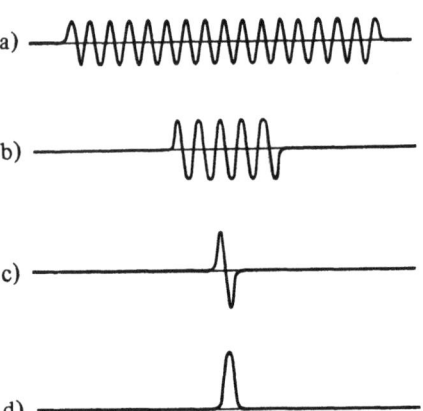

Bild 6.9 Zur Veranschaulichung der Zeit-Frequenz-Unschärferelation. Die dargestellten Wellen sind identisch mit denen von Bild 6.3, jedoch ist der Text für eine andere Unschärferelation geändert.
a) Zeit schlecht, Frequenz sehr gut definiert,
b) Zeit besser, Frequenz weniger gut definiert,
c) Zeit gut, Frequenz sehr schlecht definiert,
d) Zeit sehr gut, Frequenz sehr schlecht definiert.

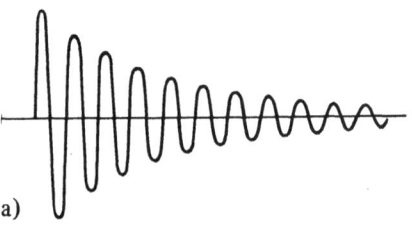

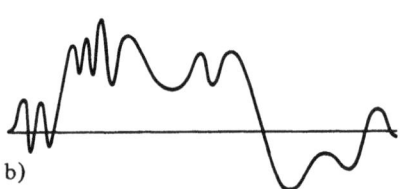

Bild 6.10 In a) ist eine exponentiell gedämpfte harmonische Schwingung dargestellt. Es ist einleuchtend, daß die Frequenz für einen solchen Prozeß sehr viel besser definiert ist als für einen „unregelmäßigen" Prozeß wie ihn b) zeigt. Bei der Kurve a) kann man mit einiger Berechtigung annehmen, daß die Ungleichung der allgemeinen Form der Unschärferelation angenähert zu einer *Gleichung* wird.

6.2 Messungen und statistische Kollektive

20. Im übrigen Teil dieses Kapitels werden wir uns mit dem physikalischen Meßvorgang beschäftigen, indem wir vor allem einfache physikalische Situationen aus der Sicht unserer bisherigen Kenntnisse analysieren. Es wird dabei mehr unser Ziel sein, im Rahmen der Quantenmechanik gewisse Gesetzmäßigkeiten aufzudecken, als eine umfassende Theorie der Messungen aufzustellen. Physikalische Meßvorgänge sind höchst vielfältig geartet, und diese Vielfältigkeit könnte niemals in einer kurzen Diskussion erfaßt werden. Wollen wir eine Theorie verstehen und ihre Konsequenzen erfassen, dann werden wir selbstverständlich eine stark idealisierte Situation untersuchen, bei der der bestimmte interessierende Aspekt im Experiment besonders deutlich hervortritt. Wir werden also alle *technischen* Schwierigkeiten, die beim eigentlichen Experiment in der Praxis auftreten können, vorerst außer acht lassen. *Theoretische* Untersuchungen über Messungen werden daher kaum die Vorgänge im Labor exakt widerspiegeln.

21. Es erweist sich oft als vorteilhaft, den eigentlichen Meßvorgang in zwei Stadien zu unterteilen: die *Vorbereitung* des zu untersuchenden Systems und die eigentliche *Messung*. Natürlich ist eine solche Unterteilung eine grobe Schematisierung, da oft nicht scharf zwischen Vorbereitung und Messung unterschieden werden kann: Manche Teile des Meßvorganges können sehr wohl als zur Vorbereitung gehörig angesehen werden und umgekehrt.

Eine solche Analyse in zwei Stufen ist nun besonders bei Streuexperimenten gut geeignet. Eigentlich wird die Wechselwirkung zwischen einem Teilchen in einem Strahl mit einem Teilchen in einem Target untersucht. Die Vorbereitung besteht aus dem Aufstellen des Targets und dem Erzeugen des Strahls in einem Teilchenbeschleuniger. Die eigentliche Messung beinhaltet dann die Beobachtung und Untersuchung der Teilchen, die den Wechselwirkungsbereich verlassen. Auch Versuche mit einem Lichtstrahl gehören in diese Kategorie. Die Vorbereitung, also die Produktion der Photonen, findet in der Lichtquelle statt, das kann irgendeine Art von „Lampe" sein, die mit einem System von Linsen, Polarisatoren, Prismen, Beugungsspalten usw. verbunden ist. Die Messung dagegen findet in einem Beobachtungsbereich statt, der von der Quelle im physikalischen Sinne getrennt ist; das Meßinstrument kann eine Photoverstärkerröhre in Verbindung mit anderen optischen Geräten sein (Bild 6.11).

22. Für mikrophysikalische Messungen ist es typisch, daß wir die Messungen sehr oft wiederholen, das betreffende System dabei aber immer in gleicher Weise vorbereiten, so daß jede Messung die gleiche Ausgangssituation hat. Die Ergebnisse sind dann ihrer Aussage nach statistischer Natur: Wir stellen zum Beispiel fest, daß von n einfallenden

Bild 6.11 Grob schematisierte Darstellung eines Geiger-Müller-Zählers. Die Vorrichtung besteht im wesentlichen aus zwei Elektroden in einem Gehäuse, das mit einem geeigneten Gas gefüllt ist. Im Bild ist die positive Elektrode ein dünner Draht, die negative Elektrode ein Zylinder, dessen Achse dieser Elektrodendraht ist. Die Elektroden werden auf einer Potentialdifferenz von etwa 1000 V gehalten. Ein schnelles geladenes Teilchen, das den Raum zwischen den Elektroden passiert, ionisiert die Gasmoleküle entlang seiner Bahn. Die so erzeugten Ionen und Elektronen werden in Richtung Elektroden beschleunigt. Ist die Potentialdifferenz genügend hoch, findet Sekundärionisation statt: Ein ganzer Elektronenschauer wird erzeugt. Der resultierende Stromimpuls kann verstärkt und aufgezeichnet werden. Das Gerät kann dadurch einzelne geladene Teilchen zählen. Es ist natürlich erforderlich, daß nach jedem Impuls die Entladung „gelöscht" wird. Dies kann entweder elektronisch durch einen Hilfskreis erreicht werden, der nach jedem Impuls die Potentialdifferenz für einen Augenblick senkt, oder durch die Verwendung eines solchen Füllgases, in dem sich die Entladung selbst löscht. Zählrohre dieser Art bezeichnet man als selbstlöschend.

Photonen im Durchschnitt n' in einem bestimmten Photoverstärker nachgewiesen werden können. Das *einzelne Experiment* bzw. *die einzelne Messung bezieht sich auf ein einziges* Photon, aber das Endergebnis beruht auf statistischen Mittelwerten aus einer großen Anzahl von identischen Einzelmessungen.

Nun können an sich niemals zwei Experimente vollkommen identisch sein, da sie ja zu verschiedenen Zeiten durchgeführt werden. Wir sind jedoch heute der Überzeugung, daß die Naturgesetze gegenüber Zeitverschiebungen invariant sind, weshalb der Zeitpunkt für den Beginn eines Experiments keinerlei Bedeutung hat. Daher kann auch eine Reihe von oft *wiederholten* Einzelexperimenten als Kollektiv identischer Experimente angesehen werden, jedenfalls im Hinblick darauf, daß das betreffende System für jedes einzelne Experiment in gleicher Weise vorbereitet wurde.

23. Ein Teilchenstrahl enthält eine sehr große Anzahl von Teilchen, doch wenn die Intensität des Strahls niedrig genug ist, dann erfaßt jeder einzelne Streuprozeß nur ein *einziges* Teilchen aus dem Strahl. Genau das ist bei Streuversuchen mit Materieteilchen immer, bei Experimenten mit Photonenstrahlen meistens der Fall. Wir können den Strahl unter diesen Umständen als *Einteilchenstrahl* bezeichnen. Führen wir Versuche mit einem Strahl durch, dann ist das nichts anderes als eine praktische Methode, ein einzelnes Grundexperiment (bei dem zu einer bestimmten Zeit immer nur ein Teilchen erfaßt wird) sehr oft zu wiederholen.

zur gleichen Zeit stattfinden. Davon wird trotzdem nicht unsere Definition des Einteilchenstrahls berührt, der Strahl kann natürlich als ein Einteilchenstrahl angesehen werden, da die zwei oder mehr gleichzeitigen Ereignisse im Target voneinander vollkommen unabhängig sind. Sie stellen zwei unabhängige *Elementar-* oder *Grundversuche* dar, die nur zufällig zur gleichen Zeit stattfinden.

Im Prinzip ist es natürlich möglich, Messungen mit einem Strahl *sehr* niedriger Intensität, etwa einem Teilchen pro Minute, durchzuführen. In diesem Fall können wir dann sicher sein, daß zu einem bestimmten Zeitpunkt nur ein Teilchen mit dem ganzen Target in Wechselwirkung steht. Da es eine begriffsmäßige Vereinfachung bedeutet, Versuche mit Teilchenstrahlen als eine Folge von Einteilchenversuchen aufzufassen, soll im folgenden angenommen werden, daß die verwendeten Strahlen von so niedriger Intensität sind, daß zu einer bestimmten Zeit immer nur ein Teilchen unterwegs ist. In der Praxis werden wir natürlich die Intensität des Strahls nicht mit Absicht beschränken, wir werden im Gegenteil meist mit der höchsten überhaupt erreichbaren Intensität arbeiten.

24. Zur Veranschaulichung wollen wir ein Beispiel für einen Versuch mit einem Lichtstrahl besprechen. Dabei werden wir den *Einzelprozeß* analysieren, d.h. die Folge von Ereignissen, die abläuft, wenn ein Photon der Quelle im Ziel eintrifft. Dieses ist irgendein optischer Detektor, der mit Photonenzählern, zum Beispiel Photoverstärkern, versehen ist (Bilder 6.13, 6.14 und 6.15). Wenn das Photon ankommt, stellen wir fest, daß einige der Zähler ansprechen, andere wiederum nicht. Zweck dieses Experiments ist, die Zähler aufzuschreiben, die angesprochen haben. Weiter nehmen wir an, daß alle Detektoren wieder in den Ausgangszustand zurückgekehrt sind, bevor das nächste Photon ankommt. Sobald es dann ankommt, werden wieder einige Zähler ansprechen, aber nicht notwendigerweise die gleichen wie bei der ersten Messung. Das Ergebnis wird wieder aufgezeichnet, die Detektoren in den Ausgangszustand gebracht und das nächste Photon abgewartet. Auf diese Weise wird fortgefahren, bis die Einzelmessung sehr oft wiederholt wurde, bis zum Beispiel n Photonen von der Quelle angekommen sind.

Eine *Einzelmessung an dem System* besteht also aus der Beobachtung aller Zähler. Die aufgezeichneten Daten sagen im wesentlichen aus, ob ein bestimmter Zähler angesprochen hat oder nicht. Nach n Einzelmessungen können wir folgendes feststellen:

a) Zähler 1 hat pro Photon im Mittel p_1 mal angesprochen. Dieses Mittel wird experimentell bestimmt:

$$p_1 = \frac{n_1}{n}. \tag{6.29}$$

n_1 gibt an, wie oft der Zähler 1 während der n Einzelmessungen angesprochen hat.

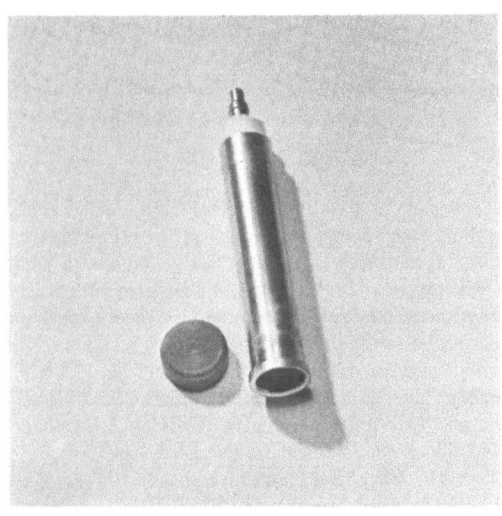

a)

b)

Bild 6.12 Zwei Beispiele von im Handel erhältlichen Geiger-Müller-Zählern. Wesentliches Konstruktionsmerkmal dieser Zähler ist der geeignete Eingang für die zu zählenden Teilchen in den aktiven Raum des Zählers. Die hier abgebildeten Zähler sind zu diesem Zweck mit sehr dünnen Glimmerfenstern versehen. Der Zähler im Bild a) ist selbstlöschend und für die Zählung von Alphateilchen, Betateilchen und Gammaquanten geeignet. Er ist etwa 13 cm lang, sein Durchmesser beträgt ungefähr 19 mm. Am vorderen Ende ist das Glimmerfenster zu erkennen. Der Wirkungsgrad des Zählers beträgt für sehr schnelle Betateilchen etwa 85 %. Der Zähler im Bild b) wurde mit möglichst großem Eingangsfenster konstruiert, dessen Durchmesser etwa 4,5 cm ist. Die Metallhülle ist die eine Elektrode, die andere Elektrode kann durch das Glimmerfenster gesehen werden. *(Bilder von EON Corporation, Brooklyn, N.Y., zur Verfügung gestellt.)*

Das Target bei einem Streuversuch kann aus einer dünnen Platte oder Folie eines festen Stoffes bestehen, kann aber auch ein mit einem Gas oder einer Flüssigkeit gefüllter Behälter sein. Ist die Intensität des Strahls nicht zu niedrig, können im Target durchaus zwei Wechselwirkungsprozesse

6.2 Messungen und statistische Kollektive

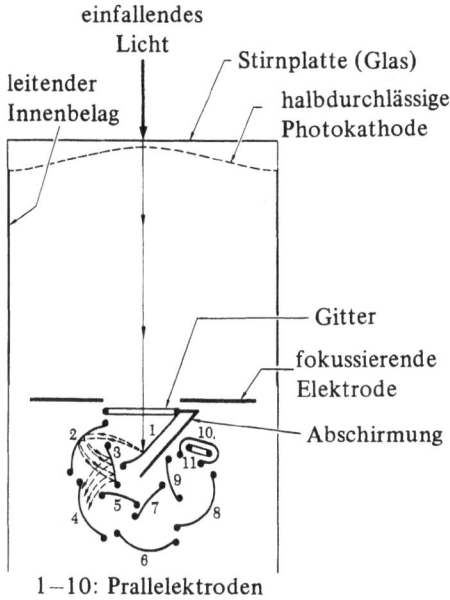

1–10: Prallelektroden
11: Anode

Bild 6.13 Schematische Darstellung der Photoverstärkerröhre, wie sie häufig als Photonendetektor verwendet wird. Die Photonen treten durch die Stirnplatte aus Glas ein und lösen in einer sehr dünnen Akalimetallschicht auf deren Innenseite Photoelektronen aus. Diese werden beschleunigt und auf die Prallelektrode 1 fokussiert. Jedes Elektron, das die erste Prallelektrode trifft, löst mehrere Sekundärelektronen aus, die beschleunigt und zur Prallelektrode 2 gelenkt werden, wo sie weitere Sekundärelektronen auslösen. Diese werden beschleunigt und zur nächsten Prallelektrode gelenkt usw. Jedes registrierte Photon löst eine Elektronenlawine aus, die schließlich die noch an einen äußeren Verstärker angeschlossene Anode erreicht. Das Gerät ist also eigentlich eine Photozelle mit einem Verstärker in derselben Glashülle. Es ist damit eine Stromverstärkung von 10^8 leicht zu erreichen.

Bild 6.14
Beispiel für eine handelsübliche Ausführung einer Photoverstärkerröhre. Die Anordnung von Prallelektroden in der Mitte ist etwa die gleiche wie in der schematischen Darstellung von Bild 6.13. Die lichtempfindliche Kathode befindet sich auf der Innenseite des vorderen Röhrenendes. Diese Ausführung ist für die Verwendung mit Szintillationszählern gedacht. Sie ist durch eine hohe Quantenausbeute ausgezeichnet (vgl. Bild 6.15).
(Bild von Radio Corporation of America, Harrison, N. J., zur Verfügung gestellt.)

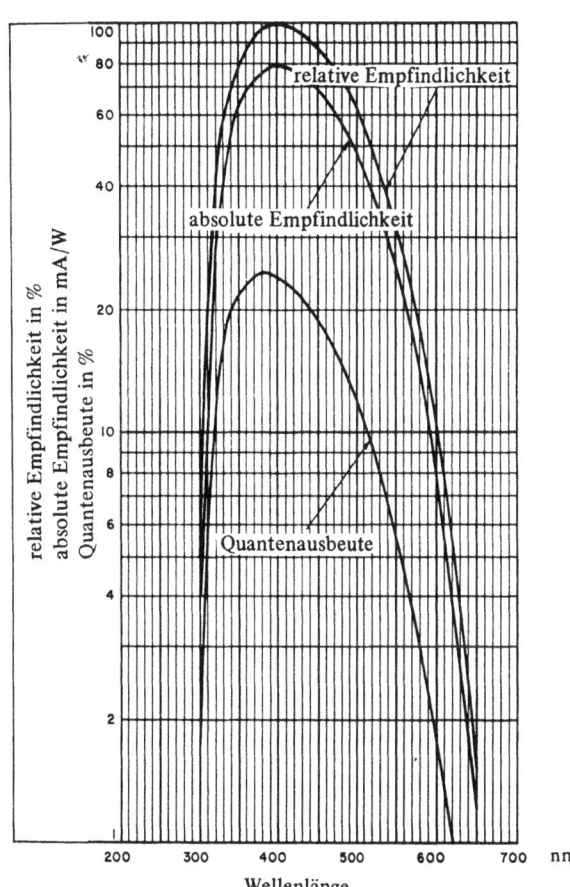

Bild 6.15 Wirkungsgrade der Photoverstärkerröhre aus Bild 6.14 in Abhängigkeit von der Wellenlänge. Beachten Sie die Kurve „Quantenausbeute". Sie gibt die Wahrscheinlichkeit für die Registrierung eines Photons als Funktion der Wellenlänge an. Das Wahrscheinlichkeitsmaximum liegt bei etwa 25 %, was für eine Photoverstärkerröhre ein sehr hoher Wirkungsgrad ist. Das Diagramm stammt aus einer Broschüre des Herstellers, in der die Röhre beschrieben wird.
(Bild von Radio Corporation of America, Harrison, N. J., zur Verfügung gestellt.)

b) Das Ereignis, daß die Zähler 1 *und* 2 in einem Einzelexperiment beide ansprechen, ist im Durchschnitt p_{12} mal pro einfallendes Photon eingetreten. Dieses Mittel wird experimentell bestimmt:

$$p_{12} = \frac{n_{12}}{n}. \qquad (6.30)$$

n_{12} ist die Anzahl von Einzelexperimenten, bei denen der Zähler 1 *und* der Zähler 2 angesprochen haben.

c) Zähler 1 hat im Mittel $p(1;2)$ mal angesprochen, wenn der Zähler 2 einmal angesprochen hat. Diese Zahl ist dann durch

$$p(1;2) = \frac{n_{12}}{n_2} \qquad (6.31)$$

gegeben, wobei n_2 angibt, wie oft der Zähler 2 angesprochen hat, und n_{12} angibt, wie oft *beide* Zähler 1 und 2 angesprochen haben.

25. Wenn wir die Versuchsergebnisse in der obigen Weise formulieren, dann wird damit lediglich festgestellt, was tatsächlich beobachtet wurde: Die obigen Zahlen sind unsere Grunddaten. Wir können jedoch ein wenig abstrahieren und die Meßergebnisse auch folgendermaßen formulieren:

a) Die *Wahrscheinlichkeit*, daß bei unserer Versuchsanordnung der Zähler 1 anspricht, ist p_1.

b) Die *Wahrscheinlichkeit*, daß bei einem Einzelversuch die Zähler 1 *und* 2 beide ansprechen, ist p_{12}.

c) Die *Wahrscheinlichkeit*, daß der Zähler 1 anspricht, wenn der Zähler 2 angesprochen hat, ist $p(1, 2)$.

Formulieren wir unsere Ergebnisse derart, dann stützen wir uns dabei offensichtlich auf eine Annahme: Die Zahlenwerte n_1/n, n_{12}/n und n_{12}/n_2 streben endlichen Grenzwerten zu, wenn wir die Reihe der Einzelversuche ins Unendliche fortsetzen. Diese hypothetischen Grenzwerte versuchen wir zu bestimmen: Wir setzen die Grenzwerte den Wahrscheinlichkeiten p_1, p_{12} und $p(1, 2)$ gleich. Da n bei irgendeiner Folge von Experimenten in der Praxis aber notwendigerweise endlich ist, ist es eigentlich nur Wunschdenken, wenn wir behaupten: Dieser Grenzwert existiert und kann mit beliebiger Genauigkeit und beliebiger Verläßlichkeit bestimmt werden, wenn wir nur n genügend groß wählen. Über diese Annahme wurden viele philosophische Spekulationen angestellt. Wir können es aber als empirische Tatsache ansehen, daß diese Art von Gesetzmäßigkeit ein wesentlicher Zug der Natur ist.

Die Ergebnisse einer Folge von n Einzelversuchen können also als Wahrscheinlichkeiten dargestellt werden; die Zahlen p_1, p_{12} und $p(1, 2)$ sind bestimmte Beispiele für solche Wahrscheinlichkeiten. Die Zahl p_1 ist eine einfache Wahrscheinlichkeit des Ereignisses, daß der Zähler 1 anspricht, p_{12} ist eine Wahrscheinlichkeit für das gleichzeitige Auftreten von zwei Ereignissen, und $p(1, 2)$ ist eine bedingte Wahrscheinlichkeit für ein Ereignis, vorausgesetzt, daß ein anderes Ereignis eingetreten ist. Wir können so noch verschiedene Arten von Wahrscheinlichkeiten definieren, zum Beispiel die Wahrscheinlichkeit, daß der Zähler 1 anspricht, wenn die Zähler 2 und 3, aber sonst keiner, angesprochen haben, usw.

26. Unsere Messungen können wir als eine Folge von Experimenten ansehen, die mit vielen Photonen ausgeführt werden, die alle in der Quelle *gleichermaßen* vorbereitet wurden. Wir müssen uns jedoch eingehender überlegen, was eigentlich damit gemeint ist: Eine Menge von Photonen wurde „gleichermaßen" vorbereitet. Die Lichtquelle soll beispielsweise in einem bestimmten Fall aus *zwei* voneinander unabhängigen Lampen bestehen, einer Natriumdampflampe, die gelbes Licht emittiert, und einer Quecksilberdampflampe, die blaues Licht emittiert. Das an einem bestimmten Einzelexperiment beteiligte Photon kann daher entweder „blau" oder „gelb" sein; die Farbe ist somit eine der die Photonen charakterisierenden Variablen, die wir im Experiment bestimmen können. Tun wir das wieder für eine große Anzahl von Photonen, dann ist die Wahrscheinlichkeit gleich p_1, daß das Photon in einem bestimmten Einzelversuch blau ist, und gleich p_2, daß das Photon gelb ist. Wir setzen dabei voraus, daß die Intensitäten der beiden Lampen konstant gehalten werden, so daß die Wahrscheinlichkeitswerte reproduzierbar sind: Führen wir mehrere Reihen einer jeweils großen Anzahl von Einzelexperimenten durch, sollten wir in jedem Fall die gleichen Wahrscheinlichkeitswerte p_1 und p_2 erhalten.

Sind wir unter diesen Umständen berechtigt, die Photonen als „gleichermaßen" vorbereitet zu bezeichnen? Wir können nicht von vornherein sagen, ob diese Bezeichnungsweise geeignet ist. Durch die Verwendung von zwei Lampen wird jedoch ein gewisses Zufallselement in den Vorbereitungsprozeß hineingebracht, was leicht durch die Verwendung nur *einer* Lampe vermieden werden könnte. Vielleicht sollten wir die Photonen nur dann als gleichermaßen vorbereitet ansehen, wenn sie in höchstmöglichem Grade gewissermaßen identisch sind?

Dieser Standpunkt wiederum läuft auf die Schwierigkeit hinaus, daß wir dann für jedes Experiment neu entscheiden müssen, ob die „Teilchen in höchstmöglichem Grade identisch sind" oder nicht. Das aber ist nicht so einfach. Außerdem ist der Versuch mit zwei Lampen eigentlich genau soviel wert wie der mit einer Lampe, da nämlich die Wahrscheinlichkeiten p_1 und p_2 wie auch andere Wahrscheinlichkeiten, die das Ansprechen der Detektoren beschreiben, *stabil* und *reproduzierbar* sind. Das muß natürlich in jedem Experiment der Fall sein, in dem Zählraten und Wahrscheinlichkeiten bestimmt werden, denn wenn die Quelle nicht in diesem Sinne stabil ist, sind die Aussagen in Abschnitt **25** irrelevant und sinnlos.

Es ist in der Praxis daher günstiger, die Photonen dann als „gleichermaßen vorbereitet" zu bezeichnen, wenn die Quelle in dem Sinne stabil ist, daß alle relevanten Wahrscheinlichkeiten stabil und reproduzierbar sind. Von diesem Standpunkt werden wir im folgenden ausgehen.

27. In gewisser Hinsicht ist das Experiment mit zwei Lampen als realistischer zu bezeichnen als das mit einer. Im Idealfall würden wir es natürlich vorziehen, daß z.B. nur die gelbe Lampe in Funktion ist, aber im Labor sieht sozusagen die Natur darauf, daß auch die blaue Lampe strahlt, auch wenn ihre Intensität sehr gering ist. Betrachten wir zur Veranschaulichung zwei Beispiele.

Bild 6.16 zeigt ein nicht ganz realistisches Beugungsexperiment mit Elektronenstrahlen, bei dem das durch die beiden Spalte im Schirm S_2 erzeugte Beugungsmuster ermittelt werden soll. Die Elektronen werden vom Glühfaden F emittiert und in Richtung des Schirms S_1 beschleunigt, der mit einem Spalt versehen ist. Die Elektronen verlassen diesen Spalt mit einem Impuls p. Das Doppelspalt-Beugungs-

6.2 Messungen und statistische Kollektive

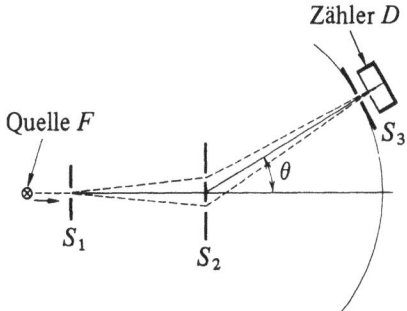

Bild 6.16 Versuchsanordnung eines Doppelspalt-Beugungsexperiments mit Elektronenstrahlen. Die Zählrate wird als Funktion des Winkels θ bestimmt, indem der Zähler und dessen Eingangsspalt S_3 entlang eines Kreisbogens bewegt werden. Ist der Abstand der Spalte in S_2 verglichen mit der Wellenlänge groß und emittiert die Quelle monoenergetische Elektronen, dann ist die Zählrate eine sehr rasch variierende Funktion von θ. Das Beugungsmuster kann nur dann festgestellt werden, wenn das Winkelauflösungsvermögen, das durch die Zähler-Spalt-Anordnung bestimmt ist, sehr gut ist. Sind die Elektronen nicht monoenergetisch, wie das bei einem einfachen Glühfaden als Quelle der Fall ist, dann überlagern sich die den einzelnen Energien entsprechenden Muster. Die Beugungsmaxima überlappen sich, so daß sie nicht mehr nachweisbar sind.

muster wird mit Hilfe des Zählers D nachgewiesen, der sich in großer Entfernung vom Mittelpunkt des zweiten Schirms S_2 befinden soll. Dieser Zähler kann entlang eines Kreisbogens bewegt werden. Zur Vereinfachung nehmen wir an, daß der Abstand vom Zähler zu den Spalten so groß ist, daß wir die Strahlen, die den Eingangsspalt des Zählers mit den zwei Spalten in S_2 verbinden, als *parallel* ansehen können. (Im Bild ist das nicht so dargestellt, weil wir dann die zwei Spalte im Schirm S_2 nicht mehr erkennen könnten. Das *Wesentliche* unserer Überlegungen wird jedoch nicht dadurch berührt, ob die Strahlen parallel sind oder nicht.)

Der Abstand der beiden Spalte in S_2 ist $2a$. Die Winkelverteilung $I(\theta, p)$ der von D nachgewiesenen Strahlung ist dann durch

$$I(\theta, p) = 4 I_0(\theta) \cos^2(ap \sin \theta) \quad (6.32)$$

gegeben, wie wir bereits in Abschnitt **40** im Kapitel 4 feststellten. $I_0(\theta)$ ist die Winkelverteilung der Strahlungsintensität, die wir mit nur *einem* freien Spalt beobachten würden[1].

28. Wir haben die Intensität als $I(\theta, p)$ geschrieben, um zu betonen, daß die Winkelverteilung der Intensität eine Funktion des Impulses p ist. Die Spalte in S_2 sollen die gleiche Breite besitzen, die verglichen mit der Wellenlänge der einfallenden Elektronen klein sein soll. Im Bereich der in Betracht kommenden Impulse p ist die Intensität $I_0(\theta)$

also von p *unabhängig*. Dagegen soll der Spaltabstand $2a$ verglichen mit der Wellenlänge sehr groß sein. Wir nehmen zum Beispiel an, daß bei einem mittleren Impuls p_0 des Strahls $ap_0 = \pi \cdot 10^5$ gilt. Für diesen *mittleren Impuls* ergibt sich dann die Winkelverteilung der Intensität folgendermaßen:

$$\begin{aligned}I(\theta, p_0) &= 4 I_0(\theta) \cos^2 [(\pi \cdot 10^5) \sin \theta] \\ &= 2 I_0(\theta) \{1 + \cos [(2\pi \cdot 10^5) \sin \theta]\}. \end{aligned} \quad (6.33)$$

Wenn wir uns den Ausdruck für die Intensität ansehen, stellen wir sofort fest, daß die Intensität eine sich rasch ändernde Funktion des Winkels θ ist. Der Abstand δ zweier aufeinanderfolgender Maxima ergibt sich angenähert zu $\delta \approx 10^{-5}/\cos \theta$.

Soll also das Beugungsmuster besonders klar herauskommen, muß das *Winkelauflösungsvermögen* der verwendeten Detektoren sehr gut sein. Der Winkel, den der Eingangsspalt in S_3 vom Mittelpunkt von S_2 aus gesehen bildet, muß viel kleiner als δ sein, d.h. viel kleiner als 10^{-5}. Wir nehmen hier also an, daß diese Bedingung erfüllt ist. Wäre das nämlich *nicht* der Fall, wäre also das Winkelauflösungsvermögen schlechter als 10^{-5}, dann würde der zweite Term des äußersten rechten Ausdrucks in Gl. (6.33) im Mittel Null werden. Es würde dann eine Intensität gemessen, die doppelt so hoch ist wie die mit einem freien Spalt festgestellte.

29. Wir nehmen also ein sehr gutes Winkelauflösungsvermögen des Detektors an, so daß das Doppelspalt-Beugungsmuster eines Elektronenstrahls sehr klar herauskommt, wenn dessen Elektronen alle einen Impuls p_0 haben. Ein solcher Elektronenstrahl ist jedoch unrealistisch. Die Elektronen werden nicht alle mit der *gleichen* Energie vom Glühfaden F emittiert, sie können daher auch nicht alle hinter dem Spalt in S_1 den gleichen Impuls aufweisen. Die Ursache hierfür liegt in der Wärmebewegung der Elektronen im Faden. Bereits in einem früheren Kapitel haben wir festgestellt, daß die zufällige Wärmebewegung ein „Störgeräusch in der Symphonie der reinen Quantenmechanik" ist. Wir werden uns nun überlegen, inwiefern uns dieses Störgeräusch hindern kann, die Musik zu hören, wenn wir bei unserem Analogon aus der Akustik bleiben.

In einem realistischen Versuch weist der Impuls p der austretenden Elektronen eine gewisse endliche Streuung auf. Zur Vereinfachung wollen wir annehmen, daß jeder Impulswert im Bereich $(p_0 - q, p_0 + q)$ gleichermaßen wahrscheinlich ist. Die Größe q gibt die Streuung des Impulses an: Wir nehmen hier an, daß $q = 10^{-2} p_0$ ist: Der Impuls ist innerhalb einer Streubreite von 1 % definiert.

Das Beugungsmuster eines solchen Teilchenstrahls weist offensichtlich nicht die Verteilung $I(\theta, p_0)$ auf, es ist vielmehr ein *Mittel* von $I(\theta, p)$ über den Bereich der Impulse

---

[1] Nach den hier verwendeten Einheiten ist $\hbar = c = 1$.

in dem Strahl festzustellen. Wir bezeichnen diese mittlere Intensität mit $\bar{I}(\theta)$; sie ist durch

$$\bar{I}(\theta) = \frac{1}{2q} \int_{p_0-q}^{p_0+q} dp I(\theta,p)$$
$$= 2I_0(\theta)\left(1 + \frac{\cos(2ap_0\sin\theta)\sin(2aq\sin\theta)}{2aq\sin\theta}\right) \quad (6.34)$$

gegeben.

Lassen wir im Ausdruck (6.34) q gegen Null gehen, dann gelangen wir wieder zu Gl. (6.33).

Mit unseren spezifischen Annahmen $ap_0 = \pi \cdot 10^5$ und $q = 10^{-2} p_0$ erhalten wir aus Gl. (6.34)

$$\left|\bar{I}(\theta) - 2I_0(\theta)\right| \leq 2I_0\theta \left|\frac{\sin[(2\pi \cdot 10^3)\sin\theta]}{(2\pi \cdot 10^3)\sin\theta}\right| . \quad (6.35)$$

Für $\theta = 0$, also genau geradeaus, ergibt sich aus Gl. (6.34) $\bar{I}(\theta) = 4I_0(\theta)$. In dieser Richtung wirkt die Interferenz immer verstärkend unabhängig vom Impuls p (d.h., in genau gerader Richtung tritt immer Verstärkung und nicht Auslöschung ein). Beobachten wir jedoch unter einem Winkel θ, der die Bedingung $|\sin\theta| > (2\pi)^{-1} \cdot 10^{-1} \approx 0{,}016$ erfüllt, dann ersehen wir aus der Ungleichung (6.35), daß

$$|\bar{I}(\theta) - 2I_0(\theta)| < 10^{-2} \cdot 2I_0(\theta) . \quad (6.36)$$

Unter diesen Winkeln ist das Doppelspalt-Beugungsmuster schwerlich zu erkennen, da die Intensitätsverteilung, wie wir sehen, bis auf ein Prozent mit der des Einspalt-Musters übereinstimmt.

30. Im Rahmen einer klassischen Billardkugel-Theorie (wie wir eine in Abschnitt **42** des Kapitels 4 für *Photonen* aufstellten) erwarten wir für die Intensität $I^*(\theta)$ im Doppelspalt-Beugungsversuch eine Verteilung

$$I^*(\theta) = 2I_0(\theta) . \quad (6.37)$$

Nach diesem Modell gibt es keine Interferenz; wir haben aber bereits festgestellt, daß dies nicht mit den experimentellen Ergebnissen übereinstimmt. Vergleichen wir jedoch die Voraussage dieses Modells mit der aus der Ungleichung (6.36), dann erkennen wir, daß sich Gl. (6.37) unter bestimmten Bedingungen als scheinbar richtig herausstellen kann. Wenn nämlich die quantenmechanischen Effekte aus irgendeinem Grunde „verwischt" werden, dann erhalten wir das klassisch vorausgesagte Ergebnis.

Es ist dies ein sehr interessantes Beispiel für *einen* Aspekt des „Übergangs zum klassischen Grenzwert". Nehmen wir an, die Energie der Elektronen in dem betreffenden Versuch sei 10 eV; der Spaltabstand $2a$ ist dann unter den obigen Annahmen gleich 0,04 mm, was als *makroskopische* Größe anzusehen ist. Es werden natürlich trotzdem quantenmechanische Interferenzeffekte vorhanden sein, doch um sie überhaupt feststellen zu können, müssen wir die Elektronenquelle unter guter Kontrolle haben, damit die Streuung q des Impulses sehr gering gehalten werden kann. Bringen wir das nicht fertig, geht die Musik der Quantenmechanik in den „Störgeräuschen" unter.

31. Ein weiteres Beispiel für das Verschwinden von Interferenzeffekten können wir an den Interferenzstreifen eines Michelson-Interferometers (Bild 6.17) feststellen. Licht einer Natriumdampflampe wird durch einen halbreflektierenden Spiegel „aufgespalten"; es soll in diesem Versuch die Interferenz zwischen den beiden Strahlen von Spiegel 1 bzw. Spiegel 2 untersucht werden. In unserem Bild sind die beiden „Arme" des Interferometers ungleich lang, nämlich l_1 bzw. l_2. Der Unterschied in der Weglänge der beiden Strahlen ist damit gleich $d = 2(l_2 - l_1)$. Es fragt sich nun, ob wir mit beliebig großem d noch Interferenzstreifen feststellen können.

Prinzipiell müßte das der Fall sein, in der Praxis aber ist es *nicht* möglich. Die Genauigkeit, mit der die Wellenlänge des Lichts bestimmt ist, setzt für den Weglängenunterschied d eine obere Grenze, bei der noch Interferenzstreifen festgestellt werden können; in der Praxis kann die Wellenlänge niemals exakt definiert werden.

Ein Photon der Frequenz ω wird von der Quelle emittiert. Der „Teil" des Photons, der vom Spiegel 2 zurückkommt,

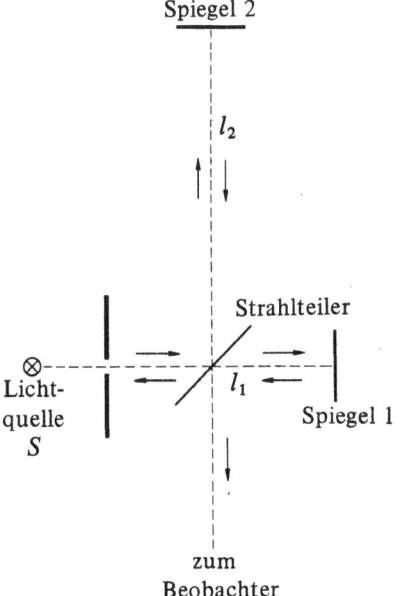

Bild 6.17 Schematische Darstellung eines Michelson-Interferometers mit verschieden langen Armen. (Die Armlängen, d.h. die Abstände zwischen Spiegeln und Strahlteiler, sind hier mit l_1 und l_2 bezeichnet.) Die größte Weglängendifferenz $2(l_2 - l_1)$, bei der noch Interferenz beobachtet werden kann, hängt von der Breite der Spektrallinie der nahezu monochromatischen Lichtquelle ab.

ist gegenüber dem, der von Spiegel 1 reflektiert wird, phasenverzögert, und zwar um $\delta(\omega)$:

$$\delta(\omega) = \omega d = 2\pi \left(\frac{d}{\lambda}\right). \qquad (6.38)$$

λ ist die Wellenlänge. Bei zwei unterschiedlichen Frequenzen ω' und ω'' ist die Differenz der Phasenverzögerungen für diese beiden Frequenzen durch

$$\delta(\omega') - \delta(\omega'') = \omega' d - \omega'' d = (\omega' - \omega'')d \qquad (6.39)$$

gegeben.

Ist dieser Unterschied zahlenmäßig sehr *klein*, d.h., ist $|\delta(\omega') - \delta(\omega'')| \ll \pi$, dann werden die Interferenzstreifen für beide Frequenzen mit recht guter Genauigkeit gleich aussehen. Ist hingegen dieser Unterschied gleich π, d.h., $|\delta(\omega') - \delta(\omega'')| = \pi$, dann entspricht die verstärkende Interferenz für die Frequenz ω' *auslöschender* Interferenz für die Frequenz ω'' und umgekehrt. Die beiden Interferenzstreifensysteme der zwei Frequenzen sind zueinander komplementär. Wenn sie sich mit gleicher Intensität überlagern, dann entstehen überhaupt keine Interferenzstreifen. Wir gelangen somit zu folgendem einfachen Kriterium für das Auftreten von Interferenzstreifen: Der in der Quelle vorkommende Frequenzbereich $\Delta\omega$ muß die Bedingung

$$d\,\Delta\omega \lesssim \pi \qquad (6.40)$$

befriedigen, damit Interferenzstreifen deutlich festgestellt werden können. Für eine bestimmte Quelle, also für ein gegebenes $\Delta\omega$, liefert das Kriterium (6.40) die gesuchte obere Grenze für d.

32. Für eine angenähert monochromatische Lichtquelle (der Frequenz ω) entspricht die Größe $\Delta\omega$ der Linienbreite des emittierten Lichts. Wie in Kapitel 3 schon besprochen wurde, tragen mehrere physikalische Effekte zu der Linienbreite bei. Dazu gehört unter anderem der Dopplereffekt, der durch die Bewegung der Atome in der Quelle bedingt ist. Die Quelle kann als Ansammlung von identischen „Elementarlampen" angesehen werden, die von diesen „Lampen" emittierten Frequenzen sind jedoch vom Laborsystem gesehen nicht identisch, da sich die einzelnen emittierenden Atome relativ zum Labor ungeordnet bewegen.

Untersuchen wir die durch den Dopplereffekt bedingte Begrenzung von d. Die Bedingung für deutlich feststellbare Interferenzstreifen lautet

$$d < \frac{\pi}{\Delta\omega} = \frac{\omega}{\Delta\omega}\frac{\lambda}{2}. \qquad (6.41)$$

In Abschnitt **44** von Kapitel 3 wurde ein Ausdruck für die relative Dopplerverbreiterung abgeleitet:

$$\left(\frac{\Delta\omega}{\omega}\right)_D \approx 0{,}52 \cdot 10^{-5} \sqrt{\frac{1}{A} \cdot \frac{T}{293\,\mathrm{K}}}. \qquad (6.42)$$

T ist die Strahlungstemperatur der Quelle, A die relative Molekular- bzw. die relative Atommasse der emittierenden Atome, die ein Gas bilden sollen. Eine Kombination der Ausdrücke (6.41) und (6.42) ergibt

$$d \lesssim \lambda \sqrt{\frac{A}{T/293\,\mathrm{K}}} \cdot 10^5. \qquad (6.43)$$

Für $T = 293$ K (Zimmertemperatur), $\lambda = 500$ nm (sichtbares Licht) und $A = 100$ erhalten wir $d \lesssim 50$ cm. Dieser Schätzwert stimmt mit den Beobachtungsergebnissen überein. Die größte Weglängendifferenz, bei der noch Interferenzstreifen feststellbar sind, ist von der Größenordnung eines Meters im Falle gewöhnlicher Lichtquellen wie Gasentladungsröhren (mit Ausnahme von Lasern).

33. Die zwei hier besprochenen Beispiele zeigen, daß es in der Natur so gut wie unvermeidlich ist, daß „zwei Lampen eingeschaltet sind". Der immer vorhandene Hintergrund des Wärmerauschens läßt bei der Vorbereitung des Systems schon vor der eigentlichen Messung ein gewisses Zufallselement wirksam werden.

Technische Mängel an den Geräten können die Zufälligkeit des Vorbereitungsprozesses noch vermehren. Wollen wir beispielsweise einen Strahl energiereicher Elektronen mit sehr genau bestimmtem Impuls erzeugen, muß es möglich sein, alle Beschleunigungspotentiale sehr genau zu kontrollieren, und die Vorrichtung zur Fokussierung des Elektronenstrahls muß nahezu vollkommen sein. Auch müßte ein sehr hohes Vakuum aufrechterhalten werden können, weil die Elektronen im Strahl Energie verlieren können und weil sich ihre Bewegungsrichtung ändern kann, wenn sie innerhalb des Vakuumsystems mit restlichen Gasmolekülen zusammenstoßen. Nun ist aber nichts auf der Welt vollkommen. In der Praxis ist es daher unmöglich, das Vorbereitungsstadium vollkommen zu kontrollieren. Es ist daher interessant zu untersuchen, wie ein „mangelhafter" Vorbereitungsprozeß theoretisch beschrieben werden könnte.

34. Nehmen wir an, mit unserer Versuchsanordnung kann ein System für eine Folge von wiederholten Messungen so vorbereitet werden, daß wir sagen können: Das „System wird immer in gleicher Weise vorbereitet". Wir sind schon früher übereingekommen, daß dann die *Wahrscheinlichkeiten* und *Mittelwerte*, die sich aus langen Versuchsreihen ergeben, stabil und reproduzierbar sein müssen. Nehmen wir an, es wurden die Mittel aller möglichen physikalischen Variablen bestimmt. Die Gesamtheit dieser Mittel stellt ein *statistisches Kollektiv des untersuchten Systems* dar; eine bestimmte Situation des vorbereiteten Systems, wie sie in einer Einzelmessung festgestellt wird, wird als ein *Element des Kollektivs* bezeichnet.

Eine bestimmte Vorbereitungsmethode, ob sie nun mit Mängeln behaftet ist oder nicht, ist die Grundlage für ein bestimmtes statistisches Kollektiv. Mathematisch gesehen entspricht ein *abstraktes* statistisches Kollektiv einer Menge von Wahrscheinlichkeiten und Mittelwerten physikalischer Variablen. Wenn wir die konkrete physikalische Realisierung dieses abstrakten Begriffs untersuchen, dann können wir für diesen Zweck das Kollektiv als Ansammlung einer großen Anzahl vorbereiteter Systeme (statistischer Elemente) verstehen. Ein Lichtstrahl kann also als statistisches Kollektiv von Photonen beschrieben werden, wobei die Elemente des Kollektivs durch die einzelnen Photonen dargestellt sind.

Der Begriff des statistischen Kollektivs kann noch in einem anderen wichtigen Fall angewendet werden: Eine Gasmenge in einem Behälter kann als statistisches Kollektiv von Molekülen beschrieben werden. Diese Beschreibung eignet sich vor allem für die Untersuchung des durchschnittlichen Verhaltens einzelner Moleküle des Gases. Wenn wir zum Beispiel die Geschwindigkeit eines einzelnen Moleküls bestimmen, dann entspricht das einem Versuch mit einem Element des Kollektivs. Aus den Ergebnissen einer langen Reihe von Geschwindigkeitsmessungen erhalten wir die Durchschnittsgeschwindigkeit, das ist einer der das Kollektiv charakterisierenden Mittelwerte. Der Vorbereitungsprozeß entspricht in diesem Fall den Bedingungen, unter denen das Gas im Behälter gehalten wird. Sind Temperatur und Druck konstant, wird die mittlere Geschwindigkeit der Gasmoleküle ebenfalls konstant bleiben. Wir können in diesem Fall sagen, daß die Moleküle alle gleichermaßen vorbereitet sind, weil sie alle den gleichen (makroskopisch identischen) äußeren Bedingungen unterliegen. Das heißt aber natürlich nicht, daß sich bei zwei Einzelmessungen an

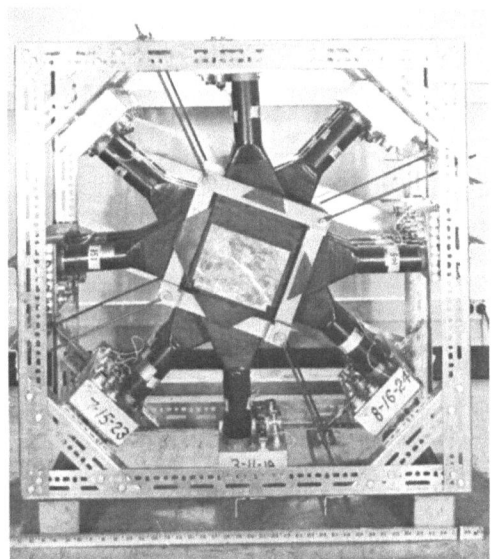

Bild 6.19 Zwischen den kleinen und einfachen, „theoretischen" Zählern in den schematischen Darstellungen in diesem Kapitel und den tatsächlich in Labors verwendeten Zählern besteht, wie Sie sehen, ein riesiger Unterschied. In diesem Bild sehen Sie eine Säule von 24 Szintillationszählern, die für ein Experiment aus der Elementarteilchenphysik zusammengebaut wurden. Die Kantenlänge der Anordnung beträgt etwa 1 m. Die Plastikszintillatoren können Sie in der Bildmitte erkennen, die Photoverstärkerröhren sind symmetrisch rundherum angeordnet. Die Richtung des Teilchenstrahls ist senkrecht zur Bildebene.
(Bild von Lawrence Radiation Laboratory, Berkeley, zur Verfügung gestellt.)

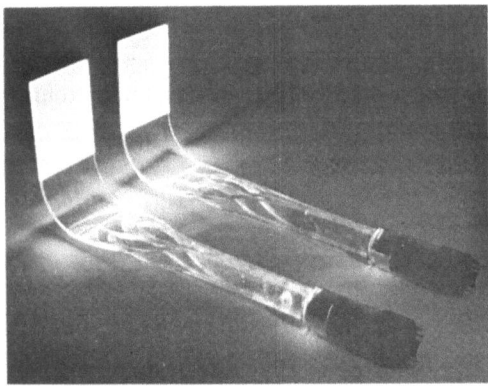

Bild 6.18 Zwei Szintillationszähler. Treffen geladene Teilchen die senkrechten weißen Platten, werden in dem Material Szintillationen angeregt. Das durch die Szintillationen erzeugte Licht wird durch die Lichtleiter den Photoverstärkerröhren rechts zugeführt. Der Zähler und die Lichtleitung sind sonst durch eine Aluminiumfolie sorgfältig vor äußerem Lichteinfall geschützt.
(Zur Verfügung gestellt von Lawrence Radiation Laboratory, Berkeley.)

zwei einzelnen Molekülen für beide die gleiche Geschwindigkeit ergibt. Die Geschwindigkeit eines Moleküls zu einem bestimmten Zeitpunkt ist makroskopisch gesehen eine *zufallsbestimmte Variable*: Die vorkommenden Werte weisen eine statistische Streuung auf.

35. Betrachten wir als konkretes Beispiel für ein statistisches Kollektiv einen Elektronenstrahl, der von einem Teilchenbeschleuniger erzeugt wird und der unter stabilen und stationären Bedingungen arbeiten soll. Wir messen wiederholt eine bestimmte physikalische Variable, zum Beispiel die Impulskomponente p in Richtung des Teilchenstrahls. Wir bezeichnen das Mittel der Impulswerte aus einer langen Meßreihe mit

$$\langle p, \rho \rangle ,$$

wobei ρ das statistische Kollektiv bezeichnet, d.h. einen bestimmten Teilchenstrahl. Die Größe $\langle p, \rho \rangle$ wird *Kollektivmittel* von p genannt. Das Mittel der *Quadrate* der Impulswerte wird mit $\langle p^2, \rho \rangle$ bezeichnet, das ist das Kollektivmittel des Impulsquadrates. Im allgemeinen ist $\langle p^2, \rho \rangle$ nicht gleich $[\langle p, \rho \rangle]^2$. Wir wollen dies eingehender untersuchen. Die durch Einzelmessungen gewonnenen Impuls-

6.2 Messungen und statistische Kollektive

werte bezeichnen wir mit $p_1, p_2,...,p_n$. Die beiden Mittel sind durch

$$\langle p, \rho \rangle = \frac{1}{n} \sum_k p_k \quad \text{bzw.} \quad \langle p^2, \rho \rangle = \frac{1}{n} \sum_k p_k^2 \quad (6.44)$$

definiert. Es gilt dann folgende Identität

$$\langle p^2, \rho \rangle - [\langle p, \rho \rangle]^2 = \frac{1}{n} \sum_k [p_k - \langle p, \rho \rangle]^2 , \quad (6.45)$$

wie Sie sich leicht überzeugen können. Die rechte Seite von Gl. (6.45) ist eine Summe nicht-negativer Terme, woraus wir schließen, daß

$$\langle p^2, \rho \rangle - [\langle p, \rho \rangle]^2 \geq 0 , \quad (6.46)$$

wobei das Gleichheitszeichen nur dann gilt, wenn die Zahlen $p_k (k = 1, 2,...,n)$ alle den gleichen Wert aufweisen, nämlich $\langle p, \rho \rangle$. In diesem Sonderfall haben die Teilchen des Strahls alle genau den gleichen Impuls.

Die linke Seite der Ungleichung (6.46) gibt die statistische Streuung der Variablen p an. Diese Streuung ist im allgemeinen größer als Null, was wir auch dadurch ausdrücken können, daß eine Impulsunschärfe im betreffenden Kollektiv existiert.

36. Alle übrigen physikalischen Variablen können analog dem Impuls behandelt werden. Wir bestimmen ihre Mittelwerte in einem bestimmten Kollektiv (Teilchenstrahl) und ihre *Streuung*, worunter die statistische Streuung nach der Definition (6.46) (linke Seite) zu verstehen ist. Die einfachste Art einer Variablen ist eine, die das Ansprechen eines Zählers beschreibt. Wir wollen diese Variable mit D bezeichnen und festsetzen, daß D den Wert $+1$ hat, wenn in einem Einzelexperiment der Zähler anspricht, und den Wert Null, wenn er nicht anspricht. $\langle D, \rho \rangle$ ist dann einfach die Wahrscheinlichkeit dafür, daß der Zähler bei einem Einzelexperiment an einem Element des statistischen Kollektivs ρ anspricht.

Sie werden vielleicht der Meinung sein, daß eine mit dem Zähler zusammenhängende Variable nicht mit der Impulsvariablen p vergleichbar ist. p bezieht sich ja doch auf das *System* bzw. auf das Teilchen, während D vom Meßinstrument abhängt. Wir müssen uns jedoch darüber klar werden, daß unser gesamtes Wissen über die Eigenschaften eines Systems nur durch Beobachtung bzw. Aufzeichnung der Anzeige von Meßinstrumenten stammt: Die wahren Eigenschaften, d.h. die *eigentlichen* Variablen des Systems, sind Abstraktionen. Kennen wir die Wahrscheinlichkeit dafür, daß ein an bestimmter Stelle befindlicher Zähler anspricht, dann wissen wir etwas über das statistische Kollektiv, also über die Teilchen des Strahls. Der Impuls von Teilchen in einem Strahl wird tatsächlich oft über Zählgeräte gemessen, wie Bild 6.20 schematisch zeigt. Ein mit einer

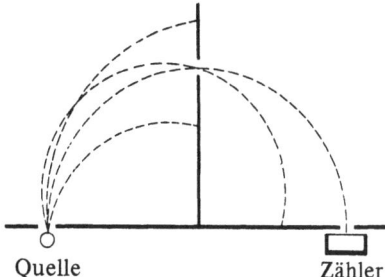

Bild 6.20 Veranschaulichung der Wirkungsweise eines sogenannten Halbkreis-Betaspektrographen. Dieses Gerät dient zur Bestimmung der Impulsverteilung (bzw. Energieverteilung) der Elektronen, die beim Zerfall beta-aktiver Kerne emittiert werden. Die Elektronen werden von der radioaktiven Quelle links emittiert und gezwungen, sich in oder nahezu in der Bildebene zu bewegen. Das Gerät befindet sich in einem gleichförmigen Magnetfeld senkrecht zur Bildebene, weshalb die Elektronenbahnen Halbkreise sind, deren Krümmungsradien vom Impuls der Elektronen abhängen. Die Vorrichtung ist mit einer Reihe von Spalten versehen, die so angeordnet sind, daß ein Elektron den Zähler rechts nur erreichen kann, wenn der Radius seiner Bahn innerhalb eines engen Bereichs liegt. Indem man die Anzahl von Elektronen bestimmt, die den Detektor pro Zeiteinheit bei verschiedenen magnetischen Feldstärken erreichen, kann man die Impulsverteilung der emittierten Elektronen bestimmen, d.h. die relative Anzahl von Elektronen, die in verschiedenen Impulsintervallen emittiert werden.

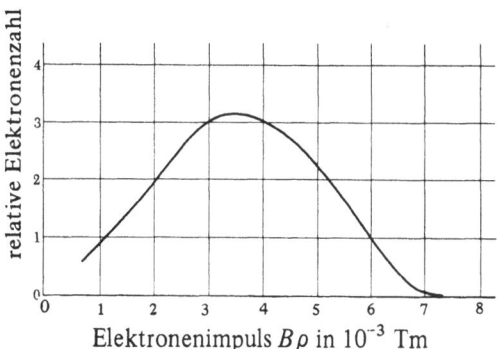

Bild 6.21 Das Betaspektrum von ^{32}P. Das Diagramm gibt die relative Elektronenanzahl als Funktion des Impulses an. Der Impuls ist durch die Größe $B\rho$ (in 10^{-3} Tm) ausgedrückt, wobei ρ der Krümmungsradius im Feld B ist. Der maximale Impuls bei $7,2 \cdot 10^{-3}$ Tm entspricht der maximalen kinetischen Energie von 1,7 MeV.

Die Elektronen können mit Energien von Null bis zum oberen Grenzwert emittiert werden, da die gesamte (kinetische) Energie, die beim Zerfall frei wird, auf das Elektron, den Tochterkern und ein Antineutrino willkürlich aufgeteilt wird.

solchen Versuchsanordnung ermitteltes Spektrum ist in Bild 6.21 wiedergegeben.

37. Wir wollen nochmals auf die Situation zurückkommen, die schon in Abschnitt **26** besprochen wurde: Eine Lichtquelle besteht aus zwei Lampen, einer Natriumdampflampe und einer Quecksilberdampflampe. Befassen wir uns zuerst mit einem Versuch, in dem nur die Natriumlampe in Funktion ist, der Strahl also nur aus „gelben Photonen" besteht. Durch diese Quelle wird ein statistisches Kollektiv ρ_1 von Photonen geschaffen; für dieses Kollektiv bestimmen wir den Mittelwert d_1 einer bestimmten Zähler-Variablen D:

$$\langle D, \rho_1 \rangle = d_1 . \tag{6.47}$$

Hierauf befassen wir uns mit dem Experiment, bei dem nur die Quecksilberdampflampe in Funktion ist. Mit dieser Versuchsanordnung wird ein statistisches Kollektiv ρ_2 definiert; der Kollektivmittelwert der gleichen Zähler-Variablen D ist durch

$$\langle D, \rho_2 \rangle = d_2 \tag{6.48}$$

gegeben.

Schließlich befassen wir uns mit dem Fall, daß *beide* Lampen zu gleicher Zeit in Funktion sind. Die zwei Lampen zusammen schaffen ein Kollektiv ρ, der Mittelwert von D ist in diesem Fall durch

$$\langle D, \rho \rangle = d \tag{6.49}$$

definiert.

Lampe 1 soll einen Photonenfluß von n_1 Photonen pro Zeiteinheit, Lampe 2 einen Fluß von n_2 Photonen pro Zeiteinheit im Strahl hervorrufen. Der gesamte Photonenfluß im Strahl ist somit gleich $(n_1 + n_2)$ Photonen pro Zeiteinheit. In einem beliebigen Einzelexperiment ist das betreffende Photon entweder „gelb" oder „blau", je nachdem ob es von Lampe 1 oder Lampe 2 stammt. Die *Wahrscheinlichkeit*, daß wir in einem Einzelexperiment auf ein „gelbes" Photon stoßen, muß dann

$$\theta_1 = \frac{n_1}{n_1 + n_2} \tag{6.50}$$

sein, während die Wahrscheinlichkeit für ein „blaues" Photon gleich

$$\theta_2 = \frac{n_2}{n_1 + n_2} \tag{6.51}$$

ist.

Die Zahlen θ_1 und θ_2 genügen den Bedingungen

$$1 \geq \theta_1 \geq 0, \quad 1 \geq \theta_2 \geq 0, \quad \theta_1 + \theta_2 = 1 , \tag{6.52}$$

was aus ihren Definitionen (6.50) und (6.51) folgt. Die Bedingungen (6.52) sind für die Wahrscheinlichkeiten zweier Ereignisse charakteristisch, die sich gegenseitig ausschließen, von denen aber eines immer eintreten muß.

38. Untersuchen wir nun das Einzelexperiment, d.h. ein Ereignis, an dem nur ein einziges Photon teilnimmt. Wir interessieren uns für die Wahrscheinlichkeit $d = \langle D, \rho \rangle$, daß der durch die Variable D beschriebene Zähler anspricht. Das betreffende Photon ist entweder gelb oder blau. Die Wahrscheinlichkeit, daß es gelb ist, ist gleich θ_1: *Ist* es tatsächlich gelb, dann ist d_1 die Wahrscheinlichkeit dafür, daß der Zähler D anspricht. Die Wahrscheinlichkeit, daß das Photon blau ist, ist gleich θ_2: *Ist* es tatsächlich blau, dann ist d_2 die Wahrscheinlichkeit, daß der Zähler D anspricht. Da die beiden Fälle „gelb" und „blau" einander gegenseitig ausschließen, muß die Wahrscheinlichkeit d dafür, daß der Zähler überhaupt anspricht, gleich

$$d = \theta_1 d_1 + \theta_2 d_2 \tag{6.53}$$

bzw.

$$\langle D, \rho \rangle = \theta_1 \langle D, \rho_1 \rangle + \theta_2 \langle D, \rho_2 \rangle \tag{6.54}$$

sein.

Das Mittel von D im Kollektiv ρ ergibt sich also aus den Mittelwerten von D in den Kollektiven ρ_1 und ρ_2 und den Wahrscheinlichkeiten θ_1 und θ_2. Diese Wahrscheinlichkeiten beschreiben, auf welche Art das „zusammengesetzte" Kollektiv ρ aus den Kollektiven ρ_1 und ρ_2 gebildet wird, sie sind also Größen, die die „zusammengesetzte" *Quelle* charakterisieren: Sie sind von der Variablen D *unabhängig*, die einen bestimmten Zähler im Beobachtungsgebiet beschreibt. Gl. (6.54) gilt daher für *jede* Zähler-Variable D.

Wir können das auch allgemeiner ausdrücken und sagen, daß Gl. (6.54) für die Mittelwerte einer *beliebigen* physikalischen Variablen gilt. Bezeichnen wir eine solche Variable mit Q, dann muß

$$\langle Q, \rho \rangle = \theta_1 \langle Q, \rho_1 \rangle + \theta_2 \langle Q, \rho_2 \rangle \tag{6.55}$$

gelten.

Wir bezeichnen *das statistische Kollektiv ρ als inkohärente Superposition der beiden Kollektive ρ_1 und ρ_2 mit den Wahrscheinlichkeiten θ_1 und θ_2*. Diese Feststellung kann mathematisch in der Form

$$\rho = \theta_1 \rho_1 + \theta_2 \rho_2 \tag{6.56}$$

ausgedrückt werden.

Zweck der Einschränkung „inkohärent" ist die Unterscheidung zwischen dieser Art von Superposition und der Superposition von *Wellen*, die in den Abschnitten **36** bis **46** in Kapitel 5 besprochen wurde. Über diesen höchst wichtigen Unterschied wird später noch einiges zu sagen sein.

39. Die Vorstellung der Überlagerung von zwei Kollektiven kann natürlich dahingehend verallgemeinert werden, daß darunter auch die inkohärente Superposition irgendeiner endlichen Anzahl von Kollektiven verstanden werden kann. Wir haben zum Beispiel die statistischen Kollektive ρ_k, wobei $k = 1, 2, 3, ..., n$. Jedem dieser Kollektive

6.3 Amplituden und Intensitäten

ordnen wir eine Wahrscheinlichkeit θ_k zu, und zwar müssen die Zahlen θ_k dabei die Bedingungen

$$1 \geqslant \theta_k \geqslant 0, \quad \sum_{k=1}^{n} \theta_k = 1 \qquad (6.57)$$

befriedigen.

ρ ist die inkohärente Superposition dieser Kollektive mit den Wahrscheinlichkeiten θ_k: Mathematisch können wir das als

$$\rho = \sum_{k=1}^{n} \theta_k \rho_k \qquad (6.58)$$

schreiben.

Das Mittel einer physikalischen Variablen Q im Kollektiv ρ ist also durch

$$\langle Q, \rho \rangle = \sum_{k=1}^{n} \theta_k \langle Q, \rho_k \rangle \qquad (6.59)$$

gegeben.

Wenn $\rho_1, \rho_2, \rho_3, \ldots, \rho_n$ eine Menge möglicher statistischer Kollektive ist, dann soll jede inkohärente Superposition dieser Kollektive wieder ein mögliches Kollektiv ergeben. Diese Annahme ist in ihrer Art eher mathematisch als physikalisch; wir wollen damit eine Eigenschaft der Menge *aller* statistischen Kollektive definieren: Diese *Menge ist hinsichtlich inkohärenter Superposition abgeschlossen.* Enthält also die Menge eine endliche Anzahl von Kollektiven, dann enthält sie damit auch alle möglichen inkohärenten Superpositionen dieser Kollektive.

40. In den Abschnitten **27** bis **29** haben wir bereits eine inkohärente Superposition einer unendlichen Anzahl einzelner statistischer Kollektive besprochen. $D(\theta)$ ist die Variable, die den Zähler D in Bild 6.22 für einen bestimmten Winkel θ beschreibt. ρ ist das statistische Kollektiv, das eine bestimmte Quelle links vom Schirm S_1 entstehen läßt. Wir nehmen die Intensitäten der zu untersuchenden Quellen immer so an, daß jeweils ein Elektron pro Sekunde den Spalt in S_1 passiert. Wird die Intensität $I(\theta)$, die im Zähler D

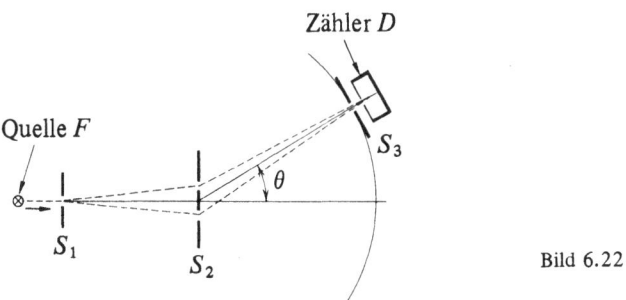

Bild 6.22

festgestellt wird, durch eine Anzahl von Elektronen pro Sekunde ausgedrückt, dann erhalten wir

$$\langle D(\theta), \rho \rangle = I(\theta). \qquad (6.60)$$

Bei unseren Überlegungen in Abschnitt **27** untersuchten wir zuerst die Intensität $I(\theta, p)$ einer hypothetischen Quelle, die Elektronen mit sehr genau bestimmtem Impuls emittiert. Das von einer solchen Quelle hervorgerufene statistische Kollektiv bezeichnen wir mit $\rho(p)$. Dann gilt

$$\langle D(\theta), \rho(p) \rangle = I(\theta, p). \qquad (6.61)$$

Es wurde bereits darauf hingewiesen, daß es mit einer Glühfadenkathode als Quelle und nur einer beschleunigenden Elektrode *nicht* möglich ist, hinter dem Spalt in S_1 Elektronen mit genau bestimmtem Impuls zu erhalten. [Wir könnten jedoch eine recht komplizierte Vorrichtung entwerfen, in der die Elektronen einer Quelle hinsichtlich ihres Impulses „gefiltert" werden, so daß schließlich nur Elektronen mit sehr genau bestimmtem Impuls austreten: Eine derart modifizierte Quelle wird durch das Kollektiv $\rho(p)$ charakterisiert.] Wir wollen das statistische Kollektiv einer einfachen Glühfadenquelle mit $\bar{\rho}$ bezeichnen. Nach unserer Überlegungen aus Abschnitt **29** gilt dann

$$\langle D(\theta), \bar{\rho} \rangle = \bar{I}(\theta) = \frac{1}{2q} \int_{p_0-q}^{p_0+q} dp \langle D(\theta) \rho(p) \rangle. \qquad (6.62)$$

Vergleichen Sie diesen Ausdruck mit Gl. (6.59). Wir haben bei unseren Überlegungen in Abschnitt **29** ganz offensichtlich das statistische Kollektiv $\bar{\rho}$, das einer „realistischen" Glühfadenquelle entspricht, als inkohärente Superposition der statistischen Kollektive $\rho(p)$ idealer Quellen angesehen. Wir haben also, analog zu Gl. (6.58),

$$\bar{\rho} = \frac{1}{2q} \int_{p_0-q}^{p_0+q} dp \, \rho(p) \qquad (6.63)$$

gesetzt.

6.3 Amplituden und Intensitäten

41. Wir können den Unterschied zwischen kohärenter und inkohärenter Superposition folgendermaßen beschreiben: Bei kohärenter Superposition werden die *Amplituden* addiert, bei der inkohärenten Superposition hingegen werden die *Intensitäten* addiert.

Wir wollen die quantenmechanische Behandlung von Amplituden und Intensitäten etwas üben. Bild 6.23 stellt ein Beispiel für ein nicht ganz realistisches doppeltes Doppelspalt-Experiment dar. Teilchen mit sehr genau bestimmtem

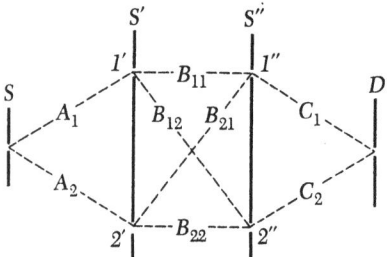

Bild 6.23 Ein etwas idealisiertes doppeltes Doppelspalt-Experiment. Die Teilchen (Photonen) treten durch den Spalt in S ein. Wir interessieren uns für die Wahrscheinlichkeiten dafür, daß die Teilchen bestimmte andere Spalte ebenfalls passieren, insbesondere den Spalt in D. Es müssen dafür an jedem Spalt natürlich die Amplituden und nicht die Intensitäten der Wellen addiert werden, die von den davor liegenden Spalten ankommen. Die komplexen Zahlen A_m, B_{mn} und C_m bezeichnen die *Übergangsamplituden* zwischen den Spalten. Alle Wahrscheinlichkeiten können durch diese Übergangsamplituden ausgedrückt werden.

Impuls treten durch den Spalt im Schirm S, beispielsweise ein Teilchen pro Sekunde. Der Fluß dieser Teilchen durch die übrigen fünf Spalte wird mittels eines Zählers beobachtet, der unmittelbar hinter einem Spalt – zu gleichen Zeitpunkten immer nur hinter einen Spalt – eingeschoben wird. Wird eine Zählrate von P Teilchen pro Sekunde bei einem bestimmten Spalt festgestellt, dann ist P die Wahrscheinlichkeit dafür, daß ein durch den Spalt in S eingetretenes Teilchen den betreffenden Spalt passiert.

Wir setzen voraus, daß die Wellenlänge der Teilchen verglichen mit der Spaltbreite groß ist und daß die Spalte alle gleich breit sind. Wir können dann von der (komplexen) Amplitude der Welle *an* einem bestimmten Spalt sprechen.

42. A_1 ist die Amplitude der Welle an dem Spalt $1'$, wenn die Amplitude am Spalt in S gleich eins ist. Analog soll A_2 die Amplitude der Welle am Spalt $2'$ sein, vorausgesetzt die Amplitude am Spalt in S ist gleich eins. B_{11} ist die Amplitude der Welle am Spalt $1''$, wenn die Amplitude am Spalt $1'$ gleich eins ist, *die* Amplitude am Spalt $2'$ jedoch gleich *null* ist. Analog ist B_{21} die Amplitude der Welle am Spalt $1''$, wenn die Amplitude am Spalt $1'$ gleich null ist, die Amplitude am Spalt $2'$ jedoch gleich eins ist. C_1 bezeichnet die Amplitude am Spalt im Schirm D, wenn die Amplitude am Spalt $1''$ gleich eins, die Amplitude am Spalt $2''$ gleich null ist. Die restlichen Amplituden werden in analoger Weise angegeben und definiert. Wir bezeichnen diese Amplituden als *Übergangsamplituden*, da sie den Übergang der Welle von einem Spalt zum anderen, in unserem Bild von links nach rechts, beschreiben. Die gestrichelten Linien in Bild 6.23 sollen diese Übergänge symbolisieren. Zu jeder gestrichelten Linie, also zu jedem Übergang, gehört eine Übergangsamplitude, wie aus den obigen Definitionen ersichtlich ist.

Die Übergangsamplituden sind komplexe Zahlen. Ihre absoluten Quadrate entsprechen nach folgenden Definitionen

Übergangswahrscheinlichkeiten. $P_1' = |A_1|^2$ ist die Wahrscheinlichkeit dafür, daß ein Teilchen, das den Spalt in S passiert hat, unmittelbar hinter Spalt $1'$ nachgewiesen werden kann. $P_2' = |A_2|^2$ ist die Wahrscheinlichkeit dafür, daß ein Teilchen, das den Spalt in S durchlaufen hat, auch den Spalt $2'$ passiert. $P_{12} = |B_{12}|^2$ ist die Wahrscheinlichkeit dafür, daß ein Teilchen, das den Spalt $1'$ durchlaufen hat, dann den Spalt $2''$ passiert. In diesem Fall muß der Spalt $2'$ abgedeckt sein, damit sicher ist, daß das Teilchen nur durch den Spalt $1'$ gekommen sein kann. Die absoluten Quadrate der übrigen Übergangsamplituden sind analog zu interpretieren. Eine Liste aller Übergangswahrscheinlichkeiten, die den acht Amplituden entsprechen, sieht dann folgendermaßen aus:

$$\begin{aligned} P_1' &= |A_1|^2 & P_2' &= |A_2|^2 \\ P_{11} &= |B_{11}|^2 & P_{12} &= |B_{12}|^2 \\ P_{21} &= |B_{21}|^2 & P_{22} &= |B_{22}|^2 \\ P_1'' &= |C_1|^2 & P_2'' &= |C_2|^2 \end{aligned} \quad (6.64)$$

Überlegen Sie sich, wie diese Übergangswahrscheinlichkeiten mit Zählern bestimmt werden können und wo es nötig sein wird, bestimmte Spalte abzudecken.

43. Wir wollen uns nun mit folgender Frage befassen: Was für eine Wahrscheinlichkeit P ergibt sich dafür, daß ein Teilchen, das durch den Spalt in S eintritt, durch den Spalt in D wieder austritt, wenn alle Spalte frei sind!

Ohne Überlegung werden wir vielleicht zu der folgenden falschen Antwort gelangen: Da wir alle Übergangswahrscheinlichkeiten zwischen den Spalten kennen, müßten wir P doch bestimmen können, indem wir diese Wahrscheinlichkeiten nach den Gesetzen der Wahrscheinlichkeitstheorie kombinieren. Die Wahrscheinlichkeit dafür, daß ein Teilchen den Spalt $1''$ passiert, müßte also gleich der Summe der Wahrscheinlichkeiten dafür sein, daß es durch Spalt $1'$ zu $1''$ gelangt und dafür, daß es durch Spalt $2'$ zu $1''$ gelangt, also gleich $(P_1' P_{11} + P_2' P_{21})$. Diese Art von Argumentation führt jedoch zum *falschen* Endergebnis

$$\cancel{P = (P_1' P_{11} + P_2' P_{21}) P_1'' + (P_1' P_{12} + P_2' P_{22}) P_2''} \text{ Falsch!} \quad (6.65)$$

Wie lautet nun die richtige Antwort? Die richtige Lösung ist

$$P = |(A_1 B_{11} + A_2 B_{21}) C_1 + (A_1 B_{12} + A_2 B_{22}) C_2|^2 \quad (6.66)$$

und ist *nicht* gleich dem falschen Ausdruck (6.65). Es müssen nämlich an jedem Spalt die *Amplituden* der ankommenden Wellen addiert werden, da zwischen den Wellen Interferenz eintritt. Gl. (6.66) ist das quantenmechanisch gewonnene richtige Endergebnis, während man den Ausdruck (6.65) als Resultat einer klassischen Billardkugel-Theorie ansehen kann.

6.3 Amplituden und Intensitäten

44. Wie können wir nun P bestimmen, wenn nur die Übergangswahrscheinlichkeiten, nicht aber die Übergangsamplituden gegeben sind? Unter diesen Umständen können wir P gar nicht ermitteln! Um P bestimmen zu können, müssen wir die Phasen *und* die absoluten Werte der komplexen Übergangsamplituden kennen; die Übergangswahrscheinlichkeiten geben uns nur die absoluten Werte der Amplituden an.

Befassen wir uns etwas näher mit dem Fehlschluß bei der „Kombination von Wahrscheinlichkeiten", der zum falschen Ergebnis (6.65) führte. Was stellt eigentlich die Größe $P'_1 P_{11}$ dar? Sie gibt die Wahrscheinlichkeit dafür an, daß ein Teilchen, das durch den Spalt in S eintritt, den Spalt $1''$ passiert, *wenn der Spalt $2'$ abgedeckt ist*! Analog gibt $P'_2 P_{21}$ die Wahrscheinlichkeit dafür an, daß ein Teilchen, das durch den Spalt in S eintritt, den Spalt $1''$ passiert, wenn $1'$ abgedeckt ist. Sind aber *beide* Spalte, $1'$ und $2'$, frei, dann ist die Wahrscheinlichkeit dafür, daß ein Teilchen, das durch den Spalt in S eintritt, den Spalt $1''$ passiert, *nicht* durch die Summe $(P'_1 P_{11} + P'_2 P_{21})$ gegeben. Die Wellen, die von den Spalten $1'$ und $2'$ kommend den Spalt $1''$ erreichen, sind *kohärent*, wir müssen also ihre *Amplituden* und nicht ihre *Intensitäten* addieren.

45. Sehen wir uns die etwas abgeänderte Versuchsanordnung in Bild 6.24 an. Es wird eine phasenverzögernde Vorrichtung R in den Weg der Welle eingebracht, die vom Spalt in S zum Spalt $1'$ geht, ansonsten entspricht die Versuchsanordnung der in Bild 6.23. Lediglich durch die phasenverzögernde Vorrichtung wird hier die Amplitude A_1 durch die Amplitude $A_1 e^{i\theta}$ ersetzt: Die Phase wird um einen Betrag θ verzögert, die Amplitude der Welle jedoch nicht verändert. Wird der Versuch mit sichtbarem Licht durchgeführt, dann können wir eine gewöhnliche Glasplatte zur Phasenverzögerung verwenden.

$P(\theta)$ ist die Wahrscheinlichkeit dafür, daß ein Teilchen, das durch den Spalt in S eintritt, durch den Spalt in D austritt (wobei alle Spalte frei sein sollen). Nach Gl. (6.66) gilt dann

$$P(\theta) = |A_1 e^{i\theta}(B_{11}C_1 + B_{12}C_2) + A_2(B_{21}C_1 + B_{22}C_2)|^2$$
$$= |A_1(B_{11}C_1 + B_{12}C_2)|^2 + |A_2(B_{21}C_1 + B_{22}C_2)|^2$$
$$+ U\cos\theta + V\sin\theta, \quad (6.67)$$

wobei

$$U = A_1(B_{11}C_1 + B_{12}C_2)A_2^*(B_{21}^*C_1^* + B_{22}^*C_2^*)$$
$$+ A_1^*(B_{11}^*C_1^* + B_{12}^*C_2^*)A_2(B_{21}C_1 + B_{22}C_2) \quad (6.68)$$

ist und

$$V = i|A_1(B_{11}C_1 + B_{12}C_2)A_2^*(B_{21}^*C_1^* + B_{22}^*C_2^*)$$
$$- A_1^*(B_{11}^*C_1^* + B_{12}^*C_2^*)A_2(B_{21}C_1 + B_{22}C_2)|, \quad (6.69)$$

wie Sie leicht nachprüfen können.

Wir können den Ausdruck für $P(\theta)$ aber auch in der Form

$$P(\theta) = \frac{1}{2}[P(0) + P(\pi)] + \frac{1}{2}[P(0) - P(\pi)]\cos\theta$$
$$+ \frac{1}{2}[2P(\pi/2) - P(0) - P(\pi)]\sin\theta \quad (6.70)$$

schreiben, wodurch ausgedrückt wird, daß $P(\theta)$ als Funktion von θ durch die Funktionswerte für die drei Winkel $\theta = 0$, $\pi/2$ und π eindeutig bestimmt ist.

46. Untersuchen wir als nächstes die Versuchsanordnung, die in Bild 6.25 dargestellt ist. Nun werden die Spalte $1'$ und $2'$ von zwei *getrennten* Quellen 1 und 2 „beleuchtet". Ansonsten entspricht die Versuchsanordnung in jeder Hinsicht der in Bild 6.23 dargestellten. Die beiden Quellen sollen die gleiche Intensität besitzen.

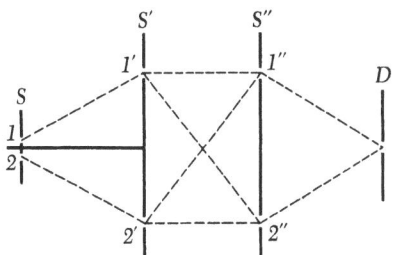

Bild 6.25 Bei dieser Darstellung des doppelten Doppelspalt-Experiments aus Bild 6.23 werden die Spalte $1'$ und $2'$ von zwei *unabhängigen* Quellen gleicher Intensität angestrahlt. Die von diesen beiden Quellen kommenden Wellen sind nicht kohärent; die Intensität an einem bestimmten Spalt ist – für beide Quellen – gleich der Summe der Intensitäten, die man mit jeweils einer Quelle beobachten würde.

Zwischen dem oben dargestellten Experiment und dem aus Bild 6.24 besteht eine interessante Beziehung. Jede im vorliegenden Experiment gemessene Intensität ist gleich dem Mittel über den Phasenwinkel θ der entsprechenden Intensitäten in der Anordnung von Bild 6.24. Diese Tatsache wird oft durch die Feststellung ausgedrückt, daß zwei inkohärente Quellen Wellen emittieren, die eine willkürliche Phasenbeziehung aufweisen.

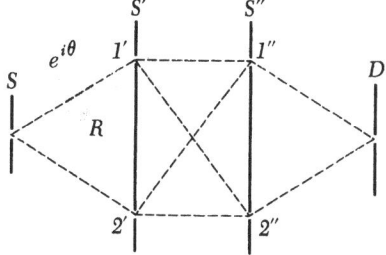

Bild 6.24 In diesem Bild ist eine Modifikation des doppelten Doppelspalt-Experiments aus Bild 6.23 schematisch dargestellt. Eine phasenverzögernde Vorrichtung R wurde vor den Spalt $1'$ eingesetzt. Dadurch wird die komplexe Amplitude der Welle, die durch diesen Spalt geht, um den Faktor $e^{i\theta}$ geändert. Für diese Anordnung gilt wiederum die Theorie des Versuchs aus Bild 6.23, wenn wir die Übergangsamplitude A_1 durch $A_1 e^{i\theta}$ ersetzen.

Wir interessieren uns für die Wahrscheinlichkeit P_i, daß ein Teilchen, das den Schirm S passiert hat, den Spalt in D passiert. Diese Wahrscheinlichkeit ist natürlich gleich

$$P_i = \frac{1}{2} |A_1(B_{11}C_1 + B_{12}C_2)|^2$$
$$+ \frac{1}{2} |A_2(B_{21}C_1 + B_{22}C_2)|^2 . \quad (6.71)$$

In diesem Falle müssen wir die Intensitäten, die durch jede der beiden Quellen an dem Spalt in D erzeugt werden, getrennt addieren, um die Intensität für das Zusammenwirken beider Quellen zu erhalten. Der Ausdruck $|A_1(B_{11}C_1 + B_{12}C_2)|^2$ gibt die Wahrscheinlichkeit dafür an, daß ein Teilchen der Quelle 1 den Spalt in D passiert, und der Ausdruck $|A_2(B_{21}C_1 + B_{22}C_2)|^2$ ist gleich der Wahrscheinlichkeit dafür, daß ein Teilchen der Quelle 2 durch den Spalt in D hindurchgeht. Jedes Teilchen, das den Spalt in D passiert, muß entweder von Quelle 1 oder von Quelle 2 stammen, wobei die Wahrscheinlichkeit für beide Fälle gleich groß ist – dies erklärt die Faktoren 1/2 in dem Ausdruck (6.71).

47. Im Hinblick auf die Bilder 6.24 und 6.25 erheben sich noch einige weitere Fragen. Betrachten wir einmal den Schirm S' und alles, was sich links von ihm befindet, insgesamt als Quelle. Die Bilder 6.24 und 6.25 stellen dann ein und dasselbe Experiment dar, nur mit verschiedenen Quellen. Wir können nun nach der Wahrscheinlichkeit $P'(\theta)$ dafür fragen, daß bei der Situation von Bild 6.23 ein Teilchen, das durch den Schirm S' kommt, auch den Spalt im Schirm D passiert. Da jedes Teilchen, das durch den Spalt in D durchgeht, zuerst den Schirm S' passiert haben muß, muß $P'(\theta)$ gleich dem Verhältnis der Wahrscheinlichkeit $P(\theta)$ aus Gl. (6.67) und der Wahrscheinlichkeit dafür sein, daß ein durch den Spalt in S gekommenes Teilchen S' passiert; diese Wahrscheinlichkeit ist natürlich gleich $[|A_1|^2 + |A_2|^2]$, und wir erhalten damit

$$P'(\theta) = [\,|A_1(B_{11}C_1 + B_{12}C_2)|^2$$
$$+ |A_2(B_{21}C_1 + B_{22}C_2)|^2$$
$$+ U\cos\theta + V\sin\theta\,][\,|A_1|^2 + |A_2|^2\,]^{-1} . \quad (6.72)$$

Dies kann auch in der Form

$$P'(\theta) = \frac{1}{2}[P'(0) + P'(\pi)] + \frac{1}{2}[P'(0) - P'(\pi)]\cos\theta$$
$$+ \frac{1}{2}[2P'(\pi/2) - P'(\pi)]\sin\theta \quad (6.73)$$

geschrieben werden. Ebenso können wir nach der Wahrscheinlichkeit P_i' dafür fragen, daß ein Teilchen, das den Schirm S' passiert hat, auch durch den Spalt in D geht (vgl. die Versuchsanordnung in Bild 6.25). Es ist einleuchtend, daß

$$P_i' = [\,|A_1(B_{11}C_1 + B_{12}C_2)|^2$$
$$+ |A_2(B_{21}C_1 + B_{22}C_2)|^2\,][\,|A_1|^2 + |A_2|^2\,]^{-1} \quad (6.74)$$

ist.

Vergleichen wir den Ausdruck (6.74) mit dem Ausdruck (6.72), dann stoßen wir auf folgende interessante Tatsache. Mitteln wir $P'(\theta)$ über alle Winkel θ zwischen 0 und 2π, dann ergibt sich P_i', d.h.,

$$P_i' = \frac{1}{2\pi} \int_0^{2\pi} d\theta\, P'(\theta) . \quad (6.75)$$

Tatsächlich ist es gar nicht nötig, über *alle* Winkel zu mitteln; es gilt nämlich auch

$$P_i' = \frac{1}{2}[P'(0) + P'(\pi)] . \quad (6.76)$$

Wir können daher das statistische Kollektiv, das durch die Quelle in Bild 6.25 (die Quelle besteht aus dem Schirm S' und dem links von ihm befindlichen Teil der Anordnung) definiert wird, als inkohärente Superposition von zwei oder von unendlich vielen statistischen Kollektiven ansehen, die wiederum durch die Quellen in Bild 6.24 definiert sind. θ wird dabei als variabler Parameter angesehen. (Verschiedene Werte von θ entsprechen verschiedenen Quellen.)

48. Das Ergebnis (6.75) drückt ein allgemeines Prinzip hinsichtlich einer inkohärenten Superpositon aus. Untersuchen wir zwei inkohärente Quellen, dann werden wir sie zuerst als kohärent ansehen und die Amplituden der Wellen von den beiden Quellen addieren, jedoch mit einem variablen relativen Phasenfaktor $e^{i\theta}$. Wir berechnen irgendwelche interessanten „Intensitätswerte" $I(\theta)$ als Funktion von θ und mitteln schließlich $I(\theta)$ über alle Winkel θ zwischen 0 und 2π. Dadurch erhalten wir ein Mittel $\bar{I}$, das dem korrekten Mittelwert für zwei *inkohärente* Quellen entspricht. Zwei Quellen mit zufälliger Phasenbeziehung sind inkohärent.

49. Nachdem wir nun den Umgang mit Amplituden, Intensitäten und Wahrscheinlichkeiten geübt haben, wollen wir uns wieder unserer systematischen Besprechung statistischer Kollektive zuwenden.

Die Menge aller statistischen Kollektive besteht ganz offensichtlich aus zwei Untermengen: den Kollektiven nämlich, die als inkohärente Superpositionen von zwei oder mehr anderen verschiedenen statistischen Kollektiven interpretiert werden können, und den Kollektiven, die nicht durch solche Superpositionen entstehen. Die statistischen Kollektive, die nicht als inkohärente Superpositionen anderer Kollektive angesehen werden können, bezeichnen wir als *reine* Kollektive oder reine Zustände, die andere Art von Kollektiven nennen wir gemischte Kollektive oder *statistische Gemische*.

Betrachten wir zunächst ein gemischtes Kollektiv. Ein solches Kollektiv muß bekanntlich durch inkohärente Superposition anderer Kollektive entstehen. Könnten wir in einem weiteren Schritt ein gemischtes Kollektiv vielleicht als inkohärente Superposition *reiner* Kollektive interpretieren?

Diese Frage läuft eigentlich auf Eigenschaften der Menge *aller* physikalisch möglichen statistischen Kollektive hinaus. Es könnte natürlich der Fall sein, daß die Menge aller physikalisch möglichen Kollektive *überhaupt* keine reinen Zustände enthält, dann müßte die obige Frage natürlich verneint werden. Andererseits könnten wir die reinen Kollektive als Grenzfälle gemischter Kollektive ansehen: Wir könnten die Menge statistischer Kollektive dahingehend erweitern, daß sie nicht nur alle physikalisch möglichen Kollektive, sondern auch deren sämtliche Grenzfälle umfaßt. Wenn wir diese rein mathematische Abstraktion durchführen – was wir noch tun werden –, dann erwarten wir dabei schon gefühlsmäßig, daß diese erweiterte Menge von Kollektiven folgende Eigenschaft aufweist: Jedes statistische Kollektiv sollte entweder ein reines Kollektiv oder eine inkohärente Superposition reiner Kollektive sein.

In der Folge stützen wir uns auf diese recht vernünftige Annahme. Physikalisch gesehen muß sie als idealisierte Annahme bezeichnet werden: Wir nehmen an, daß alle reinen Kollektive auch physikalisch möglich sind und daß wir alle übrigen Kollektive als statistische Gemische ersterer ansehen können. In der Praxis wird ein ideales reines Kollektiv wahrscheinlich nicht realisiert werden können, doch liegen keinerlei Gründe vor, die eine beliebig gute Annäherung an dieses Ideal verhindern würden.

6.4 Kann prinzipiell das Ergebnis jeder Messung vorausgesagt werden?

50. Es ist einleuchtend, daß über die Elemente eines reinen Kollektivs mehr bekannt ist als über die eines gemischten Kollektivs. Nehmen wir zum Beispiel den schon untersuchen Fall, bei dem die Lichtquelle aus zwei Lampen besteht. Wir können ganz offensichtlich über die Eigenschaften einzelner Photonen weniger aussagen, wenn diese einer Quelle entstammen, in der zwei Lampen in Funktion sind, als wenn sie aus nur einer Lampe kommen. Insbesondere werden wir über die Farbe der Photonen dann nicht so genau Bescheid wissen.

Wollen wir ein reines Kollektiv erhalten, dann müssen wir das Vorbereitungsstadium vollkommen unter Kontrolle haben: Es muß möglich sein, alle die Ursachen statistischer Schwankungen zu unterdrücken, bei denen das prinzipiell durchführbar ist.

Selbstverständlich ist die Vorbereitung so zu organisieren, daß das Kollektiv im Bereich der technischen Möglichkeiten optimal rein wird, was sich dann auf die Messungen günstig auswirkt. Die statistische Streuung der gegebenen Werte wird dadurch verringert, d.h. die Genauigkeit der Ergebnisse erhöht. Außerdem ist festzustellen, daß im Falle eines reinen Kollektivs die theoretische Interpretation der experimentellen Ergebnisse leichter und einfacher ist als für ein gemischtes Kollektiv. Im Falle eines reinen Kollektivs wird eine Untersuchung des Verhaltens eines Systems unter den bestmöglichen Bedingungen durchgeführt werden können, und das *vermeidbare* „Störgeräusch" tritt erst gar nicht auf.

51. Wir sehen uns nun vor folgende grundsätzliche Frage gestellt: Sind die reinen Zustände durch ein völliges Fehlen der statistischen Streuung bei allen physikalischen Variablen charakterisiert? Oder anders ausgedrückt: Sind die reinen Zustände durch solche Eigenschaften gekennzeichnet, die eine exakte Vorhersage des Ergebnisses jeder Messung ermöglichen?

Wir müssen uns darüber klar sein, daß diese Frage auf das eigentliche Wesen der physikalischen Welt abzielt und daher nur durch *experimentelle* Untersuchungen beantwortet werden kann. Rein theoretische Überlegungen und Logik führen hier zu keinem Ergebnis.

Die Theorien der klassischen Physik beruhen auf der Annahme, daß die Frage *positiv* beantwortet werden kann. Die Quantenmechanik hingegen ist eine Theorie, die auf einer *negativen* Beantwortung der Frage aufbaut. (Es muß hinzugefügt werden, daß die Quantenmechanik lediglich eine bestimmte von vielen möglichen Theorien ist, bei denen die Frage *negativ* beantwortet wird.) Akzeptieren wir die Quantenmechanik als die optimale Theorie, dann führen wir dadurch eine Unbestimmtheit bei der Beschreibung der Natur ein. Dies heißt: Gleichgültig wie ein reines Kollektiv auf die Messung vorbereitet wird, es wird immer Fälle von Messungen geben, deren Ergebnisse nicht vorausgesagt werden können. (Welche Messungen das sind, hängt vom Kollektiv ab.) Das heißt nun keineswegs, daß die Quantenmechanik in irgendeiner Weise „chaotisch" und „unbestimmt" ist. Die Theorie ist eine strenge und eindeutige Theorie, die sehr wohl genaue quantitative Aussagen ermöglicht, allerdings über *Wahrscheinlichkeiten* und über *Mittelwerte* physikalischer Variablen.

52. Die Natur der oben gestellten Frage bedingt, daß eine einzelne Gruppe von Experimenten nicht endgültig entscheiden kann, wie die Antwort lauten muß. Scheint nämlich ein bestimmtes Phänomen eine *negative* Antwort zu fordern, dann könnten wir immer versuchen, die Situation durch die Behauptung zu retten, daß eine „bessere" Durchführung der Messungen ein anderes Ergebnis zeitigen müßte. Wir könnten argumentieren, daß die erwähnte Unbestimmtheit in den Meßergebnissen nur deshalb auftritt, weil die Versuchsanordnung nicht optimal ist. Absolut gesehen kann dieses Argument nur schwer widerlegt werden. Andererseits sollten wir einmal die Vertreter solcher in klassischem Sinne deterministischer Theorien fragen, *wie* sie sich explizit die Messungen vorstellen, bei denen das durch die Quantenmechanik bedingte Unbestimmtheitselement wegfällt.

Die *negative* Antwort auf unsere Frage wird von zwei Seiten her untermauert. Erstens führt eine eingehende Analyse verschiedenster Versuche offenbar immer zu der Schlußfolgerung, daß die Antwort *negativ* sein müßte. Zweitens stimmen alle Voraussagen der Quantenmechanik – die ja wesentlich auf der *negativen* Antwort aufbaut – anscheinend sehr gut mit den beobachteten Fakten überein: Wir geraten also nicht in Widerspruch mit der Erfahrung, wenn wir unsere Frage *negativ* beantworten.

53. Bereits in den Kapiteln 4 und 5 wurden sehr überzeugende Argumente für die Richtigkeit der *negativen* Antwort vorgebracht. Die in der Natur vorkommenden realen Teilchen breiten sich wie Wellen im Raum aus. Wellen wiederum werden durch halbversilberte Spiegel und Doppelspalte geteilt und ganz allgemein an einem Hindernis gebeugt. Versuchen wir jedoch, Teilchen mit einer Photozelle oder sonst einem Teilchendetektor nachzuweisen, dann stoßen wir niemals auf „Photonenbruchteile" oder „Elektronenbruchteile". Wollen wir *alle* diese Phänomene in einer konsistenten Beschreibung erfassen, werden wir zwangsläufig zu einer wahrscheinlichkeitstheoretischen Interpretation der *Intensität* einer Welle geführt: Alle Größen, die dem Quadrat des absoluten Betrages der Wellenfunktion proportional sind, stellen Wahrscheinlichkeiten dar. Wir können nur die Wahrscheinlichkeit dafür angeben, daß ein bestimmter Zähler anspricht. Es wird jedoch nie möglich sein, mit Bestimmtheit auszusagen, ob irgendein Zähler in einem bestimmten *Einzelexperiment* (also auf ein bestimmtes Photon) anspricht oder nicht.

Betrachten wir zum Beispiel den Doppelspalt-Versuch. Um den Impuls des einfallenden Strahls genau zu bestimmen, muß der Versuch so angeordnet sein, daß der Impuls der Teilchen ganz besonders gut definiert ist. Fällt ein solcher Strahl auf einen Schirm mit zwei Spalten, dann entsteht das charakteristische Doppelspalt-Beugungsmuster. Dieses kann nur dann entstehen, wenn auch beide Spalte frei sind, d.h. nur wenn das Teilchen durch beide Spalte geht. Versuchen wir jedoch, das Teilchen mit einem Zähler unmittelbar hinter einem der Spalte nachzuweisen, dann stellen wir nicht ein halbes Teilchen, sondern stets das ganze fest! Bei einem Einzelversuch werden wir nie sagen können, ob der Zähler anspricht oder nicht, wir können nicht mit Bestimmtheit voraussagen, was tatsächlich geschehen wird; Wir können lediglich die Wahrscheinlichkeit dafür angeben, daß der Zähler anspricht. Nun mögen Sie einwenden, daß dies nur so ist, weil das Kollektiv eben kein reines Kollektiv ist. Was aber sollten wir tun, damit das Kollektiv reiner wird?

54. Der Angelpunkt des ganzen Problems liegt natürlich in der Frage: Ist es überhaupt möglich, ein Teilchen noch genauer zu beschreiben, als es im Rahmen der Wellentheorie beschrieben wird. Wenn die Wellenbeschreibung aber stimmt und die Teilchen sich außerdem als unteilbar erweisen, so

daß wir niemals „Bruchteile" von Teilchen nachweisen können, dann *müssen* wir die Intensitäten als Wahrscheinlichkeiten interpretieren. Denken wir an die Besprechung der Unschärferelationen zu Anfang dieses Kapitels. Soll der *Impuls* des Teilchens genau bestimmt sein, dann muß es als räumlich ausgebreitete Welle beschrieben werden. Damit ist aber die *Lage* des Teilchens nicht genau bestimmbar. Eine geringe statistische Streuung bei den Impulsmessungen führt zu einer starken statistischen Streuung bei der Lagebestimmung; solange wir die Wellendarstellung mit der Wahrscheinlichkeitsinterpretation der Intensitäten als richtig ansehen, solange ist der Unschärferelation nicht beizukommen. Außerdem gibt es keinerlei experimentelle Hinweise darauf, daß ein Teilchen genauer beschrieben werden könnte, als es mit Hilfe der Wellendarstellung möglich ist: Es gibt aber auch gar keine Beweise für irgendeine „verborgene Variable".

Diese Überlegungen führten zur folgenden grundsätzlichen Annahme der Quantenmechanik: Die reinen Zustände eines Teilchens sind durch Wellen zu beschreiben. *Ein Kollektiv von Ein-Teilchen-Zuständen ist nur dann ein reines Kollektiv, wenn jedes Element des Kollektivs durch dieselbe Wellenfunktion beschrieben wird.* Können wir eine Wellenfunktion aufstellen, die alle Teilchen eines Kollektivs beschreibt, dann bedeutet das, daß wir über die Quelle der Teilchen *größtmögliche* Kontrolle haben. Es gibt nichts Reineres oder besser Bestimmtes als eine eindeutig definierte Welle.

55. Es ist interessant, bestimmte Aspekte der klassischen Phantasiewelt mit der realen Welt zu vergleichen. Statistische Kollektive, statistische Gemische und reine Zustände sind nicht sämtlich für die klassische Physik fremde Begriffe. Der Begriff des statistischen Kollektivs wurde in der klassischen statistischen Mechanik tatsächlich lange vor der Formulierung der Quantenmechanik eingeführt. Unsere Überlegungen über den Prozeß der Messung sind zum größten Teil auch im Rahmen einer klassischen Beschreibung anwendbar. Ein reiner Zustand entsteht also dann, wenn das Vorbereitungsstadium unter vollkommener Kontrolle ist, ein statistisches Gemisch hingegen, wenn die Kontrolle weniger vollkommen ist. Der ausschlaggebende Unterschied zwischen der klassischen und der quantenmechanischen Beschreibung liegt in der *Definition der Natur des reinen Zustands*. Nach der klassischen Vorstellung kann bei einem reinen Zustand das Ergebnis jeder einzelnen Messung *exakt* vorausgesagt werden. Spricht ein bestimmter Zähler bei *einem* Einzelexperiment an, dann wird er dies auch bei jedem folgenden tun. Jedesmal, wenn ein Einzelversuch wiederholt wird, geschieht genau das gleiche wie zuvor. Bei einem reinen Zustand gibt es keine statistische Streuung bei *irgendeiner* physikalischen Variablen.

In der Physik ist schon seit langem bekannt, nicht erst seit Entwicklung der Quantenmechanik, daß makroskopische Vorgänge in der Praxis nicht mit beliebiger Genauigkeit vorausgesagt werden können. Das Wärmerauschen und eine Reihe anderer „Störungen", die wir nicht kontrollieren können, sind immer vorhanden. In makroskopischen Fällen wird dadurch in den Werten einer physikalischen Variablen eine Unschärfe hervorgerufen, die die charakteristische quantenmechanische Unschärfe vollkommen überlagert. Die in der klassischen Physik vertretene Ansicht, daß reine Zustände durch ein völliges Fehlen jeder statistischen Streuung bei den Variablen gekennzeichnet sind, wurde für makroskopische Gegebenheiten niemals kritisch geprüft. Dies erklärt auch, warum sich diese Auffassung so lange halten konnte.

56. Es bedeutete einen wesentlichen Fortschritt in der Entwicklung der physikalischen Theorie, als die Wahrscheinlichkeitsnatur *aller* Voraussagen – auch im Falle eines reinen Kollektivs – erkannt wurde. Betrachten wir rückblickend die frühe Geschichte der Quantenphysik, dann können wir die begriffsmäßigen Schwierigkeiten der Physiker von damals ermessen, bevor die wahrscheinlichkeitstheoretische Beschreibung möglich war. Die Entdeckung, daß Licht sowohl Wellen- als auch Korpuskeleigenschaften aufweisen kann, stiftete einige Verwirrung. Heute kann diese duale Natur des Lichts nach den in Kapitel 4 diskutierten Richtlinien leicht erklärt werden, doch in den Anfängen der Quantenphysik war die Sachlage nicht so einfach. Es war noch niemand auf die Idee gekommen, daß das Quadrat einer Wellenamplitude im Sinne einer Wahrscheinlichkeit interpretiert werden könnte. Ohne diese von den klassischen Vorstellungen radikal abweichende Idee ist es nicht möglich, die duale Natur der elektromagnetischen Strahlung zu verstehen.

Unsere Fähigkeit, zukünftige Ereignisse vorauszusagen, sind *ganz prinzipiell* Grenzen gesetzt; diese grundsätzliche Feststellung wurde insbesondere unter philosophisch interessierten Nichtphysikern als revolutionäre Idee angesehen. Es war wohl unvermeidlich, daß auch eine Menge Unsinn sowohl darüber als auch über die Unschärferelation geschrieben wurde und daß die Autoren weithergeholte Schlußfolgerungen über die Bedeutung der Quantenmechanik für den Menschen ganz allgemein zogen.

Andererseits bestreitet der Autor nicht, daß die Frage der Voraussagbarkeit bzw. Nichtvoraussagbarkeit eine interessante prinzipielle Frage und mit Recht Gegenstand philosophischer Erörterungen ist. Er glaubt jedoch, daß sich die Berufsphysiker *heute* nur wenig für dieses Problem zu interessieren scheinen. Der Autor kann sich an keine einzige Diskussion am Mittagstisch erinnern, bei der dieses Problem angeschnitten wurde. (Ansonsten umfassen die Themen solcher mittäglicher Diskussionen meist sämtliche Probleme, die die Physiker beschäftigen.) Tatsächlich ist es so, daß sich Physiker nur wenig Gedanken über die Theorie der Messungen in der Quantenmechanik machen, es sei denn, sie hielten gerade eine Einführungsvorlesung über dieses Thema.

6.5 Polarisiertes und unpolarisiertes Licht

57. Eine Untersuchung der Lichtpolarisation ist sehr gut geeignet, den Unterschied zwischen einem reinen Zustand und einem statistischen Gemisch im Rahmen der Quantenmechanik aufzuzeigen. Betrachten Sie die Versuchsanordnung in Bild 6.26. Nahezu monochromatische Photonen der Frequenz ω passieren einen Polarisationsfilter F_s und verlassen die Strahlungsquelle durch den Spalt im Schirm S. Das Vorbereitungsstadium des statistischen Kollektivs läuft also links von S ab. Die austretenden Photonen werden mittels einer Photozelle P untersucht, die mit einem Polarisationsfilter F_p versehen ist; Filter und Photozelle sind zusammen als ein Instrument anzusehen, das durch die Zählervariable D beschrieben wird.

Es können hochgradig wirksame Polarisationsfilter hergestellt werden, die die Eigenschaft haben, Wellen eines bestimmten Polarisationszustandes ungehindert durchzulassen, Wellen des entgegengesetzten Polarisationszustandes jedoch vollkommen zu absorbieren. Wir wollen die Filter F_s und F_p als perfekte Polarisationsfilter ansehen und annehmen, daß wir ihre Eigenschaften beliebig vorgeben können.

58. F_s soll ein links-zirkular polarisierendes Filter sein, d.h., es läßt nur Wellen dieses Polarisationszustandes durch. Die durchgelassenen Photonen sind Elemente des statistischen Kollektivs ρ_L. Wir bestimmen zuerst die Zählrate ohne eingesetztes Filter F_p: Dadurch erfahren wir, wie viele Photonen pro Zeiteinheit austreten. Wir können damit unsere Ergebnisse normieren. Wir nehmen an, daß der Zähler P hundertprozentig anspricht. Jedes Photon, das ihn erreicht, wird auch registriert. Die Zählrate sei n Photonen pro Zeiteinheit.

Wir untersuchen eine Reihe unterschiedlicher Filter F_p. Jeder Filter-Zähler-Kombination entspricht eine Zähler-

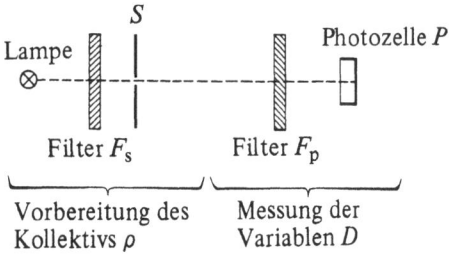

Bild 6.26 Schematische Darstellung der Versuchsanordnung eines Experiments mit polarisiertem Licht. Die Filter F_s und F_p sollen ideale Polarisationsfilter sein. (Licht, das einen idealen Polarisationsfilter passiert hat, weist einen bestimmten reinen Polarisationszustand auf; das Filter ist für dieses Licht vollkommen durchlässig.)

Die Reaktion des Zählers P auf ein einzelnes Photon kann nur dann genau vorausgesagt werden, wenn die Filter F_s und F_p den gleichen (reinen) Polarisationszustand hervorrufen.

variable D. Das Mittel von D ist durch das Verhältnis n'/n definiert, wobei n' die Zählrate mit eingesetztem Filter ist. Wenn F_p nur links-zirkular polarisiertes Licht durchläßt, dann bezeichnen wir die entsprechende Zählervariable mit D_L; läßt es nur rechts-zirkular polarisiertes Licht durch, mit D_R; läßt es nur linear in der x-Richtung polarisiertes Licht durch, mit D_x; läßt es nur linear in der y-Richtung polarisiertes Licht durch, mit D_y. Schließlich werden wir auch Filter untersuchen, die nur Licht durchlassen, das linear in der Richtung der Winkelsymmetralen des ersten Quadranten (der durch die positive x- und y-Achse begrenzt wird) polarisiert ist (Zählervariable $D_{45°}$), und Filter, die nur Licht durchlassen, das in der Richtung senkrecht zu dieser Winkelsymmetralen polarisiert ist (Zählervariable $D_{135°}$).

Für das Kollektiv ρ_L können wir folgende Mittelwerte bestimmen:

$$\langle D_L, \rho_L \rangle = 1, \quad \langle D_R, \rho_L \rangle = 0, \quad (6.77)$$

$$\langle D_x, \rho_L \rangle = \langle D_y, \rho_L \rangle = \langle D_{45°}, \rho_L \rangle = \langle D_{135°}, \rho_L \rangle = \frac{1}{2}. \quad (6.78)$$

Für dieses Kollektiv können die zwei Variablen D_L und D_R genau bestimmt werden, während wir über die übrigen vier Variablen so gut wie gar nichts wissen. Ist das Kollektiv ρ_L ein reines Kollektiv oder können wir es irgendwie reiner machen? Diese Frage muß mit nein beantwortet werden. Wenn wir nämlich voraussetzen, daß die Variablen D_L und D_R genau bekannt sind und die in Gl. (6.77) angegebenen Werte haben, dann *müssen* die von der Quelle austretenden Photonen streng links-zirkular polarisiert sein. Jede links-zirkular polarisierte Welle kann jedoch in zwei senkrecht zueinander linear polarisierte Wellen mit gleicher Amplitude zerlegt werden. Wird nun ein Filter eingesetzt, das eine der linear polarisierten Komponenten ausfiltert, dann wird die durchgelassene Welle nur die halbe Intensität des einfallenden Lichts besitzen. Für die Mittelwert der Variablen D_x, D_y, $D_{45°}$ und $D_{135°}$ *muß* daher Gl. (6.78) gelten. Ergänzen wir nun dieses *experimentelle* Ergebnisse bezüglich dieser Mittelwerte durch das *experimentelle* Ergebnis, daß Photonen energiemäßig nicht durch Polarisationsfilter aufgespalten werden können, dann gelangen wir zwangsläufig zu dem Schluß, daß keine der vier Variablen D_x, D_y, $D_{45°}$ und $D_{135°}$ in einem Einzelexperiment genau bestimmt werden können. Tatsächlich ist die Unschärfe dieser Variablen so groß wie nur möglich, obwohl das Kollektiv als das reinstmögliche Kollektiv zirkular polarisierter Photonen anzusehen ist.

59. Es ist hier unbedingt zu beachten, daß sich eine völlig andere Schlußfolgerung ergeben würde, wenn sich die Photonen in jeder Hinsicht wie klassische Wellenzüge verhielten. Das Mittel der Variablen D_x würde dann von der Empfindlichkeit des Detektors abhängen. Wenn mit dieser Empfindlichkeit die Energie eines halben Wellenzuges noch registriert wird, dann wäre die Zählrate von D_x gleich der Zählrate von D_L, d.h. $\langle D_x, \rho_L \rangle = 1$, während das Mittel gleich Null ist, wenn die Empfindlichkeit des Detektors nicht hoch genug ist, so daß die Energie des halben Wellenzugs den Detektor ansprechen läßt. Wirkliche Photonen verhalten sich *nicht* wie klassische Wellenzüge. Gleichgültig welches Filter vor den Zähler gesetzt wird - jedes vom Zähler registrierte Photon besitzt die Energie $\hbar\omega$.

Die Reaktion der Zähler D_x, D_y, $D_{45°}$ und $D_{135°}$ kann daher in einem an dem reinen Kollektiv ρ_L durchgeführten Einzelexperiment nicht vorausgesagt werden; es existiert im Gegenteil überzeugendes Beweismaterial für die Richtigkeit der allgemeinen Feststellungen aus den Abschnitten **51** bis **54**.

60. Was geschieht nun, wenn wir das Filter F_s entfernen? Nehmen wir an, daß die „Lampe" sphärische Symmetrie aufweist. Dann ist keine bestimmte Richtung irgendwie bevorzugt, die verschiedenen Polarisationszustände sind also alle gleichermaßen wahrscheinlich. Dieses Licht wird als *unpolarisiert* bezeichnet. Das entsprechende Kollektiv ρ_0 ist das ungeordnetste Kollektiv hinsichtlich der Polarisationsfreiheitsgrade, die Zählrate wird mit Filter halb so groß wie die Zählrate ohne Filter sein, gleichgültig welcher Art das ideale Polarisationsfilter F_p ist. Wir erhalten also die Mittelwerte

$$\langle D_L, \rho_0 \rangle = \langle D_R, \rho_0 \rangle = \frac{1}{2}, \quad (6.79)$$

$$\langle D_x, \rho_0 \rangle = \langle D_y, \rho_0 \rangle = \langle D_{45°}, \rho_0 \rangle = \langle D_{135°}, \rho_0 \rangle = \frac{1}{2}. \quad (6.80)$$

Wir stellen fest, daß die Mittel in Gl. (6.80) mit den Mittelwerten in Gl. (6.78) übereinstimmen; wir wissen also in den beiden Kollektiven ρ_L und ρ_0 gleich wenig über die vier Variablen D_x, D_y, $D_{45°}$ und $D_{135°}$. Die beiden Kollektive unterscheiden sich nur hinsichtlich der Informationen über die zwei Variablen D_L und D_R: In ρ_L sind diese Variablen vollkommen bestimmt, während wir im Kollektiv ρ_0 minimale Informationen über sie haben.

Wir können das Kollektiv ρ_0 also wohl als statistisches Gemisch ansehen. Dies wird sofort klar, wenn wir uns einen Versuch überlegen, bei dem das Filter F_s nur rechts-zirkular polarisierte Wellen durchläßt. Das entsprechende Kollektiv wird mit ρ_R bezeichnet. Die Kollektivmittelwerte lauten dann

$$\langle D_L, \rho_R \rangle = 0, \quad \langle D_R, \rho_R \rangle = 1, \quad (6.81)$$

$$\langle D_x, \rho_R \rangle = \langle D_y, \rho_R \rangle = \langle D_{45°}, \rho_R \rangle = \langle D_{135°}, \rho_R \rangle = \frac{1}{2}. \quad (6.82)$$

Überzeugen Sie sich selbst im Detail davon, daß für die Kollektivmittelwerte von ρ_0, ρ_R und ρ_L

$$\rho_0 = \frac{1}{2} \rho_L + \frac{1}{2} \rho_R \quad (6.83)$$

gilt, was unseren Überlegungen in Abschnitt 39 entspricht. Wir können daher das ungeordnetste Kollektiv ρ_0 als *inkohärente Superposition* der zwei *reinen* Kollektive ρ_R und ρ_L auffassen.

61. Es erscheint dem Autor an dieser Stelle erwähnenswert, daß er in jungen Jahren den Unterschied zwischen unpolarisiertem Licht und zirkular polarisiertem Licht nicht erfassen konnte. In den Lehrbüchern stand, daß unpolarisiertes Licht sich aus in zwei senkrecht aufeinanderstehenden Richtungen linear polarisiertem Licht zusammensetzt und ebenso, daß zirkular polarisiertes Licht durch Superposition von Licht entstehe, das in zwei zueinander senkrechten Richtungen linear polarisiert ist. Endlich wurde dem Autor klar, daß im Fall des zirkular polarisierten Lichts die *Amplituden* der zwei linear polarisierten Komponenten addiert werden, während beim unpolarisierten Licht die Intensitäten addiert werden. Zirkular polarisiertes Licht entsteht durch kohärente Mischung von in zwei zueinander senkrechten Richtungen polarisiertem Licht, während unpolarisiertes Licht einer inkohärenten Mischung entspricht.

6.6 Literatur

1. Der Leser sollte die theoretischen Überlegungen dieses Kapitels unbedingt durch Literatur über tatsächlich in Experimenten verwendete Zähler und ähnliche Geräte ergänzen.

   a) Kapitel 5 von *D. Halliday, Introductory Nuclear Physics* (John Wiley and Sons, Inc., 1950), ist einem Bericht über den Nachweis geladener Teilchen und Photonen gewidmet. Es werden verschiedene Arten von Zählern und die zugehörigen elektronischen Einrichtungen besprochen.

   b) Im obengenannten Werk wird auch die statistische Analyse von Zählerdaten besprochen, ebenso in *L. J. Rainwater* und *C. S. Wu*, "Applications of Probability Theory to Nuclear Particle Detection" (Anwendung der Wahrscheinlichkeitstheorie auf den Nachweis von Kernteilchen), *Nucleonics* vol. 1, no. 2, p. 60 (1947), eine einfache und einleuchtende Diskussion.

   c) *G. D. Rochester* und *J. G. Wilson: Cloud Chamber Photographs of the Cosmic Radiation* (Academic Press, Inc., New York 1952). Dieses Buch ist mit seinen zahlreichen interessanten Abbildungen äußerst wertvoll.

   d) Einen einführenden Bericht über den Nachweis von Teilchen findet man in Kapitel 3, *D. H. Frisch* und *A. M. Thorndike: Elementary Particles* (D. van Nostrand Company, Inc., 1964).

   e) Eine Reihe stereoskopischer Blasenkammerbilder findet man in *Introduction to the Detection of Nuclear Particles in a Bubble Chamber* (Die Bilder wurden im Lawrence Radiation Laboratory der Universität von Kalifornien, Berkeley, hergestellt.) (The Ealing Press, 1964).

   f) *D. H. Perkins: Introduction to High Energy Physics* (Addison-Wesley, Reading, 1972). Es enthält eine gute Übersicht über aktuelle Meßgeräte der Hochenergiephysik.

2. Die folgenden Artikel im *Scientific American* sind lesenswert:

   a) *O. M. Bilaniuk*, "Semiconductor Particle-Detectors" (Halbleiter-Teilchendetektoren), Okt. 1962, p. 78.

   b) *G. B. Collins*, "Scintillation Counters" (Szintillationszähler), Nov. 1953, p. 36.

   c) *G. K. O'Neill*, "The Spark Chamber" (Die Funkenkammer), Aug. 1962, p. 36.

   d) *H. Yagoda*, "The Tracks of Nuclear Particles" (Die Spuren von nuklearen Teilchen), Mai 1956, p. 40.

   e) *D. A. Glaser*, "The Bubble Chamber" (Die Blasenkammer) Feb. 1955, p. 46.

   f) *D. E. Yount*, "The Streamer Chamber" (Die Leuchtfadenkammer), Okt. 1967, p. 38.

6.7 Übungen

1. Eines der beliebtesten Argumente gegen die Unschärferelation lautet folgendermaßen (Bild 6.27): Ein monoenergetischer Strahl von Elektronen mit dem Impuls p fällt von links her auf den Schirm S_1 ein. Dieser Schirm weist ein kreisförmiges Loch mit dem Durchmesser a auf. In einer Entfernung d vom Schirm S_1 befindet sich ein zweiter Schirm S_2, der ebenfalls ein kreisförmiges Loch mit dem Durchmesser a hat. Die beiden Löcher sollen hintereinander konzentrisch um die Einfallsrichtung des Strahls liegen. Einige der Elektronen, die das erste Loch passieren, können abgelenkt werden, einige werden sich aber weiterbewegen und auch das zweite Loch passieren. Nehmen wir an, ein Elektron hat das zweite Loch passiert. Seine Lageunschärfe ist von der Größenordnung $\Delta x \approx a$. Der *Betrag* seines Impulses ist p, entsprechend dem der Elektronen des einfallenden Strahls, da die Elektronen in diesem Versuch weder Energie gewinnen noch verlieren. Da wir wissen, daß das Elektron *beide* Löcher passiert hat, muß die Unschärfe der Impulsrichtung kleiner oder gleich $\Delta \theta = a/d$ sein. Daraus folgt, daß die Unschärfe der Impulskomponente des Elektrons von der Größenordnung $\Delta p \approx (a/d)p$ ist. Somit gilt

$$\Delta x \, \Delta p \approx \left(\frac{a}{d}\right) a p$$

für das Produkt der Unschärfen der seitlichen Ortskoordinate und der seitlichen Impulskomponente. Indem wir a klein und d groß vorgeben, können wir dieses Produkt beliebig klein werden lassen und damit das Unschärfeprinzip – eine der Hauptgrundlagen der Quantenmechanik – widerlegen. Versuchen Sie, diese Argumente zu widerlegen und auch allen Gegenargumenten – wenn möglich – gerecht zu werden.

Obige Argumentation ist einer von vielen Einwänden, die auf dem Umweg über die Unschärferelation gegen die Quantenmechanik erhoben wurden. Es muß hier jedoch klargestellt werden, daß keinerlei Gefahr besteht, daß die Unschärferelation

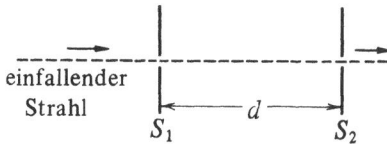

Bild 6.27 Dieses Bild gehört zur Übung 1, in der der Autor die irrige Annahme aufstellt, daß die Unschärferelation widerlegt werden könne, indem man die Spalte eng und den Abstand d groß vorgibt. Es sieht dann so aus, als könnte das Produkt der Unschärfen der seitlichen Impulskomponente und der seitlichen Ortskoordinate beliebig klein gemacht werden (für den Augenblick, in dem das Teilchen den zweiten Spalt passiert). Wo liegt hier der Fehlschluß?

durch solche oder ähnliche Argumente widerlegt wird – *vorausgesetzt, die Grundannahmen der Wellenmechanik werden akzeptiert* –, da mit diesen Annahmen die Unschärferelation bewiesen werden kann. Wir können die „Widerlegungen" der Wellenmechanik in zwei Gruppen einteilen:

a) Argumente, bei denen die Vorstellungen der Wellenmechanik wirklich abgelehnt werden, obwohl dies nicht immer explizit erwähnt wird.

b) Argumente, die irgendwie „unklar" sind, sich aber zumindest auf einige Vorstellungen der Wellenmechanik stützen.

Eine sorgfältige Analyse der Begriffe wird die Natur der „Widerlegung" aufdecken. Natürlich kann man rein logisch nichts gegen eine grundsätzliche Ablehnung der Prinzipien der Wellenmechanik vorbringen, doch kann man sich immer auf experimentell festgestellte Tatsachen stützen: Wird die „Widerlegung" zu ihrem logischen Ende geführt, dann steht sie vermutlich mit einer dieser Tatsachen in Widerspruch. Die Argumente der Kategorie b) sind ganz einfach fehlerhaft.

2. a) Wir wollen ein idealisiertes Experiment betrachten, bei dem nahezu vollkommen monochromatisches Licht der Wellenlänge 600 nm einen sehr kurzzeitig eingestellten Verschluß passiert. Wir nehmen an, daß sich der Verschluß periodisch öffnet und schließt: 10^{-10} s geöffnet, 10^{-2} s geschlossen. Das Licht, das diesen Verschluß passiert hat, ist dann nicht mehr monochromatisch, sondern weist eine gewisse Streuung in der Wellenlänge auf. Die Unschärfe der Wellenlänge ist größenordnungsmäßig abzuschätzen.

b) Wir lassen das Licht, das den Verschluß passiert hat, durch eine lange, mit Kohlendisulfid gefüllte Röhre gehen. Dieses Medium wirkt streuend, und die Änderung des Brechungsindex n mit der Wellenlänge ist bei der angegebenen Wellenlänge gleich

$$\frac{\lambda}{n}\frac{dn}{d\lambda} = -0{,}075 \; .$$

Die Geschwindigkeit eines vom Verschluß durchgelassenen Lichtimpulses könnten wir dadurch messen, daß wir in einer bestimmten Entfernung vom ersten Verschluß einen zweiten Verschluß anbringen, der sich um eine geringe Zeitspanne später öffnet. Mit welcher Geschwindigkeit breitet sich der *Lichtimpuls* im Kohlendisulfid aus?

3. Dem Autor ist eine neue Methode eingefallen, das Unschärfeprinzip zu widerlegen, in diesem Fall über die Zeit-Frequenz-Unschärferelation. Bild 6.28 zeigt die Versuchsanordnung grob schematisiert. Nahezu monochromatisches Licht fällt durch

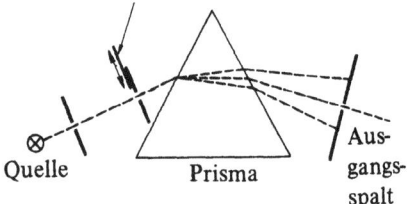

Bild 6.28 Der Autor versucht erneut, die Unschärferelation zu widerlegen. Das Prisma soll einen Spektrographen mit sehr hohem Auflösungsvermögen symbolisieren, der dazu verwendet wird, einen äußerst engen Frequenzbereich des durchgelassenen Lichts herauszugreifen. Das einfallende Licht wird durch einen sehr kurzzeitig eingestellten Verschluß kontrolliert. Der Autor behauptet hier fälschlicherweise, daß der Lichtimpuls, der den Ausgangsspalt verläßt, bezüglich Frequenz *und* Zeit beliebig genau definiert sein könne. Was stimmt hier nicht?

den linken Spalt, der mit einem sehr kurzzeitig eingestellten Verschluß versehen ist. Wir kümmern uns hier nicht um rein technische Schwierigkeiten. Dann können wir annehmen, daß der Verschluß während eines beliebig kurzen Zeitintervalls geöffnet sein kann und so einen scharf begrenzten Impuls zu dem Spektrographen durchläßt, der im Bild durch das Prisma symbolisch dargestellt ist. Das in den Spektrographen einfallende Licht wird natürlich nicht mehr monochromatisch sein, sondern in der Frequenz eine Streuung aufweisen, wie in Übung 2 schon festgestellt wurde. Wir können jedoch den Spektrographen mit einem entsprechend engen Ausgangsspalt (rechts im Bild) versehen und dadurch einen Teil des einfallenden Lichts herausgreifen, der nur einen sehr engen Wellenlängenbereich umfaßt. Das durch den Ausgangsspalt fallende Licht kann daher in beliebig hohem Grade monochromatisch gemacht werden: Die Unschärfe der Frequenz kann beliebig klein gehalten werden. Die Dauer eines Lichtimpulses wiederum kann durch die Verschlußgeschwindigkeit beliebig kurz gemacht werden. Der aus dem Ausgangsspalt kommende Lichtimpuls kann also eine beliebig kurze Dauer haben und eine beliebig genau definierte Frequenz aufweisen, was im Gegensatz zu der Aussage der Unschärferelation steht. Finden Sie den Fehlschluß in dieser Argumentation.

4. Im Anschluß an unsere Untersuchungen aus Abschnitt 29 überlegen Sie sich folgendes: Die Temperatur des Glühfadens ist 1000 °C, das Beschleunigungspotential 10 V. Es ist die relative Genauigkeit im Impuls der austretenden Elektronen abzuschätzen, d.h., die Größe q/p_0 ist in grober Näherung zu bestimmen. Erklären Sie Ihre Überlegungen.

5. Wenn es möglich wäre, einen Elektronenstrahl sehr niedriger Energie zu erzeugen, dann wären „makroskopische" Beugungsexperimente mit Elektronen denkbar. Angenommen, wir könnten einen Elektronenstrahl mit genau bestimmtem Impuls und einer mittleren Energie von 0,01 eV erzeugen. Besprechen Sie die praktischen Schwierigkeiten, auf die Sie dabei stoßen würden. Natürlich würde ein Glühfaden und eine einzige Beschleunigungselektrode nicht genügen, aber vielleicht fallen Ihnen andere Methoden ein. In desem Falle erläutern Sie Ihre Ideen und diskutieren die technische Durchführbarkeit.

6. Betrachten wir nochmals das Beugungsgitter, das in Bild 5.24 (zu Übung 5 in Kapitel 5) dargestellt ist. Das Gitter soll *nicht* unendlich lang sein, sondern nur n Öffnungen aufweisen. In diesem Falle kann das Gitter nicht als streng periodische Struktur angesehen werden, die gebeugten Strahlen werden demzufolge eine Streuung hinsichtlich des Winkels aufweisen. Wir können das Problem etwa folgendermaßen formulieren: Der charakteristische Minimalwert des übertragenen Impulses ist nicht mehr genau gleich $2\pi/a$, sondern ist nur innerhalb einer Unschärfe von Δq bestimmt. Versuchen Sie, eine Beziehung zwischen n und Δq aufzustellen. Drehen Sie das Bild um 90°, und vergleichen Sie es mit den Bildern 6.3a bis d: Dieser Vergleich wird Ihnen vielleicht einige Anregungen geben. Leiten Sie mit Ihrem Ergebnis einen Ausdruck für die Unschärfe der Winkel ab, mit denen die gebeugten Strahlen austreten.

7. Ein nahezu monochromatischer Lichtstrahl wird von einer zeitlich konstanten Quelle emittiert. Es soll nun der unbekannte Polarisationszustand dieses Strahls durch verschiedene Messungen im „Versuchsbereich" bestimmt werden.

a) Es stehen ideale Polarisationsfilter und ein Photoverstärker zur Verfügung. Wie viele Intensitätsmessungen müssen Sie mindestens ausführen, um den Polarisationszustand des Strahls vollkommen zu bestimmen? Legen Sie die Grundlagen Ihrer Schlußfolgerung dar.

6.7 Übungen

b) Es sollen ein Photoverstärker, zwei *identische* Polaroidfilter und ein Lambda-Viertel-Plättchen zur Verfügung stehen. Wie würden Sie damit den Polarisationszustand des Strahls bestimmen? In diesem Fall *dürfen Sie nicht annehmen*, daß die Polaroidfolien ideale Polarisationsfilter sind.

F_s	F'_1	F'_2	F''_1	F''_2	F_d
entf	H	V	entf	entf	entf
LZ	H	V	entf	entf	entf
LZ	H	V	entf	entf	entf
LZ	H	V	RZ	LZ	H
entf	H	entf	entf	H	entf

In dieser Tabelle bedeutet „entf", daß der Filter entfernt wurde, H bezeichnet einen horizontalen, V einen vertikalen, LZ einen links-zirkularen und RZ einen rechts-zirkularen Polarisator.

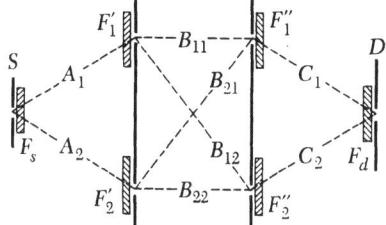

Bild 6.29 Dieses Bild stellt eine Verfeinerung des doppelten Doppelspalt-Versuchs aus Bild 6.23 dar. Vor die verschiedenen Spalte können ideale Polarisationsfilter gesetzt werden. Es soll hier die Wahrscheinlichkeit dafür bestimmt werden, daß ein durch den Spalt in S eingetretenes Photon durch den Spalt in D austritt, und zwar für verschiedene Filterkombinationen. Die Zahlen A_m, B_{mn} und C_m sind die Übergangsamplituden, wenn die Filter entfernt sind. Wir nehmen an, daß die Übergangsamplituden nicht vom Polarisationszustand abhängen.

8. Bild 6.29 stellt schematisch eine Verfeinerung des doppelten Doppelspalt-Experiments dar, das in den Abschnitten **41** bis **43** besprochen wurde. Ideale Polarisationsfilter werden vor den Spalten, vor der Quelle und vor dem Detektor eingesetzt bzw. auch wieder entfernt. Wir nehmen an, daß die in den Abschnitten **41** bis **43** diskutierten Übergangsamplituden nicht vom Polarisationszustand abhängen und daß die Lichtquelle unpolarisiertes Licht emittiert. Es sind analog zu Gl. (6.66) Ausdrücke für die Wahrscheinlichkeit abzuleiten, daß ein durch den Spalt in S eingefallenes Photon den Spalt in D passiert. Gehen Sie von den folgenden verschiedenen Kombinationen von Polarisationsfiltern aus

9. Wir wollen den Unterschied zwischen einem idealen Zähler und einem in der Praxis zur Verfügung stehenden untersuchen. Letzterer wird leider auch dann ansprechen, wenn das untersuchte Ereignis überhaupt nicht stattgefunden hat, und manchmal nicht ansprechen, wenn er es sollte. Die Zählrate ohne Quelle wird als *Untergrundrate* bezeichnet. Eine Quelle für Untergrundzählimpulse ist die in jedem Fall vorhandene kosmische Strahlung. Außerdem wird ein wirklicher Zähler auf zwei Ereignisse, die durch ein zu kleines Zeitintervall getrennt sind, mit nur einem Impuls ansprechen. Die kleinste Zeitspanne t_0, bei der zwei Ereignisse noch getrennt registriert werden, bezeichnet man als *Auflösungszeit* des Zählers. Diese Auflösungszeit eines Zählers kann folgendermaßen bestimmt werden. Man hat zwei radioaktive Strahlungsquellen, 1 und 2, die in ganz bestimmte Stellungen in der Nähe des Zählers gebracht werden, so daß sie beide ungefähr die gleiche Zählrate hervorrufen. n_0 ist die Zählrate ohne die beiden Quellen, n_1 ist die Zählrate, wenn die Quelle 1 in Funktion ist, n_2 die Zählrate, wenn die Quelle 2 allein vorhanden ist, und n_{12} ist die Zählrate mit *beiden* Quellen. Die Versuchsanordnung ist so, daß n erheblich kleiner als $1/t_0$ ist, jedoch nicht vollkommen vernachlässigbar verglichen mit $1/t_0$. Außerdem nehmen wir an, daß n_0 kleiner als n_1 bzw. n_2 bzw. n_{12} ist. Zeigen Sie, daß Sie t_0 aus diesen vier Messungen der Zählrate bestimmen können, und leiten Sie einen Ausdruck für t_0 ab, der n_0, n_1, n_2 und n_{12} enthält.

Für einen idealen Zähler und keine Untergrundimpulse müßte natürlich $n_{12} = n_1 + n_2$ gelten.

7 Die Wellenmechanik Schrödingers

7.1 Schrödingers nichtrelativistische Wellengleichung

1. Wir wollen uns nun einer phänomenologischen Theorie widmen, die in der Entwicklung der Quantenphysik eine grundlegende Rolle spielte. Es ist dies die der Schrödinger-Gleichung zugrundeliegende Theorie, die 1926[1]) erstmals von *Erwin Schrödinger* aufgestellt wurde – kurz nachdem *Heisenberg* die Matrizenmechanik formuliert hatte. Diese beiden Theorien brachten die ersten quantitativen Formulierungen verschiedener grundsätzlicher quantenmechanischer Gesetze.

Hier beschäftigen wir uns deshalb mit der Schrödinger-Theorie, weil wir erstens sehen wollen, wie sich eine Wellentheorie in der Praxis bewährt, und zweitens zeigen wollen, daß anhand einer solchen Theorie praktische Berechnungen durchgeführt werden können. Es wurde hier die nichtrelativistische Schrödinger-Theorie als Beispiel für eine Wellentheorie gewählt, weil sie in vieler Hinsicht eine besonders einfache ist.

2. Die Theorie der Schrödinger-Gleichung basiert (im engsten Sinne) auf mehreren drastischen Näherungen, von denen wir nur die folgenden zwei erwähnen wollen:

I. Teilchenerzeugungs- und -vernichtungsphänomene werden nicht berücksichtigt; man nimmt also an, daß in jeder gegebenen physikalischen Situation die Anzahl jeder Teilchenart im zeitlichen Ablauf des Prozesses konstant bleibt.

II. Man nimmt an, daß alle relevanten Geschwindigkeiten so klein sind, daß eine nichtrelativistische Näherung angewendet werden kann: Die Theorie ist in sämtlichen Aspekten nichtrelativistisch.

Wir haben diese beiden Annahmen deshalb als drastische Näherungen bezeichnet, weil es eine empirische Tatsache ist, daß Teilchenbildungs- und -vernichtungsphänomene in der Natur *sehr wohl* vorkommen, und weil wir auch wissen, daß jede grundlegende Theorie die Aussagen der speziellen Relativitätstheorie berücksichtigen *muß*.

Die obigen beiden Annahmen sind keineswegs voneinander unabhängig. Denken Sie nur zum Beispiel an einen Stoßprozeß, bei dem zwei Teilchen gleicher Masse zusammenstoßen, deren Geschwindigkeiten in ihren jeweiligen Schwerpunktsystemen nahezu gleich der Lichtgeschwindigkeit sind. Unter diesen Umständen wird genügend kinetische Energie zur Verfügung stehen, so daß eventuell zusätzliche Teilchen mit gleichen oder auch unterschiedlichen Massen gebildet werden. Sind jedoch die Geschwindigkeiten der Primärteilchen gering, dann steht auch nur wenig kinetische Energie zur Verfügung, und es kann – aufgrund der Energieerhaltung – keine Teilchenerzeugung stattfinden. Diese Aussage unterliegt einer wichtigen Ausnahme: Da die Ruhmasse des Photons gleich Null ist, können Photonen immer gebildet oder vernichtet werden (d.h., Licht wird emittiert oder absorbiert), auch wenn alle übrigen Teilchen mit Ruhmassen ungleich Null sich mit nichtrelativistischen Geschwindigkeit bewegen. Wenn wir die Schrödinger-Theorie in weiterem Sinne auffassen, dann muß in ihr auch die Absorption und Emission von Licht berücksichtigt werden. Unsere Annahmen sind dann folgendermaßen zu ergänzen:

I*. Es wird angenommen, daß keine Erzeugung oder Vernichtung von *Materie*teilchen (Ruhmasse ungleich Null) stattfindet, während Photonen durchaus gebildet, d.h. emittiert und absorbiert werden können.

Bild 7.1 *Erwin Schrödinger*. Geboren 1887 in Wien, gestorben 1961. *Schrödinger* studierte Physik an der Universität Wien und promovierte 1910. Nach kurzen Aufenthalten in Stuttgart und Breslau wurde er in Zürich Professor für Physik. 1927 wurde er als *Plancks* Nachfolger nach Berlin berufen. Im Jahre 1933 verließ *Schrödinger* Deutschland und nahm schließlich einen Posten als Vorstand der School for Theoretical Physics am Institute for Advanced Studies in Dublin an. 1933 erhielt er den Nobelpreis.
Die erwähnten vier Hauptarbeiten *Schrödingers* sind ein wesentlicher Beitrag zur Theorie der Physik. Sehr bald nach seiner Formulierung der Wellenmechanik wurden in der Atomphysik große Fortschritte erzielt. *Schrödinger* spielte bei dieser Entwicklung selbst eine sehr aktive Rolle.
(Bild von Physics Today zur Verfügung gestellt.)

---

[1]) E. Schrödinger, „Quantisierung als Eigenwertproblem", *Annalen der Physik* 79, 361 (1926); 79, 489 (1926); 80, 437 (1926); 81, 109 (1926).

7.1 Schrödingers nichtrelativistische Wellengleichung

II*. Es wird angenommen, daß alle *Materie*teilchen nur geringe Geschwindigkeiten haben, so daß sie nichtrelativistisch beschrieben werden können. Photonen, die ja niemals nichtrelativistisch beschrieben werden können, müssen daher gesondert behandelt werden.

Wir sollten hier hinzufügen, daß es auch Theorien für „relativistische" Wellengleichungen gibt, für die die zweite Annahme nur bedingt gilt. Die berühmte Dirac-Gleichung ist ein Beispiel dafür. Es gibt aber auch eine „relativistische" Version der Schrödinger-Gleichung. Diese Theorien werden wir hier jedoch nicht behandeln: Sprechen wir von der Schrödinger-Gleichung, dann ist darunter immer die nichtrelativistische Version zu verstehen, die auf unseren oben dargelegten Annahmen beruht.

3. Im Abschnitt 1 dieses Kapitels nannten wir die Schrödinger-Theorie *phänomenologisch*. Sie muß als solche bezeichnet werden, da sie nicht als grundlegende Theorie angesehen werden kann. Wir haben dies bereits durch einige Punkte begründet; es ist wichtig, daß Sie sich über diese Tatsache im klaren sind. Die der Schrödinger-Gleichung zugrundeliegende Theorie ist nicht die gleiche wie die Theorie der Quantenmechanik im allgemeinen.

Andererseits müssen wir betonen, daß sich die Theorie *Schrödingers* für Atome und Moleküle ausnehmend gut bewährt hat. Sie sollten also die obigen Bemerkungen keinesfalls als Herabminderung der Schrödinger-Theorie als nützliche *Näherung* auslegen.

4. Bevor wir uns der Schrödinger-Gleichung selbst zuwenden, wollen wir untersuchen, warum die Schrödinger-Theorie, die auf den in Abschnitt 2 aufgestellten Annahmen beruht, sich so besonders gut für eine Anwendung auf Atome und Moleküle eignet. Hauptsächlich ist dies durch den „kleinen" Wert der Feinstrukturkonstante $\alpha \approx 1/137$ zu erklären. In Kapitel 2 sind wir zu dem Schluß gelangt, daß Atome und Moleküle nur schwach gebundene Strukturen aus langsam bewegten Teilchen sind, weil eben α viel kleiner als eins ist. Unter anderem stellten wir fest, daß die Geschwindigkeit eines Elektrons im Wasserstoffatom — wenn es in diesem Fall überhaupt sinnvoll ist, von einer Geschwindigkeit zu sprechen — von der Größenordnung $\alpha c \approx c/137$ sein müßte. Diese Geschwindigkeit ist auch für die äußersten Elektronen anderer Atome charakteristisch. Die Kerne in einem Molekül bewegen sich mit noch kleineren Geschwindigkeiten; somit ist die zweite Annahme, auf der die Schrödinger-Theorie beruht, im Falle von Atomen und Molekülen sehr gut erfüllt.

5. Was unsere erste Annahme betrifft, so verweisen wir auf die in Kapitel 2 angestellten qualitativen Überlegungen über die charakteristischen Übergangsenergien bei Atomen und Molekülen. Die für die molekulare Bindung und für optische Übergänge charakteristischen Energien sind von der

Bild 7.2 Alle Versuche, ein realistisches Bild des Atoms zu konstruieren, müssen fehlschlagen, da zur bildlichen Darstellung Dinge benutzt werden, die wir tatsächlich mit eigenen Augen sehen können. Nun verhält sich aber ein Atom gänzlich anders als irgendein bekanntes makroskopisches Objekt, weshalb jede *direkte* bildliche Darstellung unmöglich ist. Das heißt natürlich nicht, daß wir nicht zumindest einige Aspekte eines Atoms bildlich veranschaulichen können. Eine solche schematisierte Darstellung hat gewisse Züge mit Witzblattdarstellungen komplizierter menschlicher Handlungen gemeinsam. In beiden Fällen wird die Aussage des Bildes verstanden, wenn man sich über seine Grundlagen allgemein einig ist.

Die obige Darstellung des Heliumatoms soll *kein* Witz sein: Wir möchten damit nur den Lesern nachdrücklich ins Gedächtnis rufen, daß die Elektronen in (leichten) Atomen sich langsam bewegen, weshalb auch die nichtrelativistische Schrödinger-Theorie angewendet werden kann. Auch hat diese Zeichnung noch einen anderen Zweck. Sie sollten sich immer bei jedem anderen Bild, das ein Atom, einen Atomkern oder ein Molekül darstellen soll, an das Wichmann-„Modell" erinnern und daran, daß es nach den Bemerkungen über bildliche Darstellungen auch nicht schlechter ist als ein anderes.

Größenordnung $1 \ldots 10\,\text{eV}$. Die höchsten Energien, die für die Atomstruktur von Bedeutung sein können, sind die der Röntgenstrahlung, die von den schweren Elementen emittiert werden, aber auch diese Energien übersteigen $100\,\text{keV}$ nicht.

Diese Energien unterscheiden sich also erheblich von der Ruhenergie des Elektrons von $0{,}5\,\text{MeV}$. Es gibt kein Teilchen, das eine geringere Masse als das Elektron hat (wenn wir vom Photon absehen, das aber wie gesagt gesondert behandelt werden muß). Ein Elektron kann in einem elektromagnetischen Prozeß niemals allein, sondern nur zusammen mit einem Positron gebildet werden. Die Bildung eines solchen Teilchenpaars erfordert jedoch eine Energie von $1\,\text{MeV}$, also sehr viel mehr, als durch die typischen atomaren und molekularen Energien geliefert werden könnte. (Sie könnten hier einwenden, daß die Neutrinos — deren Ruhmasse gleich Null ist — doch leichter als Elektronen sind. Die Wechselwirkungen zwischen Neutrinos und anderen Teilchen sind jedoch *sehr* schwach und im Vergleich zu den elektromagnetischen Wechselwirkungen vollkommen vernachlässigbar. In der Atom- und Molekularphysik brauchen wir also die Existenz von Neutrinos nicht zu berücksichtigen.)

6. Die Quantenelektrodynamik, ein besonderes Beispiel für eine sogenannte *Quantenfeldtheorie*, kann mit einiger Berechtigung als die „richtige" Theorie der Atome und Moleküle angesehen werden. Die Schrödinger-Theorie wäre dann in diesem Gebiet die erste Näherung an die „richtige"

Theorie. Vergleichen wir die Voraussagen der Quantenelektrodynamik mit denen der Schrödinger-Theorie, dann können wir explizit untersuchen, wie genau diese als Näherung ist. Ganz allgemein werden wir feststellen, daß die Schrödinger-Theorie die *Haupt*eigenschaften der Struktur der Atome und Moleküle richtig beschreibt. Mathematisch können wir das so sagen: Viele theoretische Ausdrücke für atomare und molekulare Größen, wie etwa für Energien stationärer Zustände, für Wellenlängen von Emissionslinien, für die Lebensdauer angeregter Zustände, für geometrische Parameter von Molekülen usw., können in eine Potenzreihe nach der Feinstrukturkonstanten α entwickelt werden. Die Schrödinger-Theorie liefert bei solchen Entwicklungen den genauen Hauptterm. Die Terme höherer Ordnung können wir als „relativistische Korrekturen" interpretieren. Diese Korrekturterme sind im allgemeinen wegen der Kleinheit von α recht klein.

7. Wir wollen nun versuchen, die Schrödinger-Theorie für eine besonders einfache physikalische Situation zu formulieren: für den Fall eines Elektrons, das sich in einem äußeren Kraftfeld bewegt. Freilich ist die Schrödinger-Theorie viel allgemeiner gültig, mit ihr können wir die Bewegung von beliebig vielen Teilchen beschreiben, die miteinander in Wechselwirkung stehen. Wir werden jedoch zuerst einen einfachen Fall untersuchen, um die Grundlagen der Theorie zu verstehen.

Betrachten wir zuvor einen noch einfacheren Fall: Ein einzelnes Teilchen bewegt sich ohne den Einfluß äußerer Kräfte – wir sprechen dann von einem *freien Teilchen*. Der Kern der Schrödinger-Theorie ist eine Wellengleichung, die als Schrödinger-Gleichung bekannt ist und die die de Broglie-Wellen beschreibt, die dem Teilchen entsprechen. In Kapitel 5, Abschnitt 37, haben wir bereits eine solche Wellengleichung abgeleitet, die Klein-Gordon-Gleichung. Diese Gleichung ist durch relativistische Invarianz ausgezeichnet: Sie gilt, gleichgültig ob das Teilchen sich schnell oder langsam bewegt. Sie hat auch in jedem Inertialsystem die gleiche Form. Wir wollen nun diese Gleichung nach den Prinzipien modifizieren, auf denen die Schrödinger-Theorie aufbaut, d.h., wir wollen eine nichtrelativistische Näherung für sie finden. Weiter möchten wir für die Wellenfunktion $\psi(x, t)$ der de Broglie-Welle eine eindeutige physikalische Interpretation suchen.

8. In Kapitel 5 haben wir die Wellenfunktion ja bereits *grob* interpretiert: „Das Teilchen befindet sich mit größter Wahrscheinlichkeit in dem Gebiet des Raums, in dem die Amplitude $\psi(x, t)$ groß ist." Wir wollen nun anhand einer spezifischen Annahme diese Interpretation präzisieren.

Die Wellenfunktion nach *Schrödinger*, $\psi(x, t)$ – die Amplitude der de Broglie-Welle in der Schrödinger-Theorie – gibt die Wahrscheinlichkeitsverteilung für das Teilchen in Raum und Zeit an. Suchen wir das Teilchen durch Bestimmung seiner Lage in einem bestimmten Zeitpunkt t nachzuweisen, dann ist die *Wahrscheinlichkeit*, daß das Teilchen sich in einem kleinen Raumvolumen $d^3(x)$ um den Punkt x befindet, proportional $|\psi(x, t)|^2 d^3(x)$. Die *Wahrscheinlichkeitsdichte* ist somit proportional zum absoluten Quadrat der Wellenfunktion.

Diese Annahme ist grundlegend für die Schrödinger-Theorie und auch für sie charakteristisch. Wollen wir genaue Berechnungen anstellen, dann müssen wir natürlich die Wellenfunktion in *irgendeiner* Weise interpretieren. Dazu ist die oben besprochene Wahrscheinlichkeitsinterpretation bequem und physikalisch einleuchtend. Diese grundsätzliche und höchst wichtige Idee wurde erstmals von *Max Born*[1] formuliert.

9. Die Wellenfunktion nach *Schrödinger* ist eine komplexe Funktion von Lage und Zeit, die die (lineare) Schrödinger-Gleichung befriedigt, die wir noch angeben werden. Jede bestimmte Wellenfunktion entspricht einem bestimmten Bewegungszustand des Teilchens. Wenn $\psi(x, t)$ eine mögliche Wellenfunktion ist, dann ist auch die Funktion

Bild 7.3 *Max Born*. Geboren 1882 in Breslau, gestorben 1970. *Born* studierte zuerst Mathematik in Breslau, Heidelberg, Zürich und Göttingen, wandte sich aber dann der Physik zu. 1921 wurde er zum Professor für theoretische Physik an der Universität Göttingen bestellt. *Born* verließ Deutschland im Jahre 1933, und wurde nach drei Jahren in Cambridge zum Professor für Theoretische Physik an der Universität Edinburg berufen. Nach seiner Pensionierung 1953 kehrte er nach Deutschland zurück. 1954 erhielt *Born* den Nobelpreis. *Born* leistete bedeutende Beiträge zur Entwicklung sowohl der Matrizenmechanik als auch der Wellenmechanik sowie auf anderen Gebieten der Physik. Vor allem ist eine statistische Interpretation der Quantenmechanik zu erwähnen: Es war dies die unentbehrliche Voraussetzung einer physikalisch konsistenten Interpretation der Theorie.
(Bild von Physics Today zur Verfügung gestellt.)

---

[1] *M. Born*, „Quantenmechanik der Stoßvorgänge", *Zeitschrift für Physik* 38, 803 (1926).

7.1 Schrödingers nichtrelativistische Wellengleichung

$e^{i\theta} \psi(x, t) = \psi_1(x, t)$, wobei θ eine beliebige reelle Konstante ist, eine mögliche Wellenfunktion. Außerdem sind – und das ist das Wichtigste hierbei – die Wahrscheinlichkeitsverteilungen von ψ und ψ_1 *identisch*. Somit beschreiben die beiden Wellenfunktionen $\psi(x, t)$ und $\psi_1(x, t)$ *ein und denselben* Bewegungszustand des Teilchens. Wir können auch sagen, jeder Wellenfunktion entspricht *eindeutig* ein Bewegungszustand des Teilchens. Umgekehrt stimmt das jedoch nicht: Ein bestimmter Bewegungszustand des Teilchens definiert eine Schrödinger-Wellenfunktion nur bis auf einen *konstanten* komplexen Faktor mit dem Betrag eins, d.h. bis auf einen komplexen Faktor mit dem absoluten Wert eins. Zwei Wellenfunktionen, die sich nur durch solch einen Faktor unterscheiden, entsprechen dem *gleichen* physikalischen Zustand.

10. Die Masse des Teilchens ist m. Wir untersuchen eine ebene Welle mit dem Impuls p. Die Energie des Teilchens ist dann durch

$$W = \sqrt{m^2 c^4 + c^2 p^2} \tag{7.1}$$

gegeben.

Nun wollen wir die nichtrelativistische Näherung durchführen, bei der wir annehmen, daß die Geschwindigkeit des Teilchens sehr viel kleiner als die Lichtgeschwindigkeit ist. Das heißt, in Gl. (7.1) ist der Term $(cp)^2$ viel kleiner als der Term $(mc^2)^2$. Wir können also die Quadratwurzel in Gl. (7.1) entwickeln; dabei behalten wir nur die ersten beiden Terme zurück:

$$W \approx mc^2 + \frac{p^2}{2m}. \tag{7.2}$$

Der erste Term in Gl. (7.2) ist die Ruheenergie des Teilchens, der zweite der nichtrelativistische Ausdruck für die kinetische Energie des Teilchens.

Die entsprechende de Broglie-Funktion $\psi_B(x, t)$ ist dann angenähert durch

$$\psi_B(x, t) = A \exp\left(\frac{i x \cdot p}{\hbar} - \frac{i t p^2}{2 m \hbar}\right) \exp\left(-\frac{i t m c^2}{\hbar}\right) \tag{7.3}$$

gegeben.

Wir haben die Wellenfunktion hier als Produkt zweier Faktoren geschrieben. Den ersten wollen wir mit $\psi_S(x, t)$ bezeichnen:

$$\psi_S(x, t) = A \exp\left(\frac{i x \cdot p}{\hbar} - \frac{i t p^2}{2 m \hbar}\right), \tag{7.4}$$

also ist

$$\psi_B(x, t) = \psi_S(x, t) \exp\left(-\frac{i t m c^2}{\hbar}\right) \tag{7.5}$$

und daher

$$|\psi_B(x, t)|^2 = |\psi_S(x, t)|^2. \tag{7.6}$$

Aus Gl. (7.6) sehen wir, daß sich die beiden Wellenfunktionen ψ_S und ψ_B nur um einen Faktor mit dem Betrag eins unterscheiden; dieser Faktor *hängt nicht vom Bewegungszustand des Teilchens, also von p, ab*. Die Quadrate der absoluten Werte der beiden Wellenfunktionen sind überall und immer identisch. Zur Beschreibung der Wahrscheinlichkeitsverteilung des Teilchens können wir die Wellenfunktion ψ_S ebensogut verwenden wie die „exaktere" de Broglie-Funktion ψ_B. Genau das wird in der Schrödinger-Theorie getan. Es wird also ψ_S [nach Gl. (7.4)] als die Schrödinger-Wellenfunktion angesehen, die ein freies Teilchen mit kleinem Impuls p beschreibt. Eigentlich tut man dies nur zur Vereinfachung: Denn warum sollten wir den Faktor $\exp(-i t m c^2/\hbar)$ in allen Berechnungen mitführen, wenn er letztlich doch „keine physikalische Auswirkung" hat?

11. Eine beliebige Schrödinger-Welle können wir durch Überlagerung ebener Schrödinger-Wellen der Form (7.4) erhalten. Um nun die Wellengleichung zu finden, die von jeder Schrödinger-Welle befriedigt wird, gehen wir analog wie in Abschnitt 37 des Kapitels 5 vor. Wir stellen fest, daß die *einfachste* lineare Wellengleichung von jeder *ebenen* Wellenfunktion befriedigt wird. Der Rechengang ist dem in Kapitel 5 vollkommen gleich; wir erhalten

$$i\hbar \frac{\partial}{\partial t} \psi(x, t) = -\frac{\hbar^2}{2m} \nabla^2 \psi(x, t). \tag{7.7}$$

Den Index S bei der Wellenfunktion haben wir hier fallengelassen, da wir im weiteren nur mehr mit der Schrödinger-Wellenfunktion zu tun haben; der Index ist also überflüssig.

Gl. (7.7) ist die Schrödinger-Wellengleichung für ein freies Teilchen. Sie beschreibt die Bewegung eines solchen Teilchens in *nicht*relativistischer Näherung. Vergleichen wir Gl. (7.7) mit der relativistischen Gl. (5.63) in Kapitel 5, dann sehen wir sofort, daß Gl. (7.7) nur die *erste* Ableitung nach der Zeit enthält. Auch tritt in Gl. (7.7) die Lichtgeschwindigkeit nicht auf, was durch die nichtrelativistische Natur der Schrödinger-Theorie begründet ist.

12. Diskutieren wir die Lösung (7.4) der Schrödinger-Gleichung (7.7) für eine ebene Welle. Die *Phasengeschwindigkeit* v'_f dieser Welle ist gleich

$$v'_f = \frac{\omega}{k} = \frac{p}{2m}, \quad \text{wobei} \quad \omega = \frac{p^2}{2 m \hbar}, \quad k = \frac{p}{\hbar}. \tag{7.8}$$

Die Phasengeschwindigkeit v_f der durch Gl. (7.3) (in nichtrelativistischer Näherung) definierten de Broglie-Welle ist jedoch gleich

$$v_f \approx \frac{mc^2}{p} + \frac{p}{2m}. \tag{7.9}$$

Die Tatsache, daß die beiden Phasengeschwindigkeiten v'_f und v_f nicht gleich sind, obwohl doch die beiden Arten von

Wellen ψ_B und ψ_S genau die gleiche physikalische Situation beschreiben sollen, mag vielleicht beunruhigend erscheinen. Dazu ist jedoch kein Grund vorhanden: Die Phasengeschwindigkeit ist nicht das gleiche wie die Geschwindigkeit des Teilchens und entspricht auch keinem direkt feststellbaren Phänomen. Die *Gruppengeschwindigkeit* v hingegen ist für die Schrödinger-Welle durch

$$\frac{1}{v} = \frac{dk}{d\omega} = \frac{m}{p} \qquad (7.10)$$

gegeben, und diese Geschwindigkeit ist tatsächlich gleich der Teilchengeschwindigkeit. Wir haben ja bereits in Kapitel 5 nachgewiesen, daß die Gruppengeschwindigkeit einer de Broglie-Welle gleich der Geschwindigkeit des betreffenden Teilchens ist. Die beiden Arten von Wellen breiten sich also mit der gleichen *Gruppen*geschwindigkeit aus.

13. Wir wollen nun einen Schritt weitergehen und die Bewegung eines Teilchens in einem äußeren Kraftfeld untersuchen, das sich aus einem Potential herleitet. Die potentielle Energie des Teilchens bezeichnen wir mit $V(x)$: Das Potential ist nur eine Funktion des Orts, nicht aber auch der Zeit.

Sie werden vielleicht einige Zweifel hegen, ob es korrekt ist, ein Potential in die Quantenmechanik einzuführen, um die auf ein Teilchen wirkenden Kräfte zu beschreiben. Diese Kräfte sind natürlich eine Folge der Anwesenheit anderer Teilchen, und um der Konsistenz willen müssen auch diese Teilchen quantenmechanisch beschrieben werden. *Alle* in einer gegebenen physikalischen Situation vorkommenden Teilchen sollten als Wellen beschrieben werden. Eine *grundlegende* Theorie der Wechselwirkungen zwischen Teilchen muß daher eine Theorie sein, die die Wechselwirkungen zwischen den de Broglie-Wellen der Teilchen beschreibt. In der *Quantenfeldtheorie* wird eine solche grundlegende Beschreibung angestrebt. Nach dieser Theorie steht die de Broglie-Welle, die ein Elektron beschreibt, in Wechselwirkung mit dem quantisierten elektromagnetischen Feld; dieses wiederum kann in Wechselwirkung mit der de Broglie-Welle treten, die ein Proton beschreibt. Die elektromagnetische Wechselwirkung zwischen einem Elektron und einem Proton ist also eine indirekte Wirkung; das quantisierte elektromagnetische Feld ist sozusagen der Vermittler. Dies kann auch durch die Feststellung ausgedrückt werden, daß die Wechselwirkung durch einen *Photonenaustausch* entsteht (bildlich ausgedrückt!).

In diesem Kapitel befassen wir uns jedoch mit den für die Schrödinger-Theorie charakteristischen Näherungen: Wir haben es nicht mit einer grundlegenden, sondern mit einer phänomenologischen Theorie zu tun. Uns interessiert nur die Bewegung eines *einzelnen* Teilchens; unter diesen Umständen ist es durchaus sinnvoll, die Wirkung aller anderen Teilchen in einem effektiven *Potential* $V(x)$ zusammenzufassen und sich bei der Wahl dieses Potentials auf das entsprechende klassische Analogon zu stützen.

Die Einführung einer Potentialfunktion erscheint besonders gerechtfertigt, wenn wir die Bewegung eines geladenen Teilchens in einem *makroskopischen* elektrischen Feld betrachten, das durch mit Batterien verbundene Leiter definiert ist. In diesem Fall kann bekanntlich die Bewegung eines Elektrons im Rahmen der klassischen Theorie mit sehr guter Genauigkeit beschrieben werden, wobei die Art der Bahnen durch das elektrostatische Potential bestimmt ist, das wiederum durch das Leitersystem vorgegeben ist. In der Quantenfeldtheorie würden wir sagen, daß das Elektron mit allen geladenen Teilchen in den Leitern Photonen austauscht. Es ist oder sollte zumindest ziemlich klar sein, daß der Nettoeffekt aller dieser „Photonenaustauschprozesse" als das elektrostatische Potential dargestellt werden kann, das auf das Elektron im Raum einwirkt.

14. Die Einführung eines effektiven Potentials in der Schrödinger-Theorie entspricht in vieler Hinsicht der Einführung des Brechungsindex in der klassischen Optik. Wir wissen sehr gut, daß Glas mikroskopisch gesehen nicht homogen ist, sondern natürlich aus Atomen zusammengesetzt ist. Wenn wir die Ausbreitung einer Lichtwelle bzw. die Bewegung eines Photons durch Glas *grundlegend* beschreiben, dann müßten wir die Wechselwirkungen der Lichtwelle mit jedem einzelnen Atom im Glas in Betracht ziehen. Geben wir uns jedoch mit einer *phänomenologischen* Beschreibung der Ausbreitung der Lichtwelle durch das Glasstück (das Teil eines optischen Systems sein kann) zufrieden, dann können wir der Auswirkung aller elementaren Wechselwirkungen durch einen effektiven Brechungsindex Rechnung tragen. Wie erwähnt, besteht zwischen diesem Brechungsindex und dem Potential in der Schrödinger-Theorie eine gewisse Analogie; das Verständnis der Schrödinger-Theorie wird erleichtert, wenn wir diese Analogie im Gedächtnis behalten. Wir sollten auch daran denken, daß der Beschreibung der elektromagnetischen Eigenschaften eines festen Stoffes durch einen Brechungsindex Grenzen gesetzt sind. Wiederum analog dazu gibt es physikalische Situationen, in denen die Wechselwirkungen zwischen Elementarteilchen nicht durch ein Potential beschrieben werden können: Die Beschreibung durch ein Potential ist nur in den physikalischen Situationen sinnvoll, in denen auch die zwei grundlegenden Annahmen der Schrödinger-Theorie erfüllt sind.

15. Untersuchen wir nun folgende Situation: In einem bestimmten begrenzten Raumgebiet I ist die potentielle Energie des Teilchens gleich V_I. In einem zweiten begrenzten Bereich II ist seine potentielle Energie V_{II}. Weiter wollen wir annehmen, daß an den Grenzen dieser Bereiche das Potential rasch gegen null abfällt. Den außerhalb liegenden Bereich bezeichnen wir mit III, es gilt dann also

7.1 Schrödingers nichtrelativistische Wellengleichung

Bild 7.4
Wir können die Schrödinger-Gleichung „aufstellen", indem wir zuerst die Gleichungen suchen, die für eine Welle in den Bereichen I, II bzw. III ausreichend gut gelten, in denen das Potential konstant ist. Es ist klar, daß für die Wellen die Gln. (7.14), (7.16) bzw. (7.17) gelten müssen; nun vereinen wir diese drei Gleichungen ganz einfach zu einer einzigen, der Schrödinger-Gleichung (7.18).

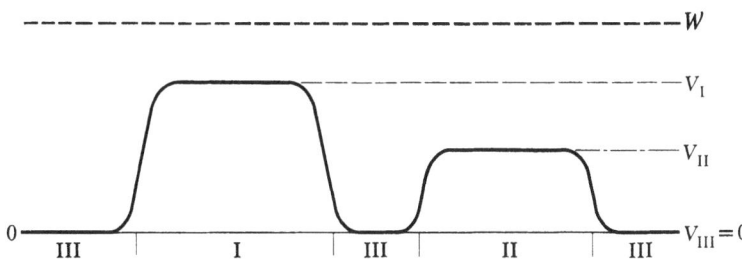

Im Bild ist das Potential durch die dicke ausgezogene Kurve dargestellt. Die Energie W soll höher als das Potential in den drei Bereichen sein. Der Energiewert W ist durch die dicke gestrichelte Linie angedeutet, die also über der Potentialkurve liegt.

$V_{III} = 0$. In Bild 7.4 ist die Situation schematisch dargestellt. Die durchgezogene Kurve ist das Potential als Funktion des Orts.

Nun soll sich in diesem Potentialfeld ein Teilchen bewegen, dessen *nichtrelativistische Gesamtenergie* gleich W ist. Da unsere Überlegungen nichtrelativistisch sein sollen, ist W gleich der Summe der kinetischen und der potentiellen Energie des Teilchens; die Ruhenergie mc^2 ist darin *nicht* enthalten. Nach der klassischen Mechanik ist dann die *kinetische* Energie des Teilchens im Gebiet III gleich W, im Gebiet I gleich $(W - V_I)$ und im Gebiet II gleich $(W - V_{II})$. Die kinetische Energie W_k steht in folgender Beziehung zum Impuls p des Teilchens:

$$W_k = \frac{p^2}{2m}. \tag{7.11}$$

Die Gesamtenergie ist in Bild 7.4 durch die dicke gestrichelte Linie symbolisiert. Wir nehmen vorläufig an, daß die Gesamtenergie überall größer als die potentielle Energie ist.

16. Wir wollen nun das Verhalten einer Schrödinger-Welle, die ein Teilchen beschreibt, untersuchen. Die Frequenz ω der Welle steht mit der Energie W durch $W = \hbar\omega$ in Beziehung, die Wellenfunktion hängt also nur durch den Faktor $\exp(-itW/\hbar)$ von der Zeit t ab. Daraus folgt, daß die einem Teilchen, das sich mit einer bestimmten Energie W bewegt, entsprechende Schrödinger-Welle die Gleichung

$$i\hbar \frac{\partial}{\partial t} \psi(x, t) = W \psi(x, t) \tag{7.12}$$

befriedigen wird.

Die *räumliche* Abhängigkeit der Welle ist durch den Impuls des Teilchens bestimmt: Der Impuls p und die Wellenlänge λ sind dabei durch die de Broglie-Gleichung $\lambda = h/p$ verbunden. Betrachten wir eine Welle der Energie W im Gebiet III. Wir stellen uns diese Welle als Überlagerung ebener Wellen vor. Die räumliche Abhängigkeit dieser ebenen Wellen ist dann durch den Exponentialfaktor $\exp(ix \cdot p/\hbar)$ gegeben, wobei der Betrag von p sich aus

$$W = \frac{p^2}{2m} \tag{7.13}$$

ergibt.

Jede dieser ebenen Wellen wird folglich die Differentialgleichung

$$-\frac{\hbar^2}{2m} \nabla^2 \psi(x, t) = W \psi(x, t) \tag{7.14}$$

befriedigen.

Die einem Teilchen der Energie W entsprechende Schrödinger-Welle muß demnach die Differentialgleichung (7.14) im gesamten Gebiet III befriedigen.

Befassen wir uns nun mit der Welle im Gebiet I. Wenn wir die Welle in *diesem* Gebiet in ebene Wellen der Form $\exp(ix \cdot p/\hbar)$ zerlegen, dann wird der Betrag des Impulses p nun nach Gl. (7.11) durch

$$\frac{p^2}{2m} = W_k = W - V_I \tag{7.15}$$

gegeben sein. Die Schrödinger-Gleichung im Gebiet I muß also die Gleichung

$$-\frac{\hbar^2}{2m} \nabla^2 \psi(x, t) = (W - V_I) \psi(x, t) \tag{7.16}$$

befriedigen.

Ganz analog gelangen wir zu dem Schluß, daß die Schrödinger-Wellenfunktion im Gebiet II die Differentialgleichung

$$-\frac{\hbar^2}{2m} \nabla^2 \psi(x, t) = (W - V_{II}) \psi(x, t) \tag{7.17}$$

befriedigen muß.

17. Unser Gedankengang, der zu den drei Gleichungen (7.14), (7.16) und (7.17) führte, die von der Wellenfunktion in den Gebieten I, II und III befriedigt werden, ist sicherlich logisch und einleuchtend; nun erscheint es uns interessant, diese drei Gleichungen zu einer einzigen zu vereinen:

$$-\frac{\hbar^2}{2m}\nabla^2 \psi(x, t) = [W - V(x)] \psi(x, t) . \quad (7.18)$$

Hier ist $V(x)$ das Potential, das in den drei Bereichen die Werte V_I, V_{II} bzw. V_{III} annimmt. Jedoch ist zu beachten, daß wir nichts über die „richtige" Differentialgleichung in den Randgebieten ausgesagt haben, in denen sich das Potential rasch ändert; es ist also keineswegs selbstverständlich, daß Gl. (7.18) überall gelten muß. Tatsächlich haben wir die Argumente, die zu unseren Gleichungen führen, etwas manipuliert. Ebenso wurde Bild 7.4 absichtlich so aufgebaut, daß der Leser zwangsläufig zu dem Schluß gelangt, daß z.B. Gl. (7.16) gelten *muß*. In Wirklichkeit besitzt unsere Argumentation einen schwachen Punkt: Solange der Bereich II verglichen mit der Wellenlänge der de Broglie-Welle in diesem Gebiet *sehr* groß ist, können wir den in Gl. (7.16) ausgedrückten Schluß als höchst plausibel ansehen. Das *örtliche* Verhalten der Welle in dem Gebiet sollte nicht vom Potential anderswo abhängen, die Beziehung zwischen Wellenlänge und kinetischer Energie wird dann unserer Annahme entsprechen. Anders ist die Sachlage, wenn der Bereich II verglichen mit der Wellenlänge *klein* ist, d.h., wenn sich das Potential $V(x)$ innerhalb einer Wellenlänge stark ändert. In diesem Fall ist die räumliche Abhängigkeit der Wellenfunktion nicht mehr so eindeutig, weil die „Wellenlänge" im Punkt x, die nach der de Broglie-Gleichung durch die kinetische Energie $[W - V(x)]$ definiert ist, eine Funktion des Orts ist.

Daher ist es nicht selbstverständlich, daß Gl. (7.18) für den gesamten Raum und für jede Funktion $V(x)$ des Potentials gilt. Trotzdem werden wir wie *Schrödinger annehmen*, daß Gl. (7.18) richtig ist. Zur Beschreibung von Schrödinger-Wellen scheint diese Gleichung zumindest vernünftig zu sein. Wir sollten sie wenigstens probeweise anwenden. Es muß nur klargemacht werden, daß unsere Überlegungen keinen *Beweis* für die Richtigkeit der Gl. (7.18) darstellen, sie zeigen nur, was *für* diese Gleichung spricht. Dieses Problem kann aber auch noch anders und besser gelöst werden. Wir können zum Beispiel von der Quantenelektrodynamik ausgehen und zeigen, daß Gl. (7.18) in der Anwendung auf nichtrelativistische Probleme der Atom- und Molekularphysik eine Näherung der feldtheoretischen Formulierung darstellt. Auch könnten wir systematisch untersuchen, durch welche Wellengleichungen eine vernünftige physikalische Interpretation (einschließlich der Wahrscheinlichkeitsinterpretation aus Abschnitt 8) möglich ist. Die Wahrscheinlichkeitsinterpretation der Wellenfunktion werden wir in den Fällen beibehalten, in denen Kräfte auf das Teilchen einwirken. Wir können dann zeigen, daß Gl. (7.18) in gewissem Sinne die einfachste Wellengleichung für das quantenmechanische Problem ist, das dem klassischen Problem eines Teilchens in einem Potentialfeld „entspricht". Es würde hier zu weit führen, diese Überlegungen im Detail auszuführen; wir müssen also Gl. (7.18) einfach aufgrund der bisher diskutierten Argumente als Arbeitshypothese akzeptieren.

18. Gleichung (7.18) gilt für eine Welle mit definierter Energie W. Für eine solche Welle gilt dann auch die Beziehung (7.12). Daher können wir Gl. (7.18) folgendermaßen umformen:

$$-\frac{\hbar^2}{2m}\nabla^2 \psi(x, t) + V(x)\psi(x, t) = i\hbar \frac{\partial}{\partial t} \psi(x, t) . \quad (7.19)$$

In dieser Gleichung kommt W nicht mehr vor, sie gilt daher für *jedes* W, also auch für *jede* Schrödinger-Welle.

Die Gln. (7.18) und (7.19) sind die berühmten Schrödinger-Gleichungen. Gl. (7.19) ist als *zeitabhängige Schrödinger-Gleichung* bekannt, während Gl. (7.18) als *zeitunabhängige Schrödinger-Gleichung* bezeichnet wird. Wir müssen beachten, daß Gl. (7.19) für *alle* Schrödinger-Wellen gilt, während Gl. (7.18) (für gegebenes W) nur für solche Schrödinger-Wellen Gültigkeit hat, die ein Teilchen mit einer Gesamtenergie W beschreiben.

Am besten können wir die Gln. (7.18) und (7.19) durch einen Vergleich der auf ihnen beruhenden Voraussagen und experimentellen Ergebnisse rechtfertigen. Schon kurze Zeit nach *Schrödingers* großartiger Leistung wurde die Schrödinger-Gleichung mit großem Erfolg auf verschiedenste Probleme der Atom- und Molekularphysik angewendet und dadurch auf diesen Gebieten ein großartiger Fortschritt ermöglicht. *Schrödinger* arbeitete an dieser Entwicklung selbst aktiv mit, und im nächsten Kapitel soll berichtet werden, wie es ihm gelang, die quasistabilen Zustände von Atomen zu erklären. Schon allein durch die Formulierung der Gl. (7.19) bewies *Schrödinger* ein bewundernswertes physikalisches Einfühlungsvermögen, da diese Gleichung sich genau für jene Situationen als gültig herausstellte, für die sie gedacht war.

Wir wollen hier nicht die allgemeine Theorie der Lösung von Gl. (7.19) diskutieren, das muß einem höheren Physikkurs überlassen bleiben, wir wollen nur einige einfache Anwendungen der Schrödinger-Theorie besprechen, um sie besser verstehen zu können.

7.2 Einige einfache Potentialwallprobleme

19. Wir nahmen an, daß die Schrödinger-Gleichungen (7.18) und (7.19) für eine beliebige Funktion $V(x)$ des Potentials gelten. Bei der „Ableitung" der Gl. (7.18) wurden jedoch nur jene Fälle betrachtet, bei denen das Potential $V(x)$ kleiner als die Gesamtenergie W ist. Wir wollen nun untersuchen, was dann geschieht, wenn in bestimmten Gebieten das Potential *größer* als W ist.

7.2 Einige einfache Potentialwallprobleme

Nach der klassischen Mechanik sind diese Gebiete für das Teilchen unzugänglich, doch in der Quantenmechanik ist die Situation anders.

Zur Vereinfachung beschränken wir unsere Diskussion auf eine eindimensionale Welt: Das Teilchen kann sich nur entlang einer Geraden bewegen, seine Lage ist durch eine Koordinate x bestimmt. Dieses eindimensionale Modell besitzt den großen Vorteil, daß dabei die zeitunabhängige Schrödinger-Gleichung eine gewöhnliche und nicht eine partielle Differentialgleichung ist, die mathematischen Überlegungen daher um eine Größenordnung einfacher werden. Das Wesentliche der Schrödinger-Gleichung ist jedoch auch in diesem einfachen Modell enthalten.

20. Wir diskutieren die Schrödinger-Gleichung für einen Fall, bei dem die Energie des Teilchens $W > 0$ ist; das eindimensionale Analogon zu Gl. (7.18) lautet dann

$$-\frac{\hbar^2}{2m}\frac{\partial^2}{\partial x^2}\psi(x, t) = [W - V(x)]\psi(x, t). \quad (7.20)$$

Die zeitliche Abhängigkeit der Wellenfunktion $\psi(x, t)$ ist durch den Faktor $\exp(-itW/\hbar)$ definiert. Wir können deshalb auch

$$\psi(x, t) = \varphi(x)\exp\left(-\frac{itW}{\hbar}\right) \quad (7.21)$$

schreiben, wobei der zeitunabhängige Faktor $\varphi(x)$ ebenfalls Gl. (7.20) befriedigen muß:

$$-\frac{\hbar^2}{2m}\frac{d^2}{dx^2}\varphi(x) = [W - V(x)]\varphi(x). \quad (7.22)$$

Dies ist eine gewöhnliche Differentialgleichung. Lösen wir diese Gleichung nach $\varphi(x)$ auf, erhalten wir die Schrödinger-Wellenfunktion $\psi(x, t)$ aus Gl. (7.21).

21. Befassen wir uns nun mit der in Bild 7.5 dargestellten Situation. Die gestrichelte Linie gibt die Gesamtenergie W an, die durchgezogene Kurve stellt die Funktion $V(x)$ des Potentials dar. Gehen wir im Bild nach links, soll das Potential dem konstanten Wert null, und wenn wir im Bild nach rechts gehen, dem konstanten Wert $V_0 > W$ zustreben. Der Punkt x_0, in dem die kinetische Energie den Wert null aufweist, wird als *Wendepunkt* bezeichnet. Nach der klassischen Mechanik müßte ein von links einfallendes Teilchen in diesem Punkt innehalten und umkehren. Der Bereich rechts von x_0 ist für das klassische Teilchen unzugänglich.

Wir wollen nun die Gl. (7.22) für das in Bild 7.5 dargestellte Potential lösen. Die Lösung $\varphi(x)$ ist irgendeine stetige Funktion von x, deren erste Ableitung ebenfalls stetig ist. Ohne die Gleichung wirklich explizit zu lösen, können wir schon sehen, daß die Wellenfunktion $\varphi(x)$ rechts von x_0 nicht null wird. Nach unserer Wahrscheinlichkeitsinterpretation einer Wellenfunktion heißt das, daß auch die Wahrscheinlichkeit ungleich null ist, daß sich das Teilchen rechts von x_0 befindet. In der Quantenmechanik ist es daher einem Teilchen möglich, in ein Gebiet einzudringen, das ihm nach der klassischen Mechanik verboten ist.

22. Wir wollen dieses Phänomen eingehender untersuchen. Dazu vereinfachen wir das Problem noch weiter und ersetzen die stetige Potentialkurve aus Bild 7.5 durch das Stufenpotential aus Bild 7.6. Außerdem wählen wir den Wendepunkt x_0 als Ursprung auf der x-Achse: $x_0 = 0$. Es gilt dann

$$V(x) = 0 \text{ für } x < 0, \quad V(x) = V_0 > W \text{ für } x > 0. \quad (7.23)$$

Das Potential in Bild 7.6 kann als Grenzfall einer Potentialkurve wie in Bild 7.5 angesehen werden. Das Potential steigt immer steiler an, bis schließlich die idealisierte Kurve aus Bild 7.6 erreicht ist. Solange nur das Potential eine stetige Funktion ist, wird auch die Wellenfunktion stetig sein und eine stetige erste Ableitung haben. Dies ist auch bei dem Grenzfall eines Stufenpotentials der Fall. Es wird in diesem Grenzfall nur die *zweite* Ableitung im allgemeinen einen „Sprung" aufweisen. Diese Aussagen sind, das sollten Sie beachten, *mathematische* Aussagen über die Differentialgleichungen, die in der Schrödinger-Theorie

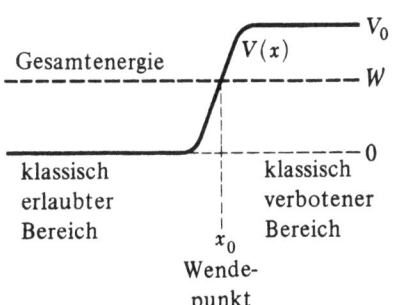

Bild 7.5 Zur Veranschaulichung der Überlegungen in Abschnitt 21. Die durchgezogene Kurve stellt das Potential dar, die dicke gestrichelte Linie gibt den Betrag der Gesamtenergie W an. Der Punkt x_0, in dem das Potential gleich W ist, ist der klassische Wendepunkt. Die Quantenmechanik läßt jedoch eine endliche Wahrscheinlichkeit zu, daß das Teilchen in den klassisch verbotenen Bereich eindringt.

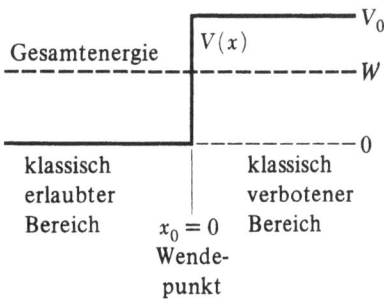

Bild 7.6 Zur Vereinfachung der mathematischen Diskussion wird das kontinuierlich variierende Potential aus Bild 7.5 durch ein Stufenpotential ersetzt.

vorkommen. Physikalisch betrachtet sollte das Stufenpotential immer als Idealisierung der eigentlichen Potentialkurve verstanden werden, so daß die physikalische Wellenfunktion dann unbezweifelbar die erwähnten Stetigkeitseigenschaften aufweisen wird.

23. Sehen wir uns nun die Wellengleichung im Bereich $x > 0$ an. In diesem Bereich besitzt sie die Form

$$-\frac{\hbar^2}{2m}\frac{d^2}{dx^2}\varphi(x) = (W - V_0)\varphi(x). \qquad (7.24)$$

Wir können sofort zwei linear unabhängige Lösungen anschreiben:

$$\exp(-xq), \quad \exp(+xq),$$

wobei

$$q = \sqrt{\frac{2m(V_0 - W)}{\hbar^2}}. \qquad (7.25)$$

Die Lösung $\exp(+xq)$ steigt exponentiell mit steigendem x, ebenso das absolute Quadrat der Lösung. Nach unserer Wahrscheinlichkeitsinterpretation der Wellenfunktion bedeutet dies, daß die Wahrscheinlichkeitsdichte für den Nachweis des Teilchens mit zunehmendem x ansteigt, ohne einem endlichen Grenzwert zuzustreben. Eine derartige Lösung ist physikalisch gesehen nicht möglich. Dies ist ein weiteres Beispiel für die Grenzbedingungen, die die physikalisch sinnvollen Lösungen einer Wellengleichung befriedigen müssen: Eine Lösung, die beim Übergang zu Unendlich keinem endlichen Grenzwert zustrebt, ist aus physikalischen Gründen nicht zulässig. Damit bleibt uns die Lösung $\exp(-xq)$ als einzige Möglichkeit übrig; wenn wir die Wellenfunktion im Bereich $x > 0$ mit $\varphi_R(x)$ bezeichnen, gilt dann

$$\varphi_R(x) = \exp(-xq). \qquad (7.26)$$

24. Nun befassen wir uns mit dem Bereich $x < 0$. In diesem Bereich hat die Schrödinger-Gleichung die Form

$$-\frac{\hbar^2}{2m}\frac{d^2}{dx^2}\varphi(x) = W\varphi(x). \qquad (7.27)$$

Die zwei linear unabhängigen Lösungen dieser Gleichung lauten

$$\exp(ixk), \quad \exp(-ixk),$$

wobei

$$k = \sqrt{\frac{2mW}{\hbar^2}}. \qquad (7.28)$$

Diese beiden Lösungen sind oszillierende Lösungen, welche beim Übergang x gegen $-\infty$ beschränkt bleiben. Beide Lösungen sind physikalisch sinnvoll[1].

---

[1] Siehe zur Erläuterung dieser Aussage Abschnitt **51** dieses Kapitels.

Wenn wir die Wellenfunktion im Bereich $x < 0$ mit $\varphi_L(x)$ bezeichnen, dann hat die Wellenfunktion die Form

$$\varphi_L(x) = A\exp(ixk) + B\exp(-ixk) \qquad (7.29)$$

(A und B sind Konstanten).

Wie bestimmen wir nun die Konstanten A und B? Wir haben festgestellt, daß die Wellenfunktion stetig sein und eine stetige erste Ableitung besitzen muß. Das heißt, daß sich die Funktionen $\varphi_R(x)$ und $\varphi_L(x)$ im Ursprung aneinander anschließen müssen, daß also

$$\varphi_R(0) = \varphi_L(0), \quad \varphi'_R(0) = \varphi'_L(0) \qquad (7.30)$$

gilt, da sie beide dieselbe Wellenfunktion darstellen, nur eben in verschiedenen Bereichen, die im Wendepunkt $x_0 = 0$ zusammenstoßen. Die zwei Bedingungen in Gl. (7.30) liefern uns zwei Gleichungen,

$$A + B = 1, \quad ik(A - B) = -q, \qquad (7.31)$$

mit denen wir die Konstanten A und B bestimmen können. Die Lösung lautet dann ganz einfach

$$A = \frac{(1 + iq/k)}{2}, \quad B = \frac{(1 - iq/k)}{2}. \qquad (7.32)$$

25. Bei der Interpretation unserer Lösung wird es sich als vorteilhaft erweisen, die Wellenfunktion (überall) mit der Konstanten $1/A$ zu multiplizieren: Das ist möglich, weil die Schrödinger-Gleichung eine lineare Gleichung ist. Unsere Lösung können wir dann explizit in der Form

$$\varphi(x) = e^{ixk} + \left[\frac{1 - i\sqrt{V_0/W - 1}}{1 + i\sqrt{V_0/W - 1}}\right]e^{-ixk}, \text{ für } x < 0 \quad (7.33)$$

und

$$\varphi(x) = \frac{2e^{-xq}}{1 + i\sqrt{V_0/W - 1}}, \text{ für } x > 0 \qquad (7.34)$$

schreiben, wobei

$$k = \sqrt{\frac{2mW}{\hbar^2}}, \quad q = \sqrt{\frac{2m(V_0 - W)}{\hbar^2}}. \qquad (7.35)$$

Betrachten wir nun die Wellenfunktion im Bereich $x < 0$ in der Definition (7.33). Es handelt sich dabei um eine Überlagerung von zwei Wellen. Der erste Term $\exp(ixk)$ stellt eine nach *rechts* laufende Welle dar. Der zweite Term, der $\exp(-ixk)$ proportional ist, ist eine nach *links* laufende Welle. Der Koeffizient vor $\exp(-ixk)$ im zweiten Term hat den Betrag eins

$$\left|\frac{1 - i\sqrt{V_0/W - 1}}{1 + i\sqrt{V_0/W - 1}}\right| = 1, \qquad (7.36)$$

die beiden Wellen haben also gleich große Amplituden. Das Quadrat des absoluten Amplitudenwertes einer Welle muß irgendwie dem „Fluß" des Teilchens proportional sein.

7.2 Einige einfache Potentialwallprobleme

Wir können uns vorstellen, daß die Wellenfunktion in Gl. (7.33) eine Situation darstellt, bei der ein von links kommendes Teilchen durch den Potential„wall" wieder nach links zurückgeworfen wird. Dies würde einer klassischen Auslegung der Vorgänge entsprechen.

Die Wellenfunktion im Bereich $x > 0$, die durch Gl.(7.34) gegeben ist, beschreibt das Eindringen einer Schrödinger-Welle in den Bereich, der dem klassischen Teilchen verboten ist. Die Amplitude der eindringenden Welle nimmt exponentiell ab, je weiter sie in den verbotenen Bereich kommt; in größerer Entfernung vom Potentialwall ist die Amplitude praktisch gleich null, was wieder mit dem klassischen Modell übereinstimmt. Bild 7.7 stellt dies alles schematisch dar.

26. Es ist interessant, auch den Grenzfall zu untersuchen, in dem die Höhe des Potentialwalls gegen unendlich geht, d.h., wenn $V_0 \to +\infty$. (Die Energie W ist konstant.) Aus Gl. (7.35) ersehen wir, daß bei $V_0 \to \infty$ q ebenfalls gegen unendlich gehen wird, das bedeutet, daß die Geschwindigkeit, mit der die Wellenfunktion mit der Entfernung vom klassischen Wendepunkt abnimmt, gegen unendlich geht: Die Wellenfunktion dringt immer weniger tief in den verbotenen Bereich ein. Aus Gl. (7.34) ersehen wir, daß die Amplitude der eindringenden Welle gegen null strebt, wenn V_0 gegen unendlich geht. Für den Grenzfall eines unendlich hohen Potentialwalls erhalten wir somit

$$\varphi(x) = e^{ixk} - e^{-ixk} \quad \text{für } x < 0, \tag{7.37}$$

$$\varphi(x) = 0 \quad \text{für } x > 0. \tag{7.38}$$

Wir gelangen also zu dem Schluß, daß bei einem unendlich hohen Potentialwall die Wellenfunktion schon am Wall null wird, also bei $x = 0$, erst recht natürlich rechts vom Wall, bei $x > 0$.

Bild 7.8 zeigt, wie sich das absolute Quadrat der Wellenfunktion, d.h. die Wahrscheinlichkeitsdichte für das Teilchen, verhält. Links von dem Wall ist die Wahrscheinlichkeitsdichte eine oszillierende Funktion. Dies ist durch einen quantenmechanischen Interferenzeffekt zu erklären, der in der klassischen Mechanik keinerlei Entsprechung hat. Das gleiche ist natürlich schon in Bild 7.7 zu sehen.

27. Wir haben den Fall des Stufenpotentials so detailliert besprochen, um dem Leser zu zeigen, daß man die Schrödinger-Gleichung lösen *und* die Lösungen physikalisch interpretieren kann. Ist irgendeine vernünftige stetige oder stufenförmige Potentialkurve gegeben, dann hat die Schrödinger-Gleichung eine Lösung. Sie *explizit* zu finden, ist hingegen nicht immer so leicht, doch sind die dabei

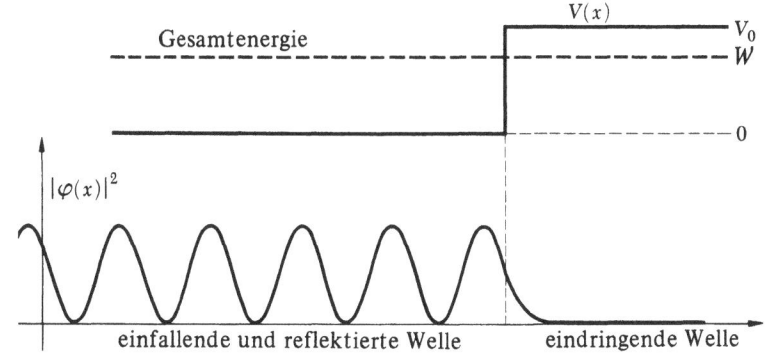

Bild 7.7

Im oberen Teil des Bildes ist die Funktion des Potentials, $V(x)$, dargestellt. Die Gesamtenergie W wird durch die dicke gestrichelte Linie angedeutet. Im unteren Teil des Bildes ist das absolute Quadrat der Wellenfunktion $\varphi(x)$ dargestellt. Die Welle dringt also in den klassisch verbotenen Bereich ein. Links von dem Potentialwall entsteht durch Überlagerung der reflektierten mit der einfallenden Welle eine stehende Welle. Beachten Sie, daß die Wellenfunktion und ihre Ableitung im Wendepunkt kontinuierlich sind.

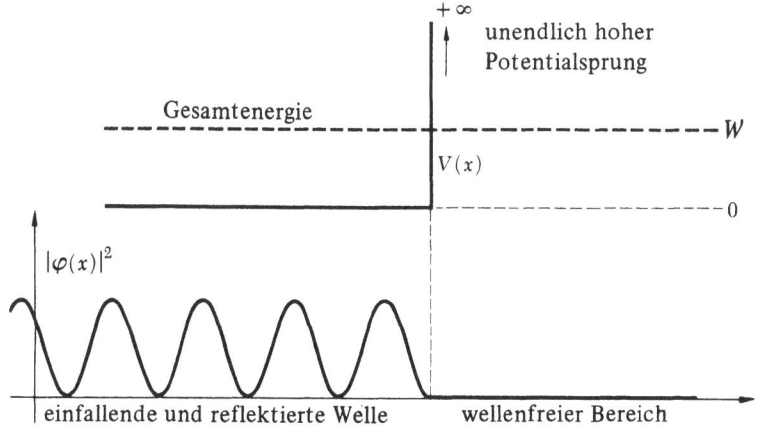

Bild 7.8

Dieses Bild soll den Grenzfall einer unendlich hohen Potentialstufe veranschaulichen (vgl. mit Bild 7.7). Im oberen Teil des Bildes ist das Potential dargestellt. Die dicke gestrichelte Linie gibt die Gesamtenergie W an. Im unteren Teil ist das absolute Quadrat der Wellenfunktion $\varphi(x)$ dargestellt. Die Wellenfunktion, nicht aber ihre Ableitung, wird im Wendepunkt null. Die Ableitung des *Quadrats* der Wellenfunktion aber wird im Wendepunkt natürlich gleich null.

auftretenden Komplikationen nur technisch-mathematischer Art. Auch wenn wir die genaue Lösung noch nicht explizit kennen, können wir oft schon eine Menge über die *Natur* der Lösung aussagen und daher auch allgemeine Feststellungen über das Verhalten des physikalischen Systems treffen. Aufgrund unserer bisherigen Untersuchungen können wir schließen, daß es ein allgemeines Charakteristikum der Quantenmechanik ist, daß die Schrödinger-Welle in Bereiche eindringen kann, die für ein Teilchen aus der Sicht der klassischen Mechanik verboten sind.

28. Zum besseren Verständnis der Schrödinger-Gleichung wollen wir uns folgendes überlegen. Bild 7.9 zeigt eine sogenannte „Potentialstufe". Wir untersuchen nun in diesem Potential die Bewegung eines Teilchens mit einer Energie $W > V_0$. (Die *detaillierte* Untersuchung möge der Leser als Übung durchführen: siehe Übung 1, am Ende dieses Kapitels.)

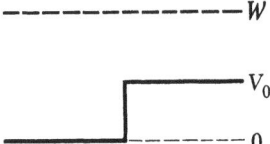

Bild 7.9 Die Energie W des Teilchens ist hier größer als die Höhe des Potentialwalls. Nach der klassischen Theorie würde ein Teilchen an dieser Barriere nicht reflektiert werden, doch die Quantenmechanik zeigt, daß die einfallende Welle teilweise durchgelassen, teilweise reflektiert wird.

Sie werden feststellen, daß es in dem Bereich links der Stufe *zwei* physikalisch brauchbare Lösungen der Wellengleichung (7.22) gibt, und daß auch im Bereich rechts von der Potentialstufe *zwei* physikalisch brauchbare Lösungen möglich sind. Es kommt auf die zu untersuchende physikalische Situation an, welche der beiden Lösungen man verwenden wird. Wir untersuchen den Fall, daß ein Teilchen sich von links auf die Stufe zu bewegt. Die Welle wird an der Stufe vermutlich teilweise reflektiert werden, ein Teil der Welle wird jedoch die Stufe überwinden und in den Bereich rechts von ihr eindringen. Die richtige Wellenfunktion für diesen Fall muß dann ein Teilchen darstellen, das sich nach rechts in den Bereich rechts der Stufe bewegt: Die Funktion muß die Form $\exp(\mathrm{i}xk')$ für $x > 0$ aufweisen. Im Bereich links von der Stufe kann die Wellenfunktion die Form $[A\exp(\mathrm{i}xk) + B\exp(-\mathrm{i}xk)]$ haben, wobei der erste Term eine nach rechts gerichtete Welle, der zweite Term eine nach links gerichtete Welle darstellt. Dieser zweite Term beschreibt die *reflektierte* Welle, der erste Term die *einfallende* Welle. Wie erhalten wir nun A und B? A und B werden durch folgende zwei Bedingungen bestimmt: Die Wellenfunktion *und* ihre erste Ableitung müssen überall stetig sein, insbesondere in der Potentialstufe selbst. Damit

stehen uns für die zwei Unbekannten A und B zwei Gleichungen zur Verfügung. Nachdem wir damit die beiden Amplituden bestimmt haben, können wir auch die Intensitäten der einfallenden, reflektierten und durchgelassenen Welle angeben, also auch den Reflexionskoeffizienten für einen derartigen Wall.

Was geschieht aber nun, wenn ein Teilchen von rechts einfällt? In diesem Fall muß die Wellenfunktion links des Walls die Form $\exp(-\mathrm{i}xk)$ haben, da dort nur eine nach links laufende Welle existiert. Rechts vom Wall hat die Wellenfunktion die Form $[A'\exp(\mathrm{i}xk') + B'\exp(-\mathrm{i}xk')]$. A' und B' können wir wiederum aufgrund der Bedingungen finden, daß die Wellenfunktion und ihre erste Ableitung an der Potentialstufe kontinuierlich sein müssen. Es kommt also auf das zu untersuchende physikalische Problem an, welche der Wellenfunktionen verwendet werden muß.

Diese Untersuchung des Verhaltens eines Teilchens in einem Potential wie in Bild 7.9 sollte zeigen, daß das Teilchen im allgemeinen an irgendeiner Diskontinuität des Potentials teilweise reflektiert wird und teilweise den Bereich der Diskontinuität durchdringen kann.

29. Nun wollen wir eine Situation wie in Bild 7.10 besprechen, bei der das Potential *zwei* Schwellen aufweist, nämlich in den *zwei* Punkten $x = 0$ und $x = a$. Wie wir im letzten Abschnitt feststellen, wird eine Welle an jeder der beiden Schwellen teilweise reflektiert und teilweise durchgelassen.

Wir untersuchen zunächst den Fall, bei dem sich das Teilchen von links auf den *Potentialwall* zu bewegt. Sie werden vielleicht der Ansicht sein, daß dieses Problem höchst kompliziert ist und daß wir es etwa in folgender Weise lösen könnten: Wir betrachten eine von links kommende Welle und bestimmen, welcher Teil dieser Welle an der ersten Schwelle $x = 0$ reflektiert und welcher Teil durchgelassen wird. Die durchgelassene Welle trifft auf die zweite Schwelle $x = a$ und wird wiederum teilweise reflektiert und teilweise durchgelassen. Der reflektierte Teil kommt zur Schwelle bei $x = 0$ zurück und wird nochmals teilweise reflektiert, teilweise durchgelassen. Um nun die Welle bestimmen zu können, die schließlich den Potentialwall nach

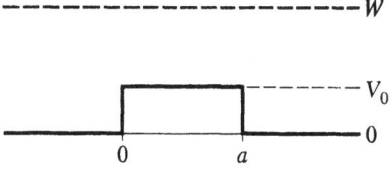

Bild 7.10 Das Problem für die hier vorliegende Situation könnte gelöst werden, indem wir alle teilweisen Mehrfachreflexionen und -transmissionsprozesse an den Schwellen $x = 0$ und $x = a$ in Betracht ziehen. Es ist jedoch viel einfacher, die *allgemeine* Lösung der Schrödinger-Gleichung direkt zu bestimmen: Damit berücksichtigen wir alle Mehrfachreflexionen auf einmal.

7.2 Einige einfache Potentialwallprobleme

rechts hin verläßt, müßten wir unendlich viele Reflexionen zwischen den beiden Schwellen berücksichtigen und die Amplituden aller Teilwellen addieren, die nach rechts über den Punkt $x = a$ hinaus durchgelassen werden. Können wir so das Problem überhaupt lösen? Wir könnten das zwar tatsächlich tun, doch gibt es einen viel einfacheren Lösungsweg. Wir brauchen nämlich lediglich diejenige Lösung der Schrödinger-Gleichung (7.22) zu suchen, die überall kontinuierlich ist und eine überall kontinuierliche Ableitung hat; die Form der Gleichung ist $\exp(\mathrm{i}xk)$ für $x > a$. Diese letzte Bedingung drückt aus, daß der Teil der einfallenden Welle, der den Potentialwall durchdringen kann, im Bereich $x > a$ nach rechts laufen *muß* – in Übereinstimmung mit der betrachten physikalischen Situation.

Für $x > a$ hat also die Wellenfunktion die Form $\exp(\mathrm{i}xk)$. Für $a > x > 0$ hat die Wellenfunktion die Form $[A \exp(\mathrm{i}xk') + B \exp(-\mathrm{i}xk')]$; um A und B bestimmen zu können, stellen wir die Bedingungen auf, daß die Wellenfunktion und ihre erste Ableitung bei $x = a$ kontinuierlich sein müssen. In dem Bereich $0 > x$ hat die Wellenfunktion die Form $A' \exp(\mathrm{i}xk) + B' \exp(-\mathrm{i}xk)$. A' und B' können wir über die Bedingungen erhalten, daß die Wellenfunktionen und ihre ersten Ableitungen bei $x = 0$ kontinuierlich sein müssen. Auf diese Weise gelangen wir zu der *allgemeinen Lösung* der Schrödinger-Gleichung (7.22), die dem untersuchten physikalischen Problem entspricht; diese Lösung ist bis auf einen allgemeinen konstanten Faktor *eindeutig*. Wir können das Problem also schließlich doch lösen.

30. Das Wesentliche an solchen Problemen über Potentialwälle ist, daß wir lediglich die Lösung der Schrödinger-Gleichung (7.22) zu suchen brauchen, die *überall* gilt und die gewisse *Randbedingungen* berücksichtigen muß, die sich aus dem jeweiligen physikalischen Problem selbst ergeben (z.B. die Bedingung, daß die Wellenfunktion rechts von der Barriere die Form $\exp(\mathrm{i}xk)$ haben muß). Dadurch wird allen „Vielfachreflexionen" Rechnung getragen, die wir rein gefühlsmäßig explizit in Betracht ziehen möchten. Gewiß ist es nicht falsch, das Problem über die Vielfachreflexionen lösen zu wollen, doch ist es *sehr* viel einfacher, die allgemeine Lösung der Schrödinger-Gleichung direkt zu bestimmen.

Betrachten wir nun den Potentialwall in Bild 7.11. *Wo* eigentlich tritt hier die Reflexion des Teilchens auf? Die Reflexion wird über den *gesamten* Bereich „stattfinden", in dem sich das Potential ändert. Wenn wir wollen, können wir die kontinuierliche Funktion $V(x)$ des Potentials durch eine Stufenfunktion mit einer großen Anzahl sehr kleiner Stufen annähern, wie dies in Bild 7.12 angedeutet ist. An jeder Stufe wird eine Welle teilweise durchgelassen, teilweise reflektiert. Wir können also dieses Problem wiederum als ein „Vielfachreflexionsproblem" ansehen.

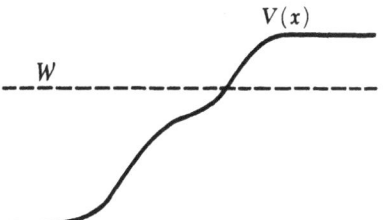

Bild 7.11 Das Teilchen (die Welle) wird an diesem Wall reflektiert, da die Energie W kleiner als der rechte Grenzwert des Potentials ist. (Das Potential ist durch die ausgezogene Kurve, die Gesamtenergie durch die gestrichelte Linie dargestellt.) Wo tritt nun aber die Reflexion auf? Antwort: Die Reflexion findet über den gesamten Bereich statt, in dem sich das Potential ändert.

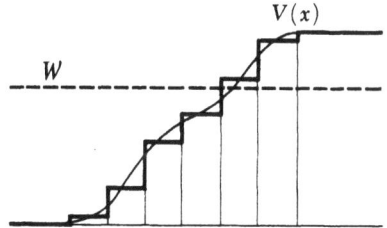

Bild 7.12 Das Potential aus Bild 7.11 wird durch ein stufenförmig variierendes Potential angenähert. An jeder Schwelle wird eine Welle teilweise reflektiert, teilweise durchgelassen. Die Lösung der Schrödinger-Gleichung berücksichtigt alle diese „Mehrfachreflexionen".

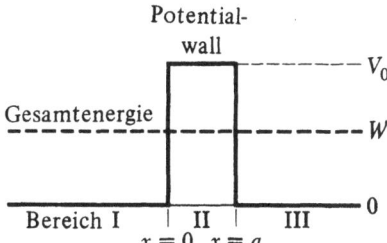

Bild 7.13 Die durchgezogene Kurve stellt das Potential dar, die dicke gestrichelte Linie gibt die Gesamtenergie W an. Nach der klassischen Theorie kann ein von links einfallendes Teilchen diesen Potentialwall nicht durchdringen. Die Quantenmechanik gibt jedoch eine endliche Wahrscheinlichkeit dafür an, daß das Teilchen durch den Wall „durchsickert". Dieses Phänomen ist als *Tunneleffekt* bekannt.

Die Schrödinger-Gleichung (7.22) trägt allen diesen Vielfachreflexionen in gekürzter Form Rechnung, wenn wir wollen, können wir die Gleichung in dieser Weise interpretieren. Wenn wir die globale Lösung der Gl. (7.22) kennen, dann können wir damit die unendlich vielen *lokalen* Reflexionen und Transmissionen gleichzeitig erfassen.

31. Wir wollen nun ein weiteres Problem betrachten, das sich eigentlich von selbst aufdrängt: Was geschieht, wenn das Potential eine Form wie in Bild 7.13 hat, wenn also die Höhe V_0 des Potentialwalls größer ist als W?

Die Antwort hierauf ist leicht zu erraten: Eine von links einfallende Welle wird vom Potentialwall teilweise reflektiert, teilweise kann sie durch den Wall in den Bereich III eindringen. Vom klassischen Standpunkt gesehen müßte ein aus dem Bereich I kommendes Teilchen im Punkt $x = 0$ reflektiert werden und könnte nicht in die Bereiche II und III eindringen. Es ist wohl eines der erstaunlichsten Ergebnisse der Quantenmechanik, daß ein Teilchen durch einen Potentialwall „durchsickern" kann, der klassisch gesehen für das Teilchen vollkommen undurchdringlich ist. Dieses Phänomen ist als *Tunneleffekt* bekannt.

Um die Schrödinger-Gleichung für die Situation in Bild 7.13 zu lösen, könnten wir genauso vorgehen wie in den Abschnitten **28** bis **30**. Wir suchen zuerst die allgemeine Lösung für jeden der drei Bereiche (I, II und III) und stellen dann die Bedingung auf, daß die Wellenfunktion und ihre erste Ableitung überall, insbesondere an den zwei Wendepunkten $x = 0$ und $x = a$, stetig sein müssen. Das Problem in Bild 7.13 ist also im Prinzip nicht schwierig, nur wird eine detaillierte Lösung etwas mühevoll sein. Wir können aber glücklicherweise das Wesentliche dieses Problems verstehen, ohne die Schrödinger-Gleichung tatsächlich ganz lösen zu müssen; die detaillierte Lösung können wir daher einem fortgeschritteneren Kurs vorbehalten (bzw. einer Übung: siehe Übung 2).

32. Wir wollen uns nun die Lösung für den folgenden Sonderfall überlegen: Ein Teilchen fällt von links ein. Es wird am Potentialwall teilweise reflektiert, teilweise durchgelassen. Wir interessieren uns also für eine Lösung der Schrödinger-Gleichung, für die die Wellenfunktion im Bereich III die Form $\exp(ixk)$ hat, also ein Teilchen darstellt, das sich in diesem Bereich von links nach rechts bewegt. Im Bereich I muß es zwei Wellen geben: eine nach links und eine nach rechts laufende; die erste ist die reflektierte, die zweite die einfallende Welle. Im Bereich I hat die Wellenfunktion daher die Form

$$\varphi(x) = e^{ixk} + A e^{-ixk}, \quad \text{wobei} \quad k = \sqrt{\frac{2mW}{\hbar^2}}; \qquad (7.39)$$

A ist hier eine Konstante, die die Amplitude der reflektierten Welle angibt. Ihr absoluter Wert ist kleiner als 1, da ein Teil der einfallenden Welle in den Potentialwall eindringt.

Innerhalb des Potentialwalls wird die Wellenfunktion im wesentlichen eine Exponentialfunktion der Form

$$\varphi(x) \approx B \exp(-xq), \quad q = \sqrt{\frac{2m(V_0 - W)}{\hbar^2}} \qquad (7.40)$$

sein, wobei B eine Konstante ist. Die obige Wellenfunktion ist nur eine Näherung, die jedoch bei nicht zu niedrigem Potentialwall recht gut ist.

Wir nehmen an, daß aq verglichen mit eins groß ist. In diesem Fall hat der Bruch $\varphi(a)/\varphi(0) \approx \exp(-aq)$ für die durch Gl. (7.40) gegebene Wellenfunktion einen kleinen Wert. Wenn wir daran denken, wie wir die beiden Lösungen im Problem von Abschnitt 24 im Wendepunkt aufeinander angepaßt haben, dann kommen wir zu dem Schluß, daß der absolute Wert des Verhältnisses der Amplitude der Welle im Bereich III zur Amplitude der im Berech I nach rechts laufenden Welle in *grober* Näherung durch das Verhältnis $\varphi(a)/\varphi(0) \approx \exp(-aq)$ gegeben ist. Das betreffende Verhältnis ist natürlich nicht allein durch den Exponentialfaktor gegeben, doch überwiegt dieser Faktor, wenn aq verglichen mit eins groß ist, d.h., wenn der Potentialwall hoch und breit ist.

33. Wir haben angenommen, daß die einfallende Welle die Amplitude eins besitzt. Die Amplitude der in den Bereich III eindringenden Welle ist kleiner. Ihr Betrag ist – größenordnungsmäßig – angenähert gleich $\exp(-aq)$. Das Quadrat T des absoluten Amplitudenwerts besitzt eine einfache physikalische Interpretation; T ist nämlich gleich der *Wahrscheinlichkeit* dafür, daß ein Teilchen, das den Potentialwall trifft, ihn auch durchdringen kann. Diese Wahrscheinlichkeit ist also gleich

$$T = |\varphi(a)|^2 \approx \exp(-2aq) \qquad (7.41)$$

bzw. unter Verwendung des zweiten Ausdrucks (7.40) gleich

$$T \approx \exp\left\{-2a\sqrt{\frac{2m(V_0 - W)}{\hbar^2}}\right\}. \qquad (7.42)$$

Die Größe T bezeichnet man als den *Transmissionskoeffizienten* des Potentialwalls. Die Näherung, durch die wir auf den Ausdruck (7.42) für T kamen, beruht also auf der ganz einfachen Tatsache, daß die Amplitude der Welle angenähert exponentiell abnimmt, wenn die Welle *innerhalb* des Potentialwalls nach rechts läuft. Wir interessieren uns vor allem für den Fall, bei dem aq groß ist, was sehr kleines T zur Folge hat. Wir könnten natürlich auch einen exakten Ausdruck für T aufstellen – dann würde im Ausdruck (7.42) ein weiterer Faktor erscheinen. Der im obigen Ausdruck angegebene Exponentialfaktor ist jedoch der ausschlaggebende, weshalb der Näherungsausdruck (7.42) für unsere Zwecke vollkommen ausreicht.

In Bild 7.14 ist der Potentialwalleffekt *schematisch* dargestellt. Im oberen Teil des Bildes ist das Potential, im unteren Teil das absolute Quadrat der Wellenfunktion wiedergegeben. Die durchgelassene Welle ist eine einzelne komplexe, nach rechts laufende Welle. Ihr Betrag ist daher, wie im Bild dargestellt, konstant.

34. Bevor wir uns mit der physikalischen Anwendung der Theorie des quantenmechanischen Tunneleffekts befassen, wollen wir eine Analogie zu diesem Effekt aus der klassischen elektromagnetischen Theorie besprechen.

7.2 Einige einfache Potentialwallprobleme

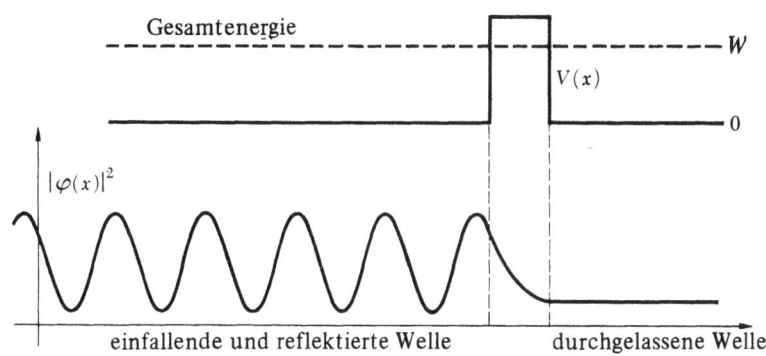

Bild 7.14
Schematische Darstellung des Tunneleffekts. Im oberen Teil des Bildes ist das Potential dargestellt (die Gesamtenergie ist durch die gestrichelte Linie angegeben). Im unteren Teil ist das absolute Quadrat der Wellenfunktion wiedergegeben. Beachten Sie die durchgelassene Welle und die exponentielle Abnahme der Wellenfunktion innerhalb des Potentialwalls. Links vom Wall entsteht ein unvollständiges Muster einer stehenden Welle, da die Amplitude der reflektierten Welle kleiner als die Amplitude der einfallenden Welle ist: Die kombinierte Amplitude ist daher nirgends gleich null.

Es handelt sich hier um die Reflexion einer ebenen elektromagnetischen Welle an der ebenen Grenzfläche zwischen zwei Bereichen mit verschiedenen Brechungsindizes.

In irgendeinem Medium (im Bild 7.15 durch dunkel getönte Bereiche angedeutet) trifft eine ebene Welle auf die ebene Grenzfläche zwischen einem optisch dünneren und einem optisch dichteren Medium. (Im optisch dichteren Medium ist der Brechungsindex größer als im optisch dünneren.) Außerdem soll der Einfallswinkel größer als der Totalreflexionswinkel sein. Wir nehmen außerdem an, daß sich das optisch dünnere Medium links von der Grenzfläche ins Endlose erstreckt. Die Welle wird dann total reflektiert. In Bild 7.15 ist das schematisch angedeutet: Die gestrichelte Linie stellt einen „Strahl", d.h. eine Normale auf die lokale Wellenfront dar. Während die Welle sich nicht in das dünnere Medium hinein ausbreiten kann, ist das elektrische Feld in der Nähe der Grenzfläche doch nicht null – das Feld dringt in das dünnere Medium ein. Gehen wir von der Grenzfläche weiter nach links, dann nimmt die Amplitude des elektrischen Feldes exponentiell ab. Dieser Fall ist vollkommen analog zu dem in den Abschnitten 22 bis 25 besprochenen quantenmechanischen Problem.

Betrachten wir nun die in Bild 7.16 dargestellte Situation. In diesem Fall ist das optisch dünnere Medium nur durch eine dünne Platte vertreten. Die von rechts kommende Welle wird an der Grenzfläche *teilweise* reflektiert. Ein Teil der Welle dringt jedoch durch den „verbotenen Bereich" und somit in das dichtere Medium links. Diese Situation ist analog zu der in der Quantenmechanik, bei der ein Potentialwall durchdrungen wird. Es ist zu beachten, daß im Bild der „Strahl" im verbotenen Bereich nicht eingezeichnet ist: In diesem Bereich kann die geometrische Optik nicht angewendet werden, der Wellenvektor ist ein komplexer Vektor.

Die eben beschriebenen Phänomene können im Rahmen der klassischen elektromagnetischen Theorie vollkommen erklärt werden. Der Transmissionskoeffizient für die in Bild 7.16 dargestellte Situation ist dann sehr klein, wenn die Dicke der Platte des optisch dünneren Materials, verglichen mit der Wellenlänge der einfallenden Strahlung, groß ist. Mit abnehmender Dicke nimmt der Transmissionskoeffizient zu und erreicht den Wert eins, wenn die Dicke gleich null ist.

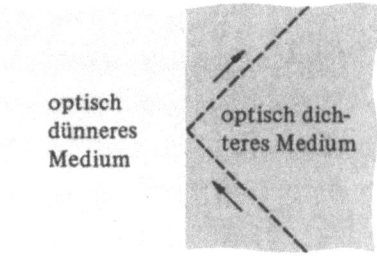

Bild 7.15 Totalreflexion einer ebenen elektromagnetischen Welle an der ebenen Grenzfläche zwischen zwei Medien mit verschiedenen Brechungsindizes. Die gestrichelte Linie soll die Reflexion eines Strahls andeuten.

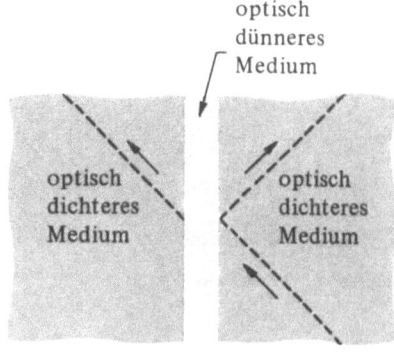

Bild 7.16 Verhinderte Transmission. Nach der klassischen elektromagnetischen Theorie wird eine Welle, die in einem Winkel auf eine dünne Platte einfällt, der größer als der kritische Totalreflexionswinkel ist, teilweise durchgelassen, teilweise reflektiert. Dieses Phänomen ist analog zum Tunneleffekt in der Quantenmechanik. Die gestrichelten Linien deuten einen durchgelassenen und einen reflektierten Strahl an.

35. Wir wollen nun den quantenmechanischen Tunneleffekt etwas allgemeiner betrachten. Statt eines rechtwinkligen Potentialwalls wie in Bild 7.13 untersuchen wir eine Barriere beliebiger Form, wie beispielsweise in Bild 7.17. Trifft eine Welle der Energie W von links kommend diesen Potentialwall, so wird sie teilweise reflektiert und teilweise durchgelassen. Wir interessieren uns vor allem für den Gesamttransmissionskoeffizeinten T des Potentialwalls. Um diesen Koeffizienten genau bestimmen zu können, müssen wir die Schrödinger-Gleichung für das Potential $V(x)$ lösen. Wir können jedoch auch durch eine andere Methode, die auf unseren Überlegungen aus den Abschnitten 32 bis 33 beruht, einen Näherungsausdruck für T gewinnen. Diese Näherung wird um so besser sein, je kleiner die Wellenlänge verglichen mit der Dicke des Walls ist.

Um nun den Näherungsausdruck für den Transmissionskoeffizienten T zu erhalten, denken wir uns den Bereich des Potentialwalls in mehrere Teilbereiche unterteilt, wie es in Bild 7.18 dargestellt ist. In jedem dieser Teilbereiche wird das eigentliche Potential durch ein konstantes Potential ersetzt. Den Transmissionskoeffizienten eines rechteckigen Potentialwalls haben wir schon bestimmt. Wir bezeichnen die Transmissionskoeffizienten für die fünf rechteckigen Wälle mit $T_1, \ldots, T_5$. Der Gesamttransmissionskoeffizient T muß dann annähernd gleich dem Produkt der Transmissionskoeffizienten der Teilbereiche sein:

$$T \approx T_1 T_2 T_3 T_4 T_5 \qquad (7.43)$$

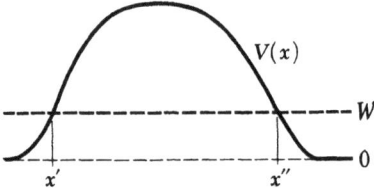

Bild 7.17 Die durchgezogene Kurve stellt das Potential dar, die dicke gestrichelte Linie gibt die Gesamtenergie W an. Wie leiten wir einen Ausdruck für den Transmissionskoeffizienten dieses Potentialwalls ab?

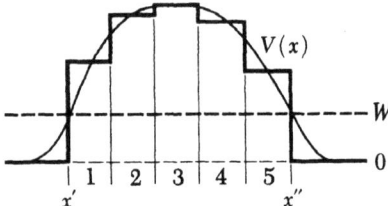

Bild 7.18 Veranschaulichung zur Gewinnung eines Näherungsausdrucks für den Transmissionskoeffizienten des Potentialwalls aus Bild 7.17. Das kontinuierlich variierende Potential wird durch eine Anzahl von rechteckigen Stufen angenähert. Der Gesamttransmissionskoeffizient ergibt sich dann aus dem Produkt der Transmissionskoeffizienten aller rechteckigen Wälle. Beachten Sie, daß diese Methode nur eine Näherung ist: Mehrfachreflexionen werden dabei nicht berücksichtigt.

bzw.

$$\ln T \approx \ln T_1 + \ln T_2 + \ln T_3 + \ln T_4 + \ln T_5 . \qquad (7.44)$$

36. Sehen wir uns nochmals Gl.(7.42) an. Wenn dx_n die Dicke und $V(x_n)$ die Höhe eines der rechteckigen Wälle ist, dann muß nach dieser Gleichung sein Transmissionskoeffizient T_n gleich

$$\ln T_n \approx -2 \sqrt{\frac{2m[V(x_n) - W]}{\hbar^2}} \, dx_n \qquad (7.45)$$

sein.

Den Logarithmus des Gesamttransmissionskoeffizienten erhalten wir, indem wir nach Gl.(7.44) über alle Teilbereiche summieren. Wenn wir nun den Grenzübergang zu einer unendlich feinen Unterteilung durchführen, können wir die Summe durch ein Integral ersetzen und erhalten schließlich

$$\ln T \approx -2 \int_{x'}^{x''} dx \sqrt{\frac{2m[V(x) - W]}{\hbar^2}} . \qquad (7.46)$$

Wir möchten nochmals betonen, daß diese Gleichung nur ein *Näherungsausdruck* für den Transmissionskoeffizienten ist. Trotzdem ist sie eine höchst nützliche Gleichung, da wir dadurch ein qualitatives Bild des Phänomens der Potentialwalldurchdringung gewinnen. Beachten Sie, daß die Integrationsgrenzen die klassischen Wendepunkte x' und x'' sind.

Sie sollten sich die Abhängigkeit des Transmissionskoeffizienten von den im Ausdruck (7.46) auftretenden Parametern gründlich überlegen. Werden die übrigen Parameter konstant gehalten, dann nimmt der Transmissionskoeffizient ab, wenn die Masse des Teilchens zunimmt. Analog nimmt der Transmissionskoeffizient zu, wenn die Gesamtenergie W zunimmt, und zwar aus zwei Gründen: Erstens wird der Integrand, der immer positiv ist, kleiner, und zweitens wird der Bereich, über den integriert wird, ebenfalls kleiner, wenn die Wendepunkte näher aneinander rücken. Natürlich nimmt der Transmissionskoeffizient zu, wenn die Dicke des Potentialwalls abnimmt.

7.3 Theorie der Alpha-Radioaktivität

37. Wir wollen nun unsere Theorie der Potentialwalldurchdringung auf eine reale physikalische Situation anwenden.

In Übung 3 am Ende des Kapitels 2 wurde festgestellt, daß die Halbwertszeit des Radiumkerns $^{226}_{88}\text{Ra}$, der durch Emission von Alphateilchen zerfällt, als „unnatürlich lang" angesehen werden muß. Die Halbwertszeit ist 1622 Jahre, was gemessen an einem vernünftigen *nuklearen* Zeitmaßstab wirklich sehr lange ist. Als charakteristische Dauer für

7.3 Theorie der Alpha-Radioaktivität

nukleare Prozesse könnten wir die Zeit ansehen, die Licht zum Passieren eines Atomkerns braucht, was größenordnungsmäßig 10^{-23} s ist. Die Halbwertszeit von Radium beträgt jedoch $5 \cdot 10^{10}$ s, also etwa 10^{33} „natürliche nukleare Zeiteinheiten". Wir sehen uns nun vor das Problem gestellt, eine Erklärung für die unvorstellbare große Zahl 10^{33} zu finden. Der Begriff der „natürlichen nuklearen Zeiteinheit" ist zugegebenermaßen ziemlich unbestimmt, aber selbst wenn wir die nukleare Zeiteinheit tausendmal so groß annehmen, wird unser Problem um nichts einfacher.

Wir müssen noch einer weiteren experimentellen Tatsache Rechnung tragen: Es gibt auch alpha-aktive Nuklide mit sehr viel kürzeren Halbwertszeiten. Das alpha-aktive Polonium-Isotop $^{212}_{84}\text{Po}$ hat zum Beispiel nur eine Halbwertszeit von $3 \cdot 10^{-7}$ s. Als das andere Extrem erwähnen wir das Uran-Isotop $^{238}_{92}\text{U}$, das ebenfalls ein Alphastrahler ist: Seine Halbwertszeit beträgt $4,5 \cdot 10^9$ a. Das eigentliche Problem besteht also darin, eine Erklärung für den ungeheuer großen Variationsbereich für Halbwertszeiten von Alphastrahlern zu finden.

Die für die emittierten Alphateilchen typischen Energien liegen im Bereich von 4...10 MeV. Im allgemeinen ist jedes alpha-aktive Isotop durch eine bestimmte Energie der emittierten Alphateilchen charakterisiert (Bild 7.19), doch gibt es auch Fälle, bei denen ein Kern Alphateilchen mit verschiedenen diskreten Energien emittieren kann. Diese letztere Komplikation, über die kurz in Abschnitt **40** von Kapitel 3 berichtet wurde, wollen wir hier nicht in Betracht ziehen. Man hat empirisch festgestellt, daß zwischen Halbwertszeit und Energie der emittierten Alphateilchen eine eindeutige Beziehung besteht: Je größer die Energie ist, um so kürzer ist die Halbwertszeit.

38. Überlegen wir nun, wie wir die Beobachtungsergebnisse erklären können[1]. Solange sich das Alphateilchen noch innerhalb des Kerns befindet, wirken auf dieses starke nukleare Kräfte ein. Bekanntlich haben diese Kräfte eine sehr geringe Reichweite. Wir können daher annehmen, daß sie außerhalb der Kernoberfläche (Radius R) keine Wirkung zeigen. Außerhalb des Kerns ist die vorherrschende Kraft die der elektrostatischen Abstoßung zwischen dem Alphateilchen mit einer Ladung $+2e$ und dem nach dem Zerfall zurückbleibenden *Tochterkern*. Dieser hat eine Ladung $+Z'e$, wenn Z' die Ordnungszahl des Tochternuklids ist. Der ursprüngliche Kern oder Mutterkern hat die Ladung $+Ze$, wobei $Z = (Z' + 2)$ dessen Ordnungszahl ist. In Bild 7.20 ist dies schematisch veranschaulicht. Die Entfernung vom Kernmittelpunkt nimmt nach rechts zu. Die ausgezogene Kurve stellt die potentielle Energie des Alphateilchens in Gegenwart des Tochterkerns dar. Außerhalb der Kernoberfläche, d.h. bei $r > R$, ist dieses Potential einfach gleich dem Coulomb-Potential

$$V(r) = \frac{1}{4\pi\epsilon_0} \cdot \frac{2e^2 Z'}{r}, \quad \text{bei } r > R. \quad (7.47)$$

Nahe der Kernoberfläche wird die stark anziehende Kernkraft wirksam: Das Potential fällt scharf ab. In Bild 7.20 wurde diese Situation insofern idealisiert, als wir einfach ein Stufenpotential angenommen haben. Innerhalb des Kerns wurde keine Potentialkurve gezeichnet, weil man sich darüber recht unklar ist: Tatsächlich ist sie nur schlecht definiert, da das Alphateilchen im starken Kernkraftfeld seine Individualität als Einzelteilchen verlieren kann.

Die gestrichelte Linie gibt die Gesamtenergie des Alphateilchens an. Diese Energie W ist auch gleich der Energie, die das Alphateilchen schließlich in größerer Entfernung vom Kern aufweist, wo das elektrostatische Potential effektiv Null geworden ist.

39. Durch die Art der Konstruktion von Bild 7.20 wurde angedeutet, daß das Alphateilchen einen Potentialwall durchdringen muß (im Bereich R bis R_c), bevor es

Bild 7.19 Frühe Nebelkammeraufnahme der Spuren von Alphateilchen, die von einem radioaktiven Stoff emittiert werden. Das Bild stammt aus der Arbeit von *L. Meitner*: „Über den Aufbau des Atominnern", *Die Naturwissenschaften* **15:1**, 369 (1927).

Ein Alphateilchen gegebener Energie besitzt in Materie eine ziemlich gut definierte Reichweite. Das Teilchen verliert Energie, indem es Atome des betreffenden Stoffs ionisiert. Die Spur endet, sobald das Teilchen seine gesamte kinetische Energie verloren hat. Die Reichweite R (cm) in Luft bei Normaldruck und -temperatur ist grob durch $R = 0,32 \cdot W^{3/2}$ gegeben, wenn W die Energie in MeV ist.

Die radioaktive Quelle, die sich unten im Bild befindet, emittiert Alphateilchen mit zwei verschiedenen Energien. Die Eindringtiefe der energiereicheren Alphateilchen ist im Bild klar zu erkennen. Die langsameren Teilchen haben nur etwa die halbe Reichweite der schnelleren Teilchen.

(Zur Verfügung gestellt vom Springer-Verlag.)

---

[1] Es ist durchaus gerechtfertigt, eine Erklärung aufgrund der Schrödinger-Theorie zu versuchen, weil die Geschwindigkeit des Alphateilchens *außerhalb* der Kernoberfläche „nichtrelativistisch" ist, wie der Leser leicht selbst abschätzen kann. Bedenken Sie, daß die Energie des Alphateilchens nicht größer als 10 MeV ist.

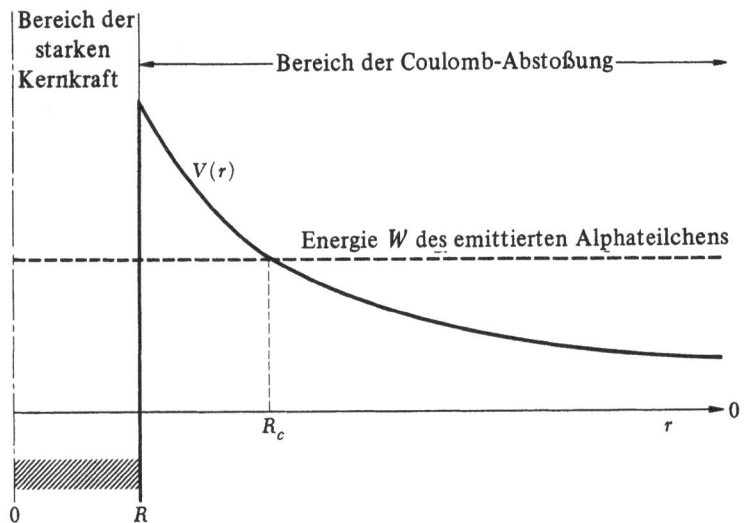

Bild 7.20
Schematische Darstellung (dicke durchgezogene Kurve) des Potentials, das auf ein Alphateilchen in der Nähe eines Kerns wirkt. Außerhalb des Kerns, d.h. in einer Entfernung größer als R, ist das Potential einfach das Coulomb-Potential. Im Kern wirken starke Anziehungskräfte. Die genaue Form der Potentialkurve ist nicht bekannt, doch soll die Anziehungskraft im Kern durch den plötzlichen Abfall des Potentials bei R angedeutet werden. Die gestrichelte Linie gibt die Gesamtenergie des Alphateilchens an. In der Quantenmechanik kann das Alphateilchen den Potentialwall durchdringen. Dieser Effekt tritt beim Alpha-Zerfall schwerer Kerne ein.

emittiert werden kann. Ist diese Darstellung aber korrekt? *Wenn* die Darstellung in Ordnung ist, dann muß der klassische Wendepunkt R_c durch

$$R_c = \frac{1}{4\pi\epsilon_0} \cdot \frac{2e^2 Z'}{W} \qquad (7.48)$$

gegeben sein und $R_c > R$ gelten.

Wenn wir die für $^{226}_{88}$Ra geltenden Zahlenwerte einsetzen: $Z = 88$, $Z' = 86$ (die Ordnungszahl des Edelgases Radon), $W = 4{,}78$ MeV, dann erhalten wir für

$$R_c \approx 50 \cdot 10^{-15} \text{ m} = 50 \text{ fm}.$$

(Um das Problem numerisch zu vereinfachen, können wir auch folgendermaßen rechnen:

$$R_c = \frac{1}{4\pi\epsilon_0} \cdot \frac{e^2}{m_e c^2} \cdot 2 Z' \cdot \frac{m_e c^2}{W} \approx 2{,}8 \cdot 10^{-15} \text{ m} \cdot 172 \cdot$$

$$\cdot \frac{0{,}5 \text{ MeV}}{4{,}78 \text{ MeV}} = 50 \text{ fm};$$

m_e ist die Masse des Elektrons.)

In Abschnitt **36** von Kapitel 2 stellten wir fest, daß der Radius eines Kerns mit der Massenzahl A durch

$$r = R \approx r_0 A^{1/3}, \quad r_0 = 1{,}2 \cdot 10^{-15} \text{ m} \qquad (7.49)$$

gegeben ist; für $^{226}_{88}$Ra mit $A = 226$ erhalten wir daher $R = 7{,}3 \cdot 10^{-15}$ m.

Unsere Darstellung ist qualitativ richtig: Das Alphateilchen muß tatsächlich einen Potentialwall durchdringen. Quantitativ betrachtet ist die Darstellung jedoch nicht richtig, der Potentialwall müßte sehr *viel* dicker dargestellt werden. Die Konstruktion dieses Bildes wurde in gewisser Hinsicht von ästhetischen Gesichtspunkten bestimmt, doch sind die wesentlichen Charakteristika der Situation qualitativ durchaus aus der Darstellung zu ersehen.

Die Ungleichung $R_c > R$ gilt *allgemein* für die alphaaktiven Nuklide. Diese radioaktiven Elemente sind sämtlich schwere Elemente mit hohen Ordnungszahlen Z. Das Isotop $^{226}_{88}$Ra kann als typischer Alpha-Strahler angesehen werden. Der Potentialwall, den das Alphateilchen durchdringen muß, ist daher ein wesentliches Charakteristikum für den Alpha-Zerfall im allgemeinen. Wir hoffen, die als Funktion der Energie W so stark variierenden Halbwertszeiten aufgrund unserer einfachen Theorie des Tunneleffekts erklären zu können.

40. Berechnen wir also den Transmissionskoeffizienten T für den in Bild 7.20 dargestellten Potentialwall. Nach unseren früheren Ergebnissen (7.46) ist T durch

$$\ln T \approx -2 \int_R^{R_c} dr \sqrt{\frac{2 m_\alpha [2 e^2 Z'/(4\pi\epsilon_0) - W]}{\hbar^2}} \qquad (7.50)$$

gegeben, wobei wir hinzufügen, daß nach Gl. (7.48) der Integrand bei der oberen Grenze R_c null wird. Zur Diskussion dieses Integrals führen wir eine neue Integrationsvariable ein: $x = r/R_c$. Geht r von R auf R_c über, ändert sich die neue Variable x von $x_c = R/R_c$ auf $+1$. Wenn wir die Beziehung (7.48) verwenden, können wir das Integral (7.50) auch in der Form

$$\ln T \approx -\frac{1}{4\pi\epsilon_0} \cdot \frac{4 e^2 Z'}{\hbar} \sqrt{\frac{2 m_\alpha}{W}} \int_{x_c}^{1} dx \sqrt{\frac{1}{x} - 1} \qquad (7.51)$$

schreiben.

Das in Gl. (7.51) auftretende Integral kann in geschlossener Form bestimmt werden. Da jedoch die Größe $x_c = R/R_c$ im allgemeinen eine ziemlich „kleine" Größe ist, reicht für unsere Zwecke eine angenäherte Auswertung des Integrals

7.3 Theorie der Alpha-Radioaktivität

aus. Wir behalten bei dieser Näherung nur die beiden ersten Terme einer Entwicklung nach x_c zurück und gehen in folgender Weise vor:

$$\int_{x_c}^{1} dx \sqrt{\frac{1}{x}-1} = \int_{0}^{1} dx \sqrt{\frac{1}{x}-1} - \int_{0}^{x_c} dx \sqrt{\frac{1}{x}-1}$$

$$\approx \int_{0}^{1} dx \sqrt{\frac{1}{x}-1} - \int_{0}^{x_c} dx \sqrt{\frac{1}{x}}$$

$$= \int_{0}^{1} dx \sqrt{\frac{1}{x}-1} - 2\sqrt{x_c}. \quad (7.52)$$

Der erste Term auf der äußersten rechten Seite von Gl. (7.52) kann bestimmt werden, wenn wir $x = \sin^2\theta$ substituieren; wir erhalten dann

$$\int_{0}^{1} dx \sqrt{\frac{1}{x}-1} = 2\int_{0}^{\pi/2} d\theta \cos^2\theta = \frac{\pi}{2}. \quad (7.53)$$

Das Integral in Gl. (7.51) ist daher angenähert durch

$$\int_{x_c}^{1} dx \sqrt{\frac{1}{x}-1} \approx \frac{\pi}{2} - 2\sqrt{\frac{R}{R_c}} \quad (7.54)$$

gegeben. Wenn wir diesen Ausdruck in Gl. (7.51) einsetzen und Gl. (7.48) berücksichtigen, erhalten wir

$$\ln T \approx -\frac{e^2 Z'}{2\epsilon_0 \hbar}\sqrt{\frac{2m_\alpha}{W}} + \left(\frac{8}{h}\right)\sqrt{\frac{e^2 Z' R m_\alpha}{4\pi\epsilon_0}}. \quad (7.55)$$

41. Um zu einer brauchbaren und übersichtlichen Gleichung zu gelangen, treffen wir einige weitere Annahmen. Wir setzen $Z' = 86$ und $R = 7,3 \cdot 10^{-15}$ m, das sind die Werte dieser Parameter für den Fall, daß das Radiumisotop $^{226}_{88}$Ra das Mutterelement ist. Somit sehen wir diese Werte von Z' und R als repräsentativ für alle alpha-aktiven Kerne an. Alpha-Strahler sind sämtlich schwere Kerne; bei dieser Gruppe von Kernen ist die Variationsbreite von Z' ohnehin gering. Der wesentliche Parameter in Gl. (7.55) ist die Energie W, die wie erwähnt zwischen 4 MeV und 10 MeV liegen kann. Unsere Näherung ist also durchaus gerechtfertigt, insbesondere in Anbetracht unserer übrigen Näherungen.

Wenn wir nun die entsprechenden Zahlenwerte für die physikalischen Konstanten in Gl. (7.55) einsetzen und $Z' = 86$, $R = 7,3 \cdot 10^{-15}$ m = 7,3 fm gelten lassen, so erhalten wir schließlich

$$\log T \approx \frac{-148}{\sqrt{W/\text{MeV}}} + 32,5. \quad (7.56)$$

In Gl. (7.56) handelt es sich um den dekadischen Logarithmus von T. Die Umrechnung von natürlichen in dekadische Logarithmen erfolgt durch die Beziehung

$$\log x = (\log e)(\ln x) \approx 0{,}434 \ln x.$$

Wir haben nun den allgemeinen Ausdruck (7.56) für den Transmissionskoeffizienten T als Funktion der Energie W für den Potentialwall gewonnen, den das Alphateilchen bei der Alpha-Emission durchdringen muß. Es soll nun untersucht werden, inwiefern wir dieses Ergebnis dazu verwenden können, die Halbwertszeit des Alpha-Strahlers zu bestimmen.

42. Zu diesem Zweck wollen wir ein ziemlich stark vereinfachtes Modell dieses Prozesses besprechen. Wir nehmen an, daß das Alphateilchen vor der Emission im Kern entlang eines Durchmessers hin- und herspringt. Die Zeitspanne zwischen zwei aufeinanderfolgenden Zusammenstößen des Teilchens mit den „Wänden" des Kerns ist τ_0. Bei jedem Stoß besteht die Möglichkeit, daß das Teilchen den Potentialwall durchdringt – tatsächlich ist die Wahrscheinlichkeit für Emission bei einem einzelnen Stoß gerade gleich dem Transmissionskoeffizienten T. Daraus folgt, daß das Alphateilchen größenordnungsmäßig $1/T$ Stöße absolvieren muß, bevor es den Kern verläßt. Die Lebensdauer τ des Mutterkerns ist somit gleich

$$\tau = \frac{\tau_0}{T} \quad (7.57)$$

bzw.

$$\log \tau = \log \tau_0 + \frac{148}{\sqrt{W/\text{MeV}}} - 32{,}5. \quad (7.58)$$

Für eine Abschätzung von τ_0 könnten wir nach unserem etwas naiven Modell annehmen, daß sich das Alphateilchen im Kern mit der gleichen Geschwindigkeit v wie nach der Emission bewegt. Dann ist

$$\tau_0 = \frac{2R}{v}, \quad v = \sqrt{\frac{2W}{m_\alpha}}. \quad (7.59)$$

Wenden wir dies für den Fall des Radiumisotops $^{226}_{88}$Ra an, das wir als „Standard-Alpha-Strahler" angesehen haben, dann erhalten wir $\tau_0 \approx 10^{-21}$ s.

Aus Gl. (7.59) ist zu ersehen, daß die Zeitspanne τ_0 sowohl von der Energie W als auch vom Kernradius R abhängt. Die Größe τ_0 tritt jedoch in Gl. (7.58) als Argument eines Logarithmus auf, und die Änderung des ersten Terms mit W ist verglichen mit der Änderung des zweiten Terms mit W vollkommen unbedeutend. Dies wird veranschaulicht, indem wir den konkreten Fall untersuchen, daß sich W von 9 MeV auf 4 MeV ändert. Die Zunahme des ersten Terms in Gl. (7.58) ist dann gleich $\log(3/2) \approx 0{,}18$. Die Zunahme des zweiten Terms in Gl. (7.58) ist jedoch *viel* größer, nämlich $148(1/2 - 1/3) \approx 25$. Es ist daher gerechtfertigt anzunehmen, daß der Wert $\tau_0 = 10^{-21}$ s angenähert für *alle*

Alpha-Strahler gilt. Wir können das Problem folgendermaßen darstellen: Der dominierende Faktor bei der Alpha-Emission ist das Phänomen der Durchdringung des Potentialwalls. Was sich vor der Emission im Kern ereignet, ist nicht so genau bekannt, aber wir können feststellen, daß dieser innere Prozeß eine Zeitspanne τ_0 definiert, die wir als den zeitlichen Abstand aufeinanderfolgender Versuche des Teilchens, den Potentialwall zu durchdringen, interpretieren können. Diese Zeit hängt sicherlich von dem betreffenden Mutterkern ab, doch können wir mit einigem Recht annehmen, daß sie für alle Alpha-Strahler die gleiche Größenordnung besitzt. Für jedes vernünftige Modell wird ohnehin die Änderung des zweiten Terms klein sein, weshalb auch unser naives Modell, das uns zumindest die richtige Größenordnung für τ_0 liefern sollte, gar nicht so schlecht ist, wie es auf den ersten Blick scheint. Wir sollten eher sagen, daß dieses Modell zwar vielleicht schlecht ist, daß dies jedoch unwesentlich ist.

Wir sind also endlich zu der gesuchten allgemeinen Beziehung zwischen der Lebensdauer τ und der Energie W eines Alpha-Strahlers gelangt:

$$\log(\tau/s) \approx \frac{148}{\sqrt{W/\text{MeV}}} - 53{,}5 \ . \tag{7.60}$$

43. In Bild 7.21 haben wir die Halbwertszeit von Alpha-Strahlern gegen die Energie W aufgetragen. Die gestrichelte Linie stellt Gl. (7.60) dar. In diesem Diagramm ist die Ordinate $\log(\tau/s)$ und die Abszisse $-1/\sqrt{W/\text{MeV}}$, so daß die Beziehung (7.60) darin eine Gerade ist. In das Diagramm wurden auch die entsprechenden Werte für eine größere Anzahl von bekannten Alpha-Strahlern eingetragen, um die Theorie mit den Beobachtungsergebnissen vergleichen zu können. Wir stellen fest, daß die tatsächlichen Werte keineswegs alle auf der theoretischen Kurve liegen, daß aber der allgemeine Trend der Beobachtungswerte in unserer

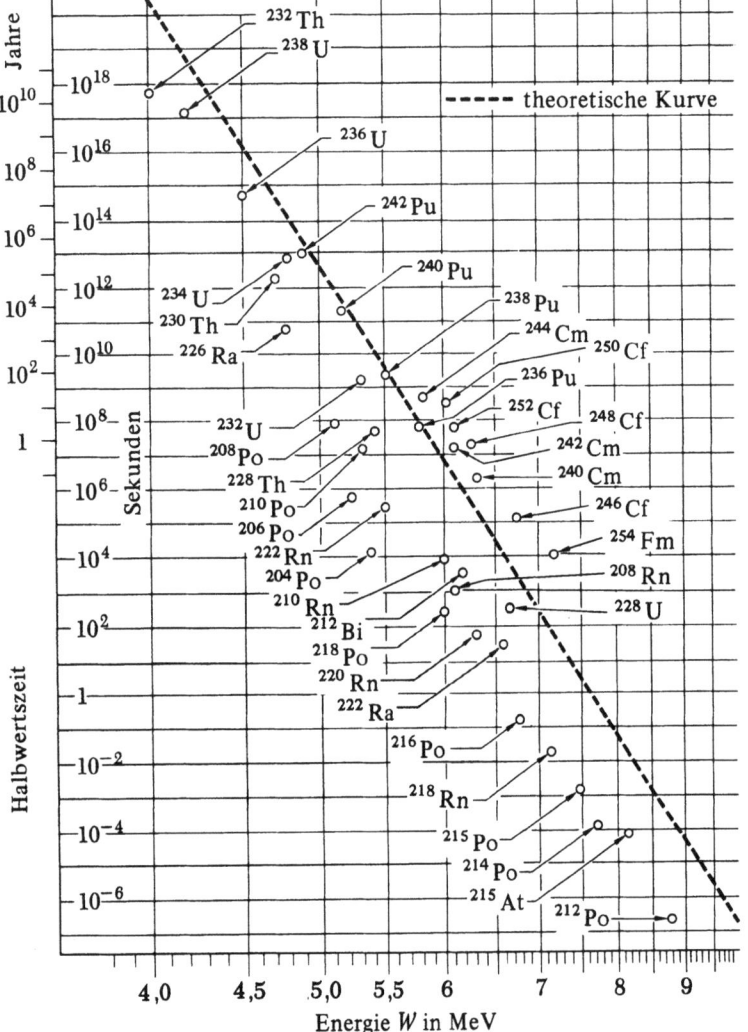

Bild 7.21
Halbwertszeiten von Alpha-Strahlern in Abhängigkeit von der Energie. Die kleinen Kreise im Diagramm repräsentieren eine Auswahl von alpha-aktiven Kernen. Auf der Ordinate ist der Logarithmus der Halbwertszeit, auf der Abszisse die Größe $-1/\sqrt{W}$ abgetragen; W ist die kinetische Energie des emittierten Alphateilchens. Nach unserer einfachen Theorie sollten die Punkte alle auf einer Geraden (gestrichelt) liegen. Im Detail ist diese Übereinstimmung keineswegs gegeben, doch der allgemeine Trend in der Abhängigkeit der Halbwertszeit von der Energie ist richtig wiedergegeben. Im ganzen gesehen ist dieses Diagramm eine höchst eindrucksvolle Bestätigung der Theorien der Quantenmechanik.

7.3 Theorie der Alpha-Radioaktivität

Kurve richtig erfaßt wird. Es ist der Quantenmechanik zu verdanken, daß unsere einfache und naive Theorie ein Verständnis der Alpha-Aktivität in so weitgehendem Maße ermöglicht, die doch anfangs als geradezu hoffnungslos kompliziertes Phänomen erschien; wir können dies ruhig als einen der aufsehenerregendsten Erfolge der Quantenmechanik bezeichnen.

Die Theorie der quantenmechanischen Durchdringung des Potentialwalls wurde 1928 erstmals von *Gamow* und unabhängig von ihm auch von *Condon* und *Gurney* formuliert[1]). Seit damals wurden der Theorie des Alpha-Zerfalls zahlreiche Verbesserungen hinzugefügt, durch die die Beobachtungsergebnisse eingehender erklärt werden können.

44. Die in Bild 7.21 vorkommende Zeitspanne ist die *Halbwertszeit* des radioaktiven Kerns. Es ist ja wohl bekannt, daß der radioaktive Zerfall nach einem Exponentialgesetz abläuft: Sind zur Zeit $t = 0$ von der betreffenden Sorte N_0 Kerne vorhanden, dann ist die mittlere Anzahl von Kernen, die zu einem späteren Zeitpunkt t noch nicht zerfallen sind, durch

$$N(t) = N_0 \exp(-\lambda t) \qquad (7.61)$$

gegeben.

Die Konstante λ ist als *Zerfallskonstante* oder *Zerfallsrate* bekannt. Ihr reziproker Wert $1/\lambda$ wird als *mittlere Lebensdauer* des Kerns bezeichnet. Die Halbwertszeit ist als die Zeitspanne definiert, in der $N(t) = N_0/2$ wird: Im Zeitpunkt t ist (im Mittel) die Hälfte der ursprünglich vorhandenen Kerne zerfallen. Wenn wir die mittlere Lebensdauer mit τ_m und die Halbwertszeit mit $\tau_{1/2}$ bezeichnen, dann gilt

$$\tau_{1/2} = \frac{1}{\lambda} \ln 2 = \tau_m \ln 2 \; . \qquad (7.62)$$

Sie werden sich nun fragen, ob unsere Gl. (7.60) die mittlere Lebensdauer, die Halbwertszeit oder sonst irgendeine „Lebensdauer" angibt. Nach unseren Überlegungen müßte es sich tatsächlich um die mittlere Lebensdauer handeln, doch macht es im Rahmen der dabei erreichbaren Genauigkeit überhaupt keinen Unterschied, ob wir von mittlerer Lebensdauer oder von Halbwertszeit sprechen. Wie aus Bild 7.21 zu ersehen ist, stimmt unser Modell nur bis auf einen Faktor von 100 oder 1000 genau.

45. Sehen wir uns nochmals Bild 7.20 an. Dieses Bild gilt auch für den „inversen" Prozeß, bei dem ein geladenes Teilchen mit der Energie W (die *kleiner* als die Höhe des Potentialwalls ist) mit einem Atomkern zusammenstößt.

---

[1]) G. Gamow, „Zur Quantentheorie des Atomkerns", *Zeitschrift für Physik* **51**, 204 (1928). Siehe auch *G. Gamov*, "Quantum theory of nuclear disintegration" (Quantentheorie des Kernzerfalls), *Nature* **122**, 805 (1928); *R. W. Gurney* und *E. U. Condon*, "Wave mechanics and radioactive disintegration" (Wellenmechanik und radioaktiver Zerfall), *Nature* **122**, 439 (1928).

Dieses Teilchen kann ein Alphateilchen, auch ein Proton oder eventuell ein Deuteron sein. Kann das Teilchen den Potentialwall durchdringen, d.h. in den Bereich eindringen, in dem die starken Kernkräfte wirken, findet im allgemeinen eine Kernreaktion statt. Aus der Sicht der klassischen Mechanik ist es dem Teilchen unmöglich, den Wall zu durchdringen, doch ist der Sachverhalt in der Quantenmechanik anders, wie schon öfters festgestellt wurde. Wenn die Energie W sehr klein ist, wird auch der Transmissionskoeffizient sehr klein sein. Dann ist es unwahrscheinlich, daß bei einem bestimmten Stoß eine Kernreaktion stattfindet. Mit zunehmender Teilchenenergie nimmt auch die Durchlässigkeit des Potentialwalls und damit die Wahrscheinlichkeit einer Kernreaktion zu. Diese Zunahme kann grob durch eine Exponentialfunktion der Energie dargestellt werden. Das Phänomen der Durchdringung des Potentialwalls ist somit ein wichtiges Charakteristikum vieler Kernreaktionen, an denen *geladene* Teilchen mit nicht zu hoher Energie beteiligt sind. Die Situation ist vollkommen anders, wenn das einfallende Teilchen ein *Neutron* ist. Für dieses Teilchen gibt es keinen Coulomb-Wall, das Neutron kann ungehindert in den Kern eindringen, wie klein seine Energie auch ist. Tatsächlich gibt es bei vielen Kernreaktionen eine hohe Ausbeute an *thermischen Neutronen*, das sind Neutronen mit Energien, die etwa Zimmertemperatur entsprechen. d.h. etwa $1/40$ eV.

46. Die schweren radioaktiven Nuklide können in vier Gruppen angeordnet werden, die vier verschiedenen Zerfallsreihen oder Zerfallsketten entsprechen (Bild 7.22). Bei der Alpha-Emission ändert sich die Massenzahl A des Kerns um -4 Einheiten, die Ladungszahl Z um -2 Einheiten. Beim Beta-Zerfall, bei dem ein Elektron (Positron) und ein Antineutrino (Neutrino) emittiert werden, ändert sich die Massenzahl nicht, wohl aber die Ladungszahl um $+1(-1)$. Manche schweren Kerne zerfallen durch Alpha-Emission, manche durch Beta-Emission. Es gibt aber noch eine weitere Möglichkeit: Ein Kern kann ein Elektron aus der ihn umgebenden Elektronenwolke einfangen und gleichzeitig ein Neutrino emittieren. Diesen Prozeß bezeichnen wir als *K-Elektroneneinfang*. Er ist dem Beta-Zerfall ziemlich ähnlich. Der im wesentlichen für den K-Einfang und den Beta-Zerfall verantwortliche Wechselwirkungsprozeß ist die universelle *schwache Wechselwirkung*, die wir schon mehrmals erwähnt haben. Elektron, Positron und Neutrino sind im Gegensatz zu Alphateilchen nicht an den starken Wechselwirkungen beteiligt, wie zum Beispiel die „Kernkraft" eine ist. Die Ursache für die lange Lebensdauer beim Beta-Zerfall oder K-Einfang ist nicht durch einen Effekt der Durchdringung des Potentialwalls gegeben, sondern durch die Schwäche der schwachen Wechselwirkungen *an sich*.

Beim Alpha-Zerfall, Beta-Zerfall oder K-Einfang ändert sich die Massenzahl A um vier Einheiten beziehungsweise

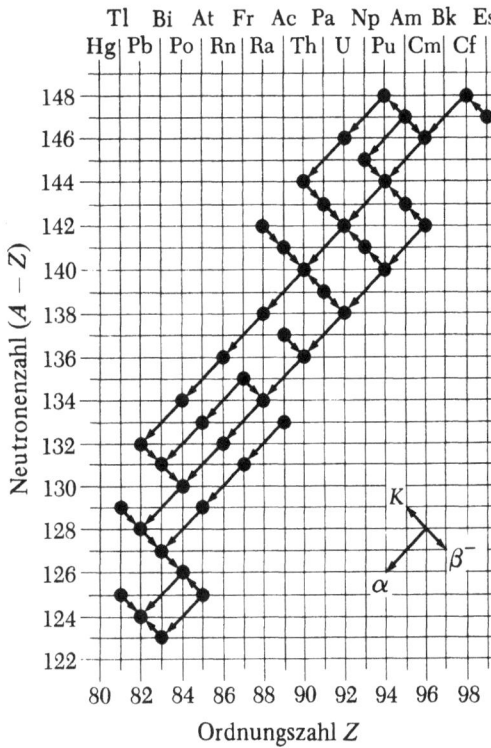

Bild 7.22 Schwere radioaktive Kerne, deren Massenzahlen durch $A = (4n+2)$ gegeben sind. Die Pfeile symbolisieren einen Zerfallsprozeß, wobei die Art des Zerfalls aus der Richtung des Pfeils zu entnehmen ist (siehe Schlüssel unten rechts im Bild). Das Symbol α bedeutet Alpha-Zerfall, β^- Beta-Zerfall (Emission eines Elektrons und eines Antineutrinos), K K-Einfang.

Manche Kerne können offensichtlich auf zwei verschiedene Arten zerfallen. Das Endglied aller oben dargestellten Zerfallsreihen ist das stabile Blei-Isotop ^{206}Pb.

^{238}U $4,5 \cdot 10^9$ a
$\alpha \downarrow$
^{234}Th 24,1 d
$\beta \downarrow$
^{234}Pa 6,7 h
$\beta \downarrow$
^{234}U $2,5 \cdot 10^5$ a
$\alpha \downarrow$
^{230}Th $8,3 \cdot 10^4$ a
$\alpha \downarrow$
^{226}Ra 1622 a
$\alpha \downarrow$
^{222}Rn 3,8 d
$\alpha \downarrow$
^{218}Po 3,05 min
$\alpha \downarrow$
^{214}Pb 27 min
$\beta \downarrow$
^{214}Bi 20 min
$\beta \downarrow$
^{214}Po $1,6 \cdot 10^{-4}$ s
$\alpha \downarrow$
^{210}Pb 21 a
$\beta \downarrow$
^{210}Bi 5,0 d
$\beta \downarrow$
^{210}Po 138 d
$\alpha \downarrow$
^{206}Pb stabil

Bild 7.23
Die Uran-Radium-Blei-Zerfallsreihe. Halbwertszeiten sind rechts angegeben, die Zerfallsart links.

Diese Isotope kommen natürlich vor (in Uranmineralen), da sie aus dem langlebigen Uranisotop ^{238}U entstehen. Keines der Transurane dieser Reihe (Massenzahl durch $4n+2$ gegeben) hat an geologischen Zeiträumen gemessen eine lange Halbwertszeit.

überhaupt nicht. Die radioaktiven Nuklide können danach in vier Gruppen eingeteilt werden: die Massenzahl innerhalb einer Gruppe ist durch $A = (4n+r)$ gegeben, wobei n eine Variable, r jedoch eine Konstante ist. Die vier Gruppen sind durch die vier verschiedenen Werte $r = 0, 1, 2$ oder 3 ausgezeichnet. Ein Beispiel für eine solche radioaktive Zerfallsreihe ($r = 2$) ist in den Bildern 7.22 und 7.23 gegeben.

Ein natürliches radioaktives Element hat entweder eine sehr lange Halbwertszeit, oder es ist ein Glied einer Zerfallsreihe, die von einem langlebigen Element ausgeht. Von den schweren Kernen mit langen Halbwertszeiten nennen wir ^{238}U mit einer Halbwertszeit von $4,5 \cdot 10^9$ a, ^{232}Th mit einer Halbwertszeit von $1,4 \cdot 10^{10}$ a und ^{235}U mit einer Halbwertszeit von $7,13 \cdot 10^8$ a. Das langlebigste Glied der $(4n+1)$-Zerfallsreihe ist ein Neptuniumisotop ^{237}Np mit einer Halbwertszeit von $2,2 \cdot 10^6$ a. Gemessen an geologischen Zeiträumen ist dies kurz, weshalb die $(4n+1)$-Zerfallskette auch nicht natürlich vorkommt.

Einige der natürlich vorkommenden leichten Kerne sind ebenfalls radioaktiv, zum Beispiel die beta-aktiven Kerne ^{40}K mit einer Halbwertszeit von $1,3 \cdot 10^9$ a und ^{87}Rb mit einer Halbwertszeit von $4,7 \cdot 10^{10}$ a.

47. Durch die natürliche Radioaktivität können wir das Alter von Gesteinen bestimmen, d.h. die Zeit, die seit ihrer letzten chemischen Umwandlung vergangen ist. Das Prinzip der radioaktiven Altersbestimmung ist recht einfach. Wir ermitteln die relativen Mengen eines langlebigen radioaktiven Isotops und des stabilen Endgliedes der betreffenden Zerfallsreihe in der Probe. Nehmen wir zum Beispiel die Uran-Radium-Zerfallsreihe, die mit ^{238}U beginnt und in dem stabilen Blei-Isotop ^{206}Pb endet. Wir stellen beispielsweise in einer bestimmten Probe eine Menge von ^{206}Pb fest, die N_{Pb} Atomen entspricht, und eine Menge von ^{238}U, die N_U Atomen entspricht. Vorausgesetzt, daß alle ^{206}Pb-Atome aus dem Zerfall des Urans stammen, gilt

$$N_U = N_0 e^{-\lambda T}, \quad N_{Pb} = N_0 (1 - e^{-\lambda T}), \quad (7.63)$$

wobei N_0 die Anzahl von ursprünglich vorhandenen ^{238}U Atomen, λ die Zerfallsrate von Uran und T das Alter der Probe ist. Da $N_0 = N_U + N_{Pb}$ sein muß, erhalten wir

$$e^{\lambda T} = \frac{(N_{Pb} + N_U)}{N_U} \quad (7.64)$$

und können T bestimmen, da λ bekannt ist. Diese Methode liefert eigentlich eher eine *obere* Grenze für die Zeitspanne T, da einige der stabilen ^{206}Pb Atome, die wir heute feststellen, bereits bei der Bildung des Minerals vorhanden gewesen sein können. Wir dürfen daher in Wirklichkeit nicht so stark vereinfachen; zum Beispiel muß das Isotopenverhältnis von Blei in Mineralen untersucht werden, die kein Uran enthalten. Unser Beispiel war also stark vereinfacht – doch es genügt vollends zur Erläuterung des dieser Methode zugrundeliegenden Prinzips.

Bei einer anderen Methode wird der Heliumgehalt eines Gesteins mit seinem Urangehalt verglichen. Bei jedem Alpha-Zerfallsprozeß in einer Zerfallsreihe wird ja ein Heliumkern erzeugt. Wenn es sicher ist daß kein Helium aus dem Gestein freigesetzt wurde, dann können wir feststellen, wie viele Uranatome seit der Bildung des Gesteins zerfallen sind[1]).

Mit derartigen Methoden gelang es, das Alter der ältesten Gesteine in der Erdkurste auf $3 \cdot 10^9$ a zu bestimmen. Dieser Wert ist entschieden eine *untere* Grenze für das mögliche Alter der Erde, da die Krustengesteine im Laufe der Erdgeschichte viele chemische Umformungen erfuhren. Untersuchungen von Steinmeteoriten ergaben für diese ein Alter von etwa $4,6 \cdot 10^9$ a. Es ist nicht genau bekannt, wie sich die Meteoriten bildeten, aber es gibt genügend Beweismaterial dafür, daß sie vermutlich etwa zur gleichen Zeit wie die anderen festen Himmelskörper des Sonnensystems entstanden (d.h. kristallisierten). Das Alter der Erde als Himmelskörper müßte dann mit etwa $4,6 \cdot 10^9$ a festgesetzt werden. Außerdem kann mit solchen radioaktiven „Uhren" die Zeitspanne abgeschätzt werden, die zwischen der spätesten Bildung der chemischen Elemente in dem Meteoriten und seiner Kristallisation verging. Nach einer solchen Abschätzung[1]) sollte diese Zeit etwa $0,35 \cdot 10^9$ a gewesen sein. Das würde bedeuten, daß die eigentliche Bildung der in Planeten und Meteoriten vorkommenden chemischen Elemente vor rund 5 Milliarden Jahren stattfand. Unser Sonnensystem müßte also etwa dieses Alter haben.

48. Es ist ganz natürlich, wenn man sich damit noch nicht zufriedengibt und weitere Spekulationen anstellen möchte: über das Alter des Universums, die erste Bildung der chemischen Elemente usw. Wir können hier nicht über die Theorien berichten, die zu Schätzwerten über das Alter des Universums führten. Man ist der Ansicht, das Alter des Universums müßte ungefähr 10 Milliarden Jahre sein, also grob von der gleichen Größenordnung wie das Alter des Sonnensystems sein.

Tabelle 7.1 *Die acht häufigsten Elemente der Erdkruste*

Element	Anzahl der Atome in %
Sauerstoff	62,2
Silicium	21,2
Aluminium	6,5
Natrium	2,64
Calcium	1,94
Eisen	1,92
Magnesium	1,84
Kalium	1,42

Diese Tabelle zeigt die ungefähre Zusammensetzung der äußersten 10...20 km der Erdkruste mit Ozeanen und Atmosphäre. Diese acht Elemente bilden nahezu 99 % der *Masse* dieser Schicht der Erde. Das relativ schwache Schwerefeld der Erde kann die leichten Elemente wie Wasserstoff und Helium nicht halten, was deren geringe Häufigkeit relativ zum übrigen Kosmos erklärt (Bild 7.24). Die Häufigkeiten der schweren Elemente sollten auf der Erde die gleichen wie im übrigen Kosmos sein, doch sind die Werte für die Erdkruste nicht repräsentativ für die gesamte Erde, da geologische Prozesse zu chemischer Fraktionierung der Elemente geführt haben.

---

[1]) Die erste Schätzung des Alters der Erde aufgrund von radioaktiven Zerfallsprozessen stammt von *Rutherford*. Siehe *E. Rutherford*, "The Mass and Velocity of the α particles expelled from Radium and Actinium" (Masse und Geschwindigkeit der Alphateilchen, die von Radium und Aktinium emittiert werden), *Philosophical Magazine* 12, 348 (1906). Siehe Seiten 368 bis 369; Hier gelangt *Rutherford* für das Alter der von ihm untersuchten Mineralien auf einen Schätzwert von 400 Millionen Jahren.

[1]) *J. H. Reynolds*, "Determination of the age of the elements" (Altersbestimmung der Elemente), *Physical Review Letters* 4, 8 (1960). Siehe auch *C. M. Hohenberg, F. A. Podesek* und *J. H. Reynolds*, "Xenon-Iodine Dating: Sharp Isochronism in Chondrites" (Xenon-Jod-Datierung: Ausgeprägter Isochronismus bei Chondriten), *Science* 156, 202 (1967); Ergebnisse in dieser Arbeit deuten vermutlich eine wesentlich kürzere Zeit an.

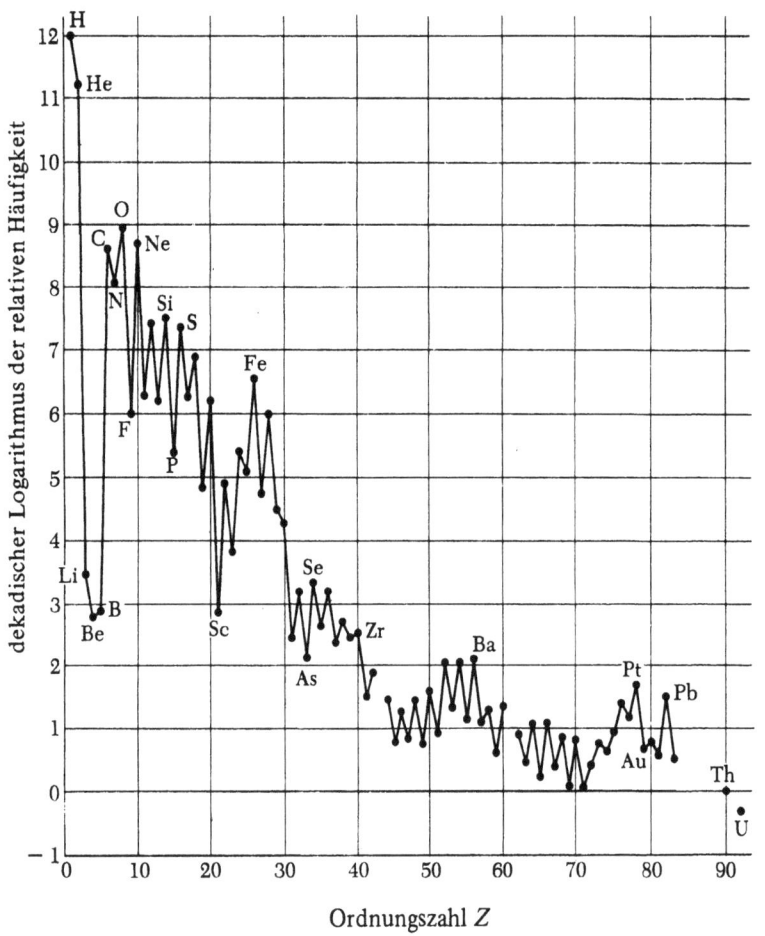

Bild 7.24

Darstellung der geschätzten relativen Häufigkeiten der Elemente im Sonnensystem. Die Angaben stammen aus einer Tabelle in dem Buch von L. H. Aller: *The Abundance of the Elements* (Interscience Publishers, Inc., New York 1961), (Seiten 192 bis 193). Dieses Diagramm wurde durch ein ähnliches auf Seite 191 des zitierten Werkes angeregt.

Auf der Ordinate ist der dekadische Logarithmus der relativen Häufigkeit (d.h. der *relativen* Anzahl von Atomen) aufgetragen. Die Punkte, die benachbarte Elemente symbolisieren, sind zur leichteren Lesbarkeit verbunden. Ein Diagramm wie dieses beruht auf einer Vielzahl verschiedenster Messungen und auf bestimmten theoretischen Vorstellungen. Die Werte für die leichteren Elemente stammen größtenteils aus spektroskopischen Untersuchungen der Sonne, die Werte für die schwereren Elemente aus Untersuchungen über die Zusammensetzung von Meteoriten. Dieses Diagramm faßt unser gegenwärtiges Wissen recht gut zusammen, doch sollten Sie sich im klaren darüber sein, daß einige der Werte ziemlich unsicher und nur Vermutungen sind.

Heute ist man der Ansicht, daß die Häufigkeiten der Elemente im gesamten (sichtbaren) Universum grob den Häufigkeiten im Sonnensystem entsprechen. Die Häufigkeiten auf der Erde jedoch unterscheiden sich deutlich von den „kosmischen" Häufigkeiten (vgl. Tabelle 7.1).

Man glaubt, daß die chemischen Elemente ursprünglich aus Wasserstoff durch Kernreaktionen im Inneren von Sternen gebildet wurden. In Bild 7.24 sind die Häufigkeiten der chemischen Elemente im Sonnensystem dargestellt. Die Punkte, die einzelne chemische Elemente repräsentieren, sind nicht als Meßpunkte aus Messungen an einer einzelnen „repräsentativen Probe" aufzufassen. Sie geben vielmehr Schätzwerte an, die auf einer großen Anzahl verschiedenster Messungen fußen, so zum Beispiel spektroskopischen Bestimmungen relativer Häufigkeiten in der Sonnenatmosphäre, Messungen der relativen Häufigkeiten in Meteoriten und Abschätzungen der chemischen Zusammensetzung der Erdkruste. Beachten Sie, daß Wasserstoff das bei weitem häufigste Element ist. Außerdem sind die deutlichen Zacken auf der Häufigkeitskurve bemerkenswert, die besonders stabilen Elementen entsprechen. In diesem Diagramm ist deutlich der systematische Trend zu erkennen, daß Elemente mit geraden Ordnungszahlen häufiger sind als nebenstehende Elemente mit ungeraden Ordnungszahlen: Es ist eine Tatsache, daß Kerne mit einer geraden Anzahl von Protonen und einer geraden Anzahl von Neutronen meist stabiler sind als andere Kerne.

Es ist eine faszinierende Aufgabe, diese Häufigkeitskurve in allen Details zu analysieren und damit die frühe Entwicklungsgeschichte unseres Sonnensystems zu entschleiern. Man glaubt heute, die Häufigkeitskurve in ihren wesentlichen Zügen recht gut zu verstehen.

Der Autor kann keinerlei Erklärung dazu anbieten, woher der *Wasserstoff* ursprünglich herkam.

7.4 Weiterführendes Problem: Normierung der Wellenfunktion[1]

49. Wir kommen nochmals auf die Schrödinger-Wellenfunktion zurück; dabei beschränken wir uns auf die Diskussion des eindimensionalen Falls – die Wellenfunktion $\psi(x,t)$ ist eine Funktion von x und t. Wir haben schon festgestellt, daß das Quadrat des absoluten Werts der Wellenfunktion einer Wahrscheinlichkeitsdichte proportional ist. Das heißt, die Wahrscheinlichkeit, daß das Teilchen zum Zeitpunkt t

---

[1] Der folgende Abschnitt kann bei einem erstmaligen Studium des Buches übersprungen werden.

7.4 Weiterführendes Problem: Normierung der Wellenfunktion

innerhalb des Intervalls $x_2 > x > x_1$ nachgewiesen werden kann, ist

$$P(x_1, x_2) = N \int_{x_1}^{x_2} dx\, |\psi(x,t)|^2 , \quad (7.65)$$

wobei N eine *von x unabhängige Konstante* ist. Wie können wir diese Konstante N bestimmen? Ganz einfach: über die Bedingung, daß die Wahrscheinlichkeit, das Teilchen *irgendwo* nachweisen zu können, gleich eins sein muß:

$$1 = N \int_{-\infty}^{+\infty} dx\, |\psi(x,t)|^2 . \quad (7.66)$$

Nun kann es sein, daß das Integral in Gl. (7.66) nicht konvergiert; in diesem Fall muß die Konstante N gleich null sein. Aus Gl. (7.65) folgt dann, daß die Wahrscheinlichkeit, daß das Teilchen in irgendeinem endlichen Intervall nachgewiesen werden kann, ebenfalls null ist. Dieser Fall kann physikalisch nicht als sinnvoll angesehen werden, und wir gelangen zu dem wichtigen Schluß, daß *die Schrödinger-Wellenfunktion $\psi(x,t)$ für alle Werte von t eine quadratisch-integrierbare Funktion von x sein muß*. Hier soll „quadratisch-integrierbar" die Bedingung ausdrücken, daß das Integral in Gl. (7.66) konvergieren muß.

Wir können also voraussetzen, daß die Wellenfunktion $\psi(x,t)$ tatsächlich quadratisch-integrierbar ist. Dann können wir eine neue Wellenfunktion der Form

$$\psi_n(x,t) = \sqrt{N}\, \psi(x,t) \quad (7.67)$$

definieren, wobei N durch Gl. (7.66) gegeben ist. Diese Wellenfunktion besitzt die angenehme Eigenschaft, daß

$$\int_{-\infty}^{+\infty} dx\, |\psi_n(x,t)|^2 = 1, \quad P(x_1, x_2) = \int_{x_1}^{x_2} dx\, |\psi_n(x,t)|^2. \quad (7.68)$$

Die Wahrscheinlichkeitsdichte ist also *gleich* dem absoluten Quadrat der Wellenfunktion.

Eine Wellenfunktion, die die erste Bedingung von Gl. (7.68) erfüllt, bezeichnen wir als *normierte Wellenfunktion*; wir sagen auch, die Wellenfunktion ist *auf eins normiert*. Mit einer solchen Wellenfunktion zu rechnen, ist natürlich angenehm, da ihr absolutes Quadrat nicht nur proportional, sondern gleich der Wahrscheinlichkeitsdichte ist.

50. Es bleibt uns nun noch folgende wichtige Frage zu beantworten: Hängt die durch Gl. (7.66) definierte Konstante N von der Zeit t ab? Wir haben angenommen, daß $\psi(x,t)$ tatsächlich eine Lösung der Schrödinger-Gleichung

$$-\frac{\hbar^2}{2m} \frac{\partial^2}{\partial x^2} \psi(x,t) + V(x) \psi(x,t) = i\hbar \frac{\partial}{\partial t} \psi(x,t) \quad (7.69)$$

ist; die neue Wellenfunktion $\psi_n(x,t)$ würde dann ebenfalls eine Lösung dieser Gleichung sein, *vorausgesetzt*, die Konstante N ist nicht von der Zeit abhängig.

Wir werden nun folgendes Theorem beweisen: Wenn $\psi(x,t)$ die Gl. (7.69) befriedigt und wenn $\psi(x,t)$ „ausreichend rasch" gegen null geht, wenn x gegen $+\infty$ oder $-\infty$ geht, dann gilt

$$\frac{d}{dt} \int_{-\infty}^{+\infty} dx\, |\psi(x,t)|^2 = 0 . \quad (7.70)$$

„Ausreichend rasch" bedeutet hier unter anderem, daß $\psi(x,t)$ quadratisch-integrierbar ist.

Um dieses Theorem nun zu beweisen, differenzieren wir unter dem Integral:

$$\frac{\partial}{\partial t} |\psi(x,t)|^2 = \frac{\partial}{\partial t} \psi^*(x,t) \psi(x,t)$$
$$= \psi^*(x,t) \frac{\partial \psi(x,t)}{\partial t} + \frac{\partial \psi^*(x,t)}{\partial t} \psi(x,t) . \quad (7.71)$$

Gl. (7.69) liefert uns einen Ausdruck für die zeitliche Ableitung von $\psi(x,t)$. Um den nämlichen Ausdruck für die Komplex-Konjugierte $\psi^*(x,t)$ der Wellenfunktion zu erhalten, brauchen wir bloß die Komplex-Konjugierte von Gl. (7.69) zu bilden, wodurch wir zu

$$i\hbar \frac{\partial}{\partial t} \psi^*(x,t) = \frac{\hbar^2}{2m} \frac{\partial^2}{\partial x^2} \psi^*(x,t) - V(x) \psi^*(x,t) \quad (7.72)$$

kommen.

Wir haben hier vorausgesetzt, daß $V(x)$ eine *reelle* Funktion ist, da in der Schrödinger-Theorie dieses Potential dem im „entsprechenden" klassischen Problem entsprechen soll. Es ist für unsere Argumentation wesentlich, daß das Potential reell ist, und diese Annahme wird in der Schrödinger-Theorie auch immer gemacht.

Eliminieren wir nun mittels der Gln. (7.69) und (7.72) die zeitlichen Ableitungen aus Gl. (7.71), dann erhalten wir

$$\frac{\partial}{\partial t} |\psi(x,t)|^2 = \frac{i\hbar}{2m} \left(\psi^* \frac{\partial^2 \psi}{\partial x^2} - \psi \frac{\partial^2 \psi^*}{\partial x^2} \right)$$
$$= \frac{i\hbar}{2m} \frac{\partial}{\partial x} \left(\psi^* \frac{\partial \psi}{\partial x} - \psi \frac{\partial \psi^*}{\partial x} \right) \quad (7.73)$$

und somit

$$\frac{d}{dt} \int_{-\infty}^{+\infty} dx\, |\psi(x,t)|^2 = \int_{-\infty}^{+\infty} dx\, \frac{\partial}{\partial t} |\psi(x,t)|^2$$
$$= \frac{i\hbar}{2m} \left[\psi^* \frac{\partial \psi}{\partial x} - \psi \frac{\partial \psi^*}{\partial x} \right]_{-\infty}^{+\infty} . \quad (7.74)$$

Wenn jedoch die Ableitung der Wellenfunktion nach x beschränkt bleibt, dann wird der Ausdruck rechts in Gl. (7.74) Null, da wir angenommen haben, daß die Wellenfunktion im Unendlichen Null wird. Die Beziehung (7.70) gilt also. Damit folgt aus Gl. (7.66) unmittelbar, daß N tatsächlich eine Konstante und unabhängig von t ist. Die Funktion $\psi_n(x, t)$ ist somit eine echte Wellenfunktion, d.h. eine Lösung der Schrödinger-Gleichung (7.69). *Wir können aus einer gegebenen physikalischen Wellenfunktion jederzeit eine normierte Wellenfunktion bilden und könnten auch überhaupt nur mehr mit auf eins normierten Wellenfunktionen rechnen.*

Diese wichtigen Aussagen gelten ebenso für den dreidimensionalen Fall, wobei der Beweis analog zum eindimensionalen Fall zu führen ist.

51. Hier werden nun manche Leser vielleicht beunruhigt sein, da durch unsere entschiedene Feststellung, jede physikalisch sinnvolle Wellenfunktion müsse quadratisch-integrierbar sein, unsere Überlegungen über ebene monochromatische Wellen weiter vorne in diesem Kapitel etwas in Zweifel gezogen werden. Es ist klar, daß eine Wellenfunktion der Form $\exp(ixp/\hbar - itp^2/2m\hbar)$ *nicht* quadratisch-integrierbar ist und daher auch nicht auf eins normiert werden kann. Wir müssen also schließen, daß eine Welle mit *exakt* definiertem Impuls p, der von der Koordinate x nur über den Faktor $\exp(ixp/\hbar)$ abhängt, keinen physikalisch möglichen Bewegungszustand des Teilchens darstellt. Andererseits spricht nichts gegen eine Welle, die über ein sehr *großes* Intervall auf der x-Achse von x nur über den Faktor $\exp(ixp/\hbar)$ abhängt, vorausgesetzt, diese Wellenfunktion geht gegen Null, wenn $x \to +\infty$ oder $x \to -\infty$. Diese Schwierigkeiten werden vermieden, wenn wir uns klar darüber sind, daß „Wellen mit exakt definiertem Impuls" nicht heißen muß, daß die Welle *wirklich überall* die Form $\exp(ixp/\hbar)$ aufweist. Die Wellenfunktion *muß* im Unendlichen gegen null gehen aber wir können doch annehmen, daß die Wellenfunktion in einem sehr großen Intervall der x-Achse (der den für uns interessanten Bereich einschließt) die obige Form aufweist. Unter „monochromatischen Wellen" ist hier also immer „nahezu monochromatische Wellen" zu verstehen. Aufgrund dieser Annahme können wir ruhig auch weiterhin Wellen diskutieren, die von den Koordinaten über die Faktoren $\exp(ixp/\hbar)$ bzw. $\exp(i\mathbf{x} \cdot \mathbf{p}/\hbar)$ abhängen, wie das in fast allen allen Werken über Quantenmechanik geschieht. Wir können die nichtnormierbaren Wellen als Grenzfälle der normierbaren Wellen ansehen und, wenn wir wollen, erstere Art von Wellenfunktionen *unechte Wellenfunktion* nennen. Diese Benennung ist auch vielleicht geeignet, die Mathematiker zu besänftigen, deren Gefühle mit Recht durch die oft wenig exakte Gewohnheit der Physiker verletzt werden, von „ebenen Wellen" so zu sprechen, als wären sie echte Schrödinger-Wellenfunktionen.

7.5 Literatur

1. Manche Leser werden vielleicht den ausdrücklichen Wunsch haben, sofort mehr über die Schrödinger-Gleichung zu erfahren. Für sie sind folgende Bücher von Interesse:
   a) *R. M. Eisberg*: *Fundamentals of Modern Physics* (John Wiley and Sons, New York 1961).
   b) *E. Merzbacher*: *Quantum Mechanics* (John Wiley and Sons, New York 1961).
   c) *L. I. Schiff*: *Quantum Mechanics*, 3. Aufl. (McGraw-Hill Book Company, New York 1968).

   Das dritte dieser Bücher ist das am meisten fortgeschrittene, und alle drei sind schwieriger als das vorliegende Buch. Wir haben sie auch nur erwähnt, weil manche Leser an einer vollständigen Behandlung eines bestimmten Themas interessiert sind. In den ersten beiden Büchern werden auch einfache Potentialwall-Aufgaben behandelt.

2. Die Radioaktivität und Kernreaktionen werden natürlich in sämtlichen Büchern über Kernphysik besprochen. Von vielen einschlägigen Werken erwähnen wir folgende.
   a) *D. Halliday*: *Introductory Nuclear Physics* (John Wiley and Sons, New York 1955).
   b) *E. Segrè*: *Nuclei and Particles* (W. A. Benjamin, New York 1964).
   c) *H. Frauenfelder* und *E. M. Henley*: *Teilchen und Kerne* (Subatomare Physik) (R. Oldenbourg Verlag, München/Wien 1979).

3. Die Bildung der chemischen Elemente, das Alter des Sonnensystems und des Universums und ähnliche Fragen werden in den folgenden Arbeiten behandelt:
   a) *E. M. Burbidge, G. R. Burbidge, W. A. Fowler* und *F. Hoyle*: "Synthesis of the Elements in Stars" (Bildung von Elementen in Sternen), *Review of Modern Physics* **29**, 547 (1957).
   b) *W. A. Fowler* und *F. Hoyle*: "Nuclear Cosmochronology" (Nukleare Kosmochronologie), *Annals of Physics* **10**, 280 (1960).
   c) *J. H. Reynolds*: "The Age of the Elements in the Solar System" (Das Alter der Elemente im Sonnensystem), *Scientific American*, Nov. 1960, Seite 171.

4. Die folgenden Artikel aus dem *Scientific American* sind sicher von Interesse:
   a) *J. Pasachow* und *W. Fowler*: "Deuterium in the Universe", Mai 1974.
   b) "Issue on the Solar System", September 1975.

7.6 Übungen

1. Behandeln Sie das Potentialwallproblem nach Bild 7.9 für den Fall $W > V_0$.
   a) Untersuchen Sie zuerst den Fall eines von links einfallenden Teilchens. Das Teilchen, d.h. das Wellenpaket, wird an der Potentialstufe teilweise reflektiert, teilweise durchgelassen. Wir brauchen also eine Lösung, die im rechten Bereich eine nach rechts laufende Welle beschreibt. Diese Lösung ist für jeden Ort zu bestimmen. Es ist ein Ausdruck für den Reflexionskoeffizienten R zu finden; R ist die Wahrscheinlichkeit dafür, daß das Teilchen reflektiert wird. Der Transmissionskoeffizient T, also die Wahrscheinlichkeit dafür, daß das Teilchen durchgelassen wird, ist dann gleich $(1 - R)$.
   b) Hierauf ist der Fall zu untersuchen, daß das Teilchen von rechts einfällt. Hierzu ist eine Lösung der Schrödinger-Gleichung erforderlich, die im linken Bereich eine nach links laufende Welle beschreibt. Diese Lösung ist für jeden Ort zu

7.6 Übungen

bestimmen; außerdem ist wiederum ein Ausdruck für den Reflexionskoeffizienten R' und den Transmissionskoeffizienten $T' = (1 - R')$ zu finden. Ein klassisches Teilchen würde an dieser Barriere überhaupt nicht reflektiert werden.

2. Leiten Sie einen exakten Ausdruck für den Transmissionskoeffizienten T des Potentialwalls aus Bild 7.13 ab und vergleichen Sie ihn mit der Näherungsgleichung (7.42). Diesen Vergleich führen Sie am günstigsten durch, indem Sie beide Ausdrücke für T logarithmieren. Unser Näherungsergebnis gilt für den Grenzfall eines „hohen und breiten" Potentialwalls.

3. Es ist vielleicht interessant, ein spezifisches Beispiel für die Durchdringung einer optischen Barriere zu besprechen (vgl. Bild 7.16). Bei der Wellenlänge von 600 nm (in Luft) ist der Brechungsindex von Flintglas gleich 1,75. Das optisch dichtere Medium in Bild 7.16 ist Flintglas, das optisch dünnere ist Luft. Der Einfallswinkel ist 45°, der Abstand der Platten 0,01 mm. Es ist der Bruchteil des Lichts zu bestimmen, der diese optische Barriere zu durchdringen vermag. (Die Berechnung braucht nicht streng exakt zu sein, eine Abschätzung, wie wir sie bei der Potentialwalldurchdringung durchführten, genügt völlig.)

Beachten Sie, daß die Intensität des durchgelassenen Lichts mit der Dicke des Luftspalts zwischen den beiden Glasprismen exponentiell abnimmt. Das Verhältnis Dicke zur Wellenlänge ist hier die ausschlaggebende Größe. Die Komponente des Wellenvektors *parallel* zu den Grenzflächen ist in Luft wie in Glas gleich groß. Warum?

4. Wir wollen uns nun noch über eine Kleinigkeit den Kopf zerbrechen: Ist Bild 7.16 wirklich richtig gezeichnet? Sehen wir uns den durchgelassenen Strahl und den einfallenden Strahl an. Sollten wir vielleicht den durchgelassenen Strahl als Fortsetzung des einfallenden Strahls darstellen und nicht versetzt wie im Bild? Wir könnten durch Experimente leicht herausfinden, wie das Bild richtig aussehen müßte. Die Schichtdicke des optisch dünneren Mediums soll von der Größenordnung einer Wellenlänge des verwendeten Lichts sein. Durch eine Anordnung von Spalten können wir den einfallenden Strahl *stark* einengen; dieser dünne Lichtstrahl wird durch die gestrichelte Linie unten rechts im Bild dargestellt. Dann können wir den durchgelassenen Lichtstrahl beobachten und feststellen, ob er tatsächlich der gestrichelten Linie links oben im Bild folgt. Wir brauchen dieses Experiment nicht wirklich im Labor auszuführen, da bei diesem Versuch nichts geschieht, was nicht im Rahmen der elektromagnetischen Theorie exakt vorausgesagt werden könnte.

Aufgrund dieses Gedankenexperiments ist zu beurteilen, ob Bild 7.16 richtig gezeichnet ist.

5. Wir untersuchen die Bewegung eines Teilchens in einem „beliebigen" Potential einer Form wie in Bild 7.25. Wenn x gegen $+\infty$ oder $-\infty$ geht, strebt die Funktion $V(x)$ des Potentials gegen null. Es soll ein Teilchen der Energie W von links einfallen. Die Wellenfunktion $\varphi(x)$ muß dann die Form $\varphi(x) = e^{ixk} + Ae^{-ixk}$ für sehr große negative x-Werte und die Form $\varphi(x) = Be^{ixk}$ für sehr große positive x-Werte aufweisen. Um die zwei Konstanten A und B tatsächlich zu bestimmen, müßten wir die Schrödinger-Gleichung für das Potential $V(x)$ lösen.

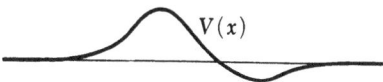

Bild 7.25 Es ist nachzuweisen, daß im Falle eines beliebigen Potentialwalls der Reflexions- und Transmissionskoeffizient (die durch die Amplituden der nach rechts bzw. nach links laufenden Wellen definiert sind) zusammen tatsächlich eins ergeben.

Wir sind zu dem Ergebnis gelangt, daß $|A|^2$ als Reflexionskoeffizient und $|B|^2$ als Transmissionskoeffizient des Potentialwalls interpretiert werden kann. Wenn diese Interpretation sinnvoll sein soll, dann muß natürlich

$$|A|^2 + |B|^2 = 1 \qquad (a)$$

gelten.

Dadurch erhebt sich eine interessante prinzipielle Frage: Gilt die obige Beziehung wirklich für *alle* Potentialfunktionen $V(x)$?

Es ist ein allgemeiner Beweis für diese Beziehung zu finden.

Hinweis: Die Funktion

$$F(x) = \varphi^*(x) \frac{d\varphi(x)}{dx} - \varphi(x) \frac{d\varphi^*(x)}{dx}$$

ist zu untersuchen und zu zeigen, daß $dF(x)/dx = 0$ ist, wenn $\varphi(x)$ die Schrödinger-Gleichung befriedigt.

Diese Aufgabe veranschaulicht, daß es oft möglich ist, allgemeine Aussagen über die *Natur* der Lösungen zu bestätigen, ohne die Lösungen explizit berechnen zu müssen. Im vorliegenden Fall haben wir offensichtlich eine wichtige allgemeine Eigenschaft der Schrödinger-Gleichung und ihrer Lösungen aufgedeckt. Soll die Theorie überhaupt einen Sinn haben, dann *muß* Gl. (a) gelten, und es ist immerhin beruhigend, daß wir das auch beweisen können.

6. Zu der in Bild 7.25 dargestellten Situation ließen sich noch andere interessante Fragen stellen. Zum Beispiel: Ist die Durchlässigkeit des Walls nach beiden Richtungen gleich?

Theorem: Der Transmissionskoeffizient ist für ein von links einfallendes Teilchen ebenso groß wie für ein von rechts kommendes, vorausgesetzt, die Energien beider Teilchen sind gleich.

Beweisen Sie dieses Theorem.

Hinweis: Wenn $\varphi(x)$, wie in der vorigen Aufgabe festgestellt wurde, eine Lösung der Schrödinger-Gleichung ist, dann gilt das auch für $\varphi^*(x)$ und jede lineare Kombination von $\varphi(x)$ und $\varphi^*(x)$. Eine *geeignete* lineare Kombination von $\varphi(x)$ und $\varphi^*(x)$ ist zu untersuchen.

7. Viele instabile Kerne zerfallen durch Emission eines Positrons und eines Neutrinos. Die Positronen haben Energien von 10 keV bis einigen MeV. Wie wir schon feststellten, beruht diese Art des Zerfalls auf den schwachen Wechselwirkungen. Wir haben auch gesagt, daß die Ursache der langen Halbwertszeiten mancher beta-aktiven Kerne in der eigentlichen Schwäche dieser Wechselwirkungen zu suchen sei. Das schließt natürlich nicht die Möglichkeit aus, daß der Effekt der Durchdringung des Potentialwalls ebenfalls eine wichtige Rolle spielen kann. Untersuchen Sie diese Frage anhand spezifischer Zahlenbeispiele, d.h., es sind die Transmissionskoeffizienten von „typischen" Potentialwällen abzuschätzen, die das Positron durchdringen muß. Überzeugen Sie sich, daß hier das Phänomen der Durchdringung des Potentialwalls nicht der Hauptfaktor bei der Festsetzung der Halbwertszeit ist.

8. *L. Meitner* und *W. Orthmann* [*Zeitschrift für Physik* **60**, 143 (1930)] führten einmal eine kalorische Messung der Energie durch, die beim Beta-Zerfall von RaE (die alte Bezeichnung für den Kern ^{210}Bi) freigesetzt wird. Bei diesem Versuch wurde eine Probe von RaE in ein geeignetes Kalorimeter eingebracht, die Wärmeentwicklungsrate im Kalorimeter wurde aufgezeichnet. Aus der Halbwertszeit von RaE (5,0 d) und der Größe der Probe konnte die Anzahl von Zerfallsprozessen pro Sekunde bestimmt werden und damit die Menge von Wärmeenergie, die pro Zerfall freigesetzt wird. Diese Wärmemenge wurde auf

$(0{,}337 \pm 0{,}020)$ MeV/Zerfall

bestimmt.

Andererseits wußte man jedoch, daß die kinetische Energie der emittierten Elektronen maximal 1,170 MeV betragen kann. Zwischen der bekannten maximal möglichen Energie und der kalorimetrisch bestimmten Energie besteht also eine recht störende Diskrepanz. Es ist daher nicht erstaunlich, daß die Physiker damals recht beunruhigt waren. Da man der Ansicht ist, daß der Zerfall zwischen zwei diskreten Energieniveaus stattfindet, muß man annehmen, daß die Energie von 1,170 MeV die pro Zerfall freigesetzte kinetische Energie ist; es erhebt sich nun die Frage, warum ein Teil dieser Energie im Kalorimeter „verloren" geht. Tatsächlich waren die Physiker so beunruhigt, daß manche von ihnen, *Bohr* zum Beispiel, sogar die Möglichkeit in Betracht zogen, daß das Energieerhaltungsprinzip in der Mikrophysik nicht gelten könnte.

Die obigen Umstände und die Beunruhigung der Physiker damals sind aufgrund unseres jetzigen Wissens über den Beta-Zerfall im Detail zu erklären.

9. Im natürlichen Uran beträgt die relative Häufigkeit des Isotops ^{235}U 0,71 %, die von ^{238}U ist 99,28 %. Die Halbwertszeit von ^{235}U ist $7,1 \cdot 10^8$ a, die von ^{238}U ist $4,50 \cdot 10^9$ a.

a) Die oben angegebenen Häufigkeiten gelten für alle terrestrischen Proben wie auch für uranhaltige Meteoriten. Welchen Schluß können Sie aus diesem Umstand ziehen?

b) Wenn wir die vereinfachende Annahme treffen, daß die ursprünglichen Mengen der beiden Uranisotope im Sonnensystem gleich waren, zu welchem Schätzwert über das Alter des Sonnensystems gelangen wir dann?

10. a) Berechnen Sie die Menge Radium, die in einer Menge Uranerz mit einem Gehalt von 1 t Uran vorhanden sein müßte. Macht es irgendeinen Unterschied aus, ob das Mineral 1 Million Jahre oder 500 Millionen Jahre alt ist?

b) Welche Menge Blei finden wir, wenn das Mineral 500 Millionen Jahre alt ist?

8 Theorie der stationären Zustände

8.1 Quantisierung als Eigenwertproblem

1. Dieser Titel des Abschnitts 8.1 ist der gemeinsame Titel der vier berühmten Arbeiten *Schrödingers*[1]) über Wellenmechanik, in denen dargelegt wird, wie die Existenz von diskreten Energieniveaus bei Atomen anhand des Wellenmodells, insbesondere durch die Schrödinger-Gleichung, erklärt werden kann.

Ein Vorläufer von Schrödingers Theorie war die 1913 formulierte Atomtheorie *Bohrs*, die als halbklassische Theorie zu bezeichnen ist. *Bohr* nahm ein dem Sonnensystem ähnliches Modell an, das durch die Gesetze der klassischen Mechanik beschrieben wird, bei dem jedoch nicht alle klassisch möglichen Bahnen tatsächlich vorkommen. Die Anzahl der tatsächlich möglichen Bahnen wird durch eine Reihe von *Quantenbedingungen* eingeschränkt, die keinesfalls klassisch begründet sind. Ein Beispiel hierfür ist die Bedingung, daß der gesamte Drehimpuls aus der Bahnbewegung der Teilchen im Atom ein ganzzahliges Vielfaches von $\hbar$ sein muß. Die Gesamtenergiewerte, die den nach den Quantenbedingungen erlaubten Bahnen zugeordnet sind, bilden in vielen Fällen (aber nicht immer) eine diskrete Menge. In dieser Weise stellte *Bohr* eine Theorie der diskreten Energieniveaus eines Atoms auf. Diese Methode könnte man als *Quantisierung* der Bewegung im Atom bezeichnen. Historisch gesehen war dies der Ursprung des Wortes „Quantisierung".

2. *Bohrs* Quantenbedingungen waren mehr ad hoc aufgestellt worden und konnten kaum als befriedigend angesehen werden. Als *Schrödingers* Arbeiten veröffentlicht wurden, war man sich bereits klar darüber, daß *Bohrs* Theorie zwar einige beobachtete Tatsachen erklärte, jedoch entschieden gewisse Mängel und Fehler besaß. Die Zeit war reif für neue Ideen.

Schrödinger trug bedeutend zu diesen neuen Ideen bei, indem er zeigte, daß es eine systematische und ganz natürliche Methode der Quantisierung gibt, wenn das Wellenbild der Materie ernst genommen wird. Er bemerkte, daß seine Wellengleichung unter geeigneten Bedingungen Lösungen haben muß, die *stehende Wellen* beschreiben, und ordnete diese Lösungen den stationären Zuständen der Atome zu. Die Lösungen für stehende Wellen sind alle durch eine Zeitabhängigkeit der Form $\exp(-i\omega t)$ gekennzeichnet, wobei die möglichen Frequenzen eine diskrete Menge bilden: $\omega_1, \omega_2, \omega_3, \ldots$. Die Energie des n-ten stationären Zustandes ist dann durch $W_n = \hbar \omega_n$ gegeben. Im vorliegenden Kapitel werden wir versuchen, *Schrödingers* Gedankengängen zu folgen, und werden diese Idee näher untersuchen.

3. In Kapitel 7 gelangten wir durch eine Reihe von plausiblen Argumenten zur Schrödinger-Gleichung

$$-\frac{\hbar^2}{2m}\nabla^2 \psi(x,t) + V(x)\psi(x,t) = i\hbar \frac{\partial}{\partial t}\psi(x,t), \qquad (8.1)$$

die ein Teilchen der Masse m beschreibt, das sich in einem Kraftfeld bewegt, das sich aus der Funktion $V(x)$ des Potentials ableitet. Bei der „Ableitung" dieser Gleichung waren wir uns bewußt, daß sie natürlich nur eine Näherung ist: Die Bewegung des Teilchens wird nichtrelativistisch behandelt, und alle Teilchenerzeugungs- und Vernichtungsprozesse werden außer acht gelassen. Wir haben Gründe angeführt, warum diese Gleichung in der Atom- und Molekularphysik sowie in einigen Situationen der Kernphysik so außerordentlich nützlich ist. Auf diesem letzteren Gebiet haben wir sie mit großem Erfolg dazu verwendet, die Abhängigkeit der Halbwertszeit von Alpha-Strahlern von der Energie des emittierten Teilchens zu erklären, und zwar über den quantenmechanischen Tunneleffekt.

Es wird hier, ebenso wie in den Überlegungen von Kapitel 7, vorteilhaft sein, wenn wir zur Vereinfachung die eindimensionale Version der Schrödinger-Theorie diskutieren. Die Schrödinger-Gleichung für eindimensionale Probleme lautet

$$-\frac{\hbar^2}{2m}\frac{\partial^2}{\partial x^2}\psi(x,t) + V(x)\psi(x,t) = i\hbar \frac{\partial}{\partial t}\psi(x,t). \qquad (8.2)$$

Gl. (8.2) ist mathematisch viel einfacher zu diskutieren als die dreidimensionale Gl. (8.1). Da beide Gleichungen in etwa gleicher Weise die wesentlichen Züge der uns interessierenden Phänomene beschreiben, können wir durch eine Untersuchung der einfacheren Gl. (8.2) die Schrödinger-Theorie und ihre Anwendung viel müheloser verstehen lernen. Außerdem sollten wir hinzufügen, daß diese Gleichung gar nicht so unphysikalisch ist, wie einem zuerst scheinen mag: Viele Probleme, die mit dreidimensionalen Bewegungen zu tun haben, können auf gleichwertige eindimensionale Probleme zurückgeführt werden.

4. Wir beginnen mit einem besonders einfachen Problem. Ein Teilchen ist in einem „Kasten" mit der Kantenlänge a eingeschlossen; die Wände sollen unendlich hoch sein. Die durchgezogene Kurve in Bild 8.1a stellt das Potential $V(x)$ für dieses Problem dar. Im Intervall $(0, a)$ ist das Potential $V(x)$ für alle x gleich Null und $+\infty$ für alle x außerhalb dieses Intervalls.

In Abschnitt **26** des Kapitels 7 haben wir den Fall behandelt, bei dem es nur *eine* unendlich hohe Potentialstufe gab. Wir erhielten dabei Lösungen für monochromatische stehende Wellen, die die Reflexion eines Teilchens mit beliebiger positiver Energie durch die Stufe beschreiben. Neu in der vorliegenden Situation ist, daß nun das Teilchen

---

[1]) E. Schrödinger, „Quantisierung als Eigenwertproblem", *Annalen der Physik* **79**, 361 (1926); **79**, 489 (1926); **80**, 437 (1926); **81**, 109 (1926).

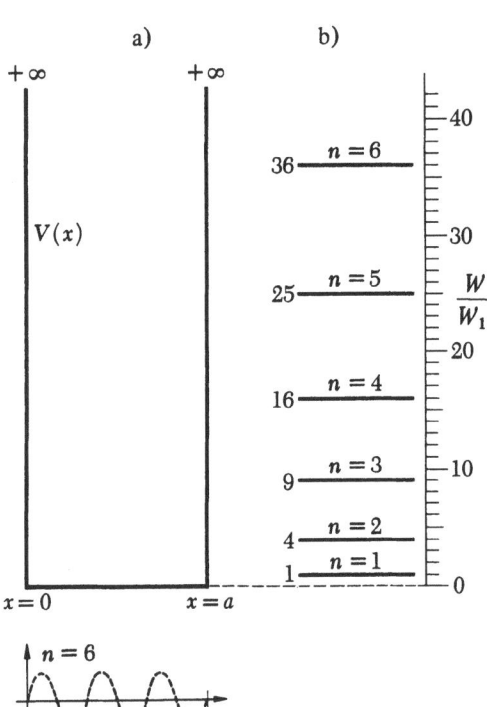

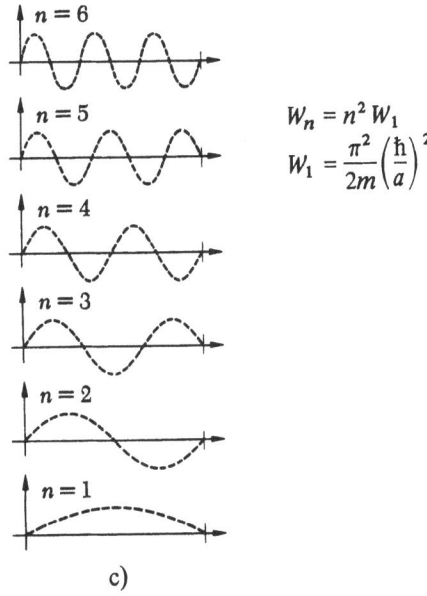

Bild 8.1 Die hier dargestellte, physikalisch gesehen unrealistische Situation eines Teilchens in einem eindimensionalen Potentialkasten veranschaulicht auf sehr einfache Weise die wesentlichsten Züge der Schrödinger-Theorie der stationären Zustände.

In a) ist das Potential dargestellt, das in den Punkten $x = 0$ und $x = a$ unendlich wird. Eine einem stationären Zustand entsprechende Wellenfunktion muß in diesen Punkten Null werden. Das ist nur dann möglich, wenn die Gesamtenergie einen der Werte aus dem Termschema b) aufweist. (Hier sind nur die ersten sechs Energieniveaus dargestellt.)

In c) sieht man die entsprechenden Wellenfunktionen (Eigenfunktionen) der ersten sechs stationären Zustände.

von *zwei* unendlich hohen Potentialbarrieren eingeschlossen ist.

Versuchen wir nun, die Schrödinger-Gleichung (8.2) zu lösen, wobei wir annehmen, daß die Wellenfunktion $\psi(x, t)$ von der Zeit durch einen Faktor abhängt, der durch eine einfache Exponentialfunktion von t dargestellt ist:

$$\psi(x, t) = \varphi(x) \exp\left(-\frac{itW}{\hbar}\right). \tag{8.3}$$

Setzen wir eine Wellenfunktion dieser Form in Gl. (8.2) ein, dann erhalten wir die zeitunabhängige Schrödinger-Gleichung

$$-\frac{\hbar^2}{2m}\frac{d^2}{dx^2}\varphi(x) = [W - V(x)]\varphi(x). \tag{8.4}$$

In unseren Überlegungen in Abschnitt **26** des Kapitels 7 gelangten wir zu dem Schluß, daß die Wellenfunktion in einem Bereich, in dem das Potential unendlich ist, null werden muß, ebenso *am Rand* eines solchen Bereichs. Beim vorliegenden Problem muß also die Wellenfunktion in den Punkten $x = 0$ und $x = a$ und außerhalb des Intervalls (0, a) null werden.

Innerhalb dieses Potentialkastens hat die allgemeine Lösung der Gl. (8.4) die Form

$$\varphi(x) = A \exp(ixk) + B \exp(-ixk), \tag{8.5}$$

wobei

$$k = \sqrt{\frac{2mW}{\hbar^2}} \tag{8.6}$$

ist und A und B Konstanten sind. Stellen wir nun erst die Bedingung auf, daß die Wellenfunktion bei $x = 0$ null werden muß, dann stellt sich heraus, daß eine physikalisch brauchbare Lösung die Form

$$\varphi(x) = C \sin(xk) \tag{8.7}$$

haben muß. C ist eine Konstante, die ungleich null ist. Als zweite Bedingung muß die Wellenfunktion auch bei $x = a$ null werden. Wir erhalten daher

$$C \sin(ak) = 0 \quad \text{bzw.} \quad ak = n\pi. \tag{8.8}$$

Diese Bedingung gilt für k, ist also eine Bedingung, der die Energie W unterliegt. Wenn wir die Beziehung zwischen W und k, nämlich Gl. (8.6), berücksichtigen, dann gelangen wir zu dem Ergebnis

$$W = \frac{n^2\pi^2(\hbar/a)^2}{2m}, \tag{8.9}$$

wobei n eine *positive* ganze Zahl sein muß. Für dieses Problem gibt es *keine* physikalisch akzeptable Lösung, wenn die Energie W nicht durch eine Beziehung dieser Form gegeben ist. Der Fall $n = 0$ muß ausgeschlossen werden, da dies einer identisch null werdenden Wellenfunktion entspräche, was physikalisch nicht möglich ist. Da wir angenommen haben, daß k nicht negativ ist, muß n folgerichtig positiv sein.

8.1 Quantisierung als Eigenwertproblem

5. Für das von zwei Potentialwällen eingeschlossene Teilchen besitzt die Schrödinger-Gleichung (8.2) stationäre Lösungen mit einer einfachen exponentiellen Zeitabhängigkeit: Lösungen der Form $\psi(x, t) = \varphi(x) \exp(-itW/\hbar)$, aber *nur* wenn die Energie W einen Wert aus einer diskreten Menge von Werten $W_1, W_2, W_3, \ldots, W_n, \ldots$, aufweist, wobei die Menge durch

$$W_n = \frac{n^2 \pi^2 (\hbar/a)^2}{2m} \qquad (8.10)$$

definiert ist; n muß eine positive ganze Zahl sein. Die normierte[1]) Wellenfunktion $\psi_n(x, t)$ für den n-ten möglichen Energiewert W_n hat dann innerhalb des Intervalls $(0, a)$ die Form

$$\psi_n(x, t) = \sqrt{\frac{2}{a}} \sin\left(\frac{n\pi x}{a}\right) \exp\left(-\frac{itW_n}{\hbar}\right) \qquad (8.11)$$

und ist außerhalb des Intervalls null. (Wir können nachprüfen, daß diese Wellenfunktion richtig auf eins normiert wurde, indem wir einfach über $|\psi_n(x, t)|^2 = (2/a) \sin^2(n\pi x/a)$ in den Grenzen 0 bis a integrieren: wir erhalten 1.)

In Bild 8.1b sind die Energien W_n in Form eines Termschemas für das hier untersuchte System dargestellt, in dem die ersten sechs Energieniveaus angegeben sind. Die entsprechenden Wellenfunktionen $\varphi_n(x)$ sieht man in Bild 8.1c. Diese Funktionen sind natürlich gleich den Funktionen $\psi_n(x, t)$ zum Zeitpunkt $t = 0$.

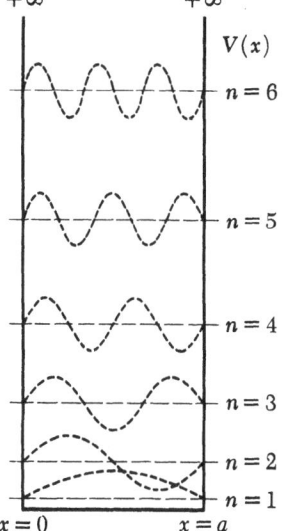

Bild 8.2 Solche Bilder finden wir in quantenmechanischen Werken oft. Es wurden hier die drei Teilbilder a, b, c von Bild 8.1 vereinigt, was an und für sich nicht sehr vorteilhaft ist, da man unter Umständen dadurch irregeführt wird (unsere Leser werden dies sicherlich vermeiden können).
Die Energieniveaus sind durch dünne gestrichelte Linien angedeutet, die gleichzeitig als x-Achse für die entsprechenden Wellenfunktionen dienen.

---

[1]) Betreffend Normierung der Schrödinger-Wellenfunktion siehe Abschnitt 49 in Kapitel 7.

Bild 8.2 ist ähnlich, doch sind die drei Bildteile zusammengefaßt.

6. Wir wollen nun den Unterschied zwischen stationären und nichtstationären Lösungen der Schrödinger-Gleichung (8.2) untersuchen.

Dazu betrachten wir die n-te stationäre Lösung (8.11). Da diese Lösung auf eins normiert ist, ist das absolute Quadrat der Wellenfunktion gleich der Wahrscheinlichkeitsdichte $P_n(x)$ dafür, daß sich das Teilchen irgendwo auf der x-Achse befindet. Es gilt also *innerhalb* des Intervalls $(0, a)$

$$P_n(x) = |\psi_n(x, t)|^2 = \left(\frac{2}{a}\right) \sin^2\left(\frac{n\pi x}{a}\right) \qquad (8.12)$$

und *außerhalb* des Intervalls $P_n(x) = 0$. Wir können also feststellen, daß die Wahrscheinlichkeitsdichte für eine stationäre Lösung *nicht von der Zeit* t abhängt.

Sehen wir uns nun eine nichtstationäre Lösung an. Da die Schrödinger-Gleichung (8.2) eine lineare Differentialgleichung ist, liefert die lineare Kombination zweier beliebiger Lösungen eine weitere Lösung. Für diese Lösung werden die gleichen Randbedingungen $\psi(0, t) = \psi(a, t) = 0$ gelten, wenn die zwei ursprünglichen Lösungen diese Bedingungen befriedigen. Wir können also sagen, daß – in Übereinstimmung mit dem Superpositionsprinzip – jegliche lineare Kombinationen der stationären Lösungen (8.11) weitere physikalisch akzeptierte Lösungen liefern.

Betrachten wir ein bestimmtes Beispiel einer linearen Kombination, um eine derartige Superposition zweier Lösungen besser verstehen zu lernen:

$$\psi(x, t) = \sqrt{\frac{1}{2}} [\psi_{n'}(x, t) + \psi_{n''}(x, t)]. \qquad (8.13)$$

Wir nehmen hier $n' \neq n''$ an. Diese neue Lösung der Schrödinger-Gleichung soll (für alle Zeiten t) auf eins normiert sein. Die Wahrscheinlichkeitsdichte $P(x, t)$ für die Lösung (8.13) ist durch

$$P(x, t) = |\psi(x, t)|^2 = \left(\frac{1}{a}\right)\left\{\sin^2\left(\frac{n'\pi x}{a}\right) + \sin^2\left(\frac{n''\pi x}{a}\right) \right. \\ \left. + 2 \sin\left(\frac{n'\pi x}{a}\right) \sin\left(\frac{n''\pi x}{a}\right) \cos\left[\frac{t(W_{n'} - W_{n''})}{\hbar}\right]\right\} \qquad (8.14)$$

gegeben.

Überzeugen Sie sich selbst durch Integration dieses Ausdrucks für $P(x, t)$ in den Grenzen 0 und a, daß die Wellenfunktion (8.13) tatsächlich auf eins normiert ist.

Die Wahrscheinlichkeitsdichte $P(x, t)$ ist *nicht* zeitunabhängig: der letzte Term im Ausdruck (8.14) oszilliert, die Frequenz dieser Oszillation ist durch

$$\omega_{n'n''} = \frac{(W_{n'} - W_{n''})}{\hbar} \qquad (8.15)$$

gegeben.

7. Eine kurze Überlegung zeigt, daß *alle* Superpositionen der stationären Lösungen (8.11) diese Eigenschaft aufweisen müssen, vorausgesetzt, es sind zumindest zwei verschiedene stationäre Lösungen an der Superposition beteiligt. (Eine Superposition kann eine beliebige Anzahl stationärer Lösungen umfassen, auch unendlich viele Lösungen können beteiligt sein.) Weiter ist leicht zu erkennen, daß in der Wahrscheinlichkeitsdichte ein Term erscheinen muß, der mit einer Frequenz $\omega_{n'n''}$ (siehe Gl. (8.15)) oszilliert, wenn die stationären Lösungen $\psi_{n'}$ und $\psi_{n''}$ an der Superposition beteiligt sind. Dieser Term entsteht aus den „Kreuz-Termen" $\psi_{n'}^* \psi_{n''}$ und $\psi_{n''}^* \psi_{n'}$, die in der Entwicklung des absoluten Quadrats der Wellenfunktion

$$\psi(x, t) = \sum_n c_n \psi_n(x, t) \qquad (8.16)$$

auftreten, wobei c_n Konstanten sind.

Es ist nun tatsächlich möglich, folgendes *Theorem* zu beweisen: Jede physikalisch akzeptable Lösung der Schrödinger-Gleichung für das Potentialkasten-Problem kann eindeutig in Form einer Entwicklung entsprechend Gl. (8.16) durch die *stationären* Lösungen (8.11) für diesen Fall ausgedrückt werden. Wir werden den Beweis für dieses Theorem hier nicht antreten, doch ist es als höchst plausibel anzusehen: Mathematisch stellt es ein Theorem über Fourierreihen dar. Akzeptieren wir dieses Theorem, dann gelangen wir zu dem Schluß, daß die stationären Lösungen die einzigen einer zeitunabhängigen Wahrscheinlichkeitsdichte entsprechenden Lösungen der Schrödinger-Gleichung sind.

8. Wir haben nun das Wesentliche der Schrödinger-Theorie der stationären Zustände und der Energieniveaus quantenmechanischer Systeme besprochen. Die stationären Zustände entsprechen stationären Lösungen der Schrödinger-Gleichung, für die die Wahrscheinlichkeitsdichte zeitunabhängig ist. Für nichtstationäre Zustände weist die Wahrscheinlichkeitsdichte eine oszillierende Zeitabhängigkeit auf; die möglichen Frequenzen der Oszillation sind in Gl. (8.15) durch die Energie*differenzen* der verschiedenen stationären Niveaus definiert. Diese Frequenzen sind natürlich die für das System charakteristischen Frequenzen, bei denen Strahlung emittiert und absorbiert werden sollte: Es sind dies die Resonanzfrequenzen des Systems. Die Übergangsfrequenzen $\omega_{n'n''}$ hingegen bestimmen die Lage der Energieniveaus bis auf eine additive Konstante, die wir dadurch festlegen können, daß wir dem Grundzustand eine geeignete Energie zuordnen. (In unserem Beispiel wurde der Boden des „Potentialkastens" als Nullpunkt der Energie gewählt.)

Wir könnten nun folgendes recht ehrgeizige Programm aufstellen: die Schrödinger-Gleichungen in entsprechend verallgemeinerter Form (damit sie für Vielkörpersysteme gelten) für alle physikalisch interessanten Fälle zu lösen, für die die Schrödinger-Theorie als gute Näherung gelten kann. Insbesondere sollten wir uns für die stationären Lösungen interessieren, die auf eins normiert werden können: Sie liefern uns die stationären Zustände und die zugehörigen Energieniveaus. Es ist wohl überflüssig zu erwähnen, daß dieses Programm von seiner Verwirklichung noch sehr weit entfernt ist. Unsere mathematischen Fähigkeiten reichen bei weitem nicht aus, die Schrödinger-Gleichung für ein kompliziertes System exakt zu lösen, wenn wir auch mit einfachen Systemen recht gut fertig werden.

9. Was das genannte Programm betrifft, so sollten wir uns fragen, ob es für uns wirklich interessant ist. Wie in Kapitel 3 eingehend besprochen wurde, sind die „stationären" Zustände strenggenommen gar nicht stationär. Unsere Überlegungen über das Teilchen im Potentialkasten hingegen führten uns zu streng stationären Zuständen, was in Widerspruch zu den beobachteten Tatsachen steht. Wir haben hier einen eindeutigen Mangel der Schrödinger-Gleichung aufgedeckt: Sie beschreibt keine Strahlungsübergänge. Die Schrödinger-Gleichung muß in diesem Sinne als unvollständig bezeichnet werden; in dieser Hinsicht ist die Schrödinger-Theorie analog zu der klassischen Theorie, in der alle elektrostatischen Wechselwirkungen zwischen den Elektronen und dem Kern berücksichtigt werden, in der jedoch auf die Strahlung der bewegten Teilchen in Form elektromagnetischer Wellen nicht eingegangen wird. Wir hegen jedoch die Hoffnung, daß die Schrödinger-Theorie trotzdem in der Atom- und Molekularphysik eine gute Näherung darstellt. Dann können wir erwarten, daß ein durch die Schrödinger-Gleichung gegebener stationärer Zustand in der „richtigen" Theorie einem *nahezu* stationären Zustand entspricht und daß die „mittlere Energie" dieses nahezu stationären Zustands dem exakten Energiewert, den die Schrödinger-Gleichung liefert, sehr ähnlich sein wird.

10. Bevor wir weitergehen, wollen wir uns etwas mit der üblichen Terminologie dieses Gebiets befassen. Die zeitunabhängige Schrödinger-Gleichung (8.4) ist typisch für die Art von Gleichungen, mit denen wir es zu tun haben, wenn wir die Energieniveaus eines Systems bestimmen wollen. Wir schreiben diese Gleichung in der symbolischen Form

$$H\varphi(x) = W\varphi(x) \qquad (8.17)$$

an, wobei H für den *Differentialoperator*

$$H \equiv -\frac{\hbar^2}{2m}\frac{d^2}{dx^2} + V(x) \qquad (8.18)$$

steht.

Wir suchen nun die Lösungen $\varphi(x)$ der Differentialgleichung (8.17). Diese Gleichung besitzt immer – für beliebige W – Lösungen, die jedoch nicht alle physikalisch akzeptabel sind. Die physikalische Bedingung, daß nämlich

8.1 Quantisierung als Eigenwertproblem

die Wellenfunktion quadratisch integrierbar sein soll[1]), wird als *wesentlicher* Teil in das Problem aufgenommen. Tun wir dies, dann stellt sich heraus, daß W nicht beliebige Werte annehmen kann. Diejenigen Werte von W, für die die Gl. (8.17) eine physikalisch akzeptable Lösung besitzt, werden als *Eigenwerte des Differentialoperators H* bezeichnet. Die entsprechenden Wellenfunktionen nennen wir *Eigenfunktionen* des Operators[2]).

Nun ist auch klar, warum *Schrödinger* für seine Arbeiten den Titel „Quantisierung als Eigenwertproblem" wählte.

11. Die Situation, daß ein Teilchen in einem Potentialkasten mit unendlich hohen Wänden eingeschlossen ist, ist wohl etwas unrealistisch. Wir wollen nun das eindimensionale Eigenwertproblem etwas allgemeiner betrachten. Das Potential $V(x)$ soll keinerlei Unendlichkeitsstellen mehr besitzen, sondern die in Bild 8.3 dargestellte Form haben. Wir nehmen an, daß die Funktion des Potentials dem konstanten Wert V_+ zustrebt, wenn $x \to +\infty$ geht, und dem konstanten Wert V_-, wenn $x \to -\infty$ geht. Das Minimum des Potentials bezeichnen wir mit V_0. Diese Potentialkurve stellt natürlich einen Spezialfall dar, der aber höchst interessant ist. Wir setzen $V_+ \geqslant V_-$ voraus.

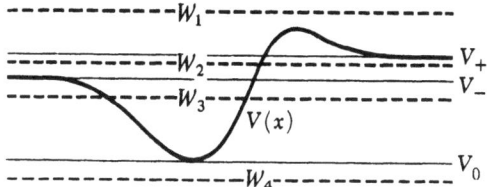

Bild 8.3 Eine besondere Potentialfunktion: Das Potential strebt gegen die konstanten Werte V_+ bzw. V_-, wenn x gegen $+\infty$ bzw. $-\infty$ geht. Wir untersuchen die Lösungen der Schrödinger-Gleichung für verschiedene Werte der Gesamtenergie W. Die gestrichelten Linien deuten vier verschiedene Energiewerte an, die die hier möglichen Fälle repräsentieren.

Nun werden wir die Lösungen der zeitunabhängigen Schrödinger-Gleichung (8.4) für das Potential $V(x)$ untersuchen. Dazu schreiben wir die Gleichung in der Form

$$\frac{d^2}{dx^2}\varphi(x) = -\left(\frac{2m}{\hbar^2}\right)[W - V(x)]\varphi(x) \qquad (8.19)$$

an.

---

[1]) Im Falle eines „Potentialkastens" oder „Potentialtopfes" mit unendlich hohen Wänden führt diese Bedingung dazu, daß die Wellenfunktionen außerhalb des Potentialtopfes Null werden müssen, ebenso auch am Rand, wie wir in Abschnitt 26 von Kapitel 2 feststellten.

[2]) Die Bezeichnungen „Eigenwert" und „Eigenfunktion" haben sich auch in der physikalischen Literatur des englischen Sprachraums durchsetzen können: die englischen Bezeichnungen lauten "eigenvalue" und "eigenfunction",

Diese Differentialgleichung sehen wir uns nun bei verschiedenen Werten des Energieparameters W an: für $W \leqslant V_0$, für $V_- \geqslant W > V_0$, für $V_+ \geqslant W > V_-$ und für $W > V_+$. Beachten Sie, daß die Differentialgleichung (8.19) zwar für *alle* Werte von W Lösungen besitzt, diese Lösungen im allgemeinen aber nicht alle physikalisch akzeptabel sein werden.

Die graphische Darstellung der (im allgemeinen) komplexen Wellenfunktion wirft einige Probleme auf. Eine Möglichkeit ist dadurch gegeben, daß wir den absoluten Wert der Wellenfunktion auftragen. Eine andere Möglichkeit besteht darin, nur die reellen Lösungen von Gl. (8.19) zu untersuchen. Ist nämlich $\varphi(x)$ eine komplexe Lösung von Gl. (8.19), dann ist auch $\varphi^*(x)$ komplex, da sowohl W als auch $V(x)$ reell sind. Der Realteil $[\varphi(x) + \varphi^*(x)]/2$ und der Imaginärteil $[\varphi(x) - \varphi^*(x)]/2i$ einer Lösung $\varphi(x)$ sind ebenfalls Lösungen. Wir können uns also vorstellen, daß wir die *reellen* Funktionen darstellen.

12. Untersuchen wir erst einmal das *lokale* Verhalten der reellen Lösungen in einem Bereich, in dem $[W - V(x)] < 0$ ist. Aus der Schrödinger-Gleichung (8.19) folgt, daß in diesem Bereich die zweite Ableitung der Wellenfunktion das *gleiche* Vorzeichen wie die Wellenfunktion selbst hat. Daraus ergibt sich, daß die Wellenfunktion, wenn sie in einem Intervall nicht Null wird, zur x-Achse hin konvex ist, wie das durch die beiden Kurventeile in Bild 8.4a veranschaulicht wird. Schneidet die Wellenfunktion die x-Achse, dann wendet sie sich beiderseits vom Nullpunkt von der Achse ab, wie Bild 8.4b zeigt. Die Wellenfunktion kann sich aber auch wie in Bild 8.4c der Achse entweder von rechts oder von links asymptotisch nähern.

Wir fassen zusammen: Wenn $[V(x) > W]$ für *alle* Werte von x gilt, dann sind die Lösungen von Gl. (8.19) physikalisch nicht sinnvoll, weil der Absolutwert der Wellenfunktion entweder links oder rechts oder auch auf beiden Seiten keinem endlichen Grenzwert zustrebt. Wie auch aus Bild 8.3 zu ersehen ist, kann das physikalische System keinen Energiewert aufweisen, der kleiner als V_0 ist.

13. Als nächstes befassen wir uns mit dem Verhalten der Wellenfunktion in einem Bereich, in dem $[W - V(x)] > 0$ gilt. In diesem Fall haben die zweite Ableitung der Wellenfunktion und die Wellenfunktion selbst *verschiedene* Vorzeichen; daraus folgt, daß die Wellenfunktion in den Bereichen, in denen sie nicht Null wird, zur x-Achse hin konkav sein muß. Die beiden Kurventeile in Bild 8.5a veranschaulichen das. Schneidet die Wellenfunktion die Achse, dann wendet sie sich beiderseits des Schnittpunkts, der ihr Wendepunkt ist, zur Achse hin. Dieses Verhalten der Kurve ist in Bild 8.5b veranschaulicht, das mit Bild 8.4b verglichen werden sollte.

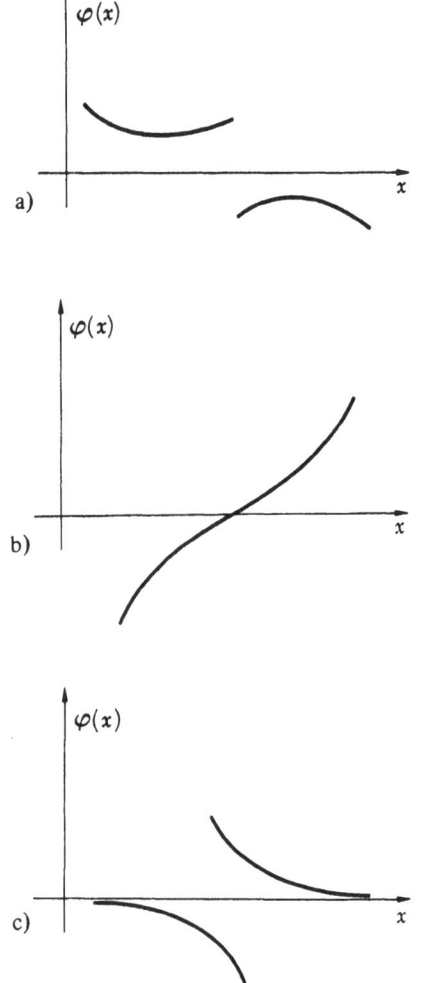

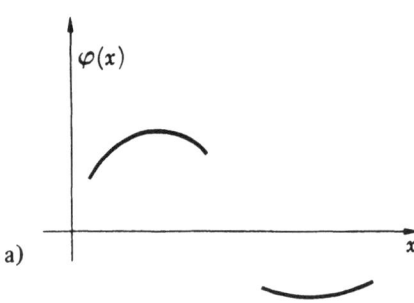

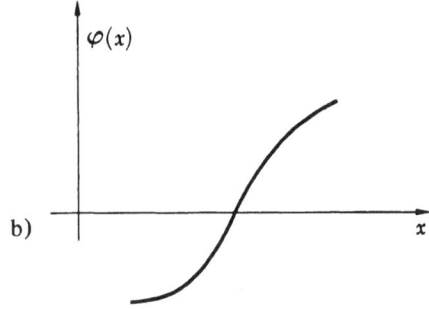

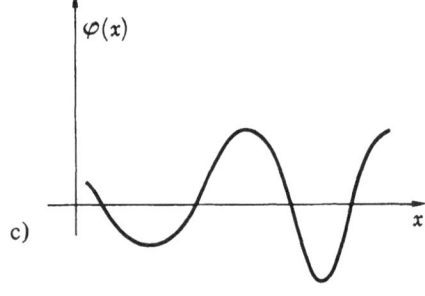

Bild 8.4 Die Kurventeile veranschaulichen das Verhalten der (reellen) Wellenfunktion in einem Bereich, in dem $W < V(x)$ gilt. In einem solchen Bereich hat die zweite Ableitung das *gleiche* Vorzeichen wie die Wellenfunktion selbst.

Bild 8.5 Die Kurventeile in diesem Bild veranschaulichen das Verhalten der (reellen) Wellenfunktion in einem Bereich $W > V(x)$. In einem solchen Bereich haben die zweite Ableitung und die Wellenfunktion *entgegengesetzte* Vorzeichen. Vergleichen Sie die obigen Abbildungen mit denen aus Bild 8.4.

Stellen wir die Wellenfunktion über einen größeren Bereich dar, dann kann sie die Achse mehrere Male schneiden: Die Wellenfunktion oszilliert (Bild 8.5c).

14. Befassen wir uns schließlich mit dem Fall, daß $[W - V(x)] = 0$ über den *gesamten* Bereich gilt. (Dieser ganz spezielle Sonderfall kann nur dann auftreten, wenn die Funktion $V(x)$ des Potentials über den gesamten Bereich konstant ist.) Die zweite Ableitung der Wellenfunktion muß null sein. Somit ist die erste Ableitung eine Konstante. Die Wellenfunktion wird durch eine Gerade dargestellt, wie durch die Kurventeile in den Bildern 8.6a und 8.6b veranschaulicht wird.

Wir sollten hinzufügen, daß für ein Potential der Form wie in Bild 8.3 eine physikalisch sinnvolle Wellenfunktion und ihre erste Ableitung nicht im gleichen Punkt *beide* null werden können, denn dann müßte die Wellenfunktion selbst überall null sein. Diese Feststellung gilt in der Theorie einfacher Differentialgleichungen als Theorem. Aus diesem Grunde *berühren* die Kurventeile in den Bildern 8.4 bis 8.6 niemals die x-Achse, obwohl sie die Achse schneiden oder sich ihr asymptotisch nähern können.

15. Wir kennen jetzt das *lokale* Verhalten der Wellenfunktion. Mit diesem Wissen wollen wir das *allgemeine* Verhalten für *alle* Werte von x diskutieren, und zwar für eine Funktion des Potentials der in Bild 8.3 dargestellten Form. Für die Lösungen der Differentialgleichung (8.19) müssen nun die Bedingungen gelten, denen alle physikalisch sinnvollen Wellenfunktionen unterliegen.

Wir untersuchen zuerst – für Bild 8.3 – den Fall, daß die Energie die Bedingung $W > V_+$ erfüllt. Die mit W_1 bezeichnete gestrichelte Linie stellt diese Energie dar.

8.1 Quantisierung als Eigenwertproblem

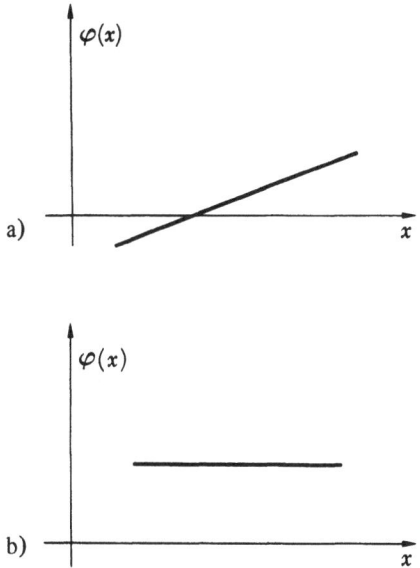

Bild 8.6 Die Kurventeile in den beiden obigen Abbildungen veranschaulichen das Verhalten der (reellen) Wellenfunktion in dem Bereich $W = V(x)$. Dies ist ein Sonderfall, der nur dann gegeben ist, wenn das Potential $V(x)$ in dem Bereich konstant ist. Die zweite Ableitung der Wellenfunktion ist dann Null, die Wellenfunktion selbst eine Gerade.

Dies ist eigentlich ein Sonderfall, da $[W - V(x)] > 0$ für alle x gilt. Die Lösungen weisen überall oszillierendes Verhalten auf, insbesondere bei $+\infty$ und $-\infty$. Dies gilt auch für den Fall, daß die Energie W niedriger als das Maximum des Potentials $V(x)$ ist, wenn $W > V_+$ gilt: Es handelt sich dann um ein Problem der Durchdringung des Potentialwalls. Wir können daher für *jedes* $W > V_+$ zwei linear unabhängige Lösungen bestimmen, die im Unendlichen oszillieren, und diese Lösungen beschreiben bewegte Teilchen (bzw. Wellen). Wir haben derartige Lösungen und ihre physikalische Interpretation bereits in Kapitel 7 diskutiert. Die Lösung für ein bestimmtes W ist nicht auf eins normiert, wir können aber normierbare Lösungen in Form einer (kontinuierlichen) Superposition der Lösungen für die laufenden Wellen konstruieren. In Abschnitt **51** von Kapitel 7 haben wir uns darauf geeinigt, diejenigen Lösungen, die einem bestimmten W entsprechen, als *unechte* Wellenfunktionen zu bezeichnen. Für alle $W > V_+$ erhalten wir somit *zwei* linear unabhängige unechte Wellenfunktionen. Diese Wellenfunktionen bzw. die normierten Wellenpakete, die wir daraus bilden können, beschreiben zum Beispiel ein links von der „Barriere" einfallendes Teilchen, das dann teilweise nach links reflektiert, teilweise nach rechts durch die Barriere durchgelassen wird. Genausogut kann das Teilchen natürlich auch von rechts kommen.

16. Als nächsten Fall betrachten wir $V_+ > W > V_-$. Hierbei gibt es rechts einen Bereich mit $[W - V(x)] < 0$

und links einen Bereich mit $[W - V(x)] > 0$. Diese Situation ist jener ähnlich, die wir in den Abschnitten **21** bis **25** in Kapitel 7 untersuchten. Im vorliegenden Fall ist nur *eine* der zwei linear unabhängigen Lösungen im rechten Bereich physikalisch sinnvoll: die Lösung, die gegen Null geht, wenn $x \to +\infty$ (dies ist zum Beispiel beim rechten Kurventeil in Bild 8.4 der Fall). Nach links hin zeigt diese Lösung im Bereich $[W - V(x)] > 0$ oszillierendes Verhalten. (Die Wellenfunktion und ihre erste Ableitung sind natürlich überall kontinuierlich, sonst wäre diese Wellenfunktion keine *allgemeine* Lösung der Schrödinger-Gleichung.) Für jedes W, für das $V_+ > W > V_-$ gilt, erhalten wir also *eine* (unechte) Wellenfunktion, die die Reflexion eines von links einfallenden Teilchens am Potential „hügel" beschreibt, genau wie in dem in Kapitel 7 untersuchten Problem.

17. Als nächstes untersuchen wir den Fall $V_- > W > V_0$. Der Energiewert W_3 ist ein Beispiel dafür (siehe gestrichelte Linie W_3 in Bild 8.7 und dem analogen Bild 8.3). In diesem Fall gibt es rechts einen Bereich und links einen Bereich, in denen $[W - V(x)] < 0$ gilt, und einen Bereich in der Mitte, in dem $[W - V(x)] > 0$ ist. Die zwei Randpunkte, die diese Bereiche voneinander trennen, sind die klassischen Wendepunkte; wir bezeichnen diese Punkte mit x_1 und x_2.

Links von x_1 muß sich die Wellenfunktion der x-Achse asymptotisch nähern und sich ähnlich wie der linke Kurventeil in Bild 8.4c verhalten (abgesehen vom Vorzeichen der Wellenfunktion, das jedoch irrelevant ist). Wenn die Wellenfunktion nicht ein derartiges Verhalten zeigt, müßte sie immer weiter ansteigen, wenn x gegen $-\infty$ geht. Eine monoton ansteigende Wellenfunktion ist physikalisch aber nicht annehmbar, die Wellenfunktion muß einem endlichen Grenzwert zustreben. Rechts von x_2 muß sich die Wellenfunktion wie der rechte Kurventeil in Bild 8.4c verhalten. Im mittleren Bereich zwischen x_1 und x_2 oszilliert die Wellenfunktion, es gibt daher in diesem Bereich zwei linear unabhängige und physikalisch akzeptable Lösungen. Das eigentliche Problem besteht nun darin, diese verschiedenen Arten von Lösungen so einander „anzupassen", daß wir eine physikalisch sinnvolle Wellenfunktion erhalten, die

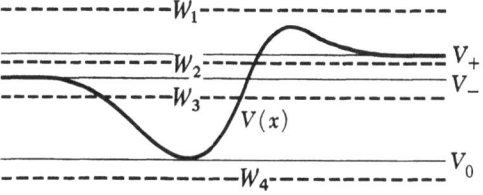

Bild 8.7 Um dem Leser das Zurückblättern zu ersparen und eine bessere Vergleichsmöglichkeit zu schaffen, ist hier Bild 8.3 nochmals dargestellt. Das Potential strebt gegen die konstanten Werte V_+ bzw. V_-, wenn x gegen $+\infty$ bzw. $-\infty$ geht. Die gestrichelten Linien deuten vier Energiewerte an, die die möglichen Fälle repräsentieren.

überall kontinuierlich ist und deren erste Ableitung ebenfalls überall kontinuierlich ist[1]). *Dies ist für ein beliebiges W nicht möglich: Eine physikalisch sinnvolle Lösung (die quadratisch integrierbar sein muß) gibt es nur für bestimmte diskrete Werte der Energie W. Jedem dieser Energiewerte entspricht ein gebundener stationärer Zustand des Systems.*

18. Anhand von Bild 8.8 ist dieses Phänomen leicht zu erklären. Nehmen wir einen beliebigen Energiewert an, für den $V_- > W > V_0$ gilt. Die physikalischen Bedingungen „links" erfüllen wir, indem wir eine Lösung wählen, die sich der x-Achse asymptotisch nähert, wenn x gegen $-\infty$ geht. Im Wendepunkt x_1 muß diese Lösung an die oszillierende Lösung zwischen x_1 und x_2 „angepaßt" werden. Da sowohl die Wellenfunktion als auch ihre erste Ableitung kontinuierlich sein muß, erhalten wir für diesen Bereich eine *eindeutige* Lösung. Diese Lösung muß nun an die Lösung rechts von x_2 „angepaßt" werden, und wir erhalten wiederum eine *eindeutige* Lösung rechts von x_2. Diese Lösung verhält sich nur dann ebenso wie der rechte Teil der Kurve in Bild 8.4c, wenn die Energie W gerade den richtigen Wert hat. Andernfalls entfernt sich die Kurve von der Achse nach oben oder nach unten, so daß die Gesamtlösung physikalisch nicht annehmbar ist (Bild 8.8). Die beiden Bedingungen, daß nämlich die Wellenfunktion links wie rechts abnehmen soll, sind im allgemeinen nicht vereinbar, *es sei denn*, die Energie W hat einen bestimmten Wert aus einer diskreten Menge von Werten. Diese Werte müssen alle größer als V_0 sein. Wir haben ja bereits festgestellt, daß es für $W < V_0$ überhaupt *keine* physikalisch akzeptablen Lösungen gibt.

Im Falle eines Potentials wie in Bild 8.7 bzw. Bild 8.3 besteht das Termschema also aus einer Menge diskreter Energieniveaus (die möglicherweise unbesetzt sind) zwischen V_0 und V_- und aus einem Kontinuum oberhalb der Energie V_-.

19. Im Bild 8.9 ist ein weiteres solches eindimensionales Problem wie das eben besprochene veranschaulicht. Derartige Probleme sind analytisch relativ einfach zu behandeln. Im vorliegenden Fall gilt $V_+ = V_-$, und die Funktion $V(x)$ des Potentials ist streckenweise konstant. Das zugehörige Termschema ist rechts im Bild gegeben: Unterhalb des Kontinuums gibt es also vier gebundene Zustände. Die Wellenfunktionen, die diesen gebundenen Zuständen entsprechen, sind links im Bild dargestellt. Die erste Wellenfunktion besitzt einen Extremwert (und keinen Knoten),

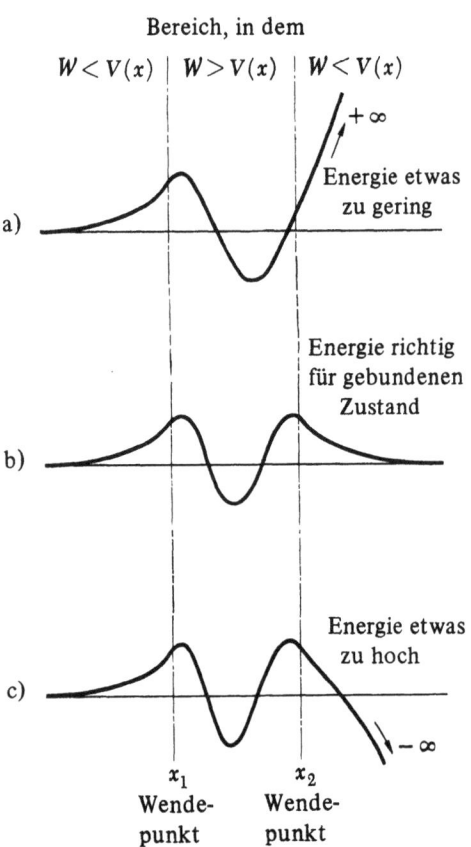

Bild 8.8 Schematische Darstellung des Verhaltens von Lösungen der Schrödinger-Gleichung. Diese Wellenfunktionen streben asymptotisch gegen Null, wenn x gegen $-\infty$ unendlich geht. Die drei Kurven sind die Lösungen für drei verschiedene Energiewerte. Wenn der Energiewert nicht „gerade passend" ist, streben die Lösungen gegen $+\infty$ bzw. $-\infty$, wenn x gegen $+\infty$ geht. Lösungen der Differentialgleichung, die Unendlichkeitsstellen haben, sind physikalisch nicht sinnvoll, sie sind keine Lösungen des Schrödinger-Problems. In Kurve b) hat die Energie „gerade den richtigen" Wert: Die Wellenfunktion strebt asymptotisch gegen Null, wenn x gegen $+\infty$ geht. Diese Kurve stellt die Wellenfunktion eines gebundenen Zustandes dar.

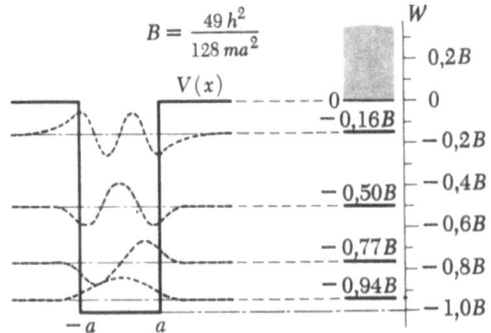

Bild 8.9 Ein Teilchen in einem Potentialtopf der Tiefe B. Dieses Bild beruht auf einem Beispiel aus *R. B. Leighton, Principles of Modern Physics*, p. 154 (McGraw-Hill Book Co., New York 1959). Links ist der Potentialtopf, rechts das zugehörige Termschema abgebildet. In diesem Fall gibt es vier gebundene Zustände (vier diskrete Energieniveaus). Die entsprechenden Eigenfunktionen sind links in der Funktion des Potentials eingezeichnet, wobei wieder das Energieniveau der x-Achse entspricht. Das Kontinuum beginnt am oberen Rand des Potentialtopfs und ist im Termschema durch Grautönung angedeutet.

---

[1]) Diese „Anpassung" wird in der *allgemeinen* Lösung der Wellengleichung automatisch erreicht.

8.1 Quantisierung als Eigenwertproblem

die zweite Wellenfunktion besitzt zwei Extremwerte (und einen Knoten), und die vierte Wellenfunktion, die dem höchsten *diskreten* Energieniveau entspricht, hat vier Extremwerte (und drei Knoten). Im Falle eines tieferen Potentialtopfes gäbe es mehr gebundene Zustände, und im Extremfall eines unendlich tiefen Potentialtopfes (vgl. Abschnitt 4) gibt es unendlich viele gebundene Zustände. Vergleichen Sie die Termschemata in Bild 8.1b und in Bild 8.9: Die Lage der ersten vier gebundenen Zustände ist in beiden Fällen ähnlich, wenn auch nicht identisch.

Es wäre vielleicht ganz interessant zu versuchen, die gebundenen Zustände für die in Bild 8.9 dargestellte Situation zu bestimmen, was keineswegs ein schwieriges Problem ist.

Wir haben nun aufgrund der Schrödinger-Theorie eine Erklärung dafür gefunden, warum ein quantenmechanisches System gebundene Zustände besitzt und warum die möglichen Energiewerte im allgemeinen oberhalb einer bestimmten Grenze ein Kontinuum bilden. Der Beginn des Kontinuums ist ganz einfach durch die Energie gegeben, oberhalb der das System dissoziieren kann. In unserem einfachen Beispiel heißt das: Das Teilchen kann sich dann weit außerhalb des „Zentralbereichs" wie ein sich ausbreitendes Wellenpaket verhalten.

20. Als nächstes wollen wir uns damit befassen, wie man das Phänomen erklären könnte, daß es auch *oberhalb* des Kontinuumbeginns diskrete Energieniveaus geben kann (vgl. **Abschnitt 38** in Kapitel 3 und das Termschema in Bild 3.27).

Wir betrachten eine Situation, wie sie durch das Potential in Bild 8.10 gegeben ist, als eindimensionales Problem. Dieses Problem unterscheidet sich von dem in Bild 8.9 nur dadurch, daß das Potential außerhalb des Potentialtopfes nicht konstant bleibt, sondern (in einiger Entfernung vom Potentialtopf) in einer Stufe auf den Wert $-B_\infty$ abfällt und dann konstant diesen Wert beibehält.

Nach unserer Theorie wird das Kontinuum in diesem Fall bei der Energie $-B_\infty$ beginnen, wie es im Termschema in Bild 8.10 rechts angedeutet ist. Für nicht zu kleine b gibt es drei gebundene Zustände. Die zugehörigen Energieniveaus W_1, W_2, W_3 liegen sehr ähnlich wie die ersten drei Energieniveaus im Termschema in Bild 8.9, wenn nur die Konstante b *groß* ist, d.h., wenn die beiden Potentialwälle in Bild 8.10 sehr dick sind. Beschränken wir unsere Überlegungen auf den Fall eines sehr großen b. Wäre b unendlich groß, dann wäre das Problem aus Bild 8.10 mit dem aus Bild 8.9 identisch. Das Kontinuum würde bei der Energie null beginnen, und es wäre ein vierter gebundener Zustand bei der Energie W_4 vorhanden. Für ein endliches b, wie groß es auch immer ist, gibt es jedoch nur drei streng stationäre Zustände, und das Kontinuum beginnt bei $-B_\infty$. Nehmen wir jedoch einmal folgendes an. Die Breite des Potentialtopfes ist gleich dem typischen Atomdurchmesser, seine Tiefe von der Größenordnung 10 eV das Teilchen soll ein Elektron und b soll größer als ein Kilometer sein. Unter diesen Bedingungen können wir uns nur schwer vorstellen, daß die Situation in Bild 8.10 sich wirklich von der Situation in Bild 8.9 unterscheidet. Wir werden sofort sagen, daß das Teilchen sich in der *Nähe* des Potentialtopfes in beiden Fällen sehr ähnlich verhalten wird. Daher erwarten wir auch, daß der im Termschema in Bild 8.9 vorhandene vierte gebundene Zustand ebenfalls irgendwie in dem Problem nach Bild 8.10 auftreten müßte. Eine sorgfältige mathematische Untersuchung der Situation, die wir hier nicht durchführen können, bestätigt diese Vermutung. Wir wollen jedoch wenigstens die wesentlichen Züge einer solchen Analyse andeuten.

21. Wir vergleichen das zeitliche Verhalten einer bestimmten Schrödinger-Wellenfunktion $\psi(x, t)$ in den beiden Fällen. Angenommen, zur Zeit $t = 0$ ist die Wellenfunktion identisch mit der vierten Eigenfunktion aus Bild 8.9, was einem vierten Energieniveau $W_4 \approx -0{,}16\,B$ entspricht. Es gilt demnach

$$\psi(x, 0) = \varphi_4(x),\qquad(8.20)$$

wobei die Wellenfunktion $\varphi_4(x)$ diejenige Wellenfunktion ist, die in Bild 8.9 durch die gestrichelte Kurve im Energieniveau W_4 dargestellt ist. Diese gleiche Wellenfunktion ist auch in Bild 8.10 durch eine gestrichelte Kurve wiedergegeben. Beachten Sie, daß diese Wellenfunktion außerhalb des Potentialtopfes rasch gegen Null geht.

Für das Problem nach Bild 8.9 können wir leicht die zeitabhängige Schrödinger-Gleichung (8.2) unter Berücksichtigung der Anfangsbedingung (8.20) lösen. Da $\varphi_4(x)$

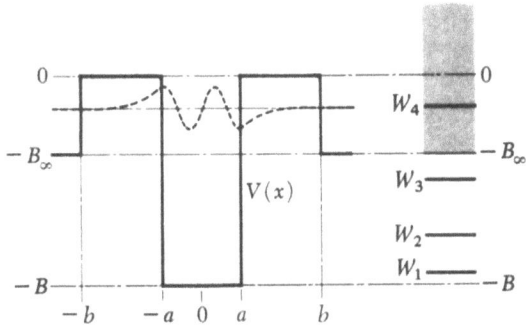

Bild 8.10 In diesem Bild ist die Situation aus Bild 8.9 modifiziert dargestellt. Innerhalb des Intervalls $(-b, +b)$ sind die Funktionen des Potentials in beiden Bildern identisch. Außerhalb dieses Intervalls hat das obige Potential jedoch den konstanten Wert $-B_\infty < 0$. In diesem Fall beginnt das Kontinuum daher bei $-B_\infty$, und es gibt nur drei streng stationäre Zustände. Wenn jedoch b sehr groß ist – das würde einem sehr dicken Potentialwall entsprechen – dann existiert ein vierter, *nahezu* stationärer Zustand. Dieses *virtuelle Energieniveau* ist im Bild mit W_4 bezeichnet. Es entspricht dem vierten stationären Niveau aus Bild 8.9.

eine Eigenfunktion des Schrödinger-Differentialoperators ist, erhalten wir einfach

$$\psi(x, t) = \varphi_4(x) \exp\left(-\frac{itW_4}{\hbar}\right), \quad (8.21)$$

wodurch die stationäre Natur von $\psi(x, t)$ ausgedrückt wird. Wir können nun die Wahrscheinlichkeit $P(t)$ dafür bestimmen, daß das Teilchen sich *im* Potentialtopf befindet:

$$P(t) = \int_{-a}^{a} dx \, |\psi(x, t)|^2 = P(0). \quad (8.22)$$

Diese Wahrscheinlichkeit ist, wie wir sehen, von der Zeit t unabhängig, wodurch nochmals die stationäre Natur der Wellenfunktion $\psi(x, t)$ gezeigt wird. Das Integral in Gl. (8.22) erstreckt sich nur über den Potentialkopf von $-a$ bis a.

22. Wenn wir nun das gleiche Problem für die Situation aus Bild 8.10 betrachten (d.h. mit der gleichen Anfangsbedingung (8.20)), dann stellen wir fest, daß die Lösung *nicht* die Form (8.21) hat; wir könnten jedoch sagen, daß sie wenigstens angenähert diese Form zeigt. Bestimmen wir tatsächlich die zeitunabhängige Wellenfunktion $\psi(x, t)$ für die Situation aus Bild 8.10 und berechnen wir die Wahrscheinlichkeit $P(t)$ dafür, daß sich das Teilchen *im* Potentialtopf befindet, dann können wir damit zeigen, daß sich statt Gl. (8.22) eine Näherungsbeziehung der Form

$$P(t) = \int_{-a}^{a} dx \, |\psi(x, t)|^2 \approx P(0) \exp\left(-\frac{t}{T}\right) \quad (8.23)$$

ergibt, wobei T eine positive Konstante ist. Wir weisen nochmals darauf hin, daß Gl. (8.23) eine *Näherung* ist: Diese Näherung gilt nur für nicht „zu große" Zeiten t. Eine detaillierte Herleitung dieses Ergebnisses würde hier zu weit führen, doch wollen wir zumindest zeigen, daß es vernünftig ist.

Das Ergebnis (8.23) ist folgendermaßen zu interpretieren: Befindet sich das Teilchen zur Zeit $t = 0$ „im Potentialtopf" und besitzt es zu dieser Zeit eine Energie etwa gleich W_4, dann wird dieses Teilchen in der Folge aus dem Potentialtopf heraussickern. Ist T groß – das ist der Fall, wenn b groß ist –, dann braucht das Teilchen lange zum Heraussickern, der Zustand ist *annähernd stationär*. Die Zeit T ist die mittlere Lebensdauer des Zustands. Lassen wir b gegen unendlich gehen, dann geht auch T gegen unendlich: Der Zustand ist *streng stationär*, wie bei dem Problem aus Bild 8.9. Lassen wir b gegen a gehen, so wird T kleiner; im Grenzübergang $b = a$ verliert der „Zustand" der Energie W_4 als quasi-stationärer Zustand seine Bedeutung.

Angesichts dieses Ergebnisses ist es gerechtfertigt, das vierte Energieniveau W_4 im Termschema von Bild 8.10 *in* das Kontinuum zu legen: Dieser Zustand entspricht nur einem angenähert stationären Zustand. Die zu solchen Zuständen gehörenden Niveaus werden oft als *virtuelle* Energieniveaus bezeichnet.

Beziehung (8.23) kann qualitativ als Ergebnis eines Tunneleffekts – ähnlich den Effekten bei der Durchdringung des Potentialwalls, die wir in Kapitel 7 diskutierten – erklärt werden. Wenn wir uns nur auf die klassische Mechanik stützen, dann müßten wir behaupten, daß ein Teilchen der Energie W_4 den Potentialtopf nie verlassen kann. Die Quantenmechanik zeigt jedoch, daß dem nicht so ist: Das Teilchen kann durch die Potentialwälle beiderseits des Potentialtopfes durchsickern. Je dicker diese Potentialwälle sind, um so länger dauert dies, und um so größer ist demzufolge die Konstante T. Bei einem sehr großen T muß das Teilchen erst sehr oft im Potentialtopf hin und her geworfen werden; es verhält sich daher angenähert wie in einem stationären Zustand.

23. In unseren Überlegungen über die Bestimmung stationärer Zustände handelte es sich bis jetzt nur darum, eine oszillierende Wellenfunktion zwischen zwei klassische Wendepunkte einzupassen. Für den Grundzustand besitzt die Wellenfunktion ein Maximum und keinen Knoten. Im nächsten Zustand hat die Wellenfunktion zwei Extremwerte und einen Knoten. Allgemein gilt die Feststellung, daß die dem m-ten Zustand entsprechende Wellenfunktion m Extremwerte und $(m - 1)$ Knoten hat. Wir wollen nun die Quantenzahl n zur Bezeichnung der stationären Zustände verwenden; n ist die Anzahl von Knoten (Nullpunkten) der Wellenfunktion. Dem Grundzustand wird also die Quantenzahl $n = 0$ zugeordnet, dem n-ten angeregten Zustand die Quantenzahl n. Die der Quantenzahl n entsprechende Wellenfunktion hat somit $(n + 1)$ Extremwerte.

Versuchen wir nun, eine Methode zu finden, mit der wir die Energieniveaus eines Teilchens in einer Potential„mulde" angenähert bestimmen können. Bei dieser Untersuchung stützen wir uns auf Bild 8.11, in dem ein für ein solches Problem typisches Potential dargestellt ist.

Die dicke durchgezogene Kurve stellt das Potential dar. Die dicke gestrichelte Linie gibt die Energie W_6 des sechsten angeregten Zustands an, und die oszillierende gestrichelte Kurve ist die entsprechende Wellenfunktion. Diese ist nur zwischen den Wendepunkten x_1 und x_2 [die durch $V(x_1) = V(x_2) = W_6$ definiert sind] eingezeichnet. Außerhalb dieses Intervalls nähert sich die Wellenfunktion asymptotisch der x-Achse.

24. Versuchen wir, eine Wellenfunktion der in Bild 8.11 dargestellten Form durch folgenden Ausdruck darzustellen:

$$\varphi(x) = A(x) \sin[f(x)]. \quad (8.24)$$

8.1 Quantisierung als Eigenwertproblem

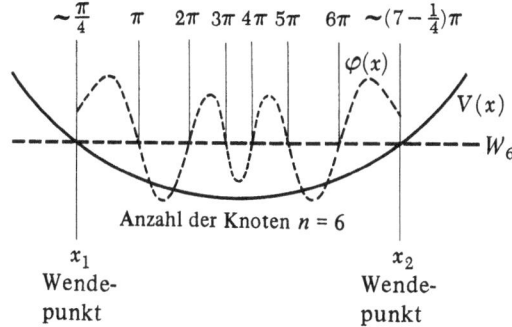

Bild 8.11 Veranschaulichung der sogenannten WKB-Näherungsmethode zur Bestimmung stationärer Zustände. Den $(n+1)$-ten Zustand, d.h. den n-ten angeregten Zustand, finden wir, indem wir die Energie W so wählen, daß $(n+1)$ „Halbwellen" zwischen den klassischen Wendepunkten liegen. Die „lokale Wellenlänge" in einem Punkt hängt von der Gesamtenergie und vom Potential in dem betreffenden Punkt ab.

Die ausgezogene Kurve ist das Potential, die gestrichelte Kurve stellt die Wellenfunktion (zwischen den Wendepunkten) für den sechsten angeregten Zustand dar. Oberhalb der Wendepunkte und oberhalb der Knoten sind die entsprechenden Phasenwerte $f(x)$ angegeben. In diesem speziellen Fall beträgt die gesamte Phasenänderung (zwischen den Wendepunkten) $\Delta f \approx (n + \frac{1}{2})\pi = (6 + \frac{1}{2})\pi$.

$A(x)$ ist eine positive Amplitude, $f(x)$ eine Funktion der Phase, die monoton mit x zunimmt. Jedesmal, wenn die Phasenfunktion $f(x)$ den Wert $k\pi$ annimmt – k ist eine ganze Zahl – hat die Wellenfunktion einen Knoten. Betrachten wir die Änderung Δf der Phasenfunktion zwischen den Wendepunkten

$$\Delta f = f(x_2) - f(x_1) \,. \tag{8.25}$$

Aus Bild 8.11 ersehen wir, daß für die hier dargestellte Wellenfunktion die Phasenänderung etwa $(6 + 1/2)\pi$ beträgt. Aufgrund dieses recht suggestiven Ergebnisses wollen wir *annehmen,* daß die Wellenfunktion für den n-ten angeregten Zustand zwischen den beiden Wendepunkten eine Phasenänderung [Änderung der Phasenfunktion $f(x)$] von

$$\Delta f_n \approx \left(n + \frac{1}{2}\right)\pi \tag{8.26}$$

aufweist.

Die Annahme (8.26) wird zur Vereinfachung getroffen – damit eine Formel zur Verfügung steht. Wenn wir exakter vorgehen wollen, könnten wir eine *Ungleichung* aufstellen:

$$(n+1)\pi \geqslant \Delta f_n > n\pi \,. \tag{8.27}$$

Diese können Sie leicht einsehen, wenn Sie sich nochmals Bild 8.1c anschauen: In diesem Falle wurde der obere Grenzwert aus der Ungleichung (8.27) genommen, während

für den dritten angeregten Zustand von Bild 8.9 der untere Grenzwert näherliegen würde. Die Beziehung (8.26) stellt daher einen Kompromiß dar.

25. Als nächstes wollen wir versuchen, einen Näherungsausdruck für die Phasenänderung einer Wellenfunktion als Funktion der Energie W zu finden. Wir betrachten zuerst einen Bereich, in dem das Potential konstant ist, nämlich gleich V. In einem solchen Bereich hat die Wellenfunktion – wenn $W > V$ gilt – die Form

$$\varphi(x) = A \sin\left[(x - x_0)\frac{p}{\hbar}\right], \tag{8.28}$$

wobei A und x_0 Konstanten sind und

$$p = \sqrt{2m(W-V)} \tag{8.29}$$

gilt. Ein Vergleich der Gl. (8.28) mit Gl. (8.24) führt zu

$$f(x) = (x - x_0)\left(\frac{p}{\hbar}\right). \tag{8.30}$$

Gehen wir um eine Strecke dx nach rechts, dann ändert sich hierbei die Phase um df:

$$df = \left(\frac{p}{\hbar}\right) dx = \frac{1}{\hbar}\sqrt{2m(W-V)}\,dx \,. \tag{8.31}$$

Nun wenden wir Gl. (8.31) als *Näherungsausdruck* für die Phasenänderung mit x in einem Fall an, bei dem $V(x)$ *nicht* konstant ist. Diese Näherung trifft um so besser zu, je langsamer das Potential sich mit dem Ort x ändert. Im Rahmen dieser Näherung ergibt sich die *gesamte* Phasenänderung zwischen den beiden Wendepunkten x_1 und x_2 zu

$$\Delta f = \int_{x_1}^{x_2} \frac{df}{dx}\,dx \approx \frac{1}{\hbar}\int_{x_1}^{x_2} dx\,\sqrt{2m[W-V(x)]}\,. \tag{8.32}$$

Wir wenden nun diese Beziehung auf den $(n+1)$-ten stationären Zustand der Energie $W = W_n$ an. Die Gesamtphasenänderung wird aber angenähert *auch* durch Gl. (8.26) gegeben; wenn wir diese beiden Ausdrücke für die Phasenänderung gleichsetzen, erhalten wir

$$\int_{x_1}^{x_2} dx\,\sqrt{2m[W_n - V(x)]} \approx \left(n + \frac{1}{2}\right)\pi\hbar \,. \tag{8.33}$$

26. Beziehung (8.33) kann zur Bestimmung der Energie W_n des $(n+1)$-ten stationären Zustandes herangezogen werden. Dazu müssen wir aber erst die Wendepunkte x_1 und x_2 als Funktion des Energieparameters W ausdrücken, indem wir die Gleichungen

$$V(x_1) = V(x_2) = W, \quad x_2 > x_1 \tag{8.34}$$

lösen.

Die Lösung bezeichnen wir mit $x_1(W)$ bzw. $x_2(W)$. Als nächstes bestimmen wir das Integral

$$g(W) = \int_{x_1(W)}^{x_2(W)} dx \sqrt{2m[W - V(x)]}, \quad (8.35)$$

wodurch wir zu einer Funktion $g(W)$ von W kommen. Die Energie W_n erhalten wir schließlich als Lösungen der Gleichung

$$g(W) = \left(n + \frac{1}{2}\right)\pi\hbar, \quad (8.36)$$

wobei $n = 0, 1, 2, \ldots$.

Diese Näherungsmethode, mit der wir eben die Energieniveaus eines Teilchens in einer „Potentialmulde" wie in Bild 8.11 bestimmen, ist als die *WKB-Methode* bekannt[1]). In vielen Fällen liefert sie recht genaue Ergebnisse und ist immer nützlich, wenn wir nur eine ungefähre Vorstellung von der Lage der Niveaus gewinnen wollen. Diese Näherung ist in ihrer Art ziemlich ähnlich der Näherung, die wir in Kapitel 7 zur Ableitung der Gl. (7.46) für den Transmissionskoeffizienten einer Potentialbarriere anwandten: In beiden Fällen kommt die gleiche Art von Integralen vor.

Es ist interessant, daß unsere Gl. (8.33), die wir im Rahmen der Wellenmechanik ableiteten, mit der sogenannten Bohr-Sommerfeldschen Quantenbedingung der alten Bohrschen Theorie *identisch* ist. Wir verstehen nun erst, warum sich die Bohrsche Theorie in einigen Fällen als so zutreffend erwies und warum sie in anderen Fällen grob versagt: Gl. (8.33) gilt nicht streng, sie ist nur eine Näherung.

8.2 Der harmonische Oszillator. Schwingungs- und Rotationsanregung von Molekülen

27. Wir wenden nun unsere Näherungsmethode auf eines der wichtigsten Eigenwertprobleme an: die Bestimmung der Energieniveaus eines eindimensionalen harmonischen Oszillators. Bei diesem Problem ist das Potential $V(x)$ durch

$$V(x) = \frac{K}{2}x^2 \quad (8.37)$$

gegeben, wobei K die „Federkonstante" ist. Ist die Masse des Teilchens m, dann ist die Kreisfrequenz der Schwingung in der klassischen Mechanik

$$\omega_0 = \sqrt{\frac{K}{m}}. \quad (8.38)$$

Um die in Abschnitt 26 beschriebene Quantisierung durchführen zu können, müssen wir erst die Wendepunkte bestimmen. Sie liegen relativ zum Ursprung symmetrisch, wir können also $x_1 = -x_0$, $x_2 = x_0$ setzen, wobei nach Gl. (8.34)

$$x_0(W) = \sqrt{\frac{2W}{K}}, \quad W = \frac{K}{2}x_0^2 \quad (8.39)$$

gilt.

Dann bestimmen wir die Funktion $g(W)$, die wie in Gl. (8.35) durch

$$g(W) = \int_{x_1}^{x_2} dx \sqrt{2m[W - V(x)]}$$

$$= \int_{-x_0}^{x_0} dx \sqrt{Km(x_0^2 - x^2)} \quad (8.40)$$

definiert ist.

Nun führen wir durch $x = x_0 \sin\theta$ eine neue Integrationsvariable θ ein und erhalten

$$g(W) = 2\sqrt{Km}\, x_0^2 \int_0^{\pi/2} d\theta \cos^2\theta = \pi W \sqrt{\frac{m}{K}}. \quad (8.41)$$

Hier haben wir mittels Gl. (8.39) x_0 eliminiert. Wenn wir diesen Ausdruck für $g(W)$ in Gl. (8.36) einsetzen, dann erhalten wir das höchst einfache Ergebnis

$$W_n = \left(n + \frac{1}{2}\right)\hbar\omega_0 \quad (8.42)$$

für die Energie W_n des $(n+1)$-ten stationären Zustands des harmonischen Oszillators, wobei $n = 0, 1, 2, \ldots$ eine beliebige, nichtnegative ganze Zahl ist.

28. Wir stellen fest, daß die strenge Lösung der Schrödinger-Gleichung (8.3) für einen harmonischen Oszillator, d.h. für eine Funktion des Potentials wie Gl. (8.37), *genau* das Ergebnis (8.42) liefert.

Wir befassen uns im Rahmen dieses Buches nicht mit der Lösung spezieller Fälle der Schrödinger-Gleichung. Auch das Problem des harmonischen Oszillators werden wir nicht streng lösen. Es ist ein bemerkenswerter „Zufall", daß unsere Näherungsmethode tatsächlich das richtige Ergebnis liefert, was wir eigentlich kaum erwarten durften.

In Bild 8.12 ist links das Termschema und rechts die Funktion des Potentials eines harmonischen Oszillators dargestellt. Beachten Sie die charakteristisch gleichen Abstände zwischen den Niveaus. In diesem Bild wurde der Boden des Potentialtopfes als Nullpunkt der Energie gewählt, was wir in jedem Fall ganz nach Belieben tun können.

---

[1]) Benannt nach *G. Wentzel*, *H. A. Kramers* und *L. Brillouin*. Siehe *H. A. Kramers*, „Wellenmechanik und halbzahlige Quantisierung", *Zeitschrift für Physik* **39**, 828 (1926)

8.2 Der harmonische Oszillator. Schwingungs- und Rotationsanregung von Molekülen

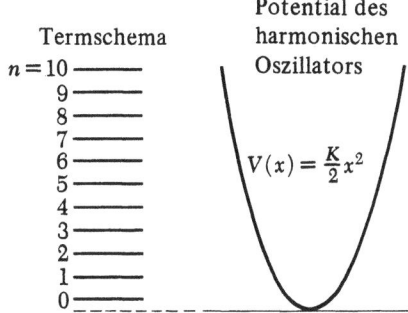

Bild 8.12 Das Potential (rechts) und das Termschema (links) eines harmonischen Oszillators. Bezogen auf den Boden des „Potentialtopfs" ist die Energie des $(n+1)$-ten Niveaus gleich $W_n = (n+\frac{1}{2})\hbar\omega_0$, wobei ω_0 die klassische Frequenz ist. Die WKB-Methode liefert das gleiche Ergebnis wie die strenge Theorie.

Ist das oszillierende Teilchen ein Ladungsträger, werden zwischen den einzelnen Energieniveaus Strahlungsübergänge stattfinden: Ziehen wir Strahlungsprozesse in Betracht, dann sind diese Energieniveaus für $n>0$ nicht mehr als absolut stabil anzusehen. Man kann nachweisen, daß die Auswahlregel für *elektrische Dipolübergänge* besagt, daß n sich um eins ändern muß. Das emittierte Quant muß dementsprechend bei *jedem* Übergang dieser Art die klassische Frequenz ω_0 besitzen. Diese Aussage ergibt sich aufgrund der klassischen Theorie.

29. Die Theorie des harmonischen Oszillators ist in der Physik von großer Bedeutung: Die Bewegungsgleichungen sehr vieler, zueinander scheinbar beziehungsloser physikalischer Systeme sind nämlich formell den Bewegungsgleichungen eines Systems von harmonischen Oszillatoren gleich, die miteinander nur in sehr schwacher Wechselwirkung stehen. In erster Näherung wird die Wechselwirkung zwischen den Oszillatoren vernachlässigt, so daß dann die Quantentheorie derartiger Systeme der analytisch sehr einfachen Theorie eines Systems vollkommen unabhängiger harmonischer Oszillatoren in mathematischer Hinsicht gleichgesetzt werden kann. Ein System vollkommen unabhängiger harmonischer Oszillatoren ist deshalb so einfach zu behandeln, weil jeder Oszillator so schwingt, als wären die übrigen nicht vorhanden: Können wir also *einen* derartigen Oszillator beschreiben, dann ist dies für jede beliebige Anzahl von Oszillatoren genausogut möglich.

Beispiele für derartige Systeme sind unter anderem das elektromagnetische Feld, ein elastisch schwingender Festkörper und viele Quantenfelder. Außerdem besitzen alle Moleküle Schwingungszustände, die in sehr guter Näherung im Rahmen einer Theorie der harmonischen Oszillatoren beschrieben werden können. Ganz allgemein können wir feststellen, daß die Theorie harmonischer Oszillatoren für Systeme angewendet werden kann, für die *lineare* oder *angenähert lineare* Bewegungsgleichungen gelten.

30. Bild 8.13 veranschaulicht die angenähert harmonische Natur eines wirklichen linearen Molekularoszillators, nämlich des Wasserstoffmoleküls. Dieses Molekül besitzt Anregungszustände, bei denen die beiden Protonen gegeneinander schwingen. Diese Schwingungszustände können durch ein effektives interatomares Potential (im Bild 8.13 rechts) erklärt werden. In dem Diagramm ist die potentielle Energie (in eV) des Systems als Funktion des Atomabstands dargestellt. Theoretisch verstehen wir dieses effektive Potential und seine Abhängigkeit vom Abstand zwischen den Kernen recht gut. Wir werden uns im nächsten Abschnitt mit diesem Potential befassen. Wenn wir die Schwingungszustände des Wasserstoffmoleküls oder eines anderen zweiatomigen Moleküls untersuchen, werden wir also zuerst das effektive Potential bestimmen und dann die eindimensionale Schrödinger-Gleichung für dieses Potential lösen, um die Energieniveaus der Schwingungszustände zu finden.

Wie in Bild 8.13 wurde der Boden des Potentialtopfes als Nullpunkt der Energie gewählt. Wir können annehmen, daß das Potential gegen Unendlich geht, wenn der atomare Abstand r gegen Null strebt. Geht jedoch r gegen Unendlich, strebt das Potential einem endlichen Grenzwert zu, in unserem Bild 4,8 eV. Bei dieser Energie dissoziiert das Molekül: Das Kontinuum beginnt, wie aus dem Termschema links im Bild zu ersehen ist. Das interatomare Potential ist daher nicht mit dem Potential eines harmonischen Oszillators identisch; in nicht zu großer Entfernung über dem Boden des Potentialtopfes hat die Kurve jedoch

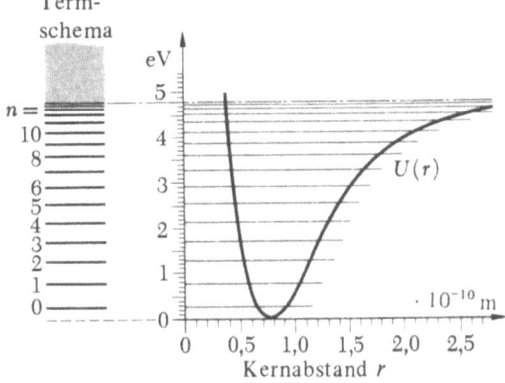

Bild 8.13 Rechts im Bild ist das effektive internukleare Potential $U(r)$ eines Wasserstoffmoleküls dargestellt und links das entsprechende Termschema. In den niedrigsten angeregten Zuständen verhält sich das Molekül wie ein harmonischer Oszillator. Die Potentialkurve hat in der Nähe des Minimums angenähert die Form einer Parabel, die niedrigsten Niveaus haben etwa die gleiche Lage wie die eines harmonischen Oszillators (vgl. Bild 8.12). Mit zunehmendem Kernabstand strebt das Potential einem konstanten Wert zu. Im Termschema beginnt in diesem Niveau das Kontinuum, das entspricht einer Dissoziation des Moleküls.

Das Potential $U(r)$ beschreibt nicht eine „neue" Kraft: Es stellt vielmehr nichts anderes als die elektromagnetische Kraft dar.

angenähert die Form einer Parabel. Tatsächlich hat jede glatte Kurve mit einem Minimum und einer im Minimum nichtverschwindenden zweiten Ableitung in der Nähe des Minimums „angenähert Parabelform". Wir können daher erwarten, daß sich das System bei nicht zu hoher Anregung *annähernd* wie ein harmonischer Oszillator verhält. Der Unterschied zwischen einem echten harmonischen Oszillator und einem angenähert harmonischen Oszillator wird durch einen Vergleich der Bilder 8.12 und 8.13 deutlich. Die Energieniveaus haben im Termschema in Bild 8.13 *nicht* gleiche Abstände, doch für die unteren Anregungszustände sind sie angenähert gleich groß. Außerdem gibt es für ein Molekül nur eine *endliche* Anzahl von Schwingungszuständen.

Die Dissoziationsenergie eines Moleküls ist die Energie, die ihm im Grundzustand zugeführt werden muß, damit es dissoziiert. Aus Bild 8.13 ersehen wir, daß die Dissoziationsenergie des Wasserstoffmoleküls etwa 4,5 eV beträgt: Dies ist der Energieunterschied zwischen der unteren Grenze des Kontinuums und dem Grundzustand.

Befindet sich das Molekül im Grundzustand, dann beträgt der mittlere Abstand zwischen den Kernen (Protonen) etwa 0,075 nm: Die Wellenfunktion für den Grundzustand ist deutlich um den Wert von r konzentriert, bei dem das Minimum des Potentials liegt.

31. Wir wollen nun die Bedeutung des effektiven interatomaren Potentials (rechts im Bild 8.13) untersuchen. Zu diesem Potential gelangen wir über eine Näherungsmethode zur Untersuchung der Molekularstruktur, die als Born-Oppenheimer-Näherung bekannt ist. Sie beruht auf folgender Überlegung: Da die Kerne (Protonen) eine so viel größere Masse als die Elektronen haben, bewegen sie sich im Molekül mit einer Geschwindigkeit, die verglichen mit der der Elektronen sehr gering ist. In *erster* Näherung können wir annehmen, daß sich die Kerne überhaupt nicht bewegen, sondern einen konstanten Abstand r_0 voneinander beibehalten. Als Beispiel dient uns wieder das Wasserstoffmolekül, doch gelten ähnliche Überlegungen auch für andere Moleküle. Das Problem, das in dieser ersten Näherung zu lösen ist, besteht in der Bestimmung des Grundzustandes der beiden Elektronen im elektrostatischen Feld der zwei Protonen. Wir lösen dieses Problem zunächst für einen beliebigen Kernabstand r und erhalten damit die Energie $U(r)$ des Grundzustandes des *Systems*, d.h. einschließlich der elektrostatischen Abstoßungsenergie zwischen den zwei Protonen, als Funktion von r. Für sehr kleine r ist die Energie $U(r)$ groß und positiv, weil die elektrostatische Abstoßungsenergie der zwei Protonen gegen $+\infty$ geht, wenn der Kernabstand r gegen Null geht. Für sehr große r strebt die Energie $U(r)$ einem konstanten Wert U_∞ zu, nämlich der Energie des Grundzustands der beiden Wasserstoffatome, wenn diese unendlich weit voneinander entfernt sind. Für einen Bereich von Werten r gilt $U(r) < U_\infty$, wie aus dem Bild 8.13 zu entnehmen ist. Die Funktion $U(r)$ besitzt im Punkt $r_0 \approx 0{,}075$ nm ein Minimum. Die niedrigste für das Molekül mögliche Energie ist somit $U(r_0)$ (unter der Annahme, daß die Protonen sich nicht bewegen); im ersten Schritt der Born-Oppenheimer-Näherung wird diese Energie der Grundzustandsenergie des Moleküls gleichgesetzt.

32. Die Protonen bewegen sich aber doch: Im nächsten Schritt der Born-Oppenheimer-Näherung wird dieser Näherung Rechnung getragen. Dabei wird angenommen, daß die Protonen um den „Gleichgewichtsabstand" r_0 gegeneinander schwingen. Bei dieser (langsamen) Oszillation (die natürlich quantenmechanisch beschrieben werden muß) wird die effektive potentielle Energie durch die Funktion $U(r)$ gegeben, die im ersten Schritt der Näherung bestimmt wurde.

Die Funktion $U(r)$ stellt also die effektive potentielle Energie im zweiten Schritt der Born-Oppenheimer-Näherung dar, bei dem die Oszillation der zwei Protonen *gegeneinander* berücksichtigt wird. Die *fundamentale* Wechselwirkung, mit der die Molekularstruktur erklärt werden kann, besteht also aus der elektrostatischen Wechselwirkung zwischen den vier geladenen Teilchen im Wasserstoffmolekül. Das effektive Potential $U(r)$ ist eine Folge dieser fundamentalen Wechselwirkung, beschreibt also keinerlei *neuartige* Kraft. Es ist nichts anderes als die elektrostatische Kraft in nicht sofort durchschaubarer Form, *darüber müssen Sie sich im klaren sein.*

33. Es würde über den Rahmen dieses Buches hinausgehen, wollten wir $U(r)$ explizit bestimmen. Wir wollen jedoch rein qualitativ untersuchen, warum $U(r)$ überhaupt ein Minimum haben kann. Dabei müssen wir von der Voraussetzung ausgehen, daß es Konfigurationen der Teilchen im *Molekül* gibt, für die die elektrostatische Energie kleiner (d.h. negativer) ist als für zwei unendlich weit voneinander entfernte Wasserstoffatome, obwohl die Elektron-Proton-Abstände beim Molekül nicht kleiner als beim Atom sind. Diese Voraussetzung ist sicherlich eine notwendige, jedoch nicht hinreichende Bedingung für die molekulare Bindung.

Sehen wir uns zum Beispiel die Konfiguration in Bild 8.14 an: Hier befinden sich die zwei Elektronen und die zwei Protonen an den Scheitelpunkten eines Quadrats der Seitenlänge a. Die Linien sollen die elektrostatischen Wechselwirkungen zwischen den sechs Teilchenpaaren andeuten. Für diese spezielle Konfiguration ist die gesamte elektrostatische potentielle Energie W'_{pot} durch

$$W'_{\text{pot}} = +2\frac{1}{4\pi\epsilon_0}\frac{e^2}{a\sqrt{2}} - 4\frac{1}{4\pi\epsilon_0}\frac{e^2}{a} = \frac{1}{4\pi\epsilon_0}\frac{e^2}{a}(\sqrt{2}-4)$$
(8.43)

gegeben.

8.2 Der harmonische Oszillator. Schwingungs- und Rotationsanregung von Molekülen

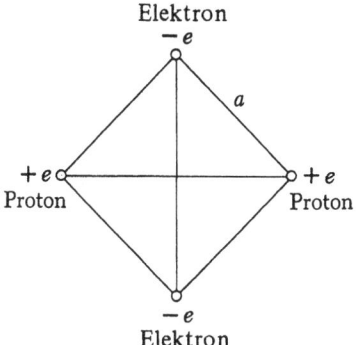

Bild 8.14 Ist $a = a_0$, dann ist bei der abgebildeten Konfiguration die *potentielle* Energie kleiner als die gesamte potentielle Energie zweier Wasserstoffatome in sehr großer gegenseitiger Entfernung. Die Elektron-Proton-Abstände sind dann in diesem „Molekül" ebenso groß wie im Wasserstoffatom; wir können uns vorstellen, daß die hier dargestellte Konfiguration entsteht, wenn zwei Wasserstoffatome zusammenkommen. Dieses Beispiel zeigt, daß die zwischen zwei Wasserstoffatomen wirkende Kraft eine Anziehungskraft sein *kann*, beweist aber keineswegs, daß ein stabiles Molekül tatsächlich möglich ist.

Vergleichen Sie diese potentielle Energie mit der gesamten *potentiellen Energie* W''_{pot} zweier Wasserstoffatome, die sehr weit voneinander entfernt sind. Diese potentielle Energie ist gleich

$$W''_{pot} = -2 \frac{1}{4\pi\epsilon_0} \frac{e^2}{a_0}, \tag{8.44}$$

wobei a_0 der Bohrsche Radius ist. Für den Sonderfall $a = a_0$ ist die Differenz der beiden Energien W'_{pot} und W''_{pot} *negativ*, d.h., es ist

$$\Delta W'_{pot} = W'_{pot} - W''_{pot} = \frac{1}{4\pi\epsilon_0} \frac{e^2}{a_0} (\sqrt{2} - 2) \approx -1{,}2 \widetilde{R}_\infty \tag{8.45}$$

wobei $\widetilde{R}_\infty = e^2/(8\pi\epsilon_0 a_0) \approx 13{,}5$ eV die Rydbergkonstante multipliziert mit hc ist (vgl. Anhang, Tabelle A1).

Wir haben also eine spezielle Konfiguration gefunden, für die ΔW_{pot} negativ ist. Natürlich gibt es ähnliche Konfigurationen, für die ΔW_{pot} ebenfalls negativ ist: Die Teilchen müssen nicht unbedingt in den Scheitelpunkten eines Quadrats sitzen.

34. Die *Gesamtenergie* des Wasserstoffmoleküls ist gleich der Summe aus potentieller und kinetischer Energie. Wenn wir an unsere Überlegungen in Abschnitt 14 von Kapitel 6 denken, wo wir die Bedeutung der Unschärferelation für den Aufbau des Wasserstoffatoms diskutierten, dann wird klar, daß die Elektronen im Wasserstoffmolekül „genügend Platz" zur Verfügung haben müssen. Andernfalls würde die Unschärferelation bedingen, daß ihr Impuls und damit ihre kinetische Energie groß ist. Bei unserer Diskussion des Wasserstoffatoms kamen wir zu dem Schluß, daß bei einer Lageunschärfe des Elektrons von der Größenordnung a_0 (d.h., das Elektron „besetzt" einen Bereich der linearen Abmessung a_0) seine kinetische Energie von der Größenordnung $\widetilde{R}_\infty$ sein muß. Die gleichen Überlegungen gelten für das Wasserstoffmolekül: Soll die kinetische Energie diese Größenordnung aufweisen, dann muß den Elektronen ein Bereich mit dem Durchmesser a_0 zur Verfügung stehen.

Als weitere Schritte müßten wir mit verschiedenen Bereichen für die Elektronen experimentieren: In jedem Fall müßten wir die potentielle und die kinetische Energie berechnen und dabei immer dem Unschärfeprinzip Rechnung tragen. Dies würde wohl etwas zu weit führen, weshalb wir hier auch davon absehen. Am besten geht man dieses Problem an, indem man geeignete Wellenfunktionen findet, die die beiden Elektronen beschreiben, und dann nach der Schrödinger-Theorie die Gesamtenergie für diese Wellenfunktionen berechnet. Da wir uns mit Zwei-Teilchen-Wellenfunktionen nicht befaßt haben, sind wir dazu nicht in der Lage[1]. Der Leser wird vielleicht aufgrund des bisher Gesagten glauben, daß die Gesamtenergie $U(r)$ als Funktion des Kernabstands r tatsächlich ein Minimum aufweist. Analog wie beim Wasserstoffatom kann das Minimum der Energie als Folge eines Kompromisses aufgefaßt werden: Den Elektronen muß genug Platz zur Verfügung stehen, so daß ihre kinetische Energie klein bleibt, andererseits muß dieser Bereich oben soweit eingeschränkt sein, daß ihre potentielle Energie nicht zu klein wird. Grob ausgedrückt ist die gesamte potentielle Energie *negativ* und umgekehrt proportional zur „Größe" des Moleküls, während die gesamte kinetische Energie *positiv* und umgekehrt proportional zum *Quadrat* der „Molekülgröße" ist. Für irgendeine optimale Molekülgröße wird die Summe dieser beiden Teilbeiträge zur Gesamtenergie, also die Gesamtenergie selbst, ein Minimum haben.

35. Wir wollen nun versuchen, die „typische" Schwingungsfrequenz in einem (zweiatomigen) Molekül abzuschätzen. Die Potentialkurve ist in der Nähe des Minimums (bei $r = r_0$) angenähert parabelförmig, und wir können die Funktion $U(r)$ des Potentials durch den Ausdruck

$$U(r) \approx \left(\frac{r - r_0}{a_0}\right)^2 \widetilde{R}_\infty + U(r_0) \tag{8.46}$$

annähern, was recht vernünftig erscheint. Für $r = r_0$ nimmt die rechte Seite des Ausdrucks den richtigen Wert $U(r_0)$ an. Für $r - r_0 = a_0$ ist das Potential um den Betrag $\widetilde{R}_\infty$ größer als $U(r_0)$. Da der Moleküldurchmesser größenordnungsmäßig a_0 ist und die Bindungsenergie von der Größenordnung $\widetilde{R}_\infty$, wird sich das Potential grob gesehen so wie beschrieben verhalten.

---

[1] Die erste befriedigende Theorie der molekularen Bindung wurde von *W. Heitler* und *F. London* aufgestellt: „Wechselwirkung neutraler Atome und homöopolare Bindung nach der Quantenmechanik", *Zeitschrift für Physik* **44**, 455 (1927).

Die rechte Seite von Gl. (8.46) stellt das Potential eines harmonischen Oszillators dar. Die „Federkonstante" K für diesen Oszillator ist durch

$$K \approx \frac{2\widetilde{R}_\infty}{a_0^2} = \frac{\alpha^2 m_e c^2}{a_0^2} \qquad (8.47)$$

gegeben.

Angenommen die effektive Masse des Oszillators ist m, dann gilt für die Schwingungsfrequenz ω_v des Moleküls

$$\omega_v = \sqrt{\frac{K}{m}} \approx \alpha^2 \left(\frac{m_e c^2}{\hbar}\right) \sqrt{\frac{m_e}{m}} . \qquad (8.48)$$

Wir haben hier den Ausdruck $a_0 = \alpha^{-1}(\hbar/m_e c)$ für den Bohrschen Radius eingesetzt. Es muß nochmals betont werden, daß Gl. (8.48) nur eine grobe Abschätzung der Größenordnung ist.

Als wir in Kapitel 2 die charakteristischen Größenordnungen in der Atomphysik diskutierten, kamen wir zu dem Schluß, daß wir die Größe

$$\omega_e = \alpha^2 \left(\frac{m_e c^2}{\hbar}\right) \qquad (8.49)$$

als die „typische" Frequenz bei *optischen* Übergängen in einem Atom oder Molekül ansehen können. (Bei optischen Übergängen ändert sich die Elektronenkonfiguration.) Wir können dann Gl. (8.48) in der Form

$$\omega_v \approx \omega_e \sqrt{\frac{m_e}{m}} \qquad (8.50)$$

schreiben.

Die Größe m ist für alle Moleküle von der Größenordnung einer Kernmasse, während m_e die Elektronenmasse ist. Die „typischen" Elektronenfrequenzen ω_e liegen im sichtbaren Bereich des elektromagnetischen Spektrums. Die „typischen" Frequenzen ω_v der Molekülschwingungen sind offensichtlich um den Faktor $\sqrt{m_e/m}$ kleiner. Sie sollten daher im nahen Infrarotbereich liegen, was durch Beobachtungsergebnisse bestätigt wird.

Tabelle 8.1 Schwingungsfrequenzen ausgewählter zweiatomiger Moleküle

Molekül	Frequenz Hz	Wellenzahl cm^{-1}
C_2	$4{,}921 \cdot 10^{13}$	1641,35
N_2	$7{,}074 \cdot 10^{13}$	2359,61
O_2	$4{,}374 \cdot 10^{13}$	1580,36
NO	$5{,}708 \cdot 10^{13}$	1904,03
CO	$6{,}506 \cdot 10^{13}$	2170,21
IBr	$0{,}805 \cdot 10^{13}$	268,4
S_2	$2{,}176 \cdot 10^{13}$	725,68

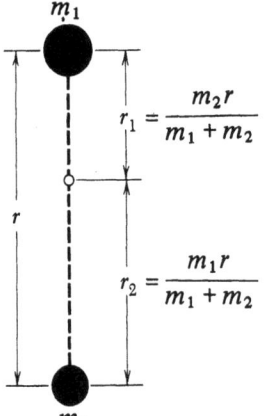

Bild 8.15
Schematische Darstellung eines zweiatomigen Moleküls. Die Masse der Kerne ist m_1 bzw. m_2. Der kleine Kreis auf der Verbindungslinie kennzeichnet den Schwerpunkt des Systems. Im Text werden Schwingungsanregungen diskutiert, bei denen die Kerne in Richtung ihrer Verbindungslinie schwingen.

36. Wir wollen nun versuchen, die effektive Masse m eines zweiatomigen Moleküls explizit zu bestimmen; die Massen der beiden Kerne sind m_1 und m_2 (Bild 8.15). Diese beiden Kerne schwingen gegeneinander, also in Richtung ihrer Verbindungslinie, d.h., ihr gemeinsamer Schwerpunkt liegt auf der Verbindungslinie. Der Abstand der beiden Kerne voneinander ist r, und der Abstand eines Kerns vom Schwerpunkt ist r_1 bzw. r_2, wie aus Bild 8.15 zu ersehen ist. Die kinetische Energie dieses Systems ist dann gleich

$$T = \frac{1}{2} m_1 \dot{r}_1^2 + \frac{1}{2} m_2 \dot{r}_2^2 = \frac{1}{2}\left(\frac{m_1 m_2}{m_1 + m_2}\right) \dot{r}^2 . \qquad (8.51)$$

Die Punkte über r bedeuten eine Ableitung nach der Zeit. Die potentielle Energie des Oszillators ist in Gl. (8.46) als Funktion von r gegeben, die kinetische Energie in Gl. (8.51) als Funktion von $\dot{r}$. Die effektive Masse m dieses Oszillators muß der Koeffizient von $\dot{r}^2/2$ sein:

$$m = \frac{m_1 m_2}{m_1 + m_2} . \qquad (8.52)$$

Dieser Ausdruck ist in Gl. (8.48) einzusetzen. Die Größe m wird auch als *reduzierte Masse* des Zweikörper-Systems bezeichnet.

37. Da uns für die „Federkonstante" K (die wir in Abschnitt **35** *angenähert* bestimmten) kein exakter Ausdruck zur Verfügung steht, können wir die Schwingungsfrequenz des zweiatomigen Moleküls auch nicht *exakt* bestimmen. Wir können aber, was den *Isotopeneffekt* betrifft, durchaus exakte Voraussagen treffen. Betrachten wir zunächst ein Molekül, dessen Kernmassen m_1' und m_2' sind und dessen Schwingungsfrequenz gleich ω_v' ist. Dann betrachten wir ein ansonsten identisches, d.h. chemisch identisches Molekül, in dem die ursprünglichen Kerne durch die Kerne der entsprechenden Isotope mit den Massen m_1'' und m_2'' ersetzt wurden. Die Schwingungsfrequenz dieses Moleküls sei ω_v''. Die Federkonstante K ist innerhalb der Born-Oppenheimer-Näherung für beide Moleküle gleich groß, weil wir das effektive Potential $U(r)$ ja ohne Berücksichtigung der

8.2 Der harmonische Oszillator. Schwingungs- und Rotationsanregung von Molekülen

Kernbewegung bestimmten. Die Frequenzen ω_v' und ω_v'' müssen durch

$$\frac{\omega_v'}{\omega_v''} = \sqrt{\frac{m_1'' m_2''(m_1' + m_2')}{m_1' m_2'(m_1'' + m_2'')}} \qquad (8.53)$$

in Beziehung stehen.

Dieses Ergebnis entspricht ziemlich genau den Beobachtungswerten. Durch diese gute Übereinstimmung wird auch unsere Hoffnung bestätigt, daß unsere hier dargelegten einfachen Theorien im wesentlichen richtig sind.

38. Wir wollen nun die *Rotationsanregung* eines Moleküls diskutieren. Für jedes Molekül gibt es ein System diskreter Rotationszustände, in denen sich das Molekül als Ganzes um irgendeine Achse dreht. Im folgenden werden wir versuchen, die Energiedifferenzen bei Rotationsanregungen größenordnungsmäßig abzuschätzen.

Der Einfachheit halber betrachten wir wieder ein zweiatomiges Molekül, wie es schematisch in Bild 8.15 dargestellt ist. In einem bestimmten Rotationszustand soll sich das Molekül mit der Winkelgeschwindigkeit ω_a um eine Achse drehen, die durch seinen Schwerpunkt geht und auf der Symmetrieachse – die Verbindungslinie der beiden Kerne – *senkrecht* steht. Vorläufig vernachlässigen wir die Schwingungsbewegung und sehen das Molekül sozusagen als starre „Hantel" an. Nach der in Bild 8.15 verwendeten Bezeichnungsweise ist die Geschwindigkeit des Kerns 1 dann gleich $\omega_a r_1$ und die Geschwindigkeit des Kerns 2 gleich $\omega_a r_2$. Die kinetische Energie T_r aus dieser Rotation ist damit gleich

$$T_r = \frac{1}{2} m_1 (\omega_a r_1)^2 + \frac{1}{2} m_2 (\omega_a r_2)^2 \ . \qquad (8.54)$$

Wenn wir r_1 und r_2 durch die Massen m_1 und m_2 und den Kernabstand r ausdrücken (Bild 8.15), dann erhalten wir

$$T_r = \frac{1}{2}\left(\frac{m_1 m_2}{m_1 + m_2}\right)(\omega_a r)^2 = \frac{1}{2} m (\omega_a r)^2 \ , \qquad (8.55)$$

wobei m die reduzierte Masse des Moleküls nach der Definition (8.52) ist.

Das Trägheitsmoment I des Moleküls ist bezogen auf die Rotationsachse gleich

$$I = m_1 r_1^2 + m_2 r_2^2 = m r^2 \ . \qquad (8.56)$$

Wir wollen nun den Drehimpuls L des Moleküls in Bezug auf die Drehachse bestimmen. Dieser ist durch

$$L = m_1 r_1^2 \omega_a + m_2 r_2^2 \omega_a = m r^2 \omega_a = I \omega_a \qquad (8.57)$$

gegeben.

Die kinetische Energie des Moleküls können wir dann in der Form

$$T_r = \frac{L^2}{2I} \qquad (8.58)$$

schreiben; hier wurde die Winkelgeschwindigkeit ω_a mittels Gl. (8.57) aus dem Ausdruck (8.55) eliminiert.

39. Es ist zu erwarten, daß die Drehimpulse, die bei Molekülen vorkommen, typisch von der Größenordnung $\hbar$ sind. Daraus folgt, daß die typischen Energien bei Rotationsanregungen die Größenordnung

$$T_r \approx \frac{\hbar^2}{2I} \qquad (8.59)$$

haben müssen. Wenn wir die entsprechende Frequenz mit ω_r bezeichnen, so erhalten wir

$$\omega_r = \frac{T_r}{\hbar} \approx \frac{\hbar}{2I} \ . \qquad (8.60)$$

Nach Gl. (8.57) ist der Drehimpuls $L = I\omega_a$. Da wir von der Voraussetzung ausgehen, daß $L \approx \hbar$, folgt daraus $\omega_a \approx \hbar/I$. Die Winkelgeschwindigkeit ω_a und die charakteristische Rotationsfrequenz ω_r nach der Definition (8.60) besitzen also die gleiche Größenordnung, die wir auch aufgrund eines klassischen Modells erwarten würden.

Die vollständige quantenmechanische Theorie des hantelförmigen Moleküls führt zu einer sehr einfachen Formel für die Energieniveaus. Jeder Rotationszustand ist durch einen nichtnegativen, ganzzahligen Wert der *Drehimpulsquantenzahl* J charakterisiert; die Energie des Zustands ist dann durch

$$E_J = \frac{J(J+1)\hbar^2}{2I} \qquad (8.61)$$

gegeben, wobei $J = 0, 1, 2, 3, \ldots$ ist. Obwohl wir diese Formel im vorliegenden Buch nicht mehr ableiten werden, ist der Autor doch der Ansicht, daß sie trotzdem angegeben werden sollte.

Tabelle 8.2 *Die Rotationskonstante B_e für ausgewählte zweiatomige Moleküle*

Molekül	B_e MHz	r nm
BrF	10 700	0,176
KCl	3 800	0,279
KBr	2 400	0,294
$^{12}C^{16}O$	57 900	0,113
OH	566 000	0,097
NO	51 100	0,115

Die Konstante B (Bild 8.16) ist hier durch die entsprechende Frequenz $B_e = B/h = h/(8\pi^2 I)$ in Megahertz ausgedrückt. In der dritten Spalte ist der Kernabstand r angegeben.

40. Der Abstand der Kerne in einem beliebigen Molekül ist von der Größenordnung des Bohrschen Radius a_0. Das Trägheitsmoment I ist daher angenähert $I \approx m a_0^2$. Wenn wir diesen Näherungsausdruck für I in Gl. (8.60) einsetzen, so ergibt sich

$$\omega_r \approx \frac{\hbar}{2 m a_0^2} \qquad (8.62)$$

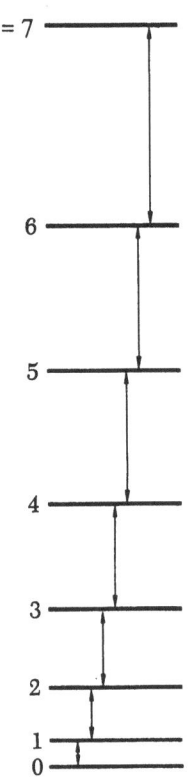

Bild 8.16
In diesem Termschema sind die ersten acht Rotations-Energieniveaus eines zweiatomigen Moleküls dargestellt (das Molekül wird dabei als starre „Hantel" angesehen). Nach Gl. (8.61) ist die Energie W_J des Zustands mit dem Drehimpuls J durch $W_J = BJ(J+1)$ gegeben, wobei $B = \hbar^2/(2I)$ die *Rotationskonstante* des Moleküls ist.
Die senkrechten Pfeile symbolisieren elektrische Dipolübergänge, bei denen sich J um eine Einheit ändert.

Es ist vielleicht ganz interessant, diesen Näherungsausdruck so umzuformen, daß er die charakteristische Elektronenfrequenz $\omega_e = \alpha^2 (m_e c^2/\hbar)$ enthält. Da der Bohrsche Radius durch $a_0 = \alpha^{-1}(\hbar/m_e c)$ gegeben ist, können wir Gl. (8.62) in der Form

$$\omega_r \approx \omega_e \left(\frac{m_e}{m}\right) \qquad (8.63)$$

schreiben, was eine Abschätzung der Größenordnung darstellt. (Faktoren wie zwei sind damit natürlich bedeutungslos.)

Vergleichen wir nun die charakteristischen Rotationsfrequenzen mit den typischen Schwingungsfrequenzen, die wir in Abschnitt 35 näherungsweise bestimmt haben. Eine Kombination der Näherungsausdrücke (8.50) und (8.63) liefert

$$\omega_e : \omega_v : \omega_r \approx 1 : \sqrt{\frac{m_e}{m}} : \frac{m_e}{m}. \qquad (8.64)$$

Hier ist ω_e die „typische" Übergangsfrequenz der Elektronen, ω_v die „typische" Übergangsfrequenz bei Schwingung und ω_r die „typische" Übergangsfrequenz bei Rotation. Wie wir sehen, sind die Übergangsfrequenzen bei Rotationsanregung viel kleiner als die Elektronenübergangsfrequenz und die Schwingungsfrequenz. Erstere Frequenzen liegen nämlich im entfernten Infrarotbereich (Mikrowellenbereich).

41. Eine vollständige Erklärung der sehr komplizierten optischen *Bandenemissionsspektren* von Molekülen baut im wesentlichen darauf auf, daß jedes Molekül drei verschiedene Arten von Anregungszuständen aufweisen kann: *Elektronenanregungen*, die durch die Elektronenfrequenz ω_e, *Schwingungsanregungen*, die durch die Frequenz ω_v, und *Rotationsanregungen*, die durch die Frequenz ω_r charakterisiert sind. Sehr vereinfacht könnten wir die Situation so beschreiben: Wir nehmen drei verschiedene Systeme von Energien an, die den drei verschiedenen Anregungsarten entsprechen. Die Energie eines stationären Zustands eines Moleküls ist daher eine Summe von drei Gliedern: des elektronischen Glieds, des Schwingungsglieds und des Rotationsglieds. Bei den Übergängen zwischen den verschiedenen möglichen Energieniveaus werden vom Molekül Photonen emittiert oder absorbiert. Bei einem optischen Übergang ändert sich der elektronische Zustand (die Elektronenkonfiguration) des Moleküls. Im allgemeinen werden sich dabei auch der Schwingungs- und der Rotationszustand ändern. Die Anzahl möglicher Übergangsfrequenzen ist daher sehr groß: Die Banden im Spektrum weisen sehr eng nebeneinander liegende Linien auf (vgl. z.B. Bild 3.6).

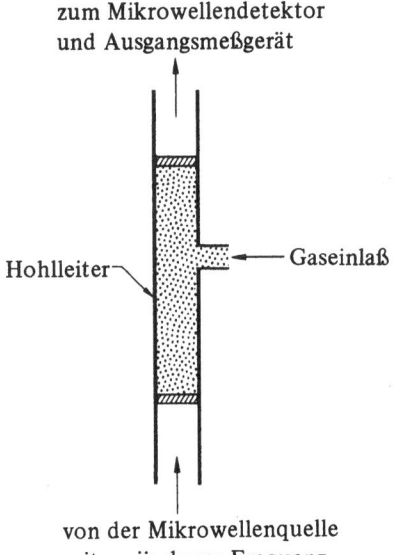

Bild 8.17 Grob schematisierte Darstellung einer Versuchsanordnung, wie sie in der Mikrowellen-Spektroskopie Anwendung finden könnte. Die zu untersuchenden Moleküle bilden ein Gas, das einen Teil eines Hohlleiters erfüllt. Strahlung (aus dem Mikrowellenbereich) passiert den Hohlleiter, und der durchgelassene Strahlungsanteil wird mittels eines Detektors und eines Meßgeräts bestimmt. Bei den Resonanzfrequenzen des Moleküls absorbiert das Gas die Mikrowellenstrahlung; indem man die Absorption in Abhängigkeit von der Frequenz bestimmt, erhält man die Lage der Resonanzfrequenzen.

Unter „Mikrowellenbereich" versteht man den Wellenlängenbereich von größenordnungsmäßig 1 mm bis 1 m.

8.3 Wasserstoffähnliche Systeme

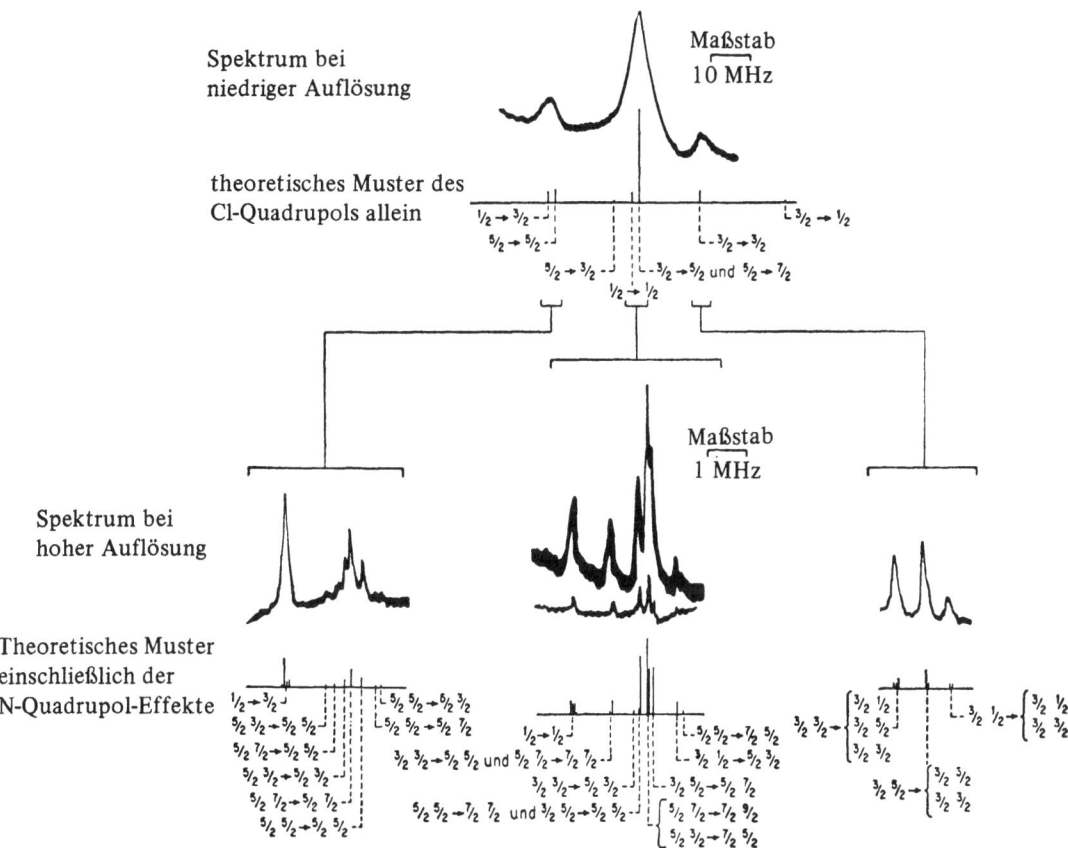

Bild 8.18 Mikrowellenspektren bei niedriger und bei hoher Auflösung: Hier ist der Übergang $J = 1$ auf $J = 2$ in dem dreiatomigen Molekül $^{35}Cl^{12}C^{14}N$ dargestellt. Wie wir sehen, besitzt die „Linie" dieses Mikrowellenübergangs eine Feinstruktur: sie besteht aus mehreren eng nebeneinanderliegenden Komponenten. Die Frequenz des Hauptmaximums ist 23 883,30 MHz. Diese gezackten Kurven stellen das dar, was tatsächlich gemessen wird: die Absorption der Mikrowellenenergie als Funktion der Frequenz.
Das untere Spektrum vermittelt eine gute Vorstellung von der hohen Genauigkeit, die in der Mikrowellenspektroskopie erreicht werden kann. Es ist auch beachtenswert, daß hier alle Effekte theoretisch sehr gut erklärt werden können.
Dieses Bild findet man auf Seite 171 in *C. H. Townes* und *A. L. Schawlow, Microwave Spectroscopy* (McGraw-Hill Book Co., New York 1955). Siehe auch *C. H. Townes, A. N. Holden* und *F. R. Merrit*, "Microwave Spectra of Some Linear XYZ Molecules" (Mikrowellenspektra einiger linearer XYZ-Moleküle), *Physical Review* 74, 1113 (1948). *(Zur Verfügung gestellt von Professor C. H. Townes, Berkeley.)*

Es ist möglich, das Schwingungs- und das Rotationsspektrum eigens zu untersuchen, d.h. Übergänge zu untersuchen, bei denen sich der *elektronische* Zustand des Moleküls nicht ändert. Nach 1945 wurden für derartige Untersuchungen immer wieder neue Methoden gefunden; heute hat sich die *Mikrowellenspektroskopie* (Bilder 8.17 und 8.18) zu einem wichtigen Teilgebiet der Spektroskopie entwickelt und bildet eine bedeutende Ergänzung zum älteren Teilgebiet der optischen Spektroskopie.

8.3 Wasserstoffähnliche Systeme

42. Im folgenden wollen wir uns mit einem dreidimensionalen Problem, der Bestimmung der Energieniveaus des Wasserstoffatoms, befassen. Natürlich wird es uns hier nicht möglich sein, dieses Problem tatsächlich zu *lösen*, doch wird die Diskussion zumindest einiger seiner Aspekte aufschlußreich sein.

Eigentlich werden wir wiederum ein etwas allgemeiner gestelltes Problem untersuchen. Ein Teilchen der Masse m_e und der Ladung $-e$ bewegt sich in dem elektrostatischen Potential, das ein Kern der Ladung $+eZ$ erzeugt. Wir nehmen an, daß sich der Kern selbst nicht bewegt, sondern im Koordinatenursprung ruht. Tatsächlich würde der Kern nur ruhen, wenn er eine unendlich große Masse hätte. Wenn jedoch das Verhältnis m/m_e der Kernmasse m zur „Elektronmasse" m_e sehr groß ist, dann können wir die Masse des Kerns in erster Näherung als unendlich groß ansehen.

Die zeitunabhängige Schrödinger-Gleichung hat dann für das hier gestellte Problem die Form

$$-\frac{\hbar^2}{2m_e}\nabla^2\varphi(x) - \frac{1}{4\pi\epsilon_0}\frac{e^2 Z}{x}\varphi(x) = W\varphi(x), \quad (8.65)$$

wobei $x = |x|$ gilt.

43. Wir führen nun die neue unabhängige Variable y:

$$x = \frac{\hbar}{m_e c \alpha Z} y, \quad \text{wobei} \quad \alpha = \frac{1}{4\pi\epsilon_0}\frac{e^2}{\hbar c}, \quad (8.66)$$

einen neuen „Energieparameter" λ:

$$W = (\alpha Z)^2 m_e c^2 \lambda \quad (8.67)$$

und eine neue Wellenfunktion $f(y)$, die durch

$$\varphi(x) = f(y) \quad (8.68)$$

definiert ist, ein.

Wenn wir die Differentialgleichung (8.65) mit unseren neuen Variablen und Parametern umformen, erhalten wir

$$-\frac{1}{2}\nabla_y^2 f(y) - \frac{1}{y}f(y) = \lambda f(y). \quad (8.69)$$

Hier ist ∇_y^2 der Laplace-Differentialoperator nach der Variablen y.

Gl. (8.69) ist die „dimensionslose Variante" der Schrödinger-Gleichung (8.65). Diese Gleichung ist in der Hinsicht dimensionslos, als in ihr die physikalischen Konstanten m_e, e, $\hbar$, c und Z nicht mehr erscheinen. Können wir Gl. (8.69) lösen, dann ist es auch möglich, mittels Gln. (8.66) bis (8.68) die alten Variablen wieder einzuführen: Die beiden Gln. (8.69) und (8.65) sind daher vollkommen gleichwertig.

44. Wir brauchen also lediglich Gl. (8.69) zu lösen – ein rein mathematisches Problem. Wir werden das hier jedoch nicht tun, sondern nur die Ergebnisse angeben[1]):

I. Die Schrödinger-Gleichung (8.69) besitzt nur dann quadratisch integrierbare Lösungen, wenn der Parameter λ die Bedingung

$$\lambda_n = -\frac{1}{2n^2} \quad (8.70)$$

erfüllt, wobei n eine beliebige positve ganze Zahl ist. Diese Zahl wird als *Hauptquantenzahl* eines wasserstoffähnlichen Atoms bezeichnet. (Verwechseln Sie diese Zahl nicht mit der Quantenzahl n, die wir bei der Diskussion des quantenmechanischen Oszillators einführten.)

---
[1]) Die Lösung des Wasserstoffproblems wird natürlich in jedem Buch über Quantenmechanik höheren oder mittleren Niveaus abgeleitet. Das erstemal wurde sie von *Schrödinger* in dessen erster Arbeit über Wellenmechanik: „Quantisierung als Eigenwertproblem", *Annalen der Physik* **79**, 361 (1926) angegeben.

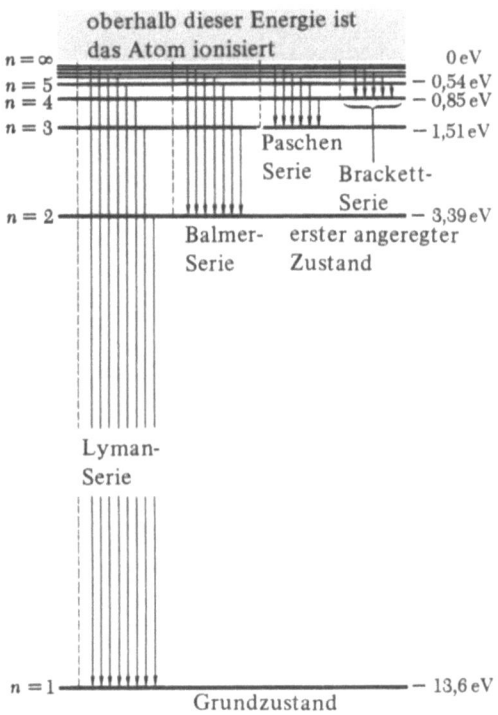

Bild 8.19 Termschema des Wasserstoffatoms. Die Energie W_n eines Niveaus der Hauptquantenzahl n ist mit sehr guter Näherung durch $W_n = -R_H/n^2$ gegeben, wobei $R_H = (1+m_e/m_p)^{-1}\tilde{R}_\infty = 13{,}5976\,\text{eV}$ ist.

Die senkrechten Striche symbolisieren mögliche elektrische Dipolübergänge. Diese Übergänge wurden in vier Serien geordnet, die nach Pionieren auf dem Gebiet der Spektroskopie benannt wurden. Die Lyman-Linien liegen alle im ultravioletten Bereich, die Balmer-Serie liegt im sichtbaren Bereich. In Bild 3.2 ist das sichtbare Wasserstoffspektrum dargestellt und einige Wellenlängen von Balmer-Linien sind angegeben.

II. Das Kontinuum beginnt bei $\lambda = 0$ (Bilder 8.19 und 8.20). Aus Gl. (8.67) folgt damit, daß das Atom oberhalb einer Energie $W = 0$ ionisiert ist.

III. Für jeden gegebenen Wert von n und $\lambda = \lambda_n$ besitzt die Differentialgleichung (8.69) n^2 linear unabhängige Lösungen. Diese Lösungen können wir mittels einer Quantenzahl L einteilen, die die räumlichen Symmetrieeigenschaften der Wellenfunktionen beschreibt. Es sind z.B. alle Lösungen, für die $L = 0$ ist, sphärisch symmetrisch. Die Quantenzahl L kann Werte zwischen 0 und $(n-1)$ haben; für jedes Wertepaar (n, L) hat die Gleichung $(2L+1)$ linear unabhängige Lösungen, die verschiedenen *Orientierungen* des Atoms entsprechen. Die Quantenzahl L kann physikalisch auch als Maß für den Drehimpuls des Atoms interpretiert werden: Man bezeichnet sie daher als *Bahndrehimpulsquantenzahl*[1]).

---
[1]) Vgl. Sie hierzu die Abschnitte 30, 31 und 54 des Kapitels 3.

8.3 Wasserstoffähnliche Systeme

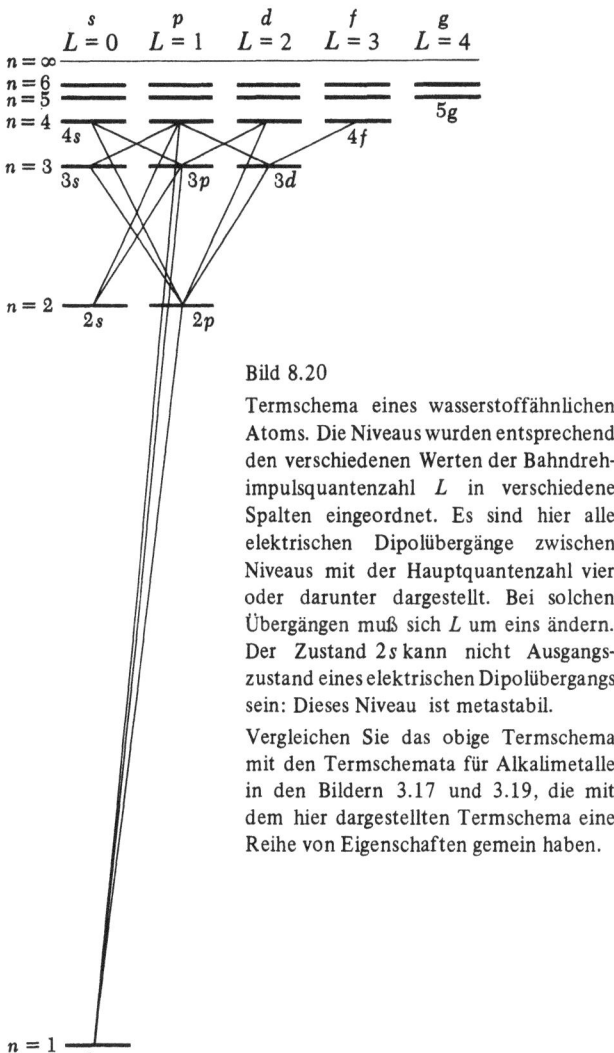

Bild 8.20
Termschema eines wasserstoffähnlichen Atoms. Die Niveaus wurden entsprechend den verschiedenen Werten der Bahndrehimpulsquantenzahl L in verschiedene Spalten eingeordnet. Es sind hier alle elektrischen Dipolübergänge zwischen Niveaus mit der Hauptquantenzahl vier oder darunter dargestellt. Bei solchen Übergängen muß sich L um eins ändern. Der Zustand $2s$ kann nicht Ausgangszustand eines elektrischen Dipolübergangs sein: Dieses Niveau ist metastabil.

Vergleichen Sie das obige Termschema mit den Termschemata für Alkalimetalle in den Bildern 3.17 und 3.19, die mit dem hier dargestellten Termschema eine Reihe von Eigenschaften gemein haben.

45. Aufgrund dieser mathematischen Feststellungen kommen wir zu dem Ergebnis, daß die möglichen Energieniveaus des Atoms (im nichtionisierten Zustand) durch

$$W_n = -\frac{1}{2}(\alpha Z)^2 m_e c^2 \left(\frac{1}{n^2}\right) \tag{8.71}$$

gegeben sind.

Es ist vielleicht doch interessant, wenn wir zumindest *eine* explizite Lösung der Schrödinger-Gleichung (8.65) angeben, und zwar die Wellenfunktion für den Grundzustand. In diesem Fall ist $n = 1$ und folglich $L = 0$, d.h., die Wellenfunktion ist sphärisch symmetrisch. Explizit lautet die Wellenfunktion

$$\varphi_{10}(x) = \sqrt{\frac{Z^3}{\pi a_0^3}} \exp\left(-\frac{xZ}{a_0}\right), \tag{8.72}$$

wobei $a_0 = \hbar/(m_e c\alpha)$ ist.

Überzeugen Sie sich selbst, daß die Wellenfunktion $\varphi_{10}(x)$ tatsächlich die Wellengleichung (8.65) befriedigt, daß sie auf eins normiert ist, d.h., daß das Integral des Quadrats der Wellenfunktion über den gesamten Raum eins ergibt.

46. Bisher stützten sich unsere Überlegungen auf die Annahme, daß der Kern im Ursprung ruht. Wir können aber leicht auf den Fall eines bewegten Kerns verallgemeinern. Die Masse des Kerns ist wieder m, die des Elektrons m_e. Die reduzierte Masse μ des Systems Kern-Elektron ist dann gleich

$$\mu = \frac{m_e m}{m_e + m} = m_e \left(1 + \frac{m_e}{m}\right)^{-1}, \tag{8.73}$$

wie wir in Abschnitt **36** bereits feststellten.

Die Bewegung zweier Teilchen in ihrem Schwerpunktsystem unter Einwirkung einer Kraft, die durch ein Potential beschrieben werden kann, das nur vom Abstand der beiden Teilchen abhängt, und die Bewegung eines einzigen (fiktiven) Teilchens mit der reduzierten Masse können in gleicher Weise behandelt werden. In der Problemstellung sind die beiden Situationen vollkommen gleichwertig. Das fiktive Teilchen bewegt sich in einem *gegebenen* Potentialkraftfeld, das durch das ursprüngliche Potential als Funktion des Teilchenabstands bestimmt wird. Wenn wir also der Kernbewegung Rechnung tragen wollen, dann müssen wir die Masse m_e in allen Gleichungen durch die reduzierte Masse μ ersetzen. Die Energieniveaus des Systems sind dann durch

$$W_n = -\frac{1}{2}(\alpha Z)^2 \mu c^2 \left(\frac{1}{n^2}\right) \tag{8.74}$$

gegeben. Dies können wir auch in der Form

$$W_n = -\left(\frac{\mu}{m_e}\right) Z^2 \tilde{R}_\infty \left(\frac{1}{n^2}\right) \tag{8.75}$$

schreiben, wobei $\tilde{R}_\infty$ die Rydbergkonstante multipliziert mit hc,

$$\tilde{R}_\infty = \frac{1}{2}\alpha^2 m_e c^2 \approx 13,6 \text{ eV}, \tag{8.76}$$

ist.

Es sollte uns sofort auffallen, daß im Fall des Wasserstoffatoms (für das $m_e/m \approx 1/1836$ ist) die reduzierte Masse nahezu gleich der Elektronmasse ist. Aus Gl. (8.73) ersehen wir, daß sich die beiden Massen etwa um einen Faktor 1/2000 unterscheiden.

Wir sollten noch hinzufügen, daß die reduzierte Masse für das Deuteriumatom nicht gleich der reduzierten Masse des Wasserstoffatoms ist, weshalb sich auch das Deuteriumspektrum ein wenig vom Wasserstoffspektrum unterscheidet (siehe Übung 7, Kapitel 2). Der Unterschied kann spektroskopisch deutlich festgestellt werden.

47. Die Gln. (8.75) geben die Energieniveaus „wasserstoffähnlicher Systeme" ganz allgemein an. Unter solchen Systemen verstehen wir Systeme aus zwei entgegengesetzt geladenen Teilchen im gebundenen Zustand, wobei diese

Bindung nur auf der Coulomb-Anziehung der beiden Teilchen beruhen darf. Wenn wir in der Gl. (8.75) $Z = 2$ setzen, so erhalten wir die Energieniveaus des einfach ionisierten Heliums. Setzen wir $Z = 3$, dann erhalten wir die Energieniveaus des zweifach ionisierten Lithiums. Die entsprechenden reduzierten Massen, die sich wieder wenig von der Elektronmasse unterscheiden, sind durch Gl. (8.73) gegeben, wenn wir für m die Masse des Heliumkerns bzw. des Lithiumkerns einsetzen.

„Atome", in denen ein Elektron durch ein Myon ersetzt ist, bezeichnet man als *myonische Atome*. Sie entstehen, wenn ein negatives Myon durch das Eindringen in Materie abgebremst und dann durch das Coulomb-Feld eines Kerns eingefangen wird. Der Bohrsche Radius eines „Atoms" ist *umgekehrt* proportional zur Masse des „Elektrons". Ein myonisches Atom ist also etwa 200mal kleiner als ein gewöhnliches Atom, weil die Masse eines Myons etwa 200 Elektronmassen entspricht. Nehmen wir an, ein Myon wird z.B. von einem Aluminiumatom eingefangen. Durch Emission elektromagnetischer Strahlung geht das System sehr schnell in einen Zustand über, bei dem das Myon dem Aluminiumkern sehr nahe ist: Das Myon-Wellenpaket ist dabei enger um den Kern konzentriert als das Wellenpaket der Elektronen. Das Myon und der Aluminiumkern bilden ein kleines myonisches Atom *innerhalb* der „Elektronenwolke". Dieses myonische Atom ist ganz offensichtlich ein wasserstoffähnliches System.

Daß myonische Atome tatsächlich auf die beschriebene Weise entstehen, konnte experimentell durch die Untersuchung der elektromagnetischen Strahlung bewiesen werden, die von diesen „Atomen" emittiert wird[1]). Diese Strahlung liegt immer im Röntgenstrahlungsbereich, wie auch aus Gl. (8.74) zu ersehen ist; die reduzierte Masse ist in diesem Fall nahezu gleich der *Myon-Masse*.

Der Titel des Abschnitts 5.3 lautet: Es gibt nur ein Plancksches Wirkungsquantum. Die experimentelle Bestätigung der theoretisch vorausgesagten Energieniveaus von myonischen Atomen ist wohl ein besonders eindrucksvoller Nachweis für die Universalität der de Broglie-Gleichung.

48. Fassen wir unsere Überlegungen über wasserstoffähnliche „Atome" zusammen. Das System besteht aus zwei Teilchen, eines besitzt die Ladung $-e$, das andere die Ladung $+eZ$. Ohne die *Zwei*teilchen-Schrödinger-Gleichung, die das System beschreibt (wir haben sie nicht angegeben), explizit lösen zu müssen, können wir feststellen, daß die Energieniveaus eines solchen Systems durch

$$W_n = (\alpha Z)^2 (\mu c^2) \lambda_n \qquad (8.77)$$

gegeben sind. Hier ist μ die reduzierte Masse, α die Feinstrukturkonstante, und die dimensionslosen Zahlen λ_n sind die durch die dimensionslose Einteilchen-Schrödinger-Gleichung (8.69) definierten Eigenwerte. Es ist eine rein mathematische Aufgabe, die Zahlen λ_n zu bestimmen, was wir einem anderen Lehrgang überlassen werden. Wir haben lediglich angegeben, daß λ_n durch $\lambda_n = -1/(2n^2)$ definiert ist.

Wenn wir also das Wasserstoffspektrum kennen, dann sind uns auch die Spektren von Deuterium, einfach ionisiertem Helium, zweifach ionisiertem Lithium und von allen myonischen Atomen bekannt, bei denen ein Myon durch das Feld irgendeines Kerns gebunden ist. Das ist deshalb der Fall, weil wir feststellen konnten, in welcher Weise die Energieniveaus von den relevanten physikalischen Parametern wie der Kernladungszahl Z und der Masse der beiden Teilchen abhängen. Dadurch wird wieder einmal bewiesen, wie zweckdienlich eine einfache Dimensionsargumentation sein kann.

8.4 Weiterführendes Problem: Ortsvariable und Impulsvariable in der Schrödinger-Theorie[1])

49. Wir werden nun versuchen, im Rahmen unserer vereinfachten Version der Schrödinger-Theorie diejenigen mathematischen Größen zu finden, die in der Quantenmechanik die Rolle der klassischen Orts- und Impulsvariablen spielen.

$\psi(x, t)$ ist eine auf eins normierte Schrödinger-Funktion. In diesem und dem folgenden Abschnitt betrachten wir die Wellenfunktion zu einem bestimmten Zeitpunkt t. Daher können wir die Zeitvariable beiseite lassen und abgekürzt nur $\psi(x)$ schreiben.

Da $|\psi(x)|^2$ eine Wahrscheinlichkeitsdichte ist, die die Wahrscheinlichkeitsverteilung der physikalischen Ortsvariablen x definiert, müssen die Mittel von x und x^2 durch

$$\langle x \rangle = \bar{x} = \langle \psi | x | \psi \rangle = \int_{-\infty}^{\infty} dx \, x \, |\psi(x)|^2 \qquad (8.78)$$

bzw.

$$\langle x^2 \rangle = \langle \psi | x^2 | \psi \rangle = \int_{-\infty}^{\infty} dx \, x^2 \, |\psi(x)|^2 \qquad (8.79)$$

gegeben sein.

In der Quantenmechanik wird allgemein die Schreibweise $\langle \psi | x | \psi \rangle$ verwendet, was als „Erwartungswert von x für den Zustand ψ" zu lesen ist.

---

[1]) *V. L. Fitch* und *J. Rainwater*, "Studies of X-rays from Mu-Mesonic Atoms" (Untersuchung der Röntgenstrahlung aus myonischen Atomen), *The Physical Review* **92**, 789 (1953).

[1]) Kann bei erstmaligem Studium des Buches übersprungen werden.

8.4 Weiterführendes Problem: Ortsvariable und Impulsvariable in der Schrödinger-Theorie

Wenn $\bar{x}$ das Mittel von x ist, dann können wir die *Unschärfe von x*, bzw. die Wurzel aus der mittleren quadratischen Abweichung von x, durch

$$\Delta x = \sqrt{\langle (x-\bar{x})^2 \rangle} \tag{8.80}$$

bzw.

$$(\Delta x)^2 = \int_{-\infty}^{\infty} dx (x-\bar{x})^2 |\psi(x)|^2 = \langle x^2 \rangle - 2\bar{x}\langle x \rangle + \bar{x}^2 \tag{8.81}$$

definieren; hieraus folgt, daß

$$(\Delta x)^2 = \langle (x-\bar{x})^2 \rangle = \langle x^2 \rangle - [\langle x \rangle]^2 . \tag{8.82}$$

Wir sehen, daß Δx um so kleiner ist, je enger die Wellenfunktion $\psi(x)$ um den mittleren Ort $\bar{x}$ konzentriert ist. Ein Zustand, für den der Ort genau bestimmt ist, für den also $\Delta x = 0$ gilt, ist physikalisch nicht realisierbar.

Das Mittel irgendeiner Funktion von x wird analog zu den Gln. (8.78) und (8.79) berechnet, die die Mittel von x und x^2 angeben. Das Mittel der potentiellen Energie z.B. ist

$$\langle W_p \rangle = \langle V(x) \rangle = \langle \psi | V(x) | \psi \rangle = \int_{-\infty}^{\infty} dx\, V(x) |\psi(x)|^2 . \tag{8.83}$$

50. Überlegen wir uns einmal eingehend, was die Feststellungen in Abschnitt **49** zu bedeuten haben. Die wahrscheinlichkeitstheoretische Interpretation der Schrödinger-Wellenfunktion *zwingt* uns, das *Mittel* der Ortsvariablen x durch Gl. (8.78) zu definieren. Das Integral auf der rechten Seite dieser Gleichung gestattet also, den numerischen Wert des *Mittels der quantenmechanischen Ortsvariablen x* zu bestimmen, wenn die Wellenfunktion gegeben ist, die einen bestimmten Zustand des Teilchens beschreibt. Was aber ist unter dem „Zahlenwert der quantenmechanischen Ortsvariablen" x an sich zu verstehen? Die Antwort auf diese Frage lautet: Eine quantenmechanische Variable hat keinen *numerischen* Wert, *eine quantenmechanische Variable ist nur durch eine Rechenoperation definiert, mittels der ihr Mittel für jede gegebene Wellenfunktion berechnet werden kann.*

Die Ortsvariable x ist eine besonders einfache Variable in der Schrödinger-Theorie, weshalb in diesem Fall die volle Bedeutung des oben dargelegten grundsätzlichen Prinzips (daß quantenmechanische Variablen für alle Zustände durch ihre Mittel definiert sind) nicht unmittelbar klar wird. Das Symbol x tritt auch als unabhängige Variable in der Wellenfunktion auf. Die Definition (8.78) erscheint nur daher nicht besonders grundlegend. Wie sieht die Sache jedoch bei der quantenmechanischen Impulsvariablen (wir bezeichnen sie mit p) aus? Das Symbol p kommt in der Wellenfunktion nicht vor, und wir werden uns vielleicht im ersten Moment fragen, ob es überhaupt eine Impulsvariable „gibt".

Dieses Problem können wir lösen, indem wir die quantenmechanische Impulsvariable p einfach über eine bestimmte Rechenvorschrift *definieren*, mit der das *Mittel* von p für irgendeinen gegebenen Zustand berechnet werden kann. Das eigentliche Problem liegt nun darin, ob wir den mittleren Impuls auch physikalisch sinnvoll definieren können.

51. Wir betrachten zuerst eine auf eins normierte Wellenfunktion, die über ein sehr großes Intervall die Form $\psi(x) = C \exp(ix\bar{p}'/\hbar)$ aufweist. Außerhalb dieses Intervalls strebt die Wellenfunktion gegen null. Für eine solche Welle muß der mittlere Impuls nahezu gleich $\bar{p}'$ sein, und wir können $\langle p \rangle \approx \bar{p}'$ setzen. Im oben erwähnten Intervall gilt

$$-i\hbar \frac{\partial}{\partial x} \psi(x) = \bar{p}' \psi(x) \tag{8.84}$$

und

$$\bar{p}' \approx \int_{-\infty}^{\infty} dx\, \psi^*(x) \left(-i\hbar \frac{\partial}{\partial x}\right) \psi(x) , \tag{8.85}$$

da die Wellenfunktion auf eins normiert ist.

Wir haben hier angenommen, daß der größte Beitrag zum Integral aus dem Bereich stammt, in dem Gl. (8.84) gilt. Für eine Wellenfunktion der hier untersuchten Form können wir also den mittleren Impuls bestimmen, indem wir das Integral (8.85) berechnen. Wir nehmen nun an, daß dieses Integral den mittleren Impuls für *alle* (normierten) Wellenfunktionen genau bestimmt. Somit stellen wir folgendes *Postulat* auf:

$$\langle p \rangle = \langle \psi | p | \psi \rangle = \int_{-\infty}^{\infty} dx\, \psi^*(x) \left(-i\hbar \frac{\partial}{\partial x}\right) \psi(x), \tag{8.86}$$

das für *jede* normierte Schrödinger-Wellenfunktion $\psi(x)$ gelten soll. Dies bedeutet, daß die Impulsvariable p in der Schrödinger-Theorie durch einen *Differentialoperator* dargestellt wird, der auf die rechts von ihm stehende Wellenfunktion im Integral im Postulat (8.86) wirkt. Mathematisch drücken wir dies durch

$$p = -i\hbar \frac{\partial}{\partial x} \tag{8.87}$$

aus.

52. Das Quadrat der Impulsvariablen ist dann durch den Differentialoperator

$$p^2 = -\hbar^2 \frac{\partial^2}{\partial x^2} \tag{8.88}$$

und das Mittel des Impulsquadrates durch

$$\langle p^2 \rangle = \langle \psi | p^2 | \psi \rangle = \int_{-\infty}^{\infty} dx\, \psi^*(x) \left(-\hbar^2 \frac{\partial^2}{\partial x^2}\right) \psi(x) \tag{8.89}$$

gegeben.

Ganz analog zu den Gln. (8.80) bis (8.82) definieren wir die Unschärfe Δp von p durch die Gleichungen

$$\Delta p = \sqrt{\langle (p-\bar{p})^2 \rangle} \tag{8.90}$$

und

$$(\Delta p)^2 = \langle (p-\bar{p})^2 \rangle = \langle p^2 \rangle - (\langle p \rangle)^2, \tag{8.91}$$

wobei $\bar{p} = \langle p \rangle$ ist.

Bei der Definition des Mittels von p^2 in Gl. (8.89) haben wir uns also auf die gleichen Überlegungen gestützt wie bei der Definition des mittleren Impulses in Gl. (8.86).

53. Die Ausdrücke (8.78), (8.79), (8.83), (8.86) und (8.89) haben ganz offensichtlich ein Element gemeinsam: Der Mittelwert einer quantenmechanischen Variablen Q wird durch einen Ausdruck der Form

$$\langle Q \rangle = \langle \psi | Q | \psi \rangle = \int_{-\infty}^{\infty} dx\, \psi^*(x) Q \psi(x) \tag{8.92}$$

definiert, wobei Q entweder ein Differentialoperator ist, der auf die rechts von ihm stehende Wellenfunktion wirkt, oder einfach gleich x, x^2 oder sonst einer Funktion von x ist. Das allgemeine Schema zur Definition von quantenmechanischen Variablen (in der Schrödinger-Theorie) lautet tatsächlich folgendermaßen: Das *Mittel* der Variablen Q ist durch einen Ausdruck gleich der rechten Seite von Gl.(8.92) gegeben, wobei Q ein geeigneter linearer Operator ist, der auf die rechts von ihm stehende Wellenfunktion wirkt. (Für die Ortsvariable stellt der lineare Operator einfach eine „Multiplikation mit x" dar.) Weiter gilt: Das Mittel von Q^2 erhalten wir, indem wir im Integral Q durch Q^2 ersetzen; $Q^2 \psi(x)$ ergibt sich, wenn wir Q zweimal auf $\psi(x)$ anwenden.

54. Einige weitere Beispiele mögen diese Überlegungen veranschaulichen. Die Masse eines Teilchens ist m. Die kinetische Energie W_k wird dann durch den Differentialoperator

$$W_k = \frac{p^2}{2m} = -\frac{\hbar^2}{2m} \frac{\partial^2}{\partial x^2} \tag{8.93}$$

definiert.

Die *Gesamt*energie des Teilchens wird durch den Differentialoperator H beschrieben, der sich aus der Summe der Operatoren für kinetische und potentielle Energie ergibt. In der Schrödinger-Theorie ist der Energieoperator H somit ein Differentialoperator

$$H = \frac{p^2}{2m} + V(x) = -\frac{\hbar^2}{2m} \frac{\partial^2}{\partial x^2} + V(x), \tag{8.94}$$

wie wir schon in Abschnitt 10 dieses Kapitels feststellten.

55. Wir weisen darauf hin, daß wir bis zum Abschnitt **51** nicht klargestellt haben, was eigentlich in der Schrödinger-Theorie unter Impuls zu verstehen ist. Solange wir es mit einer Wellenfunktion der Form $\exp(\mathrm{i}xp/\hbar)$ zu tun haben, ist das p im Exponenten klarerweise der Impuls. Dieser muß jedoch *allgemein*, für *alle* (normierten) Schrödinger-Wellenfunktionen definiert werden, und genau das haben wir mit den Beziehungen (8.86) und (8.87) erreicht.

Sie werden sich vielleicht fragen, ob der Impuls auch anders definiert werden könnte. Eine eingehende Untersuchung dieser Frage zeigt jedoch, daß unsere Definition im wesentlichen eindeutig ist, weil sie sich zwangsläufig aus der Bedingung ergibt, daß die gewählte Impulsvariable in Übereinstimmung mit dem klassischen Impulsbegriff physikalisch sinnvoll interpretierbar sein muß.

56. Die Definition (8.86) des mittleren Impulses wird in ihrer Plausibilität besonders durch folgendes Theorem von *P. Ehrenfest* gestützt. Wir werden es hier nicht beweisen, sondern es lediglich anführen[1]):

Die Mittel der quantenmechanischen Variablen befriedigen dieselben Bewegungsgleichungen wie die entsprechenden klassischen Variablen in der entsprechenden klassischen Beschreibung. Das heißt, daß speziell

$$\frac{d}{dt}\langle x \rangle = \frac{1}{m}\langle p \rangle \tag{8.95}$$

und

$$\frac{d}{dt}\langle p \rangle = -\left\langle \frac{dV(x)}{dx} \right\rangle \tag{8.96}$$

gelten, vorausgesetzt die Schrödinger-Wellenfunktion $\psi(x,t)$, für die die obigen Mittel bestimmt werden, befriedigt die Schrödinger-Gleichung.

$$H\psi(x,t) = \mathrm{i}\hbar\frac{\partial \psi(x,t)}{\partial t}, \tag{8.97}$$

wobei H der in Gl. (8.94) definierte Differentialoperator ist.

Die Schrödinger-Wellenfunktion $\psi(x,t)$ hängt von der Zeit t ab; diese Zeitabhängigkeit wird durch die Schrödinger-Gleichung (8.97) beschrieben. Daraus folgt, daß auch die Mittel von x und p von der Zeit abhängen. Es kann bewiesen werden, daß die Gln. (8.95) und (8.96) gelten müssen. Dieser Beweis ist nicht besonders schwer zu führen. Wir werden dazu einfach in dem Integral, das das betreffende Mittel definiert, die zeitlichen Ableitungen nach der Zeit durchführen. Hierauf eliminieren wir die zeitlichen Ableitungen von ψ und ψ^* mittels der Schrödinger-Gleichung (8.97) und ihrer komplex-konjugierten Form. Geschicktes Umordnen der Terme mit anschließender partieller Integration führt zu den Ergebnissen (8.95) und (8.96). Manche Leser werden vielleicht Interesse daran haben, diesen

---

[1]) P. Ehrenfest, „Bemerkungen über die angenäherte Gültigkeit der klassischen Mechanik innerhalb der Quantenmechanik". *Zeitschrift für Physik* **45**, 455 (1927).

Rechengang im Detail durchzuführen, aber dies würde hier zu weit führen, da eine detaillierte Beweisführung etwas mühevoll ist[1]).

57. Dieses Theorem im Abschnitt 56, das leicht auf den dreidimensionalen Fall verallgemeinert werden kann, ist für ein begriffsmäßiges Verständnis der Quantenmechanik von größter Bedeutung. Es erklärt unter anderem, warum die klassische Mechanik als Grenzfall der Quantenmechanik angesehen werden kann, sobald die Unschärfe der Variablen, d.h. die statistische Streuung der für die Quantenmechanik typischen Variablen, vernachlässigbar ist. Zwischen klassischer Mechanik und Quantenmechanik soll natürlich diese Beziehung bestehen; die Tatsache, daß das Ehrenfest-Theorem für die für den Impuls gewählte Variable bewiesen werden kann, spricht nachdrücklich für die Richtigkeit dieser Wahl.

Das die klassische Mechanik einen Grenzfall der Quantenmechanik darstellt, ist die wesentliche Aussage des sogenannten *Korrespondenzprinzips* von *Bohr*. Dieses Prinzip ist deshalb so wichtig, weil die Quantenmechanik, damit sie als umfassende physikalische Theorie verstanden werden kann, *alle* physikalischen Phänomene beschreiben muß, einschließlich der Phänomene, die auch klassisch beschrieben werden können. Historisch gesehen diente das Korrespondenzprinzip in den ersten Anfängen der Entwicklung der Quantenmechanik als Richtlinie. Es stellt sozusagen eine Nebenbedingung dar, der mögliche neue Theorien genügen müssen, doch darf man andererseits nicht annehmen, daß neue Theorien dadurch eindeutig bestimmt werden. Es kann für die „Quantisierung" keine Regeln geben, d.h., es kann keine Vorschrift geben, wie man von einer klassischen Beschreibung auf eine quantenmechanische überzugehen hat. Ganz offensichtlich ist es sinnlos, etwa die Vorschrift aufzustellen, daß man, um die *richtigen* (quantenmechanischen) Gleichungen zu finden, zuerst die *falschen* (klassischen) Gleichungen aufstellen müsse, um dann mittels irgendeiner geheimnisvollen Prozedur von den falschen Gleichungen auf die richtigen überzugehen. Die richtigen physikalischen Gleichungen findet man vielmehr durch geschickte Vermutungen aufgrund experimenteller Ergebnisse; diese Vermutungen werden dann durch weitere experimentelle Untersuchungen überprüft.

58. Bei einer beliebigen quantenmechanischen Variablen Q kann die Größe

$$\Delta Q = \sqrt{\langle Q^2 \rangle - (\langle Q \rangle)^2} \tag{8.98}$$

(berechnet für eine gegebene Wellenfunktion) als Maß für die Genauigkeit verwendet werden, mit der die Variable Q in dem durch die betreffende Wellenfunktion beschriebenen Zustand bestimmt ist. Die Variable Q hat in einem bestimmten Zustand dann und nur dann einen *exakten* Wert, wenn für diesen Zustand $\Delta Q = 0$ gilt. Ein Beispiel veranschaulicht dies: Die Energievariable H ist für jeden stationären Zustand exakt bekannt, und zwar hat sie den Wert W, das ist die Energie des Zustands. Für einen nichtstationären Zustand gilt $\Delta H > 0$.

Eine Unschärferelation stellt im allgemeinen eine Einschränkung der Genauigkeit dar, mit der zwei verschiedene Variable gleichzeitig bestimmt werden können: Für die zwei Variablen Q' und Q'' hat die Unschärferelation die Form einer Ungleichung, die $\Delta Q'$ und $\Delta Q''$ enthält. Mit Gl. (8.82) steht uns jetzt eine genaue Definition von Δx und mit Gleichung (8.91) eine genaue Definition von Δp zur Verfügung. Wir könnten ohne sonderliche Schwierigkeiten die *genaue* Unschärferelation

$$\Delta x \, \Delta p \geqslant \frac{\hbar}{2} \tag{8.99}$$

beweisen, d.h. den Beweis dafür liefern, daß die Ungleichung (8.99) für *alle* Wellenfunktionen gilt und daß sie für einige Wellenfunktionen die Form einer Gleichung annimmt. Wir werden dies hier jedoch nicht tun, da wir zumindest qualitativ verstehen, *warum* eine Beziehung der Form (8.99) gelten muß, was für diesen Lehrgang genügt.

8.5 Literatur

1. Weitere einfache Probleme in Zusammenhang mit der Schrödinger-Theorie werden in den nach Kapitel 7 (Punkt 1) zitierten Büchern behandelt.

2. *G. M. Barrow: The Structure of Molecules* (W. A. Benjamin, Inc., New York 1963). Eine gut verständliche Einführung in das Gebiet der Molekülstruktur und der molekularen Spektren. Dieses Buch ist einfach und aufgrund der Vorbereitung durch den vorliegenden Lehrgang in jeder Hinsicht verständlich.

3. *F. O. Rice* und *E. Teller: The Structure of Matter* (Science Editions, Inc., 1961). Dieses Buch ist, wie sein Titel andeutet, einer allgemeinen Abhandlung über die Struktur der Materie aus der Sicht der Quantenmechanik gewidmet. Aufgrund der Vorbereitung durch unseren Lehrgang ist dieses einfache Werk leicht verständlich. Sie können die Betrachtungen unseres Lehrgangs durch ausgewählte Abschnitte dieses Buches ergänzen.

8.6 Übungen

1. a) Wir untersuchen die Situation in Bild 8.1a: Ein Teilchen befindet sich in einem Potentialkasten mit unendlich hohen Wänden. Wir wollen die durch Gl. (8.13) gegebene Wellenfunktion für $n' = 17$ und $n'' = 18$ diskutieren. Es ist die durch Gl. (8.14) gegebene Wahrscheinlichkeitsdichte für die

---

[1]) Beweise für dieses Theorem finden Sie bei *E. Merzbacher, Quantum Mechanics* (John Wiley and Sons, New York 1961), p. 41, und bei *L. I. Schiff, Quantum Mechanics,* 3. Aufl. (McGraw-Hill Book Co., New York 1968), p. 28.

folgenden Zeiten in ein Diagramm einzutragen: $t=0$; $t=t_0/4$; $t=t_0/2$; $t=3t_0/4$ und $t=t_0$, wobei $t_0=(4ma^2)/(35\pi\hbar)$ ist. Aus diesem Diagramm ist eine periodische Bewegung des Teilchens zwischen den Wänden zu erkennen. Die Periode der Bewegung ist gleich t_0.

b) Untersuchen Sie die Bewegung eines klassischen Teilchens der Masse m und der Energie $W_e = \frac{1}{2}(W_{17}+W_{18})$ in dem gleichen Potentialkasten, und vergleichen Sie die Periode dieser Bewegung mit dem oben bestimmten t_0.

c) Das Wellenpaket in Teil a) dieser Übung ist nicht besonders scharf konzentriert, sondern erstreckt sich etwa über den halben Potentialkasten. Ein scharf definiertes Wellenpaket, das dem klassischen Punktteilchen eher gleicht, erhalten wir nur durch Superposition einer großen Anzahl von Eigenfunktionen. Soll die Lage genau definiert sein, dann wird zwangsläufig der Impuls und damit die Energie nur ungenau definiert sein. Die Energie des n-ten Niveaus ist nun n^2 proportional, während der Abstand zwischen benachbarten Niveaus angenähert proportional zu n ist. Ein Wellenpaket hoher mittlerer Energie kann daher aus einer großen Anzahl von überlagerten Eigenfunktionen bestehen, was sich darin auswirkt, daß die augenblickliche Lage des Teilchens recht genau bestimmt ist und daß auch die *relative* Streuung der Energie gering ist. Dies ist wieder ein Beispiel für den Übergang zum klassischen Grenzfall. Ein Wellenpaket in einem Potentialtopf kann sich wie ein klassisches Teilchen verhalten, wenn seine mittlere Energie verglichen mit der Energie des Grundzustands hoch genug ist.

Wir können hier den Übergang auf den klassischen Grenzfall nicht in allen Einzelheiten besprechen, aber wir wollen doch einen Aspekt dieses Problems untersuchen. Es ist $n'=n$ und $n''=n+1$. Die Periode der Bewegung des Wellenpakets, das durch die Superposition (8.13) gegeben ist, ist zu bestimmen und mit der Periode eines klassischen Teilchens zu vergleichen, das sich mit einer Energie W bewegt, wobei $W_{n+1} \geqslant W \geqslant W_n$ gelten soll. Insbesondere ist der Grenzübergang $n \to \infty$ zu untersuchen.

2. Angeregt durch verschiedene populärwissenschaftliche Versuche, die Quantenmechanik zu „erklären", stellt der Autor folgende Behauptung zur Diskussion. Die Wahrscheinlichkeitsdichte $P(x) = |\psi(x,t)|^2$ eines *stationären* Zustands, der durch die Wellenfunktion $\psi(x,t)$ beschrieben wird, kann als *zeitliches Mittel* der Wahrscheinlichkeitsdichte eines Teilchens ausgelegt werden, das sich mit der Energie des stationären Zustands *klassisch* in dem Potential bewegt. Anders ausgedrückt: Das Teilchen bewegt sich klassisch; wird aber diese klassische Bewegung über ein Zeitintervall gemittelt, das verglichen mit der natürlichen Periode der Bewegung groß ist, dann erhalten wir die Wahrscheinlichkeitsdichte $P(x)$. Im Falle eines Teilchens mit dreidimensionaler Bewegung — etwa eines Elektrons im Wasserstoffatom — können wir das absolute Quadrat der Wellenfunktion eines *stationären* Zustands in ähnlicher Weise interpretieren. Das Teilchen bewegt sich klassisch, doch sind unsere Meßinstrumente zu grob, um die Bewegung im Detail verfolgen zu können; wir können daher nur eine Wahrscheinlichkeitsverteilung für das Elektron im Atom erhalten, und wir könnten dies als Mittelung der klassischen Bewegung über ein großes Zeitintervall auffassen.

Wird diese Behauptung zu wörtlich ausgelegt, so können wir sie sofort widerlegen; der Autor modifiziert seine Behauptung daher ein wenig: Die obige Interpretation des Quadrats der Wellenfunktion ist zwar streng betrachtet nicht richtig, doch gibt sie eine sehr *brauchbare* Vorstellung von der quantenmechanischen Bewegung eines Teilchens. Wenn wir diese Behauptung nur im Sinne einer Näherung verstehen, dann gewinnen wir durch sie durchaus Einblick in die wirklichen Vorgänge.

Es bleibt dem Leser überlassen, diese Behauptungen, sowohl die erste in der naiven Formulierung als auch die zweite, modifizierte, vollends zu widerlegen. Dabei sollte er unsere Überlegungen vom Beginn dieses Kapitels und auch die Diskussion des „Doppelspalt-Versuchs" in den Kapiteln 4 und 5 in Betracht ziehen.

3. In Gl. (8.23) wird von $-a$ bis $+a$ integriert. Angenommen wir integrieren stattdessen innerhalb der Grenzen $-\infty$ bis $+\infty$. Wie hängt *dieses* Integral von der Zeit t ab? Welchen Wert hat es bei $t=0$?

4. Wir wollen uns überzeugen, daß ein attraktives Potential nicht notwendigerweise zu gebundenen Zuständen führt. Zu diesem Zweck betrachten wir als spezifisches Beispiel die Situation aus Bild 8.11. B ist die Tiefe des Potentialtopfes, a seine Breite und m die Masse des Teilchens. Es ist zu beweisen, daß es keine gebundenen Zustände gibt, wenn die Größe $G = a^2 Bm/\hbar^2$ kleiner als ein bestimmter Wert G_0 ist, daß es aber zumindest einen gebundenen Zustand geben wird, wenn $G > G_0$ ist. Die Konstante G_0 ist zu bestimmen. Beachten Sie, daß diese Überlegungen nur für einen Potentialtopf gelten, dessen eine Wand unendlich hoch ist. Für einen Potentialtopf der in Bild 8.9 dargestellten Form existiert immer zumindest ein gebundener Zustand, wie gering die Tiefe des Potentialtopfes auch ist.

Aufgrund dieses Beispiels sind Argumente dafür anzuführen, warum jede der folgenden Bedingungen für das Auftreten gebundener Zustände günstig ist.

a) eine große Masse m;
b) ein tiefer Potentialtopf;
c) ein breiter Potentialtopf.

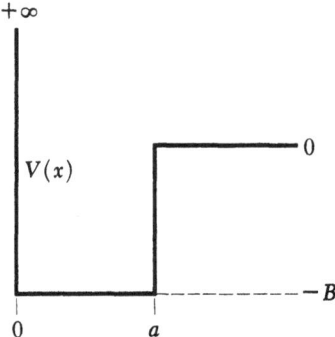

Bild 8.21 Die durchgezogene Kurve stellt die potentielle Energie des Neutron-Proton-Systems nach einem stark vereinfachten Modell dar, das jedoch zur Veranschaulichung einiger Eigenschaften des Deuterons und der niederenergetischen Neutron-Proton-Streuung sehr nützlich ist. Auf der Abszisse ist der Abstand zwischen Neutron und Proton wiedergegeben.

Die Argumente (die für einen Potentialtopf allgemeinerer Form als in Bild 8.9 gelten sollen) sind durch entsprechende Diagramme zu veranschaulichen.

Anhand dieses Beispiels können wir verstehen, warum zwei Atome nicht immer ein stabiles Molekül bilden, obwohl die Kräfte zwischen den beiden Atomen bei bestimmten Abständen anziehend wirken. (Wirkt die Kraft überall *abstoßend*, wie das

8.6 Übungen

mitunter der Fall ist, dann kann es natürlich überhaupt keine gebundenen Zustände geben.) Das Potential in Bild 8.21 können wir als idealisierte Version des realistischen molekularen Potentials aus Bild 8.13 ansehen.

5. Ein einfaches *eindimensionales* Modell des Deuterons (ein gebundener Zustand eines Neutrons und eines Protons) können wir uns folgendermaßen vorstellen: Das Neutron-Proton-Potential soll eine Form wie das in Bild 8.21 haben, außerdem ist $a = 1{,}85 \cdot 10^{-15}$ m und $B = 41{,}6$ MeV. Die Bindungsenergie des Deuterons ist für dieses Modell zu bestimmen und mit dem experimentell gewonnenen Wert 2,21 MeV zu vergleichen. Wir stellen eine gute Übereinstimmung fest, die aber natürlich *nicht* einem Triumph der Theorie zu verdanken ist, sondern eine Folge davon ist, daß der Meßwert der Bindungsenergie zusammen mit anderen experimentellen Ergebnissen dazu verwendet wurde, vernünftige Werte für a und B zu berechnen. Das hier betrachtete Potential ist nicht realistisch, obwohl damit *einige* Eigenschaften der Neutron-Proton-Wechselwirkung richtig wiedergegeben werden können. Es ist bis jetzt die Frage ungelöst, wie man das effektive Potential aus grundlegenden Prinzipien bestimmen könnte.

Anmerkung: Die Masse m ist die *reduzierte* Masse des Proton-Neutron-Systems, $m = m_p/2$.

6. Beim *Schwingungsspektrum* von Wasserstoffchlorid HCl kann man feststellen, daß die Spektrallinien tatsächlich eng nebeneinanderliegende Dubletten sind. Die Linie des Dubletts auf der kurzwelligen Seite hat eine etwa dreimal so hohe Intensität wie die Linie auf der langwelligen Seite. Der Abstand der beiden Dublettkomponenten ist bei den Linien in der Nähe von $5600\,\text{cm}^{-1}$ (Wellenzahl) etwa $4\,\text{cm}^{-1}$ (Meßwert). Dieses Phänomen ist zu erklären und der Abstand der Komponenten theoretisch zu bestimmen. Erklären Sie auch die relativen Intensitäten der beiden Dublettkomponenten.

7. Bei einer Untersuchung der bei Rotationsübergängen des Jod-Chlor-Moleküls auftretenden Frequenzen wurden folgende Werte (in Megahertz) gemessen:

J^{35}Cl 6980 MHz 27 336 MHz
J^{37}Cl 6684 MHz 26 181 MHz

Die erste Zeile gilt für das Molekül, das das Isotop ^{35}Cl enthält, während die zweite Zeile für das Molekül gilt, das das Isotop ^{37}Cl enthält. Der Jodkern ist in beiden Molekülen das Isotop $^{127}_{53}$J.

a) Können Sie die Frequenzen in der zweiten Zeile erklären, wenn die der ersten gegeben sind?

b) Wenn die bei der Messung verwendete Probe natürlich vorkommendes Chlor enthält, wird man selbstverständlich alle vier Frequenzen feststellen können. Das Intensitätsverhältnis der Linien in der ersten Zeile zu den entsprechenden Linien der zweiten Zeile ist zu bestimmen.

c) Der Isotopeneffekt soll nun allgemein für die Niveaus der Rotationsanregung eines zweiatomigen Moleküls untersucht werden. ω'_r ist eine Rotationsübergangsfrequenz eines Moleküls, dessen Kerne die Massen m'_1 und m'_2 haben; ω''_r ist die entsprechende Frequenz eines chemisch identischen Moleküls, das aber aus anderen Isotopen besteht, deren Kernmassen m''_1 und m''_2 sind. Wiederum können wir, ohne für das Molekül eine detaillierte Theorie aufstellen zu müssen, ω'_r zu ω''_r in Beziehung setzen. Zeigen Sie, daß das Verhältnis der beiden Frequenzen durch

$$\frac{\omega'_r}{\omega''_r} = \left(\frac{m''_1 m''_2 (m''_1 + m''_2)}{m'_1 m'_2 (m'_1 + m'_2)}\right)^k$$

gegeben ist, und bestimmen Sie den richtigen Exponenten k. Setzen Sie k ein, und vergleichen Sie diesen Ausdruck dann mit Gl. (8.53): In diesem Ausdruck wird der Isotopeneffekt für das Schwingungsspektrum beschrieben. Die Abhängigkeit von den Isotopenmassen ist in den beiden Fällen verschieden.

Tabelle 8.3

Isotopic species	$J = 1 \leftarrow 0$, $v = 0$ Rotational frequencies (Mc/sec)	B_e (Mc
C^{12}O^{16}	115 271.204 ± 0.005	57 89
C^{13}O^{16}	110 201.370 ± 0.008	55 3
C^{12}O^{18}	109 782.182 ± 0.008	55
C^{14}O^{16}	105 871.110 ± 0.004	53
C^{13}O^{18}	104 711.416 ± 0.008	5
C^{12}O^{17}	112 359.276 ± 0.060[b]	

Experimentell gemessene Rotationsfrequenzen des Kohlenmonoxid-Moleküls in verschiedener Isotopenzusammensetzung. Das obige Fragment der Tabelle stammt aus einer Arbeit von *B. Rosenblum, A. H. Nethercot Jun.* und *C. H. Townes:* "Isotopic mass ratios, magnetic moments and sign of electric dipole moment in CO" (Massenverhältnisse der Isotope, magnetische Momente und Vorzeichen des elektrischen Dipolmoments in CO), *The Physical Review* **109**, 2228 (1958). Durch die oben angegebenen Zahlen gewinnen Sie eine gute Vorstellung von der in der Mikrowellenspektroskopie erreichbaren Genauigkeit.

Nach Lösung der Übung 7 werden Sie die Ergebnisse mit den Werten der obigen Tabelle vergleichen wollen. Die Übereinstimmung ist zwar gut, aber nicht vollkommen, da in unserer Theorie das zweiatomige Molekül zur Vereinfachung als starrer Körper angesehen wird. Um die experimentellen Daten mit der Genauigkeit, mit der sie gemessen wurden, erklären zu können, ist eine eingehendere theoretische Untersuchung notwendig.

8. Ein „typischer" Kristall soll aus Atomen der relativen Atommasse A zusammengesetzt sein. Der Kristall soll die Form eines Würfels mit der Kantenlänge l haben. Größenordnungsmäßig ist abzuschätzen:

a) die niedrigste Resonanzfrequenz (Schwingung) des Kristalls,

b) die höchste Resonanzfrequenz des Kristalls. Die Ergebnisse sind so anzuschreiben, daß die Abhängigkeit der Frequenzen von den grundlegenden Konstanten α, $\beta = m_e/m_p$ und $\hbar/m_e c^2$ und von den Konstanten A und $N \approx l/a_0$ klar herauskommt. (Hier ist a_0 der Bohrsche Radius und m_p die Masse des Protons.)

c) Führen Sie einige spezielle Zahlenbeispiele an (die Frequenzen sind in Megahertz anzugeben).

9. In Abschnitt **50**, Kapitel 2, stellten wir fest, daß es prinzipiell möglich ist, das Verhältnis der Schallgeschwindigkeit c_S in einem Kristall zur Lichtgeschwindigkeit c so auszudrücken, daß c_S/c nur die folgenden vier Konstanten enthält: die Feinstrukturkonstante $\alpha \approx 1/137$, das Elektron-Proton-Massenverhältnis $\beta = m_e/m_p$, die relative Atommasse A und die Ordnungszahl Z der Atome im Kristall. Es ist ziemlich schwierig, einen *exakten* Ausdruck für c_S/c abzuleiten, eine größenordnungsmäßige Näherungsbeziehung, die die Abhängigkeit von c_S/c von α, β und A im wesentlichen aufzeigt, ist jedoch leicht zu erhalten. Leiten Sie eine solche Näherungsbeziehung ab und überprüfen Sie sie für den Fall von Kupfer. ($A = 63{,}6$; $c_S = 4700$ m/s.)

10. a) Bei dem in Bild 8.13 dargestellten Potential $U(r)$ können wir feststellen, daß der Abstand benachbarter Energieniveaus *abnimmt*, wenn die Quantenzahl n zunimmt. Erklären Sie dies qualitativ.

b) Es ist eine Parabel zu zeichnen, die das Potential eines streng harmonischen Oszillators darstellt. Außerdem sind noch zwei weitere Potentialkurven einzuzeichnen, die symmetrisch zum Ursprung sein sollen und „nahezu harmonische" Potentiale darstellen. Der Krümmungsradius aller drei Kurven soll im Ursprung (dem Minimum des Potentials) gleich sein. Diese zwei Kurven sind so zu konstruieren, daß für die eine der Abstand benachbarter Energieniveaus mit zunehmender Quantenzahl n *zunimmt*, während für die zweite der Abstand benachbarter Niveaus mit n *abnehmen* soll. Die Energieniveaus brauchen nicht explizit bestimmt zu werden, doch sollte erklärt werden, warum die zwei Kurven die erwähnten Eigenschaften aufweisen.

11. In Abschnitt 47 haben wir festgestellt, daß wir die Energieniveaus von zweifach ionisiertem Lithium durch eine einfache Maßstabsänderung aus den Energieniveaus von einfach ionisiertem Helium erhalten können. Der Umrechnungsfaktor ist ungefähr 9/4. Beide Ionen sind wasserstoffähnliche Systeme mit einem Elektron. In diesem Zusammenhang stellen wir folgende Behauptung zur Diskussion: Es sollte möglich sein, die Energieniveaus von einfach ionisiertem Lithium durch eine ähnliche Umrechnung aus den Energieniveaus des neutralen Heliums zu erhalten, weil beide Systeme zwei Elektronen haben und sich nur durch den Betrag ihrer Kernladung unterscheiden. Das Verhältnis der Wellenlängen entsprechender Spektrallinien sollte also eine Konstante sein, wie das bei zweifach ionisiertem Lithium und einfach ionisiertem Helium der Fall ist. Diese Behauptung wird jedoch durch experimentelle Ergebnisse widerlegt. Die Termschemata von neutralem Helium und einfach ionisiertem Lithium sind zwar sehr ähnlich, doch können wir sie nicht durch eine einfache Maßstabsänderung ineinander überführen. Es ist anschaulich zu erklären, warum diese Maßstabsänderung nur für Systeme mit einem Elektron funktioniert, nicht aber für Systeme mit zwei Elektronen.

12. Die mittlere Lebensdauer des $2p$-Zustands in Wasserstoff beträgt $0,16 \cdot 10^{-8}$ s. Bestimmen Sie die mittlere Lebensdauer des $2p$-Zustands in einfach ionisiertem Helium.

13. In Zusammenhang mit der vorigen Aufgabe ist die mittlere Lebensdauer des $2p$-Zustands in dem myonischen Atom zu bestimmen, das entsteht, wenn negative Myonen durch Aluminium-Kerne eingefangen werden.

14. Berechnen Sie die Wellenlänge des Photons, das emittiert wird, wenn ein Myon-Aluminium-Atom vom $3s$-Zustand in den $2p$-Zustand übergeht.

15. Bestimmen Sie den „Bohrschen Radius" von
a) einem myonischen Aluminium-Atom,
b) einem myonischen Blei-Atom.

Vergleichen Sie diese Radien mit den Kernradien. Dieser Vergleich ist recht aufschlußreich: Wenn sich nämlich herausstellt, daß der „Bohrsche Radius" mit dem Kernradius vergleichbar ist, dann können wir den Kern offensichtlich nicht als Punktladung ohne räumliche Ausdehnung ansehen. Das wiederum heißt, daß die Energieniveaus eines myonischen Atoms durch eine Gleichung wie Gl. (8.74) nicht exakt bestimmt werden können. Experimentell hat man vielmehr festgestellt, daß die Energieniveausysteme insbesondere von *schweren* myonischen Atomen sich beträchtlich von den durch Gl. (8.74) vorausgesagten unterscheiden. Eine systematische Untersuchung dieser Abweichungen hat es ermöglicht, von der Ladungsverteilung in Kernen und den Kerngrößen eine definitive Vorstellung zu gewinnen.

16.[1]) Versuchen Sie, das Theorem von *Ehrenfest* (siehe Abschnitt 56) nach den in diesem Abschnitt angedeuteten Richtlinien zu beweisen. Weitere Anregungen sind in Abschnitt 50 von Kapitel 7 zu finden.

17.[1])a) Wenden Sie das Ehrenfest-Theorem auf den Fall eines harmonischen Oszillators an, für den die Funktion des Potentials durch $V(x) = (K/2)x^2$ gegeben ist, und stellen Sie zwei Differentialgleichungen auf, die von $\langle x(t) \rangle$ und $\langle p(t) \rangle$ befriedigt werden. Lösen Sie diese Gleichungen, und drücken Sie $\langle x(t) \rangle$ durch $\langle x(0) \rangle$ und $\langle p(0) \rangle$ aus. Vergleichen Sie die Lösung mit der des entsprechenden klassischen Problems.

b) Für einen stationären Zustand gilt $\langle x(t) \rangle = 0$, für einen nichtstationären Zustand ist $\langle x(t) \rangle$ im allgemeinen eine nichtverschwindende oszillierende Funktion der Zeit. Aufgrund der Überlegungen von Abschnitt 27 und der Ergebnisse aus Teil a) dieser Aufgabe sind Argumente dafür anzuführen, daß die Energieniveaus des harmonischen Oszillators gleiche Abstände, nämlich $\hbar\sqrt{K/m}$ haben müssen. Beachten Sie, daß in Abschnitt 27 nur festgestellt wurde, daß der Niveauabstand angenähert konstant sein müsse: Tatsächlich ist der Niveauabstand streng konstant und gleich $\hbar\sqrt{K/m}$.

18. Wir wollen nun ein „hantelförmiges" zweiatomiges Molekül untersuchen. Die Rotationsanregungszustände eines derartigen Moleküls haben wir in den Abschnitten 38 bis 40 besprochen. Nehmen wir an, daß der Ladungsmittelpunkt des Moleküls nicht mit seinem Schwerpunkt zusammenfällt. Das Molekül besitzt in diesem Fall ein elektrisches Dipolmoment; aus klassischer Sicht ist zu erwarten, daß dieses Molekül bei Rotation elektromagnetische Strahlung emittiert, deren Frequenz gleich der klassischen Kreisfrequenz ω_a ist.

In der Quantenmechanik gibt Gl. (8.61) die Energieniveaus des Moleküls an. Wir dürfen annehmen, daß sich die Quantenzahl J um eins ändert, wenn das Molekül elektrische Dipolstrahlung emittiert oder absorbiert. Drücken Sie die Frequenz der emittierten Strahlung durch die Drehimpulsquantenzahl J des Ausgangszustandes des Moleküls aus. Vergleichen Sie das Ergebnis mit der klassisch abgeleiteten Gleichung. Für große J sollten wir uns dem „klassischen Grenzwert" nähern. Ist das tatsächlich der Fall?

---

[1]) Diese beiden Aufgaben beziehen sich auf Probleme aus dem Abschnitt 8.4.

9 Die Elementarteilchen und ihre Wechselwirkungen

9.1 Streuprozesse und Wellenmodell

1. In diesem letzten Kapitel wollen wir einige Aspekte der grundlegendsten und wichtigsten Probleme der modernen Physik behandeln, die die Elementarteilchen und ihre Wechselwirkungen betreffen. Auf diesem Gebiet der Physik gibt es für uns viele Fragen, deren Antwort wir heute noch nicht kennen. Wir brauchen eine Theorie, mit der wir beschreiben können, warum die verschiedenen Elementarteilchen existieren und warum sie bestimmte Eigenschaften aufweisen. Wir hoffen also, daß überhaupt gewisse grundlegende Gesetze gefunden werden können, mit denen die Vielzahl der beobachteten Phänomene zu erklären sind. Diese Hoffnung ist, logisch gesehen, durchaus nicht gerechtfertigt. Es könnte nämlich auch niemals etwas Besseres zur Verfügung stehen als phänomenologische Theorien, die die experimentellen Ergebnisse lediglich etwas knapper zusammenfassen als entsprechende Tabellen und Diagramme. Solche Theorien sind aber nicht annähernd so umfassend, so begriffsmäßig einfach und einleuchtend, wie wir das von einer grundlegenden Theorie erwarten.

Wenn wir die Entwicklung der Physik betrachten, so können wir allerdings feststellen, daß immer wieder einfache Gesetze und Theorien gefunden wurden, mit denen eine Fülle von vorher unverstandenen Phänomenen befriedigend erklärt werden konnte. Denken wir etwa an die Maxwell-Gleichungen, mit deren Hilfe jahrhundertelang getrennte Gebiete der Physik (elektrische, magnetische, optische Phänomene) unter einem gemeinsamen Gesichtspunkt verstanden werden konnten. Eine ähnliche Entwicklung hat sich in den letzten Jahren vollzogen: Die scheinbar völlig verschiedenen elektromagnetischen und schwachen Wechselwirkungen sind mit großer Wahrscheinlichkeit nur verschiedene Manifestationen ein und derselben elektroschwachen Wechselwirkung. Die Vereinheitlichung dieser beiden Wechselwirkungen durch die sogenannte *Eichtheorie der elektroschwachen Wechselwirkung* ist zweifellos eine der bedeutendsten Leistungen der Physik des 20. Jahrhunderts. Wir werden in Abschnitt 9.4 versuchen, in notwendigerweise sehr vereinfachter Form die wesentlichen theoretischen Überlegungen und experimentellen Tatsachen darzustellen, die zu dieser vereinheitlichten Theorie geführt haben.

Die Geschichte der Physik legt aber noch eine weitere Erkenntnis nahe. Für die Entwicklung eines bestimmten Teilgebiets der Physik ist es sicher unerläßlich, daß genügend Datenmaterial zusammengetragen wird. Für den Fortschritt in der physikalischen Erkenntnis ist aber meist nicht so sehr der Umfang der vorhandenen Daten ausschlaggebend. Viel wichtiger scheint es zu sein, ein einfaches physikalisches System oder eine entsprechende experimentelle Anordnung zu finden, die die entscheidende Fragestellung nahelegen und die es erlauben, das theoretische Modell möglichst direkt zu überprüfen. So waren zum Beispiel die Spektren schwerer Atome für die Aufstellung der Schrödinger-Gleichung nicht annähernd von der gleichen Bedeutung wie das vergleichsweise einfache Spektrum des Wasserstoffatoms. Eine ganz ähnliche Situation finden wir in der Entwicklung der Theorie der starken Wechselwirkung. In jahrelanger, mühevoller Arbeit wurden die Kräfte zwischen stark wechselwirkenden Teilchen (*Hadronen;* s. Abschnitt 9.2) bei relativ geringen Energien untersucht. Die Fülle von Daten, die vor allem durch Streuexperimente erzielt wurden, gaben zwar zu den verschiedensten phänomenologischen Modellen Anlaß, aber eine einfache zugrundeliegende Struktur war nicht zu erkennen. Erst die Möglichkeit, hochenergetische Leptonen (Elektronen, Müonen, Neutrinos) an Nukleonen zu streuen, führte zum entscheidenden Erkenntnisfortschritt. Wir betrachten die Hadronen heute als komplexe gebundene Zustände von einfacheren Bestandteilen, den *Quarks* und *Gluonen.* Diese Bestandteile und ihre Wechselwirkungen, die wir in Abschnitt 9.5 genauer diskutieren werden, manifestieren sich aber erst bei sehr hohen Energien. Rückblickend können wir daher verstehen, warum die Streuung von Hadronen aneinander uns nur sehr begrenzt Aufschluß über die Theorie der starken Wechselwirkung verschaffen konnte. Es würde ja auch niemand versuchen, aus den experimentellen Ergebnissen etwa der Streuung von Aluminiumatomen an Silber auf das Coulombpotential in der Schrödinger-Gleichung zu schließen.

2. Trotz dieser Einschränkung ist aber ohne Zweifel der Großteil unserer Kenntnisse über die Elementarteilchen durch Streuexperimente gewonnen worden. Wir werden uns daher in diesem Abschnitt ziemlich ausführlich mit der Interpretation solcher Versuche anhand einiger klassischer Streuexperimente (Bilder 9.1 bis 9.13) beschäftigen. In den nächsten beiden Abschnitten werden wir eine Klassifizierung der Elementarteilchen und ihrer Wechselwirkungen vornehmen und die Grundlagen der Quantenfeldtheorie herausarbeiten. In den letzten drei Abschnitten werden zunächst die Entwicklung der Elementarteilchenphysik in den letzten 15 Jahren zur Theorie der elektroschwachen Wechselwirkung und der Quantenchromodynamik als Theorie der starken Wechselwirkung skizziert und zum Abschluß einige offene Fragen und neue Ansätze vorgestellt werden.

Bei einem Streuversuch wird ein Strahl von Teilchen der Art A aus einem Teilchenbeschleuniger auf ein Ziel gelenkt, das aus Teilchen der Art B (fest, flüssig oder gasförmig) besteht. Dann werden die Teilchen beobachtet, die bei einem Stoß zwischen einem A-Teilchen und einem B-Teilchen auftreten. Wir bezeichnen den Stoß als *elastisch,* wenn dabei keine neuen Teilchen entstehen: Das A-Teilchen wird einfach durch das B-Teilchen gestreut. Entstehen andere Teilchen, so sprechen wir von einem *unelastischen* Prozeß.

Diese klassische Art von Streuexperimenten wurde in den letzten Jahren durch die Entwicklung neuer Beschleuniger entscheidend erweitert. In diesen sogenannten Speicher-

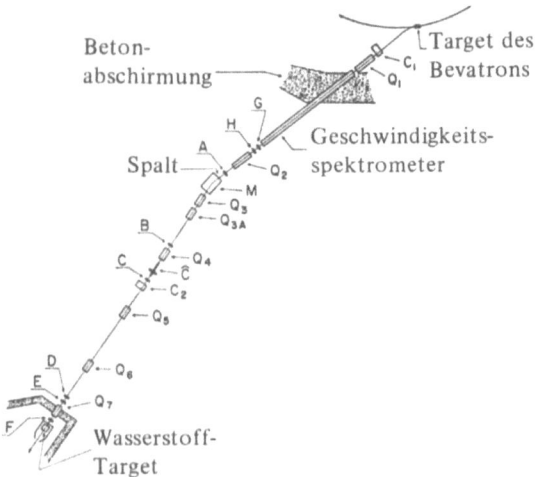

Bild 9.1 Allgemeine Versuchsanordnung für die Messung verschiedener Wirkungsquerschnitte bei elastischer und unelastischer Antiproton-Proton-Streuung. Die Antiprotonen treten aus dem Target des Teilchenbeschleunigers (oben rechts) aus, werden abgelenkt und auf ein Flüssigwasserstofftarget fokussiert (links unten). Es bedeuten: C_1, C_2 und M ablenkende Magnete, Q_1 bis Q_7 fokussierende Magnete, A bis H Szintillationszähler, C ein Cerenkov-Zähler. Die Vorgänge im Flüssigwasserstofftarget werden mittels Zählern beobachtet, die rund um das Target angeordnet sind. (Diese Zähler sind im Bild nicht dargestellt.) Zweck dieser etwas komplizierten Anordnung von Zählern und Magneten ist die Begrenzung und Einengung des Antiprotonenstrahls und das Vermeiden von Ereignissen im Target, die von anderen Teilchen als Antiprotonen hervorgerufen werden. Die Messungen wurden mit Antiprotonenenergien von 1,0 GeV, 1,25 GeV und 2,0 GeV durchgeführt.

Dieses Bild stammt aus der Arbeit von R. *Armenteros* et al., "Antiproton-Proton Cross Sections at 1.0, 1.25 und 2.0 BeV" (Antiproton-Proton-Wirkungsquerschnitte bei 1,0, 1,25 und 2,0 GeV), *The Physical Review* **119**, 2068 (1960). Genauere Details kann man in diesem Artikel nachschlagen. Die Ergebnisse sind in Bild 9.6 in diesem Kapitel dargestellt. (*Zur Verfügung gestellt von The Physical Review.*)

Bild 9.2
Photographie des Flüssigwasserstofftargets für das in Bild 9.1 beschriebene Experiment. Der Wasserstoff befindet sich in dem Behälter in der Mitte des Apparats. Die Antiprotonen fallen senkrecht zur Bildebene ein. (*Zur Verfügung gestellt vom Lawrence Radiation Laboratory, Berkeley.*)

9.1 Streuprozesse und ihre Wechselwirkungen

ringen werden Teilchen der Sorte A und solche der Sorte B in entgegengesetzter Richtung beschleunigt und an bestimmten Wechselwirkungspunkten zur Kollision gebracht. Der Vorteil gegenüber konventionellen Streuexperimenten besteht in der höheren Energie der aufeinanderprallenden Teilchenstrahlen und damit in einem erhöhten Auflösungsvermögen für die Untersuchung der Struktur der Materie bei kleinsten Distanzen. Als Nachteil muß man allerdings kleinere Teilchendichten und daher kleinere Streuwahrscheinlichkeiten als bei ruhendem Target in Kauf nehmen. Durch den Einsatz modernster Technologien werden die Teilchendichten aber immer weiter gesteigert, so daß Speicherringe heute eine dominierende Rolle in der Hochenergiephysik spielen. Die Entdeckung der W- und Z-Bosonen als Träger der schwachen Wechselwirkungen (s. Abschnitt 9.4) erfolgte etwa im Proton-Antiproton-Speicherring des europäischen Kernforschungszentrums CERN bei Genf (Bild 9.3). Von mindestens ebensolcher Bedeutung sind die Elektron-Positron-Speicherringe, wie sie zum Beispiel in den Beschleunigerzentren DESY in Hamburg und SLAC in Stanford, Kalifornien, existieren. Der zur Zeit größte im Bau befindliche Beschleuniger ist der Elektron-Positron-Speicherring LEP bei CERN (Bild 9.4), der 1988 in Betrieb gehen soll.

Für die folgenden Überlegungen ist es allerdings gleichgültig, ob wir ein Streuexperiment mit ruhendem Target oder in Speicherringen untersuchen. Wir können uns zum Beispiel durch eine Lorentztransformation immer ins Ruhsystem der Teilchen B begeben; andererseits ist es oft vorteilhaft, ein konventionelles Streuexperiment ins Schwerpunktsystem zu transformieren, das gerade der Situation in Speicherringen entspricht. Da der Begriff des *Wirkungsquerschnitts* (siehe unten) lorentzinvariant definiert werden kann, reicht es völlig aus, die experimentelle Situation mit ruhendem Target zu untersuchen.

Im allgemeinen werden die Versuchsergebnisse in Form von verschiedenen *Wirkungsquerschnitten* ausgedrückt. Besprechen wir als erstes den einfachsten dieser Querschnitte, den *Gesamtwirkungsquerschnitt*, den wir mit σ_T bezeichnen wollen. Experimentell gesehen können wir σ_T folgendermaßen definieren: Wir stellen uns vor, daß das Target eine sehr dünne ebene Schicht aus willkürlich verteilten B-Teilchen ist. Die im Mittel homogene Dichte der Teilchen in der Schicht ist n Teilchen pro Flächeneinheit. Der Gesamtwirkungsquerschnitt ist dann durch

$$\sigma_T = \frac{P}{n} \qquad (9.1)$$

definiert, wobei P die Wahrscheinlichkeit dafür ist, daß ein senkrecht auf die Schicht einfallendes A-Teilchen in *irgendeine* Wechselwirkung mit einem der B-Teilchen tritt und dadurch aus dem Teilchenstrahl entfernt wird.

a)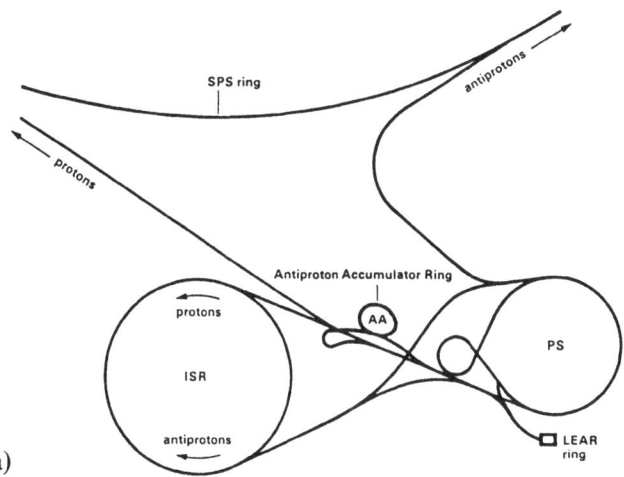

b)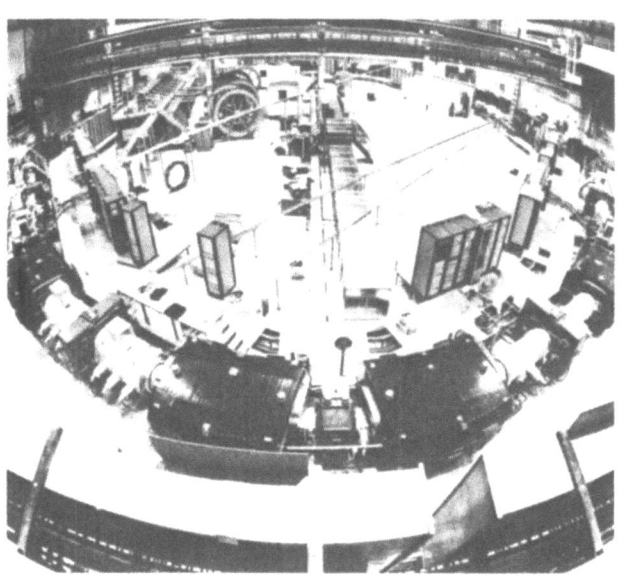

Bild 9.3 Schematische Anordnung des Proton-Antiproton-Speicherrings (a). Hochenergetische Protonen ($\simeq$ 26 GeV) aus dem Proton-Synchrotron (PS) treffen auf ein Target und produzieren neben vielen anderen Teilchen auch Antiprotonen. Ein Fokussierungssystem („magnetisches Horn") erfaßt die meisten Antiprotonen und befördert sie in den Antiproton-Akkumulator-Ring (AA). Dort werden die Antiprotonen bis zu etwa 10^{12} Teilchen gespeichert und durch raffinierte elektronische Vorrichtungen alle auf die annähernd gleiche Energie von etwa 3,5 GeV gebracht ("beam cooling"). Diese Antiprotonen werden dann zunächst im PS auf 26 GeV beschleunigt und sodann in entgegengesetzter Richtung wie die Protonen in das Super-Proton-Synchrotron (SPS) eingeschossen. Im SPS werden schließlich Protonen und Antiprotonen zugleich auf 270 GeV beschleunigt. In mehreren Wechselwirkungspunkten kollidieren Protonen und Antiprotonen miteinander und die dabei produzierten Teilchen werden in entsprechenden Detektoren nachgewiesen (s. auch Bild 9.25). Zur Veranschaulichung der Größenordnungen ist der Antiproton-Akkumulator-Ring in Bild 9.3b abgebildet.

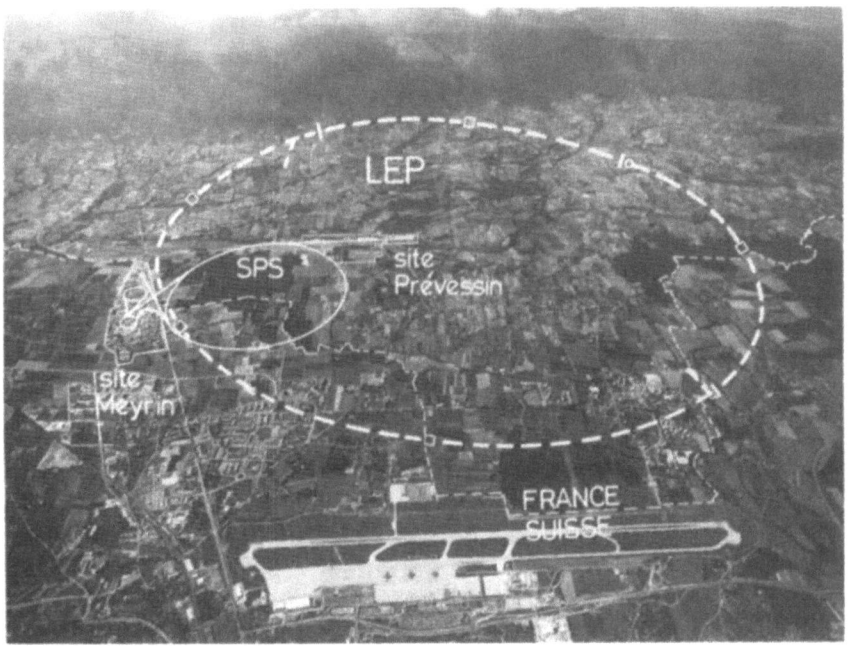

Bild 9.4
Luftaufnahme des Geländes bei CERN in Genf, die den im Bau befindlichen Elektron-Positron-Speicherring LEP mit einem Umfang von 27 km im Vergleich zu existierenden Anlagen wie dem Super-Proton-Synchrotron SPS zeigt. Ebenfalls eingezeichnet ist die Staatsgrenze zwischen Frankreich und der Schweiz; Zollformalitäten wird es aber sicher weder für Elektronen noch für Positronen geben.

Diese Definition beruht auf einer wesentlichen Bedingung: Die Schicht ist so dünn, daß die experimentell bestimmte Wahrscheinlichkeit P verglichen mit eins klein ist. (Wir werden diese Bedingung im Abschnitt 4 noch weiter ausführen.)

3. Folgendes Modell soll den Gesamtwirkungsquerschnitt veranschaulichen (Bild 9.5). Jedem B-Teilchen wird eine kreisförmige Scheibe der Fläche σ_T zugeordnet. Diese Scheiben stehen senkrecht zum einfallenden Strahl von A-Teilchen; wir stellen uns vor, daß sie die Eigenschaft besitzen, ein sie treffendes A-Teilchen aus dem Strahl zu entfernen, während A-Teilchen, die die Scheiben verfehlen, unbeeinflußt bleiben. Kommen wir zurück auf die dünne Target-Schicht aus n B-Teilchen pro Flächeneinheit: Die in einem Gebiet der Fläche F von den Scheiben bedeckte Gesamtfläche ist $nF\sigma_T$. Dies bedeutet, daß der Teil $n\sigma_T$ der Schicht „undurchlässig", während der Teil $(1 - n\sigma_T)$ „durchlässig" ist. Damit ist die Wahrscheinlichkeit dafür, daß ein A-Teilchen des einfallenden Strahls aus dem Strahl entfernt wird, gleich $P = n\sigma_T$. Die Beziehung (9.1) können wir in dieser Weise auslegen, solange wir uns im klaren darüber sind, daß die undurchlässigen Scheiben lediglich ein gedankliches Modell darstellen. Der Wirkungsquerschnitt ist ein sehr nützliches Maß für die Neigung der Teilchen A und B, miteinander in Wechselwirkung zu treten, doch sagt er in keiner Weise etwas über geometrische Eigenschaften der beiden Teilchenarten aus.

4. Wir wollen nun Beziehung (9.1) für den allgemeineren Fall untersuchen, daß die Targetschicht nicht dünn ist. $P(n)$ ist die Wahrscheinlichkeit, daß ein A-Teilchen aus dem Strahl entfernt wird, wenn es eine Schicht von gleich ver-

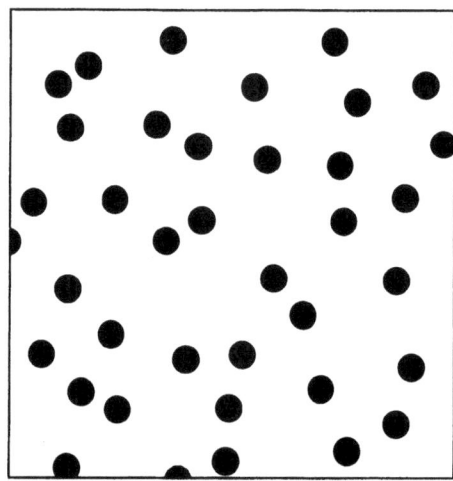

Bild 9.5 Wir können den Wirkungsgrad, mit dem die B-Teilchen im Target A-Teilchen aus dem einfallenden Strahl entfernen, durch den Gesamtwirkungsquerschnitt σ_T ausdrücken. Jedem B-Teilchen ist eine kreisförmige Scheibe mit der Fläche σ_T zugeordnet, so daß ein A-Teilchen (das punktförmig sein soll) nur dann mit dem B-Teilchen in Wechselwirkung treten kann, wenn es dessen Scheibe trifft. Das obige Bild soll diese imaginären Scheiben einer sehr dünnen Schicht von B-Teilchen darstellen. Sind pro Flächeneinheit n B-Teilchen vorhanden, dann beträgt die gesamte „gesperrte" Fläche pro Flächeneinheit $n\sigma_T$. Die Wahrscheinlichkeit, daß ein A-Teilchen eine solche Schicht ungehindert passiert, ist demnach gleich $(1 - n\sigma_T)$. Das obige Bild sollte aber nicht zu wörtlich verstanden werden. Die B-Teilchen sind keinesfalls wirklich kleine Scheibchen oder Kugeln.

9.1 Streuprozesse und ihre Wechselwirkungen

teilten B-Teilchen trifft (ihre auf die Oberfläche projizierte Dichte ist n). Die Größe $T(n) = 1 - P(n)$ ist dann die Wahrscheinlichkeit dafür, daß ein Teilchen durch die Schicht durchgelassen wird. Wir nehmen nun an, daß sich hinter einer Schicht mit oberflächenprojizierter Dichte n_2 noch eine Schicht mit oberflächenprojizierter Dichte n_1 befindet. Die Oberflächendichte der Gesamtschicht ist dann gleich $(n_1 + n_2)$. Die Wahrscheinlichkeit dafür, daß ein Teilchen durch *beide* Schichten durchgelassen wird, ist natürlich

$$T(n_1 + n_2) = T(n_1)\, T(n_2). \tag{9.2}$$

Diese Gleichung muß für alle positiven reellen Zahlen n_1 und n_2 erfüllt sein. Ihre allgemeine Lösung lautet

$$T(n) = \exp(-Cn), \tag{9.3}$$

wobei C eine reelle Konstante ist. Somit ist

$$P(n) = 1 - \exp(-Cn). \tag{9.4}$$

Wir sehen nun, daß

$$\lim_{n \to 0} \frac{P(n)}{n} = C \tag{9.5}$$

ist. Wenn wir diese Beziehung mit Gl. (9.1) vergleichen (letztere Beziehung soll für sehr kleine n gelten), dann gelangen wir zu dem Ergebnis: $C = \sigma_T$. Somit gilt

$$\begin{aligned} P(n) &= 1 - \exp(-n\sigma_T), \\ T(n) &= \exp(-n\sigma_T). \end{aligned} \tag{9.6}$$

Wir können dieses Ergebnis noch etwas anschaulicher umformulieren, wenn wir die Beziehung

$$n = \rho_T\, l \tag{9.7}$$

verwenden, wobei ρ_T die Teilchendichte im Target (Anzahl der Teilchen pro Volumen) und l die vom Strahl im Target zurückgelegte Länge bedeutet. Die Wahrscheinlichkeit $T(l)$, daß ein Teilchen durch das Target der Dicke l ungestreut hindurchgeht, ist dann

$$T(l) = \exp(-\rho_T\, \sigma_T\, l) = \exp(-l/l_s), \tag{9.8}$$

wobei

$$l_s = 1/\rho_T\, \sigma_T \tag{9.9}$$

als Streulänge für Teilchen A im Target der Teilchensorte B bezeichnet wird.

Die Intensität des durchgelassenen Strahls nimmt also mit zunehmender Dicke des Targets exponentiell ab. Um den Gesamtwirkungsquerschnitt σ_T zu bestimmen, brauchen wir nur die Schwächung des Strahls zu messen. Wir bestimmen (mittels Zählgeräten) die relative Intensitätsabnahme im durchgelassenen Strahl als Funktion der Dicke des Targets. Der Wirkungsquerschnitt ist dann aus den Beziehungen (9.8) und (9.9) zu berechnen.

5. In analoger Weise können wir noch andere Wirkungsquerschnitte definieren. Wir nehmen zum Beispiel an, daß

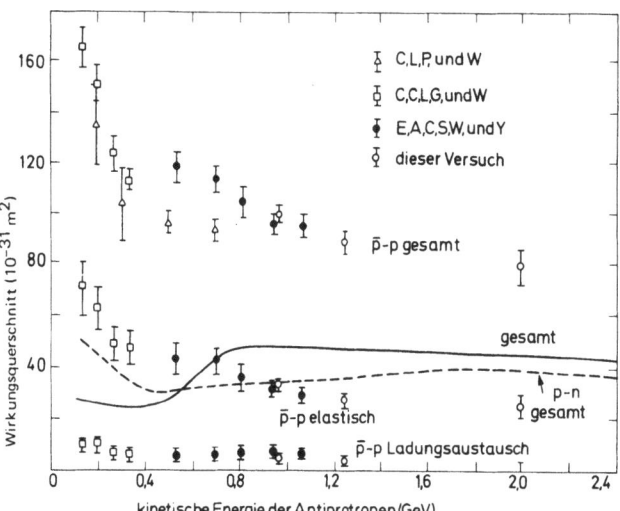

Bild 9.6 Antiproton-Proton-Wirkungsquerschnitte als Funktion der kinetischen Energie der Antiprotonen. Die drei mit Kreisen bezeichneten Punkte wurden in dem in Bild 9.1 beschriebenen Experiment gewonnen. Der Wirkungsgrad für Proton-Proton-Streuung ist zum Vergleich im selben Diagramm dargestellt. Der Gesamtwirkungsquerschnitt für Antiproton-Proton-Streuung ist etwa doppelt so groß wie der Gesamtwirkungsquerschnitt für Proton-Proton-Streuung.

Dieses Diagramm stammt aus der Arbeit von *R. Armenteros* et al., "Antiproton-Proton Cross Sections at 1.0, 1.25, and 2.0 BeV", *The Physical Review* 119, 2068 (1960). (*Zur Verfügung gestellt von The Physical Review.*)

bei einer Wechselwirkung eines A-Teilchens mit einem B-Teilchen ein C- und ein D-Teilchen entstehen:

$$A + B \to C + D. \tag{9.10}$$

Der *Wechselwirkungsquerschnitt* $\sigma_{AB \to CD}$ für diesen Prozeß wird durch

$$\sigma_{AB \to CD} = \sigma_T\, P_{AB \to CD} \tag{9.11}$$

definiert, wobei $P_{AB \to CD}$ die Wahrscheinlichkeit der Reaktion (9.10) ist, wenn ein A-Teilchen durch Wechselwirkung mit einem B-Teilchen im Target aus dem Teilchenstrahl entfernt wird. Wir nehmen an, daß Gl. (9.10) die einzige *Reaktion*, d.h. der einzige *unelastische* Wechselwirkungsprozeß ist, der stattfinden kann. Ein Teilchen kann jedoch auch durch *elastische* Streuung aus dem Strahl entfernt werden, wobei nach dem Stoß nur das A- und das B-Teilchen vorhanden sind. Den *elastischen Streuwirkungsquerschnitt* σ_e definieren wir durch

$$\sigma_e = \sigma_T\, P_e, \tag{9.12}$$

wobei P_e die Wahrscheinlichkeit dafür ist, daß ein Stoßereignis, bei dem ein Teilchen aus dem Strahl entfernt

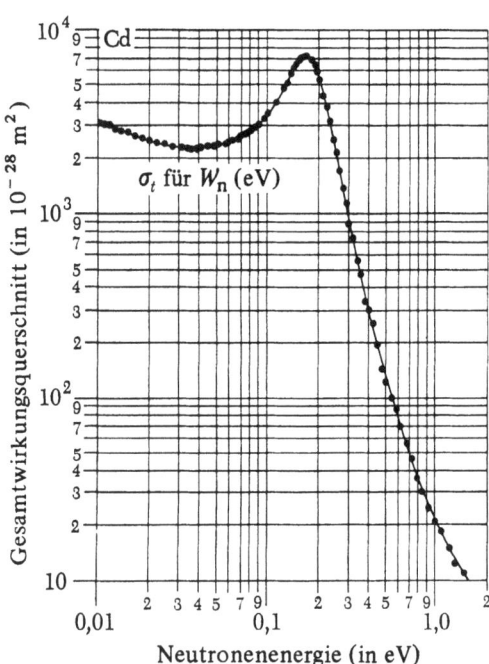

Bild 9.7 Gesamtwirkungsquerschnitt von Neutronen gegenüber Cadmium als Funktion der Neutronenenergie. Beachten Sie, daß diese Kurve für das in der Natur vorkommende Cadmium gilt. Der Wirkungsquerschnitt ist daher ein Mittel der Wirkungsquerschnitte der verschiedenen Isotope. Ein derartiger Wirkungsquerschnitt ist vom Standpunkt einer grundlegenden Theorie weniger interessant, da diese sich mit den Wirkungsquerschnitten einzelner Isotope befaßt. Der mittlere Wirkungsquerschnitt ist jedoch bei technischer Anwendung eine nützliche Größe. Wegen seines großen Wirkungsquerschnitts für thermische Neutronen wird Cadmium allgemein zur Kontrolle der Reaktionsgeschwindigkeit von Kernreaktoren verwendet.

Die Kurve ist Teil eines Diagramms, das von *H. H. Goldsmith*, *H. W. Ibser* und *B. T. Feld* in "Neutron Cross Sections of the Elements" (Neutronenwirkungsquerschnitt der Elemente) zusammengestellt wurde: *Reviews of Modern Physics* 19, 259 (1947).

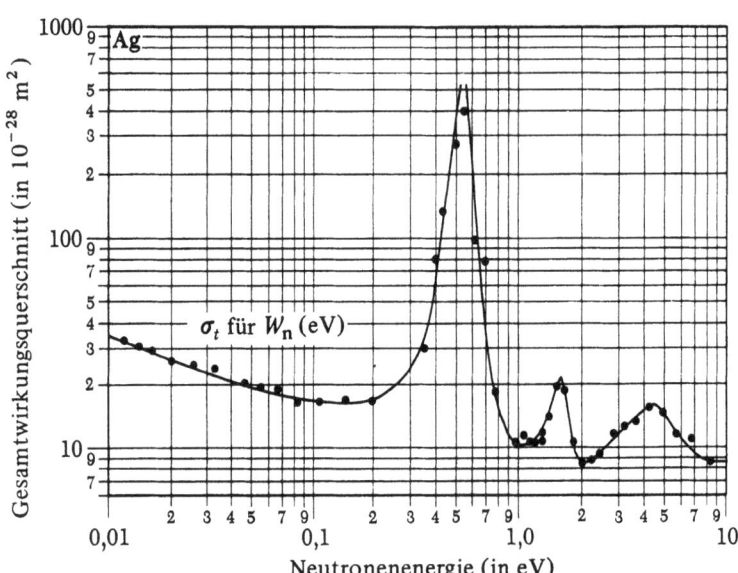

Bild 9.8 Gesamtwirkungsquerschnitt von Neutronen gegenüber natürlich vorkommendem Silber als Funktion der Neutronenenergie. Beachten Sie das ausgeprägte Resonanzmaximum. Ein Vergleich dieses Bildes mit dem analogen Bild 9.7 zeigt auf den ersten Blick, daß der Wirkungsquerschnitt in keiner besonderen Beziehung zur *Größe* eines Kerns steht. Die Kurven für Silber und für Cadmium unterscheiden sich sehr stark, beide zeigen eine rasche Änderung mit der Energie. Die Wellentheorie der Streuprozesse ist sehr gut geeignet, die allgemeinen Eigenschaften der erhaltenen Wirkungsquerschnittkurven zu erklären.

Die Kurve ist Teil eines Diagramms, das von *H. H. Goldsmith*, *H. W. Ibser* und *B. T. Feld* in "Neutron Cross Sections of the Elements" zusammengestellt wurde: *Reviews of Modern Physics* 19, 259 (1947). In dieser Arbeit findet man Literaturhinweise auf die frühesten Arbeiten auf diesem Gebiet.

wird, elastisch ist. Die drei Wirkungsquerschnitte stehen also in folgender Beziehung

$$\sigma_T = \sigma_e + \sigma_{AB \to CD}, \tag{9.13}$$

da natürlich $P_e + P_{AB \to CD} = 1$ gilt.

6. In der Kern- und Elementarteilchenphysik werden für Wirkungsquerschnitte oft die Einheiten *Barn* (b) und *Millibarn* (mb) verwendet:

$$1 \text{ b} = 10^{-28} \text{ m}^2, \quad 1 \text{ mb} = 10^{-3} \text{ b}. \tag{9.14}$$

In Bild 9.7 ist der Gesamtwirkungsquerschnitt für Neutronen in Cadmium als Funktion der kinetischen Energie der Neutronen dargestellt, Bild 9.8 gibt das analoge Diagramm für Silber wieder. Es ist zu beachten, daß diese Kurven für die *chemischen Elemente* gelten und daher Mittel für die verschiedenen in der Natur vorkommenden Isotope sind.

Aus diesen Diagrammen wird sofort klar, daß der Gesamtwirkungsquerschnitt nichts mit den „geometrischen" Eigenschaften der Kerne zu tun hat. Ganz besonders fällt dabei die ausgeprägte Abhängigkeit des Wirkungsquerschnitts von der Energie auf. Bei Cadmium sinkt der Wirkungsquerschnitt vom Maximalwert von $7200 \cdot 10^{-28}$ m² bei einer Neutronenenergie von 0,176 eV auf den Wert $20 \cdot 10^{-28}$ m² bei 1 eV ab. Auch im Diagramm des Wirkungsquerschnitts für Silber ist eine ausgeprägte Energieabhängigkeit festzustellen, besonders scharf tritt das Resonanzmaximum bei etwa 0,52 eV hervor.

Überlegen wir uns noch die Größenordnung der Querschnitte. Der Silberkern und der Cadmiumkern haben ungefähr die gleiche Größe. Nach der Gleichung

$$r \approx A^{1/3} \cdot 1{,}2 \cdot 10^{-15} \text{ m}, \tag{9.15}$$

die den Radius r eines Kerns durch seine Massenzahl A ausdrückt, erhalten wir für die Radien dieser Kerne $r \approx 5{,}8$ fm (da $A \approx 110$). Der daraus berechnete *geometrische* Querschnitt πr^2 beträgt dann etwa $1{,}0 \cdot 10^{-28}\,\text{m}^2$, ist also um einen Faktor von 7000 kleiner als der Maximalwert des Wirkungsquerschnitts in Bild 9.7.

Sehen Sie sich dazu auch die Bilder 9.12 und 9.13 aus diesem Kapitel an. Bild 9.13 zeigt die Wirkungsquerschnitte für elastische Streuung von positiven Pionen an Protonen. In Bild 9.12 ist der Wechselwirkungsquerschnitt für die Reaktion $^{27}\text{Al} + p \rightarrow {}^{28}\text{Si} + \gamma$ dargestellt. Beachten Sie die vielen scharf ausgeprägten Resonanzmaxima.

7. Aus den bisher besprochenen Wirkungsquerschnitten (dargestellt als Funktion der Energie) können wir einiges über die Wechselwirkungen zwischen den Teilchen in einem Stoßprozeß erfahren. Noch viel mehr wissen wir, wenn wir außerdem die *Winkelverteilung* der Teilchen bestimmen, die den Stoßbereich verlassen. Betrachten wir der Einfachheit halber die elastische Streuung von A-Teilchen im Strahl an B-Teilchen im Target. Wir messen die Intensität der gestreuten A-Teilchen in verschiedenen Richtungen mit einem Zähler, der sich in konstantem Abstand vom Target an verschiedenen Orten befindet (Bild 9.9). Die Intensität des einfallenden Strahls muß während einer Meßreihe konstant gehalten werden. Das Ergebnis wird durch einen *differentiellen Wirkungsquerschnitt* $\frac{d\sigma_e}{d\Omega}(W;\theta,\varphi)$ ausgedrückt. Diese Größe ist eine Funktion der entsprechenden Polarwinkel θ und φ, mit denen die Beobachtungsrichtung festgelegt wird. Außerdem ist sie, wie schon nachdrücklich erwähnt wurde, eine Funktion der Energie W. Der differentielle Wirkungsquerschnitt wird so definiert, daß $\frac{d\sigma_e}{d\Omega}(W;\theta,\varphi)\,d\Omega$ gleich der Wahrscheinlichkeit dafür ist, daß ein einfallendes A-Teilchen in einen Raumwinkel $d\Omega$ gestreut wird, dessen Achse die durch die Winkel θ und φ definierte Richtung ist, wenn das Target eine Schicht von B-Teilchen mit homogener Oberflächendichte ist. Wird der gleiche Zähler in konstanter Entfernung vom Target in verschiedenen Richtungen aufgestellt, dann ist die Zählrate dem differentiellen Wirkungsquerschnitt direkt proportional.

Bei den meisten Streuversuchen wird in der Praxis der differentielle Wirkungsquerschnitt nur von der Energie und dem Winkel zwischen einfallendem Strahl und Richtung der gestreuten A-Teilchen abhängen. Bezeichnen wir diesen Winkel mit θ, dann können wir den differentiellen Wirkungsquerschnitt als $\frac{d\sigma_e}{d\Omega}(W;\theta)$ schreiben, da dieser nicht auch von dem zweiten Polarwinkel abhängt.

Den gesamten elastischen Streuwirkungsquerschnitt erhalten wir, indem wir den differentiellen Wirkungsquerschnitt über alle Richtungen integrieren. Wenn letzterer nicht vom Winkel φ abhängt, wie wir oben angenommen haben, dann gilt

$$\sigma_e(W) = \int d\Omega \frac{d\sigma_e}{d\Omega}(W;\theta) = 2\pi \int_0^\pi d\theta\,\sin\theta\,\frac{d\sigma_e}{d\Omega}(W;\theta). \quad (9.16)$$

Für unelastische Prozesse können wir ganz analog einen differentiellen Wirkungsquerschnitt definieren.

8. Die verschiedenen Wirkungsquerschnitte als Funktion der Energie stellen die primären Ergebnisse von Streuversuchen dar (Bilder 9.10 und 9.11). Unsere Aufgabe ist es, aus diesen Daten etwas über vielleicht noch unbekannte Wechselwirkungen zu schließen. Oder, wenn wir schon eine Theorie aufgestellt haben, werden wir die zu erwartenden Wirkungsquerschnitte nach dieser Theorie berechnen und unsere Voraussagen dann mit den experimentellen Ergebnissen vergleichen.

Wie schon erwähnt, stammt ein großer Teil unserer Kenntnisse über Elementarteilchen aus der Analyse von Streuexperimenten. Für diese Analyse wurden spezielle mathematische Methoden entwickelt, auf die hier jedoch nicht eingegangen werden soll.

Es soll hier nochmals auf die prinzipielle Schwierigkeit hingewiesen werden, aus den Streudaten für so komplexe Systeme wie die in den Bildern 9.10 und 9.11 behandelten Wismut- bzw. Calciumkerne Aufschluß über die fundamentalen Kräfte zu erhalten. Aus heutiger Sicht (s. Abschnitt 9.5) sind ja sogar Protonen und Antiprotonen reichlich komplizierte Gebilde, so daß selbst der in Bild 9.6 dargestellte Wirkungsquerschnitt nicht ohne weiteres theoretisch eindeutig interpretiert werden kann. Trotzdem ist es notwendig, die quantenmechanischen Grundbegriffe der Streuung zu verstehen und wir wollen im folgenden versuchen, diese Grundbegriffe zu erarbeiten.

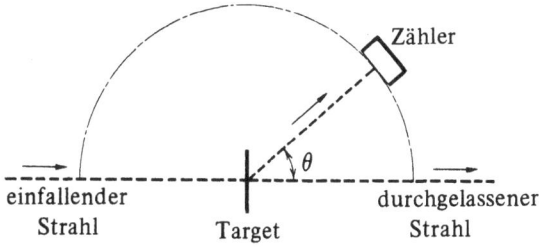

Bild 9.9 Grob schematisierte Darstellung eines Streuversuchs. Ein von einem Beschleuniger kommender Teilchenstrahl trifft ein Target. Die relative Anzahl von Teilchen, die in verschiedene Richtungen gestreut werden, wird mittels eines Zählers bestimmt. Im Bild werden Teilchen nachgewiesen, die mit dem Winkel θ gestreut wurden. Durch ein derartiges Experiment können wir den differentiellen Wirkungsquerschnitt des betreffenden Streuprozesses bestimmen.

9. Wollten wir ein Streuereignis klassisch interpretieren, könnten wir sagen, daß das einfallende Teilchen im Kraftfeld des Target-Teilchens abgelenkt wird. In der Quantenmechanik wird die Streuung als Ergebnis der Beugung von Wellen angesehen. Nach diesem Gesichtspunkt haben wir

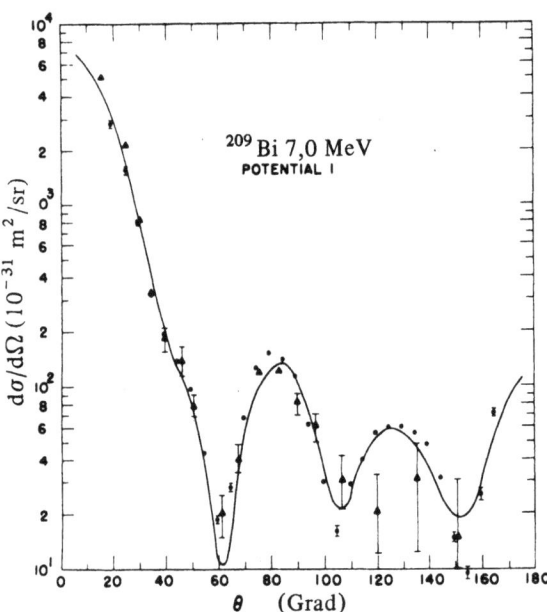

Bild 9.10 Der differentielle Wirkungsquerschnitt für die elastische Streuung von Neutronen im Wismutisotop ^{209}Bi. Im Diagramm sind die Versuchsergebnisse neben einer theorietischen Kurve eingetragen, die auf einem bestimmten Modell beruht. Auf der Abszisse ist der Streuwinkel, auf der Ordinate der differentielle Wirkungsquerschnitt in Einheiten von 10^{-31} m^2 pro Raumwinkeleinheit angegeben. Die kinetische Energie der Neutronen betrug 7 MeV.

Dieses Diagramm stammt aus der Arbeit von *C. D. Zafiratos, T. A. Oliphant, J. S. Levin* und *L. Cranberg*, "Large-Angle Neutron Scattering from Lead at 7 MeV" (Weitwinkelstreuung von Neutronen durch Blei bei 7 MeV), *Physical Review Letters* 14, 913 (1965). (*Zur Verfügung gestellt von Physical Review Letters.*)

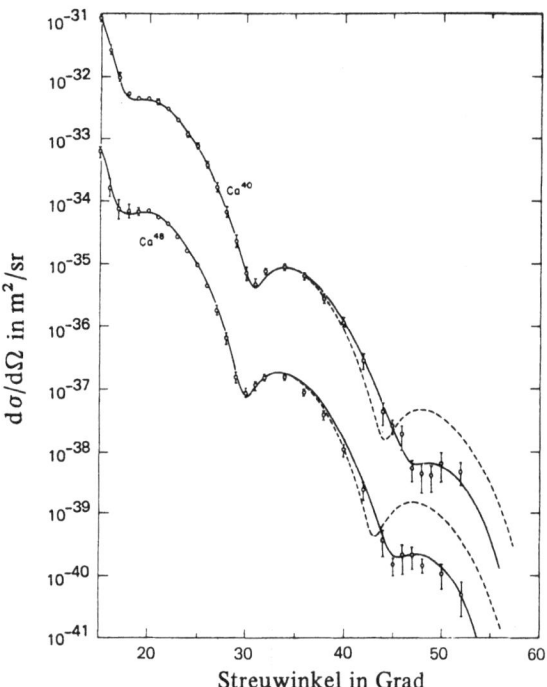

Bild 9.11 Die differentiellen Wirkungsquerschnitte für die elastische Streuung von Elektronen an zwei verschiedenen Calcium-Isotopen. Auf der Ordinate ist der differentielle Wirkungsquerschnitt in Einheiten von m^2 angegeben, doch müssen die Werte für ^{48}Ca mit 10 multipliziert, die für ^{40}Ca durch 10 dividiert werden. (Die Kurven liegen sehr nahe beieinander, deshalb wurden sie durch diese Maßstabsfaktoren getrennt.) Die Energie der Elektronen betrug 750 MeV.

Die elektromagnetische Wechselwirkung zwischen dem Elektron und dem Kern ist die Ursache der Streuung; Zweck der Messung war es, die Ladungsverteilung in den Kernen zu untersuchen. Bemerkenswert ist die ungeheure Variationsbreite (von einem Faktor 10^9) des differentiellen Wirkungsquerschnitts mit dem Streuwinkel.

Das Diagramm stammt aus der Arbeit von *J. B. Bellicard* et al., "Scattering of 750-MeV Electrons by Calcium Isotopes" (Streuung von 750-MeV-Elektronen durch Calcium-Isotope), *Physical Review Letters* 19, 527 (1967). (*Zur Verfügung gestellt von Physical Review Letters.*)

auch in Kapitel 5 die Beugung von Elektronenstrahlen behandelt. Unsere Erklärung der beobachteten Phänomene besagte, daß die einfallende Elektronenwelle an allen Atomen des Kristalls gebeugt wird. In bestimmten Richtungen tritt zwischen den gebeugten Wellen Verstärkung durch Interferenz ein, und in diesen Richtungen stellen wir auch Intensitätsmaxima fest. Die Streuung ist also das Ergebnis der Beugung von de Broglie-Wellen an *Hindernissen*, d. h. an den Atomen eines Kristalls.

Sie werden nun einwenden, daß unsere Beschreibung der Elektronenbeugung recht „einseitig" ist. Wir sagten: Die einfallenden Elektronenwellen werden an „Hindernissen" gebeugt. Diese Hindernisse sind jedoch physikalische Teilchen, und wir wissen, daß alle physikalischen Teilchen Wellen sind. Eine Beschreibung, bei der willkürlich einige Teilchen als Wellen, andere als *klassische* „Hindernisse" bezeichnet werden, ist natürlich nicht konsistent. Eigentlich beobachten wir bei den Elektronenbeugungsversuchen die Wechselwirkung der einfallenden Elektronenwellen mit den Wellenpaketen, die die Atome des Kristalls darstellen. Eine konsistente Beschreibung müßte daher besagen, daß die

Streuung eine Folge der Wechselwirkung von Wellen mit Wellen ist.

Wir werden diesen Punkt in diesem Kapitel näher ausführen. An dieser Stelle sollten wir jedoch hinzufügen, daß diese neue Erkenntnis in keiner Weise unsere Überlegungen über die Elektronenbeugung beeinträchtigt. Wesentlich bei diesem Problem ist einfach die Tatsache, daß die einfallende Welle auf *irgendetwas* trifft und daß die Wechselwirkung der Welle mit diesem „Etwas" zu einer Beugung der Welle führt. Solange unser Interesse auf das einfallende Teilchen beschränkt ist, ist es ziemlich gleichgültig, worauf dieses Teilchen trifft, ob es nun ein klassisches „Hindernis" oder ein konzentriertes Wellenpaket ist.

9.1 Streuprozesse und ihre Wechselwirkungen

10. Wir wollen nun versuchen, eine Wellentheorie der Streuung in ganz groben Zügen zu umreißen. Zu diesem Zweck betrachten wir den einfachsten möglichen Fall: Die ein A-Teilchen darstellende Welle wird elastisch in einem gegebenen zentral-symmetrischen Kraftfeld gestreut (gebeugt). Wir können uns vorstellen, daß dieses Kraftfeld durch ein Potential verursacht wird, das mit zunehmendem Abstand vom Zentrum des Kraftfeldes rasch gegen null geht. Die Situation ist in gewisser Weise analog zu den Potentialwallproblemen, die wir in Kapitel 7 behandelt haben. Das A-Teilchen gerät in einen Bereich, in dem das Potential eine Funktion des Ortes ist, folglich wird eine einfallende ebene Welle durch das Potential gebeugt.

Nach dem Modell, das wir hier besprechen, wird das B-Teilchen im Target durch ein sphärisch-symmetrisches Potential dargestellt, obwohl wir wissen, daß das B-Teilchen auch als Welle beschrieben werden sollte. Die korrekte quantenmechanische Beschreibung der Zweiteilchenstreuung ist jedoch *mathematisch* gesehen mit unserem Modell *identisch*. Unser Modell ist daher keineswegs schlecht. Wenn wir genau überlegen, was wir bei diesem Modell eigentlich tun, dann erkennen wir, daß wir ähnliches bereits früher getan haben. Bei der Diskussion der Alpha-Aktivität in Kapitel 7 haben wir die Situation ähnlich beschrieben: Ein „quantenmechanisches" Alphateilchen bewegt sich in einem Potentialkraftfeld. Bei der Beschreibung molekularer Schwingungen untersuchten wir die Bewegung eines einzelnen Teilchens unter dem Einfluß eines angenähert harmonischen molekularen Potentials. In allen diesen Fällen haben wir das eigentliche Problem, bei dem die Bewegung von zumindest zwei Teilchen in Betracht gezogen werden müßte, durch ein vereinfachtes Modell ersetzt, bei dem sich ein einzelnes Teilchen in einem Potential bewegt, das seine Wechselwirkungen mit allen anderen Teilchen beschreibt.

11. Eine ebene Welle der Form

$$\psi_i(\mathbf{x}, t) = C \exp(i\mathbf{x} \cdot \mathbf{p}_i - i\omega t) \qquad (9.17)$$

soll ein A-Teilchen darstellen, das auf ein einzelnes B-Teilchen (das sich im Ursprung $\mathbf{x} = 0$ befindet) trifft. $\mathbf{p}_i$ ist der Impuls der Welle, ω die Energie [1] und C eine Normierungskonstante. Die Welle wird an dem B-Teilchen gebeugt. Wir wollen nun versuchen, die Form der die gebeugte Welle beschreibenden Wellenfunktionen in *sehr großer* Entfernung vom Ursprung vorauszusagen. Die Funktion

$$\psi_s(\mathbf{x}, t) \approx C f(\theta) \frac{1}{x} \exp(ixp - i\omega t) \qquad (9.18)$$

wollen wir als eine vernünftige Möglichkeit ansehen. Wir bezeichnen die Entfernung vom Ursprung mit x und den Betrag des hereinkommenden Impulses mit p, d. h., $x = |\mathbf{x}|$ und $p = |\mathbf{p}_i|$. Die Funktion $f(\theta)$ ist eine Funktion des Winkels θ zwischen der Richtung des Impulses $\mathbf{p}_i$ der einfallenden Welle und der Richtung des Ortsvektors $\mathbf{x}$ (vom Ursprung zum „Beobachtungspunkt").

Nun untersuchen wir verschiedene Aspekte der Wellenfunktion ψ_s, um zu überprüfen, ob diese Wellenfunktion überhaupt die gestreute Welle darstellen kann. Die Amplitude der gestreuten Welle ist proportional zur Amplitude C der einfallenden Welle. Die von uns gewählte Wellenfunktion drückt also die recht vernünftige Annahme aus, daß die Wirkung der Streuung *linear* ist. Die Frequenz ω der gestreuten Welle ist gleich der Frequenz der einfallenden Welle. Das heißt, daß die Energie des A-Teilchens erhalten bleibt, was ja auch der Fall sein muß, da wir die *elastische* Streuung im ortsfesten Kraftfeld des B-Teilchens untersuchen.

Der Faktor $\exp(ixp - i\omega t)$ beschreibt offensichtlich eine Kugelwelle, die sich nach *außen* hin ausbreitet. Die Phasengeschwindigkeit ist in jedem Punkt entlang eines Radiusvektors vom Ursprung weg gerichtet. Eine Welle, die ein gestreutes Teilchen darstellen soll, muß natürlich diese Eigenschaft besitzen. Der Faktor $1/x$ im Ausdruck (9.18) beschreibt die Abnahme der Amplitude der gestreuten Welle mit der Entfernung. Die *Intensität* der Welle ist zum absoluten Quadrat der Wellenfunktion proportional. Die Intensität der gestreuten Welle ist ein Maß für den nach außen gerichteten Wahrscheinlichkeitsfluß (oder auch den Teilchenfluß bei einer Folge von wiederholten Messungen), und diese Größe *muß* mit $1/x^2$ mit der Entfernung abnehmen. Die Amplitude wird daher wie angenommen mit $1/x$ kleiner.

12. Wir sehen also, daß ganz einfache physikalische Überlegungen zwangsläufig dahin führen, daß die Wellenfunktion für eine gestreute Welle die Form (9.18) haben muß. Die Funktion $f(\theta)$ bezeichnen wir als *Streuamplitude*. Diese beschreibt natürlich die Winkelverteilung der gestreuten Teilchen. Zu einer Beziehung zwischen Streuamplitude und differentiellem Wirkungsquerschnitt führen folgende Überlegungen: Wir betrachten eine kleine Fläche, die den Punkt x der Oberfläche einer Kugel enthält, deren Mittelpunkt im Ursprung liegt und die durch x geht. Diese Fläche bezeichnen wir mit dF. Die Wahrscheinlichkeit dP dafür, daß das gestreute Teilchen diese Fläche passiert, muß dann proportional zum Produkt von dF und dem absoluten Quadrat der Wellenfunktion $\psi_s(\mathbf{x}, t)$ sein. Wir können daher

$$dP = k |\psi_s(\mathbf{x}, t)|^2 dF = k |C|^2 |f(\theta)|^2 \frac{dF}{x^2} \qquad (9.19)$$

ansetzen, wobei k eine gegebene Proportionalitätskonstante ist. Da $dF/x^2 = d\Omega$ der Betrag des Raumwinkels ist, der

---
[1] Wenn nicht ausdrücklich anders betont, werden in diesem Kapitel die in der Teilchenphysik üblichen Einheiten verwendet, in denen $\hbar = c = 1$. Mit Hilfe der Tabelle A 1 im Anhang können alle Größen leicht in SI-Einheiten umgerechnet werden.

durch das Flächenelement über dem Ursprung ausgespannt wird, können wir auch

$$dP = k|C|^2 |f(\theta)|^2 d\Omega \qquad (9.20)$$

schreiben; dP ist damit die Wahrscheinlichkeit dafür, daß das gestreute Teilchen eine Richtung innerhalb des engen Kegels aufweist, der durch den Raumwinkel $d\Omega$ gegeben ist.

Betrachten wir nun die durch Gl. (9.17) definierte einfallende Welle. Wir stellen uns wieder vor, daß senkrecht zum Impuls p_i der einfallenden Welle und konzentrisch zum Ursprung ein kreisförmiges Scheibchen mit der Größe einer Fläche*neinheit* vorhanden ist. Die Wahrscheinlichkeit, daß das einfallende Teilchen diese Scheibe passiert, muß durch

$$P_i = k|\psi_i|^2 = k|C|^2 \qquad (9.21)$$

gegeben sein, wobei k die schon in den Gln. (9.19) und (9.20) aufgetretene Konstante ist.

Aus den Ausdrücken (9.19) und (9.20) ist folgendes zu ersehen: Bei einer Folge wiederholter Streuexperimente (bei denen die A-Teilchen immer den gleichen Anfangsimpuls p_i haben müssen) ist das Verhältnis der Anzahl der gestreuten Teilchen, die innerhalb eines Raumwinkels $d\Omega$ austreten, zu der Anzahl der auf die Einheitsfläche einfallenden Teilchen durch

$$\frac{dP}{P_i} = |f(\theta)|^2 d\Omega \qquad (9.22)$$

gegeben.

Wenn wir uns nun in Erinnerung rufen, was wir über den differentiellen Wirkungsquerschnitt $\frac{d\sigma_e}{d\Omega}(\theta)$ in Abschnitt 7 feststellten, dann sehen wir, daß das Verhältnis dP/P_i sich einfach als Produkt des differentiellen Wirkungsquerschnitts mit $d\Omega$ ergibt. Wir gelangen also zu folgender wichtiger Beziehung:

$$\frac{d\sigma_e}{d\Omega}(\theta) = |f(\theta)|^2, \qquad (9.23)$$

die nichts anderes besagt, als daß der differentielle Wirkungsquerschnitt einfach gleich dem Quadrat des absoluten Betrags der Streuamplitude ist.

13. Um theoretisch zu einem Ausdruck für die Streuamplitude $f(\theta)$ zu gelangen, müssen wir natürlich das hier untersuchte Beugungsproblem explizit lösen. Wir müssen also eine Lösung der Schrödinger-Gleichung oder eventuell einer anderen Gleichung, die für das vorliegende Problem gilt, finden. Bei unserem Modell heißt dies, daß wir eine Lösung der Schrödinger-Gleichung mit dem Potential suchen müssen, das durch die Gegenwart des B-Teilchens auf das A-Teilchen wirkt. Die quantenmechanischen Wellengleichungen haben an sich unendlich viele Lösungen, aus denen wir die *richtige* herausfinden müssen, die für die Situation des betreffenden Streuexperiments zutrifft. Diese Lösung muß die Bedingung erfüllen, daß die Wellenfunktion in *großer* Entfernung vom Ursprung die Form

$$\psi(x, t) \approx C \exp(ix \cdot p_i - i\omega t) + Cf(\theta)\frac{1}{x}\exp(ixp - i\omega t) \qquad (9.24)$$

haben muß.

In großer Entfernung vom Streuzentrum existiert also die ebene „einfallende Welle" gemeinsam mit der gestreuten Welle. Wir werden uns hier jedoch nicht um die Lösung solcher Probleme bemühen. Man kann für sehr allgemeine Bedingungen beweisen, daß es für jeden Impuls p_i der einfallenden Welle eine *eindeutige* Lösung der Wellengleichung gibt, die die asymptotische Form (9.24) aufweist. Für einen gegebenen Anfangsimpuls und eine (durch das Potential) gegebene Wechselwirkung ist also die Streuamplitude eindeutig bestimmt. Im allgemeinen hängt sie vom Betrag des Anfangsimpulses p ab: Wollen wir darauf besonders hinweisen, können wir die Streuamplitude als $f(p; \theta)$ schreiben. Haben wir einmal die Streuamplitude bestimmt, dann können wir den differentiellen Wirkungsquerschnitt mit Hilfe von Gl. (9.23) berechnen.

14. Betrachten wir nun einen wichtigen und an sich einfachen Sonderfall: Die Streuamplitude ist vom Streuwinkel θ *unabhängig*, d. h. $f(\theta) = f = $ const. Der differentielle Wirkungsquerschnitt ist dann ebenfalls eine Konstante: $\frac{d\sigma_e}{d\Omega}(\theta) = |f|^2$, die Winkelverteilung ist sphärisch-symmetrisch. Dieser Fall tritt bei Streuprozessen mit niedriger Energie ein. Qualitativ ist dies leicht zu begründen. Die Winkelverteilung wird dann eine kompliziertere Funktion, d. h. eine mit θ stark variierende Funktion sein, wenn die Wellenlänge der einfallenden Welle klein im Vergleich zur Größe des „Objektes" ist, an dem die Welle gebeugt wird. Wir könnten uns vorstellen, daß die Beugung sozusagen an der gesamten Oberfläche des Streuobjekts stattfindet, daß also jeder „Teil" des Objekts eine gebeugte Welle aussendet. In einer bestimmten Richtung können sich diese Wellen durch Interferenz entweder verstärken oder auslöschen – das hängt von der jeweiligen Phasenbeziehung ab. Ist die Wellenlänge verglichen mit dem Objekt klein, dann kann schon eine geringe Änderung in der Beobachtungsrichtung eine beträchtliche Auswirkung auf die Phasenbeziehung haben, der differentielle Wirkungsquerschnitt wird sich dann sehr stark mit dem Winkel θ ändern. Ist jedoch die Wellenlänge verglichen mit dem Objekt groß, dann treten keine solchen „geometrischen" Interferenzeffekte auf, die Streuamplitude ist dann nur eine schwach variierende Funktion der Richtung. Im Grenzfall äußerst niedriger Energie, wobei die Wellenlänge verglichen mit der Größe des Streuobjekts *sehr* groß ist, ist die Streuamplitude richtungsunabhängig, d. h. nicht vom Winkel abhängig; die Streuung ist in diesem Fall sphärisch-symmetrisch.

9.1 Streuprozesse und ihre Wechselwirkungen

15. Ist $f(\theta) = f$ eine Konstante, dann wird die gestreute Welle

$$\psi_s(x, t) = \frac{Cf}{x} \exp(ixp - i\omega t) \qquad (9.25)$$

nur über den Parameter C von der einfallenden Welle abhängen. C gibt die Amplitude der einfallenden Welle im Ursprung an. Die gestreute Welle hängt insbesondere nicht von der Richtung des Impulses p_i der einfallenden Welle ab. Dies ist dann der Fall, wenn das streuende Objekt verglichen mit der Wellenlänge sehr klein ist.

Wir nehmen nun an: Die ebene Welle von Gl. (9.17) wird durch ihr Mittel über alle Richtungen von p_i ersetzt. Es wird also eine neue Situation untersucht, bei der die einfallende Welle die Form

$$\psi_{i0}(x, t) = \frac{1}{4\pi} \int_0 d\Omega_p \, C \exp(ix \cdot p_i - i\omega t) \qquad (9.26)$$

hat.

Dieses Integral über alle Richtungen können wir leicht berechnen, wenn wir den Winkel θ zwischen x und p_i als einen der Polarwinkel von p_i wählen. Wir erhalten dann

$$\psi_{i0}(x, t) = \frac{1}{4\pi} \int_0^{2\pi} d\varphi \int_0^{\pi} d\theta \sin\theta \, C \exp(ixp\cos\theta - i\omega t)$$
$$= \frac{C}{2ixp}[\exp(ixp) - \exp(-ixp)]\exp(-i\omega t). \qquad (9.27)$$

Hängt die gestreute Welle nicht von der Richtung des Einfallsimpulses p_i ab, dann wird jede einfallende Welle der Form ψ_{i0} die *gleiche* gestreute Welle hervorrufen wie die ebene Welle von Gl. (9.17). Wir können die Welle ψ_{i0} als *den sphärisch-symmetrischen Teil* der einfallenden ebenen Welle ansehen. Nur dieser Teil der einfallenden Welle führt zu der sphärisch-symmetrischen Welle ψ_s von Gl. (9.25).

16. Die sphärisch-symmetrische Komponente ψ_{i0} der einfallenden ebenen Welle hat eine interessante Form. Ausdruck (9.27) zeigt nämlich, daß diese Welle sich als Summe einer *auslaufenden* sphärischen Welle und einer *einlaufenden* sphärischen Welle ergibt. Eine ebene Welle „enthält" zwei derartige Wellen, da sie eine Bewegung sowohl in Richtung des Ursprungs als auch vom Ursprung weg beschreibt. Die Amplituden der beiden Wellen sind dem Betrag nach gleich. Dies *muß* auch so sein, da ja sonst der nach innen gerichtete Energiefluß nicht gleich groß wie der nach außen gerichtete wäre. Da wir aber vorausgesetzt haben, daß die Streuung elastisch ist — die A-Teilchen bleiben erhalten —, muß der nach innen gerichtete Energiefluß (Fluß der A-Teilchen) gleich groß wie der nach außen gerichtete sein.

Wir wollen nun noch das sphärische Mittel des Ausdrucks (9.24) für den Fall $f(\theta) = f = \text{const}$ diskutieren. Dieses Mittel ist durch

$$\psi_0(x, t) = \psi_{i0}(x, t) + \psi_x(x, t) \qquad (9.28)$$
$$= \frac{C}{2ixp}([1 + 2ipf]\exp(ixp) - \exp(-ixp))\exp(-i\omega t)$$

gegeben.

Diesen Ausdruck können wir als die asymptotische Form der Wellenfunktion interpretieren, die die Streusituation beschreibt, bei der die sphärische Welle ψ_{i0} die Rolle der einfallenden Welle spielt. Aus Gl. (9.28) ist zu ersehen, daß die Welle $\psi_0(x, t)$ ebenfalls sowohl eine nach innen als auch eine nach außen gerichtete Komponente besitzt. Wenn der Streuvorgang elastisch ist, *müssen* die Absolutwerte der Amplituden dieser beiden Wellen gleich sein. Daraus ergibt sich für die Streuamplitude f die wichtige Bedingung

$$|1 + 2ipf| = 1. \qquad (9.29)$$

Die allgemeine Lösung der Gl. (9.29) wird man praktischerweise in der Form

$$f = \frac{1}{2ip}(e^{2i\delta} - 1) \qquad (9.30)$$

schreiben, wobei δ eine beliebige *reelle* Zahl ist. Die Größe δ bezeichnet man als *Phasenverschiebung* (der s-Welle). Die Phasenverschiebung ist im allgemeinen eine Funktion des Betrags p des Impulses.

17. Wir wollen nun untersuchen, wie groß der Wirkungsquerschnitt für elastische Streuung bei sphärischer Streusymmetrie sein kann. Der differentielle Wirkungsquerschnitt ist gleich $|f|^2$. Den gesamten elastischen Streuwirkungsquerschnitt σ_e erhalten wir, indem wir den differentiellen Wirkungsquerschnitt über alle Richtungen (d.h. über den vollen Raumwinkel) integrieren. Mit Gl. (9.30) erhalten wir daher

$$\sigma_e = \frac{\pi}{p^2}|e^{2i\delta} - 1|^2. \qquad (9.31)$$

Für ein bestimmtes p ist σ_e dann ein Maximum, wenn δ die Form $\delta = (n + \frac{1}{2})\pi$ hat, wobei n eine beliebige ganze Zahl ist. Dieses Maximum ist gleich

$$(\sigma_e)_{\max} = \frac{4\pi}{p^2}. \qquad (9.32)$$

Die obige Gleichung basiert auf einem Maßsystem, in dem $\hbar = 1$ gilt. Die Konstante $\hbar$ läßt sich jedoch sehr leicht wieder einführen. Im Zähler muß sie im Quadrat vorkommen, weil der Wirkungsquerschnitt die Dimension einer Fläche hat. Im SI-System gilt dann

$$(\sigma_e)_{\max} = 4\pi\left(\frac{\hbar}{p}\right)^2. \qquad (9.33)$$

Der maximale Wirkungsquerschnitt für sphärisch-symmetrische Streuung ist daher gleich $(1/\pi)$ mal dem Quadrat der de Broglie-Wellenlänge h/p des einfallenden Teilchens. Bei kleinem Impuls kann dieser Wirkungsquerschnitt sehr groß sein. So können wir aufgrund des Wellenmodells der Streuung auch die großen, in Abschnitt 6 erwähnten Streuwirkungsquerschnitte erklären, die vielleicht nicht unmittelbar verständlich waren.

18. Die Phasenverschiebung δ ist eine Funktion des Impulsbetrags p der einfallenden Welle. Da die einfallende Energie ω eine monotone Funktion von p ist, können wir genausogut δ als Funktion der Energie ansehen. Um zu betonen, daß die Phasenverschiebung von der Energie abhängt, wollen wir daher $\delta(\omega)$ schreiben.

Wann immer die Phasenverschiebung als Funktion der Energie einen der Werte $(n + \frac{1}{2})\pi$ annimmt, weist der Wirkungsquerschnitt den in Gl. (9.32) angegebenen Maximalwert auf. In einem solchen Fall sprechen wir von *Resonanz*streuung. Wir untersuchen nun das Verhalten der Streuamplitude und des Wirkungsquerschnitts in unmittelbarer Nähe einer Resonanzstelle. Die Energie bei Resonanz bezeichnen wir mit ω_0, damit gilt $\delta(\omega_0) = (n_0 + \frac{1}{2})\pi$ für irgendeine ganze Zahl n_0.

Hierauf formen wir Gl. (9.30) mittels der Definitionen

$$\cot(\delta) = \frac{\cos(\delta)}{\sin(\delta)} = \frac{i(e^{i\delta} + e^{-i\delta})}{e^{i\delta} - e^{-i\delta}} \qquad (9.34)$$

für den Cotangens um. Wie Sie sich sofort überzeugen können, gilt dann

$$f(\omega) = \frac{1}{2ip}(e^{2i\delta(\omega)} - 1) = \frac{1/p}{\cot[\delta(\omega)] - i}. \qquad (9.35)$$

Im Punkt $\omega = \omega_0$ gilt $\cot[\delta(\omega_0)] = 0$. Wir können dann versuchen, $\cot[\delta(\omega)]$ in Potenzen nach $(\omega - \omega_0)$ in der Nähe des Punktes $\omega = \omega_0$ zu entwickeln. Behalten wir nur den linearen Term zurück, so ergibt sich

$$\cot[\delta(\omega)] \approx -\frac{2}{\Gamma}(\omega - \omega_0), \qquad (9.36)$$

wobei wir, wie allgemein üblich, die Ableitung von $\cot[\delta(\omega)]$ in ω_0 als $-2/\Gamma$ geschrieben haben.

Wir nehmen an, daß die Phasenverschiebung in der Umgebung der Resonanzstelle mit der Energie zunimmt. Das heißt, daß $\cot[\delta(\omega)]$ mit zunehmender Energie abnimmt; der in Gl. (9.36) eingeführte Parameter Γ ist dann positiv. Wenn wir den Näherungsausdruck (9.36) (der nur in der Nähe der Resonanzstelle gilt) in Gl. (9.35) einsetzen, dann erhalten wir

$$f(\omega) \approx -\frac{1}{p}\left(\frac{\Gamma/2}{(\omega - \omega_0) + i\Gamma/2}\right) \qquad (9.37)$$

und

$$\sigma_e(\omega) \approx \frac{4\pi}{p^2}\left(\frac{(\Gamma/2)^2}{(\omega - \omega_0)^2 + (\Gamma/2)^2}\right). \qquad (9.38)$$

Die Leser werden die Gl. (9.38) als die Breit-Wignersche Resonanzgleichung (3.11) wiedererkennen, die wir auf anderem Wege abgeleitet haben. Der Parameter Γ gibt die Breite der Resonanz an. In Kapitel 3 haben wir Anregungsniveaus und Resonanzen einander zugeordnet, was auch weiterhin geschehen soll. Die Größe $1/\Gamma = \tau$ ist dann die mittlere Lebensdauer eines angeregten Zustands, dessen Energieniveau sich als Resonanz manifestiert.

9.2 Was ist ein Teilchen?

19. Bevor wir nun die Wechselwirkungen von Teilchen weiter untersuchen, sollten wir doch feststellen, was wir unter einem Teilchen zu verstehen haben. Versuchen wir vielleicht, vernünftige Bedingungen aufzustellen, die für die „Menge aller Teilchen" gelten sollen.

Ein Teilchen ist sozusagen ein „einzelnes" kohärentes Objekt, das eine bestimmte Identität besitzt und zu einem gegebenen Zeitpunkt innerhalb eines begrenzten Raumvolumens lokalisierbar ist. Es wird durch bestimmte physikalische Eigenschaften ausgezeichnet, wobei wir zunächst folgende Bedingungen aufstellen können: Das Teilchen soll eine bestimmte Masse, eine bestimmte Ladung, einen bestimmten Eigendrehimpuls (Spin) usw. haben, und es soll allein im Vakuum absolut stabil sein.

20. Nach diesen Bedingungen würden das Proton, das Elektron, das Positron, die Neutrinos, das Photon und die stabilen Kerne zur Menge der Teilchen gezählt werden können. Aus dieser Anschauungsweise ergeben sich jedoch sofort verschiedene Probleme. Die neutralen Atome und alle Ionen im Grundzustand genügen nämlich ebenfalls den obigen Kriterien und müßten daher auch dazugerechnet werden. Das gleiche gilt für alle Moleküle und molekularen Ionen im Grundzustand. Die Menge der Teilchen wird nun beunruhigend groß, wenn wir auch diese Objekte hinzuzählen, wie wir es eigentlich tun müßten. Andererseits müßten wir ein Objekt wie den alpha-aktiven Radiumkern $^{226}_{88}$Ra mit der Begründung ausschließen, daß er nicht stabil sei. Sehr befriedigend ist dieser Standpunkt jedoch nicht, da dieser Kern *nahezu* stabil ist (Halbwertszeit 1622 Jahre) und aus der Sicht des Chemikers das Radiumatom genauso stabil wie das Bariumatom ist. Schlimmer noch ist aber die Tatsache, daß wir das Neutron ausschließen müßten. Das Neutron, das ungeladene Gegenstück des Protons, wird als einer der Bausteine der Atomkerne angesehen. Innerhalb eines stabilen Kerns ist das Neutron ebenso stabil wie das Proton, doch es zerfällt, wenn es allein im Vakuum ist. Seine mittlere Lebensdauer beträgt jedoch immerhin 15 min, was gemessen an einer nuklearen oder atomaren Zeitskala sehr lang ist (d.h. im Vergleich zu Zeiten wie 10^{-24} s oder

10^{-8} s). Bei einem Versuch, in dem das untersuchte Phänomen in einer Zeitspanne abläuft, die verglichen mit 15 min sehr klein ist, verhält sich das Neutron genau wie ein stabiles Teilchen. Wir können zum Beispiel die Beugung von Neutronen an Kristallen beobachten und untersuchen.

Schließlich spricht noch gegen unsere Zulassungskriterien die Tatsache, daß sich doch einer der bisher als „stabil" angesehenen Kerne tatsächlich als instabil erweisen könnte und damit zu unrecht zugelassen wurde: Ist nämlich seine Halbwertszeit so lang, daß es uns nicht möglich war, eine Instabilität überhaupt festzustellen. Wir könnten uns dann gezwungen sehen, bereits zugelassene Objekte aus der Menge der Teilchen wieder auszuschließen.

21. Angesichts dieser Überlegungen müssen wir vernünftigerweise unsere Zulassungskriterien modifizieren. Wir lassen nun auch Objekte zu, die „ein kleines bißchen" instabil sind, womit auch das Neutron und der erwähnte Radiumkern zugelassen werden können. Damit wird auch die eingangs aufgestellte Bedingung hinfällig, daß ein Teilchen eine bestimmte Masse haben müsse, denn wir haben schon in Kapitel 3 festgestellt, daß bei einer bestimmten endlichen Lebensdauer eines Systems seine Energie (in diesem Fall die Ruhenergie des Teilchens) nur mit einer Unschärfe der Größenordnung $\hbar/\tau$ angegeben werden kann. Wenn also die mittlere Lebensdauer eines Teilchens gleich τ ist, dann muß die Unschärfe seiner Ruhmasse von der Größenordnung

$$\Delta m \approx \frac{\hbar}{\tau c^2} \tag{9.39}$$

sein. Im Falle des Neutrons ist diese Unschärfe äußerst gering, nämlich kleiner als 10^{-27} u (atomare Masseneinheiten).

22. Haben wir einmal die rigorose Forderung nach absoluter Stabilität fallengelassen, dann sehen wir uns vor die Schwierigkeit gestellt zu entscheiden, wie instabil ein Teilchen noch sein darf. Das Myon hat eine Halbwertszeit von etwa 10^{-6} s, was makroskopisch gesehen kurz, nach der nuklearen Zeitskala jedoch sehr lang ist. Das gleiche gilt für die geladenen Pionen, die Halbwertszeiten von etwa 10^{-8} s haben. Auch diese Teilchen müßten wir also zulassen. Das neutrale Pion hat eine mittlere Lebensdauer von der Größenordnung 10^{-16} s. Dies ist verglichen mit 10^{-24} s immer noch lang; außerdem ist das neutrale Pion doch mit den geladenen Pionen verwandt. Also lassen wir auch das neutrale Pion und Teilchen wie die K-Mesonen und die Hyperonen zu. Die mittlere Lebensdauer der K-Mesonen und Hyperonen liegt im allgemeinen in der Größenordnung 10^{-10} s. Demnach sind auch die Unschärfen ihrer Ruhmassen nach Gl. (9.36) verglichen mit der Ruhmasse selbst immer noch sehr gering.

23. Wir haben nun noch zu entscheiden, ob auch alle angeregten Zustände von Atomen, Molekülen und Kernen zu berücksichtigen sind. Für eine Zulassung würde jedenfalls sprechen, daß viele der angeregten Zustände eine Lebensdauer aufweisen, die verglichen mit der des neutralen Pions sehr lang, verglichen mit der des Neutrons lang ist. Bei einigen angeregten Zuständen werden beim Übergang in niedrigere Zustände Materieteilchen, bei anderen hingegen Photonen emittiert (Bild 9.12). Ist es dann berechtigt, die angeregten Zustände auszuschließen, wenn wir den „Grundzustand" von $^{226}_{88}$Ra zulassen, obwohl dieser Kern auch durch Emission eines Teilchens zerfällt? Weiter ist es fraglich, ob man nicht einige der Hyperonen als „angeregte Zustände" des Nukleons ansehen muß. (Sämtliche Hyperonen zerfallen in andere Teilchen, von denen aber immer

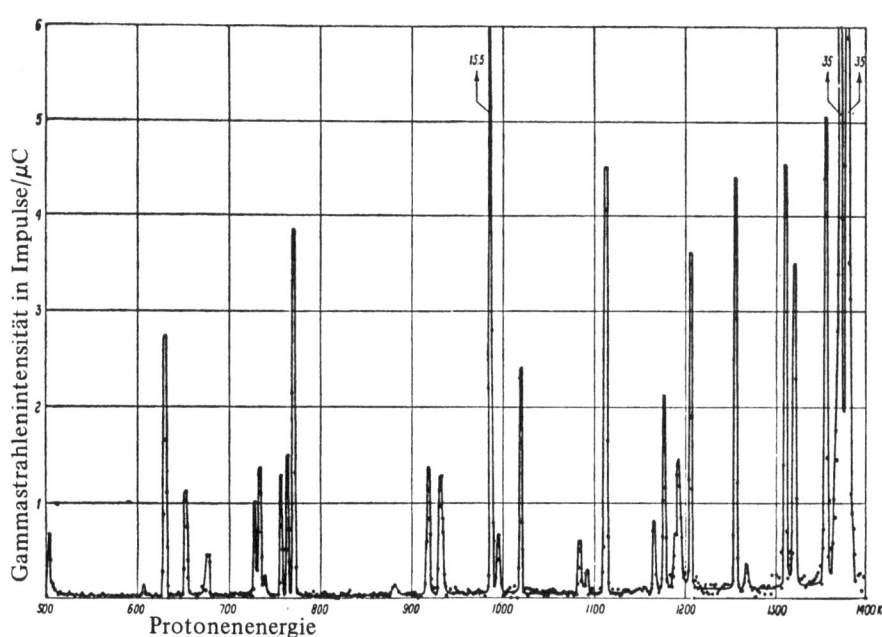

Bild 9.12

Ausbeute für die Reaktion
^{27}Al + p → ^{28}Si + γ, aus einer Arbeit von *K. J. Broström, T. Huus* und *R. Tangen*, "Gamma-Ray Yield Curve of Aluminum Bombarded with Protons" (Gammaquantenausbeutekurve von mit Protonen beschossenem Aluminium), *Physical Review* **71**, 661 (1947). Die Ordinate ist ein Maß für den Wirkungsquerschnitt dieser Reaktion. Auf der Abszisse ist die kinetische Energie der einfallenden Protonen in keV relativ zum Laborsystem angegeben. Die scharfen Maxima sind Resonanzen. Sie sind ein Beweis für die Existenz von angeregten Zuständen in dem Siliciumkern, der bei der Reaktion entsteht. (*Zur Verfügung gestellt von The Physical Review.*)

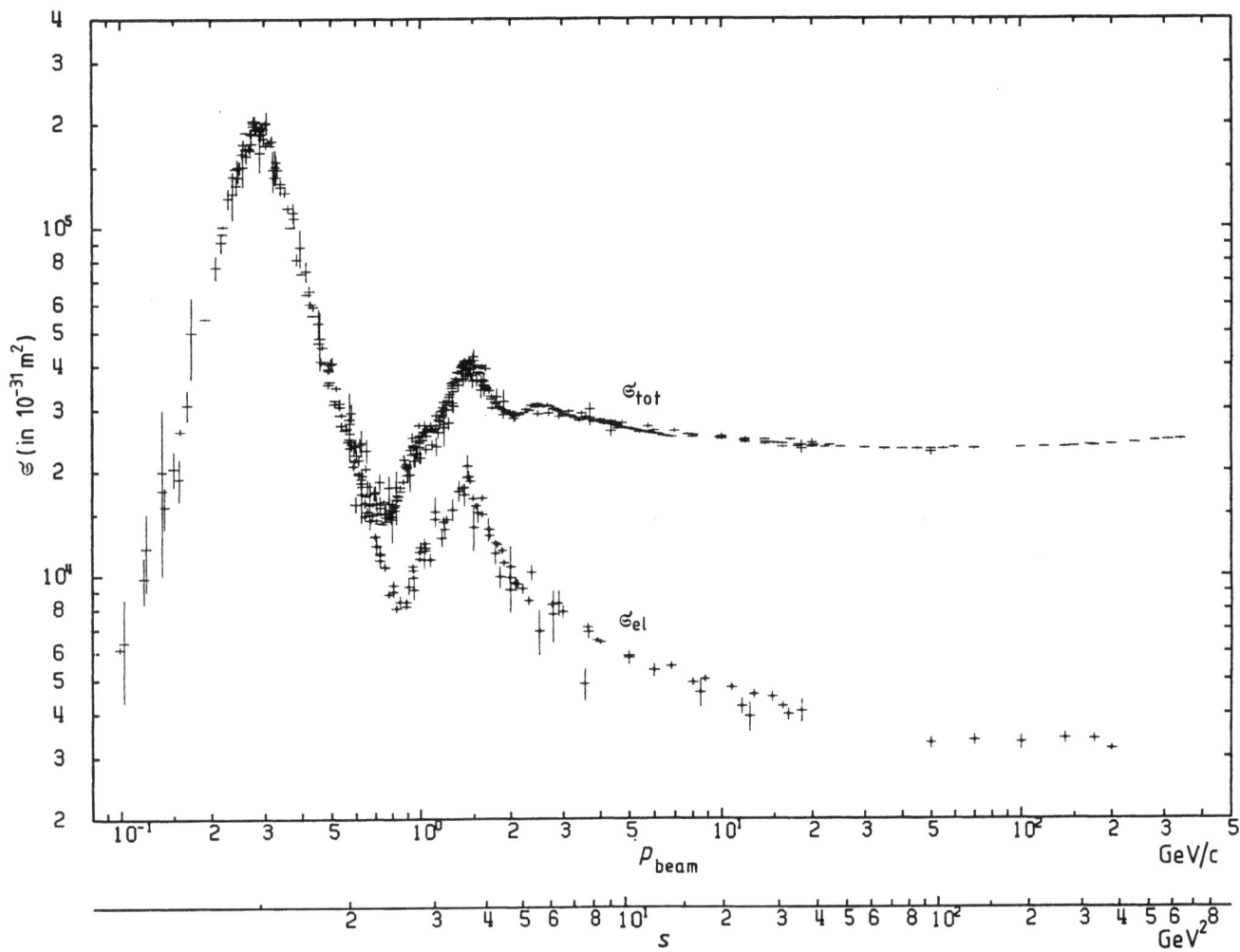

Bild 9.13 Totaler (σ_{tot}) und elastischer (σ_{el}) Wirkungsquerschnitt für die Streuung von positiven Pionen an Protonen. Auf der Abszisse sind sowohl der Impuls der Pionen (p_{beam}) im Laborsystem als auch die Größe $s = 4E^2$ aufgetragen, wobei E die Gesamtenergie im Schwerpunktsystem ist. Besonders prägnant ist das 1. Maximum der beiden Wirkungsquerschnitte bei $\sqrt{s} \simeq 1{,}232\,\text{GeV}$, das als Δ-Resonanz bezeichnet wird (in diesem Fall Δ^{++}, die zweifach positiv geladene Version dieser Resonanz; s. Bild 9.16).
Das Bild ist dem Artikel von M. Roos et al. (Particle Data Group), *Physics Letters* **111B**, 1982, p. 48, entnommen.

nur eines ein Nukleon ist.) Diesen Argumenten können wir uns schwerlich widersetzen: Wir müssen also auch die „angeregten Zustände" zulassen.

24. In diesem Stadium wird uns aber klar, daß die Menge der Teilchen schon weit über eine Million Mitglieder umfaßt, was keinesfalls unseren ursprünglichen Absichten entspricht, da wir nur eine beschränkte und leicht übersehbare Menge richtiger Teilchen definieren wollten. Außerdem werden durch die Zulassung der „angeregten Zustände" unsere gesamten Zulassungskriterien in Zweifel gezogen. Dies wird sofort klar, wenn wir uns überlegen, wie ein angeregter Zustand (d.h. ein Energieniveau über dem Grundzustand des betreffenden Systems) experimentell bestimmt wird. In Kapitel 3 wurde dargelegt, wie die angeregten Zustände sich bei Streuprozessen als Resonanzen manifestieren (Bild 9.13). Ein Beispiel hierfür ist die reso-

nante Streuung von Licht durch ein Atom. Bestimmen wir nämlich den Wirkungsgrad eines Atoms als lichtstreuendes Objekt als Funktion der Frequenz des Lichts, dann werden wir ausgeprägte Maxima bei den Frequenzen feststellen, die den Energiedifferenzen zwischen den angeregten Zuständen und dem Grundzustand entsprechen. Dieses Phänomen ist jedoch nicht allein auf die Streuung von Licht, d. h. von Photonen, beschränkt – es wird ebenso bei der Streuung von Materieteilchen beobachtet. Bild 9.12 ist ein Beispiel dafür. Auf der Ordinate ist ein Maß für den Wirkungsquerschnitt aufgetragen; die Kurve stellt also den experimentell bestimmten Wirkungsquerschnitt als Funktion der Energie dar, und zwar für die Absorption von Protonen in Aluminium. Die scharf ausgeprägten Maxima im Wirkungsquerschnitt entsprechen der Lage der angeregten Zustände des Siliciumkerns, der bei dieser Wechselwirkung entsteht.

9.2 Was ist ein Teilchen?

Die Breite Γ eines Resonanzmaximums ist ein Maß für die Unschärfe der Energie des entsprechenden angeregten Zustands. Solange diese Resonanzmaxima scharf ausgeprägt sind, können Resonanzen einwandfrei als Auswirkung angeregter Zustände interpretiert werden. Wir haben uns darauf geeinigt, Kerne in solchen angeregten Zuständen als „Teilchen" zuzulassen. Sehen wir uns nun Bild 9.13 an: Hier ist der Wirkungsgrad für die Streuung von positiven Pionen an Protonen als Funktion der Energie dargestellt. Der Wirkungsquerschnitt weist ein ausgeprägtes Maximum sowie einen leichten „Buckel" bei einer höheren Energie auf.

Das erste Maximum wird als Δ-Resonanz bezeichnet. Die zugehörige Breite Γ_Δ beträgt bereits ungefähr 10% der Resonanzenergie, die etwa 1232 MeV ausmacht. Es ist nun gewissermaßen ein Streit um des Kaisers Bart, ob wir solche Resonanzen als Teilchen bezeichnen wollen oder nicht. Ein mögliches und heute weithin akzeptiertes Unterscheidungskriterium besteht darin, ob das betreffende Objekt in einer für die starken Wechselwirkungen charakteristischen Zeit von etwa 10^{-24} s (entsprechend der Resonanzbreite von etwa 200 MeV) zerfällt oder nicht. Nur im zweiten Fall, wenn also die Lebensdauer lang im Vergleich zu 10^{-24} s ist, werden wir von einem Teilchen im engeren Sinn sprechen. Obwohl dieses Unterscheidungskriterium relativ wohldefiniert ist, ist es besonders aus heutiger Sicht etwas willkürlich. Wir betrachten heute sowohl das Proton als auch die Δ-Resonanz als gebundene Zustände von Quarks. Der hauptsächliche Unterschied zwischen beiden Objekten besteht darin, daß die Δ-Resonanz aus energetischen Gründen in leichtere stark wechselwirkende Teilchen, nämlich Nukleonen und Pionen zerfallen kann, während das Proton als leichtestes stark wechselwirkendes Teilchen mit Spin 1/2 stabil sein muß (zumindest gegenüber den herkömmlichen Wechselwirkungen).

25. Vernünftigerweise werden wir aber die Lebensdauer nicht als *einziges* Kriterium für die Bezeichnung Teilchen oder gar Elementarteilchen heranziehen. Dieses Kriterium läßt ja noch eine fast unübersehbare Menge von Objekten zu: Diese Menge enthält neben anderen Teilchen auch solche qualitativ eindeutige Objekte wie die Pionen und Proteinmoleküle etwa. Nach dem normalen Sprachgebrauch können wir sicherlich diese Objekte als Teilchen bezeichnen. Aber wir können kaum erwarten, zu besonderen physikalischen Erkenntnissen über die grundlegenden Wechselwirkungen zu gelangen, wenn wir Pionen und Proteinmoleküle in unserer Fundamentaltheorie als gleichwertig behandeln wollen. Einige dieser Teilchen sind ganz offensichtlich zusammengesetzte Systeme, und wir sollten sie in unserer Theorie dementsprechend beschreiben: Wir sollten sie durch Wechselwirkungen ihrer elementaren Bestandteile „erklären".

Was wir als *elementare Bestandteile* bezeichnen, hängt aber offensichtlich von unseren Möglichkeiten ab, gebundene Zustände als solche zu erkennen. In der Geschichte der Physik wurden immer wieder neue Strukturen und damit neue Bestandteile entdeckt, je weiter man zu immer kleineren Distanzen vordringen konnte. Um solche kleine Distanzen aufzulösen, sind entsprechend kleine Wellenlängen nötig und damit wegen der de Broglie-Beziehung entsprechend hohe Energien. Letzten Endes entscheiden also die gerade zur Verfügung stehenden Hochenergiebeschleuniger darüber, was wir als „elementare" Teilchen bezeichnen sollten. Die heute erreichbaren Energien von etwa 100 GeV entsprechen Wellenlängen von ca. 10^{-17} m. Bei diesen Längen zeigen etwa das Elektron oder die Neutrinos noch keinerlei Struktur und sind daher mit Fug und Recht als Elementarteilchen anzusehen. Komplizierter ist die Situation etwa des Protons. Wie wir in Abschnitt 9.5 noch diskutieren werden, erweist sich das Proton bei Längen von 10^{-17} m sehr wohl als strukturiert. Da es aber möglicherweise niemals gelingen wird, die vermuteten Bestandteile (Quarks und Gluonen) als freie Teilchen zu isolieren, werden heute noch alle stark wechselwirkenden Objekte (also solche, die wir uns aus Quarks und Gluonen aufgebaut vorstellen) als Teilchen bezeichnet, sofern sie eine Lebensdauer besitzen, die lang im Vergleich zu 10^{-24} s ist.

26. Bevor wir uns die Menge der echten (?) Elementarteilchen etwas genauer ansehen, wollen wir uns noch einmal die fundamentalen Wechselwirkungen in Erinnerung rufen.

a) Gravitation

Wie schon in Abschnitt 2.5 erläutert, brauchen die Gravitationskräfte bei der Diskussion der Elementarteilchen normalerweise nicht in Betracht gezogen zu werden. So ist etwa die Massenanziehung zweier Protonen um einen Faktor 10^{-36} kleiner als ihre elektrostatische Abstoßung (s. Gl. (2.47)). Allerdings ist damit nicht gesagt, daß die Gravitation im subatomaren Bereich prinzipiell keine Rolle spielen kann. Wenn wir versuchen, aus den fundamentalen Konstanten γ, $\hbar$, c eine Länge zu konstruieren, so erhalten wir bis auf numerische Konstanten eine eindeutige Länge

$$l_P = (\gamma \hbar / c^3)^{1/2} = 1{,}6 \cdot 10^{-35} \text{ m}, \qquad (9.40)$$

die als *Planck-Länge* bezeichnet wird. Es ist eine naheliegende Spekulation, die heute von vielen Theoretikern sehr ernst genommen wird, daß spätestens bei Längen in der Größenordnung l_P eine Quantentheorie der Gravitation ins Spiel kommen muß, die gegenüber den anderen Wechselwirkungen nicht mehr vernachlässigt werden kann. Obwohl die Menschheit wahrscheinlich nie in der Lage sein wird, Teilchen auf die der Planck-Länge entsprechende Energie von etwa 10^{19} GeV zu beschleunigen, könnte sich die Quantentheorie der Gravitation doch für eine einheitliche Theorie aller Wechselwirkungen, den ewigen Traum aller Physiker, als relevant erweisen. Zumindest könnte sie im sehr frühen Universum bei entsprechend hohen Temperaturen (10^{19} GeV entsprechen nach der Tabelle A1 im

Anhang einer Temperatur von etwa 10^{32} K) eine Rolle gespielt haben. Trotz verschiedener Ansätze steckt die Quantengravitation aber derzeit noch in den theoretischen Kinderschuhen.

b) Elektromagnetismus

Neben der Gravitation ist die elektromagnetische Wechselwirkung die zweite Wechselwirkung mit makroskopischer Reichweite. Die Stärke dieser Wechselwirkung, die von der klassischen Elektrodynamik über die Festkörper- und Atomphysik bis hin zur Elementarteilchenwechselwirkung praktisch die gesamte Physik umschließt, ist durch die Feinstrukturkonstante $\alpha \approx 1/137$ gegeben. Auf die zugehörige Theorie im subatomaren Bereich, die *Quantenelektrodynamik* (QED), werden wir später noch zurückkommen.

c) Schwache Wechselwirkung

Die Stärke dieser extrem kurzreichweitigen Kraft, die etwa den Beta-Zerfall des Neutrons verursacht und für die Energieproduktion der Sonne mitverantwortlich ist, wird üblicherweise durch die dimensionsbehaftete sogenannte *Fermi-Kopplungskonstante*

$$G_F \simeq 10^{-5} \text{ GeV}^{-2} \qquad (9.41)$$

charakterisiert. Entgegen allem Anschein ist die schwache Wechselwirkung eng verwandt mit der elektromagnetischen und wir werden uns in Abschnitt 9.4 mit dieser tiefgreifenden Erkenntnis der modernen Teilchenphysik auseinandersetzen.

d) Starke Wechselwirkung

Diese ebenfalls kurzreichweitige Wechselwirkung (ca. 1 fm) hält die Nukleonen in Atomkernen zusammen, entzieht sich aber anscheinend auf der Ebene der tatsächlich beobachteten stark wechselwirkenden Teilchen (Nukleonen, Hyperonen, Pionen, Kaonen, ...) einer einfachen Beschreibung. Wir glauben heute, die klassische starke Wechselwirkung, wie sie sich etwa in der Streuung von Pionen an Protonen manifestiert, als eine äußerst komplexe van der Waals-artige Restwechselwirkung einer fundamentaleren Wechselwirkung interpretieren zu müssen. Mit dieser sogenannten *Quantenchromodynamik* (QCD), der Wechselwirkung zwischen den Quarks und Gluonen, den Bausteinen der stark wechselwirkenden Teilchen und Resonanzen, werden wir uns in Abschnitt 9.5 beschäftigen.

27. Die Elementarteilchen werden in drei Klassen eingeteilt. Das Photon und die in Abschnitt 9.4 zu besprechenden W- und Z-Bosonen als Träger der elektromagnetischen und schwachen Wechselwirkungen gehören in die erste Klasse. Die Quanten der starken Wechselwirkungen, die Gluonen, werden üblicherweise nicht in der Liste der Elementarteilchen angeführt, da sie sich ebenso wie die Quarks nur indirekt manifestieren und (bis jetzt zumindest) nicht als freie Teilchen isoliert werden können. In die erste Gruppe würde auch noch das Graviton gehören, das Spin-2-Quant der erst zu formulierenden Quantentheorie der Gravitation.

Die zweite Teilchenklasse umfaßt alle die Teilchen, die nicht von den starken Wechselwirkungen betroffen sind. Sie werden Leptonen genannt und besitzen alle den Spin 1/2. Die sechs derzeit bekannten Leptonen (zu jedem Lepton gehört auch noch ein entgegengesetzt geladenes Antilepton) sind in Tabelle 9.1 angeführt (genauere Details sind der Tabelle A2 des Anhangs zu entnehmen).

Tabelle 9.1 Die Leptonen

Teilchen		Ladung/e	Masse (MeV)
e^-	Elektron	-1	0,511
ν_e	e-Neutrino	0	$< 4,6 \cdot 10^{-5}$
μ^-	Müon	-1	106
ν_μ	μ-Neutrino	0	$< 0,52$
τ^-	Tau-Lepton	-1	1784
ν_τ	τ-Neutrino	0	< 250

Die restlichen Teilchen bilden die dritte und letzte Gruppe, die sogenannten Hadronen, die alle an den starken Wechselwirkungen teilnehmen. Sie werden weiter unterteilt in Mesonen (Hadronen mit ganzzahligem Spin) und Baryonen (halbzahliger Spin). In den Tabellen 9.2 und 9.3 sind die jeweils leichtesten Mesonen mit Spin 0 und Baryonen mit Spin 1/2 zusammengefaßt. Während in der Mesontabelle die Antiteilchen bereits enthalten sind (π^0 und η sind ihre eigenen Antiteilchen), gibt es zu jedem Baryon ebenso wie bei den Leptonen ein eigenes Antibaryon gleicher Masse und mit gleichem Spin, aber mit entgegengesetzter Ladung. Dieser zunächst merkwürdige Unterschied zwischen Mesonen und Baryonen wird im Rahmen des Quarkmodells seine Erklärung finden.

Tabelle 9.2 Das Mesonenoktett

Teilchen		Masse MeV	mittlere Lebensdauer s
π^+ π^-	geladene Pionen	139,57	$2,60 \cdot 10^{-8}$
π^0	neutrales Pion	134,96	$0,83 \cdot 10^{-16}$
K^+ K^-	geladene K-Mesonen	493,7	$1,24 \cdot 10^{-8}$
K^0 $\overline{K}^0$ neutrale K-Mesonen	K_S K_L	497,9	$0,89 \cdot 10^{-10}$ $5,18 \cdot 10^{-8}$
η	Eta-Meson	548,8	$\sim 8 \cdot 10^{-19}$

Die obigen Mesonen haben Spin 0 und Baryonenzahl 0. Die beiden neutralen K-Mesonen K^0 und $\overline{K}^0$ verhalten sich beim Zerfall wie eine „Zusammensetzung" aus zwei Teilchen K_S und K_L mit verschiedener Lebensdauer und sehr geringfügig anderer Masse.

9.2 Was ist ein Teilchen?

Tabelle 9.3 Das Baryonenoktett

Teilchen		Masse MeV	mittlere Lebensdauer s
p	Proton	938,28	stabil
n	Neutron	939,5	925
Λ	Lambda-Hyperon	1115,60	$2,63 \cdot 10^{-10}$
Σ^+		1189,36	$0,80 \cdot 10^{-10}$
Σ^0	Sigma-Hyperonen	1192,46	$5,8 \cdot 10^{-20}$
Σ^-		1197,34	$1,48 \cdot 10^{-10}$
Ξ^0	Kaskaden-teilchen	1314,9	$2,9 \cdot 10^{-10}$
Ξ^-		1321,3	$1,6 \cdot 10^{-10}$

Diese Teilchen haben alle Spin 1/2 und Baryonenzahl + 1. Es gibt auch noch ein Antibaryonenoktett, das sich aus den Antiteilchen der oben angeführten Teilchen zusammensetzt. Die Antiteilchen haben die gleiche Masse, den gleichen Spin und die gleiche Lebensdauer, jedoch entgegengesetzte Ladung und Baryonenzahl.

In den Bildern 9.14 und 9.15 sind die in den Tabellen 9.2 und 9.3 angeführten Mesonen und Baryonen in einer Art Diagramm eingetragen, das stark den in Kapitel 3 besprochenen Termschemata ähnelt. Ein Teilchen wird durch einen kurzen Querstrich in einem Diagramm dargestellt, dessen Abszisse die elektrische Ladung (in Einheiten von e) und dessen Ordinate die Ruhmasse angibt. Das Diagramm mit den leichtesten Baryonen mit Spin 3/2 ist im Bild 9.16 wiedergegeben. Diese Baryonen sind mit Ausnahme des Ω^- alle Resonanzen mit Resonanzbreiten von

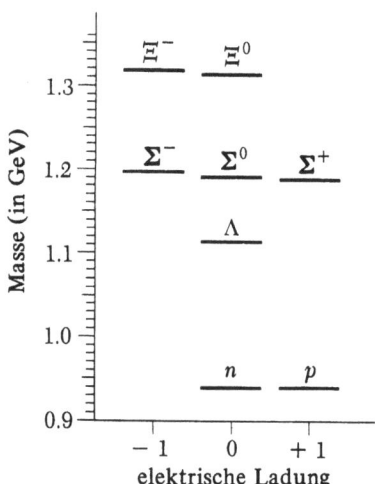

Bild 9.15 Massenspektrum des Baryonenoktetts, zu dem das Proton (p) und das Neutron (n) gehören. Diese Teilchen besitzen alle Baryonenzahl + 1 und Spin 1/2. Das Diagramm kann als eine Art Termschema ausgelegt werden, das die acht verschiedenen Zustände des „allgemeinen Teilchens" dieses Multipletts darstellt.

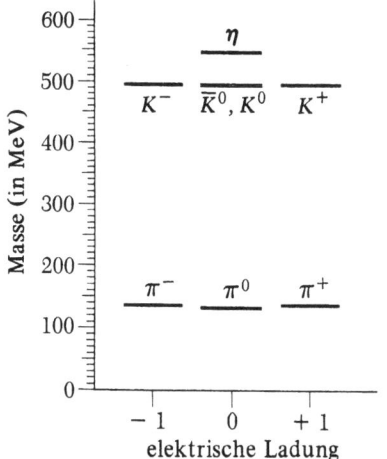

Bild 9.14 Massenspektrum des Mesonenoktetts, zu dem die Pionen und K-Mesonen gehören. Diese Teilchen haben sämtlich die Baryonenzahl null und Spin null. Die zwei neutralen K-Mesonen K^0 und $\overline{K}^0$, die durch den doppelten Strich im Termschema vertreten sind, haben innerhalb der Genauigkeit dieser Darstellung die gleiche Masse. Teilchen-Antiteilchen-Paare liegen in bezug auf die Senkrechte, die der Ladung null entspricht, symmetrisch. Die Teilchen π^0 und η sind ihre eigenen Antiteilchen. $\overline{K}^0$ ist das Antiteilchen von K^0.

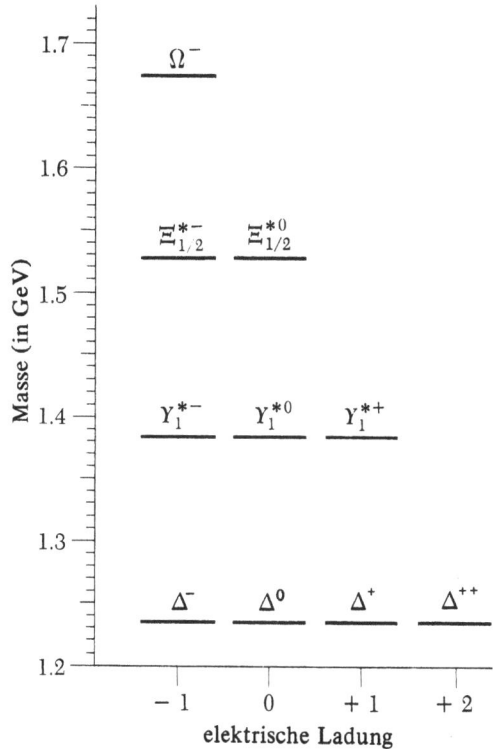

Bild 9.16 Massenspektrum der leichtesten Baryonen mit Spin 3/2 und Baryonenzahl + 1. Mit Ausnahme des Ω^- sind alle Zustände stark instabil, also Resonanzen mit Lebensdauern in der Größenordnung 10^{-24} s. Auffallend ist die Zahl 10 der Zustände in diesem Diagramm. Es wird zum Unterschied vom Mesonoktett (Spin 0) und Baryonoktett (Spin 1/2) auch als Spin-3/2-Baryondekuplett bezeichnet.

der Größenordnung 100 MeV (also keine Teilchen im Sinne unserer Klassifikation), während das Ω^- mit einer mittleren Lebensdauer von etwa 10^{-10} s schwach zerfällt. Es ist fast offensichtlich, das sich hinter der regelmäßigen Anordnung der leichtesten Hadronen in den Bildern 9.14 bis 9.16 irgendeine Symmetrie der starken Wechselwirkung verbergen muß. Bevor wir darauf näher eingehen, wollen wir uns noch mit anderen Regelmäßigkeiten der Elementarteilchen beschäftigen.

Die Wechselwirkungen der Elementarteilchen unterliegen verschiedenen bemerkenswerten Erhaltungsgesetzen und Symmetrieprinzipien. Eines dieser Erhaltungsgesetze besagt, daß die gesamte elektrische Ladung bei *allen* Wechselwirkungen erhalten bleiben muß[1]) Ein ähnliches Erhaltungsgesetz gibt es für die *Baryonenzahl*. Wenn wir dem Photon, den Leptonen und den Mesonen die Baryonenzahl null zuordnen, den Baryonen aus Tabelle 9.3 und in Bild 9.16 die Baryonenzahl +1, den entsprechenden Antibaryonen die Baryonenzahl −1, dann stellen wir fest, daß die gesamte Baryonenzahl bei allen Wechselwirkungen erhalten bleibt. Dies erklärt in gewissem Sinn die Stabilität des Protons. Da es das leichteste der Baryonen ist, kann es nicht in irgendwelche andere Teilchen zerfallen, ohne dieses Erhaltungsprinzip zu verletzen.

28. Man nimmt an, daß die beiden erwähnten Erhaltungssätze für *alle* Wechselwirkungen gelten. Es gibt jedoch auch noch andere Erhaltungssätze, die offenbar für bestimmte Arten von Wechselwirkungen typisch sind. Ein Beispiel ist die Erhaltung der sogenannten *Hyperladung* bei den starken und den elektromagnetischen Wechselwirkungen. Wir können jedem der stark wechselwirkenden Teilchen eine Hyperladungsquantenzahl zuordnen, und zwar so, daß die gesamte Hyperladung bei allen starken oder elektromagnetischen Wechselwirkungen erhalten bleibt. (Die Hyperladungsquantenzahl ist eine ganze Zahl.) Bei den schwachen Wechselwirkungen jedoch wird die Hyperladung nicht erhalten. Aus den Diagrammen in den Bildern 9.17 bis 9.19 können wir ersehen, welche Hyperladungsquantenzahlen den stark wechselwirkenden Teilchen zugeordnet sind.

Betrachten wir einige Beispiele zur Erhaltung der Hyperladung und ihrer Konsequenzen. Die Reaktion

$$\pi^- + p \rightarrow K^0 + \Lambda^0 \quad (9.42)$$
$$(0) \quad (+1) \quad (+1) \quad (0)$$

ist nach dem Prinzip der Erhaltung der Hyperladung erlaubt; sie tritt, wie man weiß, immer dann ein, wenn negative Pionen mit genügend hoher Energie mit Protonen zusam-

---

[1]) Die Erhaltung der Ladung ist ein *Grund*prinzip des Elektromagnetismus: Siehe Berkeley Physik Kurs, Band 2, *Elektrizität und Magnetismus*, Abschnitt 1.2.

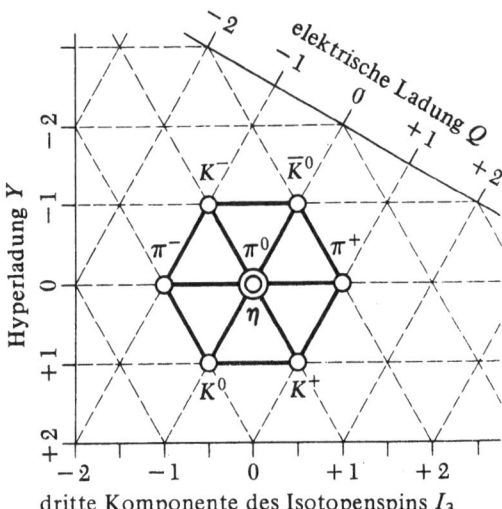

Bild 9.17 Aus diesem Diagramm können die elektrische Ladung und die Hyperladung der Teilchen des Mesonoktetts entnommen werden, dessen Massenspektrum in Bild 9.14 dargestellt ist. Die gesamte Hyperladung bleibt bei allen starken und elektromagnetischen Wechselwirkungen erhalten. Die gesamte Ladung bleibt bei *allen* Wechselwirkungen erhalten.

Die Regelmäßigkeit des Musters tritt besonders deutlich zutage, wenn man die Teilchen in ein hexagonales Koordinatennetz einträgt. Die Eightfold-Way-Theorie der Symmetrien sagt dann das hier dargestellte Muster, insbesondere die zwei Teilchen in der Mitte des Diagramms voraus, in diesem Fall die Teilchen π^0 und η.

Auf der Abszisse ist eine weitere oft verwendete Quantenzahl eingetragen, die sogenannte dritte Komponente des Isotopenspins. Diese mit I_3 bezeichnete Größe bleibt ebenfalls bei allen starken und elektromagnetischen Wechselwirkungen erhalten.

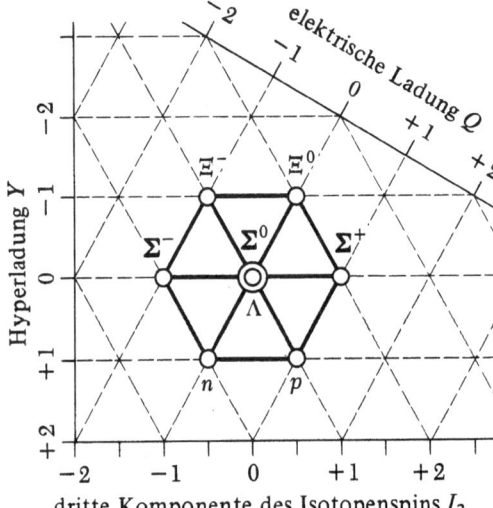

Bild 9.18 Eightfold-Way-Symmetriediagramm für das Baryonenoktett, dem das Proton und das Neutron angehören. Es ist zu beachten, daß das Muster der Teilchen in einem Diagramm der Hyperladung in Abhängigkeit von der Ladung durch *experimentell* gewonnene Werte dieser Größen bestimmt wird. Das Diagramm gibt also experimentelle Ergebnisse wieder, die jedoch sehr gut in das Symmetriemuster passen, das die Eightfold-Way-Theorie voraussagt. Die Struktur dieses Oktetts ist gleich der Struktur des Mesonenoktetts in Bild 9.17.

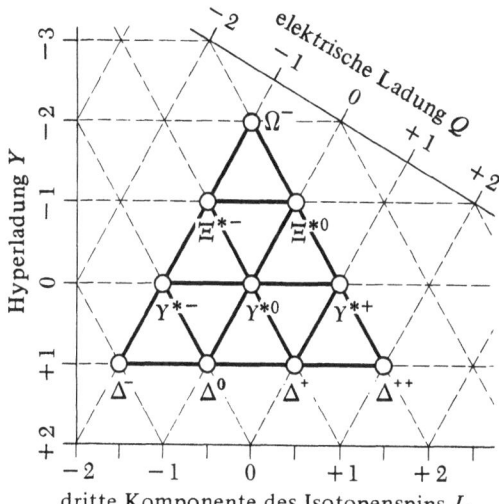

Bild 9.19 Eightfold-Way-Symmetriediagramm für das Baryonendekuplett, dem die wichtigsten Pion-Nukleon-Resonanzen angehören. Aus dem Diagramm sind die Hyperladungswerte der Teilchen des Dekupletts zu entnehmen. Die Massen dieser Teilchen sind in Bild 9.16 dargestellt.

menstoßen. (Die Zahlen unter den Symbolen für die Teilchen geben deren Hyperladung an.) Die Reaktion

$$\pi^- + p \to \pi^0 + \Lambda^0 \atop (0) \quad (+1) \quad (0) \quad (0)$$ (9.43)

hingegen ist nach diesem Erhaltungsprinzip verboten. Dies bedeutet vor allem, daß ein Lambda-Teilchen bei einem Pion-Proton-Stoß nur dann entstehen kann, wenn ausreichend Energie für die Bildung eines K-Mesons zur Verfügung steht, wie das bei Reaktion (9.42) der Fall ist. Die Reaktion (9.43) konnte noch nie festgestellt werden. Die Reaktion

$$n + p \to \Lambda^0 + p \atop (+1) \quad (+1) \quad (0) \quad (+1)$$ (9.44)

ist ebenfalls verboten. Daß diese Reaktion auch tatsächlich in der Natur nie vorkommt, konnte experimentell ziemlich eindeutig nachgewiesen werden.

Ein möglicher Zerfall des Lambdateilchens ist

$$\Lambda^0 \to \pi^- + p \atop (0) \quad (0) \quad (+1)$$ (9.45)

Diese Reaktion zeigt keine Erhaltung der Hyperladung, da für diesen Zerfallsprozeß die schwachen Wechselwirkungen verantwortlich sind, wie ja auch aus der relativ langsamen Zerfallsrate zu ersehen ist. Die Erklärung für die lange Lebensdauer des Lambda-Teilchens (eine mittlere Lebensdauer von 10^{-10} s ist gemessen an der kernphysikalischen Zeitskala lang) ist, daß das Lambdateilchen einfach nur durch schwache Wechselwirkungen zerfallen kann, da aufgrund der Erhaltung der Baryonenzahl und der Hyperladung kein anderer Zerfall möglich ist.

29. In den Bildern 9.17 bis 9.19 sind experimentell beobachtete Eigenschaften der betreffenden Teilchen dargestellt. Wir erkennen in diesen erstaunlichen Diagrammen die Ansätze zu einer offensichtlichen Symmetrie der Natur. Einen ähnlichen Eindruck gewinnen wir durch das Termschema in Bild 9.16, bei dem die bemerkenswert regelmäßigen Abstände der Niveaus auffallen.

Wir stellen zunächst einmal fest, daß die elektrische Ladung Q (in Einheiten von e), die Hyperladung Y und die 3. Komponente des Iso(topen)-spins I_3 die *Gell-Mann-Nishijima-Beziehung*[1]

$$Q = I_3 + Y/2 \tag{9.46}$$

erfüllen. Wenn wir in einem der Bilder 9.17 bis 9.19 die Zustände für festes Y hernehmen, so sehen wir aus einem Vergleich mit den Massenspektren in den Bildern 9.14 bis 9.16, daß es sich jeweils um mehrere Zustände mit fast gleicher Masse handelt (die Zustände mit $Q = Y = 0$ spalten in zwei Gruppen auf). Die Entartung dieser Zustände (bis auf kleine elektromagnetische Korrekturen) erklärt die theoretische Teilchenphysik in völliger Analogie mit der Entartung in atomaren Spektren mit der Invarianz der starken Wechselwirkung unter einer gewissen Symmetrie, der Isospin-Symmetrie. Zum Unterschied von den atomaren Spektren, deren Entartung auf die Invarianz unter räumlichen Drehungen zurückzuführen ist, handelt es sich beim Isospin nicht um eine Raum-Zeit-Symmetrie, sondern um eine sogenannte innere Symmetrie. Nichtsdestoweniger besteht eine sehr enge mathematische Beziehung zwischen den beiden Symmetrien, sie sind im Sinne der Gruppentheorie sogar völlig identisch. Es ist daher nicht verwunderlich, daß die Isospinmultipletts $2I + 1$ Teilchen enthalten für einen gegebenen Isospin I in völliger Analogie zu den $2J + 1$ Zuständen eines atomaren Systems mit Drehimpuls J. Die in den Bildern 9.17 bis 9.19 und in Gl. (9.46) vorkommende Größe I_3 spielt genau die gleiche Rolle wie die Komponente J_z des Drehimpulses in der z-Richtung (magnetische Quantenzahl).

Der Isospin ist die Verallgemeinerung der bekannten Ladungsunabhängigkeit der Kernkräfte zwischen Protonen und Neutronen (siehe Abschnitte 2.4 und 3.3). Proton und Neutron bilden das fundamentale Isospinmultiplett, ein Dublett mit $I = 1/2$. Genauso wie man durch Vektoraddition alle Drehimpulse aus Spin-1/2-Zuständen erzeugen kann, lassen sich auch alle Isospinmultipletts aus dem fundamentalen Dublett konstruieren.

---

[1] Siehe Aufgabe 10 am Ende dieses Kapitels.

30. Bevor wir darüber spekulieren, ob diese Konstruktion eine rein mathematische ist oder ob ihr eine physikalische Realität zugrundeliegt, gehen wir einen Schritt weiter. Gell-Mann und Ne'eman stellten 1961 fest, daß auch die Oktetts und das Dekuplett in den Bildern 9.17 bis 9.19 mit Hilfe einer näherungsweisen Symmetrie der starken Wechselwirkung erklärt werden können. Die Symmetrie ist als der „Achtfache Weg" (eightfold way) oder einfach als *unitäre Symmetrie* bekannt. Sie kann nicht eine exakte Symmetrie der starken Wechselwirkung sein, sonst müßten die Zustände in den Bildern 9.14 bis 9.16 ebenso annähernd entartet sein wie die Zustände eines Isomultipletts.

Die unitäre Symmetrie erklärt aber nicht nur die magischen Zahlen 8 und 10, sie gibt auch eine plausible Erklärung für die regelmäßigen Abstände zwischen den 4 Isomultipletts in Bild 9.16. Als der „Achtfache Weg" vorgeschlagen wurde, waren von den 10 Zuständen in Bild 9.16 tatsächlich nur die 9 kurzlebigen Resonanzen bekannt. Gell-Mann konnte aufgrund der erwähnten Regelmäßigkeit die Masse des fehlenden Zustands mit $Y = -2$ genau vorhersagen. Als das Ω^- 1964 mit der vorhergesagten Masse gefunden wurde, war jedem Teilchenphysiker klar, daß es sich nicht nur um eine mathematische Spielerei handeln konnte.

Allerdings waren damit noch lange nicht alle Fragen geklärt. Ein physikalisches Verständnis der unitären Symmetrie war noch ausständig. Besonders merkwürdig war für viele Theoretiker der folgende Umstand: Dem Isospin mit der Invarianzgruppe $SU(2)$ entspricht ein fundamentales Isodublett, das auch tatsächlich in der Natur etwa als Nukleonpaar oder Ξ^-, Ξ^0 oder K^+, K^0 realisiert ist. Der entscheidende Schritt vom Isospin zur unitären Symmetrie besteht in der Hinzunahme der Hyperladung Y, und es ist daher auch für den mathematischen Laien nicht weiter verwunderlich, daß der unitären Symmetrie die Invarianzgruppe $SU(3)$ entspricht. Die fundamentale Darstellung der $SU(3)$ ist aber ein Triplett bzw. ein Antitriplett, aus denen alle höheren Multipletts wieder durch Vektoraddition aufgebaut werden können. In der Natur scheint es aber keine $SU(3)$-Tripletts, sondern nur die eher komplizierten Oktetts und Dekupletts zu geben. Die Lösung dieses und anderer Rätsel bleibt Abschnitt 9.5 vorbehalten.

9.3 Die Grundlagen der Quantenfeldtheorie

31. Wir wollen uns nun mit einigen theoretischen Modellen befassen, mit denen ein Verständnis der Wechselwirkungen von Teilchen angestrebt wurde. Dabei wollen wir uns weiterhin auf die Vorstellung stützen, daß die Streuung ein Phänomen ist, das auf der Wechselwirkung von Wellen mit Wellen beruht (vgl. Abschnitt 9). Das klassische Modell zweier Teilchen, die eine Kraft aufeinander ausüben, entspricht in der Quantenmechanik dem Modell der wechselwirkenden de Broglie-Wellen der Teilchen. Dies bedeutet, daß die Ausbreitung der de Broglie-Welle des *einen* Teilchens durch die de Broglie-Welle eines *anderen* Teilchens beeinflußt wird. Eine solche Beeinflussung ist nur dann möglich, wenn sich die de Broglie-Wellen in einem Medium ausbreiten, das nicht linear ist bzw. nicht linear „anspricht". In einem linearen Medium, bei dem die Ausbreitung von Wellen durch eine *lineare* Differentialgleichung beschrieben wird, stellt jede lineare Überlagerung zweier Wellen eine weitere mögliche Welle dar. Das Vorhandensein einer Welle beeinflußt nicht das Verhalten einer anderen Welle.

32. Wir wollen jetzt die Natur des Vakuums oder des leeren Raums diskutieren. Als im neunzehnten Jahrhundert die Theorie des Elektromagnetismus entwickelt wurde, hatte man für das Vakuum eine andere Bezeichnung, man sprach in diesem Zusammenhang vom „Äther". Wenn wir uns mit Wellen und Schwingungen beschäftigen, ist es ganz verständlich, daß wir uns schließlich fragen, was denn eigentlich „schwingt". Die Physiker des vorigen Jahrhunderts waren der Ansicht, daß dies der Äther sei. Das Verhalten elektromagnetischer Wellen im Äther wird durch die Maxwellschen Gleichungen beschrieben. Damals erschien es den Physikern ganz natürlich, den Elektromagnetismus aufgrund *mechanischer* Modelle zu erklären und elektromagnetische Wellen gewissermaßen als das Analogon elastischer Wellen in einem Festkörper zu behandeln. Auf die Aufstellung solcher Modelle wurde viel Mühe verwandt. Natürlich stellte sich heraus, daß die mechanischen Eigenschaften des Äthers kaum denen eines echten Festkörpers oder einer Flüssigkeit glichen, doch sollte dieser Umstand allein kein Grund sein, die Äthertheorie zurückzuweisen.

Man kann jedoch gegen die mechanische Äthertheorie grundsätzliche Einwände erheben: Eine Untersuchung der mechanischen Eigenschaften des Äthers ist überflüssig, da sie nicht zum Verständnis des Elektromagnetismus beiträgt. Die Maxwellschen Gleichungen *allein*, ohne irgendeine mechanische Auslegung, enthalten alles, was in der klassischen elektromagnetischen Theorie experimentell von Bedeutung ist. Wollen wir zum Beispiel die Übertragung von Radiowellen von der Senderantenne zur Empfängerantenne beschreiben, dann genügt es vollauf, die Maxwellschen Gleichungen mit den entsprechenden Randbedingungen zu lösen. Es spielt dabei keine Rolle, ob wir irgendein mechanisches Modell für die Fortbewegung dieser Wellen aufgestellt haben. Mit der Zeit wurde den Physikern klar, daß auf dem Gebiet des Elektromagnetismus allein die Maxwellschen Gleichungen von Bedeutung sind. Man gab dann auch die Versuche auf, mechanische Modelle zu entwerfen, und man erkannte, daß die Frage: „Was schwingt wirklich?" in der Praxis sinnlos ist.

33. Die Entwicklung der speziellen Relativitätstheorie beschleunigte weitgehend das Ende der mechanischen Äthertheorie, unter anderem durch die folgenden Argumente: Falls der Äther wirklich irgendwelche Eigenschaften eines Festkörpers oder einer Flüssigkeit aufweist, dann muß es ein Inertialsystem geben, in dem sich der Äther zu-

mindest lokal in Ruhe befindet. Andererseits scheinen alle einschlägigen Versuche darauf hinzuweisen, daß es *keine* Möglichkeit gibt, eine absolute Bewegung relativ zum Äther nachzuweisen: Alle Inertialsysteme sind vollkommen gleichwertig. Diese Feststellung bildet natürlich einen der Grundsteine der speziellen Relativitätstheorie. Wenn sie zutrifft (wovon man heute fest überzeugt ist), dann müßten wir daraus schließen, daß der bewegte Äther die gleichen physikalischen Eigenschaften hat wie der ruhende Äther. Das ist aber ein Phänomen, das bei Festkörpern und Flüssigkeiten keinesfalls auftritt. Angesichts dieser grundlegenden „nichtmechanischen" Eigenschaft des Äthers erscheint es sinnlos, ihm noch weitere mechanische Eigenschaften zuschreiben zu wollen.

34. Aus der Welt der modernen Physik ist der *mechanische* Äther verbannt, und das Wort „Äther" ist fast vollkommen aus dem Vokabular der Physik gestrichen. Wir sprechen heute ostentativ vom „Vakuum", um das Desinteresse der modernen Physik an dem *Medium,* in dem sich die Wellen ausbreiten, zu betonen. Heute stellen wir, wenn wir elektromagnetische oder de-Broglie-Wellen untersuchen, nicht mehr die Frage: „Was schwingt denn eigentlich?" Wir sind nur daran interessiert, für diese Wellen *Gleichungen* zu formulieren, Wellengleichungen, mit denen wir dann experimentell feststellbare Phänomene voraussagen können. Früher haben wir bereits betont, daß diese Wellengleichungen nicht linear sein dürfen, wenn sie wechselwirkende Teilchen beschreiben sollen. Die Formulierung solcher Wellengleichungen und daraus die Aufstellung experimenteller Vorhersagen ist Aufgabe und Ziel der *Quantenfeldtheorie,* die Anspruch darauf erheben kann, die grundlegende Theorie der Elementarteilchen darzustellen. In dieser Theorie werden die Wellen als *Quantenfelder* beschrieben; in gewissem Sinne stellt diese Theorie eine quantenmechanische Verallgemeinerung der klassischen Wellentheorie dar.

35. Befassen wir uns einmal ganz allgemein mit dem Problem, eine Wechselwirkung zwischen zwei (oder mehr) Teilchen zu beschreiben. Zuerst wollen wir, um eine feste Grundlage zu gewinnen, das Problem im Rahmen der klassischen Physik behandeln. In einer *nichtrelativistischen* Theorie könnten wir ortsabhängige Kräfte einführen, die zwischen den Teilchen wirken. Die Kraft auf ein Teilchen hängt von der Lage dieses Teilchens und gleichzeitig von der Lage der anderen Teilchen ab. Die Kraftwirkung tritt in diesem Falle augenblicklich ein: Wird die Lage eines Teilchens plötzlich geändert, dann wirkt sich die Änderung in der Kraft augenblicklich auf das andere Teilchen aus.

Für jede grundlegende physikalische Theorie müssen jedoch nach den heute vertretenen Ansichten unbedingt die Prinzipien der speziellen Relativitätstheorie gelten. Wir erkennen sofort, daß eine Wechselwirkung der oben beschriebenen Art in deutlichem Widerspruch zu diesen Prinzipien steht. Kein Signal kann sich schneller als mit Lichtgeschwindigkeit ausbreiten, die Kraftwirkung kann daher nicht augenblicklich eintreten. Ändert sich plötzlich die Lage oder der Bewegungszustand eines Teilchens, dann muß ein bestimmtes Zeitintervall vergehen, bevor das andere Teilchen diese Änderung wahrnehmen kann; dieses Zeitintervall ist mindestens so lang, wie ein Lichtsignal von dem einen Teilchen zum anderen braucht.

Es ist also keineswegs ein triviales Problem, eine relativistisch invariante Theorie der Wechselwirkung klassischer Teilchen aufzustellen. Jedenfalls wird man die nichtrelativistische Vorstellung einer augenblicklichen Fernwirkung von Grund auf modifizieren müssen.

36. Ein möglicher Ausweg aus dieser problematischen Situation ist die Einführung eines (klassischen) Feldes. Jedes Teilchen ist Ursprung eines Feldes, das sich im Raum ausbreiten kann – jedoch nicht schneller als mit Lichtgeschwindigkeit –, und dieses Feld kann dann die Bewegung anderer Teilchen beeinflussen. In einer relativistischen *klassischen* Theorie dieser Art werden wir uns folglich mit Teilchen *und* Feldern zu befassen haben. Die Wechselwirkung geladener Teilchen durch Vermittlung des elektromagnetischen Feldes ist ein gutes Beispiel für eine solche Theorie: Die Ladungen bilden die Quellen des elektromagnetischen Feldes, und das elektromagnetische Feld beeinflußt dann die Bewegung der geladenen Teilchen.

37. Betrachten wir nun das Problem der Wechselwirkung von Teilchen aus anderer Sicht. In der klassischen nichtrelativistischen Theorie, nach der die Wechselwirkung durch eine sofort wirkende Kraft beschrieben wird, ist das zukünftige Verhalten eines isolierten Systems mehrerer Teilchen eindeutig bestimmt, wenn Lage und Geschwindigkeit aller Teilchen zu einem bestimmten Zeitpunkt gegeben sind. Enthält das System also n Teilchen, dann ist der Bewegungszustand des Systems durch $6n$ Parameter bestimmt: Das System besitzt eine endliche Anzahl von Freiheitsgraden. In einer relativistischen Theorie jedoch, nach der die Wechselwirkung durch ein Feld beschrieben wird, genügt es nicht, einfach Lage und Geschwindigkeit aller Teilchen zu einem bestimmten Zeitpunkt anzugeben; es muß *auch noch* der Feldzustand beschrieben werden. Aus der klassischen elektromagnetischen Theorie ist diese Tatsache klar zu erkennen: Das elektromagnetische Feld ist keineswegs eindeutig bestimmt, wenn nur Lage und Geschwindigkeit aller geladenen Teilchen zu einem bestimmten Zeitpunkt gegeben sind. Die Anfangsbedingungen müssen auch noch die Angabe des elektrischen und magnetischen Feldes in jedem Ort des Raumes einschließen. Es sind jedoch unendlich viele Parameter nötig, um den Zustand des elektromagnetischen Feldes zu beschreiben: Das System hat also nicht mehr eine endliche Anzahl von Freiheitsgraden. Dies ist natürlich ein recht bedeutender Unterschied zwischen der relativistischen und der nichtrelativistischen Theorie.

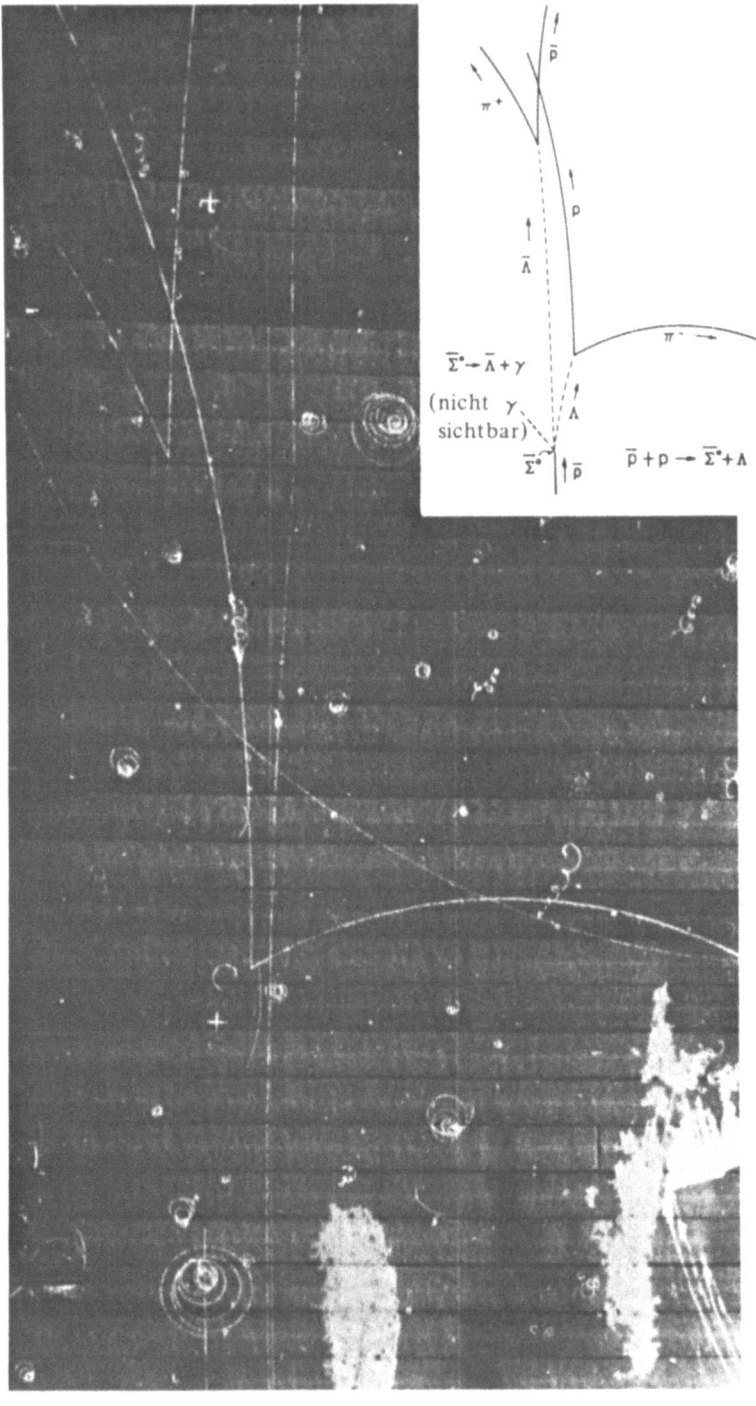

Bild 9.20
Blasenkammerbild von der Entstehung und dem Zerfall eines Anti-Sigma-Null-Teilchens. Oben rechts ist ein Schlüssel beigegeben, mit dem die Reaktionen und die verschiedenen Spuren identifiziert werden können. Die neutralen Teilchen (in der schematischen Darstellung durch gestrichelte Linien angedeutet) hinterlassen natürlich keine sichtbaren Spuren. Die Spuren der geladenen Teilchen sind gekrümmt, weil sich die Kammer in einem Magnetfeld befindet, das senkrecht zur Bildebene gerichtet ist.

Die Entstehungsreaktion, bei der das Anti-Sigma-Null-Teilchen und ein Lambdateilchen durch den Stoß zwischen einem Antiproton und einem Proton entstehen, ist eine *starke* Wechselwirkung. Das Anti-Sigma-Null-Teilchen zerfällt durch eine *elektromagnetische* Wechselwirkung in ein Anti-Lambda-Teilchen und ein Gammaquant. Die übrigen Zerfallsprozesse in diesem Bild beruhen alle auf *schwachen* Wechselwirkungen. (*Bild vom Lawrence Radiation Laboratory, Berkeley, zur Verfügung gestellt.*)

38. Eine weitere Eigenschaft der (klassischen) relativistischen Theorie sollte noch besprochen werden: Ein Teil der Gesamtenergie des Systems wird zu jedem Zeitpunkt in Form eines Feldes vorhanden sein. In einer Theorie, nach der die Wechselwirkung durch ein Feld übermittelt wird, ist dies zwangsläufig der Fall. Nehmen wir zum Beispiel an, daß zwei Teilchen A und B miteinander in Wechselwirkung stehen. Teilchen A soll dann einen plötzlichen Stoß durch ein drittes Teilchen C erfahren, das mit Teilchen B nicht direkt in Wechselwirkung steht. Der Bewegungszustand von A ändert sich also. Diese Änderung bewirkt in der Folge eine Änderung des von Teilchen A am Ort von Teilchen B hervorgerufenen Feldes. Infolgedessen ändert sich der Bewegungszustand von B schließlich ebenfalls — insbesondere wird die kinetische Energie dieses Teilchens sich ändern. Zwischen den beiden Teilchen A und B hat

9.3 Die Grundlagen der Quantenfeldtheorie

also durch Vermittlung des Feldes ein Energieaustausch stattgefunden. Für eine Theorie, in der es sinnvoll ist, von der Gesamtenergie zu einem bestimmten Zeitpunkt zu sprechen, und in der das Prinzip gelten soll, daß die Gesamtenergie eines isolierten Systems eine Konstante der Bewegung ist, muß folgende Frage beantwortet werden: Wo ist die Energie, die schließlich auf B übertragen wird, während der Zeit zwischen dem Stoß von A und C und dem Augenblick, in dem die daraus resultierende Änderung des Bewegungszustandes von A bei B wirksam wird? Wir gelangen zwangsläufig zu dem Schluß, daß diese Energie in Form des Feldes vorhanden ist.

39. Diese Überlegungen führen zu einer weiteren interessanten Schlußfolgerung. Nehmen wir an, die Situation sei die gleiche wie eben beschrieben, aber Teilchen B fehlt. In dem Augenblick, in dem A mit C zusammenstößt, ändert sich das durch A hervorgerufene Feld: Ein bestimmter Energiebetrag wird auf das Feld übertragen. Dieser Energiebetrag muß gleich groß wie im obigen Fall sein, wo B vorhanden ist, weil ja das Teilchen A nicht „wissen" kann, daß B gar nicht da ist, um diese Energie aufzunehmen. Wenn B also fehlt, was geschieht dann mit der auf das Feld übertragenen Energie? Irgendetwas muß mit ihr passieren – sie könnte beispielsweise abgestrahlt werden. In der elektromagnetischen Theorie wird dies auch angenommen: Stößt ein geladenes Teilchen A mit einem anderen Teilchen C (das ungeladen sein kann) zusammen, dann emittiert Teilchen A eine elektromagnetische Welle, und diese Welle trägt Energie mit sich fort, „bis ins Unendliche", wenn kein anderes Teilchen vorhanden ist, das zumindest einen Teil dieser Energie absorbieren könnte.

Wir gelangen also zu der sehr allgemeinen Schlußfolgerung, daß ein Feld, wenn es bei der Wechselwirkung zwischen Teilchen eine vermittelnde Rolle spielt, selbst in Form von energietransportierenden, sich frei ausbreitenden Wellen in Erscheinung treten kann.

40. Untersuchen wir nun das Problem der Teilchenwechselwirkungen vom Standpunkt der Quantenmechanik aus. Im Laufe der früheren Kapitel haben wir uns an die Vorstellung gewöhnt, daß jedem Teilchen eine Welle zugeordnet ist und daß umgekehrt jede Welle gewisse Korpuskeleigenschaften aufweist. Wir könnten sagen, daß das quantenmechanische Teilchen eigentlich das gleiche ist wie die quantenmechanische Welle: Es muß als ein einziges Objekt angesehen werden, das weder ganz ein klassisches Teilchen noch ganz ein klassisches Wellenpaket ist. Dies führt nun zu einer bemerkenswerten Vereinfachung unserer Begriffe. In der klassischen Physik müssen wir zwei verschiedene Objekte betrachten, nämlich einerseits die Teilchen und andererseits die Felder, die bei den Wechselwirkungen zwischen den Teilchen als Vermittler dienen. In der Quantenphysik können wir diesen unbefriedigenden Dualismus vermeiden, indem wir die „Teilchen" wie Felder behandeln. Wir können eine Feldtheorie aufstellen, die die Ausbreitung von Wellenfeldern beschreibt, die nichts anderes als die de Broglie-Wellen von Teilchen sind. Gleichzeitig beschreibt diese Feldtheorie die Wechselwirkung zwischen den Wellen und damit gewissermaßen die zwischen den Teilchen wirkenden Kräfte.

Dies ist natürlich eine sehr erfreuliche Vorstellung; sie ist die eigentliche Grundlage der Quantenfeldtheorie. In der Schrödinger-Theorie müssen die zwischen den Teilchen wirkenden Kräfte ad hoc eingeführt werden. Sind diese Kräfte gegeben, dann können wir auch Aussagen über die Bewegung der Teilchen machen und Voraussagen aufstellen. Die Schrödinger-Theorie liefert jedoch keinerlei „Erklärung" dafür, warum diese Kräfte da sind. In der Quantenfeldtheorie hingegen sind die Existenz und die Eigenschaften von Kräften eng mit der Existenz von Teilchen verknüpft: Wir haben die Beschreibung von Teilchen, Wellen und Kräften in einer einzigen Darstellung zusammengefaßt. Die Quantenelektrodynamik, ein Beispiel für eine Feldtheorie, ermöglicht eine Veranschaulichung dieser Tatsachen. Sie beschreibt die Kräfte, die zwischen Elektronen (und Positronen) durch Vermittlung des elektromagnetischen Feldes herrschen, und die elektromagnetischen Quanten (Photonen), die von wechselwirkenden Elektronen emittiert werden können.

41. Wiederholen wir die wichtigsten Grundlagen der Quantenfeldtheorie. Zur Beschreibung von Teilchen und ihren Wechselwirkungen werden Quantenfelder eingeführt.[1] Die Wellenaspekte der Materie sind in der Theorie von Grund auf enthalten: Die Lösungen der Gleichungen der Quantenfeldtheorie sind Wellen. Die Wellen besitzen jedoch auch Teilchenaspekte. Ein streng lokalisiertes Teilchen entspricht einem konzentrierten Wellenpaket: Das Teilchen befindet sich mit größter Wahrscheinlichkeit in den Bereichen des Raum-Zeit-Kontinuums, in denen die Feldamplitude groß ist.

Die Feldgleichungen sind nichtlineare Gleichungen und können daher *Wechselwirkungen* zwischen Wellenpaketen (Teilchen) beschreiben. Diese Nichtlinearität tritt klarerweise nur dann deutlich zu Tage, wenn die Feldamplituden groß sind: Sind nämlich die Amplituden klein, dann breiten sich die Wellen angenähert wie in einer linearen Theorie aus. Wenn zwei Wellenpakete – die zwei Teilchen entsprechen – sich in einem Raumbereich zu einem bestimmten Zeitpunkt überlagern, dann kommt die Nichtlinearität zur Wirkung, und die beiden Wellen beeinflussen sich gegenseitig. Nach der klassischen Darstellung entspricht dies der Wechsel-

---

[1] Diese Felder sind in Wirklichkeit nicht „einfache" komplexe Funktionen von Ort und Zeit, sondern stellen mathematische Objekte dar, die als „Operator-Distribution" bezeichnet werden. Für unsere Zwecke genügt es jedoch, sie als gewöhnliche Funktionen anzusehen (die sozusagen „Schallwellen im nichtlinearen Äther" darstellen).

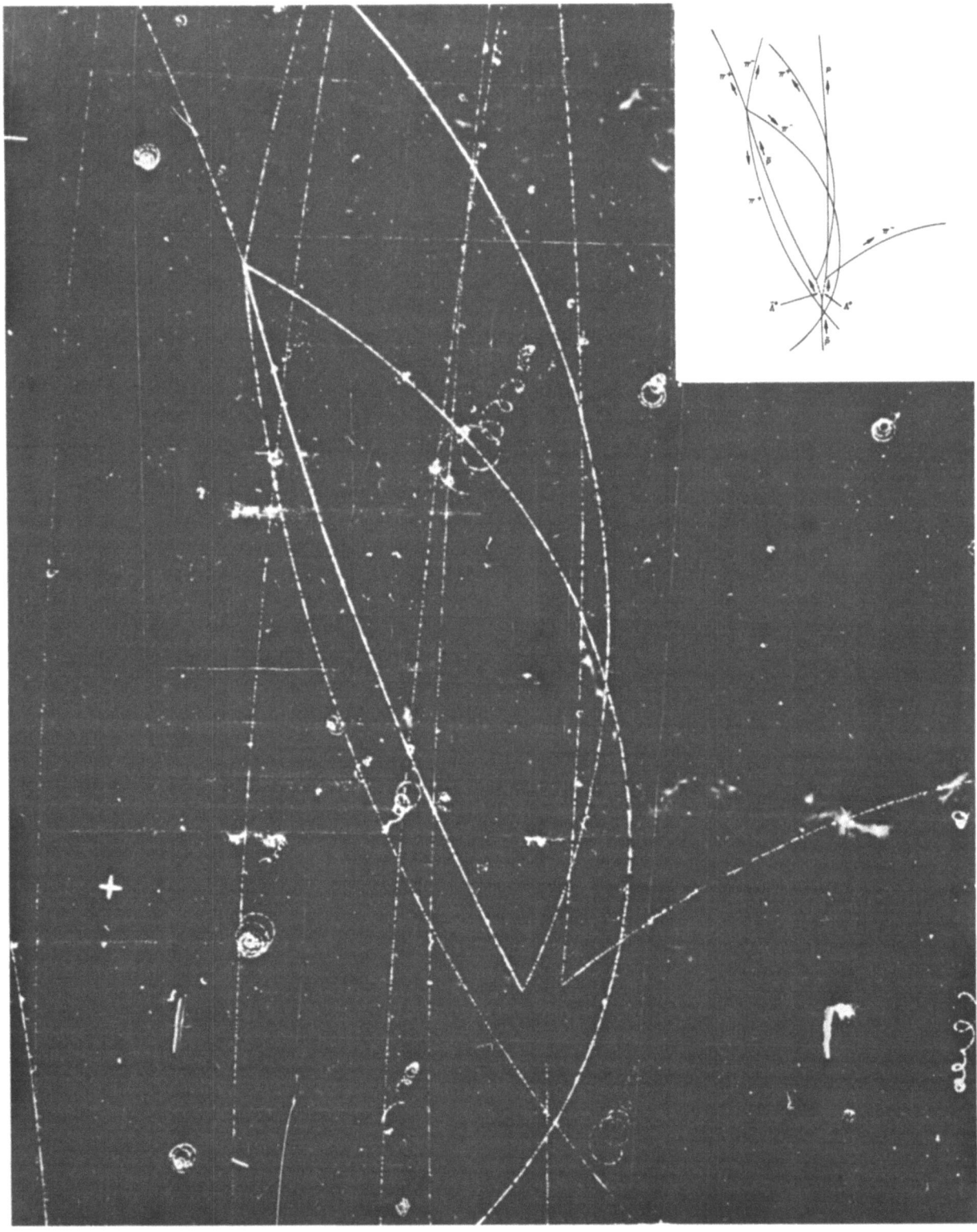

Bild 9.21 Blasenkammerbild, auf dem die Bildung und der Zerfall eines Lambda-Antilambda-Teilchenpaares zu erkennen ist. Nach der Zeichnung rechts oben können die Spuren der verschiedenen Teilchen identifiziert werden. Ein einfallendes Antiproton stößt mit einem Proton zusammen und erzeugt das Lambda-Antilambda-Paar. Letztere Teilchen sind neutral und bilden daher keine Spuren. Das Lambda-Teilchen zerfällt in ein negatives Pion und ein Proton (durch schwache Wechselwirkung), das Antilambda-Teilchen zerfällt in ein positives Pion und ein Antiproton. Das Antiproton stößt dann mit einem Proton zusammen, und bei der Vernichtung dieses Teilchenpaares entstehen Pionen, von denen vier geladen sind und sichtbare Spuren hinterlassen.

Dieses Bild wird deshalb mitten in die Diskussion der Quantenfelder eingeblendet, damit uns in Erinnerung gerufen wird, daß es eines der Ziele der Quantenfeldtheorie ist, für Ereignisse wie auf diesem Bild eine theoretische Erklärung zu liefern. (*Bild vom Lawrence Radiation Laboratory, Berkeley, zur Verfügung gestellt.*)

9.3 Die Grundlagen der Quantenfeldtheorie

wirkung zwischen zwei Teilchen. Andererseits ist die Wechselwirkung der Wellen nur gering, wenn sie sich nicht stark überlagern: Dies würde in der klassischen Darstellung der Aussage entsprechen, daß zwei Teilchen nur eine sehr schwache Wechselwirkung aufweisen können, wenn der gegenseitige Abstand zu groß ist.

42. Die *Quantenfeldtheorie* umfaßt die zwei wesentlichen Aspekte der Wechselwirkungen im subatomaren Bereich: Sie ist eine *relativistische Theorie* und sie ist eine *Vielteilchentheorie*, mit der wir Zustände beschreiben können, bei denen Teilchen in beliebiger Anzahl beteiligt sind. Tatsächlich sind diese beiden Aspekte nicht unabhängig voneinander: Wenn man versucht, die Schrödinger-Gleichung im Rahmen einer Einteilchentheorie relativistisch zu verallgemeinern, so ergeben sich sofort Schwierigkeiten (negative Energien oder gar negative Wahrscheinlichkeiten), wenn man diese Gleichung (die Klein-Gordon-Gleichung (5.63) für Teilchen mit Spin Null oder die Dirac-Gleichung für Spin 1/2) für physikalische Situationen heranziehen will, in denen die nichtrelativistische Energie mit der Ruhmasse des betreffenden Teilchens vergleichbar ist. Diese Schwierigkeiten zeigen, daß man in solchen Fällen die Möglichkeit von Teilchenerzeugung berücksichtigen muß, was aber in einer Einteilchentheorie sozusagen per Definition unmöglich ist. Wir werden also gezwungen, die relativistischen Einteilchentheorien zu Quantenfeldtheorien mit unendlich vielen Freiheitsgraden zu erweitern, in deren Rahmen sich die pathologischen Lösungen negativer Energie oder negativer Wahrscheinlichkeit als sehr realistische Antiteilchenlösungen entpuppen. Die experimentell bestätigte Existenz von Antiteilchen ist eine wichtige Bestätigung der Quantenfeldtheorie.

Das Phänomen der Teilchenerzeugung oder -vernichtung ist in der Quantenfeldtheorie ein ganz natürlicher Vorgang, der auf der Nichtlinearität der Feldgleichungen beruht. Zwei Wellenpakete, die zwei Teilchen entsprechen, können sich überlagern und durch ihre Wechselwirkung neue Wellenpakete erzeugen, die neuen Teilchen entsprechen.

43. Die historisch erste und lange Zeit einzige erfolgreiche Quantenfeldtheorie ist die *Quantenelektrodynamik* (QED), die die Wechselwirkung geladener Leptonen (also in erster Linie der Elektronen und Positronen) mit dem elektromagnetischen Feld beschreibt. Wie schon früher betont, ist diese Sprechweise allerdings etwas irreführend: Den Elektronen und Positronen entspricht genauso ein Feld wie umgekehrt dem elektromagnetischen Feld ein Teilchen, das Photon. Es ist daher ebenso berechtigt und auch üblich, von der QED als einer Theorie des Photonaustausches zwischen geladenen Leptonen zu sprechen, und in ähnlicher Weise läßt sich jede Quantenfeldtheorie interpretieren.

Diese Sprechweise findet im Formalismus der Quantenfeldtheorie eine zusätzliche Erklärung. Es ist ja leider nicht so, daß mit der Aufstellung der Quantenfeldgleichungen, die etwa im Fall der QED aus klassischen Korrespondenzüberlegungen erhalten werden können, schon alles erreicht wäre. Tatsächlich kennen wir keine nichttriviale Quantenfeldtheorie (also eine mit tatsächlicher Wechselwirkung), die wir exakt lösen können. Wir sind in allen Fällen auf Näherungslösungen angewiesen. Die gebräuchlichste und erfolgreichste Lösungsmethode besteht in einer systematischen Potenzreihenentwicklung in der Kopplungskonstante. Diese sogenannte Störungsentwicklung kann aber nur dann sinnvoll sein, wenn der Entwicklungsparameter klein gegen eins ist, so daß es möglich ist, bei vorgegebener Genauigkeit nach einer endlichen Anzahl von Termen abzubrechen. Der Erfolg der störungstheoretischen Näherung der QED beruht in erster Linie auf der Kleinheit der Feinstrukturkonstante α. Die einzelnen Terme der Störungsreihe können graphisch durch sogenannte Feynman-Graphen dargestellt werden.

Betrachten wir als Beispiel die elastische Elektron-Elektron-Streuung. In Bild 9.22a ist zunächst die fundamentale Wechselwirkung der QED graphisch dargestellt: Ein Elektron emittiert oder absorbiert ein Photon. Schon aus diesem Beispiel geht hervor, daß diese graphische Darstellung mit Vorsicht zu genießen ist: Aus der Energie-Impuls-Erhaltung folgt sofort, daß ein Elektron allein, d. h. ohne weitere Teilchen im Anfangszustand, niemals in ein Elektron und ein Photon übergehen kann. In Bild 9.22b ist dagegen der Feynman-Graph niedrigster Ordnung für die e^-e^--Streuung zu sehen. Er entsteht einfach durch Zusammenfügen zweier fundamentaler Vertizes aus Bild 9.22a, und die zugehörige Amplitude ist daher von der Ordnung $e^2 \sim \alpha$: Jeder fundamentale Vertex bedeutet einen Faktor e in der zugehörigen Streuamplitude. Wenn wir den Graphen 9.22b von links nach rechts lesen, so erkennen wir die quantenfeldtheoretische Begründung der Ausdrucksweise, daß die Elektronen durch den Austausch eines Photons aneinander streuen. Auch hier ist wieder Vorsicht am Platz: Es wird nicht wirklich ein reelles Photon zuerst von einem Elektron emittiert, um später vom zweiten Elektron absorbiert zu werden. Um diesen Umstand nicht zu vergessen, sprechen wir auch von einem virtuellen Photon: Bevor das Photon überhaupt Zeit hat zu materialisieren, ist es auch schon wieder aufgefressen.

Wie auch immer die Interpretation sein mag, die Feynman-Graphen veranschaulichen die systematische Störungsentwicklung für eine gegebene Streuamplitude. Wenn wir den Wirkungsquerschnitt für die Amplitude in Bild 9.22b berechnen, erhalten wir im nichtrelativistischen Grenzfall gerade die Rutherfordsche Streuformel für ein geladenes Teilchen im Coulomb-Potential, wie es nach dem Korrespondenzprinzip auch sein muß. In Bild 9.22c ist dagegen ein Feynman-Graph dargestellt, der kein klassisches Analogon hat: Die zugehörige Amplitude (sie ist offenbar von der Ordnung α^2) verschwindet im klassischen Limes $\hbar \to 0$ und ist daher ein echter quantenfeldtheoretischer Effekt.

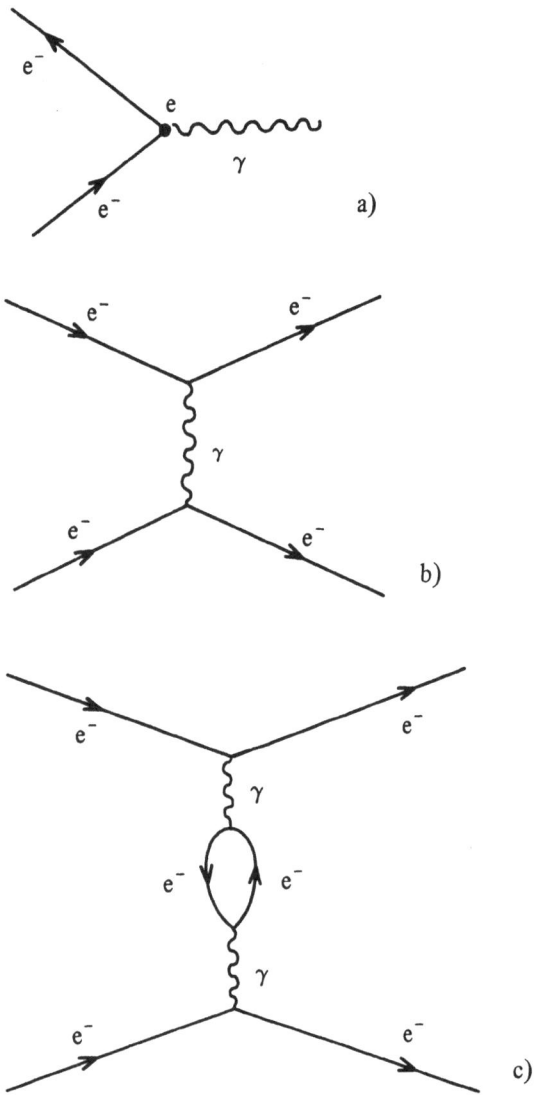

Bild 9.22 a) Der fundamentale Wechselwirkungsvertex der QED: ein Elektron emittiert oder absorbiert ein Photon. Die Wahrscheinlichkeit eines solchen Prozesses wird durch die Kopplungskonstante der QED, die elektrische Elementarladung e, charakterisiert.
b) Beitrag niedrigster Ordnung Störungstheorie (Ein-Photon-Austausch) zur elastischen e^-e^--Streuung. Die Streuamplitude ist von der Ordnung α.
c) Beitrag höherer Ordnung (Strahlungskorrekturen) zur elastischen e^-e^--Streuung. Der Beitrag zur Streuamplitude ist von der Ordnung α^2.

44. Der entscheidende Test für eine Quantenfeldtheorie besteht daher in einer experimentellen Verifizierung solcher Beiträge zu Amplituden wie in Bild 9.22c, die man allgemein als Strahlungskorrekturen zur Amplitude niedrigster Ordnung *Störungstheorie* (in unserem Fall Bild 9.22b) bezeichnet. Hier tritt nun die Schwierigkeit auf, daß im allgemeinen Strahlungskorrekturen wie die in Bild 9.22c zunächst keinen Sinn ergeben: Die zugehörigen Feynman-Integrale sind divergent. Der tiefere Grund hinter dieser unangenehmen Tatsache ist die implizite Annahme der QED oder jeder anderen konventionellen Quantenfeldtheorie, daß die Theorie bis zu beliebig kleinen Distanzen ihre Gültigkeit behält. Nun haben wir aber schon in Abschnitt 26 die Vermutung angestellt, daß spätestens bei Distanzen von der Ordnung der Planck-Länge $l_P \simeq 10^{-35}$ m die Quantengravitation ins Spiel kommen sollte. Mit größter Wahrscheinlichkeit muß die Theorie schon für viel größere Abstände als l_P modifiziert werden, denn es wäre vermessen anzunehmen, daß zwischen 10^{-17} m und 10^{-35} m keinerlei neue Struktur mehr existieren sollte.

Mit dieser Erkenntnis allein ist es aber noch nicht getan. Im allgemeinen wird die Theorie auch für Distanzen $\sim 10^{-17}$ m stark davon abhängen, wie wir sie für sehr kleine Abstände modifizieren. Solche Quantenfeldtheorien wären aber für uns unbrauchbar, da wir die richtige Theorie bei sehr kleinen Distanzen nicht kennen. Es gibt nun eine Klasse von Quantenfeldtheorien, die bei den für uns relevanten Energien oder Distanzen insensitiv gegenüber der Struktur der Theorie bei ultrahohen Energien oder kleinsten Distanzen sind. Diese Theorien werden *renormierbare Quantenfeldtheorien* genannt und die QED ist eine davon. Die QED läßt sich in völlig konsistenter Weise durch eine Störungsreihe mit lauter endlichen (also nichtdivergenten) Termen darstellen, wobei jeder Term außer von Impulsen nur von den beiden Parametern der Theorie abhängt: der Feinstrukturkonstante α und der Elektronmasse m_e (Leptonmasse im allgemeinen Fall). Ohne auf die Kriterien einer renormierbaren Quantenfeldtheorie hier näher eingehen zu können, soll nur vermerkt werden, daß die *Eichinvarianz* der Elektrodynamik, die uns ja von der klassischen Maxwell-Theorie vertraut ist, eine entscheidende Rolle spielt.

Die QED ist in unzähligen Experimenten erfolgreich getestet worden. Als Paradebeispiel sei das magnetische Moment des Elektrons genannt. Die theoretische Vorhersage bis zur Ordnung α^4 lautet[1]

$$\mu_e = (1{,}001\ 159\ 652\ 46 \pm 0{,}000\ 000\ 000\ 17)\frac{e\hbar}{2m_ec}, \quad (9.47)$$

wobei im angegebenen Fehler auch die experimentelle Unsicherheit in α berücksichtigt wurde. Dieses Resultat der QED ist in ausgezeichneter Übereinstimmung mit dem experimentell gemessenen Wert[1]

$$\mu_e = (1{,}001\ 159\ 652\ 209 \pm 0{,}000\ 000\ 000\ 031)\frac{e\hbar}{2m_ec}. \quad (9.48)$$

---

[1] Der experimentelle Wert für μ_e ist dem Artikel von *M. Roos* et al. (Particle Data Group), Review of Particle Properties, *Physics Letters* **111 B**, 1982, entnommen. Der aktuelle theoretische Wert stammt von *T. Kinoshita*, in Proceedings of the International Symposium of Foundations of Quantum Mechanics, Tokyo, August 29–31, 1983.

9.3 Die Grundlagen der Quantenfeldtheorie

45. Der Erfolg der QED ist aber nicht das einzige gewichtige Argument für die Gültigkeit der Quantenfeldtheorie im allgemeinen. Neben der bereits erwähnten befriedigenden Erklärung der Antiteilchen sollen hier noch zwei weitere tiefliegende Erkenntnisse erwähnt werden, die wir der Quantenfeldtheorie verdanken. Diese Erkenntnisse sind nicht auf eine bestimmte Klasse von Theorien beschränkt, sondern gelten, etwas vereinfacht ausgedrückt, für jede lorentzinvariante Quantenfeldtheorie.

Die erste Errungenschaft betrifft den Zusammenhang zwischen Spin und Statistik. Die Quantenfeldtheorie erklärt, warum Teilchen mit ganzzahligem Spin der Bose-Einstein-Statistik, solche mit halbzahligem Spin der Fermi-Dirac-Statistik genügen. Anders ausgedrückt, verstehen wir mit Hilfe der Quantenfeldtheorie, warum die Elektronen oder die Nukleonen Wellenfunktionen besitzen, die total antisymmetrisch gegenüber Vertauschung aller ihrer Argumente sind, während etwa die Pionen symmetrische Wellenfunktionen haben. Das für das Verständnis der Atomphysik unerläßliche Ausschließungsprinzip von Pauli (s. Abschnitte 2.3 und 3.3) beruht auf der Fermi-Dirac-Statistik der Elektronen. Wir bezeichnen daher auch alle Teilchen mit ganzzahligem Spin als Bosonen und solche mit halbzahligem Spin als Fermionen.

Eine zweite grundlegende Erkenntnis betrifft die *Symmetrieeigenschaften der fundamentalen Wechselwirkungen* gegenüber den sogenannten diskreten Symmetrietransformationen. Wir wissen aufgrund von experimentellen Befunden, daß die starken und die elektromagnetischen Wechselwirkungen neben den bereits erwähnten Symmetrien (Ladungserhaltung, Baryonzahlerhaltung) auch invariant gegenüber der *Vertauschung von Teilchen und Antiteilchen* (Ladungskonjugation C), *Raumspiegelung* (Parität P) und *Bewegungsumkehr* (Zeitspiegelung T) sind. Für die schwachen Wechselwirkungen gilt dies nicht: Sie erhalten zwar die Ladung und die Baryonzahl, aber sie sind nicht invariant gegenüber den diskreten Transformationen C, P oder T. Ganz im Gegenteil, sowohl C als auch P sind in einem gewissen Sinn sogar maximal verletzt. Der Spin des Neutrinos (ν_e, ν_μ oder ν_τ) ist immer der Bewegungsrichtung des Teilchens entgegengesetzt; man spricht daher auch vom linkshändigen Neutrino (die Spineinstellung entspricht einer Linksschraube). Bei einer Paritätstransformation P müßte das linkshändige Neutrino in ein rechtshändiges Neutrino, bei der Ladungskonjugation C in ein linkshändiges Antineutrino übergehen. Mit der verfügbaren experimentellen Genauigkeit können wir aber feststellen, daß es in der Natur nur *linkshändige Neutrinos* und *rechtshändige Antineutrinos* gibt.

Das angesprochene fundamentale Theorem besagt nun, daß jede lorentzinvariante Quantenfeldtheorie invariant unter der Transformation *CPT*, also dem Produkt von Ladungskonjugation, Parität und Zeitumkehr ist. Wie Sie selbst sofort überprüfen können, sind die beobachteten Neutrinos bereits mit der *CP*-Symmetrie verträglich. Allerdings gibt es, wenn auch sehr kleine, Effekte der schwachen Wechselwirkungen (bis jetzt nur bei den neutralen K-Mesonen eindeutig nachgewiesen), die mit der *CP*-Invarianz unverträglich sind. Noch niemand hat aber bis zum heutigen Tag eine Verletzung der *CPT*-Symmetrie feststellen können. Das *CPT*-Theorem und damit die Quantenfeldtheorie ist einer der unerschütterlichsten Pfeiler im Gebäude der theoretischen Teilchenphysik.

46. Die Quantenfeldtheorie konnte sich allerdings nicht zu jeder Zeit einer uneingeschränkten Wertschätzung erfreuen. Trotz der offensichtlichen Vorzüge einer quantenfeldtheoretischen Beschreibung widerstanden sowohl die starke als auch die schwache Wechselwirkung lange Zeit einer konsistenten Formulierung als Quantenfeldtheorien. Bei den starken Wechselwirkungen schien dies in erster Linie auf die Größe der Kopplungskonstante zurückzuführen zu sein. Die in der QED so erfolgreiche Störungstheorie mußte versagen: Jeder Term in einer Potenzreihenentwicklung nach der Kopplungskonstante war größer als der vorhergehende und man hätte daher nie mit einer endlichen Anzahl von Termen ein Auskommen gefunden.

Bei den schwachen Wechselwirkungen war die Situation etwas anders. Die Fermi-Kopplungskonstante G_F in Gl. (9.41) ist zwar in gewissem Sinne sehr klein und daher scheinbar für eine Störungsentwicklung bestens geeignet. Da G_F aber dimensionsbehaftet ist, erhebt sich die berechtigte Frage, in welchem Maßstab oder im Vergleich zu welcher Energie ist G_F klein? Die Unmöglichkeit, im Rahmen der Fermi-Theorie darauf eine befriedigende Antwort zu geben, wird uns gleich im nächsten Abschnitt beschäftigen.

Bis zur Mitte der sechziger Jahre war die Quantenfeldtheorie daher bei vielen Theoretikern in zunehmenden Mißkredit geraten. Vielleicht war die QED ein einmaliger Glücksfall, der mit der Existenz der Maxwell-Theorie als klassischer Grenzfall zusammenhing. Vielleicht war es unsinnig, das klassische Feldkonzept mit seiner beliebigen Lokalisierbarkeit in Dimensionen zu übertragen, wo die kurzreichweitigen Kernkräfte wirksam wurden.

Ein Alternativvorschlag bestand darin, sich im Sinne einer sogenannten S-Matrix-Theorie, die auf Heisenberg zurückgeht, auf wirklich meßbare Vorgänge zu beschränken. Was wirklich gemessen werden kann, sind die Teilchen mit ihren Impulsen, Spins usw. vor und nach einem Streuprozeß oder einem Zerfall, nicht aber ein Feld, das in einem Bereich der Größenordnung 10^{-15} m lokalisiert ist. Dieser Gedankengang ist von bestechender Logik und Einfachheit und er hat in vergleichbaren Situationen in der Physik auch schon zum Erfolg geführt. Für die Teilchenphysik scheint er nur einen entscheidenden Nachteil zu haben: Man kann außer einigen allgemeinen Überlegungen herzlich wenig damit anfangen. Die Vorhersagekraft der S-Matrix-Theorie ist im Vergleich zur QED nahe dem absoluten Nullpunkt.

Sie ist ein brauchbares Instrument zur phänomenologischen Beschreibung von Teilchenprozessen, aber sie scheint uns keinen Einblick in die Struktur der Materie bei kleinsten Distanzen zu gewähren.

Wenn man im Jahre 1983 auf diese Epoche der Teilchenphysik zurückblickt, so kann man sich der vielleicht naiven Feststellung kaum erwehren, daß es die Natur anscheinend doch gut mit uns meint. Trotz aller Einwände und Bedenken sind die letzten 15 Jahre von einem einzigen Siegeszug der Quantenfeldtheorie für alle fundamentalen Wechselwirkungen (vorläufig noch mit Ausnahme der Gravitation) gekennzeichnet. Die Quantenfeldtheorie ist tatsächlich wie ein Phönix aus der Asche wiedererstanden, und wir sprechen heute von *der* Standard(Quantenfeld)-Theorie der Elementarteilchenwechselwirkungen. Wir wollen in den letzten drei Abschnitten versuchen, diese Entwicklung nachzuvollziehen.

9.4 Die elektroschwache Wechselwirkung

47. Die Theorie der schwachen Wechselwirkung geht auf die von Fermi 1934 vorgeschlagene Theorie des β-Zerfalls zurück. Sie war ursprünglich eine paritätsinvariante Theorie und wurde nach der Entdeckung der Paritätsverletzung (1957) durch Feynman, Gell-Mann, Marshak und Sudarshan in die vorläufig endgültige Fassung der sogenannten *V-A-Theorie* gebracht. Um die Komplikationen stark wechselwirkender Teilchen zu vermeiden, betrachten wir den zum Betazerfall analogen rein leptonischen Müonzerfall:

$$\mu^- \to e^- + \bar{\nu}_e + \nu_\mu . \qquad (9.49)$$

Die V-A-Fermi-Theorie „erklärt" diesen Zerfall durch den fundamentalen Vertex in Bild 9.23a, dessen Stärke durch die Fermi-Kopplungskonstante $G_F = 1{,}166 \cdot 10^{-5}\, \text{GeV}^{-2}$ gekennzeichnet ist. Dieser Wert ergibt sich aus der gemessenen mittleren Lebensdauer des Müons (siehe Tabelle A2 des Anhangs). Damit scheint nicht sehr viel erreicht zu sein: Wir haben eine neu eingeführte Konstante (G_F) durch einen experimentellen Wert (τ_μ) ausgedrückt. Die Theorie macht aber tatsächlich verschiedene weitere Aussagen, die jetzt nicht mehr von zusätzlichen Parametern abhängen, wenn wir von einigen bereits angedeuteten Komplikationen für Hadronen absehen. Insbesondere sagt die V-A-Theorie die Energieverteilung des Elektrons im Endzustand des μ-Zerfalls (9.49) in bestechender Übereinstimmung mit dem Experiment voraus. Mit gewissen Einschränkungen kann die Fermi-Theorie in der V-A-Fassung alle schwachen Zerfälle durch einen einzigen Parameter G_F ausdrücken: Sie ist in gewisser Weise noch universeller als die QED, die die Teilchen nach ihrer Ladung unterscheidet.

Wir müssen uns aber nicht mit Zerfällen zufriedengeben. Wenn wir am fundamentalen Vertex in Bild 9.23a etwas

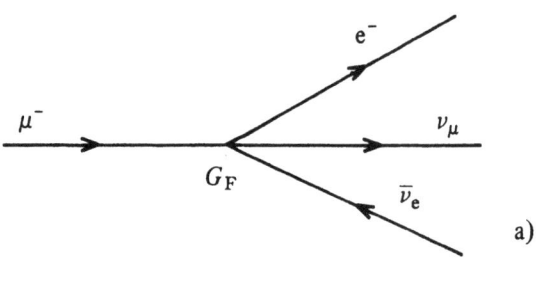

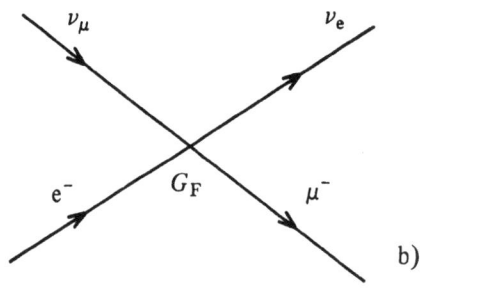

Bild 9.23 Müon-Zerfall (a) und inelastische $\nu_\mu e^-$-Streuung (b) als verschiedene Manifestationen derselben fundamentalen Fermi-Wechselwirkung. Beide Prozesse werden durch die Fermi-Kopplungskonstante G_F charakterisiert.

herumdrehen, erhalten wir die in Bild 9.23b graphisch dargestellte Amplitude für den inelastischen Streuprozeß

$$\nu_\mu + e^- \to \nu_e + \mu^- . \qquad (9.50)$$

Der zugehörige Wirkungsquerschnitt ergibt sich zu

$$\sigma(\nu_\mu e^- \to \nu_e \mu^-) = 8\, G_F^2 E^2/\pi , \qquad (9.51)$$

wobei m_e und m_μ gegen die Schwerpunktsenergie E vernachlässigt wurden. Aus der Erhaltung der Wahrscheinlichkeit (Unitarität) in der Quantentheorie läßt sich aber in völliger Analogie zu der in Abschnitt 17 durchgeführten Überlegung zeigen, daß auch der inelastische Streuquerschnitt beschränkt ist:

$$\sigma_{\text{inelastisch}} \leq \pi/E^2 \quad (\text{s-Welle}). \qquad (9.52)$$

Ein Vergleich der Gln. (9.51) und (9.52) ergibt sofort, daß die Theorie nur für Energien

$$E \leq \left(\frac{\pi\sqrt{2}}{4 G_F}\right)^{1/2} \simeq 310\, \text{GeV} \qquad (9.53)$$

sinnvoll sein kann. Dieser Umstand wird als *Unitaritätsproblem* der Fermi-Theorie bezeichnet.

Bei der Diskussion der QED haben wir allerdings festgestellt, daß es zu einer Amplitude niedrigster Ordnung immer Strahlungskorrekturen gibt, die das Unitaritätsproblem vielleicht reparieren könnten. Hier zeigt sich nun das ganze Dilemma der Fermi-Theorie, das eng mit der dimensionsbehafteten Kopplungskonstante G_F zusammen-

9.4 Die elektroschwache Wechselwirkung

hängt: Die Fermi-Theorie ist nichtrenormierbar, sie erlaubt keine wohldefinierte Störungsentwicklung.

48. In dieser prekären Situation wenden wir uns an das Vorbild aller Quantenfeldtheorien, die QED, um Abhilfe. Der japanische Physiker Yukawa hat schon 1935 vorgeschlagen[1]), die schwache Wechselwirkung in völliger Analogie zum Photonaustausch in der QED mit Hilfe sogenannter geladener Zwischenvektorbosonen W^+, W^- zu formulieren. Der Streuprozeß (9.50) zum Beispiel wäre analog der elastischen e^-e^--Streuung in Bild 9.22b durch den Austausch eines W-Bosons in Bild 9.24 zu verstehen, wobei eine neue (in unseren Einheiten) dimensionslose schwache Kopplungskonstante g_W auftritt. Konsistenz mit der V-A-Theorie bei niedrigen Energien, also insbesondere bei allen Zerfallsprozessen, erfordert

$$g_W^2/M_W^2 = G_F/\sqrt{2}, \tag{9.54}$$

wobei M_W die Masse der W-Bosonen ist. Die W-Bosonen sind also im Gegensatz zum Photon massiv, sind aber andererseits auch Teilchen mit Spin 1 wie das Photon. Ihre vermutlich sehr große Masse erklärt sofort zwei wesentliche Unterschiede zwischen der elektromagnetischen und der schwachen Kraft: Die sehr kurze Reichweite der schwachen Kraft entspricht der großen Masse M_W, da die Reichweite einer Wechselwirkung durch die Comptonwellenlänge (vgl. Abschnitt 4.2) des zugehörigen Teilchens gegeben ist. Andererseits ist die namengebende Schwäche der schwachen Wechselwirkung nur ein Niederenergiephänomen. Bei Energien der Größenordnung M_W werden die beiden Wechselwirkungen von vergleichbarer Stärke.

Wir sind, ausgehend vom Unitaritätsproblem der Fermi-Theorie, zu einer bemerkenswerten Ähnlichkeit der elektromagnetischen und schwachen Wechselwirkungen gelangt. Eine Vereinheitlichung der beiden Kräfte wird sogar unvermeidlich, denn die W-Bosonen koppeln natürlich wie jedes geladene Teilchen an das Photon. Hier scheinen wir aber vom Regen in die Traufe gekommen zu sein. Die Quantenfeldtheorien mit massiven Vektorbosonen sind notorisch nichtrenormierbar, sie gestatten also keine konsistente Störungsentwicklung. Bis in die Mitte der sechziger Jahre war nur eine einzige Klasse konsistenter Quantenfeldtheorien von wechselwirkenden Spin-1-Teilchen bekannt: die von Yang und Mills 1954 aufgestellten Eichtheorien, die die Eichinvarianz der Elektrodynamik mit einer inneren Symmetrie wie der in Abschnitt **29** diskutierten Isospin-

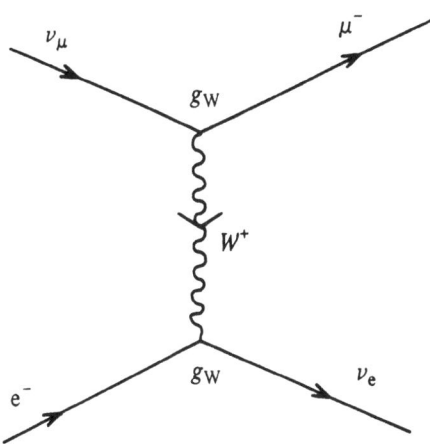

Bild 9.24 Inelastische $\nu_\mu e^-$-Streuung mit Zwischenvektorboson W^+. Die schwache Kopplungskonstante g_W übernimmt die Rolle der Elementarladung e in der QED (vgl. Bild 9.22).

Symmetrie kombinieren. Diese Eichtheorien haben nur einen kleinen, aber für die Phänomenologie der schwachen Wechselwirkungen entscheidenden Nachteil: Sie sind scheinbar mit massiven Vektorbosonen unverträglich und gestatten nur masselose Spin-1-Teilchen wie das Photon. Die Idee der Zwischenvektorbosonen hatte nach Meinung vieler Theoretiker in eine unentrinnbare Sackgasse geführt.

49. Wir wollen das Problem der Einfachheit halber darauf reduzieren, daß in einer vereinheitlichten Theorie Photon und W-Boson einerseits völlig gleichberechtigt sein sollten, daß aber andererseits die Massen dieser Teilchen aus phänomenologischen Gründen sehr verschieden sein müssen. Wenn wir aber die Eichsymmetrie zwischen Photon und W-Boson durch Einführung einer Masse M_W willkürlich brechen, kommen wir mit der Renormierbarkeit der Theorie in Schwierigkeiten, die für eine konsistente Störungstheorie unerläßlich ist.

Der Ausweg aus diesem Dilemma wird als „spontane Symmetriebrechung" bezeichnet und kann im Rahmen dieses Kurses nur angedeutet werden. Des Rätsels Lösung liegt in der Erkenntnis, daß die Feldgleichungen einer bestimmten Theorie zwar eine gewisse Symmetrie besitzen können, daß diese Symmetrie sich aber nicht unbedingt in den Lösungen der Gleichungen widerspiegeln muß. Diese eher mysteriös klingende Behauptung läßt sich am besten an zwei Beispielen aus der Festkörperphysik erläutern.

Die Gleichungen der Festkörperphysik, die letzten Endes auf der QED beruhen, zeichnen keinen bestimmten Punkt des 3-dimensionalen Raumes aus: Sie sind translationsinvariant. Nichtsdestoweniger ist der Kristall nicht invariant gegenüber beliebigen räumlichen Verschiebungen, sondern nur bei gewissen Gittertranslationen. In analoger Weise zeigt ein Ferromagnet nicht die Invarianz der zugrundeliegenden Gleichungen gegenüber räumlichen Drehungen.

---

[1]) Ironischerweise ist Yukawa viel eher durch seine in derselben Arbeit gemachte Vorhersage der Pionen als Träger der starken Wechselwirkung bekannt geworden. Dieser Interpretation können wir uns heute nicht mehr völlig anschließen (siehe Abschnitt 9.5).

Der Grundzustand der Theorie verletzt die Rotationsinvarianz „spontan". Diese Ausdrucksweise, die auf Baker und Glashow zurückgeht, hat sich trotz etlicher linguistischer Vorbehalte heute durchgesetzt.

Dieser Mechanismus der spontanen Symmetriebrechung gibt zur Hoffnung Anlaß, dem W-Boson durch spontane Brechung der Eichinvarianz eine Masse zu geben, ohne die Feldgleichungen und damit die Renormierbarkeit der Theorie zu ändern. Genau das passiert nämlich in der quantenfeldtheoretischen Beschreibung der Supraleitung. Die elektromagnetische Eichinvarianz, die einen ungeladenen Zustand niedrigster Energie („Vakuum") erwarten ließe, wird im Supraleiter durch die Existenz von schwach gebundenen Elektronpaaren (Cooper-Paare) im Grundzustand spontan verletzt. Das Photon wird im Supraleiter massiv und kann sich nicht mehr wie ein normales Photon bewegen. Das elektromagnetische Feld wird aus dem Supraleiter verdrängt: Die der Photonmasse entsprechende Comptonwellenlänge wird als *Eindringtiefe des Supraleiters* bezeichnet (Meissner-Effekt)[1].

Der gleiche Mechanismus wird in der Teilchenphysik meist als Higgs-Kibble-Mechanismus bezeichnet und ermöglicht die Formulierung einer renormierbaren Eichtheorie der elektroschwachen Wechselwirkungen. Dem Leser drängt sich vielleicht die Frage auf, wo denn die Cooper-Paare der Teilchenphysik geblieben sind? Dies ist in der Tat eine sehr berechtigte Frage und Gegenstand intensivster theoretischer und experimenteller Forschung. Die herkömmliche, aber nicht ganz befriedigende Formulierung ersetzt die Cooper-Paare der Supraleitung durch ein ungeladenes Teilchen mit Spin null, das sogenannte *Higgs-Boson*. Mit großer Wahrscheinlichkeit ist dieses neue Teilchen, für das es noch keinerlei direkten experimentellen Hinweis gibt, kein echtes fundamentales Teilchen wie etwa das Elektron, aber eine endgültige Klärung dieser Frage steht noch aus.

50. Die spontan gebrochenen Eichtheorien geben zunächst nur den Rahmen für eine vereinheitlichte Theorie der elektroschwachen Wechselwirkung ab, legen diese aber nicht eindeutig fest. Die einfachste Version einer solchen Theorie, die heute allgemein als *Standardmodell* bezeichnet wird, wurde von Glashow, Salam und Weinberg schon in den sechziger Jahren aufgestellt und wurde zunächst nicht sehr ernst genommen. Das Blatt wendet sich aber schlagartig mit dem Beweis der Renormierbarkeit dieser Theorie durch 't Hooft 1971.

Es stellte sich heraus, daß sowohl im Standardmodell als auch in komplizierteren Versionen ein neutraler, ebenfalls massiver Partner der W-Bosonen existieren muß. Je nach poetischer Veranlagung wird dieses Teilchen entweder schlicht als *Z-Boson* oder beziehungsvoller als *schweres Licht* bezeichnet. Es induziert eine neue Art schwacher Wechselwirkung, die mit dem Schlagwort „neutrale Ströme" versehen wird und die in vielen Fällen durch die bei niedrigen Energien dominierende elektromagnetische Wechselwirkung überdeckt wird. Erst in der Streuung energiereicher Neutrinos, die als neutrale Teilchen von den Photonen unbehelligt bleiben, an Kernen wurden die neutralen Ströme 1973 bei CERN nachgewiesen. In den folgenden Jahren wurde die Struktur dieser neutralen Ströme genau untersucht. Sie erwies sich in völliger Übereinstimmung mit den Vorhersagen des Standardmodells von Glashow, Salam und Weinberg, die dafür 1979 den Nobelpreis erhielten.

Damit war das Rennen für die meisten Teilchenphysiker gelaufen und man konnte mit voller Berechtigung von einer elektroschwachen Wechselwirkung sprechen. Allerdings war noch etwas ausständig: Die Träger der schwachen Wechselwirkung und Partner des Photons, die W- und Z-Bosonen mußten noch gefunden werden. Erfreulicherweise macht das Standardmodell sehr konkrete Voraussagen über die Massen und hauptsächlichen Zerfallsarten dieser Teilchen. Am leichtesten sollten sie über die Zerfälle

$$W^\pm \to l^\pm (\overset{(-)}{\nu_l})$$
$$Z \to l^+ l^- \qquad (l = e, \mu) \qquad (9.55)$$

nachgewiesen werden können, indem man die bei den Zerfällen entstehenden sehr energiereichen geladenen Leptonen beobachtet. Die Massen der W- und Z-Bosonen ergeben sich nach der Theorie in niedrigster Ordnung Störungstheorie zu

$$M_W^2 = \frac{\pi \alpha}{\sqrt{2} G_F \sin^2 \theta_W} \qquad (9.56)$$
$$M_Z = M_W / \cos \theta_W .$$

Neben α und G_F hängen die Massen von einem weiteren freien Parameter der Theorie ab, dem sogenannten Weinbergwinkel θ_W. Dieser Parameter ist in den Experimenten zur Struktur neutraler Ströme zu $\sin^2 \theta_W \simeq 0{,}22$ bestimmt worden. Damit ergeben sich aus Gl. (9.56) als Voraussage der Theorie

$$M_W \simeq 80 \text{ GeV}$$
$$M_Z \simeq 90 \text{ GeV}. \qquad (9.57)$$

Für den experimentellen Nachweis der W- und Z-Bosonen wurde ein eigener Beschleuniger gebaut, der Proton-Antiproton-Speicherring bei CERN (s. Bild 9.3). In zwei unabhängigen Experimenten (Bild 9.25) wurden 1983 die Träger der schwachen Wechselwirkung mit den theoretisch vorher-

---

[1] Eine Einführung in die Physik der Supraleitung gibt z. B. *C. Kittel*, Einführung in die Festkörperphysik, R. Oldenbourg Verlag (München, Wien), 1976, Kap. 12.

9.4 Die elektroschwache Wechselwirkung

a)

gesagten Eigenschaften gefunden. Die kombinierten Ergebnisse der beiden Experimente[1]) lauten für die Massen

$$M_W = (80{,}9 \pm 2{,}0)\,\text{GeV}$$
$$M_Z = (93{,}0 \pm 2{,}0)\,\text{GeV}$$
(9.58)

in großartiger Übereinstimmung mit Gl. (9.57). Mit erhöhter Statistik wird man sogar darangehen können, die Strahlungskorrekturen zu den in niedrigster Ordnung Störungstheorie berechneten Werten (9.56) experimentell zu überprüfen.

Die Vereinheitlichung der schwachen und elektromagnetischen Wechselwirkungen kann wohl ohne Übertreibung als eine der bedeutendsten Errungenschaften der Physik des 20. Jahrhunderts bezeichnet werden, die mit der Maxwellschen Synthese des Elektromagnetismus vergleichbar ist. Im subatomaren Bereich haben wir es von nun an nur mehr mit zwei fundamentalen Kräften zu tun, mit der elektroschwachen und mit der starken Wechselwirkung, der wir uns jetzt zuwenden wollen.

---

[1]) C. Rubbia, in "Proceedings of the International Europhysics Conference on High Energy Physics", Brighton (United Kingdom), July 20–27, 1983, p. 860.

b)

Bild 9.25
Die Abbildungen zeigen die beiden riesigen Detektoren UA1 (Bild a) und UA2 (Bild b), mit denen die bei der Kollision von Protonen und Antiprotonen (s. Bild 9.3) erzeugten W- und Z-Bosonen nachgewiesen wurden. Tatsächlich nachgewiesen werden allerdings nicht die äußerst instabilen W- und Z-Bosonen, sondern die bei den Zerfällen (9.55) entstehenden sehr energiereichen geladenen Leptonen. Die Bezeichnungen UA1, UA2 stehen für Underground Area 1, 2, da die Proton-Antiproton-Kollisionen und damit auch die Experimente unter der Erde stattfinden.

9.5 Von den Quarks zur Quantenchromodynamik

51. 1964 postulierten Gell-Mann und Zweig unabhängig voneinander, daß alle Hadronen aus nur 3 Konstituenten, den Quarks u, d, s, aufgebaut sein sollten. Diese hypothetischen Teilchen mit Spin 1/2 (sie sind bis zum heutigen Tag nicht als freie Teilchen im herkömmlichen Sinn nachgewiesen worden) bilden ein Triplett unter der unitären Symmetrie SU(3) (Bild 9.26). Sie erklären mit einem Schlag alle in Abschnitt 9.2 festgestellten Eigenschaften der Hadronen, die sich wie folgt aus Quarks q und Antiquarks $\bar{q}$ zusammensetzen:

$$\begin{aligned}\text{Mesonen} &\quad \bar{q}q : \text{Spin } 0, 1, \ldots \\ \text{Baryonen} &\quad qqq: \text{Spin } \frac{1}{2}, \frac{3}{2}, \ldots\end{aligned} \qquad (9.59)$$

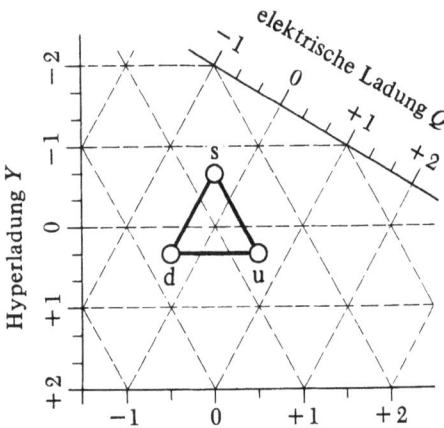

Bild 9.26 Die Quarks u, d, s als fundamentales Triplett der SU(3). Diese hypothetischen Teilchen haben teilweise bizarre Eigenschaften: Ladungen $\frac{2}{3}e$ und $-\frac{e}{3}$, Baryonzahl 1/3. Sie sind mit großer Wahrscheinlichkeit nicht als freie Teilchen isolierbar.

Mit den in Bild 9.26 ersichtlichen Quantenzahlen lassen sich alle in den Bildern 9.14 bis 9.19 abgebildeten Hadronen samt ihren Quantenzahlen erklären, z. B.

$$\begin{aligned} p &= uud & n &= udd \\ \pi^+ &= \bar{d}u & K^- &= \bar{u}s \\ & & \Omega^- &= sss. \end{aligned} \qquad (9.60)$$

Die Isospin-Symmetrie der starken Wechselwirkung folgt aus der Entartung der u- und d-Quarks, die ein Isodublett bilden. Die größere Masse des s-Quarks erklärt qualitativ und bis zu einem gewissen Grad auch quantitativ die Brechung der unitären Symmetrie SU(3).

52. Bis etwa 1970 war die vorherrschende Meinung, daß es sich bei den Quarks nur um eine bequeme mathematische Konstruktion handele, der keine physikalische Realität zukomme. Die sogenannten tief inelastischen Streuexperimente von Elektronen (später auch Neutrinos und Müonen) an Nukleonen (Bild 9.27) brachten den Umschwung: die Nukleonen zeigen bei hohen Elektronenergien eine eindeutig körnige Struktur. Die Experimente mußten dahingehend interpretiert werden, daß die hochenergetischen Elektronen an punktförmigen und scheinbar im Nukleon fast ungebundenen Bestandteilen, den sogenannten Partonen, streuen. Die einfache Struktur der tief inelastischen Streuquerschnitte stand in frappierendem Kontrast zur Komplexität etwa der niederenergetischen Pion-Nukleon-Streuung (Bild 9.13). War das Wasserstoffatom der starken Wechselwirkung gefunden?

Eine genaue Analyse der tief inelastischen Elektron- und Neutrino-Streuung ergab, daß die elektrisch geladenen Partonen gerade die Quarks sein mußten: Ihr Spin war 1/2 und die gemittelte Ladung der Partonen entsprach genau den drittelzahligen Quarkladungen in Bild 9.26. Allerdings muß es in den Nukleonen auch ungeladene Bestandteile geben, die gleich zu besprechenden Gluonen als Träger der starken Wechselwirkung.

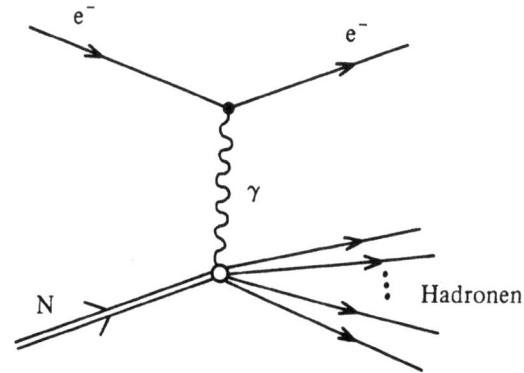

Bild 9.27 Tief inelastische Streuung von Elektronen an Nukleonen: gemessen werden Energie und Streuwinkel des gestreuten Elektrons und die Energie der erzeugten Hadronen im Endzustand.

53. Bei hohen Energien erscheinen die Quarks als quasifrei (asymptotische Freiheit) und doch sind sie in den Nukleonen offensichtlich so fest gebunden, daß sie nicht isoliert werden können. Was also hält die Quarks in den Hadronen zusammen? Bevor wir diese Frage beantworten, wollen wir uns noch mit dem verwandten *Trialitätsproblem* des Quarkmodells befassen. Wenn es 3 Quarks u, d, s gibt, können wir insgesamt 9 Zustände $\bar{q}q$ mit Spin 0 und Bahndrehimpuls 0 konstruieren. Diese 9 Zustände existieren tatsächlich alle als gebundene Mesonzustände (8 davon bilden das Meson-Oktett in den Bildern 9.14 und 9.17) und daher müssen alle Quarks und Antiquarks einander anziehen. Warum gibt es aber dann zwar stabile Baryonen

9.5 Von den Quarks zur Quantenchromodynamik

qqq oder $\bar{q}\bar{q}\bar{q}$, aber keine gebundenen Zustände qqq$\bar{q}$ oder $\bar{q}\bar{q}\bar{q}$q, die drittelzahlige Ladung besäßen?

Dieses Trialitätsproblem[1]) und verschiedene andere Gründe wie etwa ein scheinbarer Widerspruch zwischen Spin und Statistik der Quarks (s. Abschnitt **45**) zwingen zu dem Schluß, daß es von jeder Quarksorte u, d, s tatsächlich 3 Exemplare gibt. Der neue Freiheitsgrad wird in der Teilchenphysik verwirrenderweise *Farbe* genannt, obwohl er mit der Optik rein gar nichts zu tun hat. Es bleibt jedem Physiker und daher auch dem werten Leser überlassen, mit welchen Lieblingsfarben er die 3 Quarks derselben Sorte kennzeichnen möchte (z. B. rot, grün, blau).

Vom neuen Freiheitsgrad der Quarks machen wir nun einen gewaltigen Sprung zur Quantenfeldtheorie der starken Wechselwirkung, der *Quantenchromodynamik* (QCD). Der fundamentale Prozeß der QCD ist die Emission oder Absorption eines sogenannten Gluons durch einen Quark, der dabei seine „Farbe" ändert (Bild 9.28). Die QCD ist in völliger Analogie zur QED formuliert und ist daher ebenfalls eine Eichtheorie. Der wesentliche Unterschied besteht darin, daß die insgesamt 8 Gluonen so wie die Quarks den Farbfreiheitsgrad besitzen, während das Photon zum Unterschied vom Elektron elektrisch neutral ist. Dieser Unterschied ist tatsächlich fundamental, denn er bewirkt die experimentell festgestellte asymptotische Freiheit der Quarks. Dieser Umstand zeichnet die QCD vor allen konkurrierenden Quantenfeldtheorien aus und hat letztlich zu ihrer allgemeinen Anerkennung geführt.

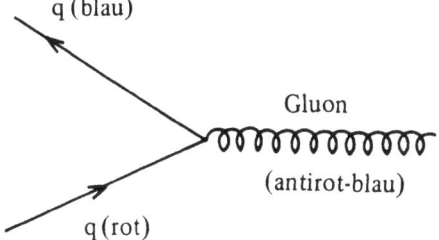

Bild 9.28 Fundamentale Wechselwirkung der QCD: Emission oder Absorption eines Gluons durch einen Quark. Das Gluon trägt gewissermaßen eine Farbe und eine Antifarbe (Komplementärfarbe), die den Farben der Quarks entsprechen. Es gibt 8 verschiedene Gluonen, da ein „weißes" Gluon nicht an der Wechselwirkung teilnimmt.

---

[1]) Die beobachteten Hadronen haben offenbar alle eine Quarkzahl 0 modulo 3, wenn wir den Antiquarks eine negative Quarkzahl zuordnen.

54. Die asymptotische Freiheit besagt, daß die Stärke der QCD-Wechselwirkung mit zunehmender Energie oder kleineren Distanzen abnimmt. Läßt sich daraus folgern, daß die Kräfte zwischen Quarks und Antiquarks bei größeren Distanzen so stark werden, daß sie das Herausbrechen eines Quarks aus den Hadronen verhindern? Obwohl die Frage des permanenten Quark-Einschlusses (Quark-Confinement) sich wegen der Stärke der Kopplung einer störungstheoretischen Analyse verschließt, gibt es verschiedene Gründe, wenn auch noch keinen exakten Beweis dafür, daß in der QCD weder freie Quarks noch freie Gluonen möglich sind. Einen Hinweis geben zum Beispiel die Spektren der mesonischen Bindungszustände zweier zusätzlicher Quarksorten, die 1974 (Bindungszustände $\bar{c}c$ des c-Quarks) und 1977 (Bindungszustände $\bar{b}b$ des b-Quarks) entdeckt wurden. Die c- und b-Quarks sind so schwer, daß sich ihre Bindungszustände in guter Näherung mit der nichtrelativistischen Schrödinger-Gleichung berechnen lassen. Aus den Spektren kann man nun auf ein zugehöriges Potential $V(r)$ zwischen Quark und Antiquark schließen, das für $r \gtrsim 1$ fm linear mit r zunimmt: Die potentielle Energie zwischen q und $\bar{q}$ wächst linear mit dem Relativabstand. Wenn die potentielle Energie groß genug für die Erzeugung von $q\bar{q}$-Paaren oder Gluon-Paaren wird, wird es energetisch günstiger sein, daß sich Quarks und Gluonen zu Hadronen formieren, zwischen denen kein mit r ansteigendes Potential besteht. Dieses anschauliche Bild, wie aus Quarks und Gluonen Hadronen werden, wird durch verschiedene Näherungsrechnungen gestützt, ist aber noch nicht wirklich aus der QCD direkt abgeleitet. Auf jeden Fall ist das Bild mit der Tatsache verträglich, daß etwa bei Streuprozessen jede Menge von Hadronen produziert wird, aber offenbar nie einzelne Quarks oder Gluonen. Die Hadronen sind gewissermaßen „farblos": Die Farbfreiheitsgrade der Quarks und Gluonen sättigen einander gegenseitig ab.

55. Ernsthafte experimentelle Tests der QCD erfolgen am besten bei hohen Energien, wo die effektive Kopplungsstärke klein genug für eine störungstheoretische Behandlung ist. Eine überzeugende Bestätigung findet die QCD in der in Abschnitt **52** diskutierten tief inelastischen Lepton-Nukleon-Streuung: Sie erklärt nicht nur qualitativ das Phänomen der asymptotischen Freiheit, sondern sie erklärt auch quantitativ die beobachtete Energieabhängigkeit der Wirkungsquerschnitte. Ein weiteres sehr erfolgreiches Betätigungsfeld findet die QCD in den Streuprozessen

$$e^+ e^- \to \text{Hadronen}, \qquad (9.61)$$

die an den am Beginn dieses Kapitels besprochenen Speicherringen untersucht werden. Eine direkte Bestätigung des Farbfreiheitsgrades liefert das Verhältnis

$$R = \sigma(e^+ e^- \to \text{Hadronen})/\sigma(e^+ e^- \to \mu^+ \mu^-), \qquad (9.62)$$

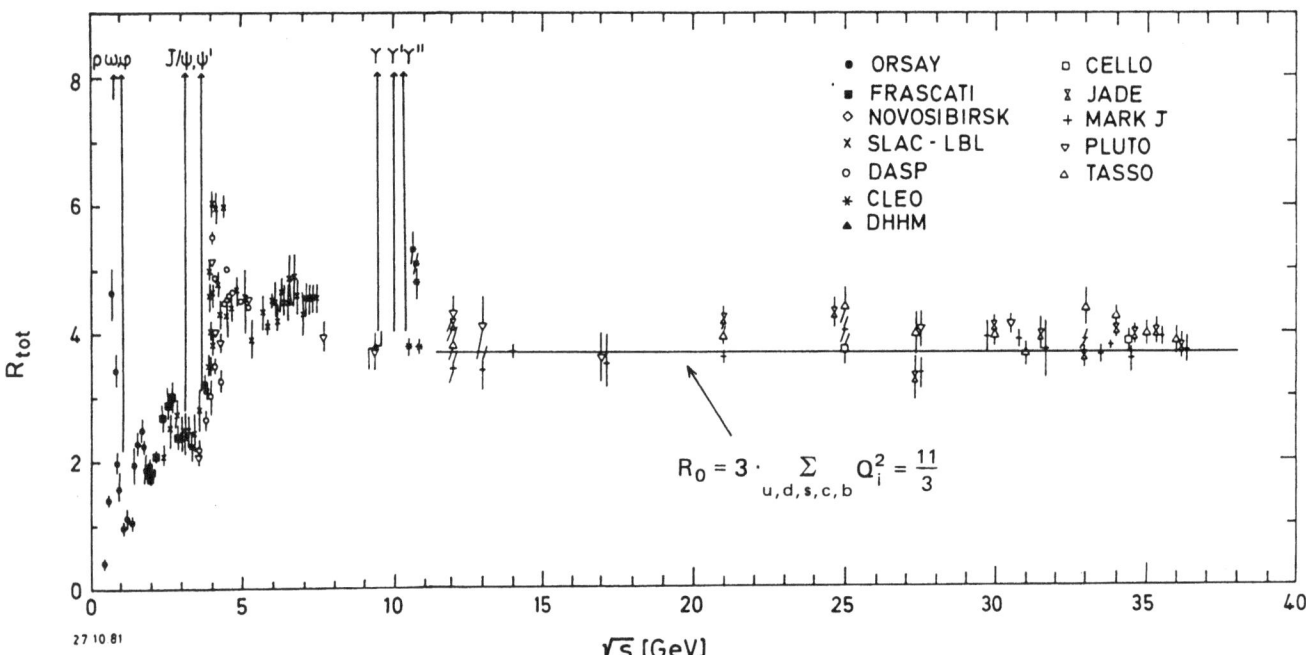

Bild 9.29 Zusammenstellung von Messungen des Verhältnisses $R = \sigma(e^+e^- \to \text{Hadronen}) / \sigma(e^+e^- \to \mu^+\mu^-)$, das bei hohen Energien mit dem von der QCD für 5 Quarksorten vorhergesagten Wert $R = 11/3$ bestens übereinstimmt. Das Diagramm ist entnommen aus R. Felst, Proceeding 1981 International Symposium on Lepton and Photon Interactions at High Energies, Bonn, August 1981, p. 52

für das die QCD bei hohen Energien der Leptonen

$$R = \sum_{\text{Quarks}} (Q_{\text{quark}}/e)^2 + \text{höhere Korrekturen} \qquad (9.63)$$

voraussagt. Wenn wir

$$Q_u = Q_c = \tfrac{2}{3} e$$
$$Q_d = Q_s = Q_b = -\tfrac{1}{3} e \qquad (9.64)$$

berücksichtigen und Gl. (9.63) mit den experimentellen Ergebnissen in Bild 9.29 vergleichen, so läßt sich direkt die Zahl 3 für die Anzahl der Quarks jeder Sorte u, d, s, c, b ablesen: es gibt genau 3 verschiedene Farben. Die QCD wird übrigens auch als *Eichtheorie mit der Eichgruppe SU(3)* bezeichnet. Diese SU(3) ist zwar mathematisch identisch mit der in Abschnitt **30** besprochenen unitären Symmetrie SU(3) der ursprünglichen Quarksorten u, d, s, hat aber physikalisch überhaupt nichts mit jener zu tun.

Quarks und Gluonen lassen sich in einzelnen Ereignissen der Elektron-Positron-Vernichtung (9.60) fast direkt „sehen". In Bild 9.30 sind drei typische solche Ereignisse abgebildet, die am Speicherring PETRA in Hamburg beobachtet wurden. Die erzeugten Hadronen sind deutlich gebündelt und entstehen bei der Fragmentation des zunächst produzierten Quark-Antiquark (Bild 9.30a) oder Quark-Antiquark-Gluon (Bild 9.30b). Die zugehörigen Feynman-Graphen der QCD sind in Bild 9.31 dargestellt.

Alle quantitativen Tests der QCD sind dadurch beeinträchtigt, daß in Experimenten nur Hadronen gemessen werden, die QCD aber exakte Aussagen nur über Quarks und Gluonen macht. Trotzdem kann man zusammenfassend sagen, daß derzeit keinerlei Diskrepanz zwischen der QCD und dem Experiment besteht.

56. Der Vollständigkeit halber wollen wir noch einige Worte über die unzähligen, praktisch immer negativen Experimente zum Nachweis freier Quarks verlieren. Sie beruhen alle auf der drittelzahligen Ladung der Quarks und sie werden mit Beschleunigern, mit der kosmischen Strahlung oder mit normaler Materie durchgeführt. Besonders sensitiv sind die Experimente, die analog dem von Millikan unternommenen Versuch zur Bestimmung der elektrischen Elementarladung aufgebaut sind. Gegenüber einer erdrückenden Menge von negativen Resultaten gibt es allerdings ein einziges Experiment, in dem nach Meinung der Autoren[1] freie Quarks mit Hilfe einer magnetischen Aufhängung supraleitender Niobium-Kügelchen nachgewiesen wurden. Die Interpretation dieses Experiments ist unter den Experten sehr umstritten.

---

[1] *G. S. La Rue, J. D. Phillips* und *W. M. Fairbank*, Observation of Fractional Charge of e/3 on Matter, *Phys. Rev. Letters* **46**, 967 (1981).

9.5 Von den Quarks zur Quantenchromodynamik

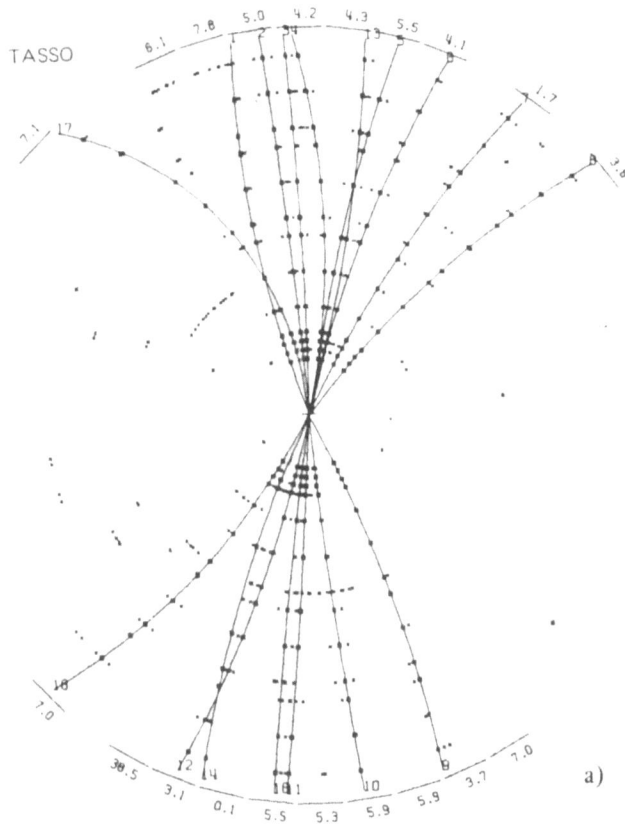

Bild 9.30 Typische Ereignisse der e^+e^--Vernichtung bei hohen Energien, entnommen aus *G. Wolf*, Proceedings 1981 Cargèse Summer Institute on Fundamental Interactions, Herausgeber *M. Lévy* et al., Plenum Publ. Co., N.Y. 1982. Die Spuren repräsentieren Hadronen, die in den Detektoren JADE und TASSO am Speicherring PETRA in Hamburg registriert wurden. Ereignis a) wird als Quark-Antiquark-, die Ereignisse b) als Quark-Antiquark-Gluon-Ereignisse interpretiert.

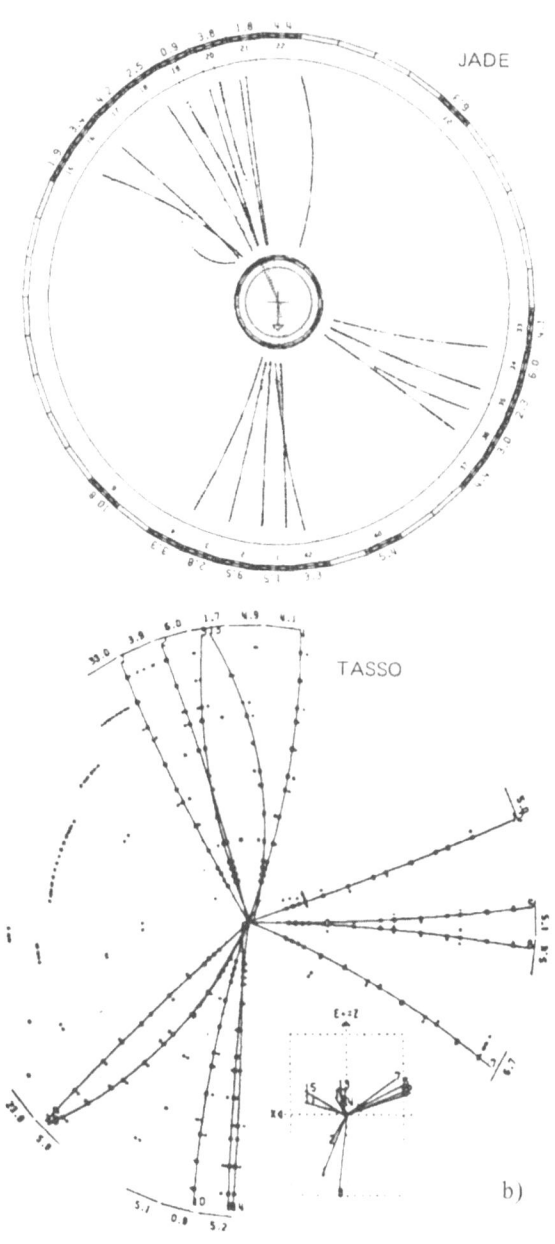

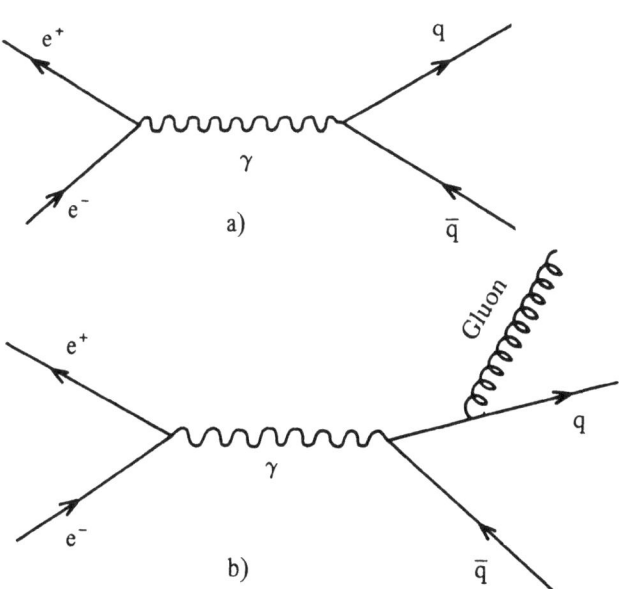

Bild 9.31

Feynman-Graphen für die in Bild 9.30 abgebildeten Ereignisse. Die QCD läßt derzeit noch keine exakten Aussagen zu, wie aus Quarks und Gluonen Hadronen werden. Die Winkelverteilung, Energieverteilung und andere Merkmale der gemessenen Hadronbündel in Bild 9.30 sind aber in Übereinstimmung mit den Berechnungen mittels der Feynman-Graphen a) und b).

Bei allen Überredungskünsten der Theoretiker sollte das letzte Wort in dieser Sache dem Experiment vorbehalten sein: Vielleicht ist die Versklavung der Quarks in den Hadronen doch nur temporär. Statt asymptotischer Freiheit also Freiheit hier und jetzt?

9.6 Zusammenfassung und Ausblick

57. In Tabelle 9.4 sind die Teilchen zusammengefaßt, die wir neben den Trägern der fundamentalen Wechselwirkungen, den Vektorbosonen γ, $W^\pm$, Z und Gluonen, derzeit als die wahren Elementarteilchen ansehen: Quarks und Leptonen. Diese fundamentalen Materieteilchen, die alle Spin-1/2-Fermionen sind, zeigen eine bemerkenswerte Generationenstruktur, die den 3 Spalten der Tabelle entspricht. Zur Beschreibung der Materie, wie wir sie in natürlicher Form auf der Erde vorfinden, würde eigentlich die erste Generation, die die Teilchen u, d, e^-, ν_e umfaßt, völlig ausreichen. Wir verstehen den Bauplan, der für die 3 Generationen verantwortlich ist, noch nicht. Die Theorie kann derzeit weder das Massenspektrum der Quarks und Leptonen noch die schwachen Übergänge zwischen den Quarks verschiedener Generationen erklären.

Tabelle 9.4 *Quarks und Leptonen*

Q/e				
2/3	u	c	t (?)	Quarks
-1/3	d	s	b	
0	ν_e	ν_μ	ν_τ	Leptonen
-1	e^-	μ^-	τ^-	
	1.	2.	3.	Generation

Generationenstruktur der bekannten Spin 1/2-Bausteine der Materie. Für den t-Quark gibt es derzeit (Dez. 1983) noch keinen gesicherten experimentellen Nachweis, aber er muß nicht zuletzt aus Gründen der Symmetrie zwischen Quarks und Leptonen existieren. Jede der 6 Quarksorten kommt in 3 „Farben" vor, die in der Tabelle nicht eigens eingezeichnet sind.

58. Die Theorie der fundamentalen Wechselwirkungen ist eine Quantenfeldtheorie, die auf dem Prinzip der Eichinvarianz beruht. Trotz dieser bemerkenswerten Symmetrie läßt das Standardmodell der starken und elektroschwachen Wechselwirkungen viele Fragen offen, von denen wir hier nur 3 anführen wollen:

a) Warum sind die elektrischen Ladungen von Elektron und Proton mit der phantastischen relativen Genauigkeit von 10^{-21} entgegengesetzt gleich?
b) Die Stärke der Wechselwirkungen wird durch 3 verschiedene Kopplungskonstanten angegeben; sind die Kopplungen wirklich unabhängig voneinander?
c) Warum sind die starken und elektromagnetischen Wechselwirkungen invariant unter Parität und Ladungskonjugation, die schwachen Wechselwirkungen aber nicht?

Für alle diese und weitere Fragen sind Antworten vorgeschlagen worden. Einer der faszinierendsten Ansätze versucht, die elektroschwache und starke Wechselwirkung durch eine Eichtheorie mit einer einzigen Kopplungskonstante zu beschreiben („große Vereinheitlichung"). Da die tatsächliche Stärke der Wechselwirkungen bei unseren Energien aber sehr verschieden ist, kann diese große vereinheitlichte Eichtheorie erst bei immens hohen Energien der Größenordnung 10^{15} GeV ihre volle Gültigkeit erlangen. Was wir bei relativ bescheidenen Energien von 100 GeV feststellen können, wäre nur eine spontan gebrochene Version der fundamentalen Theorie bei kleinsten Distanzen. Fast alle großen vereinheitlichten Theorien sagen eine Verletzung der Baryonzahl voraus: Das Proton sollte, wenn auch unvorstellbar langsam, zerfallen. Die Möglichkeit des Protonzerfalls wird zur Zeit von mehreren experimentellen Gruppen intensiv untersucht. Bis jetzt zeigt das Proton keinerlei Neigung, der Theorie zu Gefallen zu sein. Vielleicht ist es doch voreilig oder sogar vermessen, die uns bekannte Physik über 13 Größenordnungen in der Energie zu extrapolieren.

Ein noch radikalerer Ansatz schlägt vor, daß die Quarks und Leptonen gebundene Zustände fundamentalerer Konstituenten sind. Es gibt aber derzeit weder einen experimentellen Hinweis für eine neue Substruktur noch existiert ein überzeugendes theoretisches Modell von Subteilchen, das nicht mehr Fragen aufwirft als es beantwortet. Vielleicht sind wir mit den Quarks, die selbst nicht mehr als eigentliche Teilchen isoliert werden können, an eine prinzipielle Grenze der Teilbarkeit gelangt.

59. Das ehrgeizigste Projekt der theoretischen Teilchenphysik strebt eine Vereinheitlichung aller Wechselwirkungen einschließlich der Gravitation an. Geht der alte und ewig junge Traum der Physiker nach einer wahrhaft einheitlichen Theorie schon bald in Erfüllung? Es ist verfrüht, die Erfolgsaussichten dieses kühnen Projekts realistisch zu beurteilen.

Die Entwicklung der Teilchenphysik in den letzten 15 Jahren gibt Anlaß zu großer Zuversicht. In der riesigen Vielfalt der Phänomene von einer scheinbar unentwirrbaren Komplexität konnte eine gemeinsame einfache Struktur gefunden werden: die Eichfeldtheorie der starken und elektroschwachen Wechselwirkungen. Warum sollten wir da nicht optimistisch in die Zukunft blicken?

9.7 Literatur

1. *E. Lohrmann: Hochenergiephysik* (B. G. Teubner, Stuttgart, 1978)
2. *F. E. Close: Introduction to Quarks and Partons* (Academic Press, London, New York, 1979)
3. *D. H. Perkins: Introduction to High Energy Physics* (Addison-Wesley, Reading, 1972)

4. *P. Becher, M. Böhm* und *H. Joos: Eichtheorien der starken und elektroschwachen Wechselwirkung* (B. G. Teubner, Stuttgart, 1981). Dieses Buch gibt den aktuellen Stand der theoretischen Elementarteilchenphysik in sehr übersichtlicher, kompakter Form wieder. Es stellt allerdings erhöhte Anforderungen an den Leser, und zwar sowohl in physikalischer als auch in mathematischer Hinsicht.

5. Die folgenden Artikel im *Scientific American* sind empfehlenswert:
   a) *B. S. de Witt:* "Quantum Gravity", Dezember 1983, p. 104;
   b) *H. Harari:* "The Structure of Quarks and Leptons", April 1983, p. 48;
   c) *C. Rebbi:* "The Lattice Theory of Quark Confinement", Februar 1983, p. 36;
   d) *E. D. Bloom* und *G. J. Feldman:* "Quarkonium", Mai 1982, p. 42;
   e) *D. B. Cline, C. Rubbia* und *S. van der Meer:* "The Search for Intermediate Vector Bosons", März 1982, p. 38;
   f) *S. Weinberg:* "The Decay of the Proton", Juni 1981, p. 52;
   g) *H. Georgi:* "A Unified Theory of Elementary Particles and Forces", April 1981, p. 40;
   h) *G. Hooft:* "Gauge Theories of the Forces between Elementary Particles", Juni 1980, p. 90;
   i) *M. Jacob* und *P. Landshoff:* "The Inner Structure of the Proton", März 1980, p. 46;
   j) *K. A. Johnson:* "The Bag Model of Quark Confinement", Juli 1979, p. 100;
   k) *L. M. Lederman:* "The Upsilon Particle", Okt. 1978, p. 60;
   l) *M. L. Perl* und *W. T. Kirk:* "Heavy Leptons", März 1978, p. 50;
   m) *D. Z. Freedman* und *P. van Nieuwenhuizen:* "Supergravity and the Unification of the Laws of Physics", Febr. 1978, p. 126;
   n) *R. F. Schwitters:* "Fundamental Particles With Charm", Okt. 1977, p. 56;
   o) *Y. Nambu:* "The Confinement of Quarks", Nov. 1976, p. 48;
   p) *D. B. Cline* et al.: "The Search for New Families of Elementary Particles", Januar 1976, p. 44;
   q) *S. L. Glashow:* "Quarks With Color and Flavor", Okt. 1975, p. 38;
   r) *D. B. Cline* et al.: "The Detection of Neutral Weak Currents", Dez. 1974, p. 108;
   s) *S. Weinberg:* "Unified Theories of Elementary Particle Interactions", Juli 1974, p. 50.

9.8 Übungen

1. a) Berechnen Sie die Durchlaßwahrscheinlichkeit für Neutronen der Energie 0,1 eV, die senkrecht auf eine Cadmiumfolie von 10^{-4} m Dicke einfallen. Die Dichte von Cadmium ist $8,7 \cdot 10^3$ kg/m^3. Der Neutronenwirkungsquerschnitt ist aus Bild 9.7 zu entnehmen.
   b) Analog ist die Durchlaßwahrscheinlichkeit für Neutronen der Energie 1 eV zu berechnen, die senkrecht auf eine 10^{-2} m dicke Platte aus Cadmium einfallen.

2. Der Gesamtwirkungsquerschnitt für die Wechselwirkung eines K^+-Mesons mit einem Proton beträgt etwa $15 \cdot 10^{-31}$ m^2, wenn die kinetische Energie des K-Mesons (das auf ein ruhendes Proton trifft) 400 MeV ist. Bestimmen Sie die mittlere Anzahl von Wechselwirkungen pro 10^{-2} m Weglänge eines K-Mesons dieser Energie in flüssigem Wasserstoff (zum Beispiel in einer Blasenkammer). Die Dichte flüssigen Wasserstoffs ist 71 kg/m^3.

3. Der Wirkungsquerschnitt für die Bildung eines Elektron-Positron-Paars durch ein Gammaquant der Energie 10 MeV, das mit einem Bleiatom zusammenstößt, beträgt etwa $14 \cdot 10^{-28}$ m. Wie groß ist die Wahrscheinlichkeit, daß ein Paar gebildet wird, wenn ein Gammaquant dieser Energie senkrecht auf eine Bleiplatte der Dicke 2,5 mm einfällt? Die Dichte von Blei ist $1,13 \cdot 10^4$ kg/m^3.

4. Bei einer Gammastrahlungsenergie von 100 keV wurde der Wirkungsquerschnitt für Compton-Streuung in einem Versuch zu $0,49 \cdot 10^{-28}$ m^2 bestimmt. Bei dieser Energie, die beträchtlich unter der Ruheenergie eines Elektrons liegt, führt eine einfache nichtrelativistische klassische Berechnung zu einem sehr guten Näherungswert. Versuchen Sie, eine solche Berechnung selbst durchzuführen, um zu sehen, wie nahe Sie an den gemessenen Wert herankommen. Bei der Compton-Streuung wird ein Gammastrahl durch ein „freies", anfangs ruhendes Elektron gestreut. (Wir haben den Compton-Effekt in Kapitel 4 besprochen, nicht aber den Wirkungsquerschnitt für diese Streuung.) Nehmen wir an, eine ebene Welle der Amplitude A und der Frequenz ω trifft auf ein ursprünglich ruhendes Elektron. Das Elektron wird dadurch in Schwingung versetzt, wobei die Schwingungsrichtung mit der Richtung des elektrischen Vektors der Welle übereinstimmt. Die Amplitude dieser Schwingung ist x. Die Größe x ist der Amplitude A der Welle proportional; außerdem hängt x von der Frequenz ω sowie von der Masse und Ladung des Elektrons ab. Das schwingende Elektron verhält sich wie ein elektrischer Dipol mit dem Dipolmoment ex. Dieser Dipol emittiert elektromagnetische Strahlung mit einer Gesamtleistung W. (Die Gleichung für diese Strahlungsleistung wurde in Abschnitt 48 von Kapitel 3 angeführt.) Sie sollten also in der Lage sein, den Bruchteil der pro Flächeneinheit (die das Elektron enthält) einfallenden Energie zu berechnen, der durch das Elektron gestreut wird. Das Ergebnis ist dann durch einen Wirkungsquerschnitt für diese Streuung auszudrücken: Das ist der Compton-Wirkungsquerschnitt. Der Compton-Wirkungsquerschnitt für ein Atom ist gleich dem Produkt aus dem Wirkungsquerschnitt für ein Elektron und der Anzahl der Elektronen in dem Atom.

5. a) In Abschnitt 17 wurde eine einfache Theorie besprochen, nach der der maximale Wirkungsquerschnitt für eine sphärisch-symmetrische Streuung bestimmt werden kann. Es ist ganz interessant, diese theoretischen Ergebnisse mit dem experimentell bestimmten π^+p-Wirkungsquerschnitt aus Bild 9.13 zu vergleichen. Wir vereinfachen das Problem, indem wir die Masse des Protons als unendlich ansehen. Die wesentliche Energie bei dieser Streuung stammt dann aus der kinetischen Energie des positiven Pions, die (im Laborsystem) an der Stelle der ausgeprägten Resonanz Δ^{++} etwa 195 MeV beträgt. Führen Sie einen solchen Vergleich tatsächlich durch. Sie werden feststellen, daß zwar die Größenordnungen übereinstimmen, daß sich aber der experimentelle Wirkungsquerschnitt vom theoretischen Wirkungsquerschnitt „um einen Faktor der Größenordnung eins" unterscheidet. Diese Diskrepanz erklärt sich ganz einfach dadurch, daß die Streuung tatsächlich *nicht* sphärisch-symmetrisch ist. Unsere einfache Theorie müßte demnach auch auf andere mögliche Winkelverteilungen erweitert werden. Mit einer derart modifizierten Theorie würden Sie feststellen, daß der experimentelle Wirkungsquerschnitt im Maximum sehr gut mit der theoretischen Vorhersage übereinstimmt.
   b) Bestimmen Sie die mittlere Lebensdauer des Δ-„Teilchens" anhand der Kurve in Bild 9.13.

6. Bestimmen Sie mit Hilfe der einfachen Theorie für Resonanzstreuung (vgl. Abschnitte 17 und 18) den Wirkungsquerschnitt für die Resonanzabsorption von Gammaquanten der Energie

14,4 keV durch den ^{57}Fe-Kern. (Diese Abschätzung ist angesichts der experimentellen Ergebnisse in Bild 4.6 von Bedeutung.) Wenn sich die absorbierenden Eisenkerne in einer 10^{-6} m dicken Folie befinden, wie groß ist dann die Wahrscheinlichkeit, daß ein Gammaquant die Folie durchdringen kann?

Beachten Sie, daß unsere einfache Theorie eigentlich nicht für Photonen gilt, unter anderem weil die Photonen den Spindrehimpuls eins besitzen. Es ist daher nicht zu erwarten, daß der damit berechnete Wert des Wirkungsquerschnitts zahlenmäßig stimmt. Die Abhängigkeit des maximalen Wirkungsquerschnitts von der Wellenlänge ist in unserer Theorie richtig dargestellt, weshalb der Schätzwert eine brauchbare Näherung darstellt.

7. Der maximale Wirkungsquerschnitt für die Resonanz-Streuung von Licht durch ein Atom kann offensichtlich sehr groß sein, weil die Wellenlängen des sichtbaren Lichts lang sind. Untersuchen wir als Beispiel den Fall der Resonanz-Streuung von gelbem Licht der Wellenlänge 589,6 nm durch Natriumatome.

   a) Bestimmen Sie analog zu der vorigen Aufgabe den maximalen Wirkungsquerschnitt bei Resonanz.

   b) In einem tatsächlichen Versuch könnten wir Natriumdampf in einem Glasbehälter als „Target" für die Streuung verwenden. (Betrachten Sie als Beispiel die experimentellen Anordnungen, die in Übung 3, Kapitel 3, beschrieben werden.) Die Natriumatome werden nicht alle die gleiche Geschwindigkeit besitzen, also wird durch Dopplerverschiebung die Absorptionslinie verbreitert werden. Die mittlere Lebensdauer von Natrium im $3p_{1/2}$-Zustand beträgt etwa 10^{-8} s. Daraus können Sie die Linienbreite für ein einzelnes ruhendes Natriumatom berechnen. Nehmen wir an, daß das einfallende Licht diese Linienbreite aufweist und daß die Atome in dem Absorptionsgefäß eine mittlere ungeordnete Geschwindigkeit aufweisen, die einer Temperatur von 473 K entspricht. Es ist der Streuwirkungsquerschnitt zu berechnen, den ein Atom in dem Behälter gegenüber den Photonen im einfallenden Strahl besitzt.

   c) Mit dem in b) näherungsweise bestimmten Wirkungsquerschnitt ist die Anzahl von Natriumatomen pro m^3 zu bestimmen, die nötig ist, damit die Intensität des einfallenden Lichts um den Faktor zwei verringert wird, wenn der Strahl eine 10^{-2} m dicke Gasschicht passiert. Es muß wohl nicht betont werden, daß ein solches Gas für Licht jeder Wellenlänge mit Ausnahme der Resonanzwellenlänge vollkommen durchlässig ist.

8. Betrachten wir die Teilchen, die das Baryonenoktett bilden, dessen Massenspektrum in Bild 9.15 und dessen Eightfold-Way-Symmetriediagramm in Bild 9.18 dargestellt ist. Eines dieser Teilchen ist stabil. Von den übrigen instabilen Teilchen zerfällt eines durch elektromagnetische Wechselwirkung (es hat eine merklich kürzere Lebensdauer als die übrigen Teilchen), die übrigen zerfallen durch die schwache Wechselwirkung. Versuchen Sie, diese Eigenschaften des Oktetts aufgrund der Erhaltungssätze für Baryonenzahl, Ladung, und Hyperladung, die wir im Text besprochen haben, zu erklären. Sie sollten zu diesem Zweck alle nur möglichen Zerfallsarten für im Text erwähnten Teilchen in Betracht ziehen und dabei die experimentell bestimmten Massen dieser Teilchen verwenden. Ein Beispiel: Sie könnten mit der Untersuchung beginnen, ob das Σ^+-Teilchen in ein K^+-Meson und in sonstige Teilchen zerfallen könnte. Sie werden bald entdecken, daß die Möglichkeiten stark eingeschränkt sind und daß Sie deshalb auch nicht allzu viele Fälle untersuchen müssen.

   Diese Aufgabe soll im Detail zeigen: Die besprochenen Erhaltungssätze bewirken, daß keines dieser Teilchen durch die starke Wechselwirkung zerfallen kann und daß nur eines von ihnen durch eine elektromagnetische Wechselwirkung zerfallen kann.

9. Die Symmetriediagramme in den Bildern 9.17 bis 9.19 geben die Werte einer Größe für die verschiedenen Teilchen an, die als dritte Komponente des Isotopenspins bekannt ist (I_3). Wir haben erwähnt, daß auch diese Größe bei allen starken und elektromagnetischen Wechselwirkungen erhalten bleibt. Untersuchen Sie, ob dieser Erhaltungssatz weiterreichende Folgen hat als die übrigen Erhaltungssätze, die wir erwähnen, und die die Erhaltung der Ladung, der Hyperladung und der Baryonenzahl betreffen.

10. In der Literatur über Elementarteilchen wird oft eine Eigenschaft, die "Strangeness", erwähnt, die zur Charakterisierung der stark wechselwirkenden Teilchen dient. Jedem solchen Teilchen kann eine Strangeness-Quantenzahl S zugeordnet werden, die durch $S = Y - B$ definiert werden kann, wobei Y die Hyperladung und B die Baryonenzahl ist. Nach dieser Regel haben die Pionen und die Nukleonen die Strangeness null: Sie sind nicht fremd, sondern „verwandt".

    a) Bei welchen Wechselwirkungen bleibt die gesamte Strangeness erhalten?

    b) Es gibt eine einfache lineare Beziehung zwischen der Strangeness S, der elektrischen Ladung Q, der Baryonenzahl B und der dritten Komponente des Isotopenspins I_3. Finden Sie diese Beziehung (sie ist aus den Diagrammen in den Bildern 9.17 bis 9.19 leicht zu entnehmen).

11. Es sollen durch Proton-Proton-Stöße Lambdateilchen erzeugt werden. Welche kinetische Energie muß ein Proton mindestens aufweisen, das ein ruhendes Proton trifft, damit dies möglich ist?

12. Zeigen Sie, daß die Nichtexistenz von rechtshändigen Neutrinos und linkshändigen Antineutrinos zwar, wie in Abschnitt **45** besprochen, P und C separat verletzt, aber mit der kombinierten Symmetrie CP verträglich ist.

13. Berechnen Sie mit Hilfe der Gl. (9.56) die Massen der W- und Z-Bosonen im Standardmodell der elektroschwachen Wechselwirkung.

14. Versuchen Sie, mit Hilfe von Bild 9.26 alle Hadronen in den Bildern 9.17 bis 9.19 aus Quarks aufzubauen. Warum können Mesonen im Gegensatz zu Baryonen ihre eigenen Antiteilchen sein?

15. Warum kann die Einführung des Farbfreiheitsgrades das in Abschnitt **53** diskutierte Trialitätsproblem lösen?

16. Welche Voraussage macht die QCD für das in Gl. (9.62) definierte Verhältnis R bei hohen Energien von e^+, e^-, wenn man die 5 „beobachteten" Quarksorten zugrundelegt?

Anhang

Tabellen für Maßeinheiten und Umrechnungsfaktoren finden Sie auf der hinteren Innenseite des Einbandes. Eine Tabelle mit Näherungswerten der wichtigsten physikalischen Konstanten ist am vorderen Einband innen angegeben.

Tabelle A1: Allgemeine physikalische Konstanten[1])

Plancksches Wirkungsquantum	$h = 2\pi\hbar = (6{,}626\,176 \pm 0{,}000\,036) \cdot 10^{-34}$ J s
	$\hbar = \dfrac{h}{2\pi} = (1{,}054\,588\,7 \pm 0{,}000\,005\,7) \cdot 10^{-34}$ J s
Lichtgeschwindigkeit	$c = (2{,}997\,924\,58 \pm 0{,}000\,000\,01) \cdot 10^{8}$ m s^{-1}
Elementarladung	$e = (1{,}602\,189\,2 \pm 0{,}000\,004\,6) \cdot 10^{-19}$ C
Gravitationskonstante	$\gamma = (6{,}672\,0 \pm 0{,}004\,1) \cdot 10^{-11}$ m^3 kg^{-1} s^{-2}
Feinstrukturkonstante	$\dfrac{1}{\alpha} = \dfrac{4\pi\epsilon_0 \hbar c}{e^2} = 137{,}036\,04 \pm 0{,}000\,11$
Avogadrosche Zahl	$N_A = (6{,}022\,045 \pm 0{,}000\,031) \cdot 10^{23}$ mol^{-1}
Boltzmannkonstante	$k = (1{,}380\,662 \pm 0{,}000\,044) \cdot 10^{-23}$ J K^{-1}
Faradaykonstante	$F = N_A e = (96\,484{,}55 \pm 0{,}27)$ C mol^{-1}
universelle Gaskonstante	$R = (8{,}314\,41 \pm 0{,}000\,26)$ J K^{-1} mol^{-1}
Elektronmasse	$m_e = (9{,}109\,534 \pm 0{,}000\,047) \cdot 10^{-31}$ kg
	$= (0{,}511\,003\,4 \pm 0{,}000\,001\,4)$ MeV$/c^2$
atomare Masseneinheit	$u = (931{,}501\,6 \pm 0{,}002\,6)$ MeV$/c^2$
Protonmasse	$m_p = (1{,}007\,276\,470 \pm 0{,}000\,000\,011)$ u
	$= (938{,}279\,6 \pm 0{,}002\,7)$ MeV$/c^2$
Neutronmasse	$m_n = (939{,}552\,7 \pm 0{,}005\,2)$ MeV$/c^2$
Comptonwellenlänge des Elektrons	$\lambda_C = \dfrac{\hbar}{m_e c} = (3{,}861\,590\,5 \pm 0{,}000\,006\,4) \cdot 10^{-13}$ m
erster Bohrscher Radius	$a_0 = \dfrac{4\pi\epsilon_0 \hbar^2}{m_e e^2} = \alpha^{-1}\lambda_C = (5{,}291\,770\,6 \pm 0{,}000\,004\,4) \cdot 10^{-11}$ m
„klassischer Radius" des Elektrons	$\dfrac{1}{4\pi\epsilon_0} \cdot \dfrac{e^2}{m_e c^2} = \alpha\lambda_C = (2{,}817\,938 \pm 0{,}000\,007) \cdot 10^{-15}$ m
nichtrelativistisches Ionisationspotential von Wasserstoff mit unendlicher Protonmasse	$\widetilde{R}_\infty = \tfrac{1}{2}\alpha^2 m_e c^2 = (13{,}605\,804 \pm 0{,}000\,086)$ eV
Rydbergkonstante für unendliche Protonmasse	$R_\infty = \dfrac{\alpha}{4\pi a_0} = \dfrac{\widetilde{R}_\infty}{hc} = (1{,}097\,373\,177 \pm 0{,}000\,000\,083) \cdot 10^7$ m^{-1}
Bohrsches Magneton	$\mu_B = \dfrac{e\hbar}{2m_e} = (9{,}274\,078 \pm 0{,}000\,036) \cdot 10^{-24}$ J T^{-1}
Frequenz, die 1 eV entspricht	$(2{,}417\,969\,6 \pm 0{,}000\,000\,6) \cdot 10^{14}$ Hz
Wellenzahl, die 1 eV entspricht	$(8{,}065\,478 \pm 0{,}000\,021) \cdot 10^5$ m^{-1}
Temperatur, die 1 eV entspricht	$(11\,604{,}50 \pm 0{,}36)$ K

[1]) Die Werte in dieser Tabelle stammen aus dem Artikel von *M. Roos* et al.: (Particle Data Group), Review of Particle Properties, *Physics Letter* **111 B**, 1982

Tabelle A2 Die stabilsten Elementarteilchen[1])

Teilchen		Spin $\hbar$	Masse MeV/c^2	mittlere Lebensdauer s	wichtige Zerfallsarten Zerfalls- modus	Verzweigungs- Verhältnis
γ	Photon	1	0	stabil		
Leptonen[2])						
ν_e	e-Neutrino	$\frac{1}{2}$	$< 4,6 \cdot 10^{-5}$	stabil		
e^-	Elektron	$\frac{1}{2}$	0,5110034	stabil		
ν_μ	μ-Neutrino	$\frac{1}{2}$	$< 0,52$	stabil		
μ^-	Myon	$\frac{1}{2}$	105,65943	$2,19714 \cdot 10^{-6}$	$e^- \bar{\nu} \nu$	98,6 %
					$e^- \bar{\nu} \nu \gamma$	1,4 %
ν_τ	τ-Neutrino	$\frac{1}{2}$	< 250	?	?	
τ^-	Tau-Lepton	$\frac{1}{2}$	1784,2	$4,6 \cdot 10^{-13}$	$\mu^- \bar{\nu} \nu$	18,5 %
					$e^- \bar{\nu} \nu$	16,2 %
					Hadronen	Rest
Mesonen						
$\pi^\pm$	geladene Pionen	0	139,5673	$2,6030 \cdot 10^{-8}$	$\mu \nu$	$\sim 100 \%$
					$e \nu$	$1,27 \cdot 10^{-4}$
					$\mu \nu \gamma$	$1,24 \cdot 10^{-4}$
					$\pi^0 e \nu$	$1,02 \cdot 10^{-8}$
π^0	neutrales Pion	0	134,9630	$0,83 \cdot 10^{-16}$	$\gamma \gamma$	98,8 %
					$\gamma e^+ e^-$	1,2 %
η	Eta-Meson	0	548,8	$8 \cdot 10^{-19}$	$\gamma \gamma$	39,1 %
					$3 \pi^0$	31,8 %
					$\pi^+ \pi^- \pi^0$	23,7 %
					$\pi^+ \pi^- \gamma$	4,9 %
$K^\pm$	geladene Kaonen	0	493,667	$1,2371 \cdot 10^{-8}$	$\mu \nu$	63,5 %
					$\pi^\pm \pi^0$	21,2 %
					$\pi^\pm \pi^+ \pi^-$	5,6 %
					$\pi^\pm \pi^0 \pi^0$	1,7 %
					$\pi^0 \mu \nu$	3,2 %
					$\pi^0 e \nu$	4,8 %

[1]) Die Daten in dieser Tabelle stammen aus dem Artikel von *M. Roos* et al. (Particle Data Group), Review of Particle Properties, *Physics Letters* **111 B**, 1982. Die experimentellen Werte sind hier ohne Fehler wiedergegeben und es werden neu die häufigsten Zerfallsarten angeführt.

Fortsetzung Tabelle A2

Teilchen		Spin h	Masse MeV/c^2	mittlere Lebensdauer s	wichtige Zerfallsarten Zerfallsmodus	Verzweigungs-Verhältnis
$K^0, \bar{K}^0$	neutrale Kaonen	0	497,67			
	K^0_S			$0,8923 \cdot 10^{-10}$	$\pi^+\pi^-$	68,6 %
					$\pi^0\pi^0$	31,4 %
	K^0_L			$5,183 \cdot 10^{-8}$	$3\pi^0$	21,5 %
					$\pi^+\pi^-\pi^0$	12,4 %
					$\pi^\pm \mu^\mp \nu$	27,1 %
					$\pi^\pm e^\mp \nu$	38,7 %
$D^\pm$	geladene D-Mesonen	0	1869,4	$9,1 \cdot 10^{-13}$	$K^0(\bar{K}^0) + ...$	48 %
					$e^\pm + ...$	19 %
					$K^\pm + ...$	22 %
$D^0, \bar{D}^0$	neutrale D-Mesonen	0	1864,7	$4,8 \cdot 10^{-13}$	$K^0(\bar{K}^0) + ...$	33 %
					$K^\pm + ...$	51 %
Baryonen[2]						
p	Proton	$\frac{1}{2}$	938,2796	stabil ($> 2,5 \cdot 10^{38}$)		
n	Neutron	$\frac{1}{2}$	939,5731	925	$pe^-\bar{\nu}$	100 %
Λ	Lambda	$\frac{1}{2}$	1115,60	$2,632 \cdot 10^{-10}$	$p\pi^-$	64,2 %
					$n\pi^0$	35,8 %
Σ^+	Sigma	$\frac{1}{2}$	1189,36	$0,800 \cdot 10^{-10}$	$p\pi^0$	51,6 %
					$n\pi^+$	48,4 %
Σ^0		$\frac{1}{2}$	1192,46	$5,8 \cdot 10^{-20}$	$\Lambda\gamma$	100 %
Σ^-		$\frac{1}{2}$	1197,34	$1,482 \cdot 10^{-10}$	$n\pi^-$	100 %
Ξ^0	Xi-Hyperon	$\frac{1}{2}$	1314,9	$2,90 \cdot 10^{-10}$	$\Lambda\pi^0$	100 %
Ξ^-		$\frac{1}{2}$	1321,32	$1641 \cdot 10^{-10}$	$\Lambda\pi^-$	100 %
Ω^-	Omega-Minus	$\frac{3}{2}$	1672,45	$0,819 \cdot 10^{-10}$	ΛK^-	68,6 %
					$\Xi^0 \pi^-$	23,4 %
					$\Xi^- \pi^0$	8,0 %

[2]) Jedem Lepton und jedem Baryon entspricht ein Antiteilchen, das nicht extra angeführt wird.

Tabelle A3 Die chemischen Elemente

Element	Symbol	Ordnungszahl	Atommasse[1]	Element	Symbol	Ordnungszahl	Atommasse[1]
Aktinium	Ac	89	(227)	Molybdän	Mo	42	95,94
Aluminium	Al	13	26,9815	Natrium	Na	11	22,9898
Americium	Am	95	(243)	Neodym	Nd	60	144,24
Antimon	Sb	51	121,75	Neon	Ne	10	20,183
Argon	Ar	18	39,948	Neptunium	Np	93	(237)
Arsen	As	33	74,9216	Nickel	Ni	28	58,71
Astatin	At	85	(210)	Niob	Nb	41	92,906
Barium	Ba	56	137,34	Nobelium	No	102	(255)
Berkelium	Bk	97	(247)	Osmium	Os	76	190,2
Beryllium	Be	4	9,0122	Palladium	Pd	46	106,4
Blei	Pb	82	207,19	Phosphor	P	15	30,9738
Bor	B	5	10,811	Platin	Pt	78	195,09
Brom	Br	35	79,909	Plutonium	Pu	94	(244)
Cadmium	Cd	48	112,40	Polonium	Po	84	(209)
Calcium	Ca	20	40,08	Praseodym	Pr	59	140,907
Californium	Cf	98	(251)	Promethium	Pm	61	(145)
Caesium	Cs	55	132,905	Protactinium	Pa	91	(231)
Cer	Ce	58	140,12	Quecksilber	Hg	80	200,59
Chlor	Cl	17	35,453	Radium	Ra	88	226,0254
Chrom	Cr	24	51,996	Radon	Rn	86	(222)
Curium	Cm	96	(247)	Rhenium	Re	75	186,2
Dysprosium	Dy	66	162,50	Rhodium	Rh	45	102,905
Einsteinium	Es	99	(254)	Rubidium	Rb	37	85,47
Eisen	Fe	26	55,847	Ruthenium	Ru	44	101,07
Erbium	Er	68	167,26	Samarium	Sm	62	150,35
Europium	Eu	63	151,96	Sauerstoff	O	8	15,9994
Fermium	Fm	100	(253)	Scandium	Sc	21	44,956
Fluor	F	9	18,9984	Schwefel	S	16	32,064
Francium	Fr	87	(223)	Selen	Se	34	78,96
Gadolinium	Gd	64	157,25	Silber	Ag	47	107,870
Gallium	Ga	31	69,72	Silicium	Si	14	28,086
Germanium	Ge	32	72,59	Stickstoff	N	7	14,0067
Gold	Au	79	196,967	Strontium	Sr	38	87,62
Hafnium	Hf	72	178,49	Tantal	Ta	73	180,948
Helium	He	2	4,0026	Technetium	Tc	43	(98)
Holmium	Ho	67	164,930	Tellur	Te	52	127,60
Indium	In	49	114,82	Terbium	Tb	65	158,924
Iridium	Ir	77	192,2	Thallium	Tl	81	204,37
Jod	J	53	126,9044	Thorium	Th	90	232,038
Kalium	K	19	39,102	Thulium	Tm	69	168,934
Kobalt	Co	27	58,9332	Titan	Ti	22	47,90
Kohlenstoff	C	6	12,01115	Uran	U	92	238,03
Krypton	Kr	36	83,80	Vanadium	V	23	50,942
Kupfer	Cu	29	63,54	Wasserstoff	H	1	1,00797
Lanthan	La	57	138,91	Wismut	Bi	83	208,980
Lawrencium	Lr	103	(257)	Wolfram	W	74	183,85
Lithium	Li	3	6,939	Xenon	Xe	54	131,30
Lutetium	Lu	71	174,97	Ytterbium	Yb	70	173,04
Magnesium	Mg	12	24,312	Yttrium	Y	39	88,905
Mangan	Mn	25	54,9380	Zink	Zn	30	65,37
Mendelevium	Md	101	(256)	Zinn	Sn	50	118,69
				Zirkonium	Zr	40	91,22

[1]) Die Zahlen in Klammern in der Spalte Atommasse sind die Massenzahlen der stabilsten Isotope radioaktiver Elemente.

Sachwortverzeichnis

absolute Temperaturskala 15
Absorptionsspektrum 59, 64
abstrakter komplexer Vektorraum 131
Achtfacher Weg 240
Alpha-Emission 184
Alphastrahler 180 f.
Alphateilchen 32
Alphazerfall 79
angeregter Zustand 44
– –, mittlere Lebensdauer 66
Anti-Quarks 238
Anti-Sigma-Null-Teilchen 240
Antibaryonen 236, 238
Antibaryonenoktett 237
Antimaterie 101
Antineutrino 79
–, rechtshändiges 247
Antineutron 100
Antiproton 100
Antiquarks 253
Antiteilchen 100
Assoziativsatz der Addition 131
– für skalare Multiplikation 131
asymptotische Freiheit 253
Äther 240
Äthertheorie, mechanische 240 f.
Atom 3, 34
–, myonisches 214
–, Planetenmodell 23
atomare Masseneinheit 29, 259
– Sekunde 50 f.
Atomgewicht 28
Atomkern 34
Atommeter 50
Atomtheorie Bohrs 193
Ausschließungsprinzip 39, 74
Austrittsarbeit 19
Auswahlregel 69, 84
Avogadrosche Zahl 4, 12 f., 21, 27, 29, 259

Bahndrehimpuls 70
Bahndrehimpulsquantenzahl 70, 212
Bandenemissionsspektrum 210
Barn 226
Baryon 236 ff., 252
Baryonendekuplett 239
Baryonenoktett 237
Beta-Gamma-Kaskade 79
Betaspektrograph 153
Betazerfall 32, 49, 79
Beugung von Elektronen 115
Bewegungsumkehr 247
Bindung, molekulare 40
Bindungsenergie 40 ff.
Bohrsche Quantenbedingung 23
Bohrscher Radius 35, 259
Bohrsches Atommodell 23, 35
– Magneton 33, 54, 259
Boltzmannkonstante 15, 27, 29, 259
Born-Oppenheimer-Näherung 206
Bose-Einstein-Statistik 247
Bosonen 223, 236, 247, 249
Breit-Wigner-Resonanzgleichung 66, 232
Bremsstrahlung 7, 96 f.
Brownsche Bewegung 34

Celsiusskala 15
Čerenkov-Strahlung 110
Chemie, Grundgesetz der 4
Compton-Effekt 95 f.
– -Streuung 94 ff.
– -Wellenlänge 35, 95
– – des Elektrons 259
Cooper-Paare 250

de Broglie-Gleichung 114, 122
– – Welle 126 f.
– – Wellenlänge 114, 122
Debye-Scherrer-Methode 116
Deuteron 32
Differentialoperator 196
–, Eigenwerte 197
differentieller Wirkungsquerschnitt 227, 230
Dipolphoton 84
–, elektrisches 70
Dipolstrahlung 84
–, elektrische 81
Dipolübergang 92, 94
Dipolwelle, elektrische 70
Dirac-Gleichung 167
Distributivgesetze für skalare Multiplikation 131
Doppler-Verbreiterung 80 f.
Dopplerverschiebung 88, 91 f.
dreidimensionales Gitter 118
Drehimpulseinheit 34
Drehimpulsquantenzahl 70, 84, 209
dritte Komponente des Isotopenspins 238 f.
Dublett 72
dynamische Variable 10

Eichtheorie mit der Eichgruppe SU (3) 254
Eigenfunktion des Operators 197
Eigenwerte des Differentialoperators 197
eightfold way 240
Ein-Teilchen-Zustand 160
eindimensionales Gitter 118
Eindringtiefe des Supraleiters 250
Einteilchenstrahl 145
elastischer Stoß 221
elastischer Streuwirkungsquerschnitt 225
elektrische Dipolstrahlung 81
elektrische Dipolwelle 70
elektrisches Dipolphoton 70
elektromagnetische Wechselwirkungen 236, 247
elektromagnetisches Feld 241
Elektromagnetismus 236
Elektron 4 f., 8 f., 27, 32 f., 111, 125, 259
–, Beugung 115, 117
–, optisches 39
– -Positron-Paar 5, 7, 98
– – -Speicherring 223
–, Reflexion 115
–, Transmission 115
Elektronenanregung 210
Elektronenkonfiguration 74
Elektronenwelle 126
Elektronmasse 253
Elektronvolt 30

Element des Kollektivs 151
Elementarladung 12, 27, 29, 259
Elementarteilchen 4, 8, 260 f.
Elementarversuch 146
Elementarzelle 118
Emissionsspektrum 60, 64
e-Neutrino 234
Energie 30 ff., 124
Energieeinheit 34
Energieerhaltungsprinzip 92
Energieniveau 56 ff., 68 ff.
–, virtuelles 201 f.
Energiequant 19
Erhaltungssätze 90 f., 124
Eta-Meson 260

Faradaykonstante 12, 29, 259
Farbe (Teilchenphysik) 253
Feinstruktur eines Spektrums 47
Feinstrukturkonstante 35, 47 f., 69, 259
Feld, elektromagnetisches 241
Fermi 44
Fermi-Dirac-Statistik 247
Fermienergie 32
Fermi-Kopplungskonstante 236, 247
Fermionen 247
Feynman-Graph 245
Flächengitter 118
Fluoreszenz 61
freies Teilchen 168
Freiheit, asymptotische
Frequenz 29, 124
Führungswelle 127

Gammaquant 7, 32
Gammastrahl 5, 7, 32
Gaskonstante, universelle 15 f.
Gastheorie, kinetische 4
Geiger-Müller-Zähler 145 f.
Gell-Mann-Nishijima-Beziehung 239
Gemisch, statistisches 158
gemischtes Kollektiv 158
geometrische Optik 111
Gesamtwirkungsquerschnitt 223 ff.
Geschwindigkeitseinheit 34
Gitter 118, 135
Gitterkonstante 12
Gluonen 221, 235, 253, 256
Gravitation 235
Gravitationskonstante 49, 259
Gravitationskraft 45 f.
Grenzwellenlänge 98
Grundgesetz der Chemie 4
Grundversuch 146
Gruppengeschwindigkeit 112, 170

Hadronen 221, 236, 238, 252 f.
harmonischer Oszillator 204 ff.
Hauptquantenzahl 212
Heisenbergsche Unschärferelationen 138 ff.
Higgs-Bosonen 250
Higgs-Kibble-Mechanismus 250
Hohlraumstrahlung 16
Hyperladung 238 ff.
Hyperladungsquantenzahl 238
Hyperonen 5, 233

Impuls 31
Infrarot 33
inkohärente Superposition 154
Interferometer, Michelson 150
Invarianzprinzip, relativistisches 88
Ionisationsenergie 36, 48, 62
Ionisationspotential, nichtrelativistisches 35
isomerer Zustand 85
Isospin 239
Isotop 28
Isotopeneffekt 208
Isotopenspin, dritte Komponente des 238 f.
Isotropie des physikalischen Raumes 69, 84

Kalorie 31
Kaonen 261
K-Elektroneneinfang 185
K-Mesonen 5, 233, 239
Kaskade 62
Kaskadenschauer 5 ff.
Kelvin 15
Kernbindungsenergie 41 f.
Kernkraft 44, 49
Kernladungszahl 28
Kernmagneton 33
Kernmasse 41
Kilogramm 49
kinetische Gastheorie 4
klassische Physik 1, 141
– Theorie 1
Klein-Gordon-Wellengleichung 127 ff.
kohärente Superposition 155
Kollektiv, gemischtes 158
–, reines 158
Kollektivmittel 152
Kombinationsprinzip von Ritz 56
Kommutativsatz der Addition 131
komplexer Vektorraum 131
Kontinuum 62, 77
Kopplungskonstante 34
Korpuskeleigenschaft 161
Korrespondenzprinzip 217
Kreisfrequenz 29
Kristall 12

Ladungsaustauschstreuung 101
Ladungszahl 41
Lambda-Teilchen 239
Längeneinheit 34
Lebensdauer, mittlere 185
– des angeregten Zustands, mittlere 66
Leptonen 236, 238, 254, 256
Licht, sichtbares 32
–, schwarzes 250
Lichtgeschwindigkeit 9, 12, 27, 259
Lichtpolarisation 161
Lichtstrahl 111
linearer Vektorraum 131
Linienbreite, natürliche 68
linkshändiges Neutrino 247
Loschmidtsche Zahl 4
Lösungen negativer Frequenz 129
– positiver Frequenz 129
Lorentz-Transformation 88, 113

Magneton, Bohrsches 33, 259
magnetische Quantenzahl 239
Masse 31, 124
–, reduzierte 208
masseloses Teilchen 89
Massendefekt 41
Masseneinheit 34
–, atomare 239
Massenspektrograph 42
Massenspektrum 43
Massenzahl 28, 41
Materieteilchen 111, 114, 123
–, Polarisationszustände 130
Materiewellen 111, 117, 125 ff.
Matrizenmechanik 24, 132
Maxwellsche Gleichungen 47, 130
mechanische Äthertheorie 240 f.
Meissner Effekt 250
Mesonen 32, 236 ff., 252
Mesonenoktett 236
Messungen 145 ff.
Meter 50
Michelson-Interferometer 150
Mikrophysik 1
Mikrowelle 33
Mikrowellenspektroskopie 211
Millikan-Versuch 13
mittlere Lebensdauer 185
– – des angeregten Zustandes 66
– Schwingungsdauer 65
Mol 4
molekulare Bindung 40
Mößbauereffekt 109
My-Meson 49
Myonen 32, 49, 233, 252
myonisches Atom 214
Multiplizität 73
Multipole 84

natürliche Linienbreite 68
neutrale Ströme 250
Neutrino 236, 260
–, linkshändiges 247
Neutron 4, 8, 41, 239
–, thermisches 185
Neutronmasse 259
nichtrelativistisches Ionisationspotential 35
normierte Wellenfunktion 189
Nukleon 32, 41
Nukleonenzahl 41
Nullvektor 131

Oktupolstrahlung 84
Omega-Minus-Teilchen 261
Operator, Eigenfunktion 197
Optik, geometrische 111
optisches Elektron 39
Ordnungszahl 28, 41
Oszillator, harmonischer 204 ff.

Paarbildung 7, 98 f.
Paarvernichtung 98 f.
Parität 247
Partonen 252
periodisches System der Elemente 74

phänomenologische Theorie 1
Phase einer Welle 113
Phasengeschwindigkeit 112, 169
Phononen 123
Photoeffekt 102 f.
photoelektrische Gleichung 19
photoelektrischer Effekt 12, 18 ff., 62
Photoionisation 62
Photon 84, 88 ff., 102, 111, 114, 142, 236, 238, 249 f.
–, Polarisation 130
Photonendetektor 146 f.
Photonenemission 81
Photoverstärkerröhre 147
Physik, klassische 1, 141
Pilotwelle 127
Pi-Meson 5, 100
Pionen 5, 32, 100, 233
Planck-Länge 235
Plancksche Konstante 9 f.
Plancksches Strahlungsgesetz 18
– Wirkungsquantum 9 ff., 18, 27, 29, 122 ff., 259
Planetenmodell des Atoms 23
Polarisation 161
– des Photons 130
Polarisationszustände von Materieteilchen 130
Positron 5, 99
Positronium 99
Potentialwall 175 ff.
–, Transmissionskoeffizient 178
Proton 4 ff., 29, 35, 41, 235, 239, 253
– -Antiproton-Paar 100
– – -Speicherring 223
Protonmasse 259
Punkt-Elektron 9

QCD, Quantenchromodynamik 253
QED, Quantenelektrodynamik 245 ff.
Quadrupolphoton 84
Quadrupolstrahlung 82, 84
Quadrupolübergang 84
Quant 88
Quantenbedingung 193
–, Bohrsche 23
Quantenchromodynamik (QCD) 236, 253
Quantenelektrodynamik (QED) 24, 34, 236, 243, 245 ff.
Quantenfeld 241
Quantenfeldtheorie 167, 170, 240 ff.
–, renormierbare 246
Quantengravitation 236, 246
Quantenmechanik 1, 23, 123, 160
Quantenphänomene 1
Quantenphysik 1
Quantenzahl 68
–, magnetische 239
Quantisierung 193
Quarks 221, 235, 252
Quark-Confinement 253
– -Einschluß 253

Radio-Kurzwelle 33
– -Mittelwelle 33

Raumgitter 118
Raumspiegelung 247
Reaktionsenergie 40
rechtshändiges Antineutrino 247
reduzierte Masse 208
reeller Vektorraum 131
Reflexion von Elektronen 115
Regel von Stokes 61
reiner Zustand 158
reines Kollektiv 158
relativistische Theorie 245
relativistisches Invarianzprinzip 88
– Transformationsgesetz 88
renormierbare Quantenfeldtheorie 246
Resonanzgleichung, Breit-Wignersche 66, 232
Resonanzfluoreszenz 63
Resonanzkurve 66
Resonanzreaktion 66
Resonanzstreuung 232
Röntgenquant 96
Röntgenstrahl 32
Röntgenstrahlung 96
Rotationsanregung 209 f.
Rotationskonstante 210
Rotationssymmetrie 84
Rückstoßeffekt 109
Ruhenergie 35
Ruhmasse des Photons 89
Rydbergkonstante 35 f., 51, 259

Schrödinger-Gleichung 166 ff., 172
– – –, zeitunabhängige 196
– -Theorie 193 ff.
– -Wellenfunktion 169
schwache Wechselwirkung 49, 80, 185, 236, 247 ff.
schwarzer Körper 16
– –, Strahlung 12 ff.
– Strahler 16
schwarzes Licht 250
Schwingungsanregung 210
Schwingungsdauer, mittlere 65
Sekundärschauer 7
Sekunde 50
Selbstenergie 9
Singulettsystem 72
Sinuswelle 138
S-Matrix-Theorie 247
Spaltungsenergie 32
Speicherring 221 ff.
Spektrum 56
Spiegelkerne 54, 78
Spin 71
Spindrehimpulsquantenzahl 71
spontane Symmetriebrechung 249 f.
Sprung 63
Standardmodell 250
Stark-Effekt 46
starke Wechselwirkung 49, 80, 236, 247

statisches Gemisch 158
– Kollektiv 151 f.
stationärer Zustand 56
Stokessche Regel 61
Störungstheorie 246
Stoß, elastischer 221
–, unelastischer 221
Stoßfrequenz 80
Stoßprozeß 221 ff.
Stoßverbreiterung 80 f.
Strahler, schwarzer 16
Strahlung des schwarzen Körpers 12 ff.
Strahlungsdruck 89
Strahlungseinfang 62
Strahlungsgesetz, Plancksches 18
Strahlungsrekombination 62
Streuamplitude 229 f.
Streuexperiment 221 ff.
Streuwirkungsquerschnitt, elastischer 225
Ströme, neutrale 250
Superposition, inkohärente 154
–, kohärente 155
Superpositionsprinzip 127, 130
Supraleiter, Eindringtiefe 250
Symmetriebrechung, spontane 249 f.
Symmetrie, unitäre 240
Szintillationszähler 152

Teilchen 160, 232 ff.
–, freies 168
–, masseloses 89
– -Welle-Modell 123
Teilcheneigenschaft 89
Teilchenemission 81
Teilchenmodell 89
Temperatur 14, 31
Temperaturskala, absolute 15
Termschema 58, 68 ff.
Termsystem 57
Theorie, klassische 1
–, phänomenologische 1
–, relativistische 245
thermisches Neutron 185
Triplettsystem 72
Transformationsgesetz, relativistisches 88
Transmission von Elektronen 115
Transmissionskoeffizient des Potentialwalls 178
Trialitätsproblem 252 f.
Tunneleffekt 177 f.

Übergangsamplitude 156
Übergangswahrscheinlichkeit 156
Ultraviolett 32
unelastischer Stoß 221
Unit 29
unitäre Symmetrie 240
Unitaritätsproblem 248
universelle Gaskonstante 15 f., 29, 259
Unschärferelation 11

–, Heisenbergsche 138 ff.
Unschärfeprinzip 11
Urmeter 50 f.

Vakuum 240 f.
Variable, dynamische 10
V-A-Theorie 248
Vektorbosonen 256
Vektorraum, abstrakter, komplexer 131
–, komplexer 131
–, linearer 131
–, reeller 131
Verschiebungsgesetz, Wiensches 16
Verzweigungsverhältnis 74
Vielteilchentheorie 245
virtuelles Energieniveau 201 f.

Wahrscheinlichkeit 126, 148
Wahrscheinlichkeitsinterpretation 106
W-Bosonen 236, 249 f.
Wechselwirkungen, elektromagnetische 236, 247
–, schwache 49, 80, 185, 236, 247 ff.
–, starke 49, 80, 236, 247
Wechselwirkungsquerschnitt 225
Welleneigenschaft 161
Welleneigenschaften von Materieteilchen 137
Wellenfunktion, normierte 189
Wellenlänge 30
Wellenmechanik 23, 133, 137
Wellenzahl 30
Wiensches Verschiebungsgesetz 16
Winkelgeschwindigkeit 29
Wirkung 9 f.
Wirkungsquantum, Plancksches 9 ff., 18, 27, 29, 122
Wirkungsquerschnitt 223 ff.
–, differentieller 227, 230
WKB-Methode 203 f.

X-Strahlen 96

Z-Bosonen 236, 250
Zeeman-Effekt 46
Zeiteinheit 34
Zeitspiegelung 247
zeitunabhängige Schrödinger-Gleichung 196
Zerfallskette 185 f.
Zerfallskonstante 185
Zerfallsrate 185
Zerfallsreihe 185 f.
Zustand, angeregter 44
–, reiner 158
–, stationärer 56
zweidimensionales Gitter 118
Zwischenvektorbosonen 249

Einheiten und Umrechnungsfaktoren[1]

Länge	1 Mikron (μ) = 10^{-6} m 1 Ångström (Å) = 10^{-10} m = 10^{-8} cm 1 Fermi (f) = 10^{-15} m = 10^{-13} cm
Fläche	1 Barn (b) = 10^{-28} m^2 = 10^{-24} cm^2 1 Millibarn (mb) = 10^{-31} m^2 = 10^{-27} cm^2
Zeit	1 Jahr (a) $\approx$ 3,156 · 10^7 s
Kraft	1 Newton (N) = 10^5 dyn
Energie	1 Joule (J) = 10^7 erg $\approx$ 0,2389 cal 1 Elektronvolt (eV) = (1,602 10 $\pm$ 0,000 02) · 10^{-19} J
Masse	1 atomare Masseneinheit (u) = (1,660 43 $\pm$ 0,000 02) · 10^{-24} g
Magnetische Induktion	1 Vs m^{-2} = 10^4 G 1 Vs m^{-2} = 1 T
Energieäquivalent zur atomaren Masseneinheit	1 u · c^2 = (9,314 78 $\pm$ 0,000 05) · 10^8 eV
Aktivität einer radioaktiven Substanz	1 Curie (Ci) = 37 · 10^9 s^{-1}
Frequenz, die 1 eV entspricht Wellenlänge, die 1 eV entspricht Wellenzahl, die 1 eV entspricht	(2,418 04 $\pm$ 0,000 02) · 10^{14} s^{-1} (1,239 810 $\pm$ 0,000 013) · 10^{-4} cm (8,065 73 $\pm$ 0,000 08) · 10^3 cm^{-1}

---

[1] Weitere physikalische Konstanten enthält der Anhang

Umrechnungsfaktoren zwischen gebräuchlichen Energieeinheiten

	Energie W		Gesamt-Energie $N_A W$	Temperatur W/k	Masse W/c^2	Frequenz W/h	Wellenzahl $W/(hc)$	Wellenlänge $(hc)/W$
	eV	J	$\frac{J}{mol}$	K	u	Hz	cm^{-1}	nm
1 eV	1	$1{,}6021 \cdot 10^{-19}$	$9{,}6487 \cdot 10^4$	11 605	$1{,}0736 \cdot 10^{-9}$	$2{,}4181 \cdot 10^{14}$	8 065,8	1 239,8
1 erg	$6{,}2418 \cdot 10^{11}$	10^{-7}	$6{,}0226 \cdot 10^{23}$	$7{,}244 \cdot 10^{15}$	$6{,}7010 \cdot 10^2$	$1{,}5093 \cdot 10^{26}$	$5{,}0345 \cdot 10^{15}$	$1{,}9863 \cdot 10^{-9}$
1 $\frac{erg}{mol}$	$1{,}0364 \cdot 10^{-12}$	$1{,}6604 \cdot 10^{-31}$	10^{-7}	$1{,}203 \cdot 10^{-8}$	$1{,}1126 \cdot 10^{-21}$	250,61	$8{,}3594 \cdot 10^{-9}$	$1{,}1963 \cdot 10^{17}$
1 $\frac{cal}{mol}$	$4{,}338 \cdot 10^{-5}$	$6{,}951 \cdot 10^{-24}$	4,186	0,503	$4{,}658 \cdot 10^{-14}$	$1{,}049 \cdot 10^{10}$	0,3499	$2{,}858 \cdot 10^7$
1 K	$8{,}617 \cdot 10^{-5}$	$1{,}381 \cdot 10^{-23}$	8,314	1	$9{,}251 \cdot 10^{-14}$	$2{,}084 \cdot 10^{10}$	0,6950	$1{,}439 \cdot 10^7$
1 u	$931{,}48 \cdot 10^6$	$1{,}4923 \cdot 10^{-13}$	$8{,}9876 \cdot 10^{13}$	$1{,}081 \cdot 10^{13}$	1	$2{,}2524 \cdot 10^{23}$	$7{,}5131 \cdot 10^{12}$	$1{,}3310 \cdot 10^{-6}$
1 Hz	$4{,}1355 \cdot 10^{-15}$	$6{,}6255 \cdot 10^{-34}$	$3{,}9903 \cdot 10^{-10}$	$4{,}799 \cdot 10^{-11}$	$4{,}4398 \cdot 10^{-24}$	1	$3{,}3356 \cdot 10^{-11}$	$2{,}9979 \cdot 10^{19}$
1 cm^{-1}	$1{,}2398 \cdot 10^{-4}$	$1{,}9863 \cdot 10^{-23}$	$1{,}1963 \cdot 10$	1,439	$1{,}3310 \cdot 10^{-13}$	$2{,}9979 \cdot 10^{10}$	1	10^9
1 Å	$1{,}2398 \cdot 10^4$	$1{,}9863 \cdot 10^{-15}$	$1{,}1963 \cdot 10^9$	$1{,}439 \cdot 10^8$	$1{,}3310 \cdot 10^{-5}$	$2{,}9979 \cdot 10^{18}$	10^8	0,1
Elektronmasse $m_e c^2$	511 006	$8{,}1868 \cdot 10^{-14}$	$4{,}9306 \cdot 10^{10}$	$5{,}930 \cdot 10^9$	$5{,}4859 \cdot 10^{-4}$	$1{,}2356 \cdot 10^{20}$	$4{,}1217 \cdot 10^9$	$2{,}4262 \cdot 10^{-3}$
Rydbergkonstante R_∞	13,605	$2{,}1797 \cdot 10^{-18}$	$1{,}3127 \cdot 10^6$	$1{,}579 \cdot 10^5$	$1{,}4606 \cdot 10^{-8}$	$3{,}2898 \cdot 10^{15}$	109 737	91,127

MIX
Papier aus verantwortungsvollen Quellen
Paper from responsible sources
FSC® C105338

If you have any concerns about our products,
you can contact us on
ProductSafety@springernature.com

In case Publisher is established outside the EU,
the EU authorized representative is:
**Springer Nature Customer Service Center GmbH
Europaplatz 3, 69115 Heidelberg, Germany**

Printed by Libri Plureos GmbH
in Hamburg, Germany